"十二五"普通高等教育本科国家级规划教材

高频电子线路

（第六版）

张肃文　主编

中国教育出版传媒集团

高等教育出版社·北京

内容简介

　　本书是"十二五"普通高等教育本科国家级规划教材。为进一步适应电子技术的发展与教学的要求,本书在第五版的基础上,本着"打好基础,精选内容,逐步更新,利于教学"的原则,增加附录参量现象与时变电抗电路,并以二维码形式拓展介绍本书知识点,并对第五版的个别刊误进行了订正。

　　全书共分 12 章,即:绪论,选频网络,高频小信号放大器,非线性电路、时变参量电路和变频器,高频功率放大器,正弦波振荡器,振幅调制与解调,角度调制与解调,数字调制与解调,反馈控制电路,频率合成技术,电子设计自动化(EDA)与软件无线电技术简介。

　　本书可作为高等学校电子信息工程与通信工程专业教材,也可供有关技术人员参考。

图书在版编目（ＣＩＰ）数据

　　高频电子线路 / 张肃文主编. -- 6 版. --北京 : 高等教育出版社,2023.11（2025.8重印）
　　ISBN 978-7-04-060456-6

　　Ⅰ.①高…　Ⅱ.①张…　Ⅲ.①高频-电子电路　Ⅳ.①TN710.2

　　中国国家版本馆 CIP 数据核字（2023）第 079699 号

Gaopin Dianzi Xianlu

策划编辑	吴陈滨	责任编辑	黄涵玥	封面设计	王 琰	版式设计 杨 树
责任绘图	黄云燕	责任校对	窦丽娜	责任印制	高 峰	

出版发行	高等教育出版社	网　　址	http://www.hep.edu.cn	
社　　址	北京市西城区德外大街 4 号		http://www.hep.com.cn	
邮政编码	100120	网上订购	http://www.hepmall.com.cn	
印　　刷	固安县铭成印刷有限公司		http://www.hepmall.com	
开　　本	787mm×960mm　1/16		http://www.hepmall.cn	
印　　张	35.75	版　　次	1979 年 5 月第 1 版	
字　　数	670 千字		2023 年 11 月第 6 版	
购书热线	010-58581118	印　　次	2025 年 8 月第 5 次印刷	
咨询电话	400-810-0598	定　　价	59.00 元	

本书如有缺页、倒页、脱页等质量问题,请到所购图书销售部门联系调换
版权所有　侵权必究
物 料 号　60456-00

高频电子线路

（第六版）

张肃文　**主编**

1　计算机访问 https://abook.hep.com.cn/1236436，或手机扫描二维码、下载并安装 Abook 应用。

2　注册并登录，进入"我的课程"。

3　输入封底数字课程账号（20 位密码，刮开涂层可见），或通过 Abook 应用扫描封底数字课程账号二维码，完成课程绑定。

4　单击"进入课程"按钮，开始本数字课程的学习。

Abook　　　　　　　　　　　　　　　ⓘ 重要通知

高频电子线路
（第六版）

高频电子线路（第六版）数字课程与纸质教材一体化设计，紧密配合。数字课程涵盖教材各章电子教案数字资源，方便读者进一步了解和学习纸质教材的内容。

用户名：　　　密码：　　　验证码：　　2692 忘记密码？　**登录**　　注册　☐ 记住我(30天内免登录)

　　课程绑定后一年为数字课程使用有效期。受硬件限制，部分内容无法在手机端显示，请按提示通过计算机访问学习。

　　如有使用问题，请发邮件至 abook@hep.com.cn。

扫描二维码
下载 Abook 应用

作者声明

未经本书作者和高等教育出版社许可,任何单位和个人均不得以任何形式将《高频电子线路》(第六版)中的习题解答后出版,不得翻印或在出版物中选编、摘录本书的内容;否则,将依照《中华人民共和国著作权法》追究法律责任。

第六版序言

本书第六版在前一版的框架基础之上,做了如下修订。

高频电子线路的主要特点之一是非线性电路,相关书中较多详细介绍非线性电路是利用器件的非线性电阻特性来实现的,较少详细介绍非线性电路是利用器件的非线性电抗特性来实现的,后者内容在张肃文先生主编的《高频电子线路》(第四版)中有详细讲解,但该书已不再出版。实际教学中讲到高频谐振功放可以实现倍频器时会提及参量倍频,参量倍频实现倍频的原理常被问及,这涉及非线性电抗特性,所以考虑将本书第四版中的第 8 章"参量现象与时变电抗电路"增加为本书的附录,这样并不增加教学内容,但可使高频电子线路中关于非线性的概念和内容更完整,便于有需要的学习者查阅。

本书为新形态教材,以二维码的形式扩展介绍本书知识点,包括高频电子线路的新技术和新器件,以及书中涉及的科学家简介,便于学习者随时扫码查阅。

其他修订还包括对本书第五版的刊误进行订正,更新相关参考文献等。

感谢西安电子科技大学刘乃安教授对本书修订所提出的宝贵意见。

自本书第五版出版至第六版即将出版之时已有十多年,因为张肃文先生年事已高,视力不适于修订工作,在张先生家人和高等教育出版社大力支持下,由张先生口述修订方案,华中科技大学电子信息与通信学院黄佳庆协助并具体执行修订事宜。2020 年张肃文先生高龄仙逝,本书出版也是完成张先生未了的心愿。

本书虽几经修订,但仍难免有疏漏与不当之处,恳请读者不吝指正。预致谢忱。编者邮箱:jqhuang@ hust. edu. cn。

编 者

2023 年 3 月

第五版序言

为了进一步贯彻"打好基础,精选内容,逐步更新,利于教学"的原则,本书在第四版的基础上,做了如下的删减与增添。

删减部分如下:

(1) 原书第 2 章"信号分析"。

(2) 原书第 8 章"参量现象与时变电抗电路"。

(3) 原书§3.1.4"能量关系及电源内阻与负载电阻的影响"。

(4) 原书§3.4"谐振回路的相频特性——群时延特性"。

增添部分如下:

第 12 章"电子设计自动化(EDA)与软件无线电技术简介"。

同时,对第四版的个别刊误进行了订正。

本书配有学习指导书及电子教案,供使用本书的读者、教师参考使用。但应再一次建议,学习者只有在感到十分困惑时,才参看本书的解答。通常以自己独立解答为最佳方式,以本书的解答作为核对之用。

特别应指出,笔者主编的《高频电子线路》和与之配套的《低频电子线路》的书名题字是该二书的老责任编辑谭骏云先生的墨宝,为二书的封面增色不少,谨对谭先生致衷心的谢忱。

今年恰值笔者的处女作《无线电原理》(上、下册)于 1958 年在高等教育出版社出版 50 周年;也是《高频电子线路》第一版于 1979 年出版 29 周年。笔者此生可谓与高等教育出版社结下了不解之缘。谨藉本书第五版的出版,对高等教育出版社与有关编辑表示衷心的感谢。对广大有关院校师生多年来对本书的关怀,表示诚挚的谢忱。

本书虽几经修订,但仍难免有疏漏与不当之处,恳请读者不吝指正。预致谢忱。

张肃文

2008 年 9 月于武汉大学

第四版序言

本书第二版于 1988 年获首届国家优秀教材奖与电子部优秀教材特等奖,第三版于 1997 年获湖北省科技进步一等奖。现在修订的第四版为普通高等教育"十五"国家级规划教材。为进一步适应电子技术的发展与教学的要求,本书仍然本着"打好基础,精选内容,逐步更新,利于教学"的原则,在第三版的基础上,根据电子线路课程新的教学基本要求做了如下的修订工作:

(1) 新编写了第 2 章"信号分析"①与第 11 章"数字调制与解调"。

(2) 重新编写了第 3 章"选频网络",第 4 章"高频小信号放大器"与第 5 章"非线性电路、时变参量电路和混频器"。

(3) 撤销"噪声与干扰"一章,将噪声内容并入第 4 章,干扰内容并入第 5 章,并加以删改。

(4) 第 7 章"振荡器"增加了集成电路振荡器内容。

(5) 第 9 章"振幅调制与解调"删去重复部分,例如,检波器指标等;增加了同步检波集成电路实例与残留边带内容。

(6) 第 10 章"角度调制与解调"删去电抗管调频、电容耦合相位鉴频器等内容,增加了可变延时调频的方法。

(7) 第 13 章"频率合成技术"增加了采用吞脉冲分频器的频率合成器内容。

(8) 对全书的图形符号,根据国家标准作了进一步订正。

(9) 校核习题答案,对个别错误进行改正。

(10) 书中专业名词对照的英语是根据《新编英汉计算机与电子技术词典》(科学出版社 1997 年出版)译出的。

各章加 * 号部分为选读或自学内容。

参加本书一至三版编写工作的还有陆兆熊、王筠、姚天任三位老师。由于各种原因,他们表示不再参加此次修订工作。因此,本版的修订工作由编者独力完成,深感任务艰巨。没有陆、王、姚三位教授前期的辛勤劳动,编者不可能完成此次修订工作。书稿由清华大学董在望教授审阅,董教授提出了许多宝贵意见,使书稿质量得以提高。使用过本书的师生在使用过程中提出的宝贵建议,对完成

---

① 本章是为未学习过"信号分析"的读者新编入的。如在其他课程中已学过此部分内容,则可以略去此章,对以后各章的学习,并无影响。

本版也有极大的帮助。谨对以上人士表示衷心的感谢，并恳请读者对本书不当之处，不吝指正。

编者毕生从事教学与教材编写工作，20世纪50年代即与高等教育出版社结下了不解之缘。所编著的第一本教材《无线电原理》（上、下册）承老社长武剑西同志顶住当时的压力，力主出版，才能于1958年问世。这可能是当时国内第一本电子类、自编的中文教材，但作者的名字却由于众所周知的原因，被改为"张文"；而编者在序言中所感谢的，对该书有重要贡献的几位人的名字：恩师桂质廷、叶允竞、许宗岳、俞宝传等教授，主审人冯秉铨教授，以及为该书绘制几百幅插图的新婚妻子陈礼璯，在出版时，也被全部删除，成为编者的终生内疚！现在编者已至耄耋之年，而《无线电原理》一书可看作是高、低频电子线路的前身，因而谨借此次修订出版《高频电子线路》的机会，对高等教育出版社与武剑西老社长以及有关编辑，致以崇高的敬意与衷心的感谢！对上述已作古的恩师表示深切的缅怀与感谢！同时深深感念抚育我成长的双亲，是二老的言传身教，使我热爱祖国，并为她献出绵薄之力。最后永远怀念终生以实际行动支持我写作的、已逝世的妻子陈礼璯，是她在重病缠身之际，仍鼓励编者完成此次的修订工作，才使我有勇气克服困难，完成本书。

张肃文

2004年9月于武汉大学

第三版序言

本书第二版于1988年获得首届全国高等学校优秀教材奖与电子部优秀教材特等奖。本版是在第二版的基础上，根据国家教委1987年批准公布的《电子线路(Ⅰ)(Ⅱ)课程教学基本要求》和"1991年国家教委电子线路课程教学指导小组扩大会议"有关修订教学基本要求的精神，进行了全面修订。力求做到《基本要求》所提出的：既保留长期教学的基本经验，又体现教学改革精神；既有学科上的科学性与系统性，又有教学上的灵活性。修订的主导思想是在保持第二版风格的前提下，压缩和删减第二版中要求过高、讨论过细的内容；本着贯彻以集成电路为主的原则，适当增加集成电路方面的内容，删减某些过时的分立元件电路，全书篇幅较第二版有了较大的压缩。主要变动情况如下：

（1）将第二版的第四章"非线性与时变参量电路的分析方法"、第九章"混频"有机地合并为"非线性电路、时变参量电路和变频器"一章；将原第七章"振幅调制"、第八章"调幅信号的解调"有机地合并为"振幅调制与解调"一章；将原第十一章"角度调制"、第十二章"调角信号的解调"合并为"角度调制与解调"一章。目的是减少重复，使内容更好地衔接。

（2）将原第十三章"反馈控制电路与频率合成技术"分解为"反馈控制电路"和"频率合成技术"二章，使内容安排更为合理。

（3）"正弦波振荡器"一章进行全面改写。

（4）根据高等教育出版社管理与电子编辑室遵照国家标准所编纂的《有关电子技术图形符号和文字符号的资料》一书中有关规定，对全书的图形符号和文字符号进行了全面订正。

（5）增删了部分习题与思考题。对答案重新订正。

（6）为方便读者使用本书，书末增加了名词索引。

本书的修订工作由张肃文、陆兆熊二位同志担任，其中第二、三、四、五章由陆兆熊执笔，其余各章均由张肃文执笔，并负责全书的统稿主编工作。

本版由谢嘉奎教授主审，提出了许多宝贵意见。武汉大学和华中理工大学电子线路课程的教师与广大读者和兄弟院校教师都对本版的修订十分关心，提出具体的修改意见。谨对上述所有同志表示诚挚的谢忱。

本书虽几经修订，但错误与不妥处仍可能存在，恳请使用本书的师生和广大读者不吝指正。

编　者

1992年4月于武汉

第二版序言

本书是在第一版基础上，按照 1980 年 6 月在成都召开的教育部电工教材编审委员会扩大会议所审定的高等工业学校《电子线路（Ⅰ）（Ⅱ）教学大纲（草案）》（四年制无线电技术类专业试用）修订而成的。在修订过程中，遵循"打好基础，精选内容，逐步更新，利于教学"的原则，对第一版中的某些内容进行了较大的调整与删改。主要有以下各点：

（1）删除了大纲中没有的"回路与器件的高频性能"和"脉冲与数字调制"两章。

（2）电子管内容全部删除。

（3）将原来分散在各章中的参量放大、参量倍频与混频等内容合并为"参变现象与时变电抗电路"一章，并进行了修改，补充了思考题与习题。

（4）根据打好基础、精选内容的原则，对第二章至第十三章分别进行了不同程度的删改与补充。例如，第二章篇幅作了较大的压缩，突出了单调谐回路谐振放大器的主线；第十一章改写了调频原理；第十三章改为以锁相环路为主，并将有关的反馈电路集中在这一章，使内容安排更为合理；等等。

（5）对各章的思考题与习题进行了增删与调整，重新核算了全部答案，改正了第一版中的某些错误。

（6）在压缩篇幅、删除烦冗部分的同时，也增补了某些必需的内容，例如回路的时延特性、表面波滤波器等。

（7）对全书符号进行了统一整理，使之合理化，与《低频电子线路》所用符号保持一致，并尽可能符合国内外的习惯用法。例如，第一版中用 E、e、u、U、v、V 等符号代表电压，本版则统一用 V、v 来表示，并以下标字母的大小来表示各种不同情况的电压[①]。此外，输出功率 $P_\sim$ 改为 $P_\circ$，以与习惯用法相符，直流功率 P_0 则改为 $P_=$，以免混淆。

（8）鉴于谐振回路与耦合回路的内容在先行课程中没有保证，而这部分又是本课必不可少的内容，因而增写了这一章，供各校根据实际情况选用。

由于无线电电子学的飞跃发展，新理论、新电路、新器件、新工艺层出不穷，

---

① 例如，V_C 代表集电极电压直流分量，v_C 代表集电极瞬时总电压（包括直流与交流），V_c 代表集电极的交流电压分量的振幅，v_c 则代表集电极交流电压分量的瞬时值。其余可以类推。

日新月异,但同时某些基本理论与基本电路则并未过时,例如,谐振回路与耦合回路仍然是组成高频电子线路必不可少的部分;放大、振荡、频率变换(包括调制与解调)的原理依然未变,因而电子线路内容与学时之间的矛盾日益尖锐。如何坚决贯彻"打好基础,精选内容,逐步更新,利于教学"的原则,对于本课来说,就显得更加必要。本版力图遵循这一原则,但限于我们的思想认识与业务能力,做得还是很不够的,有待今后继续努力。

本书的修订工作由张肃文、陆兆熊、王筠三同志担任,张肃文同志为主编。具体执笔分工如下①:

张肃文:绪论,第五、七、十一、十三章;

陆兆熊:第二、三、八、九、十二章与第一章前半部分;

王筠:第四、六、十章与第一章后半部分。

本书第一版经兄弟院校试用,提出了许多宝贵意见,为修订工作提供了可靠的第一手资料。修订稿承西北电讯工程学院李纪澄、陆心如等同志审阅,定稿前又由编委会电子线路编审小组委托编委谢嘉奎同志复审。他们都认真负责地进行了审阅,提出了许多宝贵意见,使书稿质量得以提高。对以上的单位和同志,我们谨致衷心的谢忱。

本书虽几经校订,但错误与不妥处仍可能存在。恳请使用本书的师生和广大读者不吝指正。意见请寄高等教育出版社电工无线电编辑室转交。

编　者

1983 年 8 月于武汉

---

① 原书第一版编者之一姚天任同志在本书修订期间,出国学习,故未参加修订工作。

第一版序言

本书是根据 1977 年 11 月在合肥召开的高等学校工科基础课电工、无线电类教材编写会议所审定的"高频电子线路教材编写大纲"编写的,经 1978 年 12 月在武汉召开的高频电子线路教材审稿会议审查通过。

全书共十四章,即:绪论、回路与器件的高频特性、高频小信号放大器、非线性电路的分析方法、高频功率放大器、正弦波振荡器、振幅调制、振幅解调、变频、干扰与噪声、角度调制、调频信号的解调、脉冲与数字调制、频率合成与锁相技术。

在章节安排上,有如下的考虑:第一章绪论简略介绍无线电信号传输的基本原理,为以后各章之间的有机联系建立初步概念。第二章回路与器件的高频特性,研究高频电子线路中所常用的回路元件与半导体器件的高频特性,作为以后各章的基础。接着第三章,讨论高频小信号放大器。第四章扼要介绍分析非线性电路的各种方法,作为学习高频功率放大器、振荡器、调制、解调、变频等章的预备知识。为了便于学习,将振幅调制与解调、角度调制与解调分成四章(第七、八章与第十一、十二章),并将变频、干扰与噪声两章紧接在振幅解调一章之后,成为第九章与第十章。第十三章脉冲与数字调制介绍各种脉冲与数字调制的基本原理,可作为学习数字通信部分内容的初步。由于频率合成技术的应用日益广泛,因此本书最后一章介绍了各种频率合成的方法,并围绕频率合成所用的锁相环路,进行初步的分析,介绍了锁相环路的若干应用。

各章均以晶体管电路为主,适当兼顾场效应管电路与集成电路。

在内容选择上,除注意基本理论外,各章均尽可能引入一些比较新的内容。例如,第二章介绍了 S 参数和不定导纳矩阵;第五章介绍了晶体管和电子管丁类放大器;第六章介绍了用极零图分析振荡电路的方法;第七章介绍了差分对乘积调制器;第九章介绍了分裂式环混与差分对混频器;第十一章介绍了三角波调频、模拟计算机调频;第十二章介绍了符合门鉴频器;等等。

在各章的内容安排上,与传统的写法比较也作了某些变动。例如,第七章振幅调制,习惯上是先讲高电平调幅,再讲低电平调幅,并以高电平调幅为主;本书则改为先讲低电平调幅,再讲高电平调幅,并以低电平调幅为主。又如干扰与噪声,过去是分散在有关章节中讨论的。我们从过去的教学实践中感到有些问题难以处理,所以现在将它们集中为一章,紧接于变频一章之后。

各章有相对的独立性,例如第十三、十四两章,可根据各校的不同情况予以选用,或完全不用。这并不影响全书的完整性。各章加＊号部分为选读或自学内容。每章之末附有思考题与习题,并列举了有关参考资料。

本书遵照国家标准计量局办公室 1977 年 12 月 15 日印发的《国际单位制及使用方法》将过去所通用的微微法改为皮法(pF)、千兆赫改为吉赫(GHz)、毫微亨改为纳亨(nH)、姆欧(跨导单位)改为西门子(S)。书中插图符号基本上遵照第四机械工业部 1965 年颁发的部标准 SJ137—65。

本书由张肃文主编,各章执笔分工如下:

第一、五、七、十四章由张肃文执笔;

第二、三、八、九、十章由陆兆熊执笔;

第四、十一、十二、十三章由姚天任执笔;

第六章由王筠执笔。

高频电子线路是无线电技术类各专业的一门主要技术基础课,它的任务是研究高频电子线路的基本原理与基本分析方法,以单元电路的分析和设计为主。为了加强基础理论,避免重复与脱节,华中工学院无线电技术教研室在 1965 年就曾对本专业的课程设置进行过改革,将原来的发送设备、接收设备与无线电技术基础的非线性部分合并为一门高频电路课,并编了讲义。1971 年以后,又在此基础上全面改写了三次,在我院几届学生及有关工厂技术员训练班中使用。这次则是根据合肥会议的大纲重新编写的。在编写过程中我们力求做到:努力运用辩证唯物主义观点阐明本学科的规律;内容要精简,删除陈旧烦琐的内容,讲清基本概念、基本原理和基本方法,同时又要尽可能反映本门学科国内外的先进科学技术水平;贯彻理论联系实际的原则,培养学生分析问题和解决问题的能力。但是,限于我们的水平,本书距离上述要求还差得很远。

本书初稿承主审单位浙江大学姚庆栋、梁慧君、刘锐、曹琴华、陈瑶琴等同志审阅,提出了许多宝贵的修改意见。参加武汉审稿会议的北方交通大学、西北电讯工程学院、北京工业学院、成都电讯工程学院、天津大学、南京工学院、大连工学院、北京邮电学院、南京邮电学院、太原工学院、哈尔滨工业大学、北京航空学院、国防科技大学、上海交通大学、大连海运学院、合肥工业大学等十余所兄弟院校的代表提出了许多宝贵的修改意见。华南工学院五系 501 教研组曾对编写大纲提出了书面意见。在修改定稿过程中,华南工学院冯秉铨教授以及西北电讯工程学院李纪澄、陆心如、杜武林等同志在百忙中审阅了部分章节,提出了不少宝贵意见。

在历次编写与修订本书的过程中,我们曾参考了许多兄弟院校的有关讲义,并得到了 710、712、714、761、769、707 等工厂及 1017、1919 等研究所的热情帮助。

本书是在华中工学院各级领导的大力支持和热情关怀下编写成的。无线电技术教研室葛果行同志曾参加本书编写大纲(初稿)的拟定,并审阅了书稿的部分章节;罗辉映同志及高频电子线路教学小组的全体同志参加了对书稿的审阅工作;郑玉棠和刘章玉两同志绘制了全书插图。

对于上述所有单位和同志,我们谨致以衷心的感谢。

由于我们的思想水平与业务水平不高,加之编写时间紧迫,所以书中谬误与不妥之处在所难免。诚恳希望国内专家与读者提出批评指正,意见请寄武昌华中工学院无线电工程系或人民教育出版社大学室转交。

编 者

1979 年 5 月

符 号 表

A	平均放大倍数(电流或电压);面积
A_0	无反馈甲类放大倍数(小信号放大倍数)
A_f	有反馈放大器的放大倍数
AFC	自动频率控制
AGC	自动增益控制
A_m	m 级放大器的总增益
A_{m0}	m 级放大器谐振时的总增益
A_v	放大器电压增益(放大倍数)
A_{v0}	放大器在谐振点的电压增益
A_{vc}	变频器电压增益
A_p	放大器功率增益
A_{pc}	变频器功率增益
A_{pH}	额定功率增益
ASK	振幅键控
b(bit)	比特
B	波特
B	电纳
BW	放大器通频带;已调波占据的频带宽度
BDPSK	二相差分移相键控
BPSK(2PSK)	二相移相键控
C	电容
C_b	耦合电容;旁路电容
$C_{b'c}$	集电结电容
$C_{b'e}$	发射结电容
C_c	耦合电容
C_{ch}	充电电容(鉴相器用的)
C_d	总的不稳定电容(分布电容);隧道二极管结电容;记忆电容 (鉴相器用的)
C_D	扩散电容
C_{ds}	场效应管漏–源极间电容
C_{dg}	场效应管漏–栅极间电容
C_e	发射极旁路电容;电抗管的等效电容
C_{gs}	场效应管栅–源极间电容

C_i	晶体管输入电容
C_{ie}	晶体管共发电路输入电容
C_j	势垒电容;变容二极管结电容
C_L	负载电容
C_L	线圈固有电容
C_M	安装电容
C_M	耦合电容
C_o	晶体管输出电容
C_0	石英晶体静电容
C_{oe}	晶体管共射电路输出电容
C_p	并联电容值
C_R	电阻的固有电容
C_s	串联电容值
C_t	微调电容
C_Σ	总电容
C_ϕ	去耦电容
ΔC_d	总的不稳定电容 C_d 变化量
ΔC_{ie}	C_{ie} 的变化量
ΔC_{oe}	C_{oe} 的变化量
d	导线直径;传输线间距离;电容器两极板间的距离;晶体片尺寸(厚度)
DPSK	差分移相键控
E_A	天线感应电动势
EDA	电子设计自动化
f	频率
f_0	串联谐振频率
f_i	中频频率
f_K	组合频率
f_l	可变振荡器频率;基带信号频谱的最低频率
f_{max}	最高振荡频率,最高可用频率,最高谐振频率
f_{min}	最低谐振频率
f_n	干扰频率
f_{0m}	标准频率源的 m 次谐波频率
f_p	并联谐振频率;石英晶体并联谐振频率
f_s	石英晶体串联谐振频率
f_R	参考(标准)振荡频率
f_S	抽样频率或抽样速率
f_T	特征频率

f_V	压控振荡器频率
f_α	α 截止频率
f_β	β 截止频率
Δf	频率误差（绝对频偏）
Δf_H	AFC 系统的同步带或抑制带
Δf_n	等效噪声带宽
Δf_p	AFC 系统的捕捉带
$2\Delta f_{0.1}$	放大器增益降至谐振点的 10% 的频带
$2\Delta f_{0.7}$（或 BW）	放大器通频带
F	调制信号频率；检波器滤波系数；反馈系数
F_{max}	低频高端频率
F_{min}	低频低端频率
F_n	噪声系数
$F(s)$	滤波器的传输函数
FSK	移频键控
g	内电导
g_o	晶体管折线化跨导；变频跨导
$g_{b'e} = \dfrac{1}{r_{b'e}}$	发射结电导
$g_{ce} = \dfrac{1}{r_{ce}}$	集电极输出电导
g_{cr}	临界线斜率
g_d	动态线斜率；二极管导通时的电导
$-g_n$	隧道二极管动态负导
g_{ds}	场效应管的内电导
g_{fs}	场效应管正向跨导
g_i	场效应管输入电导
g_{ic}	变频器输入电导
g_{in}	输入电导
g_m	晶体管跨导；差分对放大器跨导
g_{m0}	差分对放大器跨导（线性区）
g_{oc}	变频器输出电导
g_s	信号源内电导
$g_1(\theta)$	波形系数
g_Σ	总电导
G	外电导
G_L	负载电导
G_p	谐振回路并联电导
$G(\omega) = g(\mathrm{W/Hz})$	输入噪声功率谱密度

h_{fb}	共基极晶体管电流放大系数
h_{fe}（即 β）	共发射极晶体管电流放大系数
h_{ie}	共发射极晶体管输入阻抗
h_{oe}	共发射极晶体管输出导纳
$h'_{oe}=h_{oe}+\dfrac{1}{R'_p}$	计及负载电导时的放大器输出电导
h_{re}	共发射极晶体管反向电压传输系数
$H(s)$	锁相环路闭环传输函数
$H(\omega)$	网络传输函数
i	瞬时电流
i_B	基极电流瞬时值
i_C	集电极电流瞬时值
i_{Cmax}	集电极电流最大值
$\overline{i_{cn}^2}$	集电极噪声电流源
$i_{C\Omega}$	集电极电流调制频率分量
i_d	检波二极管电流
i_E	发射极电流瞬时值
$\overline{i_{en}^2}$	发射极噪声电流源
i_i	中频电流
i_k	回路高频电流瞬时值
i_n	干扰电流，噪声电流
$\overline{i_n}$	噪声电流平均值
$\overline{i_n^2}$	噪声电流均方值
i_s	信号电流
I_A	天线电流
I_{C0}	集电极电流直流分量
I_{cm1}	集电极电流基波分量
I_{cmn}	集电极电流 n 次谐波分量
I_{Cp}	并联回路电容支路电流（谐振时）
I_{c0av}	调制信号一周期内的集电极电流平均值
I_{C0max}	集电极电流直流分量的最大值（调幅峰点）
I_{C0T}	未调制时集电极电流的平均值（载波状态）
I_{cm1max}	集电极电流基波分量的最大值（调幅峰点）
I_{cm1min}	集电极电流基波分量的最小值（调幅谷点）
I_D	场效应管漏极电流
I_{DSS}	场效应管 $V_{GS}=0$ 时的饱和电流
I_{E0}	发射极直流电流
I_{G0}	栅极电流直流分量

I_{im}	入射电流;电流中频分量的振幅
I_k	回路高频电流
I_{L_p}	并联回路电感支路电流(谐振时)
I_P	隧道二极管峰值电流
I_s	信号电流源
I_S	饱和电流
I_V	隧道二极管谷值电流
I_Ω	音频分量电流
IC	集成电路
$J_n(m_f)$	以 m_f 为参数的 n 阶第一类贝塞尔函数
k	玻耳兹曼常数;回路耦合系数;比例常数
k_a	振幅调制比例常数
k_c	临界耦合系数
k_d	波段覆盖系数;鉴频器电压传输系数
k_f	交叉调制系数;频率调制比例常数
k_L	低通滤波器电压传输系数
k_p	相位调制比例常数
K	比例常数
$K = K_V K_d$	锁相环路总增益
K_{AFC}	AFC 系统的自动微调系数
K_d	检波器的电压传输系数;鉴相器传输函数(灵敏度)
K_f	波形失真系数,非线性失真系数
K_I	积分器传输系数
K_l	插入损耗
K_M	乘法器传输系数
K_n	噪声改善因数
K_N	预加重-去加重电路噪声改善因数
K_{pc}	二极管混频器的功率传输系数
K_r	矩形系数
K_V	压控振荡器增益(灵敏度)
K_{vc}	二极管混频器的电压传输系数
l	长度
L	电感
L_0	线圈形状系数;引线电感
L_{11}	一次回路总电感
L_{22}	二次回路总电感
L_b、L_b'	基极引线电感
L_c	集电极引线电感

L_e	发射极引线电感;石英谐振器回路的等效电感;电抗管的等效电感
L_K	加速电感
L_q	石英晶体等效串联电感
L_R	电阻的固有电感
L_0	电容的固有电感
$2L$	二端陶瓷滤波器
$3L$	三端陶瓷滤波器
$4L$	四端陶瓷滤波器
m	电子质量
m_a	调幅系数,调幅度
m_f	调频指数
m_p	调相指数
M	互感;固定分频比
M_c	最佳全谐振时的互感
n	线圈匝数;倍频次数;电容器极板数目;接入系数的倒数
N	线圈匝数;可变分频比
N_i	输入噪声功率
N_o	输出噪声功率
$\dfrac{N}{S}$	噪声信号比
p	接入系数
p_{be}	基极-发射极相耦合的接入系数
p_{ce}	集电极-发射极相耦合的接入系数
$p_n(\Delta\omega)$	相对噪声功率频谱密度函数
P	功率;概率
P_c	集电极耗散功率
P_{cav}	调制一周期内集电极平均耗散功率
P_{cmax}	调幅峰点的集电极耗散功率
P_{CM}	集电极最大允许耗散功率
P_{cT}	载波状态(未调制)的集电极耗散功率
P_i	中频信号输出功率
P_{id}	检波器的输入高频功率
$P_{m,n}$	频率 $f_{m,n}$ 分量的功率
P_n	噪声功率;额定噪声功率
P_{ni}	输入端噪声功率
P'_{ni}	输入端额定噪声功率
P_{no}	输出端噪声功率
P'_{no}	输出端额定噪声功率

$P_n(\Delta\omega)$	噪声功率频谱密度函数
P_s	信号源功率
P_{si}	输入端信号功率
P'_{si}	输入端额定信号功率
P_{so}	输出端信号功率
P'_{so}	输出端额定信号功率
$P_=$	直流输入功率
$P_{=av}$	调制一周期内平均输入直流功率
$P_{=max}$	调幅峰点的直流输入功率
$P_{=T}$	载波状态(未调制)的直流输入功率
P_o	交流输出功率
P_{omax}	调幅峰点的交流输出功率
P_{0T}	载波状态(未调制)的交流输出功率
PCB	印制电路板
PSK	移相键控
q	电子电荷量
Q	电感(或回路)品质因数;静态工作点;电容所带的电荷量
Q_C	电容器品质因数
Q_e	石英晶体并联等效电路的品质因数
Q_K	加速电感 L_K 的 Q 值
Q_L	回路(或电感)有载品质因数
Q_p	并联谐振回路的品质因数
Q_q	石英晶体的品质因数
Q_0	回路(或电感)空载品质因数;串联谐振回路品质因数
QAM	正交调幅
QPSK(4PSK)	四相移相键控
r	动态电阻;内电阻
$r_{bb'}$	基极电阻(基区纵向电阻或基区扩散电阻)
$r_{b'c}$	集电结电阻
$r_{b'e}$	发射结电阻
r_{ce}	集电极输出电阻
r_{ds}	场效应管漏极电阻
r_{i2}	检波器后级输入电阻
$-r_n$	动态负电阻
$-r_{nd}$	隧道二极管动态负电阻
r_q	石英晶体等效串联电阻
R	电阻
R_A	天线辐射电阻

R_b	基极偏置电阻;信息传输速率
R_B	码元传输速率
$R_{c(opt)}$	传输线变压器最佳阻抗
R_d	二极管的交流内阻
R_e	发射极电阻;线圈导线有效电阻
R_f	反射电阻
R_{id}	检波器等效输入电阻
R_L	负载电阻
R_m	磁损耗电阻
R_p	并联回路(空载)谐振电阻;并联电阻
R'_p	并联回路(有载)谐振电阻
R_s	信号源内阻;串联电阻
R_T	热敏电阻
$R(t)$	接收信号波形
R_0	线圈导线直流电阻
R_ϕ	去耦电阻
R_Ω	被调级的等效阻抗;检波器总负载电阻
s	拉普拉斯算子
S	检波特性直线段斜率;放大器稳定系数;导线截面积;极板面积;散射参数
S/B	二次击穿
S_C	变容二极管 C_j-v_R 曲线的斜率
S_d	鉴频特性斜率
S_i	输入端噪声功率谱密度
S_m	调制特性斜率
S_o	输出端噪声功率谱密度
$S(t)$	开关函数
$S(\omega)$	噪声功率谱密度
t	时间;温度(℃)
t_f	脉冲后沿下降时间
t_r	脉冲前沿上升时间
T	绝对温度(K)
T_A	天线等效噪声温度
T_i	噪声温度
T_s	码元宽度
TFSK	时频调制
TFPSK	时频相调制
v	瞬时电压;速度

v_b	基极交流电压
v_B	基极瞬时电压
v_{Bmax}	基极瞬时电压最大值
$v_{b\Omega}$	基极调制电压
$\overline{v_{bn}^2}$	基极噪声电压源
v_c	集电极交流电压;VCO 控制电压
v_C	集电极瞬时电压;检波器输出电压
v_{Cmax}	集电极瞬时电压最大值
v_{Cmin}	集电极瞬时电压最小值
$\overline{v_{cn}^2}$	集电极噪声电压源
$v_{c\Omega}$	集电极调制电压
v_d	鉴相器输出电压;检波管电压降
$\overline{v_{en}^2}$	发射极噪声电压源
v_i	中频电压;输入信号电压
v_n	干扰电压;噪声电压
$\bar{v}_n$	噪声电压平均值
$\overline{v_n^2}$	噪声电压均方值
$\sqrt{\overline{v_n^2}}$	噪声电压有效值
v_R	参考晶振电压瞬时值,变容二极管反向偏压
v_s	交流信号电压瞬时值
v_V	VCO 电压瞬时值
v_Ω	调制电压瞬时值;低频电压瞬时值
V	伏[特]
V_{bm}	基极交流电压振幅
V_{BB}	基极直流电压
V_{BEZ}	自给偏压稳定值
V_{BT}	被调级基极偏压
V_{BZ}	起始电压(截止偏压)
V_{cm}	集电极交流电压振幅;集电极回路谐振电压振幅;频率合成器的主信号振幅
V_C	被调级集电极有效电源电压(包括调制电压)
V_{CC}	集电极直流电压
V_{CE}	集电极与发射极之间的直流电压
V_{cM}	集电极电压最大值
V_{CT}	被调级集电极直流电压
$V_{CE(sat)}$	集电极饱和压降
V_{C0}	串联谐振回路电容电压

VCO	电压控制振荡器
V_D	PN 结势垒电势
V_{DD}	漏极直流电压
V_{DS}	场效应管漏源电压
V_f	反馈信号电压
V_{FZ}	起振后的稳定振幅
V_{GS}	场效应管栅源电压
$V_{GS(off)}$	场效应管夹断电压
$V_{GS(th)}$	场效应管开启电压
V_{im}	输入信号电压的振幅
V_{L0}	串联谐振回路电感电压
V_M	电压最大值
V_{om}	输出电压振幅;本振电压振幅
V_R	参考晶振电压振幅;电阻 R 两端的电压
V_{sm}	信号电压振幅
V_t	限幅门限电压
V_V	VCO 电压振幅
V_0	载波电压振幅
V_Ω	低频电压振幅;调制电压振幅
$V_\sim$	中频纹波电压
W	电容器储存能量
X	电抗
X_e	石英谐振器回路的等效电抗
X_f	反射电抗
y'	共射–共基级联电路复合管参数
y''	共集–共基级联电路复合管参数
y_f	正向传输导纳
y_{fe}	共射电路正向传输导纳
y_{fg}	共栅场效应管正向传输导纳
y_{fs}	共源场效应管正向传输导纳
y_i	输入导纳
y_{ie}	共射电路输入导纳
y_{ig}	共栅场效应管输入导纳
y_{is}	共源场效应管输入导纳
y_o	输出导纳
y_{oe}	共射电路输出导纳
y_{og}	共栅场效应管输出导纳
y_{os}	共源场效应管输出导纳

y_r	反向传输导纳
y_{re}	共射电路反向传输导纳
y_{rg}	共栅场效应管反向传输导纳
y_{rs}	共源场效应管反向传输导纳
Y_F	反馈导纳
$\overline{y}_{fe}$	平均正向传输导纳
Y_i	放大器输入导纳
Y_{ie}	变频器输入导纳
Y_{in}	输入导纳
Y_L	负载导纳
Y_{oe}	变频器输出导纳
Z	归一化非线性特性因子
Z_i	输入阻抗
Z_o	输出阻抗
Z_c	传输线特性阻抗
Z_f	反射阻抗
Z_L	负载阻抗
Z_p	并联回路阻抗
Z_{p1}	并联回路基频阻抗
α_C	电容温度系数
$\alpha_n(\theta_c)$	余弦脉冲分解系数
$\alpha(t)$	寄生调幅系数
β	晶体管共射电路电流放大系数(h_{fe})
β_0	晶体管共射电路低频电流放大系数
γ	变容二极管电容变化系数;传输线传播常数 $=\beta+j\alpha$
$\gamma_1(\theta_c)=\alpha(\theta_c)(1-\cos\theta_c)$	余弦脉冲分解系数的另一形式
δ	衰减系数;相对频率稳定度 $\dfrac{\Delta f}{f}$;调制信号相移误差;介质损失角
δ_n	负阻尼系数
$\delta(t)$	单位冲激函数
δ_φ	均方根相位抖动
δ_Ω	均方根频率抖动
Δ	载波相移误差;量化间隔或量化级距
ε	介电常数
ε_0	真空介电常数
ε_r	相对介电常数
ζ	锁相环路阻尼系数

η	效率;耦合因数$(=k\sqrt{Q_1 Q_2})$
η_{av}	调制信号一周期内的平均效率
η_c	集电极效率;临界耦合因数
η_k	中介回路传输效率
η_{max}	调幅峰处的效率
η_T	载波点的效率
θ	电流通角;传输线电长度
θ_c	集电极电流通角
θ_e	发射极电流通角
$\theta_e(t)$	瞬时相位差
θ_m	寄生调相最大值
$\overline{\theta_n^2}$	$\theta_n(t)$的均方值
$\theta(t)$	瞬时相位;寄生调相
$\theta_n(t)$	噪声随机函数(相移)
θ_R	参考晶振的初相
θ_V	压控振荡器的初相
$\Delta\theta(t)$	瞬时相位偏移或相位偏移
λ	波长
μ	磁导率
μ_0	起始磁导率
μ_r	相对磁导率
ξ	一般失谐(广义失谐);电压利用系数
ρ	特性阻抗;电阻系数;体电荷密度
ρ_q	石英谐振器的波阻抗
σ	电导率;噪声电压v_n的均方根值
σ_n	频率稳定度
τ	脉冲宽度;时间常数
τ_L	快捕时间
τ_p	捕捉时间
φ_d	少数载流子在基区内的滞后相角
φ_F	反馈系数F的相角
φ_{Vb}	基极电压传输系数相角
φ_Y	Y_{fe}的相角
$\varphi_{YF}=\varphi_Y+\varphi_F$	
φ_Z	Z_{p1}的相角
φ_{Zi}	晶体管基极输入阻抗相角
φ_β	电流放大系数β的相角
$\Phi(t)$	相位噪声

$\Phi_n(\omega)$	$\theta_n(t)$ 的功率频谱密度函数
χ	比例常数
ψ	渡越角
ω	角频率
ω_c	滤波器截止角频率;频率合成器的主信号频率
ω_i	中频角频率
ω_n	锁相环路固有角频率
ω_p	石英谐振器并联谐振角频率;并联谐振频率
ω_q	石英谐振器串联谐振角频率
ω_R	参考晶振频率
ω_V	VCO 振荡频率
ω_0	载波角频率;固有角频率;VCO 初始角频率
$\omega(t)$	瞬时频率
$\Delta\omega$	最大频移或频偏
$\Delta\omega_H$	锁相环路的同步带
$\Delta\omega_L$	锁相环路的快捕带
$\Delta\omega_m$	寄生频偏
$\Delta\omega_p$	锁相环路的捕捉带
$\Delta\omega_0$	锁相环路的固有频差(起始频差)
$\Delta\omega_\Omega$	均方根频率漂移
$2\Delta\omega_s$	占据频带
Ω	调制信号角频率

下标符号

A	天线的
av	平均的
b	基极的
c	集电极的;折线化的
d	动态的;漏极的
e	发射极的
f	正向的
F	反馈的
g	栅极的(场效应管)
i	输入的;中频的
k	回路的
max	最大的
min	最小的
n	噪声的;干扰的
N	中和的

o	输出的
opt	最佳的
p	并联的
q	石英晶体的
q′	陶瓷片的
r	反向的
s	信号的;饱和的;串联的
S	源极的;抽样的
T	载波状态的(未调制的)
Ω	低频分量的
0	载波的

目　　录

第1章 绪 论

§1.1 无线电通信发展简史

电学的发展肇始于 18 世纪晚期至 19 世纪早期。在以发明者伏特(A. Volta)命名的伏特电池出现后,开始有了直流电路。不久,即出现了低频交流电路。利用法拉第(Faraday)感应定律所制造的发电机(generator)与变压器(transformer),可以更有效地产生与传输交流电能。以后经过斯坦因麦兹(Charles Stienmetz)、爱迪生(Thomas Edison)、西门子(Werner Siemens)和特斯拉(Nikolas Tesla)等科学家的卓越工作,电力的产生与输配电工程发展十分迅速,成为人类生活不可或缺的极重要组成部分。在此基础上,利用电能来传送信息,就成为人们追求的另一目标。

伏特等
科学家介绍

信息传输是人类社会生活的重要内容。从古代的烽火到近代的旗语,都是人们寻求快速远距离通信的手段。直到 19 世纪电磁学的理论与实践已有坚实的基础后,人们才开始寻求用电磁能量传送信息的方法。1837 年莫尔斯(F. B. Morse)发明了电报(telegraph),创造了莫尔斯电码,开创了通信的新纪元。1876 年贝尔(Alexander G. Bell)发明了电话(telephone),能够直接将语言信号变为电能沿导线传送。电报、电话的发明,为迅速准确地传递信息提供了新手段,是通信技术的重大突破。电报、电话都是沿导线传送信号的。能否不用导线,在空间传送信号呢? 答复是肯定的,这就是无线电通信。

莫尔斯等
科学家介绍

1864 年英国物理学家麦克斯韦(J. Clerk Maxwell)发表了《电磁场的动力理论》这一著名论文,总结了前人在电磁学方面的工作,得出了电磁场方程,从理论上证明了电磁波(electromagnetic wave)的存在,为后来的无线电发明和发展奠定了坚实的理论基础。1887 年德国物理学家赫兹(H. Hertz)以卓越的实验技巧证实了电磁波是客观存在的。他在实验中证明:电磁波在自由空间的传播速度与光速相同,并能产生反射、折射、驻波等与光波性质相同的现象。麦克斯韦的理论得到了证实。从此以后,许多国家的科学家都在努力研究如何利用电磁波传输信息的问题,这就是无线电通信(radio communication)。其中著名的

麦克斯韦等
科学家介绍

有英国的罗吉（O. J. Lodge），法国的勃兰利（Branly）、俄国的波波夫（А. С. Попов）与意大利的马可尼（Guglielmo Marconi）等。在以上这些人中，以马可尼的贡献最大。他于 1895 年首次在几百米的距离用电磁波进行通信获得成功，1901 年又首次完成了横渡大西洋的通信。从此，无线电通信进入了实用阶段。但这时的无线电通信设备是：发送设备用火花发射机、电弧发生器或高频发电机等；接收设备则用粉末（金属屑）检波器。直到 1904 年，弗莱明（Fleming）发明电子二极管（diode）之后，才开始进入无线电电子学时代。

弗莱明介绍

1907 年李·德·福雷斯特（Lee de Forest）发明了电子三极管（triode），用它可组成具有放大（amplification）、振荡（oscillation）、变频（frequency conversion）、调制（modulation）、检波（detection）、波形变换等重要功能的电子线路，为现代千变万化的电子线路提供了"心脏"器件。因而电子管的出现，是电子技术发展史上第一个重要里程碑。

福雷斯特介绍

1948 年肖克莱（W. Shockley）等人发明了晶体三极管（transistor），它在节约电能、缩小体积与重量、延长寿命等方面远远胜过电子管（electronic tube），因而成为电子技术发展史上第二个重要里程碑。晶体管在许多方面已取代了电子管的传统地位，成为极其重要的电子器件。

肖克莱介绍

1958 年杰克·基尔比和罗伯特·诺顿·诺伊斯将"管""路"结合起来发明了集成电路（integrated circuit），几十年来已取得极其巨大的成就。中、大规模乃至超大规模集成电路的不断涌现，已成为电子线路，特别是数字电路（digital circuit）发展的主流，对人类进入信息社会起了不可估量的推动作用。这可以说是电子技术发展史上第三个重要里程碑。

基尔比等
科学家介绍

从发明无线电开始，传输信息就是无线电技术的首要任务。直到今天，虽然无线电电子学技术领域在迅速扩大，但信息的传输与处理仍然是它的主要内容。高频电子线路（high frequency electronic circuit）所涉及的单元电路都是从传输与处理信息这一基本点出发，来进行研究的。因此有必要在本书的开头概述无线电信号的传输原理，介绍通信系统的组成框图，以便对以后各章单元电路之间的相互联系，获得初步的概念。这将有助于今后的学习。

§1.2 无线电信号传输原理

1.2.1 传输信号的基本方法

信息传输对人类生活的重要性是不言而喻的。最基本的信息传输手段当然是语言与文字。语言与文字的产生和发展,对人类社会的发展起了很大的作用。没有语言,人类就无法进行思维。文字不但能够传输信息,而且能够储存信息。随着人类社会生产力的发展,迫切地要求在远距离迅速而准确地传送信息。我国古代利用烽火传送边疆警报,这可以说是最古老的光通信。以后又出现了"旗语",就是用编码的方法来传输信息。此外,诸如信鸽、驿站快马接力等,也都是人们曾采用过的传输信息的方法。进入 19 世纪以后,人们发现电能够以光速沿导线传播。这为远距离快速通信提供了物质条件。前面提到,莫尔斯发明电报时,创造了莫尔斯电码。在这种代码系统中,用点、划、空的适当组合来代表字母和数字。这可以说是"数字通信"的雏形。

有线电报的基本原理示意图见图 1.2.1(a)。平时,水平杆被弹簧拉到与停止点 u 相接触。按下电键时,电流 i 即通过电磁铁而吸动水平杆,使它与下方的停止点 l 相接触。当电键断开时,电流 i 等于零,电磁铁即失去吸力,水平杆又被弹簧拉回到原来位置。电流流通时间的长短,由电键按下时间来决定,于是得到如图 1.2.1(b)所示的信号电流波形。收报方则因水平杆下击时间的长短,听到"滴"(点)"答"(划)的声音。由预先已知的长短组合次序,就能知道发报方发来的信号代表什么意思。如果水平杆用墨水笔代替,这支笔在被电磁铁吸引时,在一纸条上画线,则这个电报符号将是如图 1.2.1(b)下方所示的长短线条:长划是"答",短划是"滴"。

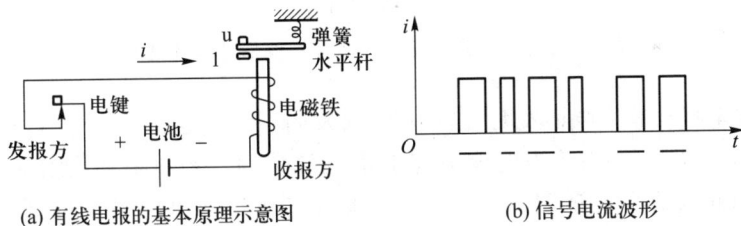

(a) 有线电报的基本原理示意图　　　(b) 信号电流波形

图 1.2.1　有线电报的基本原理图

有线电报是人类利用电能传送信号的最初形式,曾经是极重要的通信手段,当然,原理与构造方面已大为改进了。但近年由于其他通信手段的飞速进步,电报的作用已日趋式微,面临被淘汰的命运。

出现了有线电报之后,人们自然会想到,能否利用电能来传送声音信号呢?要做到这一点,首先就要使声能转变为电能的形式,然后才便于传送出去。将声能转变为电能的换能器叫作"传声器"(microphone)或"话筒",通常也叫"麦克风"。

一个声音往往包含许多不同的频率分量。例如图 1.2.2(a)表示风琴管发出的低音 C 的周期振荡波形图。可以用傅里叶级数(Fourier series)将波形分解成许多不同频率的正弦波分量,得到如图 1.2.2(b)所示的频谱图。由此可见,声波既然是由许多不同频率的正弦波组成的,那么,要想将声频转变为电能,代表电能的电流(或电压)应该具有原来声音所包含的各种频率分量,而且各不同频率分量的振幅比例必须与原来声音中各不同频率分量的振幅比例相同。或者说,音频电流(或电压)的波形必须与原来声音的波形相同(严格地说,还应该加一个条件,即:电与声各频率分量之间的相位关系也必须相同,才能保证二者的波形相同)。话筒就是将声能变为电能的工具。受声音激励的空气传到话筒后,它就产生音频电流。音频电流沿导线传送至远方。在远方受话处,利用耳机(听筒)(earphone)将音频电能恢复为原来的声音。这就是利用有线电话传送信息。

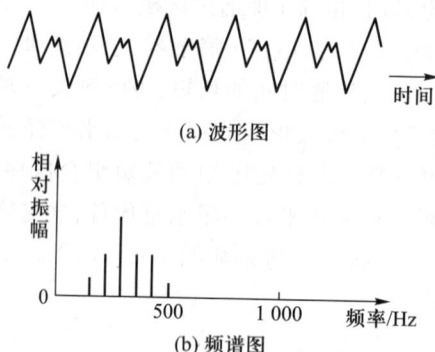

(a) 波形图

(b) 频谱图

图 1.2.2　风琴管所发出的低音 C 波形图与频谱图

有线电报与有线电话发明之后不久,又发明了无线电。

在赫兹以前,人们认为电能只能够沿导线传输。经过前述麦克斯韦的理论推导和赫兹的实验证明,才知道电能也可以在空间以电磁波的形式传输。于是人们自然想到如何实现不用导线来传输信号的问题,从而导致无线电的发明。

一个导体如果载有高频电流,就有电磁能向空间辐射。电磁能是以波的形式向外传播的,称为电磁波。高频率的电流称为载波电流,简称载波(carrier)。这种频率称为载波频率或射频。载有载波电流,使电磁能以电磁波形式向空间发射的导体,称为发射天线(transmitting antenna)。如果我们设法用电报或电话信号控制载波电流,则电磁能中就含有所要发送的电报或电话信息,这就是无线电信号的发送过程。在接收端,首先由接收天线将收到的电磁波还原为与发送端相似的高频电流。然后经过检波,取出原来的电报或电话信号。这就完成了无线电通信。图 1.2.3 所示为通信系统组成框图。对于无线电通信来说,图中的传输媒质为自由空间。如果传输媒质为电缆或光纤,就组成了有线载波通信系统,其中传输媒质为光纤(optical fiber)的通信系统又称为光纤通信。

图 1.2.3　通信系统组成框图

1.2.2　无线电信号的产生与发射

从上面的简略叙述可知,要完成无线电通信,首先必须产生高频率的载波电流,然后设法将电报或电话信号"加到"载波上去。在无线电技术中采用振荡器(oscillator)来产生高频电流。振荡器可以看作是将直流电能转变为交流电能的换能器。振荡器是无线电发送设备的基本单元。为了发送电报信号,可以加一个电键来控制供给振荡器的直流电源,即得到如图 1.2.4(a)所示的无线电报发射机方框图。电源接通时,振荡器产生高频电流 i;电源断开时,振荡器没有高频电流送出。这样,就得到如图 1.2.4(b)所示的高频电流波形。高频电流送至发射天线,转变为电磁波发射出去。电磁波中就包含了所要传送的电报信号。

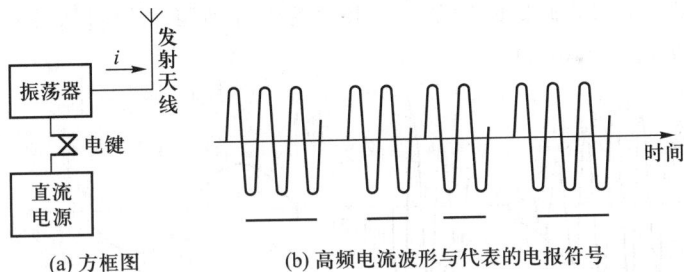

(a) 方框图　　　　　(b) 高频电流波形与代表的电报符号

图 1.2.4　无线电报发射机的基本原理图

实际上,为了提高振荡器的频率稳定度和增加输出功率,在振荡器之后往往还要加缓冲级与放大级,将发射功率提高到所需数值,再发射出去。电键一般也不是直接控制振荡器,而是控制振荡器以后的某一级。由于受控电流大,往往超过电键的载流能力,常用电键控制一个电流放大器(键控管),由键控管来控制发射机中某一级电流的通断。这样,就得到如图 1.2.5 所示的方框图。

在发射电话信号时,必须将声音电流加在高频电流上。这个过程称为调制(modulation)。高频电流好比"交通工具",载着声音信号向空间辐射。所以高频电流叫作载波。调制的方法大致分为两大类:连续波调制与脉冲波调制。

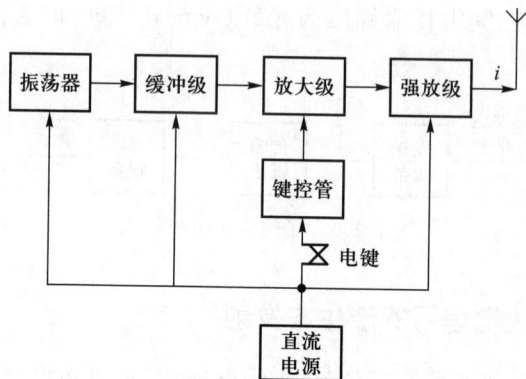

图 1.2.5 振幅键控无线电发射机方框图

一个载波电流(或电压)$A\sin(\omega t+\varphi)$有三个参数可以改变,即:① 振幅 A;② 频率 $\omega/(2\pi)$[①];③ 初相角 φ。利用声音信号电压(或其他待传送的信号)来改变这三个参数中的某一个,就是连续波调制。由此可知,连续波调制可以有三种方式:调幅(amplitude modulation,简称 AM)、调频(frequency modulation,简称 FM)与调相(phase modulation,简称 PM)。现简述如下:

1. 调幅

载波频率与相角不变,载波的振幅则按照信号的变化规律变化,例如图 1.2.6(a)就是正弦波调幅的波形。高频振幅变化所形成的包络波形就是原信号的波形[见图 1.2.6(b)]。

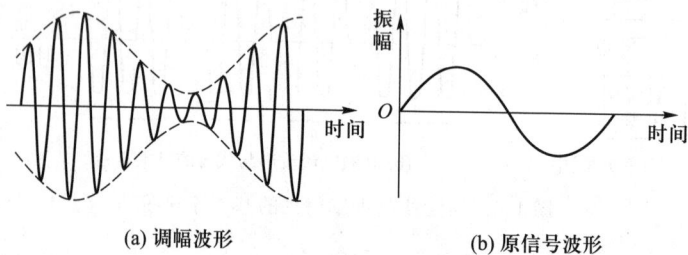

(a) 调幅波形　　　　　　　　　　(b) 原信号波形

图 1.2.6 正弦波调幅波形

2. 调频

载波振幅不变,载波的瞬时频率则按照信号的变化规律变化。图 1.2.7(a)表示正弦波调频的波形,图 1.2.7(b)则表示它的瞬时频率变化的波形。

---

① 通常 ω 称为角频率,$f=\omega/(2\pi)$ 称为频率。为了方便,在本书中有时对 ω 与 f 不再加以区分,而统称为频率。

图表：电压(电流)随时间变化的调频波形

(a) 调频(调相)波形

图表：瞬时频率(或相位)随时间变化波形

(b) 瞬时频率(或相位)波形

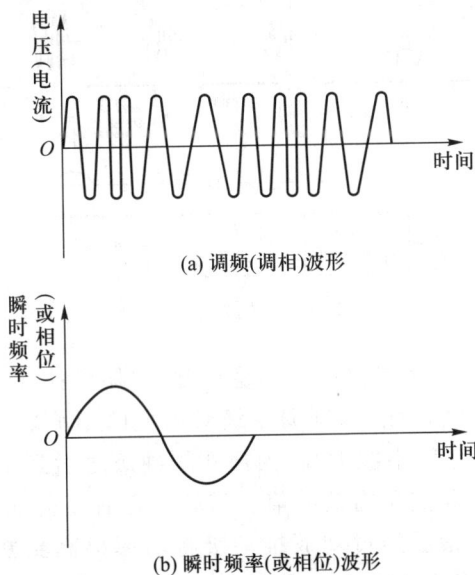

图 1.2.7 正弦波调频(调相)波形

3. 调相

载波振幅不变,载波的瞬时相位则按照信号的变化规律变化。以后(第 8 章)我们将知道,瞬时相位的变化总会引起瞬时频率的变化,并且任何相位变化的规律都有与之相对应的频率变化的规律。因此,从瞬时波形看,很难区分调相与调频,正弦波调相波形也如图 1.2.7 所示。由于以上的原因,调频和调相有时统称为调角。当然,调频与调相还是有根本区别的,这将在第 8 章详细讨论。

另一大类调制是脉冲调制(pulse modulation)。这种调制要首先使脉冲本身的参数(脉冲振幅、脉冲宽度与脉冲位置等)按照信号的规律变化,亦即使脉冲本身先包含信号,然后再用这个已调脉冲数字信号对载波进行调制。这就是脉冲调制的过程。由此可见,脉冲调制是双重调制:第一次是用信号去调制脉冲;第二次是用这已调脉冲对载波进行调制,也称为数字调制(digital modulation),这就是所谓二级(二次)调制。这将在第 9 章讨论。

以上简要地介绍了调制的主要形式。现在以图 1.2.8 的调幅发射机(transmitter)方框图为例,说明发射机的主要组成部分。通常,它应包括三个组成部分:高频部分、音频部分和电源部分。由于电源对发射机的工作原理没有影响,故图中略去了这一部分。

高频部分一般包括主振荡器(master oscillator)(简称主振)、缓冲放大器[简称缓冲(buffer)]、倍频器(frequency doubler)(不一定需要)、中间放大器、功放推动级与末级功放[受调放大器(modulated amplifier)]。主振的作用是

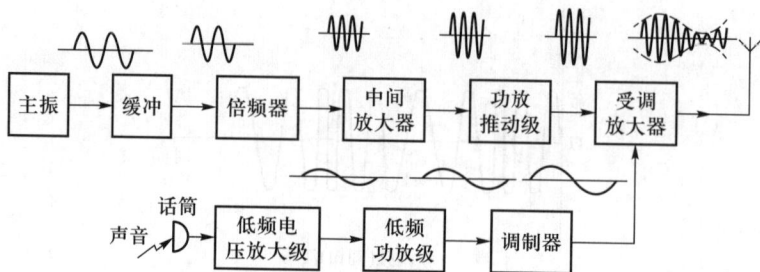

图 1.2.8　调幅发射机方框图

产生频率稳定的载波。为了提高频率稳定度，主振级往往采用石英晶体振荡器，并在它后面加有缓冲级，以削弱后级对主振的影响。如果载波的频率较高，则由于晶体频率一般不能太高，因而在缓冲级之后还应加一级或若干级倍频器，以使频率提高到所需的数值。倍频级之后还需加若干级放大器，以逐步提高输出功率，最后经过功放推动级将功率提高到能推动末级功放的电平。末级功放则将输出功率提高到所需的发射功率电平，经过发射天线辐射出去。

低频部分包括话筒（或拾音器、录音带等）、低频电压放大级、低频功率放大级与末级低频功率放大级。低频信号通过逐级放大，在末级功放（调制器）处获得所需的功率电平，以便对高频末级功率放大器进行调制。因此，末级低频功率放大级也叫调制器（modulator），末级高频功率放大级则称为受调放大器（modulated amplifier）。

为了形象地说明上述工作原理，图 1.2.8 中绘出了各部分的波形图。

1.2.3　无线电信号的接收

无线电信号的接收过程正好和发送过程相反。在接收处，先用接收天线（receiving antenna）将收到的电磁波转变为已调波电流，然后从已调波电流中检出原始的信号。这一过程正好和发送过程相反，称为解调（demodulation）［接收调幅信号时，解调也叫检波（detection）］。最后再用听筒或扬声器（喇叭）将检波取出的音频电流转变为声能，人就听到了发射机处发送的语言、音乐等信号。因此，最简单的接收机就是一个检波器，如图 1.2.9 所示。

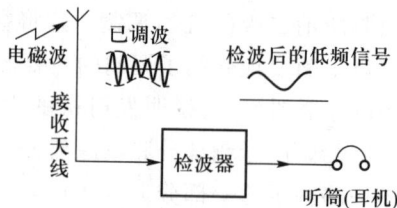

图 1.2.9　最简单的接收机

但是，接收天线所收到的电磁波很弱。为了提高接收机的灵敏度，可在检波器之前加一级至几级高频小信号放大器,然后再检波。检波之后,再经过适当的低频放大,最后送到扬声器或耳机中转变为声音。这样就得到如图 1.2.10 所示的接收机方框图,图中给出了相应各部分的波形图。这种接收机是将接收到的高频信号直接放大后再检波,因而称为直接放大式接收机。这种接收机的缺点是,对于不同的频率,接收机的灵敏度(sensitivity,即接收弱信号的能力)和选择性(selectivity,即区分不同电台的能力)变化较剧烈,而且灵敏度因为受到高频放大器不稳定的影响,不能过高。由于上述缺点,所以现在已很少使用这种接收机。现在的接收机几乎全是超外差式接收机(superheterodyne receiver)。

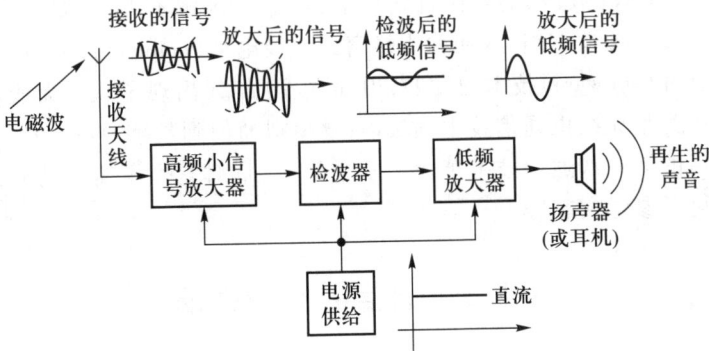

图 1.2.10 直接放大式接收机方框图

图 1.2.11 是超外差式接收机的方框图。从天线收到的微弱高频信号 v_1 先经过一级或几级高频小信号放大器(这部分往往也可以省略不用)放大为 v_2。然后送至混频器与本地振荡器所产生的等幅振荡电压 v_3 相混合,所得到的输出电压 v_4 包络线形状不变,仍与原来的信号波形相似,但载波频率则转换为 v_2 与 v_3 两个高频频率之差(或和)。这叫作中频。中频电压 v_4 再经中频放大器放大为 v_5,送入检波器,得检波输出电压 v_6。最后 v_6 再经低频放大器放大为 v_7,送到扬声器(或耳机)中转变为声音信号。

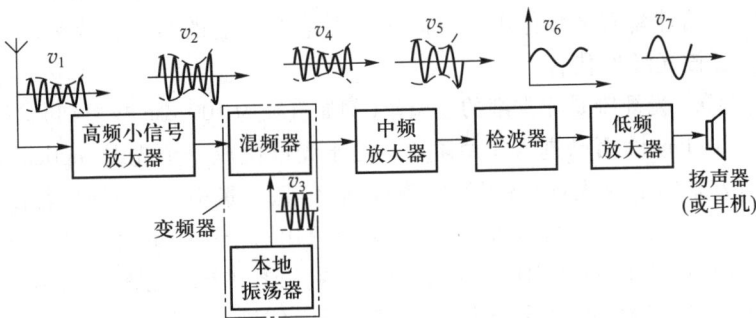

图 1.2.11 超外差式接收机方框图

超外差式接收机的核心是混频器部分。混频器(mixer)的作用是将接收到的不同载波频率转变为固定的中频。这种作用就是所谓外差(heterodyne)作用,这也就是超外差式接收机名称的由来。由于中频是固定的,因此中频放大器的选择性与增益都与接收的载波频率无关。这就克服了直接放大式的缺点。混频器和本地振荡器往往共用一个电子器件,合并为一个电路,这时就叫作变频器(converter)。

对于调频等其他调制形式信号的接收,同样也采用超外差式的原理,只是解调的方法有所不同。这些方法属于第 8 章的内容。

目前应用极为广泛的手机,就是将收、发系统安装在一个机器内。它们工作于微波(microwave)波段,信号作直线传播,覆盖的区域不大,需要多个基站,组成蜂窝状的传播覆盖网络,因而称为蜂窝式无线电话(cellular phone)。

由于软件(software)技术的发展,20 世纪 90 年代出现了软件无线电通信技术。它被视为是无线电通信技术领域内,继模拟通信到数字通信、固定通信到移动通信之后的第三次通信技术革命。本书第 12 章对它做了简要的介绍。有兴趣的读者可看参考文献[3]。

§1.3 通信的传输媒质

信号从发送到接收中间要经过传输媒质。根据传输媒质的不同,可以分为有线通信与无线通信两大类。有线通信所用的传输媒质有:双线对电缆、同轴电缆、光纤(光缆)等;无线通信的传输媒质是自由空间。

① 双线对电缆(double wire cable) 由若干对双线组成电缆,每对线是一个传输路径。为了减少串话,每对线应扭绞起来。这种传输媒质主要用于频率较低时的载波电话和低速数据通信。

② 同轴电缆(coaxial cable) 当频率较高时,由于趋肤效应,导线电阻增加,而且辐射损失上升,因而不宜采用双线对。采用同轴电缆可以解决上述两个问题。而且若干小电缆组成一个大电缆时,各小电缆之间不会产生串话,因为电缆外面的金属外套有屏蔽作用。因此信号沿电缆传输的衰减大为减小。目前,同轴电缆已被光缆所代替。

③ 光纤 光纤维是非常细的玻璃丝(例如直径为 100 μm 或更细),其衰耗已降低到 1 dB/km,因而已进入实用阶段。若干光纤组成一个光缆(optical cable)。这种通信方式的主要优点是:工作频率极高,信息容量极大。例如,若使用波长为 0.3 μm 的光波时,其频率为 10^{15} Hz,如果只用这个频率的百分之一作为工作频率,则带宽可达 10 000 GHz。在这一带宽内,可容纳 33 亿路电话,由此可见一斑。进入 20 世纪 80 年代后,各国竞相将光纤通信投入实用,光缆已开始取代传统的电缆。我国在光纤通信研究方面也有长足的进展。武汉市在 1982 年建立

了连接武昌和汉口的 13.7 km 光纤通信电路,成为我国第一个采用光纤通信的城市①。现在全国各地已建成上万公里的光缆网络。光纤通信已成为通信的主流。

无线通信的传输媒质是自由空间,上节举的例子都是无线通信。电磁波从发射天线辐射出去后,经过自由空间到达接收天线的传播途径可分为两大类:地波(ground wave)与天波(sky wave)。

地波又可分两种:一种是地面波,电磁波沿地面传输,如图 1.3.1(a)所示;另一种是空间波,这时要求发射天线与接收天线离地面较高,接收点的电磁波由直射波与地面反射波合成,如图 1.3.1(b)所示。

天波是经过离地面 100 km 至 500 km 的电离层(ionosphere)反射后,传送到接收点的电磁波,如图 1.3.1(c)所示。

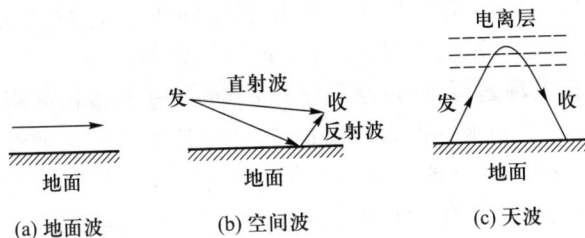

图 1.3.1　电磁波传播的几种方式

沿地面传播的无线电波叫地面波。由于地球表面是有电阻的导体,当电磁波在它上面行进时,有一部分电磁能量被消耗;而且频率越高,地面波损耗亦越大。因此,地面波传播适于采用长波和超长波。由于地面的导电性能在短时间内没什么变化,故地面波的传播特性稳定可靠。在无线电技术的发展初期,选用工作波长越来越长的主要原因即在于此。即使到了今天,长波和超长波的稳定传播特性仍然受到应有的重视。

随着工作频率的逐渐升高,地面波的损耗逐渐增大,同时,电离层对电波反射的影响开始出现。

那么,什么是电离层呢?

我们知道,包围地球的大气层的空气密度是随离地面高度的增加而减小的。一般在离地面 20 km 以下,空气密度比较大,所有的大气现象——风、雨、雪等,都是在这一区域内产生的。大气层的这一部分就叫作对流层(troposphere)。在离地面 50 km 以上,空气已经很稀

杨恩泽介绍

① 当时在武汉邮电科学研究院担任总工程师的杨恩泽教授用这条光纤电路给笔者打了第一次电话。这条国内第一条光纤线路就是在杨教授的主持下建成的。

薄,同时太阳辐射与宇宙射线辐射等作用已很强烈,因而空气产生电离。这些被电离了的空气,它们的电离密度是成层分布的,所以叫作电离层。这些电离层由距地面高度从低到高,分别称为 D 层、E 层、F 层等。

电磁波到达电离层后,一部分能量被电离层吸收,一部分能量被反射和折射返回地面,形成图 1.3.1(c)所示的天波。由于惯性关系,频率越高,电子和离子的振荡幅度就越小,因而它们吸收的能量也就越小。从这一点看,利用电离层通信,宜于采用较高的频率。但另一方面,随着频率的增高,电波穿入电离层也越深。当频率超过一定值(临界值)后,电磁波会穿透电离层,不再返回地面。因此,利用电离层通信,可供采用的频率也不能过高,一般只限于短波波段。

频率继续升高,进入超短波段后,地面波衰减极大,天波又会穿透电离层,不能返回地面。这时只能采用如图 1.3.1(b)的空间波方式进行通信。显然,这种通信方式只能限于视线距离范围内,例如电视广播即属此类。

近年来,人们发现超短波(以至微波)也能够传送到很远的距离。这是利用对流层(或电离层)对电波的散射作用,使这些电波能够传播到大大超过视线距离的地区。这就是对流层(或电离层)散射通信。散射通信已成为在超短波以至微波波段远距离通信的有力手段。此外,利用人造卫星传送信号已是极主要的通信方式。

20 世纪 60 年代以来,模拟通信已大量使用 2～10 GHz 频段。因此,数字微波系统的发展集中到更高的频率,11 GHz 与 19 GHz 频段已在启用。但在这样高的频率时,大气层中的氧气与水蒸气对信号的吸收,成为严重问题,必须考虑。

电磁波的传播情况很复杂,它不属于本课程的范围,以上只对它做了极为简略的介绍,以便能对它建立一个初步概念,作为学习高频电子线路的预备知识。表 1.3.1 概括地说明了无线电波波段的划分、传播特性与主要用途、所适用的传输媒质等,供参考。

表 1.3.1　无线电波波段划分表

级　　别	频率范围	波长范围①	传 播 特 性	主要用途	传输媒质
甚低频 (VLF) (very low frequency)	10～30 kHz (现已很少用)	30 000～ 10 000 m (超长波)	每日及每年的衰减都极低,特性极稳定可靠	高功率、长距离、点与点间的通信,连续工作	双线 地波

---

① 利用公式 $c=f\lambda$ 可以求出与不同频率 f 相对应的波长(wave length)λ。此处 c 为光速,等于 3×10^8 m/s。

续表

级　　别	频率范围	波长范围	传　播　特　性	主要用途	传输媒质
低频 （LF） （low frequency）	30～300 kHz	10 000～ 1 000 m （长波）	夜间传播特性与VLF相同，但稍不可靠。白天，对电波的吸收大于VLF。频率越高，吸收越大，而且每日与每季均有变化	长距离点与点间的通信，船舶助航用	双线 地波
中频 （MF） （medium frequency）	300～ 3 000 kHz （535～ 1 605 kHz 为广播波段）	1 000～ 100 m （中波）	夜间衰减低，白天衰减高，夏天衰减比冬天大。长距离通信不如低频可靠，频率越高，越不可靠	广播、船舶通信、飞行通信、警察用无线电、船港电话	电离层反射同轴电缆地波
高频 （HF） （high frequency）	3～30 MHz	100～10 m （短波）	远距离通信完全由上空电离层来决定，因此每日、每时与每季都有变化。情况良好时，远距离传播的衰减极低。但情况不好时，则衰减极大	中距离及远距离的各种通信与广播	电离层反射同轴电缆
甚高频 （VHF） （very high frequency）	30～300 MHz	10～1 m （米波段）	特性与光线相似，直线传播，与电离层无关（能穿透电离层，不被其反射）	短距离通信、电视、调频、雷达、导航	天波（电离层与对流层散射）同轴线
超高频 （UHF） （ultra high frequency）	300～3 000 MHz	100～10 cm （分米波段）	与 VHF 相同	短距离通信、雷达、电视、散射通信、流星余迹通信	视线中继传输对流层散射

续表

级　别	频率范围	波长范围	传播特性	主要用途	传输媒质
特高频 （SHF） （super high frequency）	3 000 ～ 30 000 MHz	10 ～ 1 cm （厘米波段 或微波）	与 VHF 相同	短距离通信、波导通信、雷达、卫星通信	视线中继传输视线穿透电离层传输
极高频	30 ～ 300 GHz	1 ～ 0.1 cm	与 VHF 相同	射电天文学、雷达	视线传输
自红外线 至紫外线	5×10^{11} ～ 5×10^{16} Hz	6×10^{-2} ～ 6×10^{-7} cm	与 VHF 相同，水蒸气和氧气可吸收	光通信	光纤

参 考 文 献

第2章 选频网络

各种形式的选频网络在高频电子线路中得到广泛的应用,它能选出我们需要的频率分量和滤除我们不需要的频率分量,因此掌握各种选频网络的特性及分析方法是很重要的。

通常,在高频电子线路中应用的选频网络分为两大类。第一类是由电感和电容元件组成的振荡回路(也称谐振回路),它又可分为单谐振回路及耦合谐振回路;第二类是各种滤波器,如 LC 集中滤波器、石英晶体滤波器、陶瓷滤波器和声表面波滤波器等。

本章重点讨论第一类谐振回路,对第二类滤波器,因应用日益广泛,也给予一定重视。所讨论的各种电路形式和特性以及计算所得结论将在后面几章中直接应用。

§2.1 串联谐振回路

2.1.1 基本原理

图 2.1.1(a)是由电感 L、电容 C、电阻 R 和外加电压 $\dot{V}_s$ 组成的串联谐振回路。此处 R 通常是指电感线圈的损耗;电容的损耗可以忽略。

先研究上述电路的阻抗 Z,由图 2.1.1 可知

$$Z = R + j\left(\omega L - \frac{1}{\omega C}\right) = |Z| e^{j\varphi} \tag{2.1.1}$$

$$|Z| = \sqrt{R^2 + \left(\omega L - \frac{1}{\omega C}\right)^2} \tag{2.1.2}$$

$$\varphi = \arctan \frac{\omega L - \dfrac{1}{\omega C}}{R} \tag{2.1.3}$$

回路的电抗 $\qquad\qquad X = \omega L - \dfrac{1}{\omega C}$

回路电流 $\qquad\qquad \dot{I} = \dfrac{\dot{V}_s}{Z} = \dfrac{\dot{V}_s}{R + j\left(\omega L - \dfrac{1}{\omega C}\right)} \tag{2.1.4}$

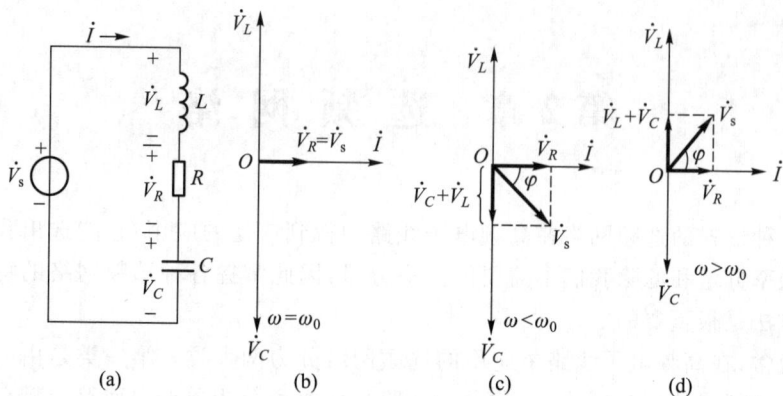

图 2.1.1 串联谐振回路及其矢量图

X 随 ω 变化的曲线如图 2.1.2 所示。由图可见,当 $\omega<\omega_0$ 时,$X\neq 0$,$|Z|>R$;因为 $X<0$,所以串联谐振回路阻抗是容性的,其辐角 φ 为负值。当 $\omega>\omega_0$ 时,$X\neq 0$,$|Z|>R$;因为 $X>0$,所以串联谐振回路阻抗是感性的,其辐角 φ 为正值。在 $\omega=\omega_0$ 时,$X=0$,$|Z|=R$,且 $\varphi=0$,串联谐振回路阻抗为纯电阻 R,且为一最小值,这时称为串联谐振(series resonance)。在串联谐振时有

$$\omega_0 L-\frac{1}{\omega_0 C}=0$$

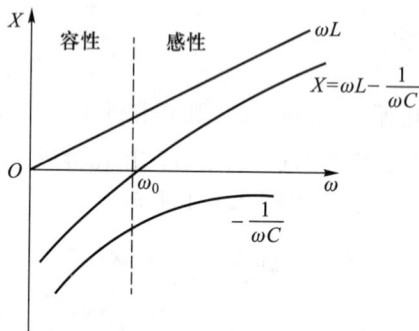

图 2.1.2 串联谐振回路电抗与频率的关系(X 随 ω 变化的曲线)

因此得到串联谐振频率为

$$\omega_0=\frac{1}{\sqrt{LC}}, \quad f_0=\frac{\omega_0}{2\pi}=\frac{1}{2\pi\sqrt{LC}} \tag{2.1.5}$$

此时

$$|Z|_{f=f_0}=R=|Z|_{\min}$$

回路电流则达到最大值,且与外加电压 $\dot{V}_s$ 同相,有

$$\dot{I}_0=I_{\max}=\frac{\dot{V}_s}{R} \tag{2.1.6}$$

如果 R 很小，则此时的电流将很大，这是串联谐振的特征。

在谐振时，L 与 C 上的电压 $\dot{V}_{L0}$ 与 $\dot{V}_{C0}$ 大小相等，相位正好相差 $180°$，外加电压 $\dot{V}_s$ 等于 R 上的电压降 $\dot{V}_R$。此时的矢量图见图 2.1.1(b)。

当 $\omega < \omega_0$ 时，$\omega L < \dfrac{1}{\omega C}$，因此 $|\dot{V}_L| < |\dot{V}_C|$。此时的矢量图见图2.1.1(c)，$\dot{I}$ 超前于 $\dot{V}_s$，$\varphi < 0$。

当 $\omega > \omega_0$ 时，$\omega L > \dfrac{1}{\omega C}$，因此 $|\dot{V}_L| > |\dot{V}_C|$。此时的矢量图见图2.1.1(d)，$\dot{I}$ 滞后于 $\dot{V}_s$，$\varphi > 0$。

根据上面的讨论，可以得出当外加电压 $\dot{V}_s$ 为常数时，串联谐振回路的几个特性如下：

① 在谐振时，$\dot{Z} = R$，$\varphi = 0$，电路电流达到最大值。

② 在谐振时，$\omega_0 L = \dfrac{1}{\omega_0 C}$，因而

$$\dot{V}_{L0} = \dot{I}_0 \mathrm{j}\omega_0 L = \frac{\dot{V}_s}{R}\mathrm{j}\omega_0 L = \mathrm{j}\frac{\omega_0 L}{R}\dot{V}_s = \mathrm{j}Q\dot{V}_s \tag{2.1.7}$$

$$\dot{V}_{C0} = \dot{I}_0 \frac{1}{\mathrm{j}\omega_0 C} = -\mathrm{j}\frac{1}{\omega_0 CR}\dot{V}_s = -\mathrm{j}Q\dot{V}_s \tag{2.1.8}$$

式中，$Q = \dfrac{\omega_0 L}{R} = \dfrac{1}{\omega_0 CR}$，称为回路的品质因数（quality factor）。以上二式表明，在谐振时，电感 L 或电容 C 两端的电位差等于外加电压 V_s 的 Q 倍。高频电子线路采用的 Q 值很大，往往为几十至几百，所以这时电感或电容两端的电位差要比 V_s 大几十到几百倍。例如若 $V_s = 100$ V，$Q = 100$，则在谐振时，L 或 C 两端的电压高达 $10\ 000$ V。因此，在串联谐振回路中，必须考虑元件的耐压问题。这是串联谐振时所特有的现象。所以串联谐振又称为电压谐振（voltage resonance）。

③ 在谐振点及其附近，电路电阻 R 是决定电流大小的主要因素；但当频率远离谐振点时，$\left| \omega L - \dfrac{1}{\omega C} \right| \gg R$（限于 Q 较大的情形），所以这时电路电流的大小几乎和电阻 R 的大小没什么关系。又已知回路 Q 值与 R 成反比，R 越大，Q 越小。这样，即可根据式(2.1.4)绘出在不同 R 值时的电流与频率的关系曲线，如图 2.1.3 所示。由图可知，Q 愈高（即 R 愈小），谐振时的电流越大，曲线越尖锐。在远离谐振频率处，电流的大小几乎相等，R 对它们的影响很小。

在实用电路中，电路的电阻 R 主要是线圈 L 的电阻，所以整个回路的 Q 值

可以认为就是线圈的 Q 值。由于 R 的值通常因为导线的趋肤效应等随频率升高,因而线圈的 Q 值在频率变化范围不太大时,约略保持不变。通常只是利用谐振频率附近的特性,频率变动范围不大,所以图 2.1.3 的曲线参数注明 Q 值,而不注 R 的值。

在实际应用中,通常外加信号 $\dot{V}_s$ 的频率是固定不变的,这时要用改变回路电感 L 或电容 C 的办法,使回路达到谐振,这称为回路对外加电压的频率调谐。这时的回路称为调谐回路。

2.1.2 串联谐振回路的谐振曲线和通频带

图 2.1.3 所示的回路电流幅值与外加电压频率之间的关系曲线称为谐振曲线。

由式(2.1.4)与式(2.1.6)可得

$$\frac{\dot{I}}{\dot{I}_0}=\frac{R}{R+\mathrm{j}\left(\omega L-\dfrac{1}{\omega C}\right)}=\frac{1}{1+\mathrm{j}\dfrac{\omega_0 L}{R}\left(\dfrac{\omega}{\omega_0}-\dfrac{\omega_0}{\omega}\right)}=\frac{1}{1+\mathrm{j}Q\left(\dfrac{\omega}{\omega_0}-\dfrac{\omega_0}{\omega}\right)} \quad (2.1.9)$$

它的模为

$$\frac{I}{I_0}=\frac{1}{\sqrt{1+Q^2\left(\dfrac{\omega}{\omega_0}-\dfrac{\omega_0}{\omega}\right)^2}} \quad (2.1.10)$$

根据式(2.1.10)可画出串联谐振回路的谐振曲线,如图 2.1.4 所示。Q 越高,谐振曲线越尖锐,对外加电压的选频作用越显著,回路的选择性就越好。为了衡量谐振曲线的尖锐程度,先研究在谐振点附近的曲线。在实际应用中,外加电压的频率 ω 与回路谐振频率 ω_0 之差 $\Delta\omega=\omega-\omega_0$ 表示频率偏离的程度,$\Delta\omega$ 称为失谐(失调)(detuning)。在式(2.1.10)中,当 ω 与 ω_0 很接近时,有

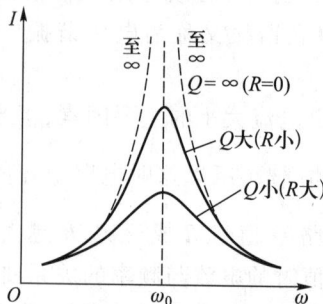

图 2.1.3 外加电压为常数时,
不同 R 值时的电流与频率的关系曲线

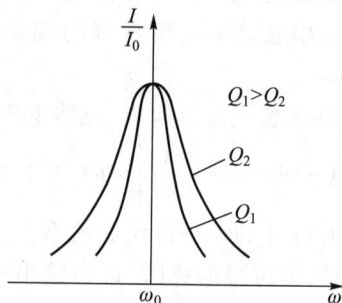

图 2.1.4 串联谐振回路的谐振曲线

$$\frac{\omega}{\omega_0} - \frac{\omega_0}{\omega} = \frac{\omega^2 - \omega_0^2}{\omega_0 \omega} = \left(\frac{\omega + \omega_0}{\omega}\right)\left(\frac{\omega - \omega_0}{\omega}\right) \approx \frac{2\omega}{\omega}\left(\frac{\omega - \omega_0}{\omega_0}\right)$$

$$= 2\left(\frac{\omega - \omega_0}{\omega_0}\right) = 2\frac{\Delta\omega}{\omega_0}$$

因此,式(2.1.10)可写成

$$\frac{I}{I_0} \approx \frac{1}{\sqrt{1 + \left(Q\frac{2\Delta\omega}{\omega_0}\right)^2}} \tag{2.1.11}$$

所以

$$\frac{\omega L - \frac{1}{\omega C}}{R} = \frac{X}{R} \approx Q\frac{2\Delta\omega}{\omega_0} = Q\frac{2\Delta f}{f_0} \tag{2.1.12}$$

在上式中,$Q\frac{2\Delta\omega}{\omega_0}$仍旧具有失谐的含义,所以称 $Q\frac{2\Delta\omega}{\omega_0}$ 为广义失谐(generalized detuning)(或称一般失谐),用 ξ 表示。因此,式(2.1.11)可写成

$$\frac{I}{I_0} = \frac{1}{\sqrt{1 + \left(\frac{X}{R}\right)^2}} \approx \frac{1}{\sqrt{1 + \xi^2}} \tag{2.1.13}$$

式(2.1.13)称为通用形式的谐振特性方程式。应该指出,此式只适用于 ω 与 ω_0 很接近,即小量失谐的情况。根据此式可绘出通用的谐振曲线,如图 2.1.5 所示。它可适用于任何不同参数的串联谐振回路。

为了衡量谐振回路的选择性(selectivity),引入通频带(passband)的概念。

当回路的外加信号电压的幅值保持不变,频率改变为 $\omega = \omega_1$ 或 $\omega = \omega_2$ 时,回路电流等于谐振值的 $1/\sqrt{2}$ 倍,此时的角频率 ω_1、ω_2 称为边界角频率,如图 2.1.6 所示。$\omega_2 - \omega_1$ 称为回路的通频带,其绝对值为

$$2\Delta\omega_{0.7} = \omega_2 - \omega_1 \quad \text{或} \quad 2\Delta f_{0.7} = f_2 - f_1 \tag{2.1.14}$$

式中,ω_1(或 f_1)和 ω_2(或 f_2)为通频带的边界角频率(或边界频率)。在通频带的边界角频率 ω_1 和 ω_2 上,$I/I_0 = 1/\sqrt{2}$。这时,回路中所损耗的功率为谐振时的一半(功率与回路电流的平方成正比例),所以这两个特定的边界频率又称为半功率点。由于 ω_1、ω_2 和 ω_0 很接近,即 $2\Delta\omega \ll \omega_0$,所以可用式(2.1.12)和式(2.1.13)计算。

由式(2.1.13)可见,在半功率点处,广义失谐 $\xi = \pm 1$。

由式(2.1.12)可见,在通频带的边界角频率处,广义失谐分别为

$$\xi_2 = 2\frac{\omega_2 - \omega_0}{\omega_0}Q = 1, \quad \xi_1 = 2\frac{\omega_1 - \omega_0}{\omega_0}Q = -1$$

将上两式相减,并加以整理可得通频带的表示式为

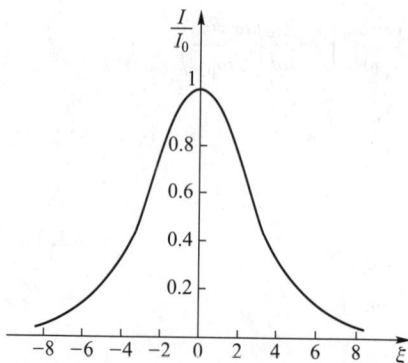

图 2.1.5 串联谐振回路通用谐振曲线

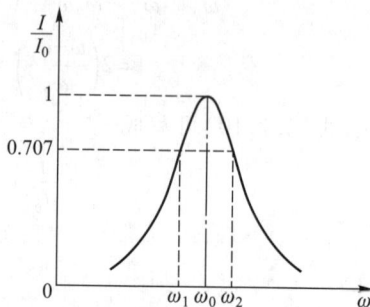

图 2.1.6 串联谐振回路的通频带

$$2\Delta\omega_{0.7} = \frac{\omega_0}{Q} \quad 或 \quad 2\Delta f_{0.7} = \frac{f_0}{Q} \tag{2.1.14a}$$

由上式可见,通频带与回路的 Q 值成反比,Q 愈高,谐振曲线愈尖锐,回路的选择性愈好,但通频带愈窄。

例 2.1.1 设某一串联谐振回路的谐振频率为 600 kHz,它的 $L = 150\ \mu H$, $R = 5\ \Omega$。试求其通频带的绝对值和相对值。

解
$$Q = \frac{\omega_0 L}{R} = \frac{2\pi \times 600 \times 10^3 \times 150 \times 10^{-6}}{5} \approx 113$$

通频带的绝对值
$$2\Delta f_{0.7} = \frac{f_0}{Q} = \frac{600}{113}\ kHz \approx 5.32\ kHz$$

通频带的相对值
$$\frac{2\Delta f_{0.7}}{f_0} = \frac{1}{Q} \approx 8.85 \times 10^{-3}$$

例 2.1.2 如果希望回路通频带 $2\Delta f_{0.7} = 750$ kHz,设回路的品质因数 $Q = 65$。试求所需要的谐振频率。

解 由式 (2.1.14a) 得
$$f_0 = 2\Delta f_{0.7} Q = 750 \times 10^3 \times 65\ Hz = 48.75\ MHz$$

增大回路电阻,Q 值必然降低。当考虑信号源内阻 R_s 与负载电阻 R_L 后,电路总电阻为 $R + R_s + R_L$,因而串联回路谐振时的等效品质因数 Q_L 为

$$Q_L = \frac{\omega_0 L}{R + R_s + R_L} \tag{2.1.15}$$

可见 $R_s + R_L$ 的作用是使回路 Q 值降低,因而谐振曲线变钝。在极限情况下,如果信号源是恒流电源时,R_s 与 V_s 均趋于无限大,但二者之比却为定值。此时电路的 Q 值降为零,谐振曲线成为一条水平直线,完全失去了对频率的选择能力。图 2.1.7 即表示信号源内阻 R_s 对谐振曲线的影响。

由此可知,串联谐振回路适用于低内阻的电源,内阻越低,则电路的选择性越好。

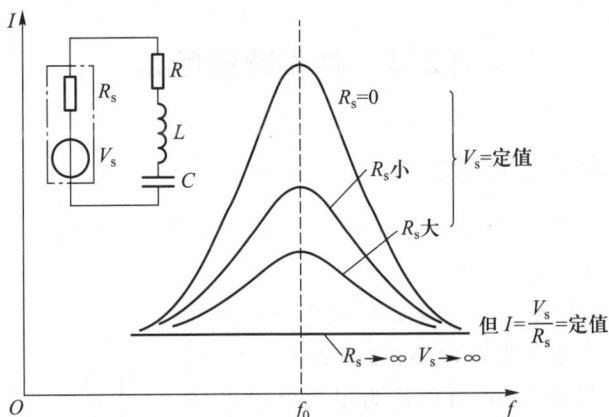

图 2.1.7 信号源内阻对谐振曲线的影响

2.1.3 串联谐振回路的相位特性曲线

串联谐振回路的相位特性曲线是指回路电流相角 ψ 随频率 ω 变化的曲线。由式(2.1.9)与式(2.1.11)可求得回路电流的相位特性曲线表示式为

$$\psi = -\arctan \frac{X}{R} = -\arctan Q\left(\frac{\omega}{\omega_0} - \frac{\omega_0}{\omega}\right) \approx -\arctan Q \frac{2\Delta\omega}{\omega_0} \qquad (2.1.16)$$

与式(2.1.3)相比可得,回路电流的相角 ψ 为阻抗辐角 φ 的负值,即 $\varphi = -\psi$。

在小量失谐时,可用广义失谐 ξ 表示通用形式的相位特性,式(2.1.16)可改写成

$$\psi = -\arctan \xi \qquad (2.1.17)$$

根据式(2.1.16)可以画出具有不同 Q 值的串联谐振回路的相位特性曲线,如图 2.1.8 所示。由图可见,Q 值愈大,相位特性曲线在 ω_0 附近的变化愈陡峭。

根据式(2.1.17)可以画出串联谐振回路通用相位特性曲线,如图 2.1.9 所示。

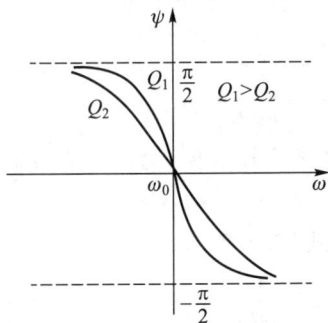

图 2.1.8 具有不同 Q 值的串联谐振回路的
相位特性曲线

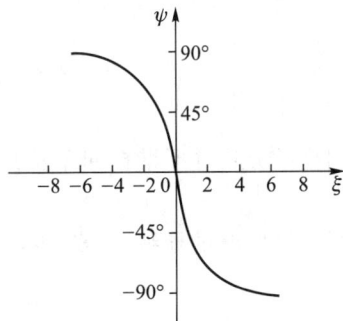

图 2.1.9 串联谐振回路通
用相位特性曲线

§2.2 并联谐振回路

2.2.1 基本原理及特性

上节指出,串联谐振回路适用于低内阻电源(理想电压源)。如果电源内阻大,则宜采用并联谐振回路。

并联谐振回路是指电感线圈 L、电容器 C 与外加信号源相互并联的振荡电路,如图 2.2.1 所示。由于电容器的损耗很小,可以认为损耗电阻 R 集中在电感支路中。

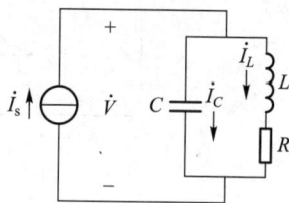

在研究并联谐振回路时,采用理想电流源(外加信号源内阻很大)分析比较方便。在分析时也暂时先不考虑信号源内阻的影响。

图 2.2.1 并联谐振回路

并联谐振回路两端间的阻抗(见图 2.2.1)为

$$Z = \frac{(R+j\omega L)\dfrac{1}{j\omega C}}{R+j\omega L+\dfrac{1}{j\omega C}} = \frac{(R+j\omega L)\dfrac{1}{j\omega C}}{R+j\left(\omega L-\dfrac{1}{\omega C}\right)} \tag{2.2.1}$$

在实际应用中,通常都满足 $\omega L \gg R$ 的条件(下面分析并联回路时,都考虑此条件,除非另加说明)。因此

$$Z \approx \frac{\dfrac{L}{C}}{R+j\left(\omega L-\dfrac{1}{\omega C}\right)} = \frac{1}{\dfrac{CR}{L}+j\left(\omega C-\dfrac{1}{\omega L}\right)} \tag{2.2.2}$$

设外加电流源的电流为 $\dot{I}_s$,则并联回路两端的回路电压为

$$\dot{V} = \dot{I}_s Z = \frac{\dot{I}_s}{\dfrac{CR}{L}+j\left(\omega C-\dfrac{1}{\omega L}\right)} \tag{2.2.3}$$

采用导纳分析并联谐振回路及其等效电路比较方便,为此引入并联谐振回路的导纳。

并联谐振回路的导纳 $Y = G+jB = 1/Z$,由式(2.2.2)得

$$Y = G+jB = \frac{CR}{L}+j\left(\omega C-\frac{1}{\omega L}\right) \tag{2.2.4}$$

式中,$G = \dfrac{CR}{L}$(电导),$B = \left(\omega C-\dfrac{1}{\omega L}\right)$(电纳)。

因此,并联谐振回路电压的幅值为

$$V = \frac{I_s}{|Y|} = \frac{I_s}{\sqrt{G^2 + B^2}} = \frac{I_s}{\sqrt{\left(\dfrac{CR}{L}\right)^2 + \left(\omega C - \dfrac{1}{\omega L}\right)^2}} \qquad (2.2.5)$$

由式(2.2.5)可见,当回路电纳 $B = 0$ 时,$\dot{V}_0 = \dfrac{L}{CR}\dot{I}_s$。此时回路电压 $\dot{V}_0$ 与电流 $\dot{I}_s$ 同相,且 V_0 达到最大值,这叫作并联回路对外加信号频率发生并联谐振(parallel resonance)。

由 $B = \omega_p C - \dfrac{1}{\omega_p L} = 0$ 的并联谐振条件,可以求出并联谐振角频率 ω_p 和谐振频率 f_p 为[①]

$$\omega_p = \frac{1}{\sqrt{LC}}, \quad f_p = \frac{1}{2\pi\sqrt{LC}} \qquad (2.2.6)$$

与串联谐振频率相同。

当 $\omega L \gg R$ 的条件不满足时,谐振频率可从式(2.2.1)中导出。将式(2.2.1)改写成

$$Z = \frac{(R + j\omega L)\dfrac{1}{j\omega C}}{R + j\left(\omega L - \dfrac{1}{\omega C}\right)} = \frac{L}{CR} \frac{1 - j\dfrac{R}{\omega L}}{1 + j\left(\dfrac{\omega L}{R} - \dfrac{1}{\omega CR}\right)}$$

在谐振时,上式必须为实数,因而分母中的虚部和分子中的虚部必须相抵消,即

$$-\frac{R}{\omega_p L} = \frac{\omega_p L}{R} - \frac{1}{\omega_p CR}$$

由此解得准确的并联回路谐振角频率为

$$\omega_p = \sqrt{\frac{1}{LC} - \frac{R^2}{L^2}} \qquad (2.2.7)$$

在满足 $\omega L \gg R$ 条件时,并联谐振回路谐振时的谐振电阻

$$R_p = \frac{1}{G_p} = \frac{1}{\dfrac{CR}{L}} = \frac{L}{CR} \qquad (2.2.8)$$

由上式可见,在谐振时,回路谐振电阻 R_p 为最大值($B = 0$,$Y_p = G_p$ 为最小)。这一特性和串联谐振回路是对偶的,串联谐振回路在谐振时回路电阻呈现最小值。

---

① 本章串、并联谐振频率分别用 f_0 与 f_p 表示。在以后各章中,为简单起见,谐振频率都用 f_0 表示。

和串联谐振回路一样,并联谐振回路的品质因数 Q_p 定义为

$$Q_p = \frac{\omega_p L}{R} = \frac{1}{\omega_p CR} = \frac{1}{R}\sqrt{\frac{L}{C}} \qquad (2.2.9)$$

因此式(2.2.8)也可表示为

$$R_p = \frac{L}{CR} = \frac{\omega_p^2 L^2}{R} = Q_p \omega_p L = Q_p \frac{1}{\omega_p C} = \frac{1}{R\omega_p^2 C^2} \qquad (2.2.10)$$

上式表明,在谐振时,并联谐振回路的谐振电阻等于电感支路或电容支路电抗值的 Q_p 倍。由于通常 $Q_p \gg 1$,所以回路此时呈现很大的电阻。这是并联谐振回路的极重要特性。

并联谐振回路的阻抗只有在谐振时,才是纯电阻并达到最大值。失谐时,并联谐振回路的等效阻抗 Z 包括电阻 R_e 和电抗 X_e。与串联谐振回路相反,当 $\omega > \omega_p$ 时, X_e 呈容性;当 $\omega < \omega_p$ 时, X_e 呈感性。这是因为并联回路的合成总阻抗的性质总是由两个支路中阻抗较小的那一支路所决定。当 $\omega > \omega_p$ 时, $\omega L > \frac{1}{\omega C}$,故总阻抗呈容性;当 $\omega < \omega_p$ 时, $\omega L < \frac{1}{\omega C}$,故总阻抗呈感性。并联谐振回路总阻抗 Z 及其电阻 R_e、电抗 X_e 随频率变化的曲线如图 2.2.2 所示。

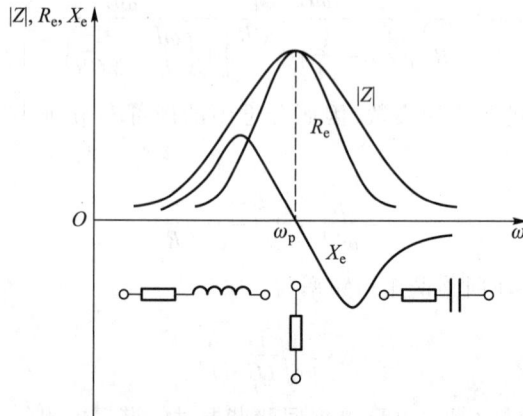

图 2.2.2 并联谐振回路总阻抗 Z 及其电阻 R_e、电抗 X_e 随频率变化的曲线

并联谐振时,电容支路、电感支路的电流 $\dot{I}_{cp}$ 和 $\dot{I}_{Lp}$ 分别为

$$\dot{I}_{cp} = \dot{V}_0 / \frac{1}{j\omega_p C} = j\omega_p C \dot{V}_0 = j\omega_p C I_s Q_p \frac{1}{\omega_p C} = jQ_p \dot{I}_s \qquad (2.2.11)$$

$$\dot{I}_{Lp} = \frac{\dot{V}_0}{R + j\omega_p L} \approx \frac{\dot{V}_0}{j\omega_p L} = \frac{Q_p \omega_p L \dot{I}_s}{j\omega_p L} = -jQ_p \dot{I}_s \qquad (2.2.12)$$

由以上二式可见,并联谐振时,若 $\omega L \gg R$,则电容支路与电感支路的电流大小

相等,但相位正好相差 $180°$,而互相抵消。此时总电流 $\dot{I}_s = \dot{I}_{Cp} + \dot{I}_{Lp}$ 趋近于零,Z_p 成为最大值 R_p。考虑到电感支路电阻 R 的影响,则 $\dot{I}_L$ 滞后于 $\dot{V}_s$ 的角度小于 $90°$,此时的矢量图如图 2.2.3(a)所示。当频率低于谐振频率时,$|\dot{I}_L| > |\dot{I}_C|$,总电流 $\dot{I}_s$ 滞后于 $\dot{V}_0$,故电路阻抗呈感性,矢量图如图 2.2.3(b)所示。当 $\omega > \omega_p$ 时,矢量图如图 2.2.3(c)所示,$\dot{I}_s$ 超前于 $\dot{V}_0$,电路阻抗呈容性。

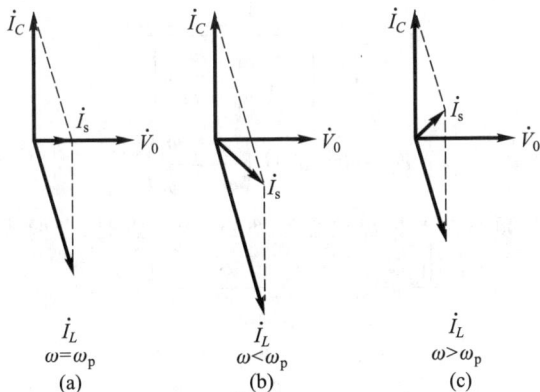

图 2.2.3　并联谐振回路中电流与电压的关系

仔细研究图 2.2.3 可知,在考虑 R 时,Z_p 为纯阻($\dot{I}_s$ 与 $\dot{V}_0$ 同相)与 Z_p 为最大值这两个位置不一定重合。但在 Q 值很大时,则 Z_p 为纯阻且为最大值这两个条件几乎是重合的。

由式(2.2.11)与式(2.2.12)可知,谐振时各支路电流为总电流的 Q_p 倍。因此在谐振时,总电流虽然很小,但谐振电路内部的电流却很大,所以并联谐振又称为电流谐振(current resonance)。这一特点与串联谐振时元件上的电压等于信号源电压 Q 倍的情况也恰成对偶。

2.2.2　并联谐振回路的谐振曲线、相位特性曲线和通频带

由式(2.2.3)可得

$$\dot{V} = \dot{I}_s Z = \frac{\dot{I}_s \dfrac{L}{C}}{R + j\left(\omega L - \dfrac{1}{\omega C}\right)} = \frac{\dot{I}_s \dfrac{L}{CR}}{1 + j\dfrac{\omega L - \dfrac{1}{\omega C}}{R}}$$

$$= \frac{\dot{I}_s R_p}{1 + j Q_p\left(\dfrac{\omega}{\omega_p} - \dfrac{\omega_p}{\omega}\right)}$$

式中，$\dot{I}_s R_p$ 为谐振时的回路端电压 $\dot{V}_0$，所以

$$\frac{\dot{V}}{\dot{V}_0} = \frac{1}{1+jQ_p\left(\dfrac{\omega}{\omega_p} - \dfrac{\omega_p}{\omega}\right)} \tag{2.2.13}$$

由式（2.2.13）可导出并联谐振回路的谐振曲线表示式和相位特性曲线表示式

$$\frac{V}{V_0} = \frac{1}{\sqrt{1+\left[Q_p\left(\dfrac{\omega}{\omega_p} - \dfrac{\omega_p}{\omega}\right)\right]^2}} \tag{2.2.14}$$

$$\psi = -\arctan Q_p\left(\frac{\omega}{\omega_p} - \frac{\omega_p}{\omega}\right) \tag{2.2.15}$$

当外加信号源频率 ω 与回路谐振频率 ω_p 很接近时，上两式可写成

$$\frac{V}{V_0} = \frac{1}{\sqrt{1+\left(Q_p\dfrac{2\Delta\omega}{\omega_p}\right)^2}} = \frac{1}{\sqrt{1+\xi^2}} \tag{2.2.16}$$

$$\psi = -\arctan Q_p\frac{2\Delta\omega}{\omega_p} = -\arctan \xi \tag{2.2.17}$$

将式（2.2.16）、式（2.2.17）与式（2.1.13）、式（2.1.17）进行比较可见，等式的右边是相同的。所以并联谐振回路通用形式的谐振特性和相位特性是与串联回路相同的，在此不再重复讨论。

应该指出，串联谐振回路谐振曲线的纵坐标是回路电流相对值 I/I_0；并联谐振回路谐振曲线的纵坐标则是回路端电压相对值 V/V_0。两者曲线形状相同的原因是：串联谐振回路谐振时，电抗为零，回路阻抗最小，所以回路电流出现最大值；并联谐振回路谐振时，电纳等于零，回路导纳最小，回路阻抗最大，所以回路端电压出现最大值。失谐时，串联谐振回路阻抗增大，回路电流减小；并联谐振回路阻抗则减小，回路端电压也减小。

对相位特性曲线来说，串联回路的相角 ψ 是指回路电流 $\dot{I}$ 与信号源电动势 $\dot{V}_s$ 的相位差，当 $\dot{I}$ 比 $\dot{V}_s$ 超前时，$\psi > 0$，此时回路阻抗应为容性，$\omega < \omega_0$。并联回路的相角 ψ 是指回路端电压 $\dot{V}$ 对信号源电流 $\dot{I}_s$ 的相位差，当 $\dot{V}$ 超前于 $\dot{I}_s$ 时，$\psi > 0$，此时回路阻抗应为感性，$\omega < \omega_p$。因此，这两种电路都是在工作频率低于谐振频率时，$\psi > 0$。同样可推知，在工作频率高于谐振频率时，它们的 ψ 都为负值。因此这两种电路的相位特性曲线变化规律相同。

同样，并联谐振回路的绝对通频带为

$$2\Delta\omega_{0.7} = \frac{\omega_p}{Q_p}; \quad 2\Delta f_{0.7} = \frac{f_p}{Q_p} \qquad (2.2.18)$$

相对通频带为

$$\frac{2\Delta\omega_{0.7}}{\omega_p} = \frac{1}{Q_p}; \quad \frac{2\Delta f_{0.7}}{f_0} = \frac{1}{Q_p} \qquad (2.2.19)$$

因此,并联谐振回路的通频带、选择性与回路品质因数 Q_p 的关系和串联回路的情况是一样的。

以上讨论的是高 Q_p 的情况(即 $\omega L \gg R$)。如果 $\omega L \gg R$ 的条件不满足(低 Q_p 的情况),则由式(2.2.7)可见,并联回路谐振频率将低于高 Q_p 情况的 ω_p,这就使得谐振曲线和相位特性随着 Q_p 值变化而偏离[①]。

2.2.3 信号源内阻和负载电阻的影响

考虑信号源内阻 R_s 和负载电阻 R_L 时,并联谐振回路的等效电路如图 2.2.4 所示。这时,负载电阻上的电压就等于回路两端的电压。

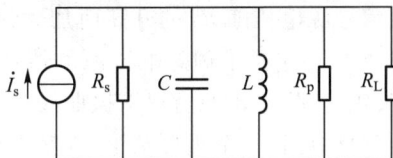

图 2.2.4 考虑 R_s 和 R_L 时的
并联谐振回路的等效电路

R_s 和 R_L 的并联接入,使回路的等效 Q_L 值下降。为分析方便,把 R_s、R_L 与 R_p 等都改写成电导形式

$$G_s = \frac{1}{R_s}, \quad G_L = \frac{1}{R_L}, \quad G_p = \frac{1}{R_p}$$

则回路的等效品质因数为

$$Q_L = \frac{1}{\omega_p L(G_p + G_L + G_s)} \qquad (2.2.20)$$

也可改写为

$$Q_L = \frac{Q_p}{1 + \dfrac{R_p}{R_s} + \dfrac{R_p}{R_L}} \qquad (2.2.21)$$

式中,$Q_p = \dfrac{R_p}{\omega_p L} = \dfrac{1}{\omega_p L G_p}$ 为回路固有的品质因数。

由上式可知,R_s 和 R_L 越小(即 G_s 和 G_L 越大),Q_L 下降越多,因而回路通频带加宽,选择性变坏。为了与串联谐振回路相比较,现在只研究信号源内阻 R_s 对回路的影响。

---

① 目前在高频电子线路中,高 Q 的情况应用较多,所以讨论以高 Q 的情况为主。

式(2.2.19)说明,同样的电路元件,当它连成串联电路,信号源为理想电压源时的选择性,和当它连成并联电路,信号源为理想电流源时所得的选择性完全相同。

另一极端情形是:如果信号源为理想的电压源,它的内阻为零,那么不管并联谐振回路的阻抗等于多少,回路两端的电位差永远等于信号源电压。因此就电压来说,回路对频率毫无选择性。

如果电源内阻可以和并联回路阻抗相比较,则在回路两端的电压降大小,由回路阻抗与信号源内阻的比例来决定。在谐振点,回路阻抗最大,它两端的电压降也达最大值。失谐时,回路阻抗卜降,总电流加大,因而信号源内阻消耗的电压降增大,回路的电压降减低。信号源内阻越大,并联回路的电压降随频率而变化的速率越快,亦即,电压降谐振曲线越尖锐。图2.2.5(a)即示出了某一典型并联回路在各种不同 R_s 值时的电压降谐振曲线。

为便于比较,可将图2.2.5(a)加以修正,得出图2.2.5(b)。修正的地方是:信号源电压随 R_s 的升高而加大,使得各条曲线在谐振点处的高度相同。图2.2.5中还包括了理想电流源的情形。由图可知,理想电流源所得的谐振曲线最尖锐,理想电压源所得谐振曲线为水平直线,毫无选择性。

由此可得一个重要结论:为获得优良的选择性,信号源内阻低时,应采用串联谐振回路,而信号源内阻高时,应采用并联谐振回路。

2.2.4 低 Q 值的并联谐振回路

凡 Q 值低于10的电路都可以叫作低 Q 值并联回路。由于 Q 值低,所以 Z_p

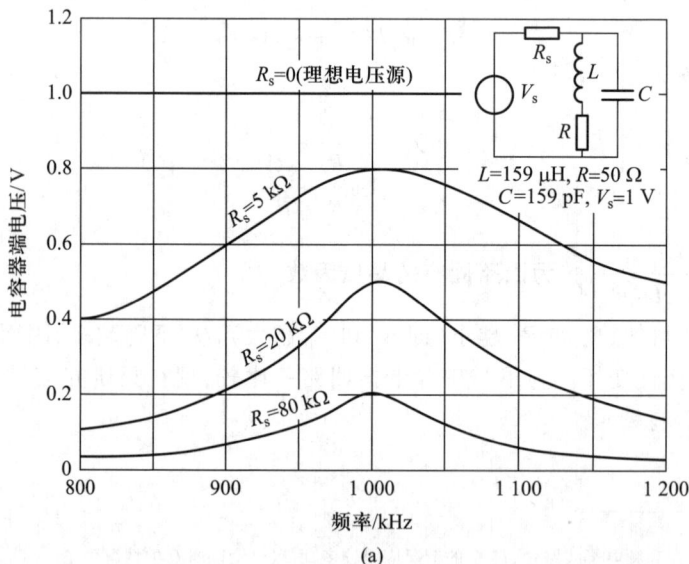

(a)

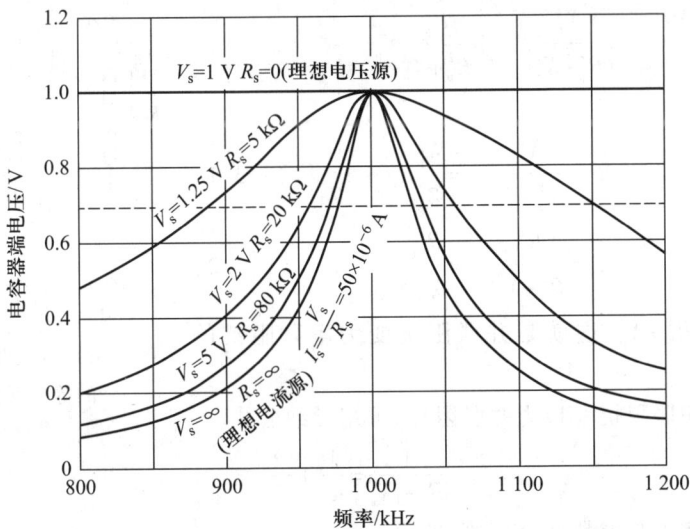

图 2.2.5　电源内阻对并联谐振曲线的影响

为最大和 Z_p 为纯阻这两点就不一定能够重合,这要看我们究竟是调谐 L 还是调谐 C,以得到谐振来决定(假定工作频率固定不变):

① 如果电阻集中在电感支路(这是最常见的情形),电容支路的电阻等于零时,若是改变 C 来获得谐振,则 Z_p 为纯阻和 Z_p 达到最大这两点是完全重合的。如果是改变 L 来获得谐振,则这两个点不能重合。

② 如果电阻集中在电容支路,电感支路的电阻为零时,则变动 C 来获得谐振,Z_p 为纯阻和 Z_p 为最大两点不能重合;但变动 L 来获得谐振,则这两个点是重合的。

低 Q 值谐振回路的上述特性在调谐发射机谐振回路时,是相当重要的。

§2.3　串、并联阻抗的等效互换与回路抽头时的阻抗变换

2.3.1　串、并联阻抗的等效互换

有时为了分析电路的方便,需要进行图 2.3.1 所示的串、并联阻抗的等效互换。所谓"等效"是指 AB 两端的阻抗相等。由图 2.3.1 可得

$$R_s + jX_s = \frac{R_p(jX_p)}{R_p + jX_p}$$

$$= \frac{X_p^2}{R_p^2 + X_p^2} R_p + j \frac{R_p^2}{R_p^2 + X_p^2} X_p$$

由此得到

$$R_s = \frac{X_p^2}{R_p^2 + X_p^2} R_p = \frac{X_p^2}{Z_p^2} R_p \qquad (2.3.1)$$

$$X_s = \frac{R_p^2}{R_p^2 + X_p^2} X_p = \frac{R_p^2}{Z_p^2} X_p \qquad (2.3.2)$$

式中, $Z_p^2 = R_p^2 + X_p^2$,这就是并联阻抗变为串联阻抗的公式。

若将串联阻抗变换为并联阻抗,可用导纳公式

$$\frac{1}{R_s + jX_s} = \frac{1}{R_p} + \frac{1}{jX_p}$$

令两边的实数与虚数部分相等,即得

$$R_p = \frac{R_s^2 + X_s^2}{R_s} = \frac{Z_s^2}{R_s} \qquad (2.3.3)$$

$$X_p = \frac{R_s^2 + X_s^2}{X_s} = \frac{Z_s^2}{X_s} \qquad (2.3.4)$$

式中, $Z_s^2 = R_s^2 + X_s^2$ 。这就是串联阻抗变换为并联阻抗的公式。

也可将以上的公式改换为品质因数 Q_L 的关系式:

串联电路的品质因数
$$Q_{L1} = \frac{X_s}{R_s} \qquad (2.3.5)$$

并联电路的品质因数
$$Q_{L2} = \frac{R_p}{X_p} \qquad (2.3.6)$$

将式(2.3.1)、式(2.3.2)或式(2.3.3)、式(2.3.4)代入以上两式,显然可得

$$Q_{L1} = Q_{L2} = Q_L = \frac{X_s}{R_s} = \frac{R_p}{X_p} \qquad (2.3.7)$$

因此,式(2.3.1)、式(2.3.2)、式(2.3.3)与式(2.3.4)可改写成

$$R_s = \frac{R_p}{1 + Q_L^2} \qquad (2.3.8)$$

$$X_s = \frac{Q_L^2}{1 + Q_L^2} X_p \qquad (2.3.9)$$

$$R_p = (1 + Q_L^2) R_s \qquad (2.3.10)$$

$$X_p = \left(1 + \frac{1}{Q_L^2}\right) X_s \qquad (2.3.11)$$

当 Q_L 较高(大于10),则上列诸式可近似改成

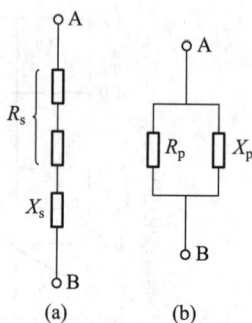

图 2.3.1 串、并联阻抗
的等效互换

$$R_\mathrm{p} \approx R_\mathrm{s} Q_\mathrm{L}^2 \tag{2.3.12}$$

$$X_\mathrm{p} \approx X_\mathrm{s} \tag{2.3.13}$$

以上两式说明：串联电路等效为并联电路后，X_p 与 X_s 性质相同，大小相等；小的 R_s 则变成大的 R_p（是 R_s 的 Q_L^2 倍）。

2.3.2　并联谐振回路的其他形式

图 2.3.2 是并联电路的广义形式，图中

$$Z_1 = R_1 + jX_1$$

$$Z_2 = R_2 + jX_2$$

通常的电子线路所用的回路都满足 $X \gg R$ 的条件，所以图 2.3.2 也假设 $X_1 \gg R_1$，$X_2 \gg R_2$。

在并联谐振时

$$X_1 + X_2 = 0 \tag{2.3.14}$$

此时回路的总阻抗为

$$Z_\mathrm{p} = \frac{Z_1 Z_2}{Z_1 + Z_2} = \frac{(R_1 + jX_1)(R_2 + jX_2)}{(R_1 + jX_1) + (R_2 + jX_2)} = \frac{(R_1 + jX_1)(R_2 + jX_2)}{R_1 + R_2}$$

再利用 $X_1 \gg R_1$、$X_2 \gg R_2$ 的关系，上式变为

$$Z_\mathrm{p} \approx -\frac{X_1 X_2}{R_1 + R_2} \tag{2.3.15}$$

代入谐振条件 $X_1 = -X_2$，上式可写成

$$Z_\mathrm{p} = \frac{X_1^2}{R_1 + R_2} = \frac{X_2^2}{R_1 + R_2} \tag{2.3.16}$$

将上式与式（2.2.10）相比较，可知二者的形式是完全相似的。式（2.3.16）可用来推演其他形式的并联谐振回路特性。例如图 2.3.3 是两个支路都有电阻的并联回路。由式（2.3.16）即可得出在谐振时的回路阻抗等于

$$Z_\mathrm{p} = \frac{(\omega_\mathrm{p} L)^2}{R_1 + R_2} = \frac{1}{(R_1 + R_2)(\omega_\mathrm{p} C)^2} \tag{2.3.17}$$

与式（2.2.10）相比较可知，如果 R_1 和 R_2 都不很大，则可以认为 R_1 和 R_2 都是集中在电感支路内的，这时回路的 $Q_\mathrm{p} = \omega_\mathrm{p} L / (R_1 + R_2)$。这一观念相当重要，实际中有时很有用。

2.3.3　抽头式并联电路的阻抗变换

图 2.3.4 是一种常用的电感抽头式并联谐振回路。由式（2.3.16）可得

$$Z_\mathrm{ab} = \frac{X_1^2}{R_1 + R_2} = \frac{(\omega_\mathrm{p} L_1)^2}{R_1 + R_2} \tag{2.3.18}$$

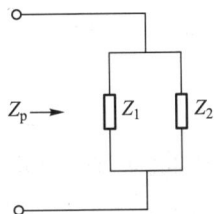

图 2.3.2　并联电路的
广义形式

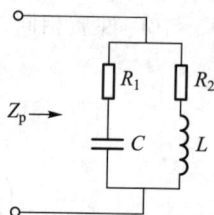

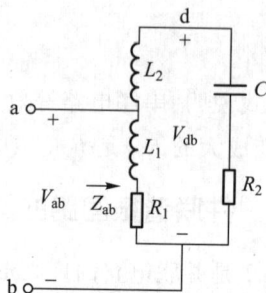

图 2.3.3 两个支路都有电阻的并联回路　图 2.3.4 电感抽头式并联谐振回路

如果令[①]

$$p = \frac{L_1}{L_1 + L_2} = \frac{L_1}{L} \qquad (L = L_1 + L_2) \tag{2.3.19}$$

代入式(2.3.18)即得

$$Z_{ab} = \frac{(\omega_p L)^2}{R_1 + R_2} p^2 = p^2 Z_{bd} \tag{2.3.20}$$

式中，$Z_{db} = \dfrac{(\omega_p L)^2}{R_1 + R_2}$ 为 db 两端的谐振阻抗。因此

$$\frac{Z_{ab}}{Z_{db}} = p^2 \tag{2.3.21}$$

上式说明，不改变回路参数，只改变抽头位置，亦即改变 p 值，就可以改变 ab 两端的等效阻抗。p 所代表的物理意义可由下式看出($R_1 \ll \omega L_1$ 时)：

$$\frac{V_{ab}}{V_{db}} = \frac{L_1}{L_1 + L_2} = p \tag{2.3.22}$$

通常，$p < 1$，所以 $Z_{ab} < Z_{db}$。即由低抽头向高抽头转换时，等效阻抗提高为原先的 $\dfrac{1}{p^2}$ 倍。反之，由高抽头向低抽头转换时，等效阻抗降低为原先的 $1/p^2$。

　　如果是导纳形式，则

$$\frac{Y_{ab}}{Y_{db}} = \frac{1}{p^2} = n^2 \tag{2.3.23}$$

$p = \dfrac{1}{n} = \dfrac{L_1}{L_1 + L_2} = \dfrac{L_1}{L}$ 称为接入系数。

---

　　① 若 L_1 与 L_2 之间有互感 M 存在，则 $p = \dfrac{L_1 \pm M}{L_1 + L_2 + 2M}$，式中 L_1 与 L_2 的线圈绕组方向一致时，M 前取正号；当绕组方向相反时，则取负号。

事实上,即使不是谐振回路,以上的关系式仍然成立。

对图 2.3.5 所示的电容抽头电路而言,接入系数

$$p = \frac{1}{n} = \frac{C}{C_1} = \frac{C_2}{C_1 + C_2} \qquad (2.3.24)$$

式中

$$C = \frac{C_1 C_2}{C_1 + C_2}$$

图 2.3.5　电容抽头电路

除了阻抗需要折合外,有时电压源与电流源也需要折合。

式(2.3.22)已给出电压源的折合公式,ab 两端电压为 db 两端电压的 p 倍。

对于图 2.3.6 所示的电流源电路,从 bc 端折合到 ac 端时,内阻 R_i 变成 R_i',电流源变成 I'。显然 $R_i' = \frac{1}{p^2} R_i$。可以证明,当 R_i 中的电流很小时

$$I' = pI \qquad (2.3.25)$$

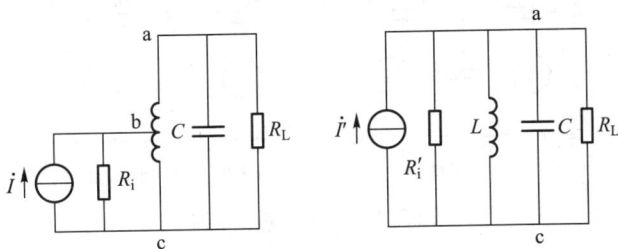

图 2.3.6　电流源折合电路

最后,研究图 2.3.4 所示电路的谐振频率。利用式(2.3.14)的谐振条件可得

$$\omega_p L_1 + \left(\omega_p L_2 - \frac{1}{\omega_p C} \right) = 0$$

或

$$\omega_p (L_1 + L_2) = \frac{1}{\omega_p C} \qquad (2.3.26)$$

$$\omega_p L_1 = \frac{1}{\omega_p C} - \omega_p L_2 \qquad (2.3.27)$$

式(2.3.26)说明,自 bd 两端看来,回路是谐振的。式(2.3.27)则说明,自 ab 两端看来,回路也是谐振的。由此可知,当回路谐振时,由回路的任何两点看去,回路都谐振于同一频率,且呈纯电阻性。其谐振频率为

$$\omega_p = \frac{1}{\sqrt{(L_1 + L_2) C}} \qquad (2.3.28)$$

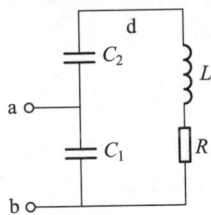

§2.4 耦 合 回 路

耦合回路(coupling circuit)是由两个或两个以上的电路形成的一个网络,两个电路之间必须有公共阻抗存在,才能完成耦合作用。公共阻抗如果是纯电阻或纯电抗,则称为纯耦合,如图 2.4.1(a)、(b)、(c)、(d)所示。如果公共阻抗由两种或两种以上的电路元件所组成,则称为复耦合,如图 2.4.1(e)所示。

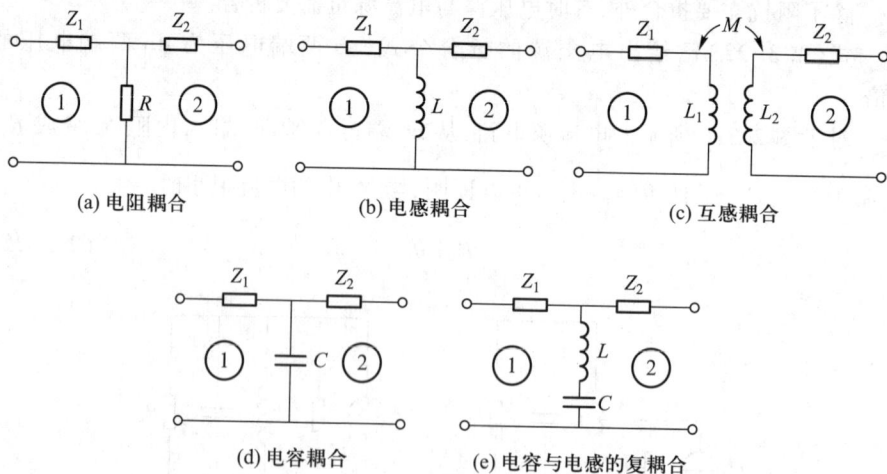

(a) 电阻耦合   (b) 电感耦合   (c) 互感耦合

(d) 电容耦合   (e) 电容与电感的复耦合

图 2.4.1 各式耦合电路

在耦合回路中接有激励信号源的回路称为一次回路,与负载相接的回路称为二次回路。为了说明回路间的耦合程度,常用耦合系数(coupling coefficient)k来表示,它的定义是:耦合回路的公共电抗(或电阻)绝对值与一二次回路中同性质的电抗(或电阻)的几何中项之比,即

$$k = \frac{|X_{12}|}{\sqrt{X_{11}X_{22}}} \tag{2.4.1}$$

式中,X_{12}为耦合元件电抗;X_{11}与X_{22}分别为一次和二次回路中与X_{12}同性质的总电抗。例如,图 2.4.1(c)的耦合系数为

$$k = \frac{M}{\sqrt{L_1 L_2}} \tag{2.4.2}$$

根据耦合系数的上述定义可知,耦合系数是一个小于等于 1 的没有量纲的正实数。

2.4.1 互感耦合回路的一般性质

在通信电子线路中,常采用图 2.4.2(a)、(b)两种耦合回路。图 2.4.2(a)

为互感耦合串联型回路;(b)为电容耦合并联型回路。根据 2.3.1 节的公式,串联型和并联型电路可以等效互换,可根据分析计算的方便而定。由于图 2.4.2 的一、二次回路都是谐振回路,因而也称为耦合谐振回路。

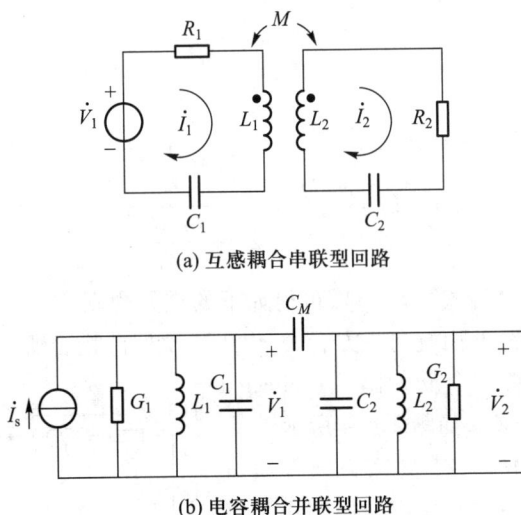

(a) 互感耦合串联型回路

(b) 电容耦合并联型回路

图 2.4.2　两种常用的耦合回路

现以图 2.4.2(a)所示的互感耦合回路为例来分析耦合回路的阻抗特性。在一次回路接入一个角频率为 ω 的正弦电压 $\dot{V}_1$,一、二次回路中的电流分别以

$\dot{I}_1$ 和 $\dot{I}_2$ 表示,并标明了各电流和电压的正方向以及线圈的同名端关系。

为了一般化起见,可用图 2.4.3 所示的互感耦合回路一般形式来表示图 2.4.2(a),图中 Z_1 代表一次回路中与 L_1 串联的阻抗,Z_2 代表二次回路的负载阻抗。Z_1 与 Z_2 可以是电阻、电容或电感,

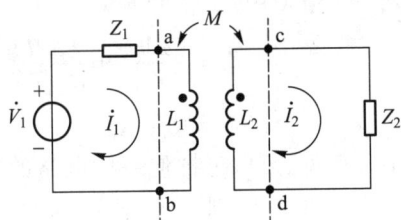

图 2.4.3　互感耦合回路的一般形式

或者由这三者组成。例如图 2.4.2(a)所示的电路,$Z_1 = R_1 + \dfrac{1}{\mathrm{j}\omega C_1} = R_1 - \mathrm{j}X_{C1}$,$Z_2 = R_2 + \dfrac{1}{\mathrm{j}\omega C_2} = R_2 - \mathrm{j}X_{C2}$。

由基尔霍夫定律(Kirchhoff's law)得出图 2.4.3 的回路电压方程为

$$\dot{V}_1 = \dot{I}_1(Z_1 + \mathrm{j}\omega L_1) - \dot{I}_2(\mathrm{j}\omega M) = \dot{I}_1 Z_{11} - \mathrm{j}\omega M \dot{I}_2 \qquad (2.4.3)$$

$$0 = \dot{I}_2(Z_2 + \mathrm{j}\omega L_2) - \dot{I}_1(\mathrm{j}\omega M) = \dot{I}_2 Z_{22} - \mathrm{j}\omega M \dot{I}_1 \qquad (2.4.4)$$

式中，$Z_{11} = Z_1 + j\omega L_1 = R_{11} + jX_{11}$，为一次回路的自阻抗；$Z_{22} = Z_2 + j\omega L_2 = R_{22} + jX_{22}$，为二次回路的自阻抗。

解式(2.4.3)与式(2.4.4)，得

$$\dot{I}_1 = \frac{\dot{V}_1}{Z_{11} + \dfrac{(\omega M)^2}{Z_{22}}} \tag{2.4.5}$$

$$\dot{I}_2 = \frac{j\omega M \dot{I}_1}{Z_{22}} = \frac{j\omega M \dfrac{\dot{V}_1}{Z_{11}}}{Z_{22} + \dfrac{(\omega M)^2}{Z_{11}}} \tag{2.4.6}$$

观察式(2.4.5)与式(2.4.6)，可得如下的重要规则：

① 自一次回路 ab 两端向右方看去，由于二次回路耦合所产生的效应等效于在一次回路中串联一个反射阻抗(reflected impedance)$(\omega M)^2/Z_{22}$，如图 2.4.4 所示。

反射阻抗$(\omega M)^2/Z_{22}$又称为耦合阻抗(coupling impedance)，它是耦合回路中的极重要参量。它所代表的物理意义是：二次电流$\dot{I}_2$通过互感 M 的作用，在一次回路中感应的电动势$\pm j\omega M \dot{I}_2$对一次电流$\dot{I}_1$的影响，

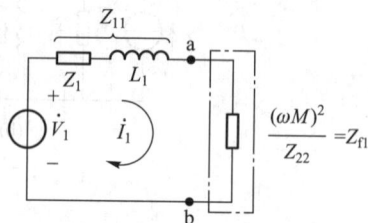

图 2.4.4　一次等效电路

可用一个等效阻抗$Z_{fl} = (\omega M)^2/Z_{22}$来表示。将$Z_{22} = R_{22} + jX_{22}$代入，可得

$$Z_{fl} = \frac{(\omega M)^2}{Z_{22}} = \frac{(\omega M)^2}{R_{22} + jX_{22}} = \frac{(\omega M)^2}{R_{22}^2 + X_{22}^2} R_{22} - j\frac{(\omega M)^2}{R_{22}^2 + X_{22}^2} X_{22}$$
$$= R_{fl} + jX_{fl} \tag{2.4.7}$$

由上式可见，反射阻抗使一次电路的电阻增加 R_{fl}，R_{fl}永远为正值，代表能量损耗。反射电抗 X_{fl} 则与 X_{22} 异号，亦即，当二次电路为感性时，反射阻抗为容性；当二次电路为容性时，反射阻抗为感性。

考虑了 Z_{fl} 后，一次回路的总阻抗为

$$Z_{el} = \left[R_{11} + \frac{(\omega M)^2}{R_{22}^2 + X_{22}^2} R_{22} \right] + j\left[X_{11} - \frac{(\omega M)^2}{R_{22}^2 + X_{22}^2} X_{22} \right] \tag{2.4.8}$$

② 自二次回路 cd 端向左看去，由于一次回路电流$\dot{I}_1$的作用，相当于在二次回路中加入一个感应电动势$(j\omega M \dot{I}_1)$，其等效电路见图 2.4.5(a)。也可以将一次回路电流$\dot{I}_1$的作用以一个等效电动势$(j\omega M \dot{V}_1/Z_{11})$与一次回路耦合到二次回路的反射阻抗 $Z_{f2} = (\omega M)^2/Z_{11}$ 来代表，得到如图 2.4.5(b)所示的等效电

路。有

$$Z_{f2} = \frac{(\omega M)^2}{Z_{11}} = \frac{(\omega M)^2}{R_{11}+jX_{11}} = \frac{(\omega M)^2}{R_{11}^2+X_{11}^2}R_{11} - j\frac{(\omega M)^2}{R_{11}^2+X_{11}^2}X_{11}$$

$$= R_{f2} + jX_{f2} \qquad\qquad (2.4.9)$$

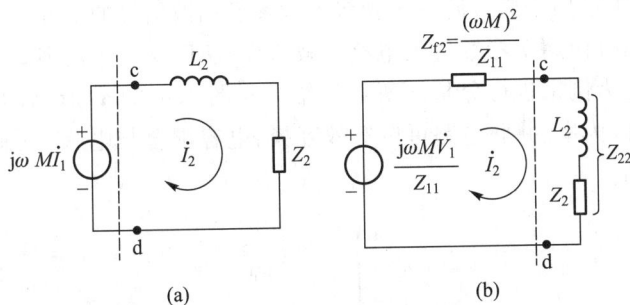

图 2.4.5 二次等效电路的两种形式

式(2.4.9)的形式与式(2.4.7)的形式相似,因此关于 R_{f2} 与 X_{f2} 的性质也和 R_{f1} 与 X_{f1} 相同,在此就不重复了。

考虑了 Z_{f2} 之后,二次回路的总阻抗为

$$Z_{e2} = \left[R_{22} + \frac{(\omega M)^2}{R_{11}^2+X_{11}^2}R_{11} \right] + j\left[X_{22} - \frac{(\omega M)^2}{R_{11}^2+X_{11}^2}X_{11} \right] \qquad (2.4.10)$$

反射阻抗的作用   耦合回路的许多重要特性是由反射阻抗 $(\omega M)^2/Z_{22}$ 决定的。当互感 M 很小时,反射阻抗也很小,因此二次回路对一次回路电流的影响极微小,此时一次回路电流与二次回路不存在时的情形极相近。当 $M=0$ 时,反射阻抗等于零,成为单回路的情况。另一方面,当 Z_{22} 很大时,那么即使 M 相当大,但反射阻抗仍很小,故对一次回路电流的影响仍极微小。以上两种情形的物理意义可解释如下:

① 当 M 很小时,二次回路的感应电动势小,所以从一次回路传输至二次回路的能量也很小。

② 当 Z_{22} 很大时,即使 M 也很大,二次回路有较高的感应电动势,但由于 Z_{22} 大,因而 $\dot{I}_2$ 也很微弱,故从一次回路传输至二次回路的能量仍然很小。

因此只有在二次回路不太大,互感 M 又不太小时,反射阻抗 $(\omega M)^2/Z_{22}$ 才比较大。此时一次回路的电流与电压关系即受到二次回路的相当大的影响。

在二次回路中所消耗的功率等于一次回路电流流过反射阻抗的电阻部分 $R_{f1} = \left[(\omega M)^2/(R_{22}^2+X_{22}^2) \right]R_{22}$ 所消耗的功率。

2.4.2 耦合谐振回路的频率特性

上面讨论的情况都是假定信号源的频率固定不变,只是改变回路参数时产

生的谐振现象。但实用中重要的是回路参数不变,改变信号源频率时,二次回路的电压(或电流)随频率而变化的曲线,亦即二次回路电压(或电流)的频率特性。因为由频率特性(谐振曲线)可以看出耦合谐振回路比单谐振回路的优越之处在于:耦合谐振回路的频率特性曲线更接近于理想的矩形曲线(参阅图2.4.6),因而更适用于信号源是包含多个频率已调波信号的情况。

由于高频时使用 Y 参数等效电路比较方便,所以这里采用图 2.4.2(b)所示的并联型电路为例来进行分析。所得的结果对图 2.4.2(a)所示的串联型电路也是适用的,因为串、并联电路可以等效互换,电容耦合与电感(互感)耦合也没有木质的差别。

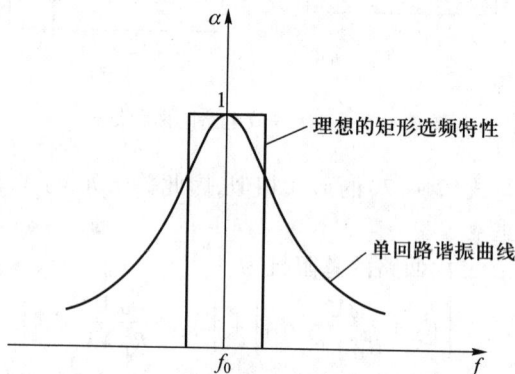

图 2.4.6 矩形选频特性与单回路谐振曲线

实用中一二次回路参量往往是相同的,因此以下的讨论假定:$L_1 = L_2 = L$,$C_1 = C_2 = C$,$G_1 = G_2 = G$,$\omega_{01} = \omega_{02} = \omega_0$,$Q_1 = Q_2 = Q$,$\xi_1 = \xi_2 = \xi$。由图2.4.2(b),写出该电路的节点电流方程为

$$\dot{I}_s = \dot{V}_1 G + \frac{\dot{V}_1}{j\omega L} + j\omega(C_1 + C_M)\dot{V}_1 - j\omega C_M \dot{V}_2 \tag{2.4.11}$$

$$0 = \dot{V}_2 G + \frac{\dot{V}_2}{j\omega L} + j\omega(C_2 + C_M)\dot{V}_2 - j\omega C_M \dot{V}_1 \tag{2.4.12}$$

式中,C_M 为耦合电容。

令 $C' = C_1 + C_M = C_2 + C_M$,将其代入式(2.4.11)和式(2.4.12),并引入广义失谐 $\xi = Q\left(\dfrac{\omega}{\omega_0} - \dfrac{\omega_0}{\omega}\right)$ 的概念,则上式可写为

$$\dot{I}_s = \dot{V}_1 G(1 + j\xi) - j\omega C_M \dot{V}_2 \tag{2.4.13}$$

$$0 = \dot{V}_2 G(1 + j\xi) - j\omega C_M \dot{V}_1 \tag{2.4.14}$$

对式(2.4.13)和式(2.4.14)求解,得

$$\dot{V}_2 = \frac{j\omega C_M \dot{I}_s}{G^2(1+j\xi)^2 + \omega^2 C_M^2} = \frac{j\omega C_M \dot{I}_s}{G^2\left(1-\xi^2 + \dfrac{\omega^2 C_M^2}{G^2} + j2\xi\right)} \tag{2.4.15}$$

$\dot{V}_2$ 的模可表示为

$$V_2 = \frac{\omega C_M I_s}{G^2\sqrt{\left(1-\xi^2 + \dfrac{\omega^2 C_M^2}{G^2}\right)^2 + 4\xi^2}} \tag{2.4.16}$$

将反映耦合程度的耦合因数(coupling factor) $\eta = \dfrac{\omega C_M}{G}$ 代入式(2.4.16),得

$$V_2 = \frac{\eta I_s}{G\sqrt{(1-\xi^2+\eta^2)^2 + 4\xi^2}} \tag{2.4.17}$$

该式表示在谐振点附近,二次回路输出电压幅值随频率和耦合度变化的规律。要得到谐振曲线的相对抑制比,还需求出式(2.4.17)的最大值。利用导数求极值的方法可求得,当 $\eta = 1$ 时,在 $\xi = 0$ 处 V_2 出现最大值 $V_{2\max}$。将 $\eta = 1$,$\xi = 0$ 代入式(2.4.17),得

$$V_{2\max} = \frac{I_s}{2G} \tag{2.4.18}$$

式(2.4.17)被式(2.4.18)除,得相对抑制比

$$\alpha = \frac{V_2}{V_{2\max}} = \frac{2\eta}{\sqrt{(1-\xi^2+\eta^2)^2 + 4\xi^2}} \tag{2.4.19}$$

这就是耦合谐振回路谐振曲线的通用表示式。它对于任何单一电抗耦合形式、任何形式的调谐方法都是适用的。这里唯一的限制条件就是信号频率只能在谐振频率附近改变,且变化范围不能太大,否则 η、Q 就不能视为常数。

上式与单回路谐振曲线方程相比可见,谐振曲线的相对抑制比 α 不仅是 ξ 的函数,而且还是 η 的函数;不同的 η 值,曲线的形状也各异。η 之所以称为耦合因数,是因为它与耦合系数 k 成正比。η 与 k 的关系可由下式导出:

$$\eta = \frac{\omega C_M}{G} = \frac{\omega C}{G} \cdot \frac{C_M}{C} = Q \cdot k \tag{2.4.20}$$

由式(2.4.19)可以看出该方程是 ξ 的偶函数,因此曲线对称于 $\xi = 0$ 的坐标轴。为了便于分析,现将式(2.4.19)改写为

$$\alpha = \frac{V_2}{V_{2\max}} = \frac{2\eta}{\sqrt{(1+\eta^2)^2 + 2(1-\eta^2)\xi^2 + \xi^4}} \tag{2.4.21}$$

若以 ξ 为变量,η 为参变量,由式(2.4.21)可以画出图 2.4.7 所示的二次回路电压归一化的频率响应曲线。可以看出,不同的 η 值有不同的频率特性。

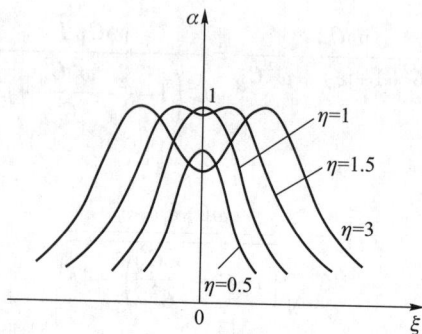

图 2.4.7 二次回路电压归一化的频率响应曲线

当 $\eta < 1$ 时（$kQ < 1$），此时二次回路对一次回路的影响小，因而一次回路电流随频率而变化的曲线可以认为和它本身单独存在时的串联谐振曲线相同。在二次回路中的电流则可认为是由二次回路本身的串联谐振曲线与一次回路电流的谐振曲线相乘而得。因此 V_2 的变化曲线要比单回路谐振曲线更尖锐。由式（2.4.21）可知，在谐振点处（$\xi = 0$），$\alpha = 2\eta / (1 + \eta^2) < 1$。而且 η 越小，则 V_2 越小。这一物理意义是很明显的。此时为欠耦合（under coupling）情形。

当 η 逐渐增大时，二次回路耦合到一次回路的阻抗也逐渐增加，亦即二次回路对一次回路的影响逐渐加强。因此，在谐振点处二次回路电流（电压）逐渐增大。而且由于一次回路因反射电阻增加，以致有效 Q 值下降，因而 I_1 的谐振曲线变钝，随之 I_2（或 V_2）的谐振曲线也变钝了。当 $\eta = 1$ 时，即达到临界耦合（critical coupling）情形。对于互感耦合回路来说，临界耦合系数为

$$k_c = \frac{M_c}{\sqrt{L_1 L_2}} = \frac{M_c}{L} = \frac{R}{\omega L} = \frac{1}{Q} \qquad (2.4.22)$$

因而

$$\eta = k_c Q = 1$$

由式（2.4.19），得

$$\alpha = \frac{2}{\sqrt{4 + \xi^4}} \qquad (2.4.23)$$

在通频带边缘处，$\alpha = 1/\sqrt{2}$，代入式（2.4.23）可得 $\xi = \sqrt{2}$，因此得出通频带为

$$2\Delta f_{0.7} = \sqrt{2}\frac{f_0}{Q} \qquad (2.4.24)$$

与式（2.1.14a）相比较可知，在 Q 值相同的情况下，$\eta = 1$ 的耦合谐振回路通频带为单谐振回路通频带的 $\sqrt{2}$ 倍。由图 2.4.7 可见，此时的谐振曲线仍是单峰曲线，在谐振点处，$\alpha = 1$，即 $V_2 = V_{2\max}$。这是最佳耦合下的全谐振。

继续增大耦合因数，$\eta > 1$，即为过耦合（over coupling）状态。由式（2.4.21）可知，其分母中的第二项 $2(1 - \eta^2)\xi^2$ 变为负值。随着 $|\xi|$ 的增大，此负值的绝

对值也随着增大,所以分母先是减小。当 $|\xi|$ 较大时,分母中的第三项 ξ^4 的作用比较显著,分母又随 $|\xi|$ 的增大而增大。因此,随着 $|\xi|$ 的增大,α 值先是增大,而后又减小。这样,频率特性在 $\xi=0$ 的两边就必然出现双峰,在 $\xi=0$ 处为谷点。正如图 2.4.7 中 $\eta>1$ 的各条曲线所描述的那样,η 愈大,两峰点拉开愈远,谷点下凹也愈厉害。可以同样证明,在两峰点处,一二次回路处于共轭匹配状态。

若以 δ 来表示谷点下凹的程度,利用式(2.4.21)令 $\xi=0$ 求出 α 值,并以符号 δ 表示,即

$$\delta = \frac{2\eta}{1+\eta^2} \tag{2.4.25}$$

可见 δ 随着 η 的增大而下降。

通频带的计算方法与临界耦合时一样,令式(2.4.21)中的 α 等于 $\frac{1}{\sqrt{2}}$,即

$$\frac{1}{\sqrt{2}} = \frac{2\eta}{\sqrt{(1+\eta^2)^2 + 2(1-\eta^2)\xi^2 + \xi^4}} \tag{2.4.26}$$

满足上式的广义失谐为

$$|\xi| = \sqrt{\eta^2 + 2\eta - 1}$$

回路的通频带为

$$2\Delta f_{0.7} = \sqrt{\eta^2 + 2\eta - 1} \cdot \frac{f_0}{Q} \tag{2.4.27}$$

问题在于 η 如何取值。根据通频带的定义,在通频带范围内 α 值应大于 $\frac{1}{\sqrt{2}}$,对于双峰曲线中心下陷的 δ 值也应满足这一条件。因此,令式(2.4.25)中 $\delta = \frac{1}{\sqrt{2}}$,求得 $\eta=2.41$。将此 η 值代入式(2.4.27),得

$$2\Delta f_{0.7} = 3.1\frac{f_0}{Q} \tag{2.4.28}$$

与单谐振回路相比,在 Q 值相同的情况下,它是单回路通频带的 3.1 倍。

若需计算双峰之间的宽度时,可将式(2.4.21)对 ξ 取导数,并令这个导数等于零,得到

$$\xi(1-\eta^2+\xi^2) = 0$$

它的三个根是

$$\left. \begin{array}{l} \xi_0 = 0 \\ \xi_1 = -\sqrt{\eta^2-1} \\ \xi_2 = +\sqrt{\eta^2-1} \end{array} \right\} \tag{2.4.29}$$

当 $\eta > 1$ 时,ξ_0 为谐振曲线的谷点,ξ_1 与 ξ_2 分别给出两个峰点的位置。当 $\eta = 1$ 时,这三个根合并成一个。当 $\eta < 1$ 时,ξ_1 与 ξ_2 为虚数,无实际意义,只有 ξ_0 有意义,它是最大点的位置。

若两峰间的宽度为 Δf_1,则可以证明[1]

$$\frac{\Delta f_1}{f_0} \approx k \tag{2.4.30}$$

k 越大,双峰之间距离越远,但在谐振点的下凹也越厉害。为了兼顾通频带宽,谐振点的下凹又不太厉害,通常可取

$$k = 1.5 k_c \tag{2.4.31}$$

例 2.4.1 设 $f_0 = 465$ kHz,$\Delta f_1 = 10$ kHz,试求耦合回路所需的 Q 值。

解 由 $\Delta f_1 = k f_0$,得 $k = \dfrac{10}{465} \approx 0.021\ 5$。

因此,临界耦合系数 $k_c = \dfrac{0.021\ 5}{1.5} \approx 0.014\ 33$。

于是得出 $Q = \dfrac{1}{k_c} = \dfrac{1}{0.014\ 33} \approx 69.75$。

从以上已讨论过的串、并联谐振回路与耦合谐振回路可知,要获得理想的滤波特性,例如图 2.4.6 所示的理想矩形选频特性,是不可能的。因此需要采用逼近理想特性的方法。实际上有以下几种逼近法:

(1) 巴特沃思(Butterworth)逼近

用此法所实现的滤波器,它的频率特性在整个通频带内,幅频特性的幅度起伏最小或最平,故亦称最平坦滤波器。

(2) 切比雪夫(Chebyshev)逼近

用此法所实现的滤波器,它的频率特性在整个通频带内,幅频特性的幅度起伏以振荡的形式均匀分布。

(3) 贝塞尔(Bessel)逼近

用此法所实现的滤波器,它的频率特性在整个通频带内,相频特性的起伏最小或最平。它的幅频特性表示式与巴特沃思低通滤波器的幅频特性表示式类似。

(4) 椭圆函数逼近

用此法所实现的滤波器,其频率特性中的幅频特性具有陡峭的边缘或狭窄的过渡频带。

对于上述各种滤波器的逼近方法,已超出本书范围,有兴趣的读者可参阅注释文献①。

---

① 倪治中.网络与滤波器[M].成都:成都科技大学出版社,1994。

§2.5 滤波器的其他形式

高频电子线路除了使用谐振回路与耦合回路作为选频网络外,还经常采用其他形式的滤波器来完成选频作用。这些滤波器有:LC 型集中选择性滤波器、石英晶体滤波器、陶瓷滤波器、表面声波滤波器等。分别简述如下:

2.5.1 LC 集中选择性滤波器

常用的 LC 式集中选择性滤波器如图 2.5.1(a)所示。它由五节单节滤波器组成,共有六个调谐电路。R_s 和 R_L 分别表示信号源内阻和负载电阻;v_s 和 v_o 表示输入电压与输出电压。图 2.5.1(b)表示单节 LC 滤波器。

该滤波器的传通条件为

$$0 \geqslant \frac{Z_1}{4Z_2} \geqslant -1 \qquad (2.5.1)$$

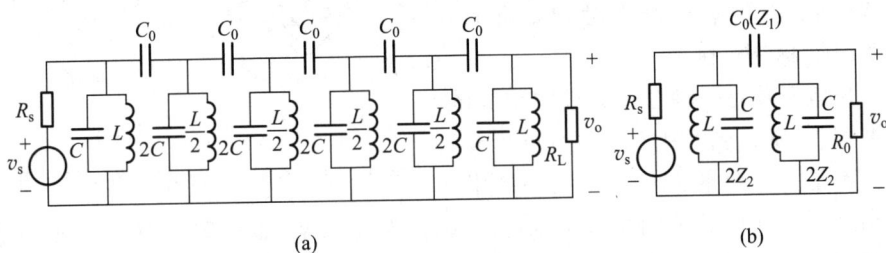

(a)   (b)

图 2.5.1 LC 式集中选择性滤波器

即在通带内,要求阻抗 Z_1 和 Z_2 异号,并且 $|4Z_2| > |Z_1|$。我们根据此条件分析图 2.5.1(b)单节滤波器的通带和阻带。图 2.5.2 是图 2.5.1(b)的电抗曲线。由电抗曲线可以看出,当 $f > f_2$ 时,Z_1 和 Z_2 同号,都是容性,因此是阻带。当 $f_1 < f < f_2$ 时,Z_1 和 Z_2 异号,且满足 $|4Z_2| > |Z_1|$,故在此范围内为通带。当 $f < f_1$ 时,虽然 Z_1 与 Z_2 异号,但 $|4Z_2| < |Z_1|$,因而是阻带。多节滤波器是由单节滤波器组成的,图 2.5.1(a)的五节集中滤波器的滤波特性如图 2.5.2 中虚线所示,此时的纵坐标为衰减常数。在通带内无衰减,即衰减常数为零;在阻带内,衰

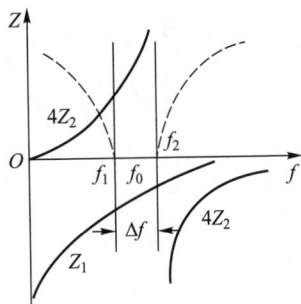

图 2.5.2 单节滤波器的电抗曲线

减常数迅速增大,意味着 $f > f_2$ 与 $f < f_1$ 的频率分量受到很大衰减。f_1 与 f_2 为截止频率,中心频率 $f_0 = \sqrt{f_1 f_2}$,滤波器的通带宽度为 $\Delta f = f_2 - f_1$。

2.5.2 石英晶体滤波器

为了获得工作频率高度稳定、阻带衰减特性十分陡峭的滤波器,就要求滤波器元件的品质因数 Q 很高。LC 型滤波器的品质因数一般在 $100 \sim 200$ 范围内,不能满足上述要求。用石英晶体切割成的石英谐振器,其品质因数 Q 可达几万甚至几百万,因而可以构成工作频率稳定度极高、阻带衰减特性很陡峭、通带衰减很小的滤波器。石英谐振器还广泛用于频率稳定度极高的振荡器电路中。

石英是矿物质硅石的一种(现也能人工制造),它的化学成分是 SiO_2,其形状为结晶的六角锥体。

图 2.5.3(a)表示自然结晶体,(b)表示晶体的横断面。

为了便于研究,人们根据石英晶体的物理特性,在石英晶体内画出三种几何对称轴,连接两个角锥顶点的一根轴 ZZ,称为光轴;在图 2.5.3(b)中沿对角线的三条 XX 轴,称为电轴,与电轴相垂直的三条 YY 轴,称为机械轴。

压电石英是一种各向异性的结晶体。滤波器(或振荡器)中所用的石英片或石英棒都是按一定的方位从石英晶体中

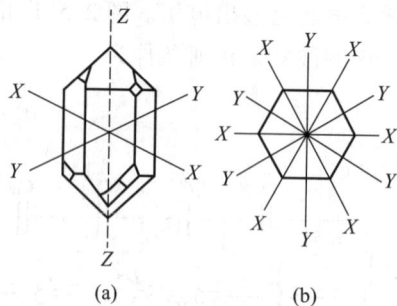

图 2.5.3 石英晶体的结晶和横断面图

切割出来的。垂直于 X 轴而沿 Y 轴切割的,称为 X 切型,如图 2.5.4(a)所示。垂直于 Y 轴,而沿 X 轴切割的,称为 Y 切型,如图 2.5.4(b)所示。目前用得较多的是如图 2.5.4(c)所示的、按切割方位角 $\theta = 35°$ 切割出来的石英片,称为 AT 切型。此外,还有 BT、CT、DT、ET、GT 等切型。

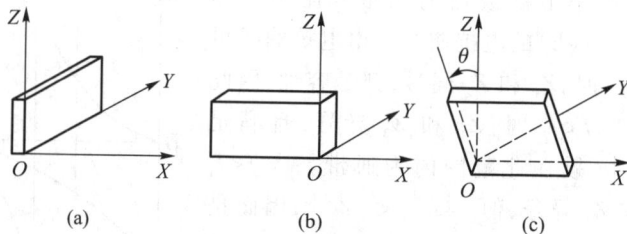

图 2.5.4 石英晶体的各种切割方式

图 2.5.5 为几种切型的频率温度曲线。由图可见,AT 切型在 $-55 \sim 85$ ℃ 之间频率变化都较小,特别是在 60 ℃ 左右的某范围内,频率基本上与温度无关(所以 AT 切型高精度谐振器用的恒温槽一般都将温度控制在 60 ℃ 与 50 ℃ 之间的某一点上)。这种切型加工比较容易,体积也较小,因而应用较广泛。

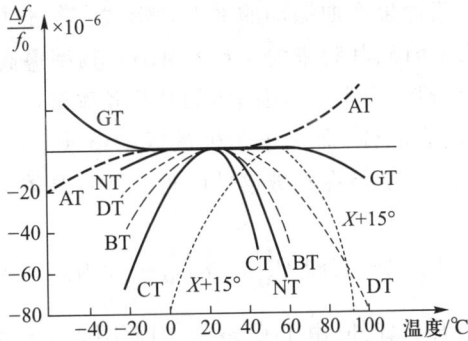

图 2.5.5 几种切型的频率温度曲线

晶体的基本特性是它具有压电效应(piezoelectric effect)。依靠这种效应,可以将机械能转变为电能;反之,也可以将电能转变为机械能。

什么是压电效应呢? 当晶体受到机械力时,它的表面上就产生了电荷。如果机械力由压力变为张力,则晶体表面的电荷极性就反过来。这种效应称为正压电效应。反之,如果在晶体表面加入一定的电压,则晶体就会产生弹性变形。如果外加电压作交流变化,晶体就产生机械振动。振动的大小基本上正比于外加电压幅度,这种效应称为反压电效应。

石英晶体和其他弹性体一样,也具有惯性和弹性,因而存在固有振动频率。当外加电源频率与晶体的固有振动频率相等时,晶体片就产生谐振。这时,机械振动的幅度最大,相应地晶体表面产生的电荷量亦最大,因而外电路中的电流也最大。因此石英晶体片本身具有谐振回路的特性,石英谐振器的基频等效电路如图 2.5.6 所示。图中 C_0 代表石英晶体支架静电容量,一般为几皮法至几十皮法(pF);L_q、C_q、r_q 代表晶体本身的特性:L_q 相当于晶体的质量(惯性),C_q 相当于晶体的等效弹性模数,r_q 相当于摩擦损耗。晶体的 LCR 参量是很特异的,L_q 很大,一般以几亨(H)至十分之几亨计;C_q 很小,一般以百分之几皮法计;r_q 一般以几欧至几百欧(Ω)计。因而图 2.5.6 的等效电路的阻抗极大[以几百千欧(kΩ)计],Q_q 值极高。

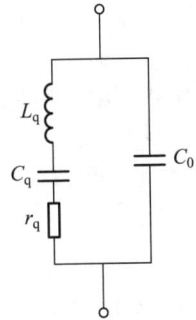

图 2.5.6 石英谐振器的基频等效电路

频率与晶体尺寸的关系可由下式表示:

$$f = \frac{K}{d} \tag{2.5.2}$$

式中,d 决定于振动形式。纵振动时,d 代表晶体片的宽度、长度或直径;横振动时,d 代表晶体片的厚度(单位为 mm)。K 为频率系数。f 的单位为 kHz。

例如,AT 切型为沿厚度弯曲振动的横振动形式。若长方形的石英片厚度为 1 mm,频率系数 K 为 1 615,其频率为 1.615 MHz。频率愈高,厚度愈薄,则机械强度愈差,加工也愈困难。目前,石英晶体的基频频率最高可达 20 MHz。

此外,还有一种泛音晶体,即工作在机械振动谐波上。它与电信号谐波不同,不是其基波的整数倍,而是在整数倍的附近。泛音晶体必须配合适当线路才能工作在指定的频率上。

石英晶体的主要优点是:它的 Q_q 值极高,一般为几万甚至为几百万,这是普通 LC 电路无法比拟的;此外,由于 $C_0 \gg C_q$,因而图 2.5.6 的接入系数 $p \approx \dfrac{C_q}{C_0}$ 非常小,也就是说,晶体与外电路的耦合必然很弱。上述两个优点,使石英晶体的谐振频率异常稳定。

下面分析石英谐振器等效电路的阻抗特性。由图 2.5.6 可见,该电路必然有两个谐振角频率。一个为左支路的串联谐振角频率 ω_q,即石英片本身的自然角频率

$$\omega_q = \frac{1}{\sqrt{L_q C_q}} \tag{2.5.3}$$

另一个为石英谐振器的并联谐振角频率

$$\omega_p = \frac{1}{\sqrt{L_q \dfrac{C_q C_0}{C_q + C_0}}} = \frac{1}{\sqrt{L_q C}} \tag{2.5.4}$$

式中,C 为 C_0 和 C_q 串联后的电容。

显然,$\omega_p > \omega_q$,但由于 $C_q \ll C_0$,所以 ω_p 与 ω_q 相差很小。将式(2.5.3)代入式(2.5.4),得

$$\omega_p = \omega_q \sqrt{1 + \frac{C_q}{C_0}} = \omega_q \sqrt{1 + p}$$

因为 $p \ll 1$,故将上式展开并忽略高次项后,得

$$\omega_p \approx \omega_q + \omega_q \frac{C_q}{2 C_0}$$

可见两频率之间相差为

$$\Delta \omega = \omega_p - \omega_q = \omega_q \frac{p}{2} \tag{2.5.5}$$

接入系数 p 很小,一般为 10^{-3} 数量级,所以 ω_p 与 ω_q 很接近。显然,C_0 愈大,则 p 愈小,$\Delta \omega$ 就愈小。

图 2.5.6 所示等效电路的阻抗一般表示式为

$$Z_e = \frac{Z_1 Z_2}{Z_1 + Z_2} = \frac{-j \dfrac{1}{\omega C_0} \left[r_q + j \left(\omega L_q - \dfrac{1}{\omega C_q} \right) \right]}{r_q + j \left(\omega L_q - \dfrac{1}{\omega C_q} \right) - j \dfrac{1}{\omega C_0}}$$

上式在忽略 r_q 后可简化为

$$Z_e = jX_e \approx -j \frac{1}{\omega C_0} \frac{1 - \omega_q^2 / \omega^2}{1 - \omega_p^2 / \omega^2} \qquad (2.5.6)$$

由式(2.5.6)可见,当 $\omega > \omega_p$ 或 $\omega < \omega_q$ 时,电抗 jX_e 为容性;当 ω 在 ω_q 和 ω_p 之间时,电抗 jX_e 为感性。式(2.5.6)的电抗曲线如图2.5.7所示。

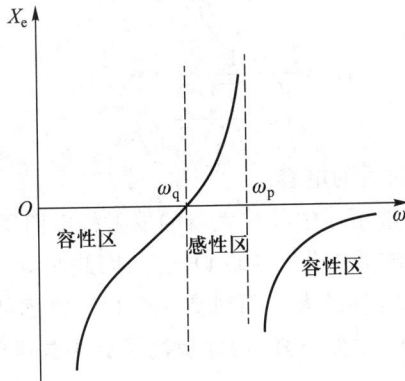

图 2.5.7　石英晶体谐振器的电抗曲线

必须指出,在 ω_q 和 ω_p 的角频率之间,谐振器所呈现的等效电感

$$L_e = -\frac{1}{\omega^2 C_0} \frac{1 - \omega_q^2 / \omega^2}{1 - \omega_p^2 / \omega^2} \qquad (2.5.7)$$

它并不等于石英晶体片本身的等效电感 L_q。

石英晶体滤波器工作时,石英晶体两个谐振频率之间的宽度,通常决定了滤波器的通带宽度。ω_p 与 ω_q 相差很少,一般只有几十至几百赫。有时为了加宽滤波器的通带宽度,可以用外加电感与石英晶体串联或并联来实现。

2.5.3　陶瓷滤波器

利用某些陶瓷材料的压电效应构成的滤波器,称为陶瓷滤波器(ceramic filter)。常用的陶瓷滤波器是用锆钛酸铅[Pb(ZrTi)O₃]压电陶瓷材料(简称 PZT)两面涂以银浆,加高温烧制成银电极,再经直流高压极化之后即成。它具有与石英晶体相类似的压电效应,因此也可以用作滤波器。这种滤波器的优点是:陶瓷容易焙烧,可以制成各种形状,适合滤波器的小型化;而且耐热性、耐湿性较好,很少受外界条件的影响。它的等效品质因数 Q_L 为几百,比 LC 滤波器高,但远比石英晶体滤波器低。因此作滤波器时,通带没有石英晶体那样窄,选择性也比石英晶体滤波器差。

单片陶瓷滤波器的等效电路和表示符号如图 2.5.8 所示。图中 C_0 等效于压电陶瓷谐振子的固定电容值;而电感、电容和电阻(L'_q、C'_q 和 R'_q)分别相当于机械振动时的等效质量、等效弹性模数和等效阻尼。

因此陶瓷谐振器的等效电路与石英晶体的相同。

若串联谐振角频率为 ω_q,并联谐振角频率为 ω_p,则它们与等效电感、电容的关系为

$$\omega_q = \frac{1}{\sqrt{L'_q C'_q}} \tag{2.5.8}$$

$$\omega_p = \frac{1}{\sqrt{L'_q \dfrac{C'_q C_0}{C'_q + C_0}}} = \frac{1}{\sqrt{L'_q C'}} \tag{2.5.9}$$

式中,C' 为 C_0 和 C'_q 串联后的电容。

单片陶瓷滤波器通常用在中频放大器的发射极电路里,取代旁路电容器,如图 2.5.9 所示。由于滤波器工作于 465 kHz 上,因此对 465 kHz 信号呈现极小的阻抗;此时负反馈最小,增益最大。而对离 465 kHz 稍远的频率,滤波器呈现较大的阻抗,使负反馈加大,增益下降,因而提高了此中放级的选择性。

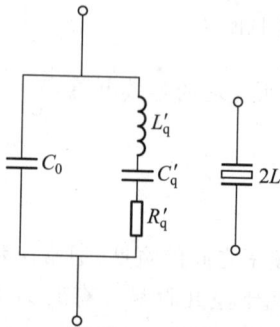

图 2.5.8　单片陶瓷滤波器
的等效电路和符号

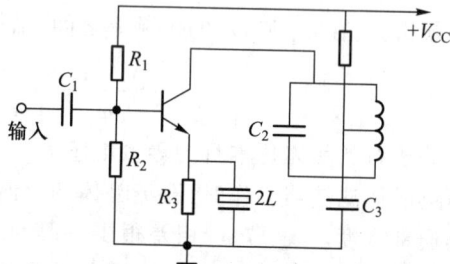

图 2.5.9　采用单片陶瓷滤波器的中放级

如将陶瓷滤波器连成如图 2.5.10 所示的形式,即为四端陶瓷滤波器。图 2.5.10(a) 为两个谐振子连接成的四端陶瓷滤波器,(b) 和 (c) 分别为由五个谐振子和九个谐振子连接成的四端陶瓷滤波器。谐振子数目愈多,滤波器的性能愈好。

图 2.5.11 表示图 2.5.10(a) 所示的陶瓷滤波器的等效电路。适当选择串臂和并臂陶瓷滤波器的串、并联谐振频率,就得到理想的衰减特性。例如,要求

滤波器通过(465±5) kHz 的频带,那么,串臂陶瓷片的串联谐振频率f_{q_1}应和并臂陶瓷片的并联谐振频率f_{p_2}相重合,并等于 465 kHz。而串臂陶瓷片的并联谐振频率f_{p_1}应等于(465+5) kHz,并臂陶瓷片的串联谐振频率f_{q_2}则应等于(465-5) kHz。对 465 kHz 的载频信号来说,串臂陶瓷片产生串联谐振,阻抗最小;并臂陶瓷片产生并联谐振,阻抗最大,因而能让信号通过。对(465+5) kHz 的信号,串臂陶瓷片产生并联谐振,阻抗最大,信号不能通过;对(465-5) kHz 的信号,并臂陶瓷片产生串联谐振,阻抗最小,使信号旁路(无输出)。

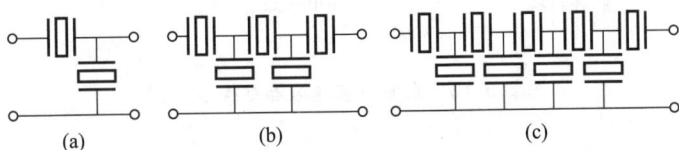

图 2.5.10　四端陶瓷滤波器

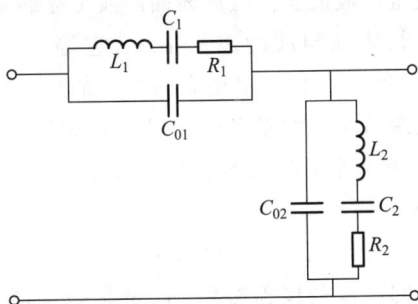

图 2.5.11　图 2.5.10(a)所示陶瓷滤波器的等效电路

因此,滤波器仅能通过频带为(465±5) kHz 的信号。

2.5.4　表面声波滤波器

表面声波(surface wave)是利用局部扰动产生一种通过固体介质内和沿表面传送的波。表面声波扰动产生的波动是很小的,只相当于在平衡"晶格"(一种固定的参考系统,并不一定是晶状结构)所测得的原子或分子尺度。总的表面声波扰动是许多细小的(原子或分子的)个别位移的积累效应。

表面声波是由换能器将电信号转换而成的。换能器的工作原理是利用铌酸锂或石英晶体所构成的压电衬底对电场作用时的膨胀和收缩效应,从而将电信号转换成表面声波。电场是由沉积在压电衬底表面的两个平行交错(交叉指形)的薄膜金属电极(指状)上的电位差形成的。一个时变电信号(交流信号源供给)输入,引起晶体(压电衬底材料)振动,并沿其表面产生声波。严格地说,传输的声波有表面波和体波,但主要是表面波。在晶体的另一端可用第二个交叉指形换能器将声波转换成电信号。

表面声波滤波器的结构示意图如图2.5.12(a)所示。

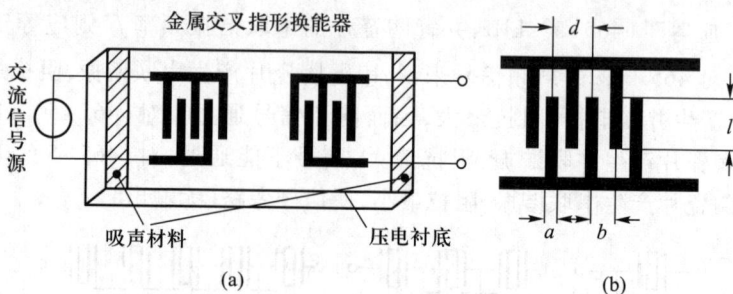

图2.5.12 表面声波滤波器结构示意图

换能器可以分为 n 节 $n+1$ 个电极或 $N\left(N=\dfrac{n}{2}\right)$ 个周期段。指状物的宽度 a 和指状物之间的间隔 b 决定声波波长。假如表面声波传播的速度是 v，可得 $f_0=v/d$，即换能器的频率为 f_0 时，表面声波的波长是 λ_0，它等于换能器周期段长 d，$d=2(a+b)$，如图2.5.12(b)所示。为了避免表面波可能从衬底的左右边缘反射，在衬底表面的左右边缘处涂敷了一种吸声材料，例如黑蜡[参看图2.5.12(a)]。

当外来电信号的频率 f 等于换能器的频率 f_0 时，各节所激发的表面波同相叠加，振幅最大，可写成

$$A_s = nA_0 \qquad (2.5.10)$$

式中，A_0 是每节所激发的声波强度振幅值，A_s 是总振幅值。这时的信号频率即为换能器的频率 f_0，称为谐振频率。当信号频率偏离 f_0 时（如 $\Delta f=f-f_0$），换能器各节电极所激发的声波强度振幅值基本不变，但相位变化。分析指出，这时振幅-频率特性曲线为熟知的 $\sin X/X$ 函数形式，此处 $X=N\pi\Delta f/f_0$，其最大幅度为 $2NA_0$，如图2.5.13所示。由图可见，主峰宽度约为 $2/N$，3 dB 相对带宽（$\Delta f/f$）约为 $1/N$。通常，第一旁瓣最大值比主峰幅度约低 26 dB。

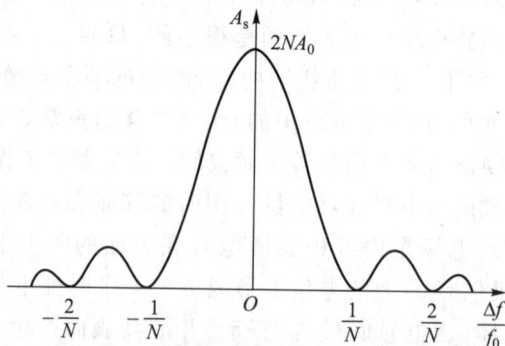

图2.5.13 均匀叉指换能器声振幅-频率特性曲线

如用两个相同形式的换能器组成滤波器,则其频率特性曲线由函数 $(\sin X/X)^2$ 描绘,这时,滤波器的相对带宽约为 $0.65/N$。

由信号分析已知矩形信号脉冲的振幅-频率特性是 $\sin X/X$ 函数形式。所以上述均匀的多指叉指换能器的信号脉冲特性是矩形的。但在实际应用中我们常希望振幅-频率特性是矩形的(矩形系数接近于 1,有良好的选择性),那么就必须使换能器的信号脉冲特性有 $\sin X/X$ 的函数形式。采用图 2.5.14(a) 所示的不均匀换能器就有图 2.5.14(b) 所示的信号脉冲特性。中间的金属电极对重叠最多,电场最强,脉冲特性最高;两边的金属电极对重叠逐渐减少,电场减弱,脉冲特性逐渐降低。这时信号脉冲特性是 $\sin X/X$ 函数形式,它的振幅-频率特性将是此脉冲特性的傅里叶变换,是理想的矩形。随电极不均匀的变化而实现所需要的信号脉冲响应,称为换能器的幅度加权或幅度变迹,图 2.5.14 所示为一种幅度变迹换能器的图形和信号脉冲特性。

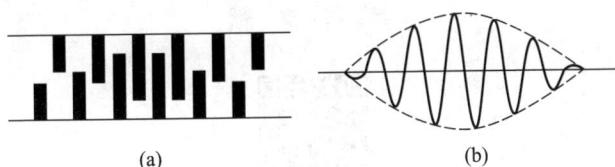

图 2.5.14 一种幅度变迹换能器的图形和信号脉冲特性

通常,应用均匀的多指叉指换能器能制成窄带滤波器($\Delta f/f < 1\%$)。因为相对带宽与指的数目亦即周期段 N 成反比。应用均匀的叉指换能器和各种幅度变迹的叉指换能器配合,可得到各种需要的振幅-频率特性。

表面声波滤波器在工作时存在一些假信号,影响它的特性,其中最主要的是三次渡越信号。它是一部分被接收换能器反射回来的声波又经发送换能器送到接收换能器而产生的,其时延为主信号的三倍。它干扰主信号,使通带内的信号出现起伏。此外,假信号还有体波激励和由此产生的反射,指对间相互作用所产生的声反射、电耦合等(称为"二次效应"),由表面声波在衬底自由表面和有覆盖金属表面的速度不同而引起的波前失真等。

目前,在电路和结构上正采取一些措施以减小这种假信号。如外电路阻抗大于辐射阻抗,收发两换能器轴线稍有偏离,改进叉指形式等。

表面声波滤波器具有体积小、重量轻、中心频率可做得很高、相对频带较宽、矩形系数①接近于 1 等特点。并且它可以采用与集成电路工艺相同的平面加工工艺,制造简单、成本低、重复性和设计灵活性高,可大量生产,所以是一种很有发展前途的滤波器。表 2.5.1 介绍表面声波滤波器参数,供参考。

---

① 矩形系数是衡量选择性的指标,越接近于 1 越好,其定义见第 3 章 §3.1。

表 2.5.1　表面声波滤波器参数

参　　数	目前的典型值	目前的技术水平
中心频率 f_0	10 MHz ~ 1.0 GHz	5 MHz ~ 1.5 GHz
带宽	50 kHz ~ $0.4f_0$	50 kHz ~ $0.4f_0$
最小插入损耗①	6 dB	0.7 dB
矩形系数	1.2	1.2
最大带外抑制	60 dB	80 dB
线性相位偏移	±1.5°	±1.5°
幅度波动	0.5 dB	0.5 dB

参 考 文 献

思考题与习题

2.1　已知某一并联谐振回路的谐振频率 f_0 = 1 MHz，要求对 990 kHz 的干扰信号有足够的衰减，问该并联回路应如何设计？

2.2　试定性分析图 2.1 所示电路在什么情况下呈现串联谐振或并联谐振状态。

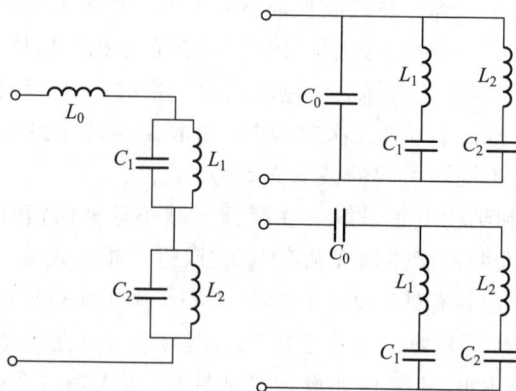

图 2.1

---

①　插入损耗是信号通过滤波器后，功率下降的分贝值。其定义见第 3 章 §3.3。

2.3　有一并联谐振回路,其电感、电容支路中的电阻均为 R。当 $R = \sqrt{\dfrac{L}{C}}$ 时(L 和 C 分别为电感和电容支路的电感值和电容值),试证明回路阻抗 Z 与频率无关。

2.4　有一并联回路在某频段内工作,频段最低频率为 535 kHz,最高频率为 1 605 kHz。现有两个可变电容器,一个电容器的最小电容量为 12 pF,最大电容量为 100 pF;另一个电容器的最小电容量为 15 pF,最大电容量为 450 pF。试问:

(1) 应采用哪一个可变电容器,为什么?

(2) 回路电感应等于多少?

(3) 绘出实际的并联回路图。

2.5　给定串联谐振回路的 $f_0 = 1.5$ MHz, $C_0 = 100$ pF,谐振时电阻 $R = 5$ Ω。试求 Q_0 和 L_0。又若信号源电压振幅 $V_{sm} = 1$ mV,求谐振时回路中的电流 I_0 以及回路元件上的电压 V_{L0m} 和 V_{C0m}。

2.6　串联回路如图 2.2 所示。信号源频率 $f_0 = 1$ MHz,电压振幅 $V_{sm} = 0.1$ V。将 11 端短接,电容 C 调到 100 pF 时谐振。此时,电容 C 两端的电压为 10 V。如 11 端开路再串接一阻抗 Z_x(电阻与电容串联),则回路失谐, C 调到 200 pF 时重新谐振,总电容两端电压变成 2.5 V。试求线圈的电感量 L、回路品质因数 Q_0 值以及未知阻抗 Z_x。

2.7　给定并联谐振回路的 $f_0 = 5$ MHz, $C = 50$ pF,通频带 $2\Delta f_{0.7} = 150$ kHz。试求电感 L、品质因数 Q_0 以及对信号源频率为 5.5 MHz 时的失谐。又若把 $2\Delta f_{0.7}$ 加宽至 300 kHz,应在回路两端再并联上一个阻值多大的电阻?

2.8　并联谐振回路如图 2.3 所示。已知通频带为 $2\Delta f_{0.7}$。若回路总电导为 g_Σ($g_\Sigma = g_s + G_p + G_L$),试证明

$$g_\Sigma = 4\pi\Delta f_{0.7} C$$

若给定 $C = 20$ pF, $2\Delta f_{0.7} = 6$ MHz, $R_p = 10$ kΩ, $R_s = 10$ kΩ,求 R_L。

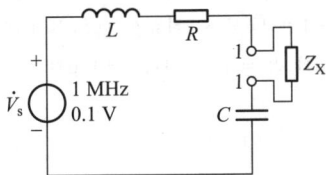
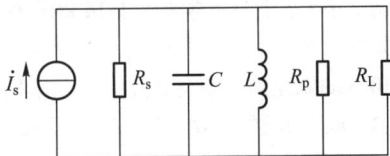

图 2.2　　　　　　　　　　　　　　图 2.3

2.9　如图 2.4 所示。已知 $L = 0.8$ μH, $Q_0 = 100$, $C_1 = C_2 = 20$ pF, $C_i = 5$ pF, $R_i = 10$ kΩ, $C_o = 20$ pF, $R_o = 5$ kΩ。试计算回路谐振频率、谐振阻抗(不计 R_o 与 R_i 时)、有载 Q_L 值和通频带。

2.10　为什么耦合回路在耦合大到一定程度时,谐振曲线出现双峰?

2.11　如何解释 $\omega_{01} = \omega_{02}$, $Q_1 = Q_2$ 时耦合回路呈现的下列物理现象?

(1) $\eta < 1$ 时, I_{2m} 在 $\xi = 0$ 处是峰值,而且随着耦合加强,峰值增加;

(2) $\eta > 1$ 时, I_{2m} 在 $\xi = 0$ 处是谷值,而且随着耦合加强谷值下降;

(3) $\eta > 1$ 时,出现双峰而且随着 η 值增加,双峰之间距离增大。

2.12　假设有一中频放大器等效电路如图 2.5 所示。试回答下列问题:

(1) 如果将二次绕组短路,这时反射到一次侧的阻抗等于什么? 一次等效电路(并联型)应该怎么画?

(2) 如果二次绕组开路,这时反射阻抗等于什么? 一次等效电路应该怎么画?

(3) 如果 $\omega L_2 = \dfrac{1}{\omega C_2}$,反射到一次侧的阻抗等于什么?

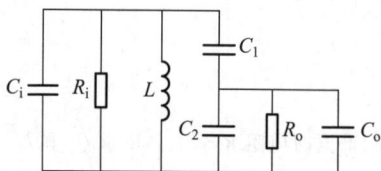

图 2.4

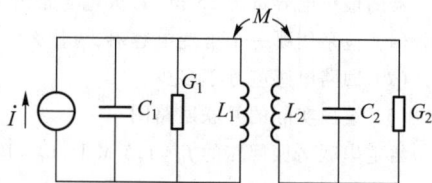

图 2.5

2.13 有一耦合回路如图 2.6 所示。已知 $f_{01}=f_{02}=1$ MHz,$\rho_1=\rho_2=1$ kΩ($\rho=\omega_0 L=\dfrac{1}{\omega_0 C}$称为回路的特性阻抗),$R_1=R_2=20\ \Omega$,$\eta=1$。

(1) 求回路参数 L_1、L_2、C_1、C_2 和 M;

(2) 求图中 a、b 两端的等效谐振阻抗 Z_p;

(3) 求一次回路的等效品质因数 Q_1;

(4) 求回路的通频带 BW;

(5) 如果调节 C_2 使 $f_{02}=950$ kHz(信号源频率仍为 1 MHz),求反射到一次回路的串联阻抗。它呈感性还是容性?

2.14 为什么耦合回路二次电流谐振曲线(尤其在临界耦合时)与单回路相比,具有较平坦的顶部和较陡峭的边缘?

2.15 与题 2.13 的线路形式及元件参量均相同。如欲使谐振阻抗 $R_p=50$ kΩ,问耦合系数应调至多大? 若使通频带等于 14 kHz,在保持 $\eta=1$ 的情况下,回路的 Q 值等于多少?

2.16 如图 2.6 所示的电路形式,已知 $L_1=L_2=100\ \mu$H,$R_1=R_2=5\ \Omega$,$M=1\ \mu$H,$\omega_{01}=\omega_{02}=10^7$ rad/s,电路处于全谐振状态。试求:

(1) a、b 两端的等效谐振阻抗;

(2) 两回路的耦合因数;

(3) 耦合回路的相对通频带。

2.17 已知一 RLC 串联谐振回路的谐振频率 $f_0=300$ kHz,回路电容 $C=2\ 000$ pF,设规定在通频带的边界频率 f_1 和 f_2 处的回路电流是谐振电流的 $1/1.25$,问回路电阻 R 或 Q 值应等于多少才能获得 10 kHz 的通频带? 它与一般通频带定义相比较,Q 值相差多少?

2.18 有一双电感复杂并联回路如图 2.7 所示。已知 $L_1+L_2=500\ \mu$H,$C=500$ pF,为了使电源中的二次谐波能被回路滤除,应如何分配 L_1 和 L_2?

2.19 试证明 2.2.4 节关于低 Q 值并联谐振回路调谐的两点结论。

2.20 试证明,在并联(或串联)谐振电路中,电容 C 所储存能量最大值与电感 L 所储存能量最大值相等。

2.21 试证明,谐振电路的 Q 值可表示为

$$Q = 2\pi \frac{\text{回路储存的能量}}{\text{每周消耗的能量}}$$

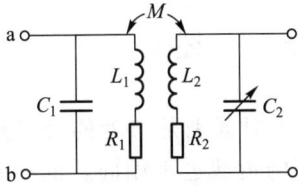

图 2.6

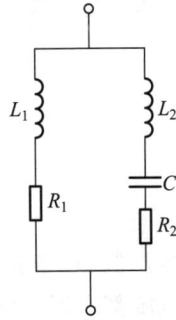

图 2.7

第3章 高频小信号放大器

§3.1 概 述

高频放大器与低频(音频)放大器的主要区别是二者的工作频率范围和所需通过的频带宽度都有所不同,所以采用的负载也不相同。低频放大器的工作频率低,但整个工作频带宽度很宽,例如 20~20 000 Hz,高低频率的极限相差达 1 000 倍,所以它们都是采用无调谐负载,例如电阻、有铁心的变压器等。高频放大器的中心频率一般在几百千赫至几百兆赫,但所需通过的频率范围(频带)和中心频率相比往往是很小的,或者只工作于某一频率,因此一般都是采用选频网络组成谐振放大器或非谐振放大器。

所谓谐振放大器(resonant amplifier),就是采用谐振回路(串、并联及耦合回路)作负载的放大器。根据谐振回路的特性,谐振放大器对于靠近谐振频率的信号,有较大的增益;对于远离谐振频率的信号,增益迅速下降。所以,谐振放大器不仅有放大作用,而且也起着滤波或选频的作用。

谐振放大器又可分为调谐放大器(通称高频放大器)和频带放大器(通称中频放大器)。前者的调谐回路需对外来不同的信号频率进行调谐;后者的调谐回路的谐振频率固定不变。

由各种滤波器(如 LC 集中选择性滤波器、石英晶体滤波器、表面声波滤波器、陶瓷滤波器等)和阻容放大器组成非调谐的各种窄带和宽带放大器,因其结构简单,性能良好,又能集成化,所以目前被广泛应用。

对高频小信号放大器来说,由于信号小,可以认为它工作在晶体管(或场效应管)的线性范围内。这就允许把晶体管看成线性元件,因此可作为有源线性四端网络(即前述的等效电路)来分析。

为了分析高频小信号放大器,首先应当了解实际运用时对它的要求如何,也就是应当先讨论它的主要质量指标。

对高频小信号放大器提出的主要质量指标如下:

1. 增益(gain)

放大器输出电压(或功率)与输入电压(或功率)之比,称为放大器的增益或放大倍数,用 A_v(或 A_p)表示(有时以分贝数计算)。我们希望每级放大器的增益尽量大,使满足总增益时级数尽量少。放大器增益的大小,取决于所用的晶体管、要求的通频带宽度、是否良好的匹配和稳定的工作。

2. 通频带(passband)

由于放大器所放大的一般都是已调制的信号,如以后要讨论的,已调制的信号都包含一定的频谱宽度,所以放大器必须有一定的通频带,以便让必要的信号中的频谱分量通过放大器。例如普通调幅无线电广播所占带宽应为 9 kHz,电视信号的带宽为 6.5 MHz 等。当这些有一定带宽的高频信号通过高频放大器时,如果放大器的通频带不足,那么,在频带边缘的频率分量就不能得到应有的放大,从而引起输出信号的频率失真。

放大器通频带定义见图 3.1.1,它表示放大器的电压增益 A_v 下降到最大值 A_{v0} 的 0.7 倍(即 $1/\sqrt{2}$ 倍)时所对应的频率范围,仍用 $2\Delta f_{0.7}$ 表示。有时也称 $2\Delta f_{0.7}$ 为 3 dB 带宽,因为电压增益下降 3 dB,即等于绝对值下降至 $1/\sqrt{2}$。为了测量方便,还可将通频带定义为放大器的电压增益下降到最大值的 1/2 时所对应的频率范围,用 $2\Delta f_{0.5}$ 表示,也可称为 6 dB 带宽。

放大器的通频带决定于负载回路的形式和回路的等效品质因数 Q_L。此外,放大器的总通频带随着放大级数的增加而变窄。并且,通频带越宽,放大器的增益就越小,两者是互相矛盾的。在通频带较窄的放大器(例如调幅接收机所用的高频放大器)中,这两者

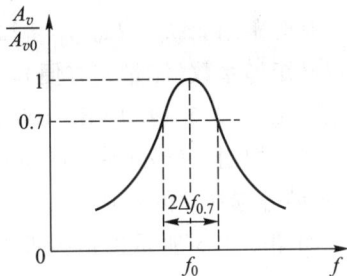

图 3.1.1 放大器的通频带定义

之间的矛盾还不突出,而在频带较宽的放大器(例如电视和雷达接收机等)中,频带和增益的矛盾变得突出。这时必须在牺牲单级增益的情况下,来保证所需的频带宽度。至于总增益,则可用加多级数的办法来满足。

根据用途不同,放大器的通频带差异较大。例如,收音机的中频放大器通频带为 6 ~ 8 kHz;而电视接收机的中频放大器通频带为 6 MHz 左右。

3. 选择性(selectivity)

放大器从含有各种不同频率的信号总和(有用的和有害的)中选出有用信号,排除有害(干扰)信号的能力,称为放大器的选择性。

选择性指标是针对抑制干扰而言的。目前,由于无线电台日益增多,所以无线电台的干扰日益严重。干扰的情况也很复杂:有位于信号频率附近的邻近电台的干扰(邻台干扰);有特定频率的组合干扰;有由于电子器件的非线性产生的交调(cross modulation)、互调(intermodulation),等等。对不同的干扰,有不同的指标要求。下面介绍两个衡量选择性的基本指标——矩形系数和抑制比。

(1) 矩形系数(rectangular coefficient)(通常说明邻近波道选择性的优劣)

理想情况下,放大器应对通频带内的各信号频谱分量予以同样的放大,而对

通频带以外的邻近波道的干扰频率分量则应完全抑制,不予放大。因此理想的放大器频率响应曲线应为矩形,但实际曲线的形状则与矩形有较大的差异,如图 3.1.2 所示。为了评定实际曲线与理想矩形的接近程度,通常用矩形系数 K_r 来表示,其定义为

$$K_{r\,0.1} = \frac{2\Delta f_{0.1}}{2\Delta f_{0.7}} \tag{3.1.1}$$

或

$$K_{r\,0.01} = \frac{2\Delta f_{0.01}}{2\Delta f_{0.7}} \tag{3.1.2}$$

式中,$2\Delta f_{0.7}$ 为放大器的通频带;$2\Delta f_{0.1}$ 和 $2\Delta f_{0.01}$ 分别为相对放大倍数下降至 0.1 和 0.01 处的带宽。

显然,矩形系数愈接近 1,则实际曲线愈接近矩形,滤除邻近波道干扰信号的能力愈强。通常,频带放大器的矩形系数在 2 ~ 5 范围内。

有时不用 $2\Delta f_{0.1}$、$2\Delta f_{0.01}$ 与 $2\Delta f_{0.7}$ 之比定义矩形系数,而用 $2\Delta f_{0.5}$ 与 $2\Delta f_{0.01}$ 之比定义矩形系数(测量较方便)。例如,国产某通信机的选择性指标为 2 倍输入带宽($2\Delta f_{0.5}$)2.5 ~ 4.0 kHz;100 倍输入带宽($2\Delta f_{0.01}$)不大于 8 kHz。

(2) 抑制比(suppression ratio)(或称抗拒比,通常说明某些特定频率,如中频、像频等选择性的好坏)

如图 3.1.3 所示的谐振曲线,对信号频率调谐。谐振点 f_0 的放大倍数为 A_{v0}。若有一干扰,其频率为 f_n,则电路对此干扰的放大倍数为 A_v,我们就应用 $d = \dfrac{A_{v0}}{A_v}$ 表示放大器对干扰的抑制能力。$d = \dfrac{A_{v0}}{A_v}$ 通常称为对干扰的抑制比(或抗拒比),用分贝表示,则 $d(\mathrm{dB}) = 20\lg d$。例如,当 $A_{v0} = 100$,$A_v = 1$ 时,则 $d = 100$,或 $d(\mathrm{dB}) = 20\lg 100 = 40$。

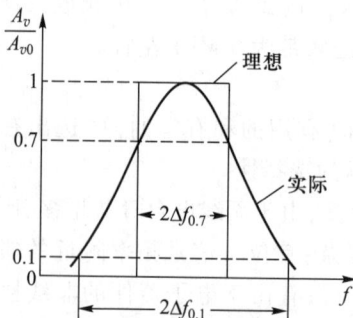

图 3.1.2 理想的与实际的频率特性 　　 图 3.1.3 说明抑制比的谐振曲线

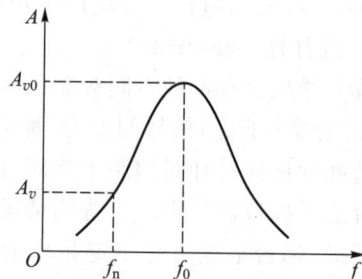

4. 工作稳定性(stability)

工作稳定性是指放大器的工作状态(直流偏置)、晶体管参数、电路元件参

数等发生可能的变化时,放大器的主要特性的稳定程度。一般的不稳定现象是增益变化、中心频率偏移、通频带变窄、谐振曲线变形等。极端的不稳定状态是放大器自激,致使放大器完全不能正常工作。特别是在多级放大器中,如果级数多,增益高,则自激的可能性最大。为了使放大器稳定工作,需要采取相应的措施,如限制每级的增益、选择内部反馈小的晶体管、加中和电路或稳定电阻、使级间失匹配等。此外,在工艺结构方面,如元件排列、屏蔽、接地等方面均应良好,以使放大器不自激或远离自激。

5. 噪声系数①(noise figure)

在放大器中,噪声总是有害无益的,因而应力求使它的内部噪声愈小愈好,即要求噪声系数接近1。在多级放大器中,最前面的一、二级对整个放大器的噪声系数起决定性作用,因此要求它们的噪声系数尽量接近1。为了使放大器的内部噪声小,可采用低噪声管,正确选择工作点电流,选用合适的线路,等等。

以上这些质量指标相互之间既有联系,又有矛盾,应根据要求,决定主次。例如接收机的整机灵敏度、选择性、通频带等主要取决于中放级,而噪声则主要决定于高放或混频级(无高放级时)。因此在考虑中放级时,应在满足频带要求与保证工作稳定的前提下,尽量提高增益;而在考虑高放级时,则增益成为次要矛盾,主要应尽量减小本级的内部噪声。

前已指出,高频小信号放大器可以作为线性有源网络来分析。因此,应先求出有源部分(晶体管或场效应管)的等效电路,再与第2章所讨论的选频网络组合,即可对各种不同形式的高频小信号放大器用线性网络的理论来进行分析。以下只研究晶体管作为有源器件的情况。场效应管作为有源器件的情况可以类推,从略。

§3.2　晶体管高频小信号等效电路与参数

晶体管在高频小信号运用时,它的等效电路主要有两种形式:形式等效电路和物理模拟等效电路(混合 π 等效电路)。

3.2.1　形式等效电路(网络参数等效电路)

形式等效电路(formal equivalent circuit)是将晶体管等效为有源线性四端网络,它的优点在于通用,导出的表达式具有普遍意义,分析电路比较方便;缺点是网络参数与频率有关。例如图 3.2.1 表示晶体管共发射极电路。在工作时,输

---

① 噪声系数的定义见第 3 章 3.10.1 节。

入端有输入电压 $\dot{V}_1$ 和输入电流 $\dot{I}_1$；输出端有输出电压 $\dot{V}_2$ 和输出电流 $\dot{I}_2$。根据四端网络的理论，需要有四个数来表示方框内的晶体管的功能。这种表征晶体管功能的数叫作晶体管的参数（或参量）。

最常用的有 h、y、z 三种参数系。

如选输出电压 $\dot{V}_2$ 和输入电流 $\dot{I}_1$ 为自变量，输入电压 $\dot{V}_1$ 和输出电流 $\dot{I}_2$ 为参变量，则得到 h 参数系。

如选输入电流 $\dot{I}_1$ 和输出电流 $\dot{I}_2$ 为自变量，输入电压 $\dot{V}_1$ 和输出电压 $\dot{V}_2$ 为参变量，则得到 z 参数（阻抗参数）系。

如选输入电压 $\dot{V}_1$ 和输出电压 $\dot{V}_2$ 为自变量，输入电流 $\dot{I}_1$ 和输出电流 $\dot{I}_2$ 为参变量，则得到 y 参数系。本章采用 y 参数（导纳参数）系分析电路。因晶体管是电流控制器件，输入、输出端都有电流，采用 y 参数较为方便，很多导纳并联可直接相加，运算简单。因此，对 y 参数将进行较详细的研究。

假使电压 $\dot{V}_1$ 与 $\dot{V}_2$ 为自变量，电流 $\dot{I}_1$ 与 $\dot{I}_2$ 为参变量，由图 3.2.1 则有

$$\dot{I}_1 = y_i \dot{V}_1 + y_r \dot{V}_2 \qquad (3.2.1)$$

$$\dot{I}_2 = y_f \dot{V}_1 + y_o \dot{V}_2 \qquad (3.2.2)$$

式中：

图 3.2.1 晶体管共发射极电路

$$y_i = \frac{\dot{I}_1}{\dot{V}_1}\bigg|_{\dot{V}_2=0} \qquad \text{称为输出短路时的输入导纳；}$$

$$y_r = \frac{\dot{I}_1}{\dot{V}_2}\bigg|_{\dot{V}_1=0} \qquad \text{称为输入短路时的反向传输导纳；}$$

$$y_f = \frac{\dot{I}_2}{\dot{V}_1}\bigg|_{\dot{V}_2=0} \qquad \text{称为输出短路时的正向传输导纳；}$$

$$y_o = \frac{\dot{I}_2}{\dot{V}_2}\bigg|_{\dot{V}_1=0} \qquad \text{称为输入短路时的输出导纳。}$$

根据式（3.2.1）与式（3.2.2）可绘出晶体管的 y 参数等效电路，如图 3.2.2 所示。应当说明，短路导纳参数是晶体管本身的参数，只与晶体管的特性有关，而与外电路无关，所以又称为内参数。根据不同的晶体管型号、不同的工作电压和不同的信号频率，导纳参数可能是实数，也可能是复数。

晶体管接入外电路，构成放大器后，由于输入端和输出端都接有外电路，于

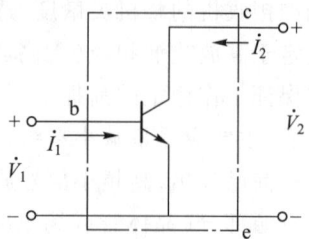

是得出相应的放大器 y 参数,它们不仅与晶体管有关,而且与外电路有关,故又称为外参数。参阅图 3.2.3(a) 所示的晶体管放大器的基本电路。为简明计,图中略去了直流电源,并以 Y_L 代表负载导纳,$\dot{I}_s$ 与 Y_s 代表信号源的电流与导纳。用 y 参数等效电路来代表晶体管,则可得图 3.2.3(b)。由图可得

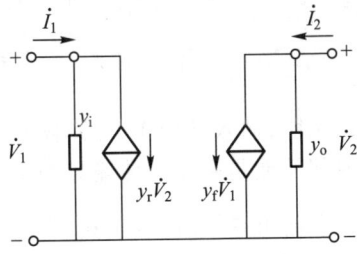

图 3.2.2　y 参数等效电路

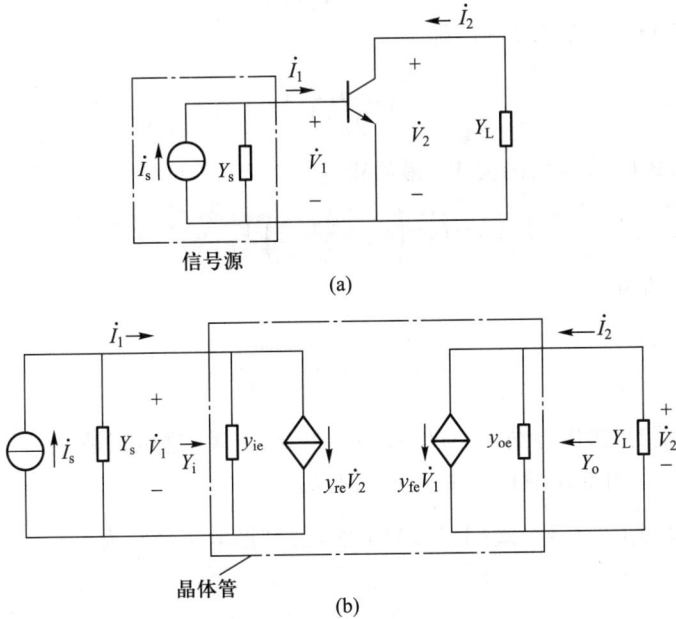

(a)

(b)

图 3.2.3　晶体管放大器及其 y 参数等效电路

$$\dot{I}_1 = y_{ie}\dot{V}_1 + y_{re}\dot{V}_2 \tag{3.2.3}$$

$$\dot{I}_2 = y_{fe}\dot{V}_1 + y_{oe}\dot{V}_2 \tag{3.2.4}$$

$$\dot{I}_2 = -Y_L\dot{V}_2 \tag{3.2.5}$$

式中,各 y 参数第二个脚标 e 表示这是共发射极电路的参数;若为共基极或共集电极电路,则第二个脚标即用 b 或 c。

从式(3.2.3)~(3.2.5)消去 $\dot{V}_2$ 与 $\dot{I}_2$,可得

$$\dot{I}_1 = \left(y_{ie} - \frac{y_{re}y_{fe}}{y_{oe}+Y_L} \right)\dot{V}_1$$

因此输入导纳为

$$Y_i = \frac{\dot{I}_1}{\dot{V}_1} = y_{ie} - \frac{y_{re}y_{fe}}{y_{oe}+Y_L} \tag{3.2.6}$$

上式说明,输入导纳 Y_i 与负载导纳 Y_L 有关,这反映了晶体管有内部反馈,而这个内部反馈是由反向传输导纳 y_{re} 所引起的。

求输出导纳时,应从式(3.2.3)、式(3.2.4)中消去 $\dot{I}_1$ 与 $\dot{V}_1$,求得 $\dot{V}_2$ 与 $\dot{I}_2$ 的关系,此时应将信号电流源开路(如为电压源则应短路),因而

$$\dot{I}_1 = -Y_s\dot{V}_1 \tag{3.2.7}$$

将式(3.2.7)代入式(3.2.3),得

$$\dot{V}_1 = \frac{-y_{re}}{y_{ie}+Y_s}\dot{V}_2 \tag{3.2.8}$$

将上式代入式(3.2.4),消去 $\dot{V}_1$,最后得

$$\dot{I}_2 = \left(y_{oe} - \frac{y_{re}y_{fe}}{y_{ie}+Y_s}\right)\dot{V}_2$$

因而输出导纳为

$$Y_o = \frac{\dot{I}_2}{\dot{V}_2} = y_{oe} - \frac{y_{re}y_{fe}}{y_{ie}+Y_s} \tag{3.2.9}$$

式(3.2.9)说明,输出导纳 Y_o 与信号源导纳 Y_s 有关,这也反映了晶体管存在内部反馈,而这个内部反馈也是由 y_{re} 所引起的。

最后,由式(3.2.4)、式(3.2.5)消去 $\dot{I}_2$,可得电压增益为

$$\dot{A}_v = \frac{\dot{V}_2}{\dot{V}_1} = \frac{-y_{fe}}{y_{oe}+Y_L} \tag{3.2.10}$$

上式说明,晶体管的正向传输导纳越大,则放大器的增益也越大。式中负号说明,如果 y_{fe}、y_{oe} 与 Y_L 均为实数,则 $\dot{V}_2$ 与 $\dot{V}_1$ 相位差 $180°$。这正是在低频放大电路中已熟知的结论。

3.2.2　混合 π 等效电路

上面分析的形式等效电路的优点是,没有涉及晶体管内部的物理过程,因而不仅适用于晶体管,也适用于任何四端(或三端)器件。

这种等效电路的主要缺点是没有考虑晶体管内部的物理过程。若把晶体管内部的复杂关系,用集中元件 RLC 表示,则每一元件与晶体管内发生的某种物理过程具有明显的关系。用这种物理模拟的方法所得到的物理等效电路就是所谓混合 π 等效电路。

混合 π 等效电路(hybrid π equivalent circuit)的优点在于,各个元件在很宽的频率范围内都保持常数。缺点是分析电路不够方便。

混合 π 等效电路已在《低频电子线路》中详细讨论过,这里仅给出某典型晶体管的混合 π 等效电路和元件数值,如图 3.2.4 所示。图中,$r_{b'e}$ 是基射极间电阻,可表示为

$$r_{b'e} = 26\beta_0 / I_E \qquad (3.2.11)$$

式中,β_0 为共发射极组态晶体管的低频电流放大系数;I_E 为发射极电流,单位为 mA。

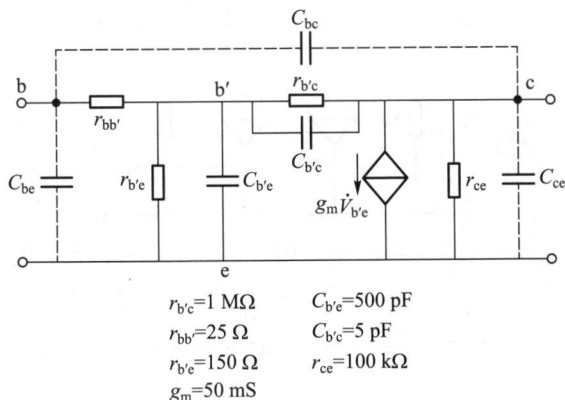

$r_{b'c} = 1 \text{ M}\Omega$ $\quad$ $C_{b'e} = 500 \text{ pF}$
$r_{bb'} = 25 \ \Omega$ $\quad$ $C_{b'c} = 5 \text{ pF}$
$r_{b'e} = 150 \ \Omega$ $\quad$ $r_{ce} = 100 \text{ k}\Omega$
$g_m = 50 \text{ mS}$

图 3.2.4 混合 π 等效电路

$C_{b'e}$ 是发射结电容;$r_{b'c}$ 是集电结电阻;$C_{b'c}$(或称 C_c)是集电结电容;$r_{bb'}$ 是基极电阻。

应该指出,$C_{b'c}$ 和 $r_{bb'}$ 的存在对晶体管的高频运用是很不利的。$C_{b'c}$ 将输出的交流电压反馈一部分到输入端(基极),可能引起放大器自激。$r_{bb'}$ 在共基电路中引起高频负反馈,降低晶体管的电流放大系数。所以希望 $C_{b'c}$ 和 $r_{bb'}$ 尽量小。

$g_m \dot{V}_{b'e}$ 表示晶体管放大作用的等效电流发生器。这意味着在有效基区 b' 到发射极 e 之间,加上交流电压 $\dot{V}_{b'e}$ 时,它对集电极电路的作用就相当于有一电流源 $g_m \dot{V}_{b'e}$ 存在。g_m 称为晶体管的跨导,可表示为

$$g_m = \beta_0 / r_{b'e} = I_C / 26 \qquad (3.2.12)$$

r_{ce} 是集-射极电阻,I_C 的单位为 mA。

此外,在实际晶体管中,还有三个附加电容 C_{be}、C_{bc} 和 C_{ce},如图 3.2.4 中虚线所示。它们是由晶体管引线和封装等结构所形成的,数值很小,在一般高频工作状态其影响可以忽略。

3.2.3 混合 π 等效电路参数与形式等效电路 y 参数的转换

通常,当晶体管直流工作点选定以后,混合 π 等效电路各元件的参数便可

确定,其中有些可由晶体管手册上直接查得,另一些也可根据手册上的其他数值计算出来。但在小信号放大器或其他电路中,为了简单和方便,却以 y 参数等效电路作为分析基础。因此,有必要讨论混合 π 等效电路参数与 y 参数的转换,以便根据确定的元件参数进行小信号放大器或其他电路的设计和计算。

　　将图 3.2.2 和图 3.2.4(略去 C_{be}、C_{bc}、C_{ce})重画,分别如图 3.2.5(a)和(b)所示。

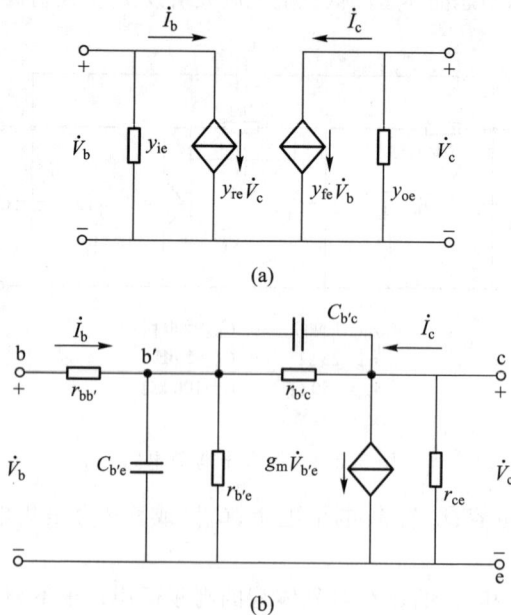

(a)

(b)

图 3.2.5　y 参数及混合 π 等效电路

则　　　　　　　　输入电压 $\dot{V}_1 = \dot{V}_b$;　　　输出电压 $\dot{V}_2 = \dot{V}_c$;

　　　　　　　　　输入电流 $\dot{I}_1 = \dot{I}_b$;　　　输出电流 $\dot{I}_2 = \dot{I}_c$。

　　由图 3.2.5(b)用节点电流法并以 $\dot{V}_{be}$、$\dot{V}_{b'e}$ 和 $\dot{V}_{ce}$ 分别表示 b 点,b'点和 c 点到 e 点的电压,则可得下列方程式:

$$\dot{I}_b = \frac{1}{r_{bb'}}\dot{V}_{be} - \frac{1}{r_{bb'}}\dot{V}_{b'e} \tag{3.2.13}$$

$$0 = -\frac{1}{r_{bb'}}\dot{V}_{be} + \left(\frac{1}{r_{bb'}} + y_{b'e} + y_{b'c}\right)\dot{V}_{b'e} - y_{b'c}\dot{V}_{ce} \tag{3.2.14}$$

$$\dot{I}_c = g_m\dot{V}_{b'e} - y_{b'c}\dot{V}_{b'e} + (y_{b'c} + g_{ce})\dot{V}_{ce} \tag{3.2.15}$$

式中　　　　　　　$y_{b'e} = g_{b'e} + j\omega C_{b'e}$;　　　$y_{b'c} = g_{b'c} + j\omega C_{b'c}$

　　在式(3.2.13)、式(3.2.14)和式(3.2.15)中消去 $\dot{V}_{b'e}$,经整理,并用 $\dot{V}_b$ 代

替 $\dot{V}_{\mathrm{be}}$, $\dot{V}_{\mathrm{c}}$代替 $\dot{V}_{\mathrm{ce}}$,得

$$\dot{I}_{\mathrm{b}}=\frac{y_{\mathrm{b'e}}+y_{\mathrm{b'c}}}{1+r_{\mathrm{bb'}}(y_{\mathrm{b'e}}+y_{\mathrm{b'c}})}\dot{V}_{\mathrm{b}}-\frac{y_{\mathrm{b'c}}}{1+r_{\mathrm{bb'}}(y_{\mathrm{b'e}}+y_{\mathrm{b'c}})}\dot{V}_{\mathrm{c}} \qquad (3.2.16)$$

$$\dot{I}_{\mathrm{c}}=\frac{g_{\mathrm{m}}-y_{\mathrm{b'c}}}{1+r_{\mathrm{bb'}}(y_{\mathrm{b'e}}+y_{\mathrm{b'c}})}\dot{V}_{\mathrm{b}}+\left[g_{\mathrm{ce}}+y_{\mathrm{b'e}}+\frac{y_{\mathrm{b'c}}r_{\mathrm{bb'}}(g_{\mathrm{m}}-y_{\mathrm{b'e}})}{1+r_{\mathrm{bb'}}(y_{\mathrm{b'e}}+y_{\mathrm{b'c}})}\right]\dot{V}_{\mathrm{c}} \qquad (3.2.17)$$

将式(3.2.16)和式(3.2.17)与式(3.2.1)和式(3.2.2)相比较,并考虑到下列条件 $g_{\mathrm{m}}\gg\left|y_{\mathrm{b'c}}\right|$, $y_{\mathrm{b'e}}\gg y_{\mathrm{b'c}}$ 及 $g_{\mathrm{ce}}\gg g_{\mathrm{b'c}}$通常是满足的,所以可得

$$y_{\mathrm{i}}=y_{\mathrm{ie}}\approx\frac{y_{\mathrm{b'e}}}{1+r_{\mathrm{bb'}}y_{\mathrm{b'e}}}=\frac{g_{\mathrm{b'e}}+\mathrm{j}\omega C_{\mathrm{b'e}}}{(1+r_{\mathrm{bb'}}g_{\mathrm{b'e}})+\mathrm{j}\omega C_{\mathrm{b'e}}r_{\mathrm{bb'}}} \qquad (3.2.18)$$

$$y_{\mathrm{r}}=y_{\mathrm{re}}\approx-\frac{y_{\mathrm{b'c}}}{1+r_{\mathrm{bb'}}y_{\mathrm{b'e}}}=-\frac{g_{\mathrm{b'c}}+\mathrm{j}\omega C_{\mathrm{b'c}}}{(1+r_{\mathrm{bb'}}g_{\mathrm{b'e}})+\mathrm{j}\omega C_{\mathrm{b'e}}r_{\mathrm{bb'}}} \qquad (3.2.19)$$

$$y_{\mathrm{f}}=y_{\mathrm{fe}}\approx\frac{g_{\mathrm{m}}}{1+r_{\mathrm{bb'}}y_{\mathrm{b'e}}}=\frac{g_{\mathrm{m}}}{(1+r_{\mathrm{bb'}}g_{\mathrm{b'e}})+\mathrm{j}\omega C_{\mathrm{b'e}}r_{\mathrm{bb'}}} \qquad (3.2.20)$$

$$y_{\mathrm{o}}=y_{\mathrm{oe}}\approx g_{\mathrm{ce}}+y_{\mathrm{b'c}}+\frac{y_{\mathrm{b'c}}r_{\mathrm{bb'}}g_{\mathrm{m}}}{1+r_{\mathrm{bb'}}y_{\mathrm{b'e}}}$$

$$\approx g_{\mathrm{ce}}+\mathrm{j}\omega C_{\mathrm{b'c}}+r_{\mathrm{bb'}}g_{\mathrm{m}}\frac{g_{\mathrm{b'c}}+\mathrm{j}\omega C_{\mathrm{b'c}}}{(1+r_{\mathrm{bb'}}g_{\mathrm{b'e}})+\mathrm{j}\omega C_{\mathrm{b'e}}r_{\mathrm{bb'}}} \qquad (3.2.21)$$

由上式可见,四个参数都是复数,为以后计算方便,可表示为

$$y_{\mathrm{ie}}=g_{\mathrm{ie}}+\mathrm{j}\omega C_{\mathrm{ie}} \qquad (3.2.22)$$

$$y_{\mathrm{oe}}=g_{\mathrm{oe}}+\mathrm{j}\omega C_{\mathrm{oe}} \qquad (3.2.23)$$

$$y_{\mathrm{fe}}=|y_{\mathrm{fe}}|\underline{/\varphi_{\mathrm{fe}}} \qquad (3.2.24)$$

$$y_{\mathrm{re}}=|y_{\mathrm{re}}|\underline{/\varphi_{\mathrm{re}}} \qquad (3.2.25)$$

式中, g_{ie}、g_{oe}分别称为输入、输出电导; C_{ie}、C_{oe}分别称为输入、输出电容。

根据复数运算,并令 $a=1+r_{\mathrm{bb'}}g_{\mathrm{b'e}}$; $b=\omega C_{\mathrm{b'e}}r_{\mathrm{bb'}}$,由式(3.2.18)至式(3.2.21)可得

$$g_{\mathrm{ie}}\approx\frac{ag_{\mathrm{b'e}}+b\omega C_{\mathrm{b'e}}}{a^{2}+b^{2}}; \qquad C_{\mathrm{ie}}=\frac{C_{\mathrm{b'e}}}{a^{2}+b^{2}} \qquad (3.2.26)$$

$$g_{\mathrm{oe}}\approx g_{\mathrm{ce}}+ag_{\mathrm{b'c}}+\frac{b\omega C_{\mathrm{b'e}}g_{\mathrm{m}}r_{\mathrm{bb'}}}{a^{2}+b^{2}}; \qquad C_{\mathrm{oe}}\approx C_{\mathrm{b'c}}+\frac{aC_{\mathrm{b'c}}g_{\mathrm{m}}r_{\mathrm{bb'}}-bg_{\mathrm{b'c}}}{a^{2}+b^{2}} \qquad (3.2.27)$$

$$|y_{\mathrm{fe}}|\approx\frac{g_{\mathrm{m}}}{\sqrt{a^{2}+b^{2}}}; \qquad \varphi_{\mathrm{fe}}\approx-\arctan\frac{b}{a} \qquad (3.2.28)$$

$$|y_{\mathrm{re}}|\approx\frac{\omega C_{\mathrm{b'c}}}{\sqrt{a^{2}+b^{2}}}; \qquad \varphi_{\mathrm{re}}\approx-\left(\frac{\pi}{2}+\arctan\frac{b}{a}\right) \qquad (3.2.29)[1]$$

---

① 在此式中,认为 $y_{\mathrm{b'c}}\approx\mathrm{j}\omega C_{\mathrm{b'c}}$,因 $g_{\mathrm{b'c}}$数值很小,可忽略。

通常,晶体管在高频运用时,四个 y 参数都是频率的函数,与在低频时比较,输入导纳 y_{ie} 及输出导纳 y_{oe} 都比低频运用时大,而 y_{fe} 却比低频运用时小。工作频率愈高,这种差别就愈大。

3.2.4 晶体管的高频参数

为了分析和设计各种高频电子线路,必须了解晶体管的高频特性。下面介绍几个表征晶体管高频特性的参数。

1. 截止频率(cut-off frequency)f_β

共发射极电路的电流放大系数 β 将随工作频率的上升而下降,当 β 值下降至低频值 β_0 的 $1/\sqrt{2}$ 时的频率称为 β 截止频率,用 f_β 表示,见图 3.2.6。

在《低频电子线路》中已经证明

$$\beta = \frac{\beta_0}{1+j\dfrac{f}{f_\beta}} \qquad (3.2.30)$$

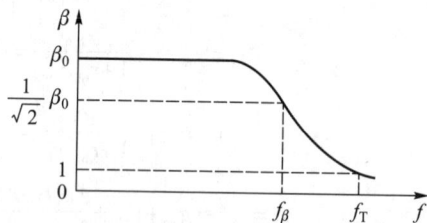

图 3.2.6 β 截止频率和特征频率

其模为

$$|\beta| = \frac{\beta_0}{\sqrt{1+\left(\dfrac{f}{f_\beta}\right)^2}} \qquad (3.2.31)$$

由于 β_0 比 1 大得多,在频率为 f_β 时,$|\beta|$ 值虽下降到 $\beta_0/\sqrt{2}$,但仍比 1 大得多,所以晶体管还能起放大作用。

2. 特征频率(characteristic frequency)f_T

当频率增高,使 $|\beta|$ 下降至 1 时,这时的频率称为特征频率,用 f_T 表示,见图 3.2.6。

根据定义,由式(3.2.31),得

$$\frac{\beta_0}{\sqrt{1+\left(\dfrac{f_T}{f_\beta}\right)^2}} = 1$$

所以

$$f_T = f_\beta \sqrt{\beta_0^2-1} \qquad (3.2.32)$$

当 $\beta_0 \gg 1$ 时,上式可近似地写成

$$f_T \approx \beta_0 f_\beta \qquad (3.2.33)$$

特征频率 f_T 和电流放大系数 $|\beta|$ 之间还有下列简单的关系。因为 $\beta_0 \approx \dfrac{f_T}{f_\beta}$,由式(3.2.31),得

$$|\beta| = \frac{\beta_0}{\sqrt{1 + \left(\dfrac{f}{f_\beta}\right)^2}} \approx \frac{\dfrac{f_T}{f_\beta}}{\sqrt{1 + \left(\dfrac{f}{f_\beta}\right)^2}}$$

当 $f \gg f_\beta$ 时，上式分母 $\sqrt{1 + \left(\dfrac{f}{f_\beta}\right)^2} \approx \dfrac{f}{f_\beta}$，故得

$$|\beta| = \frac{f_T}{f} \quad \text{或} \quad f_T \approx f|\beta| \tag{3.2.34}$$

上式表明：当 $f \gg f_\beta$ 时，特征频率 f_T 等于工作频率 f 和晶体管在该频率的 $|\beta|$ 的乘积。因此，知道了某晶体管的特征频率 f_T（由手册查得），就可以粗略地计算该管在某一工作频率 f 的电流放大系数 β。

3. 最高振荡频率 f_{max}

晶体管的功率增益 $A_p = 1$ 时的工作频率称为最高振荡频率 f_{max}。

可以证明[3]

$$f_{max} \approx \frac{1}{2\pi} \sqrt{\frac{g_m}{4 r_{bb'} C_{b'e} C_{b'c}}} \tag{3.2.35}$$

f_{max} 表示一个晶体管所能适用的最高极限频率。在此频率工作时，晶体管已得不到功率放大。当 $f > f_{max}$ 时，无论用什么方法都不能使晶体管产生振荡；最高振荡频率的名称也由此而来。

通常，为使电路工作稳定，且有一定的功率增益，晶体管的实际工作频率应等于最高振荡频率的 $\dfrac{1}{4} \sim \dfrac{1}{3}$。

以上三个频率参数的大小顺序是：f_{max} 最高，f_T 次之，f_β 最低。

§3.3　单调谐回路谐振放大器

图 3.3.1(a) 为单调谐回路谐振放大器原理性电路，图中为了突出所要讨论的中心问题，故略去了在实际电路中所必加的附属电路（如偏置电路）等。由图 3.3.1 可知，由 LC 单回路构成集电极的负载，它调谐于放大器的中心频率。LC 回路与本级集电极电路的连接采用自耦变压器（autotransformer）形式（抽头电路），与下级负载 Y_L 的连接采用变压器耦合。采用这种自耦变压器–变压器耦合形式，可以减弱本级输出导纳与下级晶体管输入导纳 Y_L 对 LC 回路的影响，同时，适当选择一次绕组抽头位置与一二次绕组的匝数比，可以使负载导纳与晶体管的输出导纳相匹配，以获得最大的功率增益。

本章所讨论的是小信号放大器，因而都工作于甲类，晶体管的作用可用上节

所讨论的 y 参数等效电路来表示。此处只画出集电极部分的 y 参数等效电路，如图 3.3.1(b)所示。图中：

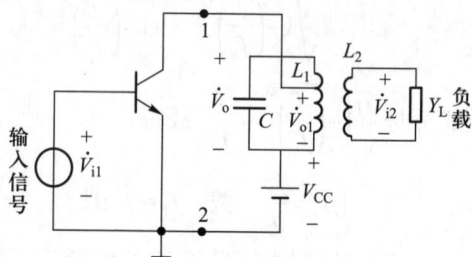

(a) 原理性电路

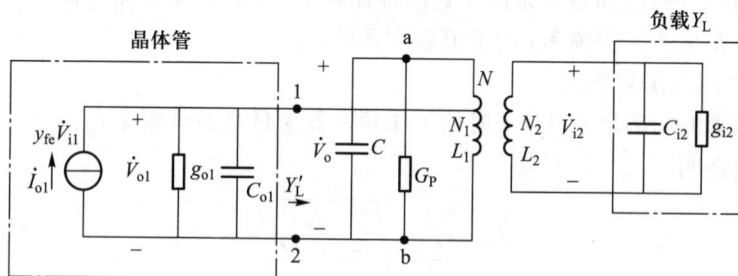

(b) 等效电路

图 3.3.1　单调谐回路谐振放大器的原理性电路与等效电路

$\dot{I}_{o1} = y_{fe} \dot{V}_{i1}$ 代表晶体管放大作用的等效电流源；

g_{o1}、C_{o1} 代表晶体管的输出电导与输出电容；

$G_p = \dfrac{1}{R_p}$ 代表回路本身的损耗；

$Y_L = g_{i2} + j\omega C_{i2}$ 代表负载导纳，通常也就是下一级晶体管的输入导纳。

由图 3.3.1(b)可见，小信号放大器是等效电流源与线性网络的组合，因而可用线性网络理论来求解。

3.3.1　电压增益 $\dot{A}_v$

由式(3.2.10)可得放大器的电压增益为

$$\dot{A}_v = \frac{\dot{V}_{o1}}{\dot{V}_{i1}} = \frac{-y_{fe}}{y_{oe} + Y'_L} \tag{3.3.1}$$

此处　　$y_{oe} = y_{o1} = g_{o1} + j\omega C_{o1}$ 为晶体管的输出导纳；

Y'_L 为晶体管在输出端 1、2 两点之间看来的负载导纳，即下级晶体管输入导纳与 LC 谐振回路折算至 1、2 两点间的等效导纳。

显然，$y_{oe}+Y'_L$ 可以看成是 1、2 两点之间的总等效导纳。

为了计算方便，可用式(2.3.23)将图 3.3.1(b)的所有元件参数都折算到 LC 回路两端，得到图 3.3.2(a)，再进一步可化简为图 3.3.2(b)。可见它就是第 2 章所讨论的并联谐振回路。图中

$$g'_{o1}=p_1^2 g_{o1}, \quad g'_{i2}=p_2^2 g_{i2}, \quad C'_{o1}=p_1 C_{o1}, \quad C'_{i2}=p_2 C_{i2}$$

$$p_1=\frac{N_1}{N}, \quad p_2=\frac{N_2}{N}[1], \quad G'_p=G_p$$

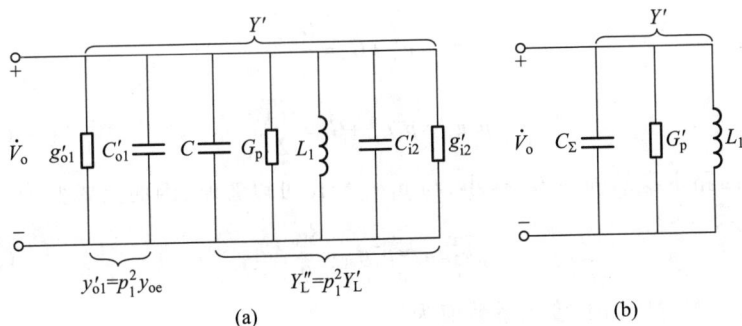

图 3.3.2　单调谐放大器的电路参数都折算到
LC 回路两端时的等效负载网络

由图 3.3.2 可知，由 LC 回路两端看来的总等效导纳为

$$Y'=p_1^2(y_{oe}+Y'_L)$$

于是式(3.3.1)的电压增益可写成

$$\dot{A}_v=\frac{\dot{V}_{o1}}{\dot{V}_{i1}}=-\frac{p_1^2 y_{fe}}{Y'} \tag{3.3.2}$$

但由图 3.3.1(a)可知，本级的实际电压增益应为 $\dfrac{\dot{V}_{i2}}{\dot{V}_{i1}}$。因此

$$\dot{A}_v=\frac{\dot{V}_{i2}}{\dot{V}_{i1}}=\frac{\left(\dfrac{N_2}{N_1}\right)\dot{V}_{o1}}{\dot{V}_{i1}}=\frac{\left(\dfrac{p_2}{p_1}\right)\dot{V}_{o1}}{\dot{V}_{i1}}=-\frac{p_1 p_2 y_{fe}}{Y'} \tag{3.3.3}$$

由图 3.3.2(b)可知

$$Y'=G'_p+\mathrm{j}\left(\omega C_\Sigma-\frac{1}{\omega L_1}\right)$$

①　此处假定 L_1 与 L_2 之间的耦合很紧$(k\approx 1)$，L_2 可以看成是在 N_2 处抽的头。

p_1、p_2 与 y_{fe} 为常数,因此,式(3.3.3)所表示的电压增益随频率的变化与 Y' 并联谐振曲线形式相同。

在谐振点($\omega = \omega_0$)时,$\omega_0 C_\Sigma = \dfrac{1}{\omega_0 L_1}$,$Y' = G'_p$,因此得到谐振点的电压增益为

$$\dot{A}_{v0} = -\frac{p_1 p_2 y_{fe}}{G'_p} = -\frac{p_1 p_2 y_{fe}}{G_p + g'_{o1} + g'_{i2}} \tag{3.3.4}$$

为了获得最大的功率增益,应适当选取 p_1 与 p_2 的值,使负载导纳 Y_L 能与晶体管电路的输出导纳相匹配。匹配的条件为

$$g'_{i2} = g'_{o1} + G_p = \frac{G'_p}{2}$$

亦即
$$p_2^2 g_{i2} = p_1^2 g_{o1} + G_p = \frac{G'_p}{2} \tag{3.3.5}$$

通常 LC 回路本身的损耗 G_p 很小,与 $p_1^2 g_{o1}$ 相比可以忽略,因而上式变为

$$p_2^2 g_{i2} \approx p_1^2 g_{o1} = \frac{G'_p}{2} \tag{3.3.6}$$

于是求得匹配时所需的接入系数值为

$$p_1 = \sqrt{\frac{G'_p}{2 g_{o1}}}, \quad p_2 = \sqrt{\frac{G'_p}{2 g_{i2}}} \tag{3.3.7}$$

将式(3.3.6)、式(3.3.7)代入式(3.3.4),即得在匹配时的电压增益为

$$(A_{v0})_{max} = -\frac{y_{fe}}{2\sqrt{g_{o1} g_{i2}}} \tag{3.3.8}$$

例 3.3.1 某高频管在 25 MHz 时,共发射极接法的 y 参数为 $g_o = 0.1 \times 10^{-3}$ S,$g_i = 10^{-2}$ S,$|y_{fe}| = 30$ mS。则当它作为 25 MHz 放大器时,在匹配状态的电压增益为

$$(A_{v0})_{max} = \frac{|y_{fe}|}{2\sqrt{g_{o1} g_{i2}}} = \frac{30 \times 10^{-3}}{2\sqrt{0.1 \times 10^{-3} \times 10^{-2}}} = 15$$

3.3.2 功率增益 A_p

在非谐振点计算功率增益是很复杂的,一般用处不大。因此下面只讨论谐振时的功率增益。

在谐振时,图 3.3.1(b)可简化为图 3.3.3。此时的功率增益为

$$A_{p0} = \frac{P_o}{P_i}$$

式中,P_i 为放大器的输入功率;P_o 为输出端负载 g_{i2} 上获得的功率。

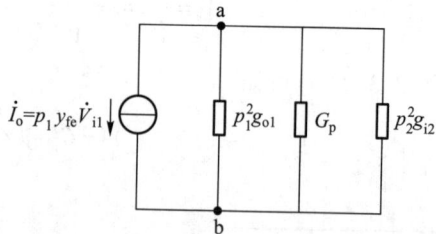

图 3.3.3 谐振时的简化等效电路

由图 3.3.1 可知 $\quad P_i = V_{i1}^2 g_{i1}$

由图 3.3.3 可知 $\quad P_o = V_{ab}^2 p_2^2 g_{i2}$

$$= \left(\frac{p_1 \mid y_{fe} \mid V_{i1}}{G_p'} \right)^2 p_2^2 g_{i2}$$

因此谐振时的功率增益为

$$A_{p0} = \frac{P_o}{P_i} = \frac{p_1^2 p_2^2 g_{i2} \mid y_{fe} \mid^2}{g_{i1} (G_p')^2} = (A_{v0})^2 \frac{g_{i2}}{g_{i1}} \tag{3.3.9}$$

式中,g_{i1} 为本级放大器的输入端电导;g_{i2} 为下一级晶体管的输入端电导。

若采用相同的晶体管,则 $g_{i1} = g_{i2}$,因此得

$$A_{p0} = (A_{v0})^2 \tag{3.3.10}$$

在忽略回路损耗 G_p 时,由式(3.3.8)得匹配时的最大功率增益为

$$(A_{p0})_{max} = \frac{\mid y_{fe} \mid^2}{4 g_{o1} g_{i2}} \tag{3.3.11}$$

考虑 G_p 损耗后,引入插入损耗(insertion loss)K_1,有

$$K_1 = \frac{回路无损耗时的输出功率 \, P_1}{回路有损耗时的输出功率 \, P_1'}$$

由图 3.3.3 可知,不考虑 G_p 时,负载 $p_2^2 g_{i2}$ 上所获得的功率为

$$P_1 = V_{ab}^2 (p_2^2 g_{i2}) = \left(\frac{I_o}{p_1^2 g_{o1} + p_2^2 g_{i2}} \right)^2 (p_2^2 g_{i2})$$

在考虑 G_p 后,负载 $p_2^2 g_{i2}$ 上所获得的功率为

$$P_1' = V_{ab}^2 (p_2^2 g_{i2}) = \left(\frac{I_o}{p_1^2 g_{o1} + p_2^2 g_{i2} + G_p} \right)^2 (p_2^2 g_{i2})$$

回路的无载 Q 值为

$$Q_0 = \frac{1}{G_p \omega_0 L} \quad 或 \quad G_p = \frac{1}{\omega_0 L Q_0}$$

回路的有载 Q 值为

$$Q_L = \frac{1}{(p_1^2 g_{o1} + p_2^2 g_{i2} + G_p) \omega_0 L}$$

即 $\quad p_1^2 g_{o1} + p_2^2 g_{i2} = \dfrac{1}{Q_L \omega_0 L} - G_p = \dfrac{1}{\omega_0 L} \left(\dfrac{1}{Q_L} - \dfrac{1}{Q_0} \right)$

将以上的 P_1、P_1'、Q_0 与 Q_L 的关系式代入 K_1 表示式,即得

$$K_1 = \frac{P_1}{P_1'} = \left(\frac{p_1^2 g_{o1} + p_2^2 g_{i2} + G_p}{p_1^2 g_{o1} + p_2^2 g_{i2}} \right)^2 = \left[\frac{\dfrac{1}{\omega_0 L Q_L}}{\dfrac{1}{\omega_0 L} \left(\dfrac{1}{Q_L} - \dfrac{1}{Q_0} \right)} \right]^2$$

$$= \left(\frac{1}{1 - \dfrac{Q_L}{Q_0}} \right)^2 \tag{3.3.12}$$

如用分贝（dB）表示，则有

$$K_1(\text{dB}) = 10 \ \lg \left[1 \bigg/ \left(1 - \frac{Q_L}{Q_0} \right)^2 \right]$$

$$= 20 \ \lg \left[1 \bigg/ \left(1 - \frac{Q_L}{Q_0} \right) \right] \tag{3.3.13}$$

式（3.3.13）说明，回路的插入损耗和 Q_L/Q_0 有关。Q_L/Q_0 越小，则插入损耗就越小。考虑插入损耗后，匹配时的最大功率增益成为

$$(A_{p0})_{\max} = \frac{|y_{\text{fe}}|^2}{4 g_{o1} g_{i2}} \left(1 - \frac{Q_L}{Q_0} \right)^2 \tag{3.3.14}$$

此时的电压增益为

$$(A_{v0})_{\max} = \frac{|y_{\text{fe}}|}{2 \sqrt{g_{o1} g_{i2}}} \left(1 - \frac{Q_L}{Q_0} \right) \tag{3.3.15}$$

最后应说明，从功率传输的观点来看，希望满足匹配条件，以获得 $(A_{p0})_{\max}$。但从降低噪声的观点来看，必须使噪声系数最小，这时可能不能满足最大功率增益条件。可以证明，采用共发射极电路时，最大功率增益与最小噪声系数可近似地同时获得满足。而在工作频率较高时，则采用共基极电路可以同时获得最小噪声系数与最大功率增益。

3.3.3　通频带与选择性

由式（3.3.3）与式（3.3.4）可得放大器的相对电压增益为

$$\frac{\dot{A}_v}{\dot{A}_{v0}} = \frac{G_p'}{Y'} = G_p' Z' \tag{3.3.16}$$

式中

$$Z' = \frac{1}{Y'} = \frac{1}{G_p' + \mathrm{j} \left(\omega C_\Sigma - \dfrac{1}{\omega L_1} \right)} = \frac{1}{G_p' \left(1 + \mathrm{j} \dfrac{2 Q_L \Delta f}{f_0} \right)} \tag{3.3.17}$$

此处

$$f_0 = \frac{1}{2\pi \sqrt{L_1 C_\Sigma}} \text{为谐振频率；}$$

$\Delta f = f - f_0$ 为工作频率 f 对谐振频率 f_0 的失谐；

$$Q_L = \frac{\omega_0 C_\Sigma}{G_p'} = \frac{1}{\omega_0 L_1 G_p'} \text{为回路的有载品质因数。}$$

由此得到

$$\frac{A_v}{A_{v0}} = \frac{1}{\sqrt{1 + \left(\dfrac{2Q_L \Delta f}{f_0}\right)^2}} \tag{3.3.18}$$

式(3.3.18)与式(2.2.16)相似,因此得到通频带为

$$2\Delta f_{0.7} = \frac{f_0}{Q_L} \tag{3.3.19}$$

此时 $\dfrac{A_v}{A_{v0}} = \dfrac{1}{\sqrt{2}}$。可见 Q_L 越高,则通频带越窄。

例 3.3.2　广播接收机的中频 $f_0 = 465$ kHz, $2\Delta f_{0.7} = 8$ kHz,则所需中频回路的 Q_L 值为

$$Q_L = \frac{f_0}{2\Delta f_{0.7}} = \frac{465 \times 10^3}{8 \times 10^3} \approx 57$$

若为雷达接收机,中频 $f_0 = 30$ MHz, $2\Delta f_{0.7} = 10$ MHz,则所需中频回路的 Q_L 值为 $Q_L = \dfrac{30}{10} = 3$,

这时需在中频调谐回路上并联一定数值的电阻,以增大回路的损耗,使 Q_L 值降低到所需之值。

电压增益 A_v 也可用 $2\Delta f_{0.7}$ 来表示。因为回路损耗电导 G_p' 可表示为

$$G_p' = \frac{\omega_0 C_\Sigma}{Q_L} = \frac{2\pi f_0 C_\Sigma}{f_0 / 2\Delta f_{0.7}} = 4\pi C_\Sigma \Delta f_{0.7}$$

代入式(3.3.4),得

$$\dot{A}_{v0} = -\frac{p_1 p_2 y_{fe}}{G_p'} = -\frac{p_1 p_2 y_{fe}}{4\pi \Delta f_{0.7} C_\Sigma} \tag{3.3.20}$$

此式说明,晶体管选定以后(即 y_{fe} 值已经确定),接入系数不变时,放大器的谐振电压增益 A_{v0} 只取决于回路的总电容 C_Σ 和通频带 $2\Delta f_{0.7}$ 的乘积。电容愈大,通频带 $2\Delta f_{0.7}$ 愈宽,则增益 A_{v0} 愈小。

显然,电容 C_Σ 愈大,通频带 $2\Delta f_{0.7}$ 愈宽,则要求 G_p' 大,亦即 G_p 加大,使 Q_L / Q_0 的比值变大,所以电压增益就愈小。

因此,要想既得到高的增益,又保证足够宽的通频带,除了选用 $|y_{fe}|$ 较大的晶体管外,还应该尽量减小谐振回路的总电容量 C_Σ。但 C_Σ 不可能很小。在极限的情况下,回路不接外加电容(图 3.3.2 中的 C_Σ),回路电容由晶体管的输出电容、下级晶体管的输入电容、电感线圈的分布电容和安装电容等组成。另外,这些电容都属于不稳定电容(随着晶体管电压变化或更换晶体管等而改变),其改变会引起谐振曲线不稳定,使通频带改变。因此,从谐振曲线稳定性的观点来看,希望外加电容大,亦即 C_Σ 大,以使不稳定电容的影响相对减小。

通常,对宽带放大器而言,要使放大量大,则要求 C_Σ 尽量小。这时谐振曲线不稳定是次要的,因为频带很宽。反之,对窄频带放大器,则要求 C_Σ 大些(外加电容大),使谐振曲线稳定(不会使通频带改变,以致引起频率失真)。这时因

频带窄,放大量是够大的。

如前所述,放大器的选择性是用矩形系数这个指标来表示的。

由式(3.1.1)$K_{r0.1} = \dfrac{2\Delta f_{0.1}}{2\Delta f_{0.7}}$,将 $\dfrac{A_v}{A_{v0}} = 0.1$ 代入式(3.3.18),解之得

$$2\Delta f_{0.1} = \sqrt{10^2-1}\,\dfrac{f_0}{Q_L}$$

由式(3.3.19)可得

$$2\Delta f_{0.7} = \dfrac{f_0}{Q_L}$$

所以矩形系数 $\qquad K_{r0.1} = \dfrac{2\Delta f_{0.1}}{2\Delta f_{0.7}} = \sqrt{10^2-1} \approx 9.95$ \hfill (3.3.21)

上面所得结果表明,单调谐回路放大器的矩形系数远大于1。也就是说,它的谐振曲线和矩形相差较远,所以其邻道选择性差。这是单调谐回路放大器的缺点。

3.3.4 级间耦合网络

图 3.3.1 所示的单调谐放大器的负载网络是采用自耦变压器-变压器耦合的方式,除了这种耦合网络方式之外,还可以采用如图 3.3.4 所示的几种级间耦合网络形式。图 3.3.4(a)、(b)、(d)属于电感耦合电路,图 3.3.4(c)是电容耦合电路。图 3.3.4(a)、(b)、(c)适用于共发射极电路,它们的特点是调谐回路通过降压形式接入后级的晶体管,以使后级晶体管的低输入电阻与前级的高输出电阻相匹配。前级晶体管可以用线圈抽头方式接入回路,也可以直接跨在回路两端。图 3.3.4(d)并联-串联式主要用于输入电阻很低的共基极电路。因为这时输入电阻太小,用前面的办法,二次绕组匝数太少,实际上难以实现。在这种情况下,二次侧用串联谐振电路,就更为有利。

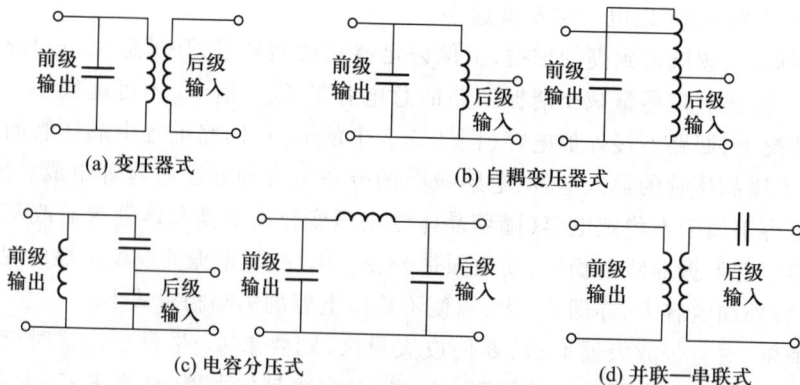

(a) 变压器式 (b) 自耦变压器式

(c) 电容分压式 (d) 并联—串联式

图 3.3.4 单调谐放大器的级间耦合网络形式

现举一个中频放大器的计算实例作为小结,并得出某些实际概念。

例 3.3.3 设计一个中频放大器,指标如下:中心频率 $f_0 = 465$ kHz,带宽 $2\Delta f_{0.7} = 8$ kHz。负载 Z_L 为下级一个完全相同的晶体管的输入阻抗,采用自耦变压器-变压器耦合网络。

解 选用某高频小功率晶体管,当 $V_{CE} = 6$ V, $I_E = 2$ mA 时,它的 y 参数为

$$g_{ie} = 1.2 \text{ mS}, C_{ie} = 12 \text{ pF}; g_{oe} = 400 \text{ μS}, C_{oe} = 9.5 \text{ pF}$$

$$|y_{fe}| = 58.3 \text{ mS}, \varphi_{fe} = -22°; |y_{re}| = 310 \text{ μS}, \varphi_{re} = -88.8°$$

设暂不考虑 y_{re} 的作用,则由式(3.2.6)与式(3.2.9)得输入导纳

$$Y_i \approx y_{ie} = g_{ie} + j\omega_0 C_{ie} = [1.2 \times 10^{-3} + j\omega_0 (12 \times 10^{-12})] \text{ S}$$
$$= (1.2 + j0.035) \text{ mS}$$

输出导纳
$$Y_o \approx y_{oe} = g_{oe} + j\omega_0 C_{oe} = (0.4 + j0.0278) \text{ mS}$$

设采用图 3.3.1(a)所示的原理性电路,加上各种辅助元件,绘出如图 3.3.5 所示的实际电路。图中 R_1、R_2 为偏置电路,它们的值应经过实际调整,以使 $I_E = 2$ mA。C_1 为旁路电容,它的阻抗在 465 kHz 时应远小于 R_2。例如,若 $R_2 = 5$ kΩ,则 C_1 可选为 $0.05 \sim 0.1$ μF。R_e 是为偏置稳定而加的射极电阻,一般典型数值为 $500 \sim 1\,000$ Ω,旁路电容 C_e 仍可用 $0.05 \sim 0.1$ μF。$R_e C_e$ 是去耦电路,是为了消除多级放大器各级通过电源 V_{CC} 所引起的寄生耦合,一般可取 $R_e = 500$ Ω 左右,C_e 取 0.05 μF。

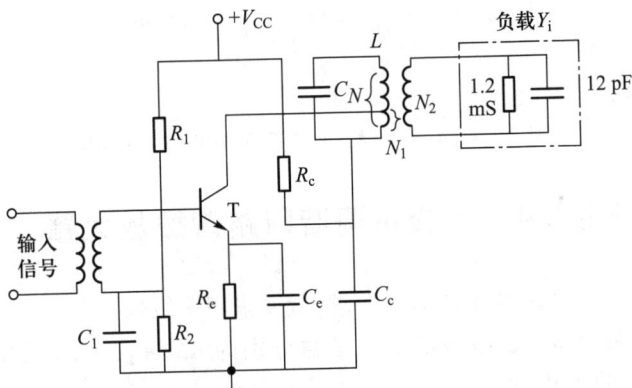

图 3.3.5 单调谐放大器的设计举例

设选取回路总电容 $C_\Sigma = 200$ pF,则回路电感为

$$L = \frac{1}{\omega_0^2 C_\Sigma} = \frac{1}{(2\pi \times 465 \times 10^3)^2 \times 200 \times 10^{-12}} \text{H} \approx 586 \text{ μH}$$

若回路的空载品质因数 $Q_0 = 100$,则回路损耗电导为

$$G_p = \frac{1}{Q_0 \omega_0 L} = \frac{1}{100 \times 2\pi \times 465 \times 10^3 \times 586 \times 10^{-6}} \text{ S} \approx 5.84 \text{ μS}$$

再由通频带为 8 kHz,中心频率为 465 kHz 的条件,例 3.3.2 中已求得回路有载品质因数 $Q_L = 57$。由此求得并联到 LC 回路上的总损耗电导为

$$G_p' = \frac{1}{Q_L \omega_0 L} = \frac{1}{57 \times 2\pi \times 465 \times 10^3 \times 586 \times 10^{-6}} \text{ S} \approx 10.2 \text{ μS}$$

又已知 $g_{i2} = 1.2$ mS, $g_{o1} = 400$ μS。由式(3.3.7)可求得在匹配时的一次绕组抽头比为

$$p_1 = \frac{N_1}{N} = \sqrt{\frac{G'_p}{2g_{o1}}} = \sqrt{\frac{10.2 \times 10^{-6}}{2 \times 400 \times 10^{-6}}} \approx 0.113$$

一二次绕组的匝数比为

$$p_2 = \frac{N_2}{N} = \sqrt{\frac{G'_p}{2g_{i2}}} = \sqrt{\frac{10.2 \times 10^{-6}}{2 \times 1.2 \times 10^{-3}}} \approx 0.065$$

如果根据 $L = 586$ μH 已求得一次绕组的匝数 $N = 200$ 匝,则可求得 $N_1 = 0.113 \times 200$ 匝 $= 22.6$ 匝, $N_2 = 0.065 \times 200$ 匝 $= 13$ 匝。

最后求本级的增益,由式(3.3.8),得

$$(A_{v0})_{max} = \frac{y_{fe}}{2\sqrt{g_{o1}g_{i2}}} = \frac{58.3 \times 10^{-3}}{2\sqrt{400 \times 10^{-6} \times 1.2 \times 10^{-3}}} \approx 42$$

或以功率增益 $(A_{p0})_{max}$ 表示,则

$$(A_{p0})_{max} = (A_{v0})^2_{max} \approx 1\,770$$

以分贝表示,则

$$(A_{p0})_{max} = 10 \lg 1\,770 \approx 32 \text{ dB}$$

考虑到回路的插入损耗,由式(3.3.13),得

$$K_1 = 20 \lg \frac{1}{1 - \dfrac{Q_L}{Q_0}} = 20 \lg \frac{1}{1 - \dfrac{57}{100}} \approx 7.33 \text{ dB}$$

因而净功率增益为

$$(A'_{p0})_{max} = (A_{p0})_{max} - K_1 = (32 - 7.33) \text{ dB} = 24.67 \text{ dB}$$

§3.4 多级单调谐回路谐振放大器

若单级放大器的增益不能满足要求,就要采用多级放大器。

假如放大器有 m 级,各级的电压增益分别为 $A_{v1}, A_{v2}, \cdots, A_{vm}$,显然,总增益 A_m 是各级增益的乘积,即

$$A_m = A_{v1} \cdot A_{v2} \cdot \cdots \cdot A_{vm} \tag{3.4.1}$$

如果多级放大器是由完全相同的单级放大器组成的,即

$$A_{v1} = A_{v2} = \cdots = A_{vm}$$

那么,整个放大器的总增益是

$$A_m = A^m_{v1} \tag{3.4.2}$$

m 级相同的放大器级联时,它的谐振曲线可用下式表示:

$$\frac{A_m}{A_{m0}} = \frac{1}{\left[1 + \left(\dfrac{2Q_L \Delta f}{f_0}\right)^2\right]^{\frac{m}{2}}} \tag{3.4.3}$$

它等于各单级谐振曲线的乘积。所以级数愈多,谐振曲线愈尖锐,如图 3.4.1 所

示。这时选择性虽很好,但通频带却变窄了。

对 m 级放大器而言,通频带的计算应满足下式:

$$\frac{1}{\left[1+\left(\frac{Q_L 2\Delta f_{0.7}}{f_0}\right)^2\right]^{\frac{m}{2}}}=\frac{1}{\sqrt{2}} \quad (3.4.4)$$

解上式,可求得 m 级放大器的通频带 $(2\Delta f_{0.7})_m$ 为

$$(2\Delta f_{0.7})_m = \sqrt{2^{1/m}-1}\,\frac{f_0}{Q_L} \quad (3.4.5)$$

在上式中,$\frac{f}{Q_L}$ 等于单级放大器的通频带 $2\Delta f_{0.7}$。因此 m 级放大器和单级放大器的通频带具有如下的关系:

$$(2\Delta f_{0.7})_m = \sqrt{2^{1/m}-1}\ 2\Delta f_{0.7} \quad (3.4.6)$$

由于 m 是大于 1 的整数,所以 $\sqrt{2^{1/m}-1}$ 必定小于 1。因此,m 级相同的放大器级联时,总的通频带比单级放大器的通频带缩小了。级数愈多,m 愈大,总通频带愈小,如图 3.4.1 所示。

如果要求 m 级的总通频带等于原单级的通频带,则每级的通频带要相应地加宽,即必须降低每级回路的 Q_L。这时

$$Q_L = \sqrt{2^{1/m}-1}\ \frac{f_0}{2\Delta f_{0.7}} \quad (3.4.7)$$

$\sqrt{2^{1/m}-1}$ 称为带宽缩减因子。

图 3.4.1 多级放大器的
谐振曲线

利用式(3.4.3),采取和在单级时求矩形系数的同样方法,可求得 m 级单调谐放大器的矩形系数为

$$K_{r0.1}=\frac{(2\Delta f_{0.1})_m}{(2\Delta f_{0.7})_m}=\sqrt{\frac{100^{1/m}-1}{2^{1/m}-1}} \quad (3.4.8)$$

例 3.4.1 若 $f_0 = 30$ MHz,所需通频带为 4 MHz,则在单级($m=1$)时,所需回路 $Q_L = \frac{f_0}{2\Delta f_{0.7}}=\frac{30}{4}=7.5$;$m=2$ 时,所需 $Q_L = \sqrt{2^{1/2}-1}\times\frac{30}{4}\approx 4.83$;$m=3$ 时,所需 $Q_L = \sqrt{2^{1/3}-1}\times\frac{30}{4}\approx 3.82$。

由此可见,m 越大,每级回路所需的 Q_L 值越低。亦即当通频带一定时,m 越大,则每级所能通过的频带应越宽。例如在本例中,$(2\Delta f_{0.7})_m = 4$ MHz,则当 $m=2$ 时,单级通频带应为 $2\Delta f_{0.7}=\frac{(2\Delta f_{0.7})_m}{\sqrt{2^{1/2}-1}}=6.2$ MHz;$m=3$ 时,单级通频带应为 $2\Delta f_{0.7}=\frac{4}{\sqrt{2^{1/3}-1}}$ MHz $=7.85$ MHz。

由式(3.3.20)可知,当电路参数给定时,$2\Delta f_{0.7}$ 越大,则单级增益应越低。亦

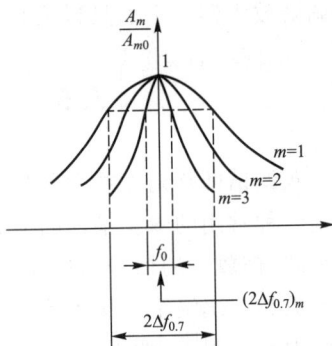

即,加宽通带是以降低增益为代价的。

由式(3.4.8)可列出 $K_{r0.1}$ 与 m 的关系如表3.4.1所示。

表 3.4.1 $K_{r0.1}$ 与 m 的关系

m	1	2	3	4	5	6	7	8	9	10	∞
$K_{r0.1}$	9.95	4.8	3.75	3.4	3.2	3.1	3.0	2.94	2.92	2.9	2.56

由表3.4.1可见,当级数 m 增加时,放大器的矩形系数有所改善。但是,这种改善是有限度的。级数愈多, $K_{r0.1}$ 的变化愈缓慢;即使级数无限加大, $K_{r0.1}$ 也只有 2.56,离理想的矩形($K_{r0.1}=1$)还有很大的距离。

由以上分析可见,单调谐回路放大器的选择性较差,增益和通频带的矛盾比较突出。为了改善选择性和解决这个矛盾,可采用双调谐回路谐振放大器和参差调谐放大器。下面只讨论双调谐回路谐振放大器。

§3.5 双调谐回路谐振放大器

双调谐回路谐振放大器具有频带较宽、选择性较好的优点。图3.5.1(a)所示是一种常用的双调谐回路放大器电路。集电极电路采用互感耦合的谐振回路作负载,被放大的信号通过互感耦合加到二次侧放大器的输入端。晶体管 T_1 的集电极在一次绕组的接入系数为 p_1 ,下一级晶体管 T_2 的基极在二次绕组的接入系数为 p_2 。另外,假设一、二次回路本身的损耗都很小(回路 Q 较大, G_p 很小,这是符合实际情况的),可以忽略。

图3.5.1(b)表示双调谐回路放大器的高频等效电路。为了讨论方便,把图3.5.1(b)的电流源 $y_{fe}\dot{V}_i$ 及输出导纳($g_{oe}C_{oe}$)折合到 L_1C_1 的两端,负载导纳(即下一级的输入导纳 $g_{ie}C_{ie}$)折合到 L_2C_2 的两端。变换后的等效电路和元件数值如图3.5.1(c)所示。

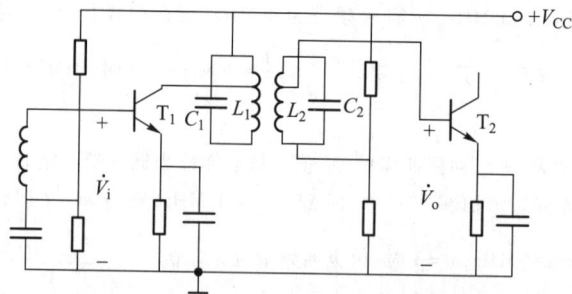

(a)

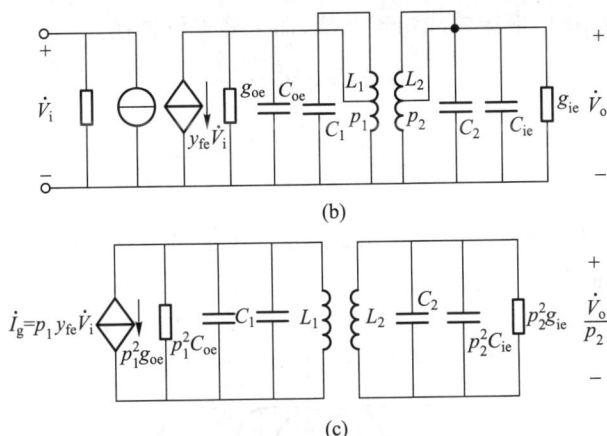

图 3.5.1 双调谐回路放大器及其高频等效电路

在实际应用中，一、二次回路都调谐到同一中心频率 f_0。为了分析方便，假设两个回路元件参数都相同，即电感 $L_1 = L_2 = L$；一、二次回路总电容 $C_1 + p_1^2 C_{oe} \approx C_2 + p_2^2 C_{ie} = C$；折合到一、二次回路的导纳 $p_1^2 g_{oe} \approx p_2^2 g_{ie} = g$；回路谐振角频率 $\omega_1 = \omega_2 = \omega_0 = \dfrac{1}{\sqrt{LC}}$；一、二次回路有载品质因数 $Q_{L1} = Q_{L2} \approx \dfrac{1}{g\omega_0 L} = \dfrac{\omega_0 C}{g}$。由图 3.5.1(c)可知，它是一个典型的并联型互感耦合回路，因而 §2.4 所得的一切结论对图 3.5.1(c)都是适用的。考虑到抽头系数 p_1、p_2，可以得出电压增益的表达式为

$$A_v = \frac{p_1 p_2 |y_{fe}|}{g} \cdot \frac{\eta}{\sqrt{(1 - \xi^2 + \eta^2)^2 + 4\xi^2}} \qquad (3.5.1)$$

在谐振时，$\xi = 0$，得

$$A_{v0} = \frac{\eta}{1 + \eta^2} \cdot \frac{p_1 p_2 |y_{fe}|}{g} \qquad (3.5.2)$$

由式(3.5.2)可见，双调谐回路放大器的电压增益也与晶体管的正向传输导纳 $|y_{fe}|$ 成正比，与回路的电导 g 成反比。另外，A_{v0} 与耦合参数 η 有关。根据 η 的不同，可分为下列三种情况：

① 弱耦合 $\eta < 1$，谐振曲线在 $f_0(\xi = 0)$ 处出现峰值。此时

$$A_{v0} = \frac{\eta}{1 + \eta^2} \cdot \frac{p_1 p_2 |y_{fe}|}{g}$$

随着 η 的增加，A_{v0} 的值增加。

② 临界耦合 $\eta = 1$，谐振曲线较平坦，在 $f_0(\xi = 0)$ 处，出现最大峰值。

此时

$$A_{v0} = \frac{p_1 p_2 |y_{fe}|}{2g} \qquad (3.5.3)$$

③ 强耦合 $\eta>1$，谐振曲线出现双峰，两个峰点位置在

$$\xi = \pm\sqrt{\eta^2-1} \tag{3.5.4}$$

此时

$$A_{v0} = \frac{p_1 p_2 \,|\,y_{fe}\,|}{2g}$$

与 $\eta=1$ 的峰值相同。

三种情况的谐振曲线如图 3.5.2 所示。下面是在三种情况下，双调谐回路放大器的谐振曲线表示式：

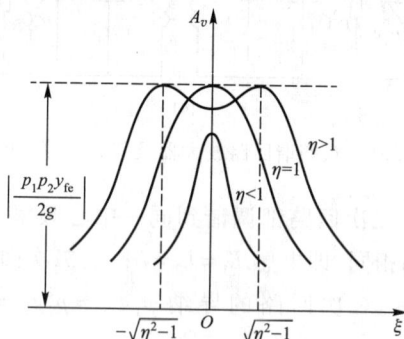

图 3.5.2 对应于不同的 η，双调谐回路放大器的谐振曲线

弱耦合 $\eta<1$ 时有

$$\frac{A_v}{A_{v0}} = \frac{1+\eta^2}{\sqrt{(1-\xi^2+\eta^2)^2+4\xi^2}} \tag{3.5.5}$$

强耦合 $\eta>1$ 时有

$$\frac{A_v}{A_{v0}} = \frac{2\eta}{\sqrt{(1-\xi^2+\eta^2)^2+4\xi^2}} \tag{3.5.6}$$

临界耦合 $\eta=1$ 时有

$$\frac{A_v}{A_{v0}} = \frac{2}{\sqrt{4+\xi^4}} \tag{3.5.7}$$

这是较常用的情况。

因此，很容易求出临界耦合时的通频带 $\left(\text{令}\ \dfrac{A_v}{A_{v0}}=\dfrac{1}{\sqrt{2}}\right)$ 为

$$2\Delta f_{0.7} = \sqrt{2}\,\frac{f_0}{Q_L} \tag{3.5.8}$$

由式(3.3.19)知，单调谐放大器的通频带 $\dfrac{f_0}{Q_L}$。与式(3.5.8)对比可见，在回路有载品质因数 Q_L 相同的情况下，临界耦合双调谐回路放大器的通频带等

于单调谐回路放大器通频带的 $\sqrt{2}$ 倍。

为了说明双调谐回路放大器的选择性优于单调谐回路放大器,先求出临界耦合时的矩形系数。根据定义,当 $A_v/A_{v0}=1/10$ 时,代入式(3.5.7),得

$$\frac{2}{\sqrt{4+\left(\dfrac{2Q_{\rm L}\Delta f_{0.1}}{f_0}\right)^4}}=\frac{1}{10}$$

解之得

$$2\Delta f_{0.1}=\sqrt[4]{100-1}\,\frac{\sqrt{2}f_0}{Q_{\rm L}}$$

因此矩形系数为

$$K_{r0.1}=\frac{2\Delta f_{0.1}}{2\Delta f_{0.7}}=\sqrt[4]{100-1}\approx3.16$$

可见,双调谐回路放大器的矩形系数远比单调谐回路放大器的小,它的谐振曲线更接近于矩形。

如为 m 级($\eta=1$)双调谐放大器,则同样可以证明其矩形系数为

$$K_{r0.1}=\sqrt[4]{\frac{10^{2/m}-1}{2^{1/m}-1}} \tag{3.5.9}$$

上面只讨论了临界耦合的情况,这种情况在实际中应用较多。弱耦合时,放大器的谐振曲线和单调谐回路放大器的相似,通频带较窄,选择性也较差。强耦合时,虽然通频带变得更宽,矩形系数也更好,但谐振曲线顶部出现凹陷,回路的调节也较麻烦。因此,只在与临界耦合级配合时或特殊场合才采用。

§3.6 谐振放大器的稳定性与稳定措施

3.6.1 谐振放大器的稳定性

前面已指出,小信号放大器的工作稳定性是重要的质量指标之一。这里将进一步讨论和分析谐振放大器工作不稳定的原因,并提出一些提高放大器稳定性的措施。

上面所讨论的放大器,都是假定工作于稳定状态的,即输出电路对输入端没有影响($y_{re}=0$)。或者说,晶体管是单向工作的,输入可以控制输出,而输出则不影响输入。但实际上,由于晶体管存在着反向传输导纳 y_{re}(或称 y_{12}),输出电压 V_o 可以反作用到输入端,引起输入电流 I_i 的变化。这就是反馈作用。

y_{re} 的反馈作用可以从表示放大器输入导纳 Y_i 的式(3.2.6)中看出,即

$$Y_i = y_{ie} - \frac{y_{fe}y_{re}}{y_{oe}+Y_L'} = y_{ie} + Y_F \tag{3.6.1}$$

式中,第一部分 y_{ie} 是输出端短路时晶体管(共射连接时)本身的输入导纳;第二部分 Y_F 是通过 y_{re} 的反馈引起的输入导纳,它反映了负载导纳 Y_L' 的影响。

如果放大器输入端也接有谐振回路(或前级放大器的输出谐振回路),那么输入导纳 Y_i 并联在放大器输入端回路后如图 3.6.1 所示。当没有反馈导纳 Y_F 时,输入端回路是调谐的。y_{ie} 中电纳部分 b_{ie} 的作用,已包括在 L 或 C 中;而 y_{ie} 中电导部分 g_{ie} 以及信号源内电导 g_s 的作用则是使回路有一定的等效品质因数 Q_L 值。然而由于反馈导纳 Y_F 的存在,就改变了输入端回路的正常情况。

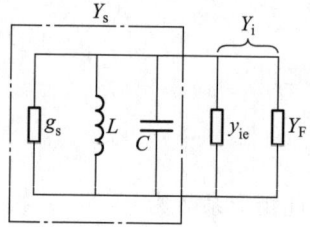

图 3.6.1 放大器等效输入端回路

Y_F 可写成

$$Y_F = g_F + jb_F \tag{3.6.2}$$

式中,g_F 和 b_F 分别为电导部分和电纳部分。它们除与 y_{fe}、y_{re}、y_{oe} 和 Y_L' 有关外,还是频率的函数;随着频率的不同,其值也不同,且可能为正或负。图 3.6.2 表示了反馈电导 g_F 随频率变化的关系曲线。

由于反馈导纳的存在,使放大器输入端的电导发生变化(考虑 g_F 作用),也使得放大器输入端回路的电纳发生变化(考虑 b_F 作用)。前者改变了回路的等效品质因数 Q_L 值,后者引起回路的失谐。这些都会影响放大器的增益、通频带和选择性,并使谐振曲线产生畸变,如图 3.6.3 所示。特别值得注意的是,g_F 在某些频率上可能为负值,即呈负电导性,使回路的总电导减小,Q_L 增加,通频带减小,增益也因损耗的减小而增加。这也可理解为负电导 g_F 供给回路能量,出现正反馈。g_F 的负值愈大,这种影响愈严重。如果反馈到输入端回路的电导 g_F 的负值恰好抵消了回路原有电导 g_s+g_{ie} 的正值,则输入端回路总电导为零,反馈能量抵消了回路的损耗能量,放大器处于自激振荡工作状态[①],这是绝对不能被允许的。即使 g_F 的负值还没有完全抵消 g_s+g_{ie} 的正值,放大器不能自激,但已倾向于自激。这时放大器的工作也是不稳定的,称为潜在不稳定。这种情况同样是不被允许的。因此必须设法克服或降低晶体管内部反馈的影响,使放大器远离自激,能稳定地工作。

上面说明了放大器工作不稳定甚至可能产生自激的原因,下面分析放大器不产生自激和远离自激的条件。

---

① 由负电导(负阻)引起自激振荡的原理见本书第 6 章。

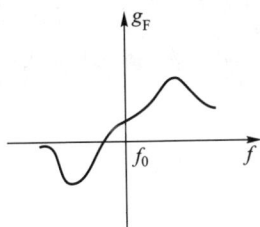

图 3.6.2 反馈电导 g_F 随频率变化的
关系曲线

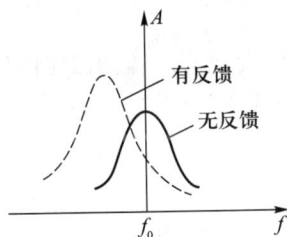

图 3.6.3 反馈导纳对放大器谐振
曲线的影响

回到图 3.6.1,这时总导纳为 $Y_s + Y_i$。当总导纳

$$Y_s + Y_i = 0 \tag{3.6.3}$$

时,表示放大器反馈的能量抵消了回路损耗的能量,且电纳部分也恰好抵消。这时放大器产生自激。所以,放大器产生自激的条件是

$$Y_s + y_{ie} - \frac{y_{fe}y_{re}}{y_{oe} + Y_L'} = 0 \tag{3.6.4}$$

即

$$\frac{(Y_s + y_{ie})(y_{oe} + Y_L')}{y_{fe}y_{re}} = 1 \tag{3.6.5}$$

晶体管反向传输导纳 y_{re} 愈大,则反馈愈强,上式左边数值就愈小。它愈接近 1,放大器愈不稳定。反之,上式左边数值愈大,则放大器愈稳定。因此,上式左边数值的大小,可作为衡量放大器稳定与否的标准。

下面对上式复数形式的表示法做进一步推导,找出实用的稳定条件。参阅图 3.6.1,在式(3.6.4)与式(3.6.5)中,有

$$Y_s + y_{ie} = g_s + g_{ie} + j\omega C + \frac{1}{j\omega L} + j\omega C_{ie}$$

$$= (g_s + g_{ie})(1 + j\xi_1)$$

式中

$$\xi_1 = Q_1 \left(\frac{f}{f_0} - \frac{f_0}{f} \right)$$

$$f_0 = \frac{1}{2\pi\sqrt{L(C + C_{ie})}}$$

$$Q_1 = \frac{\omega_0(C + C_{ie})}{g_s + g_{ie}}$$

若用幅值与相角形式表示,则

$$Y_s + y_{ie} = (g_s + g_{ie})\sqrt{1 + \xi_1^2}\, e^{j\psi_1} \tag{3.6.6}$$

式中

$$\psi_1 = \arctan \xi_1$$

同理,输出回路部分也可求得相同形式的关系式为

$$y_{oe} + Y_L' = (g_{oe} + G_L)\sqrt{1 + \xi_2^2}\, e^{j\psi_2} \tag{3.6.7}$$

式中

$$\psi_2 = \arctan \xi_2$$

假设放大器输入、输出回路相同，即 $\xi = \xi_1 = \xi_2$，$\psi_1 = \psi_2 = \psi$，并将式(3.6.6)和式(3.6.7)代入式(3.6.5)，可得

$$\frac{(g_s + g_{ie})(g_{oe} + G_L)(1 + \xi^2) e^{j2\psi}}{|y_{fe}||y_{re}| e^{j(\varphi_{fe} + \varphi_{re})}} = 1 \tag{3.6.8}$$

式中，φ_{fe} 和 φ_{re} 分别为 y_{fe} 和 y_{re} 的相角。

要满足式(3.6.8)，必须分别满足幅值和相位两个条件，即

$$\frac{(g_s + g_{ie})(g_{oe} + G_L)(1 + \xi^2)}{|y_{fe}||y_{re}|} = 1 \tag{3.6.9}$$

和

$$2\psi = \varphi_{fe} + \varphi_{re} \tag{3.6.10}$$

由式(3.6.10)相位条件可得

$$2\arctan \xi = \varphi_{fe} + \varphi_{re}$$

于是

$$\xi = \tan \frac{\varphi_{fe} + \varphi_{re}}{2} \tag{3.6.11}$$

式(3.6.9)说明，只有在晶体管的反向传输导纳 $|y_{re}|$ 足够大时，该式左边部分才可能减小到1，满足自激的幅值条件。而当 $|y_{re}|$ 较小时，左边的分数值总是大于1的。$|y_{re}|$ 愈小，分数值愈大，离自激条件愈远，放大器愈稳定。因此，通常采用式(3.6.9)的左边量

$$S = \frac{(g_s + g_{ie})(g_{oe} + G_L)(1 + \xi^2)}{|y_{fe}||y_{re}|} \tag{3.6.12}$$

作为判断谐振放大器工作稳定性的依据，S 称为谐振放大器的稳定系数(stability factor)。若 $S = 1$，放大器将自激，只有当 $S \gg 1$ 时，放大器才能稳定工作，一般要求稳定系数 $S = 5 \sim 10$。

实际上，晶体管的工作频率远低于晶体管的特征频率，这时 $y_{fe} = |y_{fe}|$，即 $\varphi_{fe} = 0$。并且反向传输导纳 y_{re} 中，电纳起主要作用，即 $y_{re} \approx -j\omega_0 C_{re}$，$\varphi_{re} \approx -90°$。将这些条件代入式(3.6.11)，可得自激的相位条件为 $\xi = -1$。这说明当放大器调谐于 f_0 时，在低于 f_0 的某一频率上($\xi = -1$)，满足相位条件，可能产生自激。这是由于当 $\xi = -1$ 时(即 $f < f_0$)，放大器的输入和输出回路(并联回路)都呈感性，再经反馈电容 C_{re} 的耦合，形成电感反馈三端振荡器(在第6章正弦波振荡器中将详细讨论)。

将上述近似条件($y_{fe} = |y_{fe}|$，$\varphi_{fe} = 0$；$y_{re} \approx -j\omega_0 C_{re}$，$\varphi_{re} \approx -90°$)代入式(3.6.12)，并假定 $g_s + g_{ie} = g_1$，$g_{oe} + G_L = g_2$，则得

$$S = \frac{2g_1 g_2}{\omega_0 C_{re} |y_{fe}|} \tag{3.6.13}$$

上式表明，要使 S 远大于1，除选用 C_{re} 尽可能小的放大管外，回路的谐振电

导 g_1 和 g_2 应愈大愈好。

如前所述,放大器的电压增益可写成

$$A_{v0} = \frac{|y_{\text{fe}}|}{g_2} \tag{3.6.14}$$

由此可见,放大器的稳定与增益的提高是相互矛盾的,增大 g_2 以提高稳定系数,必然降低增益。

当 $g_1 = g_2$ 时,将式(3.6.14)中 $g_2 = \dfrac{|y_{\text{fe}}|}{A_{v0}}$ 代入式(3.6.13),可得

$$A_{v0} = \sqrt{\frac{2|y_{\text{fe}}|}{S\omega_0 C_{\text{re}}}} \tag{3.6.15}$$

取 $S = 5$,得

$$(A_{v0})\text{s} = \sqrt{\frac{|y_{\text{fe}}|}{2.5\omega_0 C_{\text{re}}}} \tag{3.6.16}$$

式中,(A_{v0})s 是保持放大器稳定工作所允许的电压增益,称为稳定电压增益。通常,为保证放大器能稳定工作,其电压增益 A_{v0} 不允许超过 (A_{v0})s。因此,式(3.6.16)可用以检验放大器是否稳定工作。

必须指出:上面只讨论了通过 y_{re} 的内部反馈所引起的放大器不稳定,并没有考虑外部其他途径反馈的影响。这些影响有:输入、输出端之间的空间电磁耦合,公共电源的耦合等。外部反馈的影响在理论上是很难讨论的,必须在去耦电路和工艺结构上采取措施。

3.6.2 单向化

如前所述,由于晶体管存在着 y_{re} 的反馈,所以它是一个"双向元件"。作为放大器工作时,y_{re} 的反馈作用是有害的,其有害作用是可能引起放大器工作的不稳定。这在上节已详细讨论过。这里,讨论如何消除 y_{re} 的反馈,变"双向元件"为"单向元件"。这个过程称为单向化。

单向化的方法有两种:一种是消除 y_{re} 的反馈作用,称为"中和法";另一种是使 G_{L}(负载电导)或 g_{s}(信号源电导)的数值加大,因而使得输入或输出回路与晶体管失去匹配,称为"失配法"。

中和法是在晶体管的输出和输入端之间引入一个附加的外部反馈电路(中和电路),以抵消晶体管内部 y_{re} 的反馈作用。由于 y_{re} 中包含电导分量和电容分量,所以外部反馈电路也包括电阻分量 R_{N} 和电容分量 C_{N} 两部分,并要使通过 R_{N}、C_{N} 的外部反馈电流正好与通过 y_{re} 所产生的内部反馈电流相位差 $180°$,从而互相抵消,变双向器件为单向器件。

显然,严格的中和是很难达到的,因为晶体管的反向传输导纳 y_{re} 是随频率

而变化的,因而只能对一个频率起到完全中和的作用。而且,在生产过程中,由于晶体管参数的离散性,合适的中和电阻与电容量需要在每个晶体管的实际调整过程中确定,较麻烦且不宜大量生产。

目前,由于晶体管制造技术的发展(y_{re}减小),且要求调整简化,中和法已基本不用。为此,重点讨论失配法。

失配是指:信号源内阻不与晶体管输入阻抗匹配;晶体管输出端负载阻抗不与本级晶体管的输出阻抗匹配。

如果把负载导纳 Y'_L 取得比晶体管输出导纳 y_{oe} 大得多,即 $y_{oe} \ll Y'_L$,那么由式 (3.6.1)可见,输入导纳 $Y_i = y_{ie} - \dfrac{y_{re}y_{fe}}{y_{oe}+Y'_L} \approx y_{ie}$。即 Y_i 式中的第二项 Y_F 很小,可以近似地认为 Y_i 就等于 y_{ie},消除了由于 y_{re} 的反馈作用对 Y_i 的影响。

失配法的典型电路是共射-共基级联放大器,其交流等效电路如图 3.6.4 所示。图中由两个晶体管组成级联电路,前一级是共射电路,后一级是共基电路。由于共基电路的特点是输入阻抗很低(亦即输入导纳很大)和输出阻抗很高(亦即输出导纳很小),当它和共射电路连接时,相当于共射放大器的负载导纳很大。根据前一小节讨论已知,在 Y'_L 很大($y_{oe} \ll Y'_L$)时,$Y_i \approx y_{ie}$,即晶体管内部反馈的影响相应地减弱,甚至可以不考虑内部反馈的影响,因此,放大器的稳定性就得到提高。所以共射-共基级联放大器的稳定性比一般共射放大器的稳定性高得多。共射级在负载导纳很大的情况下,虽然电压增益很小,但电流增益仍较大,而共基级虽然电流增益接近1,但电压增益却较大,因此级联后功率增益较大。

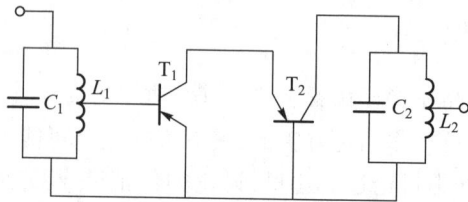

图 3.6.4 共射-共基级联放大器的交流等效电路

下面对共射-共基级联放大器进行简单的定量分析。

分析的方法是把两个级联晶体管看成一个复合管,如图 3.6.5 所示。这个复合管的 y 参数由两个晶体管的电压、电流和 y 参数决定。如两个级联晶体管是同一型号的,它们的 y 参数可认为是相同的。我们只要知道这个复合管的等效 y 参数,就可以把这类放大器看成是一般的共射极放大器。

可以证明,复合管的等效导纳参数为[①]

---

① 作为练习题,请读者自己证明。

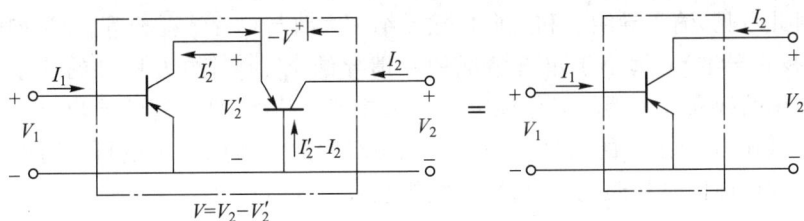

图 3.6.5 把两个级联晶体管看成一个复合管

$$y_i' = \frac{y_{ie}y_\Sigma + \Delta y}{y_\Sigma + y_{oe}} \tag{3.6.17}$$

$$y_r' = \frac{y_{re}(y_{re} + y_{oe})}{y_\Sigma + y_{oe}} \tag{3.6.18}$$

$$y_f' = \frac{y_{fe}(y_{fe} + y_{oe})}{y_\Sigma + y_{oe}} \tag{3.6.19}$$

$$y_o' = \frac{\Delta y + y_{oe}^2}{y_\Sigma + y_{oe}} \tag{3.6.20}$$

式中,y_i'、y_r'、y_f'、y_o' 分别代表复合管的四个 y 参数,有

$$y_\Sigma = y_{ie} + y_{re} + y_{fe} + y_{oe}$$

$$\Delta y = y_{ie}y_{oe} - y_{re}y_{fe}$$

在一般的工作频率范围内,下列条件是成立的,即

$$y_{ie} \gg y_{re}; \quad y_{fe} \gg y_{ie}; \quad y_{fe} \gg y_{oe}; \quad y_{fe} \gg y_{re}$$

因此
$$y_\Sigma \approx y_{fe}$$

$$y_i' \approx \frac{y_{ie}y_{fe} + y_{ie}y_{oe} - y_{re}y_{fe}}{y_{fe} + y_{oe}}$$

$$\approx y_{ie} - \frac{y_{re}y_{fe}}{y_{fe} + y_{oe}} \approx y_{ie} \tag{3.6.21}$$

$$y_r' \approx \frac{y_{re}(y_{re} + y_{oe})}{y_{fe} + y_{oe}} \approx \frac{y_{re}}{y_{fe}}(y_{re} + y_{oe}) \tag{3.6.22}$$

$$y_f' \approx \frac{y_{fe}(y_{fe} + y_{oe})}{y_{fe} + y_{oe}} \approx y_{fe} \tag{3.6.23}$$

$$y_o' \approx \frac{y_{ie}y_{oe} - y_{re}y_{fe} + y_{oe}^2}{y_{fe} + y_{oe}}$$

$$\approx \frac{y_{fe}\left(\dfrac{y_{ie}y_{oe}}{y_{fe}} - y_{re} + \dfrac{y_{oe}^2}{y_{fe}}\right)}{y_{fe}}$$

$$\approx \frac{y_{ie}y_{oe}}{y_{fe}} - y_{re} + \frac{y_{oe}^2}{y_{fe}} \approx -y_{re} \tag{3.6.24}$$

由此可见,输入导纳 y_i' 和正向传输导纳 y_f' 大致与单管情况相等,而反向传输导纳(反馈导纳) y_r' 远小于单管情况的反馈导纳 y_{re}, $|y_r'|$ 约为 $|y_{re}|$ 的三十分之一。这说明级联放大器的工作稳定性大大提高。其次,复合管的输出导纳 y_o' 也只是单管输出导纳 y_{oe} 的几分之一。这说明级联放大器的输出端可以直接和阻抗较高的调谐回路相匹配,不再需要抽头接入。

另外,由于 y_f' 基本上和单管情况的 y_{fe} 相等,所以,用谐振回路的这类放大器的增益计算方法也和单管共射电路的增益计算方法相同。

失配法的优点是工作稳定,在生产过程中无须调整,因此非常方便,适用于大量生产。并且这种方法除能防止放大器自激外,对电路中某些参数的变化(如 y_{oe})还可起改善作用。两管组成的级联放大电路与单管共射放大器的总增益近似相等。

此外,共射–共基电路的另一主要优点是噪声系数小。这是由于共发射极的输入阻抗高,可以保证输入端有较大的电压传输系数,这对于提高信噪比有利。而且共射–共基电路工作稳定,可以允许有较高的功率增益,更有利于抑制后面各级的噪声。因此,共射–共基电路已成为典型的低噪声电路。

图 3.6.6 是一个雷达接收机的前置中放级,前两级是共射–共基级联电路,末级是共射电路。放大器的中心频率为 30 MHz,通频带为 10 ~ 11 MHz,增益为 20 ~ 30 dB。输入端灵敏度为 5 ~ 6 μV。CG36 为国产优良的低噪声管,使整个放大器的噪声系数可小于 2 dB。

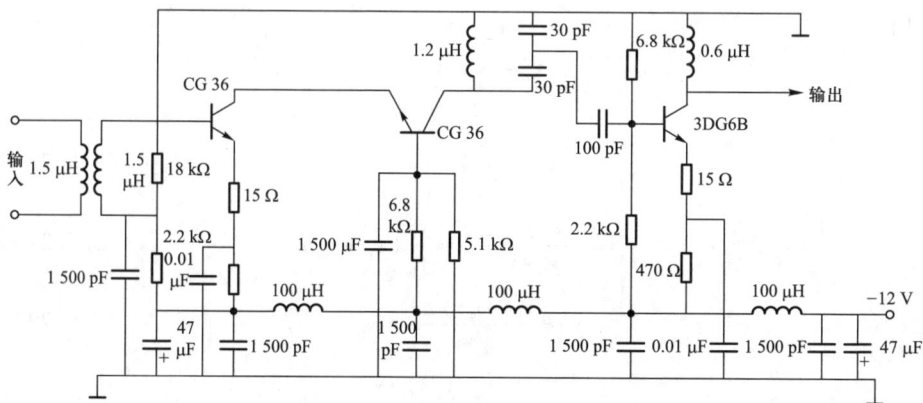

图 3.6.6 一个雷达接收机的前置中放级

与电源–12 V 连接的三个 100 μH 电感与四个 1 500 pF 的电容是去耦滤波器,其作用是消除输出信号通过公共电源的内阻抗对前级产生的寄生反馈。

§3.7 谐振放大器的常用电路和集成电路谐振放大器

前面几节我们讨论了各种晶体管谐振放大器的特性和分析方法以及放大器的稳定性和单向化问题。本节我们将介绍几种谐振放大器的常用电路,并简述集成电路谐振放大器。

3.7.1 谐振放大器常用电路举例

图 3.7.1 表示国产某调幅通信机接收部分所采用的二级中频放大器电路。

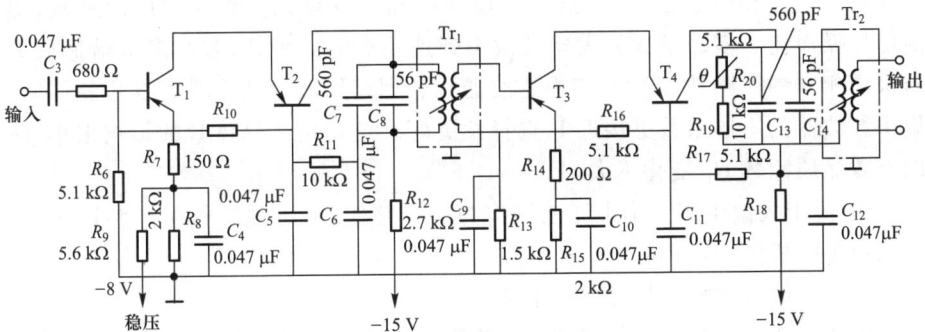

图 3.7.1 二级中频放大器电路

第一中放级由晶体管 T_1 和 T_2 组成共射-共基级联电路,电源电路采用串馈供电,R_6、R_{10}、R_{11} 为这两个管子的偏置电阻,R_7 为负反馈电阻,用来控制和调整中放增益。R_8 为发射极温度稳定电阻。R_{12}、C_6 为本级中放的去耦电路,防止中频信号电流通过公共电源引起不必要的反馈。变压器 Tr_1 和电容 C_7、C_8 组成单调谐回路。

C_4、C_5 为中频旁路电容器。人工增益控制电压通过 R_9 加至 T_1 的发射极,改变控制电压(-8 V)即可改变本级的直流工作状态,达到增益控制的目的。

耦合电容 C_3 至 T_1 的基极之间加接的 680 Ω 电阻用于防止可能产生的寄生振荡(parasitic oscillation)(自激振荡),是否一定加,这要根据具体情况而定。

第二级中放由晶体管 T_3 和 T_4 组成共射-共基级联电路,基本上和第一级中放相同,仅回路上多了并联电阻,即 R_{19} 和 R_{20} 的串联值。电阻 R_{19} 和热敏电阻 R_{20} 串接后作低温补偿,使低温时灵敏度不降低。

在调整合适的情况下,应该保持两个管子的管压降接近相等。这时能充分发挥两个管子的作用,使放大器达到最佳的直流工作状态。

上面介绍了谐振回路放大器的常用电路。目前还广泛应用非调谐回路式放大器,即由前一章所述的各种滤波器(满足选择性和通频带要求)和线性放大器

（满足放大量）组成。

　　采用这种形式有如下优点：

　　① 将选择性回路集中在一起,有利于微型化。例如,采用石英晶体滤波器和线性集成电路放大器后,体积能够做得很小。

　　② 稳定性好。对多级谐振放大器而言,因为晶体管的输出和输入阻抗随温度变化较大,所以温度变化时会引起各级谐振曲线形状的变化,影响了总的选择性和通频带。在更换晶体管时也是如此。但集中滤波器仅接在放大器的某一级,因此晶体管的影响很小,提高了放大器的稳定性。

　　③ 电性能好。通常将集中滤波器接在放大器组的低信号电平处（例如,在接收机的混频和中放之间）。这样可使噪声和干扰首先受到大幅度的衰减,提高信号噪声比。多级谐振放大器是做不到这一点的。另外,若与多级谐振放大器采用相同的回路数（指 LC 集中滤波器）,各回路线圈的品质因数 Q 也相同时,集中滤波器的矩形系数更接近1,选择性更好。这是由于晶体管的影响很小,所以有效品质因数 Q_L 变化不大。

　　④ 便于大量生产。集中滤波器作为一个整体,可单独进行生产和调试,大大缩短了整机生产周期。

　　下面介绍这类放大器的常用电路。

　　图 3.7.2 所示为国产某通信机中放级采用的窄带差接桥型石英晶体滤波器电路。晶体管 T 为中放级；R_1、R_2、R_3 和 C_1、C_2 组成直流偏置电路；R_4、C_3 组成去耦电路。J_T、C_N、L_1、L_2 组成滤波电路。J_T 为石英晶体；C_N 为调节电容器,改变电容量可改变电桥平衡点位置,从而改变通带；L_1、L_2 为调谐回路的对称线圈；L_3 组成第二调谐回路。由图 3.7.2 可见,J_T、C_N、L_1 和 L_2 组成图 3.7.3 所示的电桥。

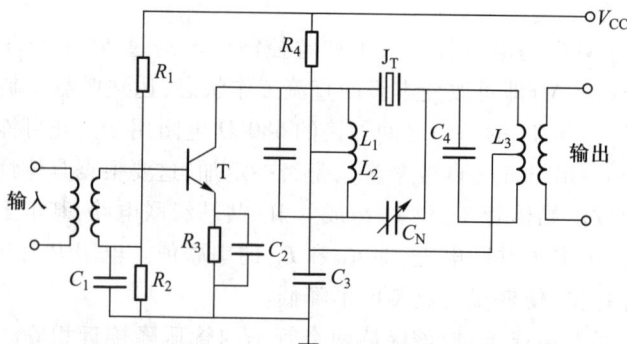

图 3.7.2　窄带差接桥型石英晶体滤波器电路

　　当调节 C_N 使 $C_N = C_0$ 时（C_0 为石英晶体的静电容）,C_0 的作用被平衡,放大器的输出取决于石英晶体的串联谐振特性。

当 $C_N > C_0$ 时，必然在低于 ω_q 的某个频率上晶体所呈现的容抗等于 C_N 的容抗。这时电桥平衡，无输出。

当 $C_N < C_0$ 时，必然在高于 ω_p 的某个频率上晶体所呈现的容抗等于 C_N 的容抗。这时电桥平衡，无输出。

因此，调节 C_N 可改变通带宽度，亦可使电桥平衡点对准干扰信号频率，这样，电桥就对干扰信号衰减最大。

L_3 组成的第二回路，其线圈抽头是可变的，如前所述，改变抽头（即改变 p^2）可改变等效阻抗的大小，它一方面起着阻抗匹配的作用，另一方面也可适当改变通带，由它影响等效品质因数 Q_L 的值。

图 3.7.4 所示为采用单片陶瓷滤波器提高放大器选择性的中频放大器电路。陶瓷滤波器接在中频放大器的发射极电路里取代旁路电容器。由于陶瓷滤波器 2L 工作在 465 kHz 上，所以对 465 kHz 信号呈现极小的阻抗；此时负反馈最小，增益最大。而对离 465 kHz 稍远的频率，滤波器呈现较大的阻抗，使负反馈加大，增益下降，因而提高了此中放级的选择性。

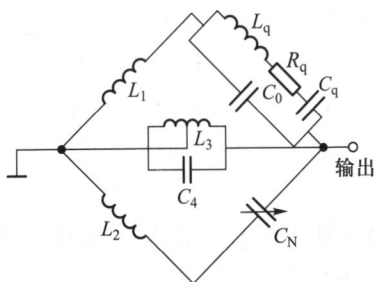

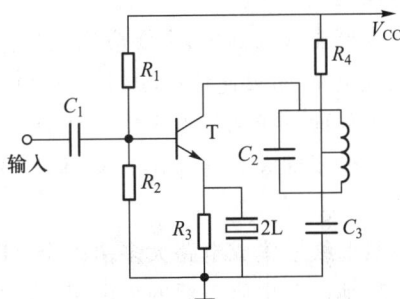

图 3.7.3 窄带石英晶体滤波器等效电桥电路　图 3.7.4 采用单片陶瓷滤波器的中放级

最后，介绍采用表面声波滤波器（SAWF）的中频放大器电路。

表面声波滤波器通常用作中频放大器的滤波器。如前所述，由于它的插入损耗与匹配条件有关，所以它的接入必须实现良好的匹配。此外，就是在匹配条件基本满足时，它的总插入损耗也比较大，通常在 6 ~ 10 dB，所以还必须采用预中频放大器电路，以保证中频放大器的总增益。图 3.7.5 所示就是采用 SAWF 的预中频放大器电路。

图 3.7.5 中，T 为放大管，R_2、R_3、R_4 组成偏置电路，其中 R_4 还产生交流负反馈，以改善幅频特性。L 的作用是提高晶体管的输入电阻（在中心频率 f_0 附近与晶体管输入电容组成并联谐振电路）以提高前级（对接收机来说是变频级）负载回路的有载 Q_L 值，这有利于提高整机的选择性和抗干扰能力。为了保证良好的匹配，其输出端一般经过一匹配电路（如图 3.7.5 所示）后再接到有宽带放大

特性的主中频放大器(一般为多级 RC 放大器)。

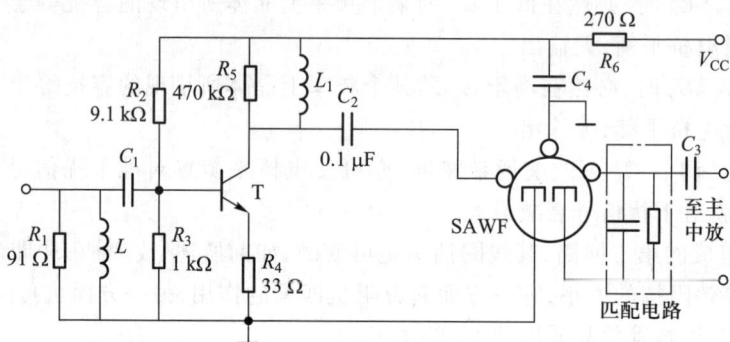

图 3.7.5　采用 SAWF(表面声波滤波器)的预中频放大器电路

3.7.2　集成电路谐振放大器

随着电子技术的不断发展,高频电子线路目前也在从分立元件向集成电路化方向发展。

在谐振放大器中,主要应用线性集成电路(linear integrated circuit)[也称模拟集成电路(analog integrated circuit)]。它具有可靠性高(不像分立元件电路需要许多外面引线和焊点连接);性能好(减少外部连线引起的引线电感、分布电容和寄生反馈等有害作用);体积小;重量轻;便于安装调试和适合于大量生产等优点。

目前线性集成电路大多由多个 NPN 型晶体管和少量电阻、电容组成。放大器或其他电路中所需要的大电阻、大电容和电感均必须外接。所以,现时的集成电路谐振放大器还是由担负放大信号的集成电路(简称"功能块")和具有一定带宽的选择性回路(单回路、双回路或各种滤波器)两部分组成,另外加接一些大电阻和大电容所组成的附属电路,如滤波去耦电路等。

图 3.7.6 所示为国产单片调频-调幅收音机集成块(ULN-2204)中的调幅-调频中频放大器。

由于直接耦合差分电路可以克服零点漂移,级联时可以省略大容量隔直流电容,且有好的频率特性,所以在实现较大规模的集成电路时,差分电路用得较多。ULN-2204 集成块的中频放大器,就是由五级差分电路直接级联而成的。前四级差分放大(T_1、T_2、T_3、T_4、T_5、T_6、T_7、T_8)都是以电阻作负载的共集-共基放大电路,它们保证了高频工作时的稳定性;末级差分放大是采用恒流管 T_{11} 的共集-共基放大对管(T_9 和 T_{10})。

从调频或调幅变频器输出的各变频分量中,经过集中选择性滤波器,选出调频中频信号（10.7 MHz）或调幅中频信号（465 kHz），接到放大器的输入端②、①。经放大后，在 T_{10} 管输出端⑮再用集中选择性滤波器作负载并经鉴频或检波检出音频信号。放大器的各级直流电源接图中的⑯。V_{CC}、V_B 分别由集成电路中的控制电路及稳压电路供给。

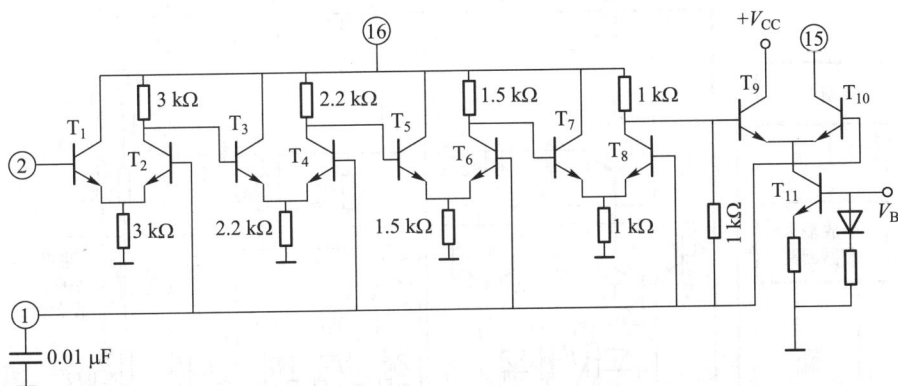

图 3.7.6　ULN–2204 中的调幅–调频中频放大器

图 3.7.7 所示为电视接收机的图像中频放大器和 AGC（automatic gain control）（自动增益控制）①集成块（HA1144）中的图像中放部分。图像中放由两级放大器组成，$T_9 \sim T_{14}$ 和 T_{16} 构成第一级中放，T_{16} 为电流源和 AGC 受控级。其中 T_9、T_{11} 和 T_{10}、T_{12} 构成共集–共射组合管的差分放大电路。采用这种组合管可以提高放大器的输入阻抗，以减少调谐器（高频头）的负载。

由于电容 $2C_{28}$ 把信号旁路接地，所以中频信号为单端输入，经⑫脚送至 T_9 的基极，信号经差分对 T_{11} 和 T_{12} 放大后，分别由它们的集电极输送到引线①和⑭脚。$2L_6$ 与第一中放级的输出和第二中放级的输入电容以及外接的 12 pF 电容构成低 Q 带通谐振回路。$T_1 \sim T_6$ 和 T_{15} 构成第二中放级。T_{15} 为电流源，T_3 和 T_4 构成对称的射极跟随输入级。T_5、T_6 以及 T_1、T_2 构成差分式共射–共基电路。③和④两脚为第二中放级的输出，接平衡式耦合变压器 $2Tr_1$ 的一次侧。第二中放级为双端输入和双端输出的变型差分电路。变压器 $2Tr_1$ 的二次侧一端通过 $2C_{10}$ 接底板，即由双端输出变为单端输出，然后接至集成块 HA1167（由第三图像中放、视频检波、消隐、自动杂波抑制、同步分离和 AGC 电压检波电路组成）。

另外，T_{11}、T_{12} 和 T_5、T_6 都加有自动增益控制（AGC）。T_{17}、T_{18} 和 T_{33}（在集成块另外部分）以及电阻 R_{16}、R_{17}、R_{18} 和 R_{19} 构成内稳压电源和偏置网络。

---

　① AGC（自动增益控制）原理见第 10 章 § 10.1。

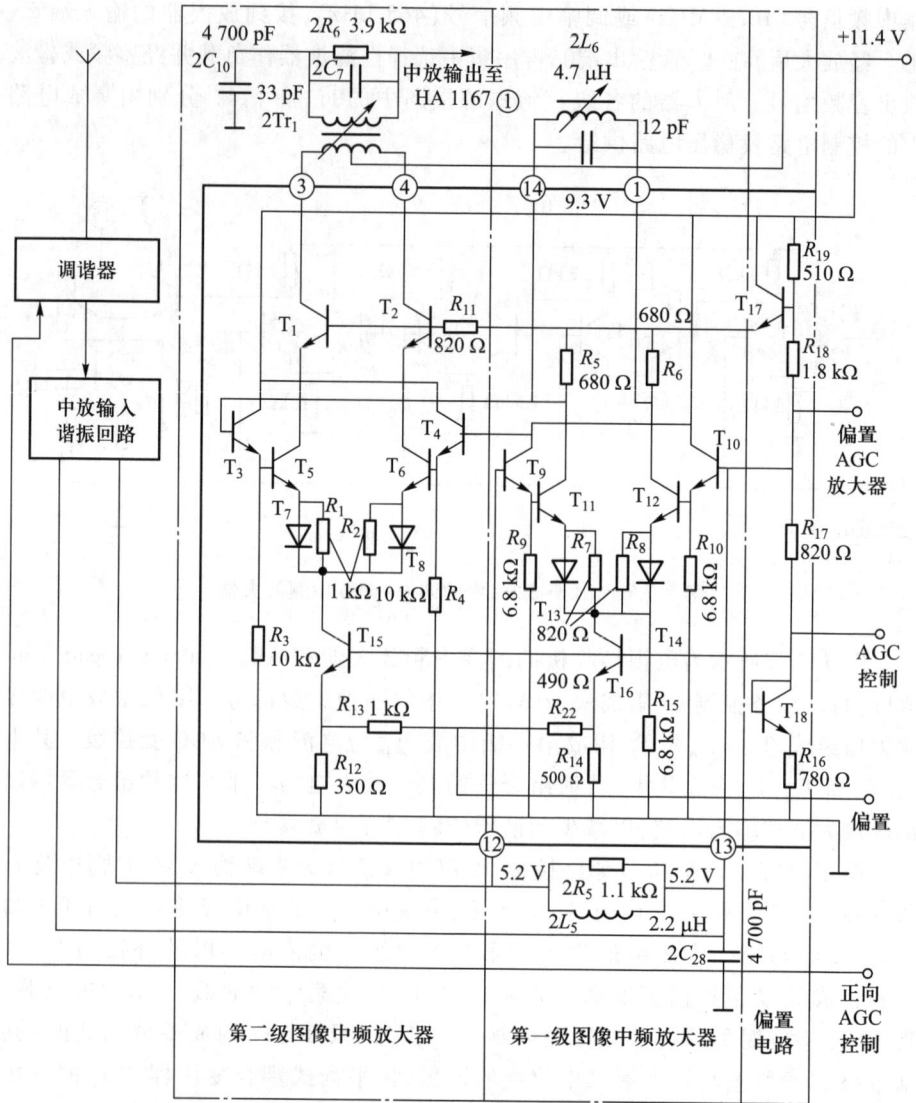

图 3.7.7 HA1144 中的图像中放部分

*§3.8 场效应管高频小信号放大器

场效应管的工作原理、特性曲线等已在《低频电子线路》中讨论过,在此不再重复。

使用场效应管时,和一般晶体管一样,也可用 y 参数进行设计和计算。y 参数的定义也与晶体管的相同。

在高频应用时,场效应管有下列特点:

① 场效应管在正常工作时,栅极电流甚微,所以输入阻抗很高,一般在 $10^7\ \Omega$ 以上。

② 场效应管是多数载流子控制器件,所以对核辐射的抵抗能力强(多数载流子在电场作用下作漂移运动,受核辐射影响小)。

③ 场效应管在饱和区的输出电阻比一般晶体管放大区的输出电阻大,其值为 $100\ \text{k}\Omega \sim 1\ \text{M}\Omega$。输入电阻和输出电阻较大是有利的,当场效应管用作调谐放大器时,能提高其选择性。

④ 场效应管的转移特性是平方律特性,因此采用它做高频小信号放大级和混频级时,可以大大减少失真和外部干扰(将在第 4 章"变频"中详细讨论)。

⑤ 场效应管的正向传输导纳远小于晶体管,因此用作调谐放大器时,增益比晶体管的小。

本节将讨论场效应管高频小信号放大器的特点和具体电路,讨论中以结型场效应管为例。

3.8.1 共源放大器

图 3.8.1 为共源场效应管 y 参数等效电路。图中点画线框内为管子本身的等效电路。$\dot{I}_s$ 和 Y_s 分别为信号源和信号源内导纳;Y_L 为负载导纳;y_{is} 和 y_{fs} 分别为管子本身输出端短路时的输入导纳和正向传输导纳;y_{rs} 和 y_{os} 分别为管子本身输入端短路时的反向传输导纳和输出导纳。

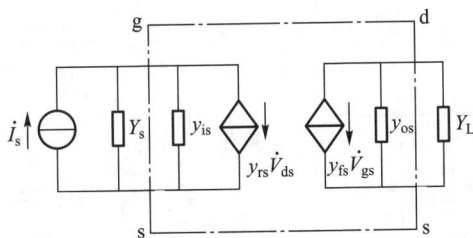

图 3.8.1 共源场效应管 y 参数等效电路

图 3.8.2 表示场效应管共源电路的模拟等效电路。图中 C_{gd} 表示栅漏极之间的电容;C_{ds}、g_{ds} 表示漏源极之间的电容和电导;$g_{fs}\dot{V}_{gs}$ 表示栅源电压 $\dot{V}_{gs}$ 经放大后漏源等效电流源。

由图 3.8.1 和图 3.8.2 求得场效应管共源电路的 y 参数与管子参数(模拟参数)之间的关系为

$$y_{is} = j\omega(C_{gs} + C_{gd}) \tag{3.8.1}$$

$$y_{rs} = -j\omega C_{gd} \tag{3.8.2}$$

$$y_{fs} = -g_{fs} - j\omega C_{gd} \approx -g_{fs} \tag{3.8.3}$$

$$y_{os} = g_{ds} + j\omega(C_{gd} + C_{ds}) \tag{3.8.4}$$

与单回路晶体管共射放大器相同,在 $y_{rs} = 0$ 的情况下(单向化后),单回路场效应管共源放大器的电压增益为

$$A_v = -\frac{y_{fs}}{y_{os} + Y_L} \tag{3.8.5}$$

在谐振时,电压增益为

$$A_{v0} = \frac{-g_{fs}}{g_{ds} + G_L} \tag{3.8.6}$$

通常 $g_{ds} \ll G_L$,所以

$$A_{v0} \approx \frac{-g_{fs}}{G_L} = -g_{fs}R_L \tag{3.8.7}$$

式中,R_L 为负载电阻。

图 3.8.3 表示场效应管共源放大器电路。$L_1 C_1$ 为输入回路,$L_2 C_3$ 为输出回路,分别调谐于信号频率。场效应管共源电路的输入、输出阻抗都很高,对回路的影响可以忽略,因此回路不需抽头接入。R_1 和 C_2 组成自给偏压电路,供给需要的直流偏压。R_2 和 C_4 组成去耦电路,消除高频通过公共电源的反馈。C_5、C_6 为耦合电容,分别与后级和前级耦合。当频率低时,该电路尚能正常工作。但由于场效应管的 $y_{rs} = -j\omega C_{gd}$ 不能忽略,所以可能产生自激。这时须采用与晶体管谐振放大器相同的中和电路。

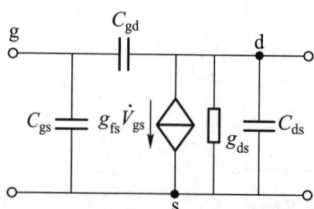

图 3.8.2 场效应管共源电路的
模拟等效电路

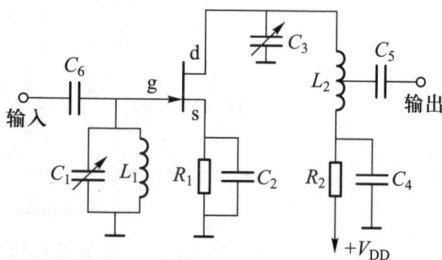

图 3.8.3 场效应管共源放大器电路

3.8.2 共栅放大器

可以证明,场效应管共栅电路的 y 参数为

$$y_{ig} \approx g_{fs} + j\omega(C_{gs} + C_{gd} + C_{ds}) \tag{3.8.8}$$

$$y_{rg} = -(g_{ds} + j\omega C_{ds}) \tag{3.8.9}$$

$$y_{fg} = -(g_{fs}+g_{ds}) - j\omega(C_{gd}+C_{ds}) \approx -g_{fs} \qquad (3.8.10)$$

$$y_{og} = g_{ds} + j\omega(C_{gd}+C_{ds}) \qquad (3.8.11)$$

由上式并与共源电路的 y 参数比较可见,共栅电路的输入导纳 y_{ig} 很大(即输入阻抗很小,为 $100 \sim 1\,000\ \Omega$),反向传输导纳 y_{rg} 较小(g_{ds} 较小,$C_{ds} \ll C_{gd}$)。因此,共栅电路反馈小,电路稳定性高。正向传输导纳 y_{fg} 和输出导纳 y_{og} 与共源电路相同。

同样,在 $y_{rg}=0$ 的情况下,共栅放大器在谐振时的电压增益为

$$A_{v0} = \frac{g_{fg}}{g_{og}+G_L} \approx g_{fg}R_L \approx -g_{fs}R_L \qquad (3.8.12)$$

图 3.8.4 所示为典型的共栅场效应管高频放大器电路。这种电路的内反馈很小,无须使用单向化,在整个工作频段上都是稳定的。L_1、C_3 为输入回路,抽头接至场效应管(共栅电路输入阻抗低);L_2、C_4 为输出回路,两回路都调谐于信号频率。源极电路中的电阻 R_1 给场效应管提供了必要的栅偏压,用电容 C_2 旁路高频。电阻 R_2 和电容 C_5 组成去耦电路。C_1 和 C_6 为耦合电容,分别与前级和后级耦合。

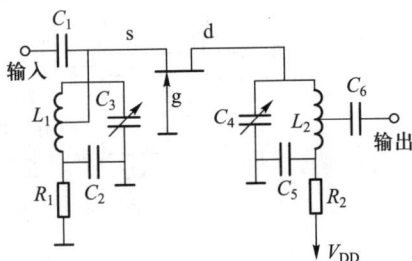

图 3.8.4 典型的共栅场效应管
高频放大器电路

3.8.3 共源–共栅级联放大器

与晶体管电路相同,场效应管也能采用级联电路。二者取长补短,以获得较好的性能。

图 3.8.5 所示为性能较好、采用较多的场效应管共源–共栅级联放大器。第一级(T_1)为共源电路;第二级(T_2)为共栅电路。由式(3.8.8)可见,共栅电路的输入导纳 $y_{ig}=g_{fs}+j\omega(C_{gd}+C_{gs})$,即输入电导为 g_{fs}。而由式(3.8.7)可见,共源电路的谐振电压增益 $A_{v0}=g_{fs} \cdot R_L$,式中 R_L 为负载电阻。

级联后,共源电路的负载电阻 R_L 即为共栅电路的输入电阻 $\left(\dfrac{1}{g_{fs}}\right)$,所以,共源电路的谐振电压增益为

$$A_{v0} = g_{fs} \cdot \frac{1}{g_{fs}} = 1$$

由于此级无电压增益,因而不会产生自激,工作是稳定的。共栅电路本身内部反馈很小,工作稳定,不会自激,因此级联后工作是稳定的。虽然第一级的电

压增益只有 1，但是由于阻抗变换的关系，有一定的电流增益。而作为共栅放大器的 T_2 有较大的电压增益 $A_{v0} = g_{fg}R_L$［参看式(3.8.12)］，因此级联电路能得到一定的电压增益和功率增益。

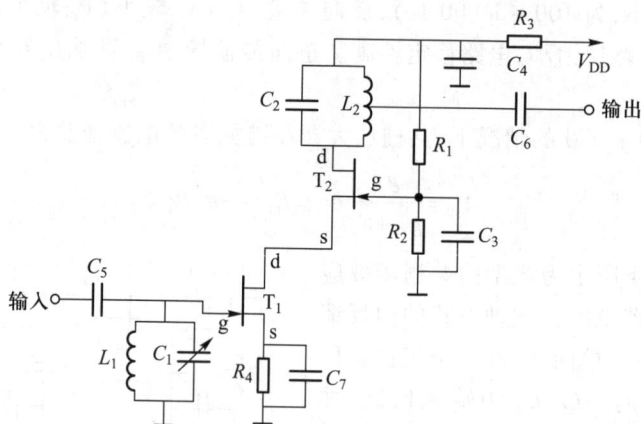

图 3.8.5　共源–共栅级联放大器

§3.9　放大器中的噪声

　　目前电子设备的性能在很大程度上与干扰(interference)和噪声(noise)有关。例如，接收机的理论灵敏度可以非常高，但是考虑了噪声以后，实际灵敏度就不可能做得很高。而在通信系统中，提高接收机的灵敏度比增加发射机的功率更为有效。在其他电子仪器中，它们的工作准确性、灵敏度等也与噪声有很大的关系。另外，各种干扰的存在，大大影响了接收机的工作。因此，研究各种干扰和噪声的特性，以及降低干扰和噪声的方法，是十分必要的。

　　干扰与噪声的分类如下：

　　干扰一般指外部干扰，可分为自然干扰和人为干扰。自然干扰有天电干扰、宇宙干扰和大地干扰等。人为干扰主要有工业干扰和无线电台的干扰。

　　噪声一般指内部噪声，也可分为自然噪声和人为噪声。自然噪声有热噪声、散粒噪声和闪烁噪声等。人为噪声有交流哼声、感应噪声、接触不良噪声等。

　　本节主要讨论自然噪声。干扰则放在第 4 章 §4.9、§4.10 中讨论。

3.9.1　内部噪声的来源与特点

　　放大器的内部噪声主要是由电路中的电阻、谐振回路和电子器件(电子管、晶体管、场效应管、集成块等)内部所具有的带电微粒无规则运动所产生的。这种无规则运动具有起伏噪声(fluctuation noise)的性质,它是一种随机过程,即在同一时间(0 ~ T)内,这一次观察和下一次观察会得出不同的结果,如图 3.9.1 所示。对于随机过程,不可能用某一确定的时间函数来描述。但是,它却遵循某一确定的统计规律,可以利用其本身的概率分布特性来充分地描述它的特性。对于起伏噪声,可以用正弦波形的瞬时值、振幅

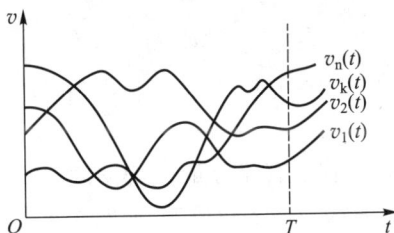

图 3.9.1 随机过程示意图

值、有效值等来计量。通常用它的平均值、均方值、频谱或功率谱来表示。

(1) 起伏噪声电压的平均值

起伏噪声的平均值可表示为

$$\bar{v}_n = \lim_{T \to \infty} \frac{1}{T} \int_0^T v_n(t)\, \mathrm{d}t \qquad (3.9.1)$$

式中,$v_n(t)$ 为起伏噪声电压,如图 3.9.2 所示。$\bar{v}_n$ 为平均值,它代表 $v_n(t)$ 的直流分量。

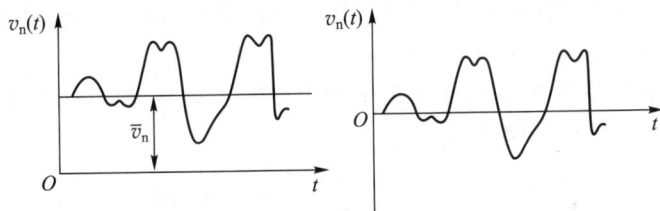

(a) 平均值为 $\bar{v}_n$ (b) 平均值为零

图 3.9.2 起伏噪声电压的平均值

由于起伏噪声电压的变化是不规则的,没有一定的周期,所以应在长时间($T \to \infty$)内取平均值,才有意义。

(2) 起伏噪声电压的均方值

一般更常用起伏噪声电压的均方值(mean square value)来表示噪声的起伏强度。均方值的求法如下:

由图 3.9.2(a)可见,起伏噪声电压 $v_n(t)$ 是在其平均值 $\bar{v}_n$ 上下起伏,在某一瞬间 t 的起伏强度为

$$\Delta v_n(t) = v_n(t) - \bar{v}_n \qquad (3.9.2)$$

显然,$\Delta v_n(t)$ 也是随机的,并且有时为正,有时为负,所以从长时间来看,$\Delta v_n(t)$ 的平均值应为零。但是,将 $\Delta v_n(t)$ 平方后再取其平均值,就具有一定的数值,称为起伏噪声电压的均方值,或称方差,以 $\overline{\Delta v_n^2(t)}$ 表示,有

$$\overline{\Delta v_n^2(t)} = \overline{[v_n(t) - \overline{v}_n]^2} = \lim_{T \to \infty} \frac{1}{T} \int_0^T [\Delta v_n(t)]^2 dt$$

$$= \lim_{T \to \infty} \frac{1}{T} \int_0^T [v_n(t) - \overline{v}_n]^2 dt = \overline{v_n^2} \tag{3.9.3}$$

由于 $\overline{v}_n$ 代表直流分量, 不表示噪声电压的起伏强度, 所以可将图 3.9.2(a) 的横轴向上移动一个数值 $\overline{v}_n$, 如图 3.9.2(b) 所示。这时起伏噪声电压的均方值为

$$\overline{v_n^2} = \lim_{T \to \infty} \frac{1}{T} \int_0^T v_n^2(t) dt \tag{3.9.4}$$

式中, $\overline{v_n^2}$ 表示起伏噪声电压的均方值, 它代表功率的大小。均方根值 $\sqrt{\overline{v_n^2}}$ 则表示起伏噪声电压交流分量的有效值, 通常用它与信号电压的大小做比较, 称为信号噪声比(signal-noise ratio)。

（3）非周期噪声电压的频谱(frequency spectrum)

本节开始时即指出, 起伏噪声是由电路中的电阻、电子器件等内部所具有的带电微粒无规则运动产生的。这些带电微粒做无规则运动所形成的起伏噪声电流和电压可看成是无数个持续时间 τ 极短（$10^{-14} \sim 10^{-13}$ s 的数量级）的脉冲叠加起来的结果。这些短脉冲是非周期性的。因此, 我们可首先研究单个脉冲的频谱, 然后再求整个起伏噪声电压的频谱。

对于一个脉冲宽度为 τ, 振幅为 1 的单个噪声脉冲, 波形如图 3.9.3(a) 所示, 可用下式求得其振幅频谱密度为

$$|F(\omega)| = \tau \frac{\sin(\omega\tau/2)}{\omega\tau/2} = \frac{1}{\pi f} \sin \pi f \tau \tag{3.9.5}$$

式(3.9.5)表示的 $|F(\omega)|$ 与频率 f 的关系曲线如图 3.9.3(b) 所示, 它的第一个零值点在 $1/\tau$ 处。由于电阻和电子器件噪声所产生的单个脉冲宽度 τ 极小, 在整个无线电频率 f 范围内, τ 远小于信号周期 T, $T = 1/f$, 所以 $\pi f \tau = \pi \tau/T \ll 1$, 这时 $\sin \pi f \tau \approx \pi f \tau$, 式(3.9.5)变为

$$|F(\omega)| \approx \tau \tag{3.9.6}$$

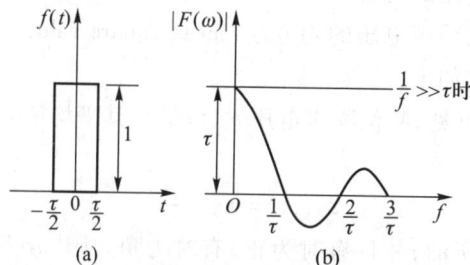

图 3.9.3　单个噪声脉冲的波形及其频谱

式(3.9.6)表明：单个噪声脉冲电压的振幅频谱密度 $|F(\omega)|$ 在整个无线电

频率范围内可看成是均等的。

噪声电压是由无数个单脉冲电压叠加而成的。按理说，整个噪声电压的振幅频谱是由把每个脉冲的振幅频谱中相同频率分量直接叠加而得到的，然而，由于噪声电压是个随机值，各脉冲电压之间没有确定的相位关系，各个脉冲的振幅频谱中相同频率分量之间也就没有确定的相位关系，所以不能通过直接叠加得到整个噪声电压的振幅频谱。

虽然整个噪声电压的振幅频谱无法确定，但其功率频谱却是完全能够确定的（将噪声电压加到 $1\,\Omega$ 电阻上，电阻内损耗的平均功率即为不同频率的振幅频谱平方在 $1\,\Omega$ 电阻内所损耗功率的总和）。由于单个脉冲的振幅频谱是均等的，则其功率频谱也是均等的，由各个脉冲的功率频谱叠加而得到的整个噪声电压的功率频谱也是均等的。因此，常用功率频谱（简称功率谱）来说明起伏噪声电压的频率特性。

（4）起伏噪声的功率谱

式(3.9.4)

$$\overline{v_n^2(t)} = \overline{v_n^2} = \lim_{T \to \infty} \frac{1}{T} \int_0^T v_n^2(t)\,\mathrm{d}t$$

可表明噪声功率。因为 $\int_0^T v_n^2(t)\,\mathrm{d}t$ 表示 $v_n(t)$ 在 $1\,\Omega$ 电阻上于时间区间 $(0 \sim T)$ 内的全部噪声能量。它被 T 除，即得平均功率 P。对于起伏噪声而言，当时间无限增长时，平均功率 P 趋近于一个常数，且等于起伏噪声电压的均方值（方差）。亦即

$$\overline{v_n^2} = \lim_{T \to \infty} P = \lim_{T \to \infty} \frac{1}{T} \int_0^T v_n^2(t)\,\mathrm{d}t$$

若以 $S(f)\,\mathrm{d}f$ 表示频率在 f 与 $f+\mathrm{d}f$ 之间的平均功率，则总的平均功率为

$$P = \int_0^\infty S(f)\,\mathrm{d}f \tag{3.9.7}$$

因此最后得

$$\overline{v_n^2} = \lim_{T \to \infty} \frac{1}{T} \int_0^T v_n^2(t)\,\mathrm{d}t = \int_0^\infty S(f)\,\mathrm{d}f \tag{3.9.8}$$

式中，$S(f)$ 称为噪声功率谱密度，单位为 W/Hz。

根据上面的讨论可知，起伏噪声的功率谱在极宽的频带内具有均匀的密度，如图 3.9.4 所示。在实际无线电设备中，只有位于设备的通频带 Δf_n 内的噪声功率才能通过。

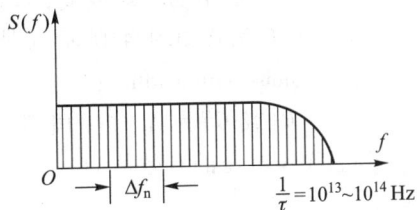

图 3.9.4 起伏噪声的功率谱

由于起伏噪声的频谱在极宽的频带内具有均匀的功率谱密度,所以起伏噪声也称白噪声(white noise)。"白"字借自光学,即白(色)光是在整个可见光的频带内具有平坦的频谱。必须指出,真正的白色噪声是没有的,白色噪声意味着有无穷大的噪声功率。因为从式(3.9.8)可见,当 $S(f)$ 为常数时,$\int_0^\infty S(f)\,\mathrm{d}f$ 无穷大。这当然是不可能的。因此,白色噪声是指在某一个频率范围内,$S(f)$ 保持常数。

3.9.2 电阻热噪声

我们知道,导体是由于金属内自由电子的运动而导电的,电阻也是如此。电阻中的带电微粒(自由电子)在一定温度下,受到热激发后,在导体内部做大小和方向都无规则的运动(热骚动)。由于电子的质量很轻(约为 $9.106\,6\times10^{-31}$ kg),其运动速度即使在室温下(293 K)也是很大的。而两次碰撞之间的间隔时间却极短,为 $10^{-14}\sim10^{-12}$ s。每个电子在两次碰撞之间行进时,就产生一持续时间很短的脉冲电流。许多这样随机热骚动的电子所产生的这种脉冲电流的组合,就在电阻内部形成了无规律的电流。在一足够长的时间内,其电流平均值等于零,而瞬时值就在平均值的上下变动,称为起伏电流。起伏电流流经电阻 R 时,电阻两端就会产生噪声电压 v_n 和噪声功率。若以 $S(f)$ 表示噪声的功率谱密度,则由热运动理论和实践证明[9],对于电阻的热噪声,其功率谱密度为

$$S(f)=4kTR \tag{3.9.9}$$

如上所述,由于功率谱密度表示单位频带内的噪声电压均方值,故噪声电压的均方值 $\overline{v_n^2}$(噪声功率)为

$$\overline{v_n^2}=4kTR\Delta f_n \tag{3.9.10}$$

或表示为噪声电流的均方值

$$\overline{i_n^2}=4kTG\Delta f_n \tag{3.9.11}$$

以上各式中,k 为玻耳兹曼常数(Boltzmann constant),等于 1.38×10^{-23} J/K;

T 为电阻的绝对温度,单位为 K;

Δf_n 为图 3.9.4 所示的带宽或电路的等效噪声带宽①(equivalent noise bandwidth);

R(或 G)为 Δf_n 内的电阻(或电导)值,单位为 Ω(或 S)。

因此,噪声电压的有效值为

---

① 等效噪声带宽的定义见 3.10.5 节。

$$\sqrt{\overline{v_n^2}} = \sqrt{4kTR\Delta f_n} \qquad (3.9.12)$$

例如,若 $R = 1\ \text{k}\Omega, \Delta f_n = 500\ \text{kHz}, T = 300\ \text{K}(27\ ℃)$,则

$$\sqrt{\overline{v_n^2}} = \sqrt{4 \times 1.38 \times 10^{-23} \times 300 \times 10^3 \times 500 \times 10^3}\ \text{V} \approx 2.88 \times 10^{-6}\ \text{V} = 2.88\ \mu\text{V}$$

由线圈与电容组成的并联谐振电路所产生的噪声电压均方值为

$$\overline{v_n^2} = 4kTR_p\Delta f_n \qquad (3.9.13)$$

式中,R_p 为谐振电路的谐振电阻。

显然,就产生噪声的原因来说,纯电抗是不会产生噪声的,因为纯电抗元件没有损耗电阻。谐振电路所产生的噪声仍是由阻抗中的损耗电阻产生的。对于图 3.9.5(a)所示的电路来说,损耗电阻 r 所产生的噪声电压均方值为

$$\overline{v_{nr}^2} = 4kTr\Delta f_n$$

在谐振时,折算到 ab 两端的电压均方值为

$$\begin{aligned}
\overline{v_n^2} &= \overline{v_{nr}^2} \cdot Q^2 \\
&= 4kTr\Delta f_n \left(\frac{\omega L}{r}\right)^2 \\
&= 4kT\left(\frac{\omega^2 L^2}{r}\right)\Delta f_n \\
&= 4kTR_p\Delta f_n
\end{aligned}$$

如图 3.9.5(b)所示,因此获得式(3.9.13)。

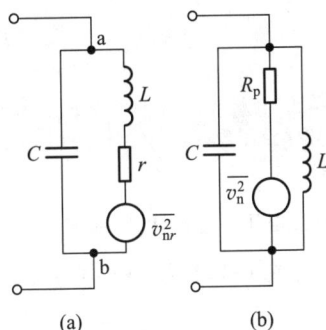

图 3.9.5 谐振回路的噪声

应该指出,热运动电子速度比外电场作用下的电子漂移速度大得多,因此,噪声电压与外加电动势产生并通过导体的直流电流无关,所以可认为无规则的热运动与直线运动(漂移)是彼此独立的。

为便于运算,把电阻 R 看作一个噪声电压源(或电流源)和一个理想无噪声的电阻串联(或并联),如图 3.9.6 所示。图中多个电阻串联时,总噪声电压等于各个电阻所产生的噪声电压的均方值相加。多个电阻并联时,总噪声电流等于各个电导所产生的噪声电流的均方值相加。这是由于,每个电阻的噪声都是由电子的无规则热运动所产生,任何两个噪声电压必然是独立的,所以只能按功

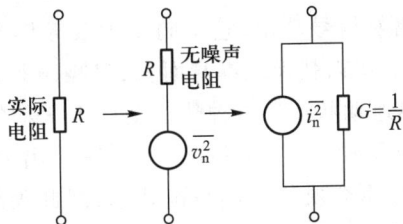

图 3.9.6 电阻的噪声等效电路

率相加(用均方值电压或均方值电流相加)。

例 3.9.1 计算图 3.9.7 所示并联电阻两端的噪声电压。设 R_1 和 R_2 所处的温度 T 相同。先利用电流源进行计算,如图 3.9.8 所示。由式(3.9.11)得

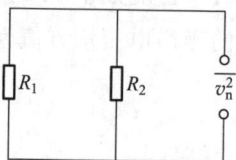

图 3.9.7 并联电阻噪声电压的计算　　图 3.9.8 利用电流源计算噪声

$$\overline{i_{n1}^2} = 4kTG_1\Delta f_n, \quad G_1 = \frac{1}{R_1}$$

$$\overline{i_{n2}^2} = 4kTG_2\Delta f_n, \quad G_2 = \frac{1}{R_2}$$

因此
$$\overline{i_n^2} = \overline{i_{n1}^2} + \overline{i_{n2}^2} = 4kT(G_1 + G_2)\Delta f_n$$

所以
$$\overline{v_n^2} = \frac{\overline{i_n^2}}{(G_1 + G_2)^2} = 4kT\Delta f_n \frac{R_1 R_2}{R_1 + R_2}$$

再利用电压源进行计算,如图 3.9.9 所示。

$\overline{v_{n1}^2}$ 在 1—1 端所产生的噪声电压均方值为

$$\overline{v_{n1}'^2} = \frac{\overline{v_{n1}^2}}{(R_1 + R_2)^2} R_2^2$$

$\overline{v_{n2}^2}$ 在 1—1 端所产生的噪声电压均方值为

$$\overline{v_{n2}'^2} = \frac{\overline{v_{n2}^2}}{(R_1 + R_2)^2} R_1^2$$

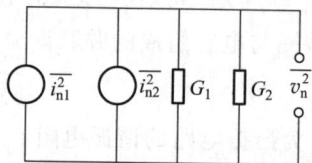

图 3.9.9 利用电压源
计算噪声

所以
$$\overline{v_n^2} = \overline{v_{n1}'^2} + \overline{v_{n2}'^2} = 4kT\Delta f_n \frac{R_1 R_2}{R_1 + R_2}$$

显然,两种计算方法得到的结果是相同的。

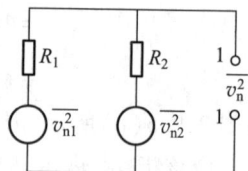

3.9.3　天线热噪声

天线等效电路由辐射电阻(radiation resistance)R_A 和电抗 X_A 组成。辐射电阻只表示天线接收或辐射信号功率,它不同于天线导体本身的电阻(天线导体本身电阻近似等于零)。所以就天线本身而言,热噪声是非常小的。但是,天线周围的介质微粒处于热运动状态。这种热运动产生扰动的电磁波辐射(噪声功率),而这种扰动辐射被天线接收,然后又由天线辐射出去。当接收与辐射的噪声功率相等时,天线和周围介质处于热平衡状态,因此天线中存在噪声的作用。热平衡状态下,天线中热噪声电压为

$$\overline{v_n^2} = 4kT_A R_A \Delta f_n \qquad (3.9.14)$$

式中，R_A 为天线辐射电阻；T_A 为天线等效噪声温度（equivalent noise temperature）。

若天线无方向性，且处于绝对温度为 T 的无界限均匀介质中，则

$$T_A = T, \qquad \overline{v_n^2} = 4kT R_A \Delta f_n$$

天线的等效噪声温度 T_A 与天线周围介质的密度和温度分布以及天线的方向性有关。例如，频率高于 300 MHz，用锐方向性天线做实际测量，当天线指向天空时，$T_A \approx 10$ K；当天线指向水平方向时，由于地球表面的影响，$T_A \approx 40$ K。

除此以外，还有来自太阳、银河系及月球的无线电辐射的宇宙噪声。这种噪声在空间的分布是不均匀的，且与时间（昼夜）和频率有关。

通常，银河系的辐射较强，其影响主要在米波及更长波段（1.5 m、1.85 m、3 m、15 m）。长期观测表明，这影响是稳定的。太阳的影响最大又极不稳定，它与太阳的黑子数及日辉（即太阳大爆发）有关。

3.9.4 晶体管的噪声

晶体管的噪声主要有热噪声、散粒噪声、分配噪声和 $1/f$ 噪声。其中热噪声和散粒噪声为白噪声，其余一般为有色噪声（color noise）。

（1）热噪声（thermal noise）

和电阻一样，在晶体管中，电子不规则的热运动同样会产生热噪声。这类由电子热运动所产生的噪声，主要存在于基极电阻 r_{bb} 内。发射极和集电极电阻的热噪声一般很小，可以忽略。

（2）散粒噪声（shot noise）

由于少数载流子通过 PN 结注入基区时，即使在直流工作情况下也是随机的量，即单位时间内注入的载流子数目不同，因而到达集电极的载流子数目也不同，由此引起的噪声称为散粒噪声。散粒噪声具体表现为发射极电流以及集电极电流的起伏现象。

（3）分配噪声（distribution noise）

晶体管发射极区注入基区的少数载流子中，一部分经过基极区到达集电极形成集电极电流，一部分在基区复合。载流子复合时，其数量时多时少（存在起伏）。分配噪声就是集电极电流随基区载流子复合数量的变化而变化所引起的噪声。亦即由发射极发出的载流子分配到基极和集电极的数量随机变化而引起。

（4）$1/f$ 噪声［或称闪烁噪声（flicker noise）］

它主要在低频范围产生影响（它的噪声频谱与频率 f 近似成反比）。对于它

的产生原因目前尚有不同见解。在实践中知道，它与半导体材料制作时表面清洁处理和外加电压有关，在高频工作时通常不考虑它的影响。

根据上面的讨论，可以得出晶体管工作于高频且接成共基极电路时，噪声等效电路如图 3.9.10 所示。图中

$$r_c = r_{b'c}$$

$$r_e = r_{b'e}(1-\alpha_0)$$

$$r_b = r_{bb'}$$

$$g_m = \frac{\alpha_0}{r_e}$$

在基极中的噪声源是 r_b 中的热噪声，其值为

$$\overline{v_{bn}^2} = 4kTr_b\Delta f_n \qquad (3.9.15)$$

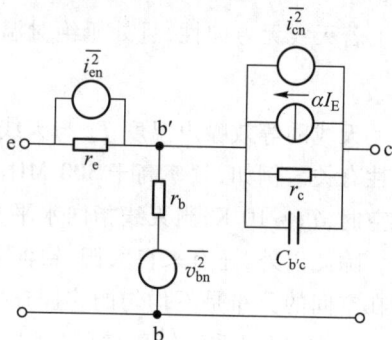

图 3.9.10 包括噪声电流与电压源的 T 形等效电路

发射极臂中的噪声电流源表示载流子不规则运动所引起的散粒噪声，其值为

$$\overline{i_{en}^2} = 2qI_E\Delta f_n \qquad (3.9.16)$$

式中,q 是电子电荷，其值为 1.6×10^{-19} C；

I_E 是发射极直流电流，单位为 A。

实验证明，频率对 $\overline{i_{en}^2}$ 的影响可以忽略。

在集电极臂中的噪声电流源表示少数载流子复合不规则所引起的分配噪声，其值为

$$\overline{i_{cn}^2} = 2qI_C\left(1 - \frac{|\dot{\alpha}|^2}{\alpha_0}\right)\Delta f_n \qquad (3.9.17)$$

式中,I_C 是集电极直流电流，单位为 A；

α 是共基极状态的电流放大系数；

α_0 是相应于零频率的 α 值。

由上所述可知，基极臂中的是热噪声，发射极臂中的是散粒噪声，集电极臂中的是分配噪声。

由于 α 是频率的函数，它与 α_0 的关系为

$$\dot{\alpha} = \frac{\alpha_0}{1+jf/f_\alpha} \qquad (3.9.18)$$

式中,f_α 为 α 截止频率$\left(\text{当}f=f_\alpha \text{ 时}, |\dot{\alpha}| = \frac{\alpha_0}{\sqrt{2}}\right)$。

在低频时,$\alpha \approx \alpha_0$，因此 $\overline{i_{cn}^2} \ll \overline{i_{en}^2}$。但随着频率的升高，$\alpha$ 下降，基区复合电流

增大,因而分配噪声随之增加,亦即$\overline{i_{cn}^2}$随着频率的升高而增大。

当f趋于零时,$\left|\dot{\alpha}\right|\to\alpha_0$,由式(3.9.17)得$\overline{i_{cn}^2}$具有最小值

$$(\overline{i_{cn}^2})_{min}=2qI_C(1-\alpha_0)\Delta f_n \tag{3.9.19}$$

随着频率的增高,在$f<\sqrt{1-\alpha_0}f_\alpha$时,$\overline{i_{cn}^2}$基本上是常数。而当$f>\sqrt{1-\alpha_0}f_\alpha$时,$\overline{i_{cn}^2}$随$f$增长很快。

如令f_1是$1/f$噪声的频率上限,$f_2=\sqrt{1-\alpha_0}f_2$,由上面讨论可知,在$f_1<f<f_2$的区间,晶体管的噪声几乎不变。而在$f<f_1$与$f>f_2$时,噪声均将上升。因此可得出晶体管的噪声系数F_n[①]与频率的关系曲线即晶体管的噪声特性如图3.9.11所示。图中$0\sim f_1$为$1/f$噪声区,一般f_1在1 000 Hz以下。$f>f_2$为高频噪声区。$f_1<f<f_2$频率范围内,F_n基本不变。

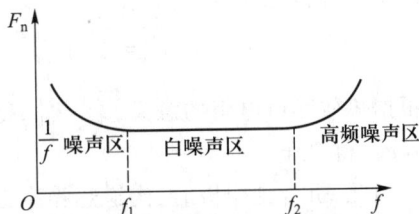

图 3.9.11　晶体管的噪声特性

附带说明,对二极管而言,只考虑散粒噪声,没有分配噪声,且热噪声很小,可以忽略。二极管的散粒噪声公式与式(3.9.16)完全相似,只需将该式中的I_E换成二极管电流I_D即可。

3.9.5　场效应管的噪声

场效应管的噪声也有四个来源:

(1) 由栅极内的电荷不规则起伏所引起的噪声

这种噪声称为散粒噪声。对结型场效应管来说,由通过 PN 结的漏泄电流引起的噪声电流均方值为

$$\overline{i_{ng}^2}=2qI_G\Delta f_n \tag{3.9.20}$$

式中,q为电子电荷量;I_G为栅极漏泄电流。

(2) 沟道内的电子不规则热运动所引起的热噪声

场效应管的沟道电阻由栅极电压控制。因此和任何其他电阻一样,沟道电阻中载流子的热运动也会产生热噪声,它可用一个与输出阻抗并联的噪声电流源来表示:

$$\overline{i_{nd}^2}=4kTg_{fs}\Delta f_n \tag{3.9.21}$$

---

① 噪声系数 F_n 的定义见 3.10.1 节。

式中,g_{fs} 为场效应管的跨导。

也可将这种噪声折合到栅极来计算。为此,引入等效噪声电阻 R_n。所谓等效噪声电阻,就是在该电阻两端所获得的噪声电压等于换算到栅极电路中的沟道热噪声。

由式(3.9.10)知,在等效噪声电阻 R_n 两端所产生的噪声电压均方值为

$$\overline{v_n^2} = 4kTR_n\Delta f_n$$

将此电阻接入栅极,再把场效应管当作无噪声的,就可得到该场效应管漏极电路中的起伏电流均方值为

$$\overline{i_{nd}^{2\prime}} = \overline{v_n^2}\left| y_{fs} \right|^2 = 4kTR_n\Delta f_n \left| y_{fs} \right|^2$$

而根据等效噪声电阻的意义,$\overline{i_{nd}^2} = \overline{i_{nd}^{2\prime}}$,得到 $R_n = g_{fs}/\left| y_{fs} \right|^2$。当工作频率较低时,$y_{fs} \approx g_{fs}$,得 $R_n = 1/g_{fs}$。

因此,折合到栅极时,沟道热噪声也可用噪声电压源表示为

$$\overline{v_{n1}^2} = 4kT\left(\frac{1}{g_{fs}}\right)\Delta f_n \tag{3.9.22}$$

(3)漏极和源极之间的等效电阻噪声

在漏极和源极之间,栅极的作用达不到的部分可用等效串联电阻 R 表示。由此会产生电阻热噪声,其大小可由下式表示:

$$\overline{v_{n2}^2} = 4kTR\Delta f_n \tag{3.9.23}$$

(4)闪烁噪声(或称 $1/f$ 噪声)

和晶体管相同,在低频端、噪声功率与频率成反比地增大。关于它的产生机理,目前还有不同的见解。定性地说,这种噪声是由于 PN 结的表面发生复合、雪崩等引起的。

通常,第一和第二种噪声是主要的,尤其第二种噪声最重要①。

§3.10 噪声的表示和计算方法

上节介绍了噪声的来源。现在来研究噪声的表示方法。总的来说,可以用噪声系数、噪声温度、等效噪声频带宽度等来表示噪声。分述如下。

3.10.1 噪声系数

在电路某一指定点处的信号功率 P_s 与噪声功率 P_n 之比,称为信号噪声比,

---

① 场效应管在甚高频工作时,还会产生栅极感应噪声,使场效应管的总噪声增加。

简称信噪比(signal–noise ratio),以 P_s/P_n(或 S/N)表示。

放大器噪声系数(noise figure) F_n 是指放大器输入端信号噪声比 P_{si}/P_{ni} 与输出端信号噪声比 P_{so}/P_{no} 的比值,有

$$F_n = \frac{P_{si}/P_{ni}}{P_{so}/P_{no}} = \frac{\text{输入端信噪比}}{\text{输出端信噪比}} \qquad (3.10.1)$$

用分贝数表示为

$$F_n(\text{dB}) = 10 \lg \frac{P_{si}/P_{ni}}{P_{so}/P_{no}} \qquad (3.10.2)$$

如果放大器是理想无噪声的线性网络,那么,其输入端的信号与噪声得到同样的放大,亦即输出端的信噪比与输入端的信噪比相同,于是 $F_n = 1$ 或 $F_n(\text{dB}) = 0$ dB。若放大器本身有噪声,则输出噪声功率等于放大后的输入噪声功率和放大器本身的噪声功率之和。显然,经放大器后,输出端的信噪比就较输入端的信噪比低,则 $F_n > 1$。因此,F_n 表示信号通过放大器后,信号噪声比变坏的程度。

式(3.10.1)也可写成另一种形式,即

$$F_n = \frac{P_{no}/P_{ni}}{P_{so}/P_{si}} = \frac{P_{no}}{P_{ni} \cdot A_p} \qquad (3.10.3)$$

式中,$A_p = P_{so}/P_{si}$ 为放大器的功率增益。

$P_{ni} \cdot A_p$ 表示信号源内阻产生的噪声通过放大器放大后在输出端所产生的噪声功率,用 $P_{no\,I}$ 表示。则式(3.10.3)可写成

$$F_n = P_{no}/P_{no\,I} \qquad (3.10.4)$$

上式表明,噪声系数 F_n 仅与输出端的两个噪声功率 P_{no}、$P_{no\,I}$ 有关,而与输入信号的大小无关。

实际上,放大器的输出噪声功率 P_{no} 是由两部分组成的:一部分是 $P_{no\,I} = P_{ni} \cdot A_p$;另一部分是放大器本身(内部)产生的噪声在输出端上呈现的噪声功率 $P_{no\,II}$,即

$$P_{no} = P_{no\,I} + P_{no\,II}$$

所以,噪声系数又可写成

$$F_n = 1 + \frac{P_{no\,II}}{P_{no\,I}} \qquad (3.10.5)$$

由式(3.10.5)也可看出噪声系数与放大器内部噪声的关系。实际上放大器总是要产生噪声的,即 $P_{no\,II} > 0$,因此,$F_n > 1$。F_n 越大,表示放大器本身产生的噪声越大。

用式(3.10.1)、式(3.10.4)与式(3.10.5)来表示噪声系数是完全等效的。在计算具体电路的噪声系数时,用式(3.10.4)与式(3.10.5)比较方便。

应该指出,噪声系数的概念仅仅适用于线性电路,因此可用功率增益来描

述。对于非线性电路,由于信号和噪声、噪声和噪声之间会相互作用,即使电路本身不产生噪声,在输出端的信噪比也会和输入端的信噪比不同。因此,噪声系数的概念就不能适用。所以通常所说的接收机的噪声系数是指检波器以前的线性部分(包括高频放大、变频和中频放大)。对于变频器,虽然它本质上是一种非线性电路,但它对信号而言,只产生频率搬移,输出电压则随输入信号幅度成正比地增大或减小。因此可以把它近似地看作是线性变换。幅度的变化用变频增益①表示,信号和噪声能满足线性叠加的条件。

另外,还有点噪声系数和平均噪声系数的概念。由于实际网络通带内不同频率点的传输系数是不完全相等的,所以其噪声系数也不完全一样。为此,在不同的特定频率点,分别测出其对应的单位频带内的信号功率与噪声功率,然后再计算出各自的噪声系数,此系数称为点噪声系数。

而某一频率范围内网络的平均噪声系数,则定义为

$$F_{n(AV)} = \frac{\int F_n(f) A_p(f)\, \mathrm{d}f}{\int A_p(f)\, \mathrm{d}f}$$

式中,$F_n(f)$ 和 $A_p(f)$ 分别为网络噪声系数和功率增益对频率的函数。

为了计算和测量的方便,噪声系数也可以用额定功率(rated power)和额定功率增益的关系来定义。为此,先引入额定功率(资用功率)的概念。

额定功率是指信号源所能输出的最大功率。参阅图 3.10.1,为了使信号源有最大输出功率,必须使放大器的输入电阻 R_i 与信号源内阻 R_s 相匹配,亦即应使 $R_s = R_i$。因而额定输入信号功率为

$$P'_{si} = \frac{V_s^2}{4R_s} \tag{3.10.6}$$

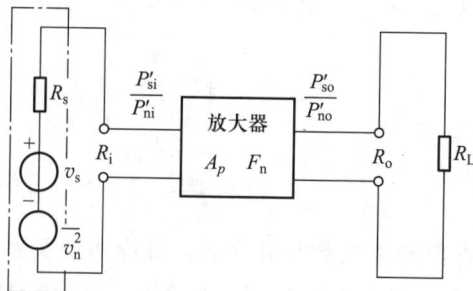

图 3.10.1　表示额定功率和噪声系数定义的电路

---

① 变频增益的定义见第 4 章 §4.5。

额定输入噪声功率为

$$P'_{ni} = \frac{\overline{v_n^2}}{4R_s} = \frac{4kTR_s\Delta f_n}{4R_s} = kT\Delta f_n \tag{3.10.7}$$

由此可见,额定信号(噪声)功率只是信号源的一个属性,它仅取决于信号源本身的参数——内阻和电动势,而与放大器的输入电阻和负载电阻无关。

当 $R_i \neq R_s$ 时,额定信号功率数值不变,但这时额定信号功率不表示实际的信号功率。

输出端的情况也是一样。当输出端匹配($R_o = R_L$)时,得输出端的额定信号功率 P'_{so} 和额定噪声功率 P'_{no}。不匹配时,输出端的额定信号功率和额定噪声功率数值不变,但不表示输出端的实际信号功率。

下面介绍额定功率增益的概念。

额定功率增益是指放大器(或线性四端网络)的输入端和输出端分别匹配时($R_s = R_i$、$R_o = R_L$)的功率增益,即

$$A_{pH} = P'_{so}/P'_{si} \tag{3.10.8}$$

与额定功率的概念相同,放大器不匹配时,仍然存在额定功率增益。因此,噪声系数 F_n 也可定义为

$$F_n = \frac{P'_{si}/P'_{ni}}{P'_{so}/P'_{no}} \tag{3.10.9}$$

将式(3.10.7)与式(3.10.8)代入式(3.10.9),可得

$$F_n = \frac{P'_{no}}{kT\Delta f_n A_{pH}} \tag{3.10.10}$$

式(3.10.9)与式(3.10.10)是假定放大器的输出端和输入端分别匹配时,计算噪声系数的公式。但即使不匹配,以上二式仍是成立的。说明如下:

不匹配时,额定功率 P' 与实际功率 P 之间存在如下的关系:

$$P = P' \cdot q \tag{3.10.11}$$

式中,q 称为失配系数(dismatch coefficient),其意义是:由于电路失配,$q<1$,因而使实际功率小于额定功率。对放大器来说,如输入端与输出端的失配系数分别为 q_i 和 q_o,则噪声系数 F_n 可写成

$$F_n = \frac{P_{si}/P_{ni}}{P_{so}/P_{no}} = \frac{P'_{si}q_i/P'_{ni}q_i}{P'_{so}q_o/P'_{no}q_o} = \frac{P'_{si}/P'_{ni}}{P'_{so}/P'_{no}}$$

与式(3.10.9)相同。

3.10.2 噪声温度

表示放大器(四端网络)内部噪声的另一种方法是将内部噪声折算到输入端,放大器本身则被认为是没有噪声的理想器件。若折算到输入端后的额定输

入噪声功率为 P''_{ni}，则经放大后的额定输出噪声功率 $P'_{no2} = P''_{ni} A_{pH}$。考虑到原有的噪声 $P'_{ni} = kT\Delta f_n$，若以 P'_{no1} 代表 $A_{pH} P'_{ni}$，并令 $P''_{ni} = kT_i\Delta f_n$，则式（3.10.10）可改写为

$$F_n = \frac{P'_{no}}{P'_{no1}} = \frac{P'_{no1} + P'_{no2}}{P'_{no1}} = 1 + \frac{P'_{no2}}{P'_{no1}}$$

$$= 1 + \frac{A_{pH} kT_i\Delta f_n}{A_{pH} kT\Delta f_n} = 1 + \frac{T_i}{T} \tag{3.10.12}$$

或 $$T_i = (F_n - 1)T \tag{3.10.13}$$

此处，T_i 称为噪声温度（noise temperature）。

当 $T_i = 0$（内部无噪声）时，$F_n = 1$（0 dB）；而当 $T_i = T = 290$ K（室温）时，$F_n = 2$（3 dB）。

由于总的输出端噪声功率为

$$P'_{no} = P'_{no1} + P'_{no2} = A_{pH} kT\Delta f_n + A_{pH} kT_i\Delta f_n$$

$$= A_{pH} k(T + T_i)\Delta f_n \tag{3.10.14}$$

上式说明，放大器内部产生的噪声功率，可看作是由它的输入端接上一个温度为 T_i 的匹配电阻所产生的；或者看作与放大器匹配的噪声源内阻 R_s 在工作温度 T 上再加一温度 T_i 后，所增加的输出噪声功率。这就是噪声温度 T_i 所代表的物理意义。亦即噪声温度可代表相应的噪声功率。

令 $T = 290$ K，根据式（3.10.13）可以进行噪声系数 F_n 和噪声温度 T_i 的换算，其结果如表 3.10.1 所示。

表 3.10.1　噪声系数 F_n 和噪声温度 T_i 的换算

F_n/dB	0	0.3	0.5	0.8	1.0	2.0	4.0	8.0	10.0
T_i/K	0	20	35	58	76	171	443	1 556	2 637

T_i 与 F_n 都可以表征放大器内部噪声的大小。两种表示没有本质的区别。但通常，噪声温度可以较精确地比较内部噪声的大小。例如，若 $T = 290$ K，当 $F_n = 1.1$ 时，$T_i = 29$ K；$F_n = 1.05$ 时，$T_i = 14.5$ K。由此可见，噪声温度变化范围要远大于噪声系数变化范围。这就是往往采用噪声温度来表示系统噪声的基本原因。

近年来，随着半导体工艺技术的发展和进步，出现了大量的低噪声器件，使无线电设备（例如接收机）前端的噪声系数明显降低。加上各种制冷技术的应用，更减小了设备及电路的噪声系数，例如，常温参量放大器的噪声系数 F_n 已降至 1~3 dB，而用液体氦和气体氦制冷的参量放大器，其噪声系数 F_n 仅为 0.1~0.2 dB。

3.10.3 多级放大器的噪声系数

设有二级级联放大器,如图 3.10.2 所示。每一级的额定功率增益和噪声系数分别为 A_{pH1}、F_{n1} 和 A_{pH2}、F_{n2},通频带均为 Δf_n。

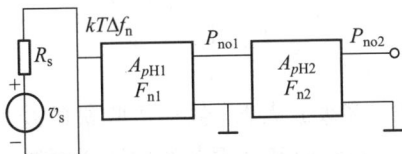

图 3.10.2 二级级联放大器示意图

如前所述,第一级额定输入噪声功率(由信号源内阻产生)为 $kT\Delta f_n$[参看式 (3.10.7)]。由式 (3.10.10) 可见,第一级额定输出噪声功率为

$$P'_{no1} = kT\Delta f_n \cdot F_{n1} \cdot A_{pH1}$$

显然,第一级额定输出噪声功率 P'_{no1} 是由两部分组成:一部分是经放大后的信号源噪声功率 $kT\Delta f_n \cdot A_{pH1}$;另一部分是第一级放大器本身产生的输出噪声功率 P_{n1}。因此

$$P_{n1} = P'_{no1} - kT\Delta f_n \cdot A_{pH1} = kT\Delta f_n F_{n1} A_{pH1} - kT\Delta f_n A_{pH1}$$
$$= (F_{n1} - 1) kT\Delta f_n A_{pH1}$$

同理,第二级放大器额定输出噪声功率 P'_{no2} 也由两部分组成:一部分是第一级放大器输出的额定输出噪声功率 P_{no1} 经第二级放大后的输出部分,等于 $P'_{no1} \cdot A_{pH2}$;另一部分是第二级放大器本身附加输出的噪声功率 P_{n2}。而 P_{n2} 可用求 P_{n1} 同样的方法求得。但应注意,必须将二级放大器断开,将信号源(包括内阻)直接接到第二级的输入端,因为 P_{n2} 是第二级放大器本身产生的输出噪声功率,应与第一级采用相同的信号源噪声进行计算。所以

$$P_{n2} = (F_{n2} - 1) kT\Delta f_n A_{pH2}$$

这样,第二级放大器额定输出噪声功率为

$$P'_{no2} = P'_{no1} \cdot A_{pH2} + (F_{n2} - 1) kT\Delta f_n A_{pH2}$$

再将 $P'_{no1} = kT\Delta f_n \cdot F_{n1} \cdot A_{pH1}$ 代入上式,可得

$$P'_{no2} = kT\Delta f_n F_{n1} \cdot A_{pH1} A_{pH2} + (F_{n2} - 1) kT\Delta f_n A_{pH2}$$

按照噪声系数的定义[参看式 (3.10.10)],二级放大器的噪声系数为

$$(F_n)_{1 \cdot 2} = \frac{P'_{no2}}{A_{pH} \cdot kT\Delta f_n}$$

$$= \frac{kT\Delta f_n F_{n1} \cdot A_{pH1} A_{pH2} + (F_{n2} - 1) kT\Delta f_n A_{pH2}}{A_{pH1} A_{pH2} kT\Delta f_n}$$

$$= F_{n1} + \frac{F_{n2} - 1}{A_{pH1}} \tag{3.10.15}$$

采用同样的方法,可以求得 n 级级联放大器的噪声系数为

$$(F_n)_{1 \cdot 2 \cdots \cdot n} = F_{n1} + \frac{F_{n2} - 1}{A_{pH1}} + \frac{F_{n3} - 1}{A_{pH1} A_{pH2}} + \cdots +$$

$$\frac{F_{nn} - 1}{A_{pH1} A_{pH2} \cdots A_{pH(n-1)}} \tag{3.10.16}$$

由式(3.10.16)可见,多级放大器(包括接收机的线性电路部分)总的噪声系数主要取决于前面一、二级,而和后面各级的噪声系数几乎没有多大关系。这是因为各级 A_{pH} 的乘积很大,所以后面各级的影响很小。最主要的是由第一级放大器的噪声系数 F_{n1} 和额定功率增益 A_{pH1} 所决定。F_{n1} 小,则总的噪声系数小;A_{pH1} 大,则使后级的噪声系数在总的噪声系数中所起的作用减小。因此,在多级放大器中,最关键的是第一级,不仅要求它的噪声系数低,而且要求它的额定功率增益尽可能高。

3.10.4　灵敏度

当系统的输出信噪比(P_{so}/P_{no})给定时,有效输入信号功率 P'_{si} 称为系统灵敏度(sensitivity),与之相对应的输入电压称为最小可检测信号。

在信号源内阻与放大器输入端电阻匹配时,输入信号功率为

$$P'_{si} = \frac{V_s^2}{4R_s}$$

此时的输入噪声功率为[式(3.10.7)]

$$P'_{ni} = kT\Delta f_n$$

根据式(3.10.9)可得灵敏度为

$$P'_{si} = F_n (kT\Delta f_n) \left(\frac{P'_{so}}{P'_{no}} \right) \tag{3.10.17}$$

例3.10.1　在一个输入阻抗等于 50 Ω,噪声系数 F_n 为 8 dB,带宽为 2.1 kHz 的系统中,若给定的输出信噪比为 1 dB。问最小输入信号是多少? 设温度为 290 K。

解　式(3.10.17)可改写成

$$10 \lg P'_{si} = 10 \lg F_n + 10 \lg (kT\Delta f_n) + 10 \lg \left(\frac{P'_{so}}{P'_{no}} \right)$$

$$= [8 + 10 \lg(1.38 \times 10^{-23} \times 290 \times 2\ 100) + 1]$$

$$\approx -157.4 \text{ dB}$$

因此得出　　　　　　　　$P'_{si} \approx 1.82 \times 10^{-16} \text{ W(灵敏度)}$

由 $P'_{si} = \dfrac{V_s^2}{4R_s}$,此时 $R_s = 50$ Ω,得出

$$V_s \approx 0.19\ \mu V\,(\text{最小可检测输入信号电压})$$

3.10.5 等效噪声频带宽度

3.9.1 节已指出,起伏噪声是功率谱密度均匀的白噪声。现在来研究它通过线性四端网络后的情况,并引出等效噪声频带宽度的概念。

设四端网络的电压传输系数为 $A(f)$,输入端的噪声功率谱密度为 $S_i(f)$,则输出端的噪声功率谱密度 $S_o(f)$ 为

$$S_o(f) = A^2(f) S_i(f) \qquad (3.10.18)$$

因此,若作用于输入端的 $S_i(f)$ 为白噪声,则通过如图 3.10.3(a)所示的功率传输系数为 $A^2(f)$ 的线性网络后,输出端的噪声功率谱密度如图 3.10.3(b)所示。显然,白噪声通过有频率选择性的线性网络后,输出噪声不再是白噪声,而是有色噪声了。

由式(3.9.8)可得出输出端的噪声电压均方值为

$$\overline{v_{no}^2} = \int_0^\infty S_o(f)\,\mathrm{d}f = \int_0^\infty S_i(f) A^2(f)\,\mathrm{d}f \qquad (3.10.19)$$

即图 3.10.3(b)所示的 $S_o(f)$ 曲线与横坐标轴 f 之间的面积就表示输出端噪声电压的均方值 $\overline{v_{no}^2}$。

下面引入等效噪声带宽(equivalent noise bandwidth)Δf_n 的概念,以简化噪声的计算。

等效噪声带宽是按照噪声功率相等(几何意

图 3.10.3 白噪声通过线性网络时功率谱的变化

义即面积相等)来等效的。如图 3.10.4 所示,使宽度为 Δf_n、高度为 $S_o(f_0)$ 的矩形面积与曲线 $S_o(f)$ 下的面积相等,Δf_n 即为等效噪声带宽。由于面积相等,所以起伏噪声通过这样两个特性不同的网络后,具有相同的输出均方值电压。

根据功率相等的条件,可得

$$\int_0^\infty S_o(f)\,\mathrm{d}f = S_o(f_0)\,\Delta f_n \qquad (3.10.20)$$

由于输入端噪声功率谱密度 $S_i(f)$ 是均匀的,将式(3.10.18)代入式(3.10.20),可得

$$\Delta f_n = \frac{\int_0^\infty A^2(f)\,\mathrm{d}f}{A^2(f_0)} \qquad (3.10.21)$$

回到式(3.10.19),线性网络输出端的噪声电压均方值为

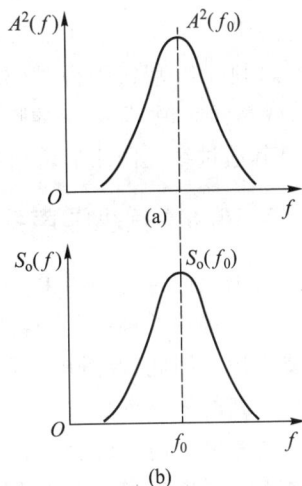

$$\overline{v_{no}^2} = S_i(f) \int_0^\infty A^2(f)\,\mathrm{d}f$$

$$= S_i(f) A^2(f_0) \int_0^\infty \frac{A^2(f)}{A^2(f_0)}\,\mathrm{d}f$$

$$= S_i(f) A^2(f_0) \Delta f_n \qquad (3.10.22)$$

由式(3.9.9)可知　　　　$S_i(f) = 4kTR$

所以　　　　$\overline{v_{no}^2} = 4kTR A^2(f_0) \Delta f_n \qquad (3.10.23)$

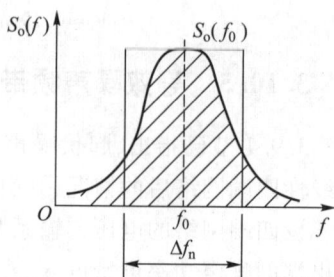

图 3.10.4　等效噪声带宽示意图

　　由此可见,电阻热噪声(起伏噪声)通过线性四端网络后,输出的均方值电压就是该电阻在频带 Δf_n 内的均方值电压的 $A^2(f_0)$ 倍。通常 $A^2(f_0)$ 是知道的,所以,只要求出 Δf_n,就很容易算出 $\overline{v_{no}^2}$。如将 $A^2(f_0)$ 归一化为 1,则得式(3.9.10)所表示的电阻热噪声。对于其他(例如晶体管)噪声源来说,只要它的噪声功率谱密度为均匀的(白噪声),都可以用 Δf_n 来计算其通过线性网络后输出端噪声电压的均方值。

3.10.6　减小噪声系数的措施

　　根据上面讨论的结果,可提出如下减小噪声系数的措施:

　　(1) 选用低噪声元、器件。在放大或其他电路中,电子器件的内部噪声起着重要作用。因此,改进电子器件的噪声性能和选用低噪声的电子器件,就能大大降低电路的噪声系数。

　　对晶体管而言,应选用 $r_b(r_{bb'})$ 和噪声系数 F_n 小的管子(可由手册查得,但 F_n 必须是高频工作时的数值)。除采用晶体管外,目前还广泛采用场效应管做放大器和混频器,因为场效应管的噪声电平低,尤其是最近发展起来的砷化镓金属半导体场效应管(MESFET),它的噪声系数可低到 $0.5 \sim 1$ dB。

　　在电路中,还必须谨慎地选用其他能引起噪声的电路元件,其中最主要的是电阻元件。宜选用结构精细的金属膜电阻。

　　(2) 正确选择晶体管放大级的直流工作点。

　　图 3.10.5 表示某晶体管的 F_n 与 I_E 的关系曲线。从图中可以看出,对于一定的信号源内阻 R_s,存在着一个使 F_n 最小的最佳电流 I_E 值。因为 I_E 改变时,直接影响晶体管的参数。当参数为某一值,满足最佳条件时,可使 F_n 达到最小值。另外,如 I_E 太小,晶体管功率增益太低,使 F_n 上升;如 I_E 太大,又由于晶体管的散粒和分配噪声增加,也使 F_n 上升。所以 I_E 为某一值时,F_n 可以达到最小。从图 3.10.5 中还可看出,对于不同的信号源内阻 R_s,最佳的 I_E 值也不同。

　　除此之外,F_n 还分别与晶体管的 V_{CB} 和 V_{CE} 有关。但通常 V_{CB} 和 V_{CE} 对 F_n 的影响不大。电压低时,F_n 略有下降。

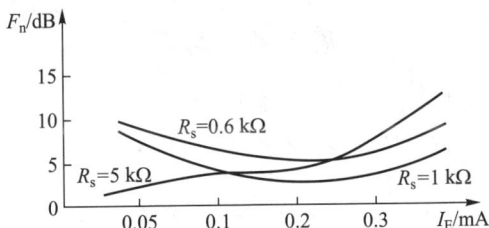

图 3.10.5　某晶体管 F_n 与 I_E 的关系曲线

（3）选择合适的信号源内阻 R_s。信号源内阻 R_s 变化时，也影响 F_n 的大小。当 R_s 为某一最佳值时，F_n 可达到最小。晶体管共射和共基电路在高频工作时，这个最佳内阻为几十到三四百欧（当频率更高时，此值更小）。在较低频率范围内，这个最佳内阻为 500 Ω 到 2 000 Ω，此时最佳内阻和共发射极放大器的输入电阻相近。因此，可以用共发射极放大器使获得最小噪声系数的同时，亦能获得最大功率增益。在较高频工作时，最佳内阻和共基极放大器的输入电阻相近，因此，可用共基极放大器，使最佳内阻值与输入电阻相等，这样就同时获得最小噪声系数和最大功率增益。

（4）选择合适的工作带宽。根据上面的讨论，噪声电压都与通带宽度有关。接收机或放大器的带宽增大时，接收机或放大器的各种内部噪声也增大。因此，必须严格选择接收机或放大器的带宽，使之既不过窄，以能满足信号通过时对失真的要求，又不致过宽，以免信噪比下降。

（5）选用合适的放大电路。以前介绍的共射-共基级联放大器、共源-共栅级联放大器都是优良的高稳定和低噪声电路。

（6）热噪声是内部噪声的主要来源之一，所以降低放大器、特别是接收机前端主要器件的工作温度，对减小噪声系数是有意义的。对灵敏度要求特别高的设备来说，降低噪声温度是一个重要措施。例如，卫星地面站接收机中常用的高频放大器就采用"冷参放"（制冷至 20～80 K 的参量放大器）。其他器件组成的放大器制冷后，噪声系数也有明显的降低。

参 考 文 献

第 3 章拓展阅读
高频小信号放大器

思考题与习题

3.1 晶体管高频小信号放大器为什么一般都采用共发射极电路?

3.2 晶体管低频放大器与高频小信号放大器的分析方法有什么不同? 高频小信号放大器能否用特性曲线来分析,为什么?

3.3 为什么在高频小信号放大器中要考虑阻抗匹配问题?

3.4 小信号放大器的主要质量指标有哪些? 设计时遇到的主要问题是什么? 解决办法如何?

3.5 某晶体管的特征频率 $f_T = 250$ MHz,$\beta_0 = 50$。求该管在 $f = 1$ MHz、20 MHz 和 50 MHz 时的 β 值。(注:$f_T = \beta_0 f_\beta$)

3.6 说明 f_β、f_T 和 f_{max} 的物理意义。为什么 f_{max} 最高,f_T 次之,f_β 最低? f_{max} 受不受电路组态的影响? 请分析说明。

3.7 某晶体管在 $V_{CE} = 10$ V,$I_E = 1$ mA 时的 $f_T = 250$ MHz,又 $r_{bb'} = 70$ Ω,$C_{b'c} = 3$ pF,$\beta_0 = 50$。求该管在频率 $f = 10$ MHz 时的共射电路的 y 参数。

3.8 试证明 m 级($\eta = 1$)双调谐放大器的矩形系数为

$$K_{r0.1} = \sqrt[4]{\frac{10^{2/m} - 1}{2^{1/m} - 1}}$$

3.9 在图 3.1 中,晶体管的直流工作点是 $V_{CE} = 8$ V,$I_E = 2$ mA;工作频率 $f_0 = 10.7$ MHz;调谐回路采用中频变压器 $L_{1-3} = 4$ μH,$Q_0 = 100$,其抽头为 $N_{2-3} = 5$ 匝,$N_{1-3} = 20$ 匝,$N_{4-5} = 5$ 匝。试计算放大器的下列各值:电压增益、功率增益、通频带、回路插入损耗和稳定系数 S(设放大器和前级匹配 $g_s = g_{ie}$)。晶体管在 $V_{CE} = 8$ V,$I_E = 2$ mA 时参数如下:

$$g_{ie} = 2\ 860\ \mu S; \qquad C_{ie} = 18\ pF$$
$$g_{oe} = 200\ \mu S; \qquad C_{oe} = 7\ pF$$
$$|y_{fe}| = 45\ mS; \qquad \varphi_{fe} = -54°$$
$$|y_{re}| = 0.31\ mS; \qquad \varphi_{re} = -88.5°$$

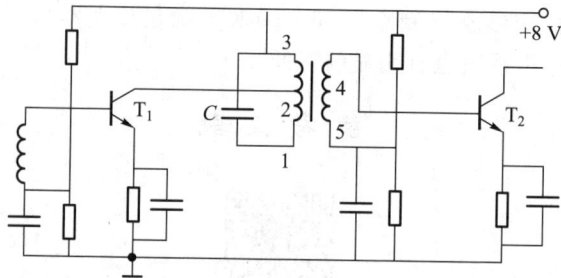

图 3.1

3.10 图 3.2 表示一单调谐回路中频放大器。已知工作频率 $f_0 = 10.7$ MHz,回路电容 $C_2 = 56$ pF,回路电感 $L = 4$ μH,$Q_0 = 100$,L 的匝数 $N = 20$,接入系数 $p_1 = p_2 = 0.3$。晶体管 T_1

的主要参数为：$f_T \geq 250$ MHz，$r_{bb'} = 70 \ \Omega$，$C_{b'c} \approx 3$ pF，$y_{ie} = (0.15 + j1.45)$ mS，$y_{oe} = (0.082 + j0.73)$ mS，$y_{fe} = (38 - j4.2)$ mS。静态工作点电流由 R_1、R_2、R_3 决定，现 $I_E = 1$ mA，对应的 $\beta_0 = 50$。求：

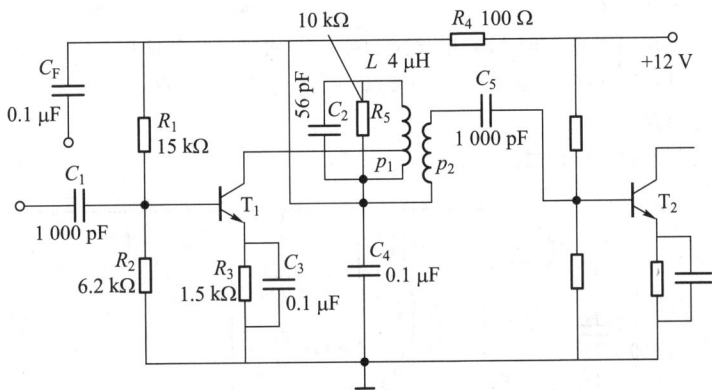

图 3.2

（1）单级电压增益 A_{v0}；

（2）单级通频带 $2\Delta f_{0.7}$；

（3）四级的总电压增益 $(A_{v0})_4$；

（4）四级的总通频带 $(2\Delta f_{0.7})_4$；

（5）如四级的总通频带 $(2\Delta f_{0.7})_4$ 保持和单级的通频带 $2\Delta f_{0.7}$ 相同，则单级的通频带应加宽多少？四级的总电压增益下降多少？

3.11　设计一个中频放大器。要求：采用电容耦合双调谐放大器，一、二次绕组抽头 $p_1 = 0.3$，$p_2 = 0.2$；中频频率为 1.5 MHz；中频放大器增益大于 60 dB；通频带为 30 kHz；矩形系数 $K_{r0.1} < 1.9$；放大器工作稳定；回路电容选用 500 pF，回路线圈品质因数 $Q_0 = 80$。已知晶体管在 $I_E = 1$ mA，$f = 1.5$ MHz 时，参数如下：

$g_{ie} = 1\ 000$ μS；　$C_{ie} = 74$ pF；　$g_{oe} = 18$ μS；　$C_{oe} = 18$ pF

$y_{fe} = 36\ 000 \ \underline{/-4.3°}$ μS；　$y_{re} = 33 \ \underline{/-93°}$ μS

另外，中放前的变频器也采用双调谐回路做负载。

3.12　为什么晶体管在高频工作时要考虑单向化问题，而在低频工作时，则可不必考虑？

3.13　影响谐振放大器稳定性的因素是什么？反馈导纳的物理意义是什么？

3.14　用晶体管 CG30 做一个 30 MHz 中频放大器，当工作电压 $V_{CE} = 8$ V，$I_E = 2$ mA 时，其 y 参数是：

$$y_{ie} = (2.86 + j3.4) \text{ mS}; \quad y_{re} = (0.08 - j0.3) \text{ mS}$$

$$y_{fe} = (26.4 - j36.4) \text{ mS}; \quad y_{oe} = (0.2 + j1.3) \text{ mS}$$

求此放大器的稳定电压增益 $(A_{v0})_S$，要求稳定系数 $S \geq 5$。

3.15　场效应管高频小信号放大器与晶体管相比较有哪些优缺点？其适用范围如何？

3.16　计算图 3.8.3 所示的共源放大器（下一级采用同样的管子）。已知：工作频率 $f_0 = 10.7$ MHz；回路电容 $C_3 = 50$ pF；输出端到地之间的抽头 $p = 0.5$；线圈电感的 $Q_0 = 50$。

场效应管采用 3DJ7F,其 $g_{fs}=3\,000\ \mu S$,$C_{gs}<8$ pF,$C_{gd}<3$ pF,$C_{ds}<5$ pF。

求:单级电压增益;回路通频带 $2\Delta f_{0.7}$;稳定电压增益。

3.17 图 3.3 所示的双调谐电感耦合电路中,设第一级放大器的输出导纳和第二级放大器的输入导纳分别是:$g_o=20\times10^{-6}$ S、$C_o=4$ pF;$g_i=0.62\times10^{-3}$ S、$C_i=40$ pF。$|y_{fe}|=40\times10^{-3}$ S,工作频率 $f_0=465$ kHz,中频变压器一、二次绕组的空载 Q 值均为 100,绕组抽头为 $N_{12}=73$,$N_{34}=60$,$N_{45}=1$,$N_{56}=13.5$,L_1 和 L_2 为紧耦合。求:

(1)电压放大倍数;

(2)通频带和矩形系数。

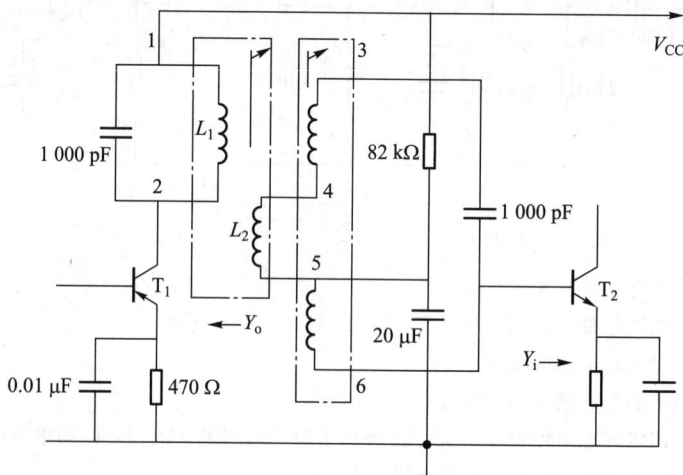

图 3.3

3.18 设某晶体管共射连接时其 y 参数为 y_{ie}、y_{fe}、y_{re}、y_{oe};共基连接时其 y 参数为 y_{ib}、y_{fb}、y_{rb}、y_{ob};共集连接时其 y 参数为 y_{ic}、y_{fc}、y_{rc}、y_{oc};现将两个这种晶体管级联,假设 $y_{fe}\gg y_{ie}\gg y_{oe}\gg y_{re}$,试证明:

(1)共射-共基级联时,其复合管的 y 参数为

$$y'_i\approx y_{ie}$$

$$y'_r\approx\frac{y_{re}}{y_{fe}}(y_{re}+y_{oe})$$

$$y'_f\approx y_{fe}$$

$$y'_o\approx-y_{re}$$

(2)共集-共基级联时,其复合管的 y 参数为

$$y''_i\approx\frac{y_{ie}}{2}$$

$$y''_r\approx\frac{y_{ie}}{2y_{fe}}(y_{re}+y_{oe})$$

$$y''_f\approx-\frac{y_{fe}}{2}$$

$$y_o'' \approx \frac{y_{oe}}{2}$$

3.19　晶体管和场效应管噪声的主要来源是哪些？为什么场效应管内部噪声较小？

3.20　一个 1 000 Ω 电阻在温度 290 K 和 10 MHz 频带内工作,试计算它两端产生的噪声电压和噪声电流的均方根值。

3.21　三个电阻 R_1、R_2 和 R_3,其温度保持在 T_1、T_2 和 T_3。如果电阻串联连接,并看成等效于温度 T 的单个电阻 R,求 R 和 T 的表示式。如果电阻改为并联连接,求 R 和 T 的表示式。

3.22　某晶体管的 $r_{bb'} = 70$ Ω,$I_E = 1$ mA,$\alpha_0 = 0.95$,$f_\alpha = 500$ MHz,求在室温为 19 ℃、通频带为 200 kHz 时,此晶体管在频率为 10 MHz 时的各噪声源数值。

3.23　证明图 3.4 所示并联谐振回路的等效噪声带宽为

$$\Delta f_n = \frac{\pi f_0}{2Q}$$

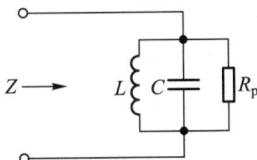

图 3.4

3.24　某接收机的前端电路由高频放大器、晶体混频器和中频放大器组成。已知晶体混频器的功率传输系数 $K_{pc} = 0.2$,噪声温度 $T_i = 60$ K,中频放大器的噪声系数 $F_{ni} = 6$ dB。现用噪声系数为 3 dB 的高频放大器来降低接收机的总噪声系数。如果要使总噪声系数降低到 10 dB,则高频放大器的功率增益至少要几分贝？

3.25　如图 3.5 所示,不考虑 R_L 的噪声,求点画线框内线性网络的噪声系数 F_n。

3.26　如图 3.6 所示,点画线框内为一线性网络,G 为扩展通频带的电导,画出其噪声等效电路,并求其噪声系数 F_n。

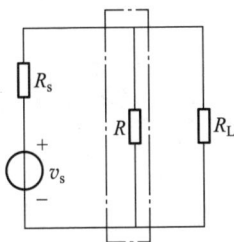

图 3.5

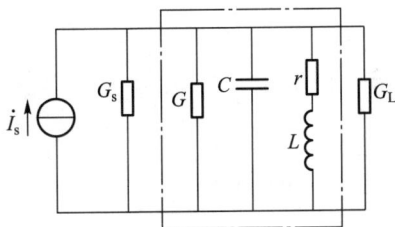

图 3.6

3.27　有 A、B、C 三个匹配放大器,它们的特性如下:

放大器	功率增益/dB	噪声系数
A	6	1.7
B	12	2.0
C	20	4.0

现把此三个放大器级联,放大一低电平信号,问此三个放大器应如何连接,才能使总的噪声系数最小？最小值为多少？

3.28　当接收机线性级输出端的信号功率对噪声功率的比值超过 40 dB 时,接收机会输出满意的结果。该接收机输入级的噪声系数是 10 dB,损耗为 8 dB,下一级的噪声系数为 3 dB,并具有较高的增益。若输入信号功率对噪声功率的比为 1×10^5,问这样的接收机构造形式是否满足要求,是否需要一个前置放大器? 若前置放大器增益为 10 dB,则其噪声系数应为多少?

第4章　非线性电路、时变参量电路和变频器

§4.1　概　　述

常用的无线电元件有三类：线性元件（linear element）、非线性元件（non-linear element）和时变参量元件（time variation parameter element）[①]。线性元件的主要特点是元件参数与通过元件的电流或施于其上的电压无关。例如，通常大量应用的电阻、电容和空气心电感都是线性元件。非线性元件则不同，它的参数与通过它的电流或施于其上的电压有关。例如，通过二极管的电流大小不同，二极管的内阻值便不同；晶体管的放大系数与工作点有关；带磁心的电感线圈的电感量随通过线圈的电流而变化。

严格地说，一切实际的元件都是非线性的，但在一定条件下，元件的非线性特性可以忽略不计，则可将该元件近似地看成是线性元件。

由线性元件组成的电路叫作线性电路。例如，前面已经学过的谐振电路、滤波器。低频和高频小信号放大器中应用的晶体管，在适当选择工作点且信号很小的情况下，其非线性特性不占主导地位，可近似地看成线性元件。所以小信号放大器仍属于线性电路。非线性电路必定含有一个或多个非线性器件[②]（晶体管或场效应管等），而且所用的电子器件都工作在非线性状态。例如，以下各章将要讨论的功率放大器、振荡器和各种调制和解调器都是非线性电路。

时变参量电路与上述两种元件不同，它的参数是按照一定规律随时间变化的。例如，有大小两个信号同时作用于晶体管的基极。此时，由于大信号的控制作用，晶体管的静态工作点随着它发生变动，引起晶体管的跨导随时间不断变化。因而对小信号而言，可以把晶体管看成是一个变跨导的线性元件；跨导的变化主要取决于大信号，基本上与小信号无关。后面即将讲到的变频器（converter）就是由时变参量元件组成的时变参量电路，或称为时变线性电路。

由于线性电路中所有元件的参数都是常数，因而描述线性电路的是常系数

[①]　时变参量元件和电路将在 §4.4 讨论。

[②]　严格地说，电容、电感和电阻为元件（element）；而晶体管、场效应管等为器件（device）。为讨论方便，在此元件与器件未明确分开。

微分方程。例如,图 4.1.1 的串联电路,若 R、L、C 均为常数,则可列出回路方程如下:

$$Ri(t) + L\frac{di(t)}{dt} + \frac{1}{C}\int i(t)\,dt = v(t) \tag{4.1.1}$$

将上式微分并整理后,得

$$\frac{d^2 i(t)}{dt^2} + \frac{R}{L}\frac{di(t)}{dt} + \frac{1}{LC}i(t) = \frac{1}{L}\frac{dv(t)}{dt}$$

$$(4.1.2)$$

这是一个常系数微分方程。

如果该电路中的电感是一个时变参量元件,可用 $L(t)$ 表示,则该电路就是一个时变参量电路,其回路方程为

图 4.1.1 串联电路

$$Ri(t) + \frac{d}{dt}[L(t)i(t)] + \frac{1}{C}\int i(t)\,dt = v(t) \tag{4.1.3}$$

将上式对 t 微分并整理后,得

$$\frac{d^2 i(t)}{dt^2} + \frac{R+2\frac{d}{dt}L(t)}{L(t)} \cdot \frac{di(t)}{dt} + \left[\frac{1}{L(t)C} + \frac{\frac{d^2 L(t)}{dt^2}}{L(t)}\right]i = \frac{1}{L(t)}\frac{dv(t)}{dt}$$

$$(4.1.4)$$

这是一个变系数线性微分方程,其系数只与时间 t(自变量)有关,而与电流 i(函数)无关。

若该电路中某一元件是非线性的,例如电感 L 与通过它的电流有关,表示为 $L(i)$。则该电路即成为非线性电路,其回路方程可用与上述类似的方法求得为

$$\frac{d^2 i(t)}{dt^2} + \frac{R+2\frac{d}{dt}L(i)}{L(i)}\frac{di(t)}{dt} + \left[\frac{1}{L(i)C} + \frac{\frac{d^2 L(i)}{dt^2}}{L(i)}\right]i(t) = \frac{1}{L(i)}\frac{dv(t)}{dt}$$

$$(4.1.5)$$

上述方程中的系数与函数本身有关,因此这是一个非线性微分方程。

从上述简单例子可以看出,描述线性电路、时变参量电路和非线性电路的方程式分别是常系数线性微分方程、变系数线性微分方程和非线性微分方程。这三种方程的性质和解法有很大的差别。常系数线性微分方程是其中最简单的一种,对它的研究已相当成熟。变系数线性微分方程和非线性微分方程则

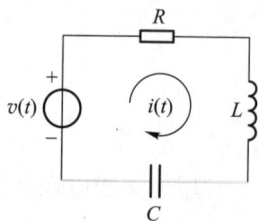

难以求解。有的虽已进行了研究,但结果甚繁,不适合工程应用。还有相当一部分非线性微分方程式,对其严格求解几乎是不可能的,不得不用近似方法求解。

在无线电工程技术中,较多的场合不用解非线性微分方程的方法来分析非线性电路,而是采用工程上适用的一些近似分析方法。这些方法大致分为图解法和解析法两类。所谓图解法,就是根据非线性元件的特性曲线和输入信号波形,通过作图直接求出电路中的电流和电压波形。所谓解析法,就是借助于非线性元件特性曲线的数学表示式列出电路方程,从而解得电路中的电流和电压。而非线性元件的特性曲线,可用实验方法求得。本章概略介绍非线性电路的基本性质及其解析方法作为今后各章的初步基础。

§4.2 非线性元件的特性

本小节以非线性电阻为例,讨论非线性元件的特性。其特点是:工作特性的非线性、不满足叠加原理、具有频率变换能力。所得结论也适用于其他非线性元件。

4.2.1 非线性元件的工作特性

通常在电子线路中大量使用的电阻元件属于线性元件,通过元件的电流 i 与元件两端的电压 v 成正比,即

$$R = \frac{v}{i} \tag{4.2.1}$$

这是众所周知的欧姆定律。比例常数 R 就是电阻值,它取决于元件的材料和几何尺寸,而与 v 或 i 无关。

根据式(4.2.1)画出的曲线叫作该线性电阻的工作特性或伏安特性曲线。它是通过坐标原点的一条直线,如图 4.2.1 所示。该直线的斜率的倒数就等于电阻值 R,即

$$R = \frac{1}{\tan \alpha} \tag{4.2.2}$$

式中,α 是该直线与横坐标轴 v 之间的夹角。

与线性电阻不同,非线性电阻的伏安特性曲线不是直线。例如,半导体二极管是一个非线性电阻元件,加在其上的电压 v 与通过其中的电流 i 不成正比关系(即不满足欧姆定律)。它的伏安特性曲线

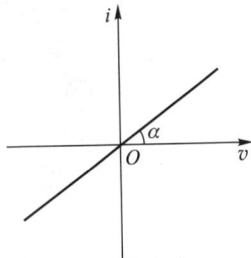

图 4.2.1 线性电阻的
伏安特性曲线

如图 4.2.2 所示,其正向工作特性按指数规律变化,反向工作特性与横轴非常

接近。

如果在二极管上加一个直流电压 V_0,根据图 4.2.2 所示的伏安特性曲线可以得到直流电流 I_0,二者之比称为直流电阻,以 R 表示,即

$$R = \frac{V_0}{I_0} = \frac{1}{\tan \alpha} \tag{4.2.2a}$$

在图 4.2.2 上,R 的大小等于割线 OQ 的斜率之倒数,即 $1/\tan \alpha$。这里 α 是割线 OQ 与横轴之间的夹角。显然,R 值与外加直流电压 V_0 的大小有关。

如果在直流电压 V_0 之上再叠加一个微小的交变电压,其峰-峰振幅为 Δv,则它在直流电流 I_0 之上引起一个交变电流,其峰-峰振幅为 Δi。当 Δv 取得足够小时,我们把下列极限称为动态电阻,以 r 表示,即

$$r = \lim_{\Delta v \to 0} \frac{\Delta v}{\Delta i} = \frac{dv}{di} = \frac{1}{\tan \beta} \tag{4.2.3}$$

在图 4.2.2 上,某点的动态电阻 r 等于特性曲线在该点切线斜率之倒数,即 $1/\tan \beta$。这里 β 是切线 MN 与横轴之间的夹角。显然,r 也与外加直流电压 V_0 的大小有关。

外加直流电压 V_0 所确定的点 Q,称为静态工作点。因此,无论是静态电阻,还是动态电阻,都与所选的工作点有关。亦即:在伏安特性曲线上的任一点,静态电阻与动态电阻的大小不同;在伏安特性曲线上的不同点,静态电阻的大小不同,动态电阻的大小也不同。

图 4.2.3 表示隧道二极管[①]的伏安特性曲线。隧道二极管是非线性电阻的另一个实际例子。由图可见,在特性曲线的 AB 部分,随着电压 v 的增加,电流 i

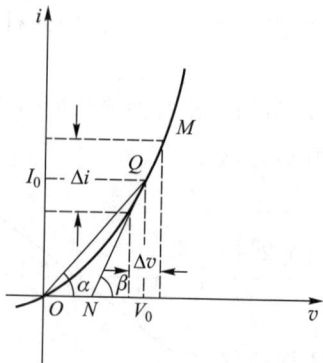

图 4.2.2 半导体二极管的伏安
特性曲线

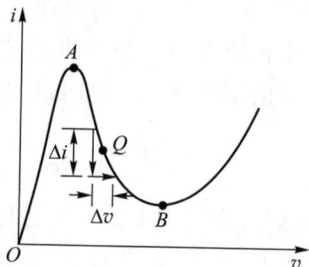

图 4.2.3 隧道二极管的伏安特性

---

① 关于隧道二极管的介绍,请见第 6 章附录 6.1。

反而减小。根据式(4.2.3)，$\Delta v > 0$ 时 $\Delta i < 0$，即动态电阻为负值，称为负电阻。负电阻的概念十分重要。

在第 6 章 §6.9 将看到，可以把负电阻看成能够提供能量的能源。我们知道，正电阻总是消耗能量的。

从以上所举的两个非线性电阻的例子看出，非线性电阻有静态和动态两个电阻值，它们都与工作点有关。动态电阻可能是正的，也可能是负的。在无线电技术中，实际用到的非线性电阻元件除上面所举的半导体二极管外，还有许多别的器件，如晶体管、场效应管等。在一定的工作范围内，它们均属于非线性电阻元件。

此外，还有非线性电抗元件，如磁心电感线圈和介质是钛酸钡材料的电容器。前者的动态电感与通过电感线圈电流 i 的大小有关；而后者的动态电容与电容器上所加电压 v 的大小有关。非线性电抗元件的应用和特性将在以后的有关章节中讨论。

4.2.2 非线性元件的频率变换作用

如果在一个线性电阻元件上加某一频率的正弦电压，那么在电阻中就会产生同一频率的正弦电流。反之，给线性电阻通入某一频率的正弦电流，则在电阻两端就会得到同一频率的正弦电压。既可用式(4.2.1)的欧姆定律计算——解析法，也可以用图 4.2.4 所示的图解法表示。此时，线性电阻上的电压和电流具有相同的波形与频率。

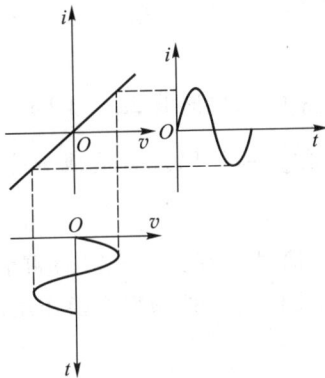

图 4.2.4 线性电阻上的电压
与电流波形

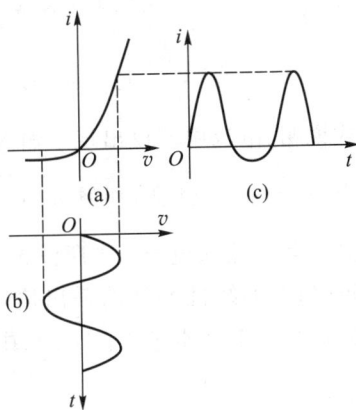

图 4.2.5 正弦电压作用于半导体
二极管产生非正弦周期电流

对于非线性电阻来说，情况就大不相同了。例如图 4.2.5(a)表示半导体二极管的伏安特性曲线。当某一频率的正弦电压

$$v = V_m \sin \omega t \tag{4.2.4}$$

作用于该二极管时，根据如图 4.2.5(b) 所示 $v(t)$ 的波形和二极管的伏安特性曲线，即可用作图的方法求出通过二极管的电流 $i(t)$ 的波形，如图 4.2.5(c) 所示。显然，它已不是正弦波形(但它仍然是一个周期性函数)。所以非线性元件上的电压和电流的波形是不相同的。

如果将电流 $i(t)$ 用傅里叶级数展开，可以发现，它的频谱中除包含电压 $v(t)$ 的频率成分 ω(即基波)外，还新产生了 ω 的各次谐波及直流成分。也就是说，半导体二极管具有频率变换的能力。

现在来看一种稍微复杂一点的情况。设非线性电阻的伏安特性曲线具有抛物线形状，即

$$i = kv^2 \tag{4.2.5}$$

式中，k 为常数。

当该元件上加有两个正弦电压 $v_1 = V_{1m} \sin \omega_1 t$ 和 $v_2 = V_{2m} \sin \omega_2 t$ 时，即

$$v = v_1 + v_2$$
$$= V_{1m} \sin \omega_1 t + V_{2m} \sin \omega_2 t \tag{4.2.6}$$

将式(4.2.6)代入式(4.2.5)，即可求出通过元件的电流为

$$i = kV_{1m}^2 \sin^2 \omega_1 t + kV_{2m}^2 \sin^2 \omega_2 t + 2kV_{1m} V_{2m} \sin \omega_1 t \sin \omega_2 t \tag{4.2.7}$$

用三角恒等式将上式展开并整理，得

$$i = \frac{k}{2}(V_{1m}^2 + V_{2m}^2) - kV_{1m} V_{2m} \cos(\omega_1 + \omega_2)t +$$

$$kV_{1m} V_{2m} \cos(\omega_1 - \omega_2)t - \frac{k}{2}V_{1m}^2 \cos 2\omega_1 t -$$

$$\frac{k}{2}V_{2m}^2 \cos 2\omega_2 t \tag{4.2.8}$$

上式说明，电流中不仅出现了输入电压频率的二次谐波 $2\omega_1$ 和 $2\omega_2$，而且还出现了由 ω_1 和 ω_2 组成的和频 $\omega_1 + \omega_2$ 与差频 $\omega_1 - \omega_2$ 以及直流成分 $\frac{k}{2}(V_{1m}^2 + V_{2m}^2)$。这些都是输入电压 v 中所没包含的。

一般来说，非线性元件的输出信号比输入信号具有更为丰富的频率成分。许多重要的无线电技术过程，正是利用非线性元件的这种频率变换作用才得以实现的。

4.2.3 非线性电路不满足叠加原理

叠加原理是分析线性电路的重要基础。线性电路中的许多行之有效的分析方法，如傅里叶分析法等都是以叠加原理为基础的。根据叠加原理，任何复杂的输入信号均可以首先分解为若干个基本信号(例如正弦信号)，然后求出电路对

每个基本信号单独作用时的响应,最后,将这些响应叠加起来,即可得到总的响应。这样就使线性电路的分析大为简化。例如,当式(4.2.6)所示的电压作用于线性电阻时,根据叠加原理求得通过电阻的电流为

$$i = \frac{v_1}{R} + \frac{v_2}{R}$$

$$= \frac{V_{1m}}{R}\sin \omega_1 t + \frac{V_{2m}}{R}\sin \omega_2 t \qquad (4.2.9)$$

但是,对于非线性电路来说,叠加原理就不再适用了。例如,将式(4.2.6)所表征的电压作用于式(4.2.5)伏安特性所表示的非线性元件时,得到如式(4.2.7)所表征的电流。如果根据叠加原理,电流 i 应该是 v_1 和 v_2 分别单独作用时所产生的电流之和,即

$$i = kv_1^2 + kv_2^2$$

$$= kV_{1m}^2\sin^2 \omega_1 t + kV_{2m}^2\sin^2 \omega_2 t \qquad (4.2.10)$$

比较式(4.2.7)与式(4.2.10),显然是很不相同的。这个简单的例子说明,非线性电路不能应用叠加原理。这是一个很重要的概念。

§4.3 非线性电路分析法

用解析法分析非线性电路时,首先需要写出非线性元件特性曲线的数学表示式。常用的各种非线性元件,有的已经找到了比较准确的数学表示式,有的则还没有,只能选择某些函数来近似地表示。所选择的近似函数既要尽量准确,又应当尽量简单,以简化计算。

4.3.1 幂级数分析法

常用的非线性元件的特性曲线均可用幂级数表示。例如,设非线性元件的特性用非线性函数

$$i = f(v)$$

来描述,如果 $f(v)$ 的各阶导数存在,则该函数可以展开成以下幂级数:

$$i = a_0 + a_1 v + a_2 v^2 + a_3 v^3 + \cdots \qquad (4.3.1)$$

该级数的各系数与函数 $i = f(v)$ 的各阶导数有关。

函数 $i = f(v)$ 在静态工作点 V_0 附近的各阶导数都存在,也可在静态工作点 V_0 附近展开为幂级数。这样得到的幂级数即泰勒级数

$$i = b_0 + b_1(v - V_0) + b_2(v - V_0)^2 + b_3(v - V_0)^3 + \cdots \qquad (4.3.2)$$

该级数的各系数分别由下式确定,即

$$
\left.
\begin{aligned}
b_0 &= f(V_0) = I_0 \\[4pt]
b_1 &= \frac{\mathrm{d}i}{\mathrm{d}v}\bigg|_{v=V_0} = g \\[4pt]
b_2 &= \frac{1}{2}\frac{\mathrm{d}^2 i}{\mathrm{d}v^2}\bigg|_{v=V_0} \\[4pt]
b_3 &= \frac{1}{3!}\frac{\mathrm{d}^3 i}{\mathrm{d}v^3}\bigg|_{v=V_0} \\[2pt]
&\ \ \vdots \\[2pt]
b_n &= \frac{1}{n!}\frac{\mathrm{d}^n i}{\mathrm{d}v^n}\bigg|_{v=V_0}
\end{aligned}
\right\}
\tag{4.3.3}
$$

式中，$b_0 = I_0$ 是静态工作点电流；$b_1 = g$ 是静态工作点处的电导，即动态电阻 r 的倒数。

如果直接使用式（4.3.2）所表示的幂级数，或者级数的项数取得过多，必将给计算带来很大麻烦。而且从工程计算的角度来要求，也没有这种必要。因此，实际应用中常常只取级数的若干项就够了。例如，若信号电压很小，而且只工作于特性曲线比较接近于直线的部分（如图 4.3.1 的 BC 段），这时只需取幂级数的前两项（取到一次项）就可以了。这样就得到一个一次多项式

$$
i = I_{01} + g(v - V_{01}) \tag{4.3.4}
$$

实际上，这就是通过静态工作点 Q_1 的切线 ED 的方程式。式中，I_{01} 和 V_{01} 为静态工作点 Q_1 的电流和电压，g 是切线 ED 的斜率，即 Q_1 点的电导。很明显，用切线 ED 来近似代替曲线段 BC，不会带来很大的误差。信号越小，误差也越小。这是用幂级数表示非线性元件特性的最简单的情况。实际上，这就是把非线性元件近似地当作线性元件来处理。

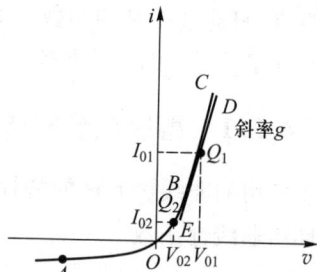

图 4.3.1　非线性伏安特性

如果作用于非线性元件上的信号电压只工作于特性曲线的起始弯曲部分（如图 4.3.1 中的 OB 段），此时静态工作点设为 Q_2。这种情况至少需要取幂级数的前三项，即用下列二次多项式来近似：

$$
i = b_0 + b_1(v - V_{02}) + b_2(v - V_{02})^2 \tag{4.3.5}
$$

式中，$b_0 = I_{02}$ 是 Q_2 点的电流；V_{02} 是 Q_2 点的电压。实际上就是用通过 Q_2 点的一条抛物线来近似代替曲线段 OB。

如果加在非线性元件上的信号很大，特性曲线运用范围很宽（如图 4.3.1 中的 AC），若要用幂级数进行分析，则必须取至三次项甚至更高次项。

特性曲线的近似数学表示式确定后,还应根据具体的特性曲线确定函数式的各个系数。如果所选函数是一次多项式,系数的确定是很简单的,其常数项 b_0 等于静态工作点处的电流值 I_0,一次项系数 b_1 等于静态工作点处的电导 g。最后得到的数学表示式如式(4.3.4)。如果所选函数是二次多项式,则除了要

求出 b_0 和 b_1 外,尚需确定 b_2 的数值。求各项系数的一般方法是:选择若干个点,分别根据曲线和所选函数式,求出在这些点上的函数值或函数的导数值。令这样求出的两组数值一一对应相等,就得到一组联立方程式。解此方程即可求出各待定系数值。例如,图 4.3.2 是二极管 2AP12 的伏安特性曲线,设直流偏压为 $V_0 = 0.4$ V,信号电压振幅最大不超过 $\Delta v = 0.2$ V。现在来讨论如何用幂级数(严格说应当是幂多项式)近似表示该特性曲线。

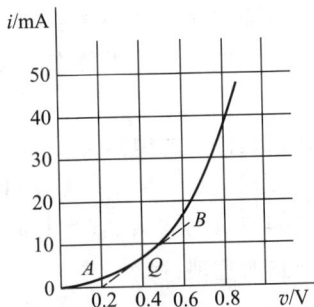

图 4.3.2　二极管 2AP12 的
伏安特性曲线

由于工作范围局限于特性曲线的起始弯曲部分(图 4.3.2 中的 AB 部分),所以可用幂级数前三项来近似,即

$$i = b_0 + b_1(v - V_0) + b_2(v - V_0)^2 \qquad (4.3.6)$$

我们知道,$b_0 = I_0$,$b_1 = g$,根据图 4.3.2 所示曲线可直接求出

$$I_0 \approx 8 \text{ mA}$$

$$g \approx \frac{16 \text{ mA}}{(0.6 - 0.2) \text{ V}} = 40 \text{ mS}$$

将 I_0、g 以及 V_0 的数值代入式(4.3.6),得

$$i = 8 + 40(v - 0.4) + b_2(v - 0.4)^2 \qquad (4.3.7)$$

选择一个点,例如曲线上的 B 点,对应于该点

$$v = 0.6 \text{ V}$$

从曲线上求出该点的函数值为

$$i_B = 18 \text{ mA}$$

根据函数式(4.3.7)求出 $v = 0.6$ V 所对应的函数值为

$$i_B = 8 + 40(0.6 - 0.4) + b_2(0.6 - 0.4)^2$$
$$= 16 + 0.04b_2$$

令两种方法求出的 i_B 值相等,即

$$16 + 0.04b_2 = 18$$

由此方程求出

$$b_2 = 50 \text{ mA/V}^2$$

将 b_2 值代入式(4.3.7),最后得到近似函数式为

$$i = 8 + 40(v - 0.4) + 50(v - 0.4)^2 \qquad (4.3.8)$$

写出静态特性的幂级数表示式之后，将输入电压的时间函数 $v_i(t)$ 代入该幂级数表示式，然后用三角恒等式展开并加整理，即可得到电流的傅里叶级数展开式，从而求出电流的各频谱成分。

下面再用一个稍微复杂一些的例子来说明幂级数分析法的具体应用。

设非线性元件的静态特性曲线用下列三次多项式表示：

$$i = b_0 + b_1(v - V_0) + b_2(v - V_0)^2 + b_3(v - V_0)^3 \qquad (4.3.9)$$

加在该元件上的电压为

$$v = V_0 + V_{1m} \cos \omega_1 t + V_{2m} \cos \omega_2 t \qquad (4.3.10)$$

将式(4.3.10)代入式(4.3.9)，求出通过元件的电流 $i(t)$，再用三角公式将各项展开并加整理，得

$$
\begin{aligned}
i = {} & b_0 + \frac{1}{2} b_2 V_{1m}^2 + \frac{1}{2} b_2 V_{2m}^2 + \\
& \left(b_1 V_{1m} + \frac{3}{4} b_3 V_{1m}^3 + \frac{3}{2} b_3 V_{1m} V_{2m}^2 \right) \cos \omega_1 t + \\
& \left(b_1 V_{2m} + \frac{3}{4} b_3 V_{2m}^3 + \frac{3}{2} b_3 V_{1m}^2 V_{2m} \right) \cos \omega_2 t + \\
& \frac{1}{2} b_2 V_{1m}^2 \cos 2\omega_1 t + \frac{1}{2} b_2 V_{2m}^2 \cos 2\omega_2 t + \\
& b_2 V_{1m} V_{2m} \cos(\omega_1 + \omega_2) t + b_2 V_{1m} V_{2m} \cos(\omega_1 - \omega_2) t + \\
& \frac{1}{4} b_3 V_{1m}^3 \cos 3\omega_1 t + \frac{1}{4} b_3 V_{2m}^3 \cos 3\omega_2 t + \\
& \frac{3}{4} b_3 V_{1m}^2 V_{2m} \cos(2\omega_1 + \omega_2) t + \\
& \frac{3}{4} b_3 V_{1m}^2 V_{2m} \cos(2\omega_1 - \omega_2) t + \\
& \frac{3}{4} b_3 V_{1m} V_{2m}^2 \cos(\omega_1 + 2\omega_2) t + \\
& \frac{3}{4} b_3 V_{1m} V_{2m}^2 \cos(\omega_1 - 2\omega_2) t \qquad (4.3.11)
\end{aligned}
$$

上式说明了电流 i 中所包含的全部频谱成分。根据这个结果，可以看出如下规律：

① 由于特性曲线的非线性，输出电流中产生了输入电压中不曾有的新的频率成分：输入频率的谐波 $2\omega_1$ 和 $2\omega_2$、$3\omega_1$ 和 $3\omega_2$；输入频率及其谐波所形成的各种组合频率 $\omega_1 + \omega_2$、$\omega_1 - \omega_2$、$\omega_1 + 2\omega_2$、$\omega_1 - 2\omega_2$、$2\omega_1 + \omega_2$、$2\omega_1 - \omega_2$。

② 由于表示特性曲线的幂多项式最高次数等于三，所以电流中最高谐波次数不超过三，各组合频率的系数之和最高也不超过三。一般情况下，设幂多项

最高次数等于 n,则电流中最高谐波次数不超过 n;若组合频率表示为 $p\omega_1+q\omega_2$ 和 $p\omega_1-q\omega_2$,则有

$$p+q \leqslant n \qquad\qquad (4.3.12)$$

③ 电流中的直流成分、偶次谐波以及系数之和(即 $p+q$)为偶数的各种组合频率成分,其振幅均只与幂级数的偶次项系数(包括常数项)有关,而与奇次项系数无关;类似地,奇次谐波以及系数之和为奇数的各种组合频率成分,其振幅均只与非线性特性表示式中的奇次项系数有关,而与偶次项系数无关。例如,在式(4.3.11)中,基波振幅均只与 b_1、b_3 有关,而与 b_0、b_2 无关;三次谐波以及组合频率 $2\omega_1+\omega_2$、$2\omega_1-\omega_2$、$\omega_1+2\omega_2$、$\omega_1-2\omega_2$ 的振幅均只与 b_3 有关,而与 b_0、b_2 无关;而直流成分、二次谐波以及组合频率 $\omega_1+\omega_2$、$\omega_1-\omega_2$ 的振幅均只与 b_0、b_2 有关,而与 b_1、b_3 无关。

④ m 次谐波(直流成分可视作零次、基波可视作一次)以及系数之和等于 m 的各组合频率成分,其振幅只与幂级数中等于及高于 m 次的各项系数有关。例如,在式(4.3.11)中,直流成分与 b_0、b_2 都有关,而二次谐波以及组合频率为 $\omega_1+\omega_2$ 与 $\omega_1-\omega_2$ 的各成分其振幅却只与 b_2 有关,而与 b_0 无关。

⑤ 所有组合频率都是成对出现的。例如,有 $\omega_1+\omega_2$ 就一定有 $\omega_1-\omega_2$;有 $2\omega_1-\omega_2$,就一定有 $2\omega_1+\omega_2$,等等。

掌握以上规律是很重要的。我们可以利用这些规律,根据不同的要求,选用具有适当特性的非线性元件,或者选择合适的工作范围,以得到所需要的频率成分,而尽量减弱甚至消除不需要的频率成分。例如,选用特性曲线具有平方律函数关系的器件(结型或 MOS 场效应晶体管等)作变频器,可以得到变频所需要的差频 $\omega_1-\omega_2$ 而不会产生 $2\omega_1-\omega_2$ 和 $2\omega_1+\omega_2$ 等组合频率,因而大大减小了组合频率干扰,本章 §4.9 还将对此进行讨论。

最后需要指出,实际工作中非线性元件总是要与一定性能的线性网络相互配合起来使用的。非线性元件的主要作用在于进行频率变换,线性网络的主要作用在于选频或者说滤波。因此,为了完成一定的功能,常常用具有选频作用的某种线性网络作为非线性元件的负载,以便从非线性元件的输出电流中取出所需要的频率成分,同时滤掉不需要的各种干扰频率成分。当考虑了负载的影响之后,在非线性元件特性曲线上各瞬时工作点的连接线(轨迹)叫作动态特性曲线。根据器件的外部工作条件可直接在动态特性曲线上求取电流 i。但是,一般来说,这将使计算变得很复杂。因此,在分析实际电路时,除非特殊需要,一般都不用动态特性进行分析,而比较多的情况仍然是用静态特性进行分析。这样做既可使分析简化,又能说明主要问题。

4.3.2 折线分析法

当输入信号足够大时,若用幂级数分析,就必须选取比较多的项,这将使分

析计算变得很复杂。在这种情况下,折线分析法是一种比较好的分析方法。

信号较大时,所有实际的非线性元件,几乎都会进入饱和或截止状态。此时,元件的非线性特性的突出表现是截止、导通、饱和等几种不同状态之间的转换。在大信号条件下,忽略 i_C-v_B 非线性特性曲线尾部的弯曲,用由 AB、BC 两个直线段所组成的折线来近似代替实际的特性曲线,而不会造成多大的误差,如图 4.3.3 所示。由于折线的数学表示式比较简单,所以折线近似后使分析大大简化。当然,如果作用于非线性元件的信号很小,而且运用范围又正处在我们所忽略了的特性曲线的弯曲部分,这时若采用折线法进行分析,就必然产生很大的误差。所以折线法只适用于大信号情况,例如功率放大器和大信号检波器的分析都可以采用折线法。

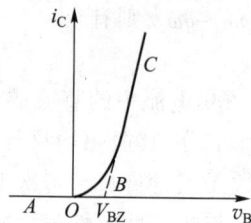

图 4.3.3 晶体管的转移特性曲线用折线近似

当晶体管的转移特性曲线在其运用范围很大时,例如运用于图 4.3.3 的 AOC 整个范围时,可以用 AB 和 BC 两条直线段所构成的折线来近似。折线的数学表示式为

$$\left. \begin{array}{ll} i_C = 0 & (v_B \leqslant V_{BZ}) \\ i_C = g_c(v_B - V_{BZ}) & (v_B > V_{BZ}) \end{array} \right\} \tag{4.3.13}$$

式中,V_{BZ} 是晶体管特性曲线折线化后的截止电压;g_c 是跨导,即直线 BC 的斜率。

应该指出,图 4.3.3 与式(4.3.13)都是在 $v_{CE} > V_{CE(sat)}$ 的条件下成立的。

式(4.3.13)是折线分析法的基础。折线分析法的详细讨论见第 5 章 §5.3。

§4.4 线性时变参量电路分析法

由时变参量元件所组成的电路,叫作参变电路,有时也称为时变线性电路。常用的时变参量电路有两种,即电阻性的和电抗性的。前者的电路形式有按简谐振荡规律改变晶体管工作点,从而改变其跨导的时变跨导电路;利用模拟开关特性周期性地改变线性电阻参量的线性时变电阻电路;由差分对电路所组成的模拟乘法器电路等。后者的电路形式有利用泵源电压改变变容管容量的时变电容电路等,详见附录。本节主要讨论电阻性时变参量电路的分析方法。

4.4.1 时变跨导电路分析

在第 3 章高频小信号放大器的分析中,若基极输入的小信号电压振幅为 $V_{b'em}$,则晶体管在小信号工作状态下的电流源可写为

$$i = g_m V_{b'em} \cos \omega_s t \tag{4.4.1}$$

由式(4.4.1)可见,只要设法使器件跨导 g_m 按某一频率随时间作周期性变化,则

函数 i 中就会出现不同角频率的两个三角函数的乘积项,必然会形成两个不同频率的和频和差频分量,从而提供了实现频率变换可能性。

图 4.4.1 表示时变跨导的原理电路图。一个振幅较大的简谐振荡电压 v_0 与幅度较小的任意形式电压信号 v_s 同时作用于调谐放大器的非线性器件的输入端。由于 $V_{0m}(\geqslant 260 \text{ mV}) \geqslant V_{sm}(\leqslant 26 \text{ mV})$,可以认为器件参量基本上是受 V_{0m} 控制,对于振幅很小的信号电压 v_s 来说,在其变化的动态范围内,近似地认为器件参量为常数,即处于线性工作状态。由于在信号电压作用的同时,器件参量(跨导)随简谐振荡电压 v_0 周期性改变,故称该电路为线性时变参量(跨导)电路。该电路虽然具有频率变换作用,但与非线性电路的工作原理不同。主要是,在这种电路中由于信号电压很小,所以其器件参量对信号电压来说可以认为是线性的。因此,若有多个小信号同时作用时,可以运用叠加原理。

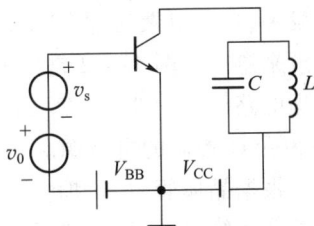

图 4.4.1 时变跨导原理电路

在 $V_{0m} \gg V_{sm}$ 的情况下,可以认为图 4.4.1 所示的电路是具有信号电压 v_s、工作点电压为

$$v_B = V_{BB} + V_{0m} \cos \omega_0 t$$

的小信号放大器。在忽略晶体管内部反馈和集电极电压反作用的情况下,基极电压与集电极电流的函数关系可以写为

$$i_C = f(v_{BE})$$

式中,$v_{BE} = v_B + v_s$。

将上式用泰勒级数在 v_B 点展开,得

$$i_C = f(v_B) + f'(v_B) v_s + \frac{1}{2} f''(v_B) v_s^2 + \cdots \tag{4.4.2}$$

由于 v_s 值很小,可以忽略二次方及其以上各项,得近似方程

$$i_C \approx f(v_B) + f'(v_B) v_s \tag{4.4.3}$$

式中,$f(v_B)$ 和 $f'(v_B)$ 分别为 $v_{BE} = v_B$ 时的集电极电流和晶体管跨导,它们都是简谐振荡电压 v_0 的函数。将 $v_B = V_{BB} + V_{0m} \cos \omega_0 t$,$v_s = V_{sm} \cos \omega_s t$ 代入式(4.4.3)展开并整理,得

$$i_C \approx (I_{C0} + I_{cm1} \cos \omega_0 t + I_{cm2} \cos 2\omega_0 t + \cdots) + (g_0 + g_1 \cos \omega_0 t +$$
$$g_2 \cos 2\omega_0 t + \cdots) V_{sm} \cos \omega_s t \tag{4.4.4}$$

由此可以看出,受 v_0 控制的晶体管跨导的基波分量和谐波分量与信号电压 $V_{sm} \cos \omega_s t$ 的乘积将产生和频与差频所组成的新的频率分量。上述分析说明,当两个信号同时作用于一个非线性器件,其中一个振幅很小,处于线性工作状态,另一个为大信号工作状态时,可以使这一非线性系统等效为线性时变系统。

§4.5节要讨论的变频器就是根据这一原理工作的。

4.4.2 模拟乘法器电路分析

另一种得到广泛应用的时变参量电路是模拟乘法器(analog multiplier)电路。能够实现乘法功能的电路形式很多,但由于集成电路的迅速发展,差分对乘法器(differential multipler)应用愈来愈广。图4.4.2是差分对模拟乘法器的原理电路。图中 T_1 与 T_2 组成差分对放大器,T_3 为受 v_2 控制的电流源。

根据晶体管电流和电压的关系式,并考虑到差分对管 T_1 与 T_2 的对称性,可以写出

$$i_{E1} = I_S e^{v_{BE1}q/kT}$$

$$i_{E2} = I_S e^{v_{BE2}q/kT}$$

因此,T_3 的集电极电流为

$$i_0 = i_{E1}+i_{E2} = i_{E1}\left(1+\frac{i_{E2}}{i_{E1}}\right)$$

$$= i_{E1}(1+e^{-qv_1/kT}) \tag{4.4.5}$$

或

$$i_{E1} = \frac{i_0}{1+e^{-qv_1/kT}} \tag{4.4.6}$$

式中,$v_1 = v_{BE1}-v_{BE2}$。

同理可得

$$i_{E2} = \frac{i_0}{1+e^{qv_1/kT}} \tag{4.4.7}$$

由于 $i_{C1}=\alpha i_{E1}$,$i_{C2}=\alpha i_{E2}$,所以以上二式可写为

$$i_{C1} = \frac{\alpha i_0}{1+e^{-Z}} \tag{4.4.8}$$

$$i_{C2} = \frac{\alpha i_0}{1+e^{Z}} \tag{4.4.9}$$

式中,α 为共基极电流放大系数;$Z=\frac{qv_1}{kT}$ 为归一化非线性特性因子。可见,i_{C1}、i_{C2} 都是 Z 的函数。图4.4.3画出了归一化电流 $\frac{i_{C1}}{\alpha i_0}$、$\frac{i_{C2}}{\alpha i_0}$ 与 Z 值的关系曲线。由图可知,在 $|Z|<1$ 的范围内,i_{C1}、i_{C2} 与输入信号电压 v_1 近似地呈线性关系。由于

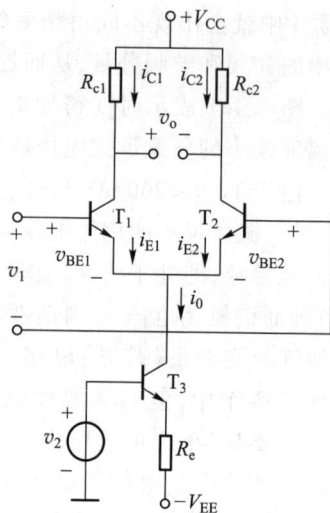

图4.4.2 差分对模拟乘法器原理电路

在 $T = 300$ K 时 $kT/q \approx 26$ mV，所以在线性范围
内 v_1 的最大值约为 26 mV。可见，所允许的 v_1
值是很小的。

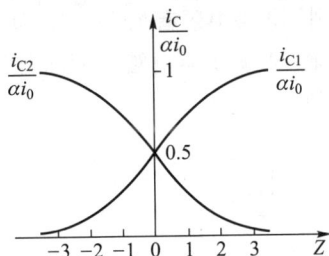

图 4.4.3　归一化电流与 Z 值
的关系曲线

可以认为，在线性放大区内由交流信号 v_1
所产生的电流为

$$i_{C1} = g_{m0} v_1$$

$$i_{C2} = -g_{m0} v_1$$

式中，$g_{m0} = \dfrac{\partial i_{C1}}{\partial v_1} = -\dfrac{\partial i_{C2}}{\partial v_1}$，为放大器的跨导。它可

由对式（4.4.8）和式（4.4.9）取 v_1 偏导求得。当 Z 很小，即 $e^Z \approx e^{-Z} = 1$ 时，有

$$g_{m0} = \frac{\alpha q i_0}{4kT} \tag{4.4.10}$$

考虑到电路的对称性，$R_{c1} = R_{c2} = R_c$，$i_{C1} = -i_{C2}$，差分放大器的输出电压为

$$v_o = i_{C1} R_{c1} - i_{C2} R_{c2} = 2 g_{m0} v_1 R_c = \frac{\alpha q}{2kT} R_c i_0 v_1 \tag{4.4.11}$$

由于 i_0 是受交流信号 v_2 控制的，可以写为

$$i_0 = I_0 + \Delta i_0 = I_0 + g v_2$$

式中，I_0 表示恒定分量；$\Delta i_0 = g v_2$ 表示交流分量；g 为 T_3 的跨导，若 R_e 足够大时，
$g \approx 1/R_e$。

将 i_0 值代入式（4.4.11），得

$$v_o = \frac{\alpha q}{2kT} R_c (I_0 + g v_2) v_1 = K_0 v_1 + K v_1 v_2 \tag{4.4.12}$$

式中，$K_0 = \dfrac{\alpha q}{2kT} R_c I_0$；$K = \dfrac{\alpha q}{2kT} R_c g$。由于式（4.4.12）具有 $v_1 v_2$ 的乘积项，所以称为
模拟乘法器。正是由于两个输入电压 v_1、v_2 的乘积项的存在，所以它具有像非线
性阻抗那样能产生新的频率分量的频率变换作用。这可以用时变参量的原理来
解释。若电压乘积项中 $K v_2 = K'$，则 K' 可视为 v_1 的时变电压放大系数。因此，模
拟乘法器电路可看作是时变参量电路的一种。这种模拟乘法器电路广泛应用于
调幅、混频、解调等需要进行频率变换的系统中。

4.4.3　模拟乘法器电路举例

随着 MOS 模拟集成电路的发展，近年来已设计出多种由 MOSFET 构成的乘
法器电路。下面介绍一种工作于饱和区的 CMOS 四象限模拟乘法器，如图
4.4.4 所示[3]。它由四个交叉连接的电压-电流变换器组成，每个变换器有三个
MOSFET，它们分别是 T_1、T_2 和 T_3，T_4、T_5 和 T_6，T_7、T_8 和 T_9，还有 T_{10}、T_{11} 和 T_{12}。

此外,电路中还有由 T_{13}、T_{14} 和 T_{16}、T_{17} 构成的两个电流镜电路,并与 T_{15} 和 T_{18} 构成单-双端变换电路。下面首先讨论电压-电流变换器原理,然后分析整个乘法器的工作过程。

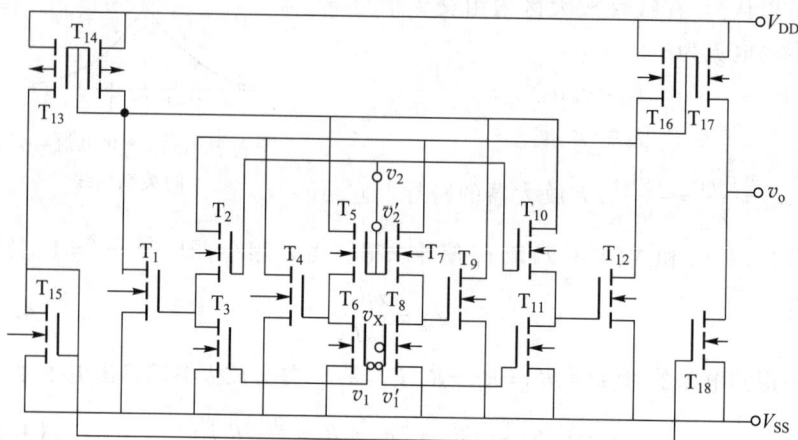

图 4.4.4　CMOS 四象限模拟乘法器

1. 电压-电流变换器工作原理

现以 T_1、T_2 和 T_3 构成的电压-电流变换器电路(图 4.4.5)为例,说明它的工作原理。假设三个 MOSFET 的几何尺寸及其他参数完全相同,则工作于饱和区的漏极电流 i_D 可近似表示为

$$i_D = \beta(v_{GS} - V_{GS(th)})^2 \qquad (4.4.13)$$

式中,$\beta = \dfrac{k_p}{2}\dfrac{W}{L}$,$k_p$ 为器件本征跨导参数,W 和 L 分别为器件的沟道宽度和长度;$V_{GS(th)}$ 为 MOSFET 的开启电压。因此 T_1 和 T_2 的漏极电流与栅源电压的关系可表示为

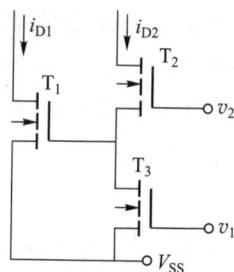

图 4.4.5　电压-电流变换器电路

$$i_{D1} = \beta(v_{GS1} - V_{GS(th)})^2 \qquad (4.4.14)$$

$$i_{D2} = \beta(v_{GS2} - V_{GS(th)})^2 \qquad (4.4.14a)$$

两式相减得

$$i_{D1} - i_{D2} = \beta\left[(v_{GS1} - V_{GS(th)})^2 - (v_{GS2} - V_{GS(th)})^2\right]$$
$$= \beta(v_{GS1} - v_{GS2})(v_{GS1} + v_{GS2} - 2V_{GS(th)}) \qquad (4.4.15)$$

由图 4.4.5 可看出

$$v_2 = v_{GS1} + v_{GS2} \qquad (4.4.16)$$

由于 T_2 与 T_3 的漏极电流相同,并已假定两管参数一致,因而有

$$v_{GS2} = v_{GS3} = v_1 \qquad (4.4.17)$$

由式(4.4.16)与式(4.4.17)可得

$$v_{GS1} - v_{GS2} = v_2 - 2v_1 \tag{4.4.18}$$

将式(4.4.16)与式(4.4.18)代入式(4.4.15)中,即得

$$i_{D1} - i_{D2} = \beta(v_2 - 2v_1)(v_2 - 2V_{GS(th)})$$

$$= \beta(v_2^2 - 2v_2 V_{GS(th)} + 4v_1 V_{GS(th)} - 2v_1 v_2) \tag{4.4.19}$$

式(4.4.19)右方最后一项为 v_1 与 v_2 的相乘项,亦即图 4.4.5 所示电路的输出电流 $(i_{D1} - i_{D2})$ 与两个输入电压 v_1 和 v_2 的乘积成正比。由于式(4.4.19)中,除了 $2v_1 v_2$ 项之外,还有其他成分:第一项 v_2^2 表示非线性输出;第二项和第三项则表示 v_1 和 v_2 的直通输出。必须设法将这些不需要成分消除,才能实现输入信号的相乘。因此,采用将四个如图 4.4.5 所示电路交叉连接的方法,以消除式(4.4.19)中的无用项。如图 4.4.4 所示。

2. 乘法器工作原理

由图 4.4.4,流过 T_{14} 的漏极电流可用下式表示:

$$i_{D14} = i_{D1} + i_{D5} + i_{D9} + i_{D10} \tag{4.4.20}$$

流过 T_{16} 的漏极电流可表示为

$$i_{D16} = i_{D2} + i_{D4} + i_{D7} + i_{D12} \tag{4.4.21}$$

利用式(4.4.19),可分别求得每个变换器的输出电流与输出电压的关系。

对于 T_1、T_2 和 T_3 组成的电压-电流变换器有

$$i_{D1} - i_{D2} = \beta(v_1 - 2v_2)(v_2 - 2V_{GS(th)}) \tag{4.4.22}$$

同样,对于 T_4、T_5 和 T_6 有

$$i_{D4} - i_{D5} = \beta(v_2' - 2v_1)(v_2' - 2V_{GS(th)}) \tag{4.4.23}$$

对于 T_7、T_8 和 T_9 有

$$i_{D9} - i_{D7} = \beta(v_2' - 2v_1')(v_2' - 2V_{GS(th)}) \tag{4.4.24}$$

对于 T_{10}、T_{11} 和 T_{12} 有

$$i_{D12} - i_{D10} = \beta(v_2 - 2v_1')(v_2 - 2V_{GS(th)}) \tag{4.4.25}$$

根据电流镜的工作原理,可以得出

$$i_{D13} = i_{D14} = i_{D15} = i_{D18} \tag{4.4.26}$$

与

$$i_{D16} = i_{D17} \tag{4.4.27}$$

通过负载的总输出电流为

$$i_{D18} - i_{D17} = i_{D14} - i_{D16} \tag{4.4.28}$$

将式(4.4.20)和式(4.4.21)代入上式,得

$$i_{D18} - i_{D17} = (i_{D1} - i_{D2}) - (i_{D4} - i_{D5}) + (i_{D9} - i_{D7}) - (i_{D12} - i_{D10}) \tag{4.4.29}$$

将上式中各项用式(4.4.22)~(4.4.25)代入,并化简后,可得乘法器的输出电流为

$$i_{D18} - i_{D17} = 2\beta(v_2' - v_2)(v_1 - v_1') = 2\beta v_X v_Y \tag{4.4.30}$$

式中，$v_X = v_1 - v_1'$，$v_Y = v_2' - v_2$。上式表明，在管子参数一致的情况下，图 4.4.4 可以实现四象限乘法器功能。

4.4.4 开关函数分析法

在某些情况下，非线性元件受一个大信号控制，轮换地导通（或饱和）和截止，实际上起着一个开关的作用。例如，在图 4.4.6(a) 所示电路中，$v_1(t)$ 是一个小信号，$v_2(t)$ 是一个振幅足够大的信号。二极管 D 主要受到大信号 $v_2(t)$ 的控制，工作于开关状态。设 $v_1(t)$ 和 $v_2(t)$ 分别为

$$v_1(t) = V_1 \cos \omega_1 t$$

$$v_2(t) = V_2 \cos \omega_2 t$$

在 $v_2(t)$ 的正半周，二极管导通，通过负载 R_L 的电流为（设二极管的导通电阻为 r_d）

$$i = \frac{1}{r_d + R_L}(v_1 + v_2)$$

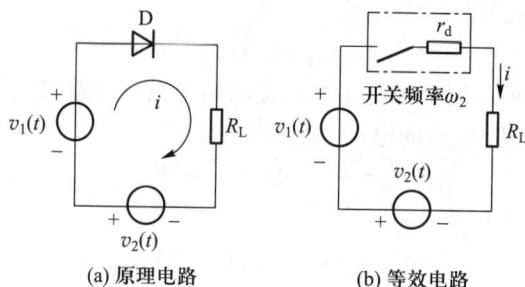

(a) 原理电路　　　　(b) 等效电路

图 4.4.6　大小两个信号同时作用于非线性元件时的原理性电路

在 $v_2(t)$ 的负半周，二极管截止，$i = 0$。因此，有

$$i = \begin{cases} \dfrac{1}{r_d + R_L}(v_1 + v_2) & (v_2 > 0) \\ 0 & (v_2 < 0) \end{cases} \qquad (4.4.31)$$

若将二极管的开关作用以下述开关函数（switching function）来表述：

$$S(t) = \begin{cases} 1 & (v_2 > 0) \\ 0 & (v_2 < 0) \end{cases} \qquad (4.4.32)$$

则式 (4.4.31) 可表示成

$$i = \frac{1}{r_d + R_L} S(t)(v_1 + v_2) \qquad (4.4.33)$$

因此，上述电路是一种时变电导（或时变电阻）电路。由于 $v_2(t)$ 是周期性信号，所以开关函数 $S(t)$ 是一个周期与 $v_2(t)$ 周期相同的周期函数。图 4.4.7

（a）表示开关控制信号 $v_2(t)$ 的波形；（b）表示开关函数 $S(t)$ 的波形。它是一个振幅为 1 的矩形脉冲序列，其周期为

$$T_0 = \frac{2\pi}{\omega_2} \tag{4.4.34}$$

式中，ω_2 是 $v_2(t)$ 的角频率。

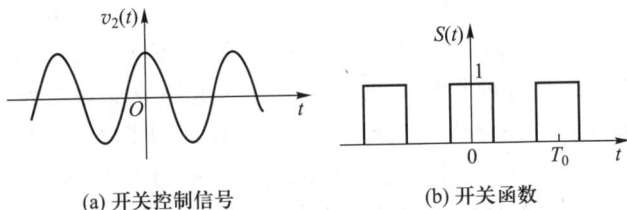

(a) 开关控制信号　　　　　(b) 开关函数

图 4.4.7　开关的控制信号及其开关函数波形

由于 $S(t)$ 是周期为 T_0 的周期性函数，故可将其展开为傅里叶级数（式中 n 为非零正整数）：

$$S(t) = \frac{1}{2}\left[1 + \sum_{n=1}^{\infty} \frac{4 \cdot (-1)^{n+1}}{(2n-1)\pi} \cos(2n-1)\omega_2 t \right] \tag{4.4.35}$$

将式（4.4.35）代入式（4.4.33），得

$$i = \frac{1}{2(r_d + R_L)}\left[v_1 + v_2 + v_1 \sum_{n=1}^{\infty} \frac{4 \cdot (-1)^{n+1}}{(2n-1)\pi} \cos(2n-1)\omega_2 t + \right.$$
$$\left. v_2 \sum_{n=1}^{\infty} \frac{4 \cdot (-1)^{n+1}}{(2n-1)\pi} \cos(2n-1)\omega_2 t \right] \tag{4.4.36}$$

再将 $v_1(t)$ 和 $v_2(t)$ 的数学表示式代入上式，展开并经整理，即可求得电流 i 的频谱。我们不再继续进行这种运算，只是指出，从式（4.4.36）已经可以看出，电流 i 中包含以下频谱成分：

① v_1 和 v_2 的频率成分 ω_1 与 ω_2。

② v_1 与 v_2 的和频与差频 $\omega_1 + \omega_2$ 与 $\omega_1 - \omega_2$。

③ v_1 的频率与 v_2 的各奇次谐波频率的和频与差频，即 $\omega_1 + (2n-1)\omega_2$ 与 $\omega_1 - (2n-1)\omega_2$。这里 n 为除零以外的正整数。

④ v_2 的偶次谐波频率。

⑤ 直流成分。

如果 ω_2 是高频载波频率 ω_0，ω_1 是低频信号频率 Ω，并用中心频率为 ω_0、通频带宽度略大于 2Ω 的带通滤波器作为负载，负载上得到的输出电压将只包含 ω_0、$\omega_0 + \Omega$ 及 $\omega_0 - \Omega$ 三个频谱成分。这就是一个单音频调制的调幅正弦波。因此，构成了一个斩波调幅电路。这将在第 7 章进一步讨论。

如果 ω_2 是本地振荡频率 ω_0，ω_1 是信号频率 ω_s，负载回路为调谐于 $\omega_0 - \omega_s$ 或

$\omega_0 + \omega_s$ 的带通滤波器,则输出电压将只有差频 $\omega_0 - \omega_s$ 或和频 $\omega_0 + \omega_s$。这就是变频 (conversion)的过程。因此,构成了一个变频电路。

§4.5 变频器的工作原理

前已指出,变频就是把高频信号经过频率变换,变为一个固定的频率。这种频率变换通常是将已调高频信号的载波频率从高频变为中频,同时必须保持其调制规律不变。具有这种作用的电路称为混频电路或变频电路,亦称混频器(mixer)或变频器(convertor)。图 4.5.1 示一具体的例子,输入高频调幅波 v_s 的载频范围为 1.7 ~ 6 MHz,与本振等幅波 v_0 的频率范围为 2.165 ~ 6.465 MHz,经混频后,输出频率为(2.165 ~ 6.465)MHz−(1.7 ~ 6)MHz = 0.465 MHz 的中频调幅波 v_i。输出的中频调幅波与输入的高频调幅波的调制规律完全相同。亦即变频前与变频后的频谱结构[1]相同,只是中心频率由 f_s 改变为 f_i,亦即产生了频谱搬移。但应注意,高频已调信号的上、下边频搬移到中频位置后,分别成了下、上边频,参见图 4.5.2。

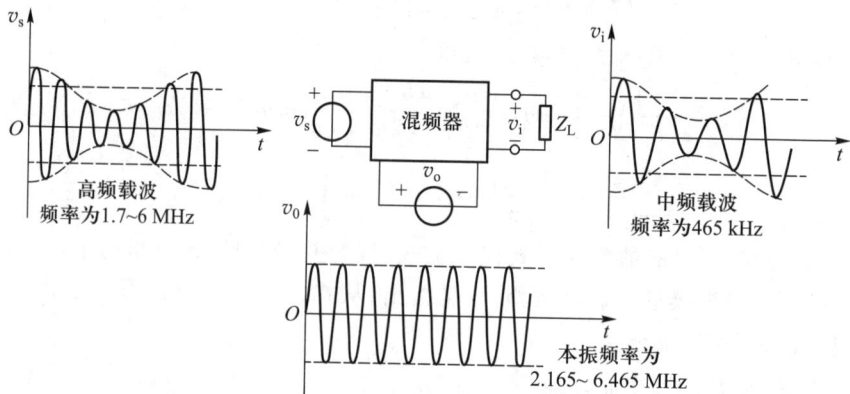

图 4.5.1 调幅波变频波形图

在实际应用中也能将高频信号变为频率更高但固定的高中频信号[2]。这时,同样只是把已调高频信号的载波频率变为更高的高中频,但调制规律保持不变。在频谱上也只是把已调波的频谱从高频位置移到高中频位置,各频谱分量的相对大小和相互间距离并不发生变化。输出的中频可以取本振信号频率与输

---

[1] 关于调幅波的频谱结构问题,请见第 7 章。

[2] 目前在接收机中已习惯于把变频后的固定频率称为中频,所以虽然变频后的固定频率有可能高于高频信号频率,但仍称高中频,低于高频信号频率的低中频则简称为中频。

入信号频率的差频,也可以取它们的和频。

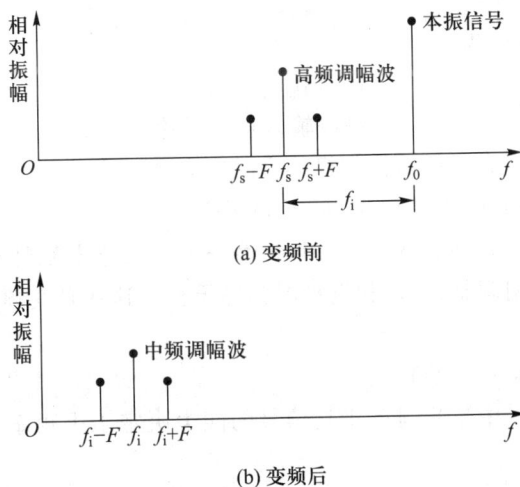

(a) 变频前

(b) 变频后

图 4.5.2 变频前后的频谱图

为了简单,假定输入到混频器的两个信号都是正弦波,且设混频器的伏安特性为

$$i = b_0 + b_1 v + b_2 v^2$$

则将 $v = v_s + v_0 = V_{sm}\cos \omega_s t + V_{0m}\cos \omega_0 t$ 代入上式,即得

$$i = b_0 + b_1 V_{sm}\cos \omega_s t + b_1 V_{0m}\cos \omega_0 t + \frac{1}{2}b_2 V_{sm}^2 +$$

$$\frac{1}{2}b_2 V_{sm}^2 \cos 2\omega_s t + \frac{1}{2}b_2 V_{0m}^2 + \frac{1}{2}b_2 V_{0m}^2 \cos 2\omega_0 t +$$

$$b_2 V_{sm} V_{0m}\left[\cos(\omega_0 - \omega_s)t + \cos(\omega_0 + \omega_s)t\right] \tag{4.5.1}$$

因此,当两个不同频率的高频电压作用于非线性器件时,电流中不仅包含基波(ω_s,ω_0)成分,同时由于平方项的存在,还产生了许多新的频率成分(即直流、二次谐波、和频与差频等)。通常,振幅为 $b_2 V_{sm} V_{0m}$ 且与输入信号电压振幅成正比的差频分量 $\omega_0 - \omega_s$ 就是变频所需要的中频成分 ω_i。只要在输出端接上一个中心频率为 ω_i 的滤波网络,就能选出中频成分,而滤除其他成分。

以上假设 v_s 是正弦波的情况。如果 v_s 是调幅波,即它的振幅 V_{sm} 按照调制规律而变化,则由式(4.5.1)可知,输出中频电流 $b_2 V_{sm} V_{0m}\cos(\omega_0 - \omega_s)t$ 的振幅与 V_{sm} 成正比,亦即按同样调制规律而变化。这样,就起到了变频作用。

最后,简略介绍变频器的主要质量指标。

(1) 变频增益(conversion gain)

变频器中频输出电压振幅 V_{im} 与高频输入信号电压振幅 V_{sm} 之比,称为变频电压增益或变频放大系数,表示如下:

变频电压增益
$$A_{vc} = \frac{V_{im}}{V_{sm}}$$
(4.5.2)

另一种表示方法为:

变频功率增益
$$A_{pc} = \frac{\text{中频输出信号功率 } P_i}{\text{高频输入信号功率 } P_s}$$
(4.5.3)

显然,变频增益高对提高接收机的灵敏度有利。

(2) 失真(distortion)和干扰(interference)

失真有频率失真(线性失真)与非线性失真。由于非线性还会产生组合频率、交叉调制与互相调制、阻塞和倒易混频等干扰。这些是变频器产生的特有干扰,以后还要讨论。

(3) 选择性(selectivity)

接收有用信号(中频),排除干扰信号的能力决定于中频输出回路的选择性是否良好。

(4) 噪声系数

变频器的噪声系数对接收设备的总噪声系数影响很大,应尽量降低。这就要求很好地选择所用器件和工作点电流。

§4.6　晶体管混频器

晶体管混频器的变频增益较高,因而在中短波接收机和测量仪器中广泛采用。图 4.6.1 为晶体管混频器的原理性电路。图 4.6.1(a)中,本振电压 v_0 和信号电压 v_s 都加在晶体管的基极与发射极之间,利用基极与发射极之间的非线性特性来实现变频。实际上,晶体管混频器电路有多种形式。按照晶体管的组态和本振电压注入点的不同,有如图 4.6.1 所示的四种基本电路组态。其中图 4.6.1(a)和(b)为共射混频电路。图 4.6.1(a)表示信号电压由基极输入,本振电压也由基极注入;(b)表示信号电压由基极输入,本振电压由发射极注入;(c)和(d)为共基混频电路。图 4.6.1(c)表示信号电压由发射极输入,本振电压也由发射极注入,(d)表示信号电压由发射极输入,本振电压由基极注入。

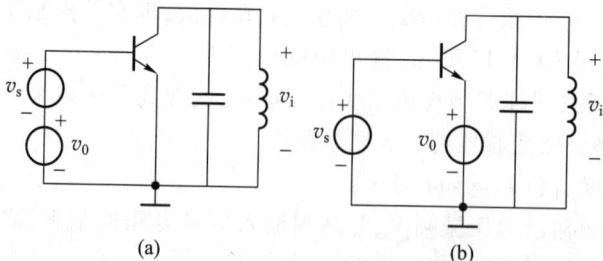

(a)　　　　　　　(b)

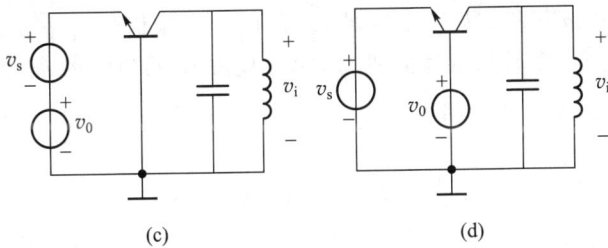

(c)　　　　　　　　　　(d)

图 4.6.1　晶体管混频器的四种基本电路组态

这四种电路组态各有其优缺点。

图 4.6.1(a)电路对振荡电压来说是共射电路,输入阻抗较大,因此用于混频时,本地振荡电路比较容易起振,需要的本振注入功率也较小。这是它的优点。但是因为信号输入电路与振荡电路相互影响较大(直接耦合),可能产生牵引现象(pull-in phenomena)。这是它的缺点。当 ω_s 与 ω_0 的相对频差不大时,牵引现象比较严重,不宜采用此种电路。

图 4.6.1(b)电路的输入信号与本振电压分别从基极输入和发射极注入,因此,相互干扰产生牵引现象的可能性小。同时,对于本振电压来说是共基电路,其输入阻抗较小,不易过激励,因此振荡波形好,失真小。这是它的优点,但需要较大的本振注入功率;不过通常所需功率也只有几十毫瓦,本振电路是完全可以供给的。因此,这种电路应用较多。

图 4.6.1(c)和(d)两种电路都是共基混频电路。在较低的频率工作时,变频增益低,输入阻抗也较低,因此在频率较低时一般都不采用。但在较高的频率工作时(几十兆赫),因为共基电路的 f_α 比共射电路的 f_β 要大很多,所以变频增益较大。因此,在较高频率工作时也有采用这种电路的情况。

下面把晶体管混频器看成线性参变元件进行分析。

加上信号电压 v_s 和振荡电压 v_0 后,晶体管的转移特性曲线如图 4.6.2 所示。由于信号电压 v_s 很小,无论它工作在特性曲线的哪个区域,都可以认为特性曲线是线

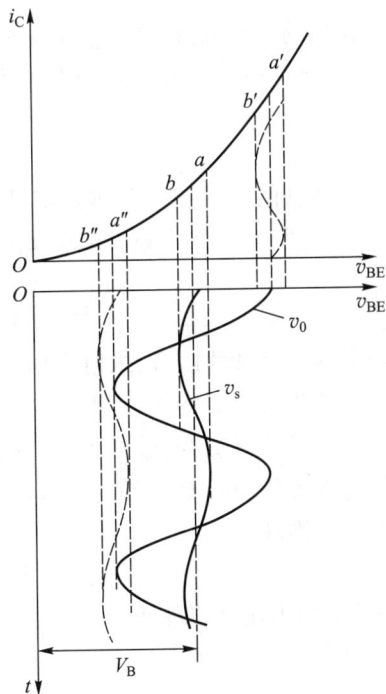

图 4.6.2　加电压后的晶体管
转移特性曲线

性的(如图上 $\overline{ab}$、$\overline{a'b'}$ 和 $\overline{a''b''}$ 三个区域)。而由于本振信号 v_0 很大,在混频过程中,混频管的跨导(即转移特性曲线的斜率)是按 v_0 的角频率 ω_0 周期性变化的(图中 $\overline{ab}$、$\overline{a'b'}$ 和 $\overline{a''b''}$ 三段的斜率是不同的)。这时,集电极电流 i_C 和输入电压 v_{BE} 可写成如下函数关系:

$$i_C = f(v_{BE}) = f(V_{BB} + v_0 + v_s) \tag{4.6.1}$$

式中,V_{BB} 为直流偏置电压。若信号电压 v_s 远小于本振电压 v_0,则与 4.4.1 节的分析步骤相同,得到式(4.4.4),重写如下:

$$\begin{aligned}
i_C = &(I_{c0} + I_{cm1}\cos \omega_0 t + I_{cm2}\cos 2\omega_0 t + \cdots) + \\
&(g_0 + g_1\cos \omega_0 t + g_2\cos 2\omega_0 t + \cdots) \cdot \\
&V_{sm}\cos \omega_s t
\end{aligned} \tag{4.6.1a}$$

若中频频率取差频 $\omega_i = \omega_0 - \omega_s$,则由上式可得出中频电流分量为

$$i_{im} = V_{sm}\frac{g_1}{2}\cos(\omega_0 - \omega_s)t \tag{4.6.2}$$

其振幅为

$$I_{im} = V_{sm}\frac{g_1}{2} \tag{4.6.3}$$

输出的中频电流振幅 I_{im} 与输入的高频信号电压振幅 V_{sm} 之比,称为变频跨导(conversion transconductance) g_c,有

$$g_c = \frac{I_{im}}{V_{sm}} = \frac{1}{2}g_1 \tag{4.6.4}$$

晶体管的跨导 $g(t)$ 随本振信号 v_0 作周期性变化,可表示成

$$g(t) = g_0 + g_1\cos \omega_0 t + g_2\cos 2\omega_0 t + \cdots \tag{4.6.5}$$

式中

$$g_1 = \frac{2}{T}\int_{-\frac{T}{2}}^{\frac{T}{2}} g(t)\cos \omega_0 t \mathrm{d}t \tag{4.6.6}$$

$g(t)$ 是一个复杂的函数,想用式(4.6.6)的积分关系求出 g_1 是很困难的。下面用图解法进行近似计算,适用于工程实际应用。

晶体管跨导 g 与 v_{BE} 的关系曲线如图 4.6.3 所示。设直流工作点选在曲线的线性部分的中间 Q 点处。同时认为,在本振电压 v_0 的作用下,跨导不超出线性范围。因此

$$g(t) = g_0 + g_1\cos \omega_0 t$$

式中,g_0 为工作点的跨导。

由图 4.6.3 可见

$$g_1 = \frac{g_{max} - g_{min}}{2} \approx \frac{g_{max}}{2}$$

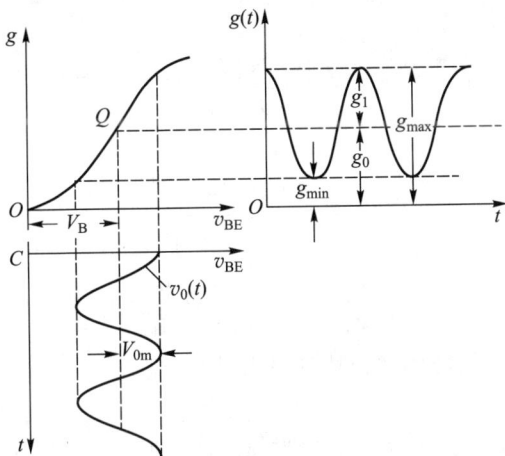

图 4.6.3 晶体管跨导 g 与 v_{BE} 的关系曲线

而 Q 点的

$$g_0 = \frac{g_{max} + g_{min}}{2} \approx \frac{g_{max}}{2}$$

所以,当 $g_{max} \gg g_{min}$ 时,可得

$$g_1 = g_0 = \frac{g_{max}}{2}$$

即在数值上,g_1 可看成等于工作点的跨导 g_0。因而变频跨导

$$g_c = \frac{1}{2} g_1 = \frac{1}{2} g_0 = \frac{g_{max}}{4} \tag{4.6.7}$$

实验证明

$$g_c = (0.35 \sim 0.7) \frac{I_E/26}{\sqrt{1 + \left(\frac{\omega_s}{\omega_T} \cdot \frac{I_E}{26} r_{bb'}\right)^2}} \text{ mS} \tag{4.6.8}$$

式中,ω_T 为晶体管的特征角频率;I_E 为工作点电流,单位为 mA。

晶体管用作放大器时,工作点可选在 g_{max} 附近,以得到较高的电压和功率增益;用作混频器时,由式(4.6.7)可知,g_c 仅为 g_{max} 的 1/4。因此,在负载相同的情况下,变频电压增益和功率增益分别只有用作放大器时电压和功率增益的 1/4 和 1/16。

知道了变频跨导 g_c,即可求出变频电压增益与变频功率增益,参阅图 4.6.4 所示的晶体管混频器的等效电路。图中,g_{ic} 为输入电导;g_{oc} 为输出电导;g_c 为变频跨导;G_L 为负载电导。

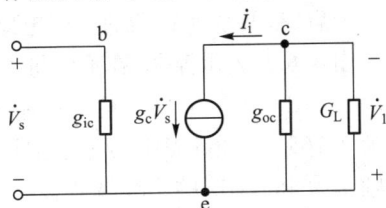

图 4.6.4 晶体管混频器的等效电路

由图 4.6.4 可得

$$V_i = \frac{g_c V_s}{g_{oc} + G_L}$$

因此变频电压增益为

$$A_{vc} = \frac{V_i}{V_s} = \frac{g_c}{g_{oc} + G_L} \tag{4.6.9}$$

变频功率增益

$$A_{pc} = \frac{V_i^2 G_L}{V_s^2 g_{ic}} = \frac{g_c^2}{(g_{oc} + G_L)^2} \cdot \frac{G_L}{g_{ic}} = A_{vc}^2 \frac{G_L}{g_{ic}} \tag{4.6.10}$$

当 $G_L = g_{oc}$ 时,变频功率增益达到最大,即

$$A_{pc\max} = \frac{g_c^2}{4 g_{ic} g_{oc}} \tag{4.6.11}$$

例 4.6.1　用晶体管 3DG8D 组成混频电路。已知工作点发射极电流 $I_E = 0.5$ mA,本振电压为 150 mV,信号频率 $f_s = 40$ MHz,中频频率 $f_i = 1.5$ MHz,中频负载电导 $G_L = 1$ mS。在工作频率时的输入电导 $g_{ic} = 430$ μS,输出电导 $g_{oc} = 10$ μS。试求变频跨导 g_c、变频电压增益 A_{vc} 和变频功率增益 A_{pc}。

解　由手册查得,3DG8D 的特征频率 $f_T \geqslant 150$ MHz,$r_{bb'} \leqslant 15$ Ω。将各已知值代入式 (4.6.8),并取系数为 0.5,得到

$$g_c = 0.5 \times \frac{I_E/26}{\sqrt{1 + \left(\dfrac{\omega_s}{\omega_T} \cdot \dfrac{I_E}{26} \cdot r_{bb'}\right)^2}} \text{ mS}$$

$$= 0.5 \times \frac{0.5/26}{\sqrt{1 + \left(\dfrac{40 \times 10^6}{150 \times 10^6} \times \dfrac{0.5}{26} \times 15\right)^2}} \text{ mS}$$

$$\approx 9.6 \text{ mS}$$

再由式 (4.6.9) 与式 (4.6.10) 得到

$$A_{vc} = \frac{g_c}{g_{oc} + G_L} = \frac{9.6 \times 10^{-3} \text{ S}}{(10 \times 10^{-6} + 10^{-3}) \text{ S}} \approx 9.6$$

$$A_{pc} = A_{vc}^2 \frac{G_L}{g_{ic}} = (9.6)^2 \times \frac{10^{-3} \text{ S}}{430 \times 10^{-6} \text{ S}} \approx 214 \text{ (约 23.3 dB)}$$

实验证明,工作点电流 I_E 选为 0.3 ~ 0.8 mA,本振电压为 50 ~ 200 mV 范围内,可获得较大的变频增益和较小的噪声系数。

最后,举两个混频器的实际电路的例子。

图 4.6.5 表示某调幅通信机所采用的混频器电路。高频调幅波(载频为 1.7 ~ 6 MHz)由第二高放输出回路的二次侧加至混频管的基极。本振电压(频率为 2.165 ~ 6.465 MHz)经电感耦合加至该管的发射极。集电极负载回路输出是频率为 465 kHz 的中频调幅波。电阻 R_1、R_2、R_3、R_4 和 R_6 共同组成混频管的偏置电路。R_2 为具有负温度系数的补偿电阻。R_5 为发射极交流负反馈电阻,用

以改善混频管的非线性特性和扩大动态范围,以提高抗干扰的能力(见§4.9)。R_7 和 C_9、C_{10} 组成去耦电路。第二高放的二次回路调谐在高频信号频率上,它与一次回路除互感耦合外,还存在电容耦合(耦合电容 C_{18})。

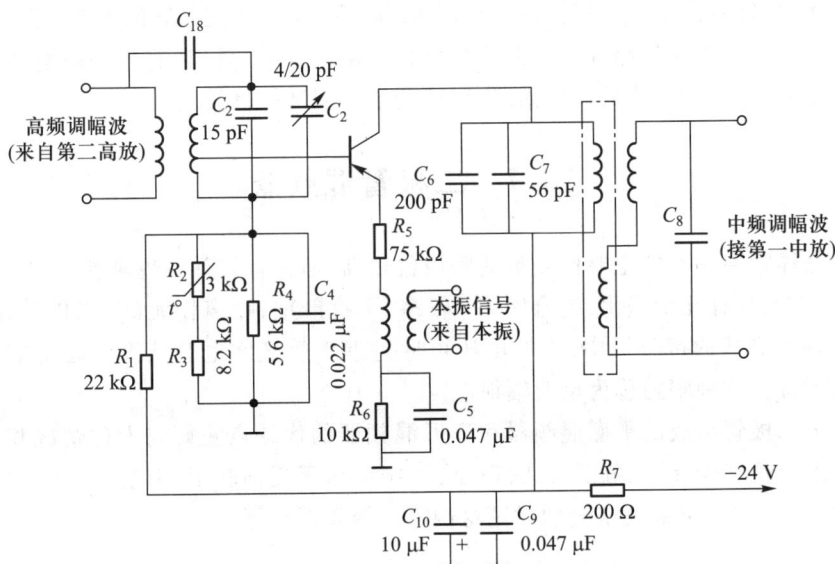

图 4.6.5 某调幅通信机所采用的混频器电路

图 4.6.6 表示变频器电路或称自激式变频器电路。其中的晶体管除完成混频外,本身还构成一个自激振荡器[①]。信号电压加至晶体管的基极,振荡电压注

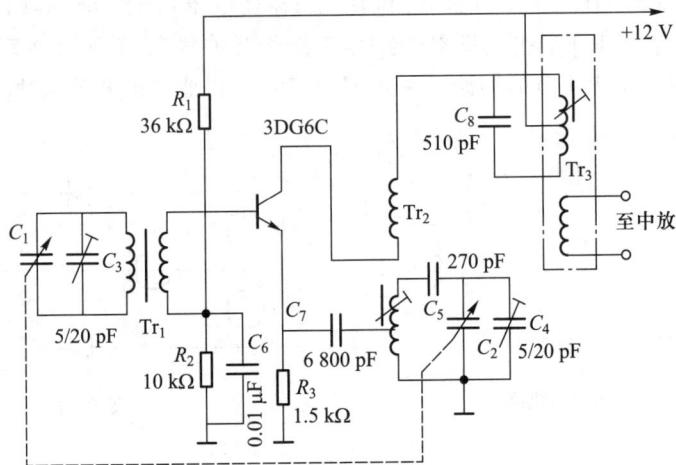

图 4.6.6 自激式变频器电路

---

① 振荡器的工作原理见第 6 章。

入晶体管的发射极,在输出调谐回路上得到中频电压。在晶体管的发射极和地之间(即发射极和基极之间)接有调谐回路(调谐于本振频率 f_0),集电极和发射极间通过变压器 Tr_2 的正反馈作用完成耦合,所以适当地选择 Tr_2 的匝数比和连接的极性,能够产生并维持振荡。电阻 R_1、R_2 和 R_3 组成变频管的偏置电路。C_7 为耦合电容。振荡回路除 Tr_2 的二次侧和主调电容 C_2 外,还有串联电容 C_5 和并联电容 C_4 共同组成的调谐回路,以达到统一调谐的目的。

§4.7 二极管混频器

晶体管混频器的主要优点是变频增益较高,但它有如下一些缺点:动态范围较小,一般只有几十毫伏;组合频率①较多,干扰严重;噪声较大(与二极管相比较);在无高放的接收机中,本振电压可通过混频管极间电容从天线辐射能量,形成干扰。这种辐射称为反向辐射。

由二极管组成的平衡混频器和环形混频器的优缺点正好与上述情况相反。它有组合频率少、动态范围大、噪声小、本振电压无反向辐射等优点。缺点是变频增益小于1。下面就来分别讨论这两种二极管混频器。

4.7.1 二极管平衡混频器

图 4.7.1(a) 是二极管平衡混频器的原理性电路,(b) 是它的等效电路。图中变压器 Tr_1 和 Tr_2 的中心抽头两边是对称的。由图可见,信号电压 $v_s = V_{sm}\cos\omega_0 t$ 反相加在两个二极管 D_1 和 D_2 上;振荡电压 $v_0 = V_{om}\cos\omega_0 t$ 同相地加在 D_1 和 D_2 上。如果 $V_{om} > V_{sm}$,则 D_1 与 D_2 工作于开关状态,其开关频率为 $\omega_0/2\pi$。此时可以引用 4.4.4 节的结论。由式(4.4.35)可得此时的开关函数为

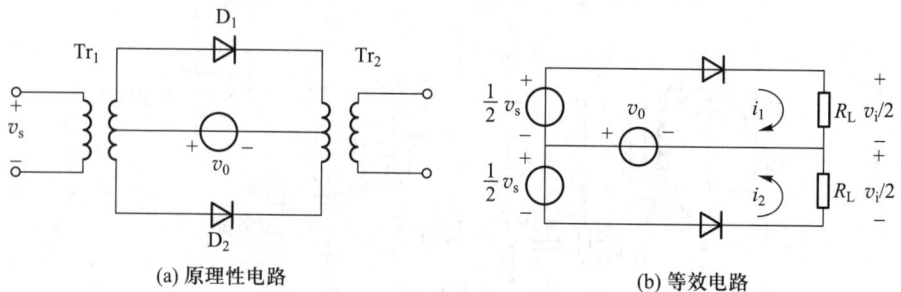

(a) 原理性电路   (b) 等效电路

图 4.7.1 二极管平衡混频器

---

① 组合频率问题,见 §4.9。

$$S(t) = \frac{1}{2} + \frac{2}{\pi}\cos\omega_0 t - \frac{2}{3\pi}\cos 3\omega_0 t + \frac{2}{5\pi}\cos 5\omega_0 t + \cdots \qquad (4.7.1)$$

由式(4.4.33)可以分别求出 i_1 与 i_2,此时 $\frac{1}{2}v_s$ 与 v_0 即分别相当于该式中的 v_1 与 v_2 [①]。有

$$i_1 = \frac{1}{r_d + R_L}S(t)\left(\frac{1}{2}v_s + v_0\right) \qquad (4.7.2)$$

$$i_2 = \frac{1}{r_d + R_L}S(t)\left(v_0 - \frac{1}{2}v_s\right) \qquad (4.7.3)$$

经过变压器 Tr_2 的作用,输出应与 $i_1 - i_2$ 成比例。因此

$$i = i_1 - i_2 = \frac{1}{r_d + R_L}S(t)v_s$$

$$= \frac{1}{r_d + R_L}\left(\frac{1}{2} + \frac{2}{\pi}\cos\omega_0 t - \frac{2}{3\pi}\cos 3\omega_0 t + \frac{2}{5\pi}\cos 5\omega_0 t - \cdots\right)V_{sm}\cos\omega_s t \qquad (4.7.4)$$

由式(4.7.4)可知,混频器输出的频率分量为 ω_s、$\omega_0 \pm \omega_s$、$3\omega_0 \pm \omega_s$、$5\omega_0 \pm \omega_s$、$\cdots$,与晶体管混频器输出电流中的频率分量 ω_0、$2\omega_0$、$3\omega_0$、$\cdots$,ω_s、$\omega_0 \pm \omega_s$、$2\omega_0 \pm \omega_s$、$3\omega_0 \pm \omega_s$、$\cdots$[由式(4.6.1a)得出]相比较可知,二极管平衡混频器的输出频率的组合分量大为减少。同时,在输入端没有本振角频率 ω_0 及其谐波分量的电压。没有 ω_0,说明本地振荡器无反向辐射;没有 $n\omega_0$,说明在输出中频回路选择性不够好的情况下,不致影响第一级中放的工作点(本振电压在第一中放级发射结间检波而影响工作点。)

4.7.2 二极管环形混频器(双平衡混频器)

为了在混频器中进一步抑制一些非线性产物,目前还广泛采用环形混频器。环形混频器的原理电路如图 4.7.2 所示。本振电压从输入和输出变压器 Tr_1、Tr_2 中心抽头加入。四个二极管均按开关状态工作。各电流、电压的极性如图中所示。图中实线箭头表示本振电压在负半周的电流方向;虚线箭头表示本振电压在正半周的电流方向。由图可见,它相当于两个平衡混频器的组合。

在本振电压的正半周,二极管 D_1 与 D_3 导通,D_2 与 D_4 截止。此时,混频器相当于一个二极管反相型平衡混频器,如图 4.7.3 所示。这与上面分析的平衡混频器完全一样。由式(4.7.4)可见,在输出变压器 Tr_2 一次侧产生的电流为

---

① 如考虑中频输出电压 v_i 的反作用,式(4.7.2)与(4.7.3)中的电压应分别为 $\left(\dfrac{v_s}{2} + v_0 - \dfrac{v_i}{2}\right)$ 与 $\left(v_0 - \dfrac{v_s}{2} + \dfrac{v_i}{2}\right)$。

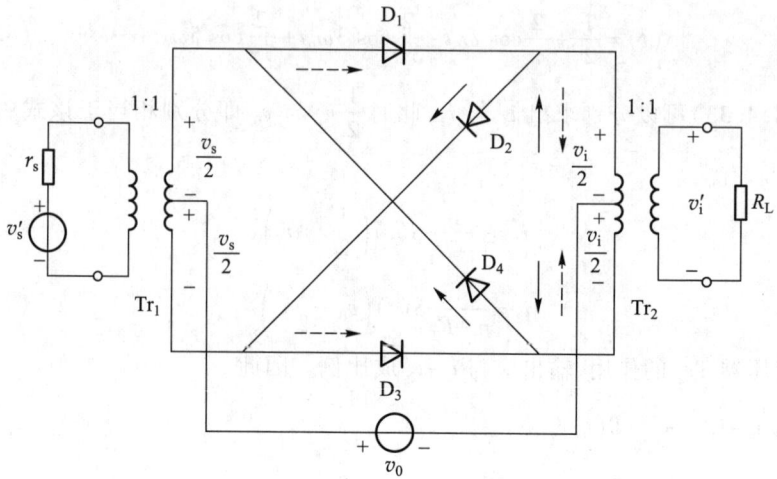

图 4.7.2　环形混频器的原理电路

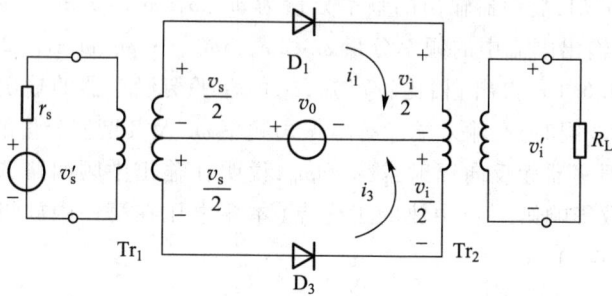

图 4.7.3　在本振电压正半周的环形混频器

$$i' = i_1 - i_3 = \frac{1}{r_d + R_L} S(t) v_s \qquad (4.7.5)$$

在本振电压的负半周,二极管 D_2 与 D_4 导通,D_1 与 D_3 截止。此时,混频器也相当于一个二极管平衡混频器,如图 4.7.4 所示。

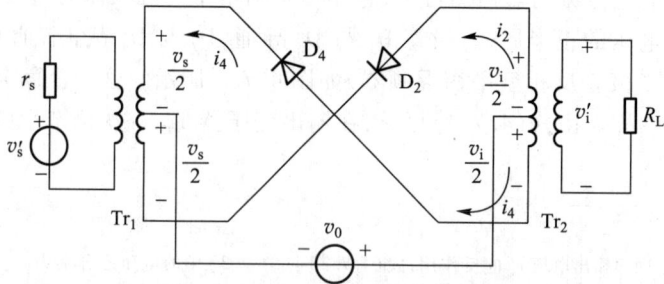

图 4.7.4　在本振电压负半周的环形混频器

这时[参看式(4.7.2)和式(4.7.3)],输出变压器 Tr_2 一次侧产生的电流为

$$i'' = i_4 - i_2$$

$$= \frac{1}{r_d + R_L} S^*(t) \left(\frac{-v_s}{2} - v_0 \right) -$$

$$\frac{1}{r_d + R_L} S^*(t) \left(\frac{v_s}{2} - v_0 \right)$$

$$= \frac{-1}{r_d + R_L} S^*(t) v_s \qquad (4.7.6)$$

式中，$S^*(t)$ 是相应于图4.7.4中本振电压极性的开关函数，它和 $S(t)$ 的区别仅在于二者在开关时间上相差半个振荡电压周期，如图4.7.5所示。即

$$S^*(t) = S\left(t + \frac{T}{2} \right) \qquad (4.7.7)$$

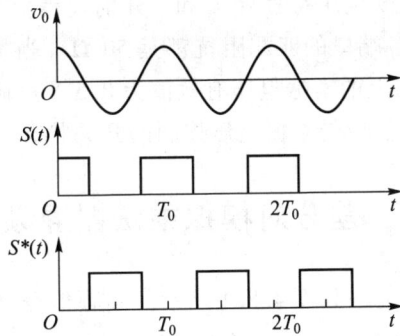

图4.7.5 开关函数 $S(t)$ 与 $S^*(t)$ 的关系

根据式(4.7.1)，$S^*(t)$ 可以写成

$$S^*(t) = \frac{1}{2} + \frac{2}{\pi} \cos \omega_0 \left(t + \frac{T}{2} \right) -$$

$$\frac{2}{3\pi} \cos 3\omega_0 \left(t + \frac{T}{2} \right) + \cdots$$

$$= \frac{1}{2} + \frac{2}{\pi} \cos(\omega_0 t + \pi) -$$

$$\frac{2}{3\pi} \cos(3\omega_0 t + 3\pi) + \cdots$$

$$= \frac{1}{2} - \frac{2}{\pi} \cos \omega_0 t +$$

$$\frac{2}{3\pi} \cos 3\omega_0 t + \cdots \qquad (4.7.8)$$

环形混频器的输出电流 $i = i' + i''$，由式(4.7.5)与式(4.7.6)，得

$$i = \frac{1}{r_{\mathrm{d}} + R_{\mathrm{L}}} \big[S(t) - S^*(t) \big] v_{\mathrm{s}} \tag{4.7.9}$$

由式(4.7.1)与式(4.7.8),得

$$S(t) - S^*(t) = \frac{4}{\pi} \cos \omega_0 t - \frac{4}{3\pi} \cos 3\omega_0 t + \cdots \tag{4.7.10}$$

因此,式(4.7.9)可改写为

$$i = \frac{1}{r_{\mathrm{d}} + R_{\mathrm{L}}} \Big[\frac{4}{\pi} \cos \omega_0 t - \frac{4}{3\pi} \cos 3\omega_0 t + \cdots \Big] v_{\mathrm{s}} \tag{4.7.11}$$

若将 $v_{\mathrm{s}} = V_{\mathrm{s}} \cos \omega_{\mathrm{s}} t$ 代入式(4.7.11)可见,输出电流中除了和频 $\omega_0 + \omega_{\mathrm{s}}$ 与差频 $\omega_0 - \omega_{\mathrm{s}}$(中频)成分之外,仅有 $3\omega_0 \pm \omega_{\mathrm{s}}$、$5\omega_0 \pm \omega_{\mathrm{s}}$、$\cdots$ 项,因此非线性产物进一步被抑制。

环形(双平衡)电路不仅用于混频,还可用于振幅调制与振幅检波。这将在以后讨论。双平衡电路规定用符号 R、L 和 I 分别代表信号输入端口、本振输入端口和中频输出端口,各端口的匹配阻抗都是 50 Ω。当本振注入功率为 5 mW(相当于加在 50 Ω 电阻上的本振电压有效值为 0.5 V),输入信号功率小于本振功率 1/10 时,二极管工作于受本振电压控制的开关状态,混频损耗约为 4 dB。

§4.8　差分对模拟乘法器混频电路

差分对混频器电路之一如图 4.8.1 所示。高频信号电压 $v_{\mathrm{s}} = V_{\mathrm{sm}} \cos \omega_{\mathrm{s}} t$ 经变压器 Tr_1 推挽地(反相地)加在差分对晶体管 T_2 和 T_3 基极。本振信号电压 $v_0 = V_{0\mathrm{m}} \cos \omega_0 t$ 加在恒流晶体管 T_1 的基极,使总电流 I_{k} 随 ω_0 周期性地变化。因此,差分对管可以看成一个参数(跨导)在改变的线性元件。当高频信号电压通过此线性参变元件时,便产生各种频率分量,其中的差频(中频)电压在变压器 Tr_2 二次侧输出。

同样,也可以把差分对混频器看成平衡混频器。高频信号电压反相地加在两个管子的基极,本振电压同相地加在两个管子的发射极。经过非线性变换后,两个管子的输出电流在中频变压器中反相叠加,滤除其他频率分量后,输出差频(中频)分量电压。

因此,差分对混频器在管子完全相同,且输入和输出变压器完全对称的情况下,输出端主要为所需要的差频 $\omega_0 - \omega_{\mathrm{s}}$ 项,不包含本振角频率 ω_0 及其谐波,不包含信号角频率 ω_{s} 的偶次谐波,也不包含 v_{s} 的偶次方与 v_0 的相乘项所引起的组合频率。因此,差分对混频器抑制了许多组合频率,大大地减小了组合频率干扰。

图 4.8.2 所示为由集成片 CXA1019 组成的调频/调幅收音机中模拟乘法器

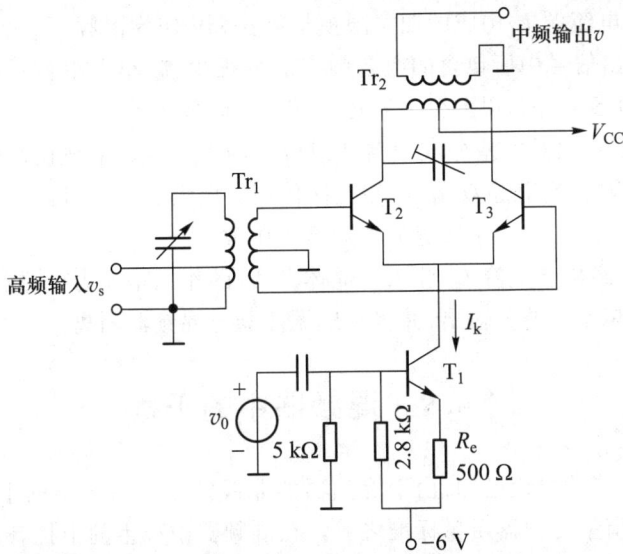

图 4.8.1 差分对混频器电路之一

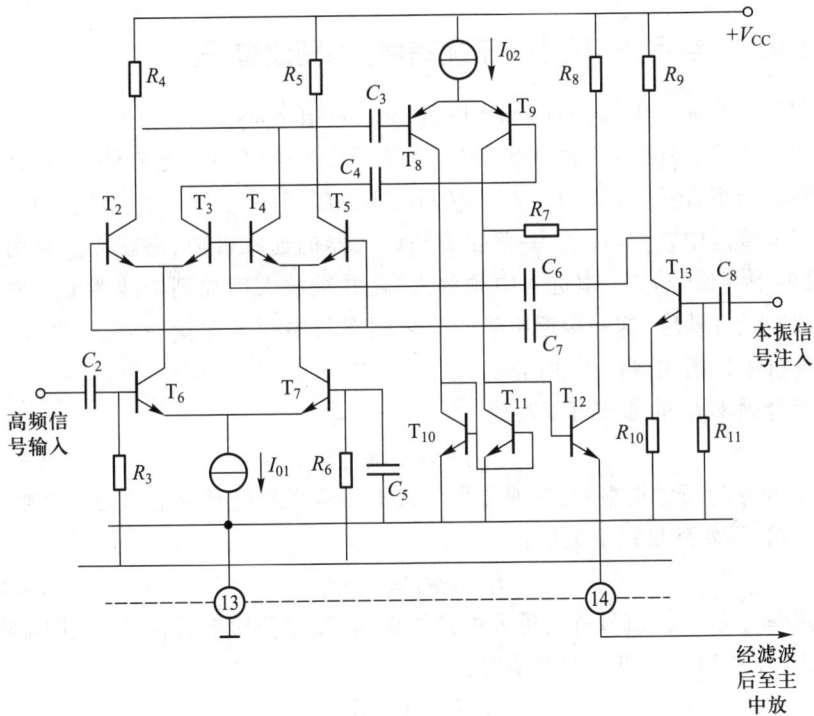

图 4.8.2 模拟乘法器组成的混频器和前置中频放大器

组成的混频器和前置中频放大器。高频信号经耦合电容 C_2 送给混频器。由晶

体管 $T_2 \sim T_7$、电流源 I_{01} 构成的四象限模拟乘法器①作为混频器。当乘法器两管对称时,其输出信号中所包含的组合频率成分很少,减小了组合频率干扰,混频器的输出经电容 C_3、C_4 以差分方式送给前置中频放大器。

前置中频放大器由差分放大器和射极跟随器组成。差放由晶体管 $T_8 \sim T_{11}$ 和电流源 I_{02} 构成,它兼起双端-单端变换作用。放大后的信号经由晶体管 T_{12} 构成的射极跟随器输出,经中频滤波器后至主中放。

本振信号经耦合电容 C_8 注入。晶体管 T_{13} 的作用是作为有源器件的缓冲放大器,供给混频器以差分输出,并将本地振荡器与混频器隔离。

§4.9 混频器中的干扰

由以上各节的讨论已知,由于混频器的非线性效应所产生的干扰是很重要的问题,也是衡量混频器质量标准之一。在混频器中产生的干扰有:组合频率干扰和副波道干扰、交叉调制(交调)和互相调制(互调)、阻塞干扰和相互混频等。以下分别予以讨论,最后扼要介绍克服干扰的措施。

4.9.1 组合频率干扰(干扰哨声)和副波道干扰

(1) 组合频率干扰(combined frequency interference)

如前所述,混频器的输出电流中,除需要的差频(中频)电流外,还存在一些谐波频率和组合频率,如 $3f_0$、$3f_s$、$2f_s-f_0$、$3f_s-f_0$、$2f_0-f_s$、$3f_0-f_s$、$\cdots$。如果这些组合频率接近中频 $f_i=f_0-f_s$,并落在中频放大器的通频带内,它就能与有用信号(正确的中频信号 f_i)一道进入中频放大器,并被放大后加到检波器上。通过检波器的非线性效应,这些接近中频的组合频率与中频 f_i 差拍检波,产生音频,最终在耳机中以哨叫声的形式出现。

组合频率 f_K 的通式可以写成

$$f_K = \pm p f_0 \pm q f_s \tag{4.9.1}$$

式中,p 和 q 为任意正整数,它们分别代表本振频率和信号频率的谐波次数。

显然,只要满足以下关系:

$$f_K = \pm p f_0 \pm q f_s \approx f_i \tag{4.9.2}$$

组合频率 f_K 的干扰信号就能进入中频放大器,经差拍检波后,产生干扰哨声。

式(4.9.2)包括以下四种情况:

$$p f_0 - q f_s \approx f_i$$

---

① 亦称"双差分对模拟乘法器"。

$$-pf_0+qf_s \approx f_i$$
$$pf_0+qf_s \approx f_i$$
$$-pf_0-qf_s \approx f_i$$

第四种情况是不存在的,第三种情况是不可能的。如取 $f_i=f_0-f_s$,则第一、二种情况可写成

$$f_s \approx \frac{p-1}{q-p}f_i; \quad f_s \approx \frac{p+1}{q-p}f_i$$

将两式合写成一个公式,得

$$f_s \approx \frac{p \pm 1}{q-p}f_i \qquad (4.9.3)$$

上式说明,当中频 f_i 一定时,只要信号频率接近上式算出来的数值,就可能产生干扰哨声(interfere squealing)。

另外,如果混频器之前的输入回路和高频放大器的选择性不够好,除要接收的有用信号外,干扰信号也会进入混频器。它们与本振频率的谐波同样可以形成接近中频频率的组合频率干扰,产生干扰哨声。这种组合频率干扰也称为组合副波道干扰(combined subchannel interference)。

干扰频率 f_n 与本振频率 f_0 满足下列关系时

$$\left.\begin{array}{r} pf_0-qf_n \approx f_i \\ \text{或} \quad -pf_0+qf_n \approx f_i \end{array}\right\} \qquad (4.9.4)$$

都会产生组合副波道干扰。式中,p、q 为正整数;f_n 为干扰频率。

由式(4.9.4)可以求出接收机调谐在信号频率 $f_s=f_0-f_i$ 时,产生组合副波道干扰的干扰信号频率为

$$f_n \approx \frac{1}{q}(pf_0 \pm f_i) \qquad (4.9.5)$$

或

$$f_n \approx \frac{1}{q}\left[pf_s+(p \pm 1)f_i\right] \qquad (4.9.6)$$

(2) 副波道干扰

在上述的组合副波道干扰中,有些特定频率形成的干扰称为副波道干扰。典型的副波道干扰有中频干扰(intermediate frequency interference)与镜像频率干扰(image frequency interference)。

中频干扰是式(4.9.5)中取 $p=0$,$q=1$,得 $f_n \approx f_i$。亦即干扰频率等于或接近于中频 f_i 时,干扰信号将被混频器和各级中频放大器放大,以干扰哨声的形式出现。

镜像频率干扰是式(4.9.5)中 $p=1$,$q=1$ 时产生的,此时 $f_n=f_s+2f_i$。因为通常本振频率 $f_0=f_s+f_i$,所以这时 $f_n=f_0+f_i$。亦即,信号频率 f_s 比本振频率 f_0 低一

个 f_i,干扰频率则比 f_0 高一个 f_i。二者对称地分布在 f_0 两侧,因此 f_n 称为镜像频率干扰,它与 f_0 差拍也产生 f_i,成为干扰信号。例如,若中频为 465 kHz,信号频率为 1 000 kHz,则镜像频率应为(1 000+2×465) kHz=1 930 kHz,此时本振频率则为 1 465 kHz。

上面所讨论的组合频率干扰和副波道干扰都是由混频器本身特性所产生的。另外,当干扰信号与有用信号同时进入混频器后,经过非线性变换,也会产生接近中频 f_i 的分量,而引起干扰。除混频器可产生这类干扰外,混频器之前的高频放大器也可能产生这类干扰。这类干扰包括交调、互调、阻塞干扰和相互混频等。下面就来讨论它们。

4.9.2 交叉调制(交调)

如果接收机前端电路的选择性不够好,使有用信号与干扰信号同时加到接收机输入端,而且这两种信号都是受音频调制的,就会产生交叉调制(cross-modulation)干扰现象。这种现象就是当接收机调谐在有用信号的频率上时,干扰电台的调制信号听得清楚;而当接收机对有用信号频率失谐时,干扰电台调制信号的可听度减弱,并随着有用信号的消失而完全消失。换句话说,就好像干扰电台的调制信号转移到了有用信号的载波上。

交叉调制产生的机理可由晶体管的转移特性 i_C-v_{BE} 的非线性特性来说明。

设输入的信号电压 $v_s = V_{sm} \cos \omega_s t$,干扰电压 $v_n = V_{nm} \cos \omega_n t$,则总的输入电压为

$$\Delta v = V_{sm} \cos \omega_s t + V_{nm} \cos \omega_n t \tag{4.9.7}$$

将 i_C 展开成如式(4.3.2)的泰勒级数形式:

$$i_C = f(v_B + \Delta v)$$

$$= f(v_B) + g\Delta v + \frac{1}{2}g'\Delta v^2 + \frac{1}{6}g''\Delta v^3 + \cdots \tag{4.9.8}$$

将式(4.9.7)代入上式,经三角变换后,取出信号基波电流,得

$$i_{C1} = \left(gV_{sm} + \frac{1}{4}g''V_{sm}V_{nm}^2 m_2 \cos \Omega_2 t + \cdots\right) \cos \omega_s t \tag{4.9.9}$$

若 v_s 和 v_n 都是已调制信号,它们的振幅随音频而变,则可将式(4.9.9)中的 V_{sm} 代以 $V_{sm}(1+m_1\cos \Omega_1 t)$,$V_{nm}$ 代以 $V_{nm}(1+m_2\cos \Omega_2 t)$,经变换后,略去高次项,即得

$$i_{C1} = \left(gV_{sm} + \cdots + gV_{sm}m_1 \cos \Omega_1 t + \cdots + \frac{1}{2}g''V_{sm}V_{nm}^2 m_2 \cos \Omega_2 t + \cdots\right) \cos \omega_s t$$

$$\tag{4.9.10}$$

式(4.9.10)中的第二项为有用信号 Ω_1 的调制,第三项为干扰信号 Ω_2 的调

制。为了表示交叉调制的程度,定义

$$交叉调制系数\ k_f = \frac{干扰信号所转移的调制}{有用信号的调制}$$

$$= \frac{\frac{1}{2}g''V_{sm}V_{nm}^2 m_2}{gV_{sm}m_1} = \frac{1}{2}\frac{m_2}{m_1}\frac{g''}{g}V_{nm}^2 \qquad (4.9.11)$$

由上式可见,k_f 与 g'' 成正比,亦即交叉调制是由晶体管特性中的三次或更高次非线性项所产生。k_f 与有用信号幅度 V_{sm} 无关,但与干扰信号的振幅平方成正比,因此,提高前端电路的选择性,减小 V_{nm},是克服交调的有效措施。最后,是否产生交调,只决定于放大器或混频器的非线性,与干扰信号的频率无关。只要干扰信号足够强,并进入接收机的前端电路,就可能产生交调。因此,交调是危害性较大的一种干扰形式。

4.9.3 互相调制(互调)

若有两个或更多个干扰信号同时加到接收机的输入端,则由于放大器的非线性作用,使干扰信号彼此混频,就可能产生频率接近有用信号频率的互调(intermodulation)干扰分量,与有用信号同时进入接收机的中频系统,经检波差拍后,产生哨叫声。例如,当接收机接收 3.5 MHz 的有用信号时,另有两个电台,一个工作于 2.1 MHz,另一个工作于 1.4 MHz。如果接收机前端电路选择性不好,这两个干扰频率都进入了接收机的输入端,则由于高放(或混频)级的非线性特性,会在 (2.1+1.4) MHz = 3.5 MHz 上产生互调分量,与有用信号同时进入接收机,产生哨叫声。事实上,只要干扰频率 ω_1、ω_2 和信号频率 ω_s 满足下式时

$$\pm m\omega_1 \pm n\omega_2 = \omega_s \qquad (4.9.12)$$

即可产生互调现象[1],式中 m,n 为正整数。由于频率不能为负,所以 $-m\omega_1 - n\omega_2$ 不成立,其他三种情况都存在。

与分析交调情况相似,仍利用式(4.9.8)可以证明,互调干扰是由高放(或混频)级的二次、三次和更高次非线性项所产生,而且干扰信号幅度愈大,互调干扰分量也愈大。

4.9.4 阻塞现象与相互混频

当一个强干扰信号进入接收机输入端后,由于输入电路抑制不良,前端电路内的放大器或混频器会工作于严重的非线性区域,甚至完全破坏晶体管的工作状态,使输出信噪比大大下降。这就是强信号阻塞现象(blocking phenomena)。

---

[1] $m+n=2$,称为二阶互调;$m+n=3$ 称为三阶互调,其余类推。

信号过强时,甚至可能导致晶体管的 PN 结被击穿,晶体管的正常工作状态被破坏,产生了完全堵死的阻塞现象。

相互混频(mutual mixing)也是混频器一种特有的干扰形式。它是由于在混频器输入端存在强干扰信号,而在本振源内又存在杂散噪声所引起的。这种现象可用图 4.9.1 来说明。图中,f_0 为本振频率,在本振信号两侧存在边带噪声,如虚线三角部分所示。f_s 是有用信号频率。f_s 与 f_0 混频后,产生中频 f_i。f_{n1} 与 f_{n2} 为两个干扰信号。它们与 f_0 混频后,产生的频率分量可能不在中频通带之内,因而不会引起干扰哨声。但 f_{n1} 或 f_{n2} 与边带噪声中的某些噪声分量混频后,可能产生正好落在中频通带内的频率分量,形成中频噪声。

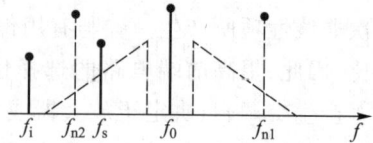

图 4.9.1 倒易混频示意图

结果使输出信噪比下降,亦即接收机的实际灵敏度下降。因为这时是将本振源的边带噪声去调制干扰信号(较强),故称为噪声调制。这时干扰信号作为噪声调制中的载频,本振源中的边带噪声(较弱)当作输入信号,正好与原来的混频位置颠倒,所以又称为倒易混频。由上述可知,为了避免产生相互混频现象,应要求本振频谱尽量纯净。

4.9.5 克服干扰的措施

根据上面的讨论可知,产生各种干扰的主要原因是:前端电路选择性不好、器件的非线性、动态范围小、中频选择不当等。因此,应从以下几方面来考虑克服干扰的具体措施。

① 提高前端电路的选择性,对抑制各种外部干扰有着决定性的作用。有时为了进一步抑制非线性干扰,还可以加滤波器。

过去为了提高前端电路的选择性,常常增加调谐回路数目,增加高放级。但这样将使整机电路和结构变得很复杂,而且高放级级数增加后,会加重前端电路的非线性,减小动态范围,使交调、互调、阻塞等干扰更严重。因此,目前的趋势是采用没有高放级的高中频和固定滤波器,以进一步抑制干扰和简化整机电路与结构。

② 合理选择中频,能大大减少组合频率干扰和副波道干扰,对交调、互调等干扰也有一定的抑制作用。

式(4.9.3)可改写成

$$\frac{f_s}{f_i} = \frac{p \pm 1}{q - p} \tag{4.9.13}$$

式(4.9.13)说明,当中频 f_i 一定时,只要信号频率 f_s 满足上式,并在接收机频率范围内,就可能产生组合频率干扰。因而合理地选择中频,可大大减少组合频率干扰点落在接收频段内的数目。选用高中频(例如 70 MHz),在接收频段(2～30 MHz)内的干扰点数只有三个,而且基本上抑制了镜频和中频干扰。因此低中频和高中频方案采用哪个,视情况而定。

此外,也可以采用二次变频接收机,第一中频选用高中频,减少非线性干扰。第二中频采用低中频(几百千赫至几兆赫),满足增益和邻近波道选择性等要求。

③ 合理选用电子器件与工作点。工作点的选择应使晶体管工作于三次非线性最小的区域,以减小交调、互调和阻塞等干扰。还可以加交流负反馈,以减小晶体管的非线性特性和扩大动态范围。此外,由于场效应管的转移特性近似于平方律特性,所以采用场效应管作为放大器与混频器,对改善互调、交调和阻塞干扰是很有利的。另外,差分对放大器的动态范围较大,用它作为高频放大器或混频,对改善阻塞、交调和互调等也是有利的。

§4.10　外　部　干　扰

以上讨论的是接收机本身产生的干扰,称为内部干扰。此外还有外部干扰,主要有工业干扰和天电干扰。简介如下。

4.10.1　工业干扰

工业干扰是由各种电气设备,例如电动机、电焊机、电疗机、电气开关等,电流(或电压)急剧变化所形成的电磁波辐射被接收机天线接收到而产生的干扰。也有的电气设备正常工作,也产生电磁波辐射,对接收机产生干扰。

工业干扰的强弱决定于产生干扰的电气设备的数目、性质及分布情况。当这些干扰源离接收机很近时,产生的干扰是很难消除的。工业干扰的传播途径,除直接辐射外,更主要的是沿电力线传输,并通过接收机的交流电源线直接进入接收机。也可能通过天线与有干扰的电力线之间的分布电容耦合而进入接收机。

工业干扰沿电力线传播比它在相同距离的直接辐射强度大得多。城市的工业干扰比农村严重得多;电气设备愈多的大城市,情况愈严重。

从工业干扰的性质看,它们大多属于脉冲干扰。通常,脉冲干扰可看成是一个突然上升然后又按指数规律下降的尖脉冲,如图 4.10.1 所示。其时间关系表示式为

$$\left.\begin{array}{ll} f(x) = v_n e^{-at} & (t>0 \text{ 时})\\ f(x) = 0 & (t\leqslant 0 \text{ 时}) \end{array}\right\} \tag{4.10.1}$$

式中,a 表示干扰电压下降的速度。

这种非周期脉冲信号 $f(x)$ 的频谱密度具有如下形式：

$$F(\omega) = \int_0^\infty f(x) e^{-j\omega t} dt \qquad (4.10.2)$$

将式(4.10.1)代入式(4.10.2)，经积分后得

$$F(\omega) = \frac{v_n}{a + j\omega} \qquad (4.10.3)$$

仅考虑幅值，则

$$\left| F(\omega) \right| = \frac{v_n}{\sqrt{a^2 + \omega^2}} \qquad (4.10.4)$$

式(4.10.4)表示干扰振幅与频率的关系，如图 4.10.2 所示。由图可见，脉冲干扰的影响在频率较高时比频率低时弱得多。且接收机通频带较窄时，通过脉冲干扰的能量小，则干扰的影响减弱。因此工业干扰对中波波段的影响较大，随着接收机工作波段进入短波、超短波(一般工作频率在 20 MHz 以上)，这类干扰的影响就显著下降。

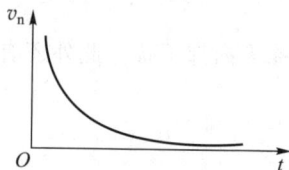

图 4.10.1　脉冲干扰波形　　　图 4.10.2　脉冲干扰频谱图

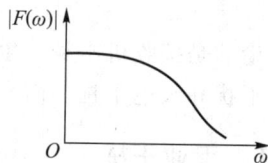

为了克服工业干扰，最好在产生干扰的地方进行抑制。例如，在电气开关、电动机的火花系统处并联一个电阻和电容，以减小火花作用，如图 4.10.3(a)所示。或在干扰源处加接防护滤波器，如图 4.10.3(b)所示。除此之外，还可以把产生干扰的设备加以良好的屏蔽，以减小干扰的辐射作用。

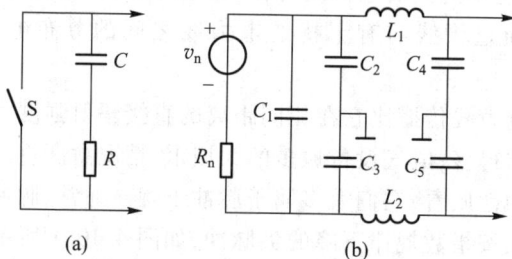

图 4.10.3　抑制火花作用的电路和滤波器

为了避免沿电力线传播的干扰进入用交流电作为电源的接收机和测量仪器，通常在这些设备的电源变压器一次侧加以滤波，并在一、二次绕组之间加以

静电屏蔽①,如图 4.10.4(a)、(b)所示。

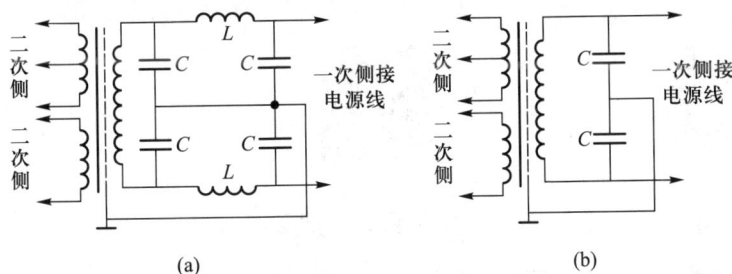

图 4.10.4　接收机或测量仪器电源线滤除脉冲干扰的方法

但是,在大城市有着很多各式各样的干扰源。要对这些干扰源都加以抑制是很困难的。因此,在可能情况下应使接收机的通频带尽量窄,或将接收机的工作地点选在郊外工业干扰较小的地方,并采用定向天线。有的接收机还采用了抗脉冲干扰的电路。例如在脉冲干扰来的瞬间,接收机检波器短路,无输出。

4.10.2　天电干扰

自然界的雷电现象是天电干扰的主要来源。此外,带电的雨雪和灰尘的运动,以及它们对天线的冲击,都可能引起天电干扰。

地球上平均每秒发生 100 次左右的空中闪电,每次雷电都产生强烈的电磁场骚动,并向四面八方传播到很远的地方。因此,即使距离雷电几千公里以外,在看不到雷电现象的情况下,干扰都可能很严重。

天电干扰场强的大小与地理位置(例如发生雷电较多的赤道、热带、高山等地区天电干扰电平较高)和季节(例如夏季比冬季高)等有关。

天电干扰同工业干扰一样,属于脉冲性质。如上所述,脉冲干扰的频谱密度是与频率成反比地减小的。因此频率升高时,天电干扰的电平降低。此外,在较窄频带内通过的天电干扰能量小,所以干扰强度随频带变窄而减弱。

克服天电干扰是困难的,因为不可能在产生干扰的地方进行抑制。因此,只能在接收机等设备上采取一些措施,如电源线加接滤波电路,采用窄频带,加接抗脉冲干扰电路等。或在雷电多的季节采用较高的频率进行通信。

---

① 静电屏蔽亦称法拉第屏蔽(Faraday shield),即在一、二次绕组之间加绕一层开路线圈,并接地。因而此开路线圈只对电场起屏蔽作用,对磁场无影响。

参 考 文 献

第 4 章拓展阅读
变频器

思考题与习题

4.1 我们知道,通过电感 L(设为常量)的电流 i 与其上的电压 v 之间有如下关系:

$$v = L \frac{\mathrm{d}i}{\mathrm{d}t}$$

为什么说电感 L 是一个线性元件?你是如何理解的?

同样,对于线性电容 C 来说,有

$$v = \frac{1}{C} \int i \mathrm{d}t$$

应如何理解它的"线性"?

4.2 非线性电阻伏安特性曲线如图 4.1 所示。试定性说明,在图示两种情况下,哪种情况电阻上的电压 v 失真更大些?为什么?(假设 $I_{m1} = I_{m2}$)

4.3 在上题中,若 $I_{m1} > I_{m2}$,这时应如何考虑 v 的失真情况?试加以讨论。提示:将 v 展开成为泰勒级数,然后比较两种情况下各项系数的大小。

4.4 试粗略画出图 4.1 给的非线性元件的动态电阻 r 随电压 v 变化的关系曲线。

4.5 用作图的方法求图 4.2 中的电流 I_0。图中,R_2 是非线性电阻元件,其伏安特性曲线如图 4.1 所示;R_1 是线性电阻元件;V_0 是外加直流电压。

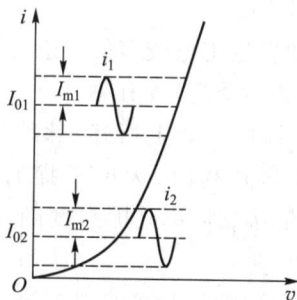

图 4.1

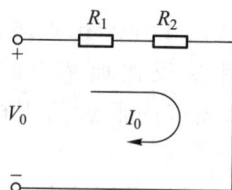

图 4.2

4.6 用作图的方法求图 4.3 中的电流 I_0。图中,$R_2 = R_3$ 是相同的非线性元件,其伏安特性曲线如图 4.1 所示;R_1 为线性电阻元件;V_0 为直流电压。

4.7 用作图的方法求图 4.4 中的电流 I_0。图中符号同上题。若输入电压除直流电压 V_0 外,还叠加有一交流电压

$$v(t) = V_0 \cos \omega_0 t$$

试画出电流 $i(t)$ 的波形。

[这里，$i(t)$ 指交流成分与直流成分之和。]

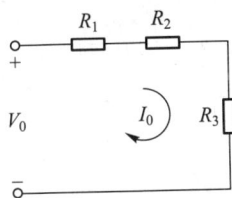 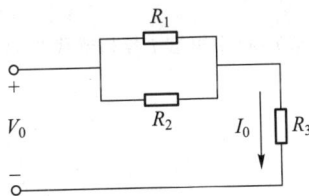

图 4.3　　　　　　　　图 4.4

4.8 若非线性元件伏安特性为

$$i = kv^2$$

式中，k 为常数。所加电压为

$$v = V_0 + V_m \cos \omega_0 t$$

式中，V_0 为直流电压。

应如何选取 V_0 和 V_m 才能使该非线性元件更能近似地当成线性元件来处理？试从物理意义上加以说明。

提示：当说明"V_m 应取得足够小"时，可将伏安特性表示式在 V_0 附近展开成泰勒级数进行分析。

4.9 若非线性元件伏安特性为

$$i = b_0 + b_1 v + b_3 v^3$$

能否用它进行变频、调幅和振幅检波？为什么？

4.10 若非线性元件伏安特性曲线如图 4.5 所示。为了用作线性放大，工作点应如何选取？选定工作点后，设输入信号为

$$v_i = 0.02 \cos 2\pi \times 10^8 t \text{ V}$$

试求输出电流。

4.11 同上题。若工作点选择在图中 A 点，试计算电流 i 中二次谐波失真系数（即二次谐波与基波的振幅比）。

4.12 图 4.6 是晶体管的转移特性曲线，用它作二次倍频器。为了使 i_C 中的二次谐波振幅达到最大值，应如何选取 V_{BB} 的数值（V_{BB} 是直流偏压，设 V_{BZ} 与 V_m 均固定不变）？

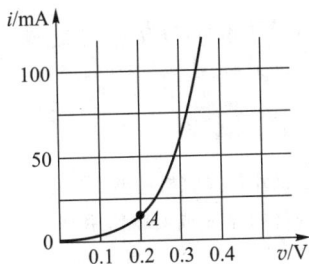 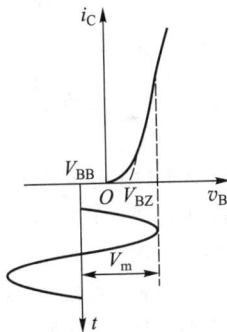

图 4.5　　　　　　　　图 4.6

4.13 若二极管 D 的伏安特性曲线可用图 4.7(b)中的折线来近似,输入电压为

$$v = V_m \cos \omega_0 t$$

试求图 4.7(a)中电流 i 各频谱成分的大小。(设 g、R_L、V_m 均已知)

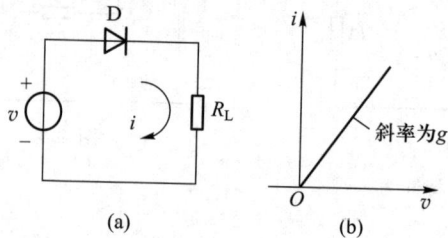

(a)   (b)

图 4.7

4.14 图 4.5 的非线性元件可用来进行混频吗?为什么?工作点应如何选取?

4.15 同 4.13 题,试计算图 4.8 电路中电流 i 各频谱成分的大小。设变压器 Tr 的变压比为 $\dfrac{1}{2}$,D_1 与 D_2 特性相同[如图 4.7(b)所示]。

4.16 同 4.13 题,若

$$v = V_0(1+m\sin \Omega t)\sin \omega_0 t \text{ V}$$

试计算电流 i 中各频谱成分的大小,并画出振幅频谱图。

4.17 图 4.9 的电路中,设二极管 D_1 和 D_2 特性相同,都为

$$i = kv^2$$

式中,k 为常数。试求输出电压 v_0 的表示式。(v_1 和 v_2 均已知)

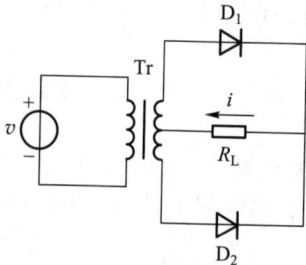

图 4.8

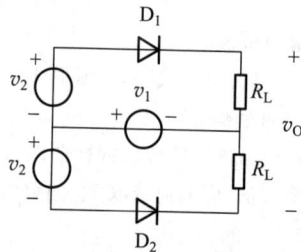

图 4.9

4.18 图 4.10 的电路中,设二极管 D_1、D_2、D_3、D_4 特性相同,均为

$$i = b_0 + b_1 v + b_2 v^2 + b_3 v^3$$

已知 v_1、v_2,试求输出电压 v_0 的表示式。

4.19 变频作用是如何产生的?

4.20 变频器的任务是什么?为什么说变频器是超外差接收机的核心?

4.21 为什么一定要用非线性器件(或线性时变器件)来完成变频作用?

4.22 外部干扰有哪些?影响如何?怎样克服?

4.23 在图 4.6.1 所示的晶体管混频器电路中,设本振电压 $v_0 = V_{0m}\cos \omega_0 t$。在满足线性时

条件下,试分别求出晶体管的静态转移特性在下列两种情况下的变频跨导 g_c:

（1） $i_C = f(v_{BE}) = b_0 + b_1 v_{BE} + b_2 v_{BE}^2 + b_3 v_{BE}^3 + b_4 v_{BE}^4$

（2） $i_C = f(v_{BE}) = \alpha I_s e^{\frac{q v_{BE}}{kT}}$

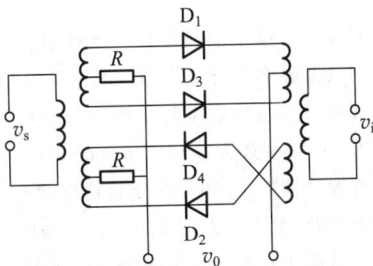

4.24 图 4.11 表示分裂式平衡混频器。试分析此电路的工作原理,并说明 R 的作用是什么,它克服了普通双平衡混频器的(图 4.7.2)哪些缺点。

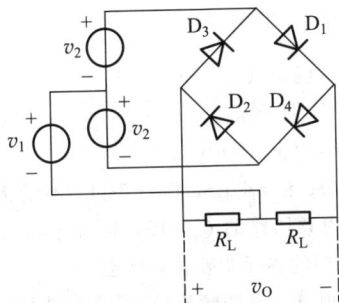

图 4.10　　　　　　　图 4.11　分裂式平衡混频器

4.25 在图 4.11 中,忽略负载作用,并设二极管 D_1、D_2、D_3、D_4 的端电压分别为 v_1、v_2、v_3、v_4,且 $v_1 = v_0 + v_s$,$v_2 = v_0 - v_s$,$v_3 = -v_0 + v_s$,$v_4 = -v_0 - v_s$。每个管子的特性都用级数 $i = a_0 + a_1 v + a_2 v^2 + a_3 v^3 + a_4 v^4 + \cdots$ 表示。试证明:此混频器的总输出电流为

$$i_{\Sigma} = 8 a_2 v_0 v_s + 16 a_4 v_0 v_s^3 + 16 a_4 v_0^3 v_s + \cdots$$

4.26 图 4.12 所示为一个场效应管混频器。

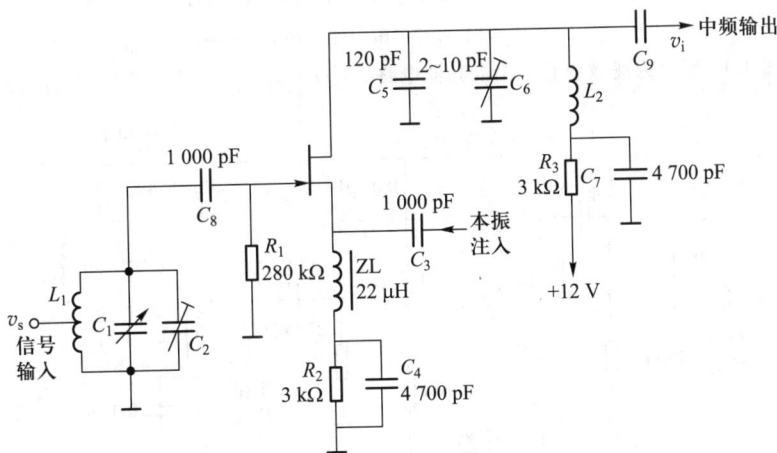

图 4.12

场效应管的转移特性为

$$I_D = I_{DSS} \left(1 - \frac{V_{GS}}{V_p}\right)^2$$

式中,I_D 为漏极电流;I_{DSS} 为栅压为零时的漏极电流;V_p 为夹断电压;V_{GS} 为栅源电压。设直流偏置电压为 V_{GS0};信号电压为 $v_s = V_s \sin \omega_s t$;本振电压 $v_0 = V_0 \sin \omega_0 t$。

试证明:

（1）此混频器能完成混频作用。

（2）变频跨导　$g_c = \dfrac{I_i}{V_s} = \dfrac{I_{DSS}}{V_p^2} V_0$。

（3）当 $V_0 = |V_p - V_{GS0}|$ 时,$g_c = \dfrac{1}{2} g_0$ 即为静态工作点上跨导的一半。

4.27　晶体管自激式变频器和混频器相比较,各有哪些优缺点?

4.28　对变频器有些什么要求? 其中哪几项是主要的质量指标?

4.29　混频管的信号频率与中频分别为 $f_s = 1$ MHz, $f_i = 465$ kHz;其工作点为 $V_{CE} = -6$ V, $I_E = 0.5$ mA;参数为 $\beta = 35$, $f_T \approx 65$ MHz, $r_{bb'} = 200\ \Omega$, $g_{ce} = 4\ \mu S$, $C_{b'c} = 7$ pF。计算此晶体管混频器的 g_c 和最大变频功率增益。若输出中频回路的 $Q_0 = 100$,且为 $\eta = 1$ 的双调谐回路,要求通频带 $2\Delta f_{0.7}$ 为 10 kHz,试求变频器的实际变频功率增益。

4.30　计算图 4.6.5 所示混频器的输入电导 g_{ie}、输出电导 g_{oc}、变频跨导 g_c、变频器的最大变频增益和实际变频增益。已知:$I_E = 0.08$ mA, $f_s = 5$ MHz, $f_i = 465$ kHz, 负载阻抗 $R_L = 10$ kΩ。晶体管的参数如下:$r_{bb'} \leqslant 45\ \Omega$, $f_T \geqslant 80$ MHz, $\beta_0 = 30$, $C_{b'c} \leqslant 3$ pF, $g_{ce} = 10\ \mu S$。

4.31　采用平衡混频器有什么优缺点? 为什么还要以开关方式工作? 如何保证开关方式工作?

4.32　图 4.11 表示分裂式平衡混频器,忽略负载作用,并设二极管 D_1、D_2、D_3、D_4 两端电压分别为 v_1、v_2、v_3、v_4 且 $v_1 = v_0 + v_s$, $v_2 = v_0 - v_s$, $v_3 = -v_0 + v_s$, $v_4 = -v_0 - v_s$, 每个管子的特性都用级数 $i = a_0 + a_1 v + a_2 v^2 + a_3 v^3 + a_4 v^4 + \cdots$ 表示。试证明:此混频器的总输出电流为

$$i_\Sigma = 8a_2 v_0 v_s + 16a_4 v_0^3 v_s + 16a_4 v_0 v_s^3 + \cdots$$

4.33　图 4.13 所示为场效应管平衡混频器电路。

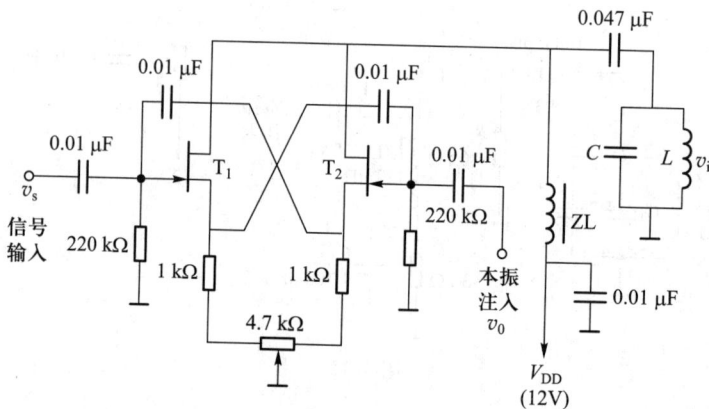

图 4.13

图中,$v_s = V_{sm} \sin \omega_s t$;$v_0 = V_{0m} \sin \omega_0 t_0$。试说明此混频电路的工作过程。分析在此电路

的输出电压中是否存在本振频率和信号频率的基波分量,并求输出中频电流的表示

式。设电路工作在场效应管的平方律区域,其转移特性为 $I_{\mathrm{D}} = I_{\mathrm{DSS}} \cdot \left(1 - \dfrac{V_{\mathrm{GS}}}{V_{\mathrm{p}}}\right)^2$。

4.34　如果混频管的转移特性关系式为

$$i_{\mathrm{C}} = b_0 + b_1 v_{\mathrm{be}} + b_2 v_{\mathrm{be}}^2$$

问会不会受到中频干扰和镜像干扰? 会不会产生干扰电台所引起的交调、互调和阻
塞? 为什么?

4.35　一超外差式广播接收机,中频 f_{i} 为 465 kHz。在收听频率 $f_{\mathrm{s}} = 931$ kHz 的电台播音时,
发现除了正常信号外,还伴有音调约为 1 kHz 的哨叫声,而且如果转动接收机的调谐
旋钮,此哨叫声的音调还会变化。试问:

(1) 此现象是如何引起的,属于哪种干扰?

(2) 在 535 ~ 1 605 kHz 波段内,在哪些频率刻度上还会出现这种现象?

(3) 如何减小这种干扰?

4.36　湖北台频率为 $f_1 = 774$ kHz,武汉台频率为 $f_2 = 1\ 035$ kHz,问它们对某短波($f_{\mathrm{s}} = 2 \sim$
12 MHz,$f_{\mathrm{i}} = 465$ kHz)收音机的哪些接收频率将产生互调干扰?

4.37　图 4.14 的混频器输出频率 f_{i} 的范围为 2 ~ 30 MHz。
现要求三阶互调与五阶互调①分量落在上述频带之
外,则混频器的输入频率 f_{s} 与本振频率 f_{l} 应如何选择?

$$f_{\mathrm{s}} \rightarrow \boxed{混频器} \rightarrow f_{\mathrm{i}} = 2 \sim 30\ \text{MHz}$$

$$\uparrow f_0$$

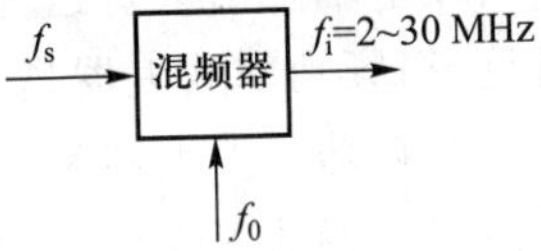

图 4.14

4.38　(1) 正确选择变频管的工作状态,能否抑制镜频干扰
和中频干扰? 为什么?

(2) 若接收机为波段工作,在哪个频率上对镜像干扰抑制能力最差? 为什么? 在哪个
频率上对中频干扰抑制能力最差? 为什么?

4.39　混频器晶体管在静态工作点上展开的转移特性由下式表示:

$$i_{\mathrm{C}} = I_0 + a v_{\mathrm{BE}} + b v_{\mathrm{BE}}^2 + c v_{\mathrm{BE}}^3 + d v_{\mathrm{BE}}^4$$

已知混频器本振频率 $f_0 = 23$ MHz,中频 $f_{\mathrm{i}} = f_0 - f_{\mathrm{s}} = 3$ MHz。若在混频器输入端同时作用
着 $f_1 = 19.6$ MHz 与 $f_2 = 19.2$ MHz 的干扰信号。试问在混频器输出端是否有互调信号
输出? 它是通过转移特性的几次方项产生的?

---

①　式(4.9.12)中的 $m + n = 5$,称为五阶互调;$m + n = 3$,称为三阶互调。

第 5 章　高频功率放大器

§5.1　概　　述

我们已经知道,在低频放大电路中为了获得足够大的低频输出功率,必须采用低频功率放大器。同样,在高频范围,为了获得足够大的高频输出功率,也必须采用高频功率放大器。例如,绪论中所示发射机方框图的高频部分,由于在发射机里的振荡器所产生的高频振荡功率很小,所以在它后面要经过一系列的放大——缓冲级、中间放大级、末级功率放大级,获得足够的高频功率后,才能馈送到天线上辐射出去。这里所提到的放大级都属于高频功率放大器的范畴。由此可见,高频功率放大器是发送设备的重要组成部分。

高频功率放大器和低频功率放大器的共同特点都是输出功率大和效率高。但由于二者的工作频率和相对频带宽度相差很大,就决定了它们之间有着根本的差异:低频功率放大器的工作频率低,但相对频带宽度却很宽。例如,自20 Hz 至20 000 Hz,高低频率之比达1 000 倍。因此它们都是采用无调谐负载,如电阻、变压器等。高频功率放大器的工作频率高(由几百千赫一直到几百、几千甚至几万兆赫),但相对频带很窄。例如,调幅广播电台(535~1 605 kHz 的频段范围)的频带宽度原来定为10 kHz[①],如中心频率取为1 000 kHz,则相对频宽只相当于中心频率的百分之一。中心频率越高,则相对频宽越小。因此,高频功率放大器一般都采用选频网络作为负载回路。这后一特点,使得这两种放大器所选用的工作状态不同:低频功率放大器可工作于甲类、甲乙类或乙类(限于推挽电路)状态;高频功率放大器则一般都工作于丙类(某些特殊情况可工作于乙类)。近年来,宽频带发射机的各中间级还广泛采用一种新型的宽带高频功率放大器,它不采用选频网络作为负载回路,而是以频率响应很宽的传输线作负载。这样,它可以在很宽的范围内变换工作频率,而不必重新调谐。

综上所述可见,高频功率放大器与低频功率放大器的共同点是要求输出功率大,效率高;它们的不同点则是二者的工作频率与相对频宽不同,因而负载网

---

① 从1978 年11 月23 日起,我国已根据1975 年国际电信联盟在日内瓦召开的一、三区长中波会议上制定的一、三区长中波广播规划达成的协议,将频道间隔由10 kHz 改为9 kHz,各频道具体频率由10 kHz 整数倍改为9 kHz 整数倍(见1978 年11 月22 日《人民日报》)。

络与工作状态也不同。

从"低频电子线路"课程已知,放大器可以按照电流通角的不同,分为甲、乙、丙三类工作状态。甲类放大器电流的流通角[①]为 360°,适用于小信号低功率放大。乙类放大器电流的流通角约等于 180°;丙类放大器电流的流通角则小于 180°。乙类和丙类都适用于大功率工作。丙类工作状态的输出功率和效率是三种工作状态中最高者。高频功率放大器大多工作于丙类。但丙类放大器的电流波形失真太大,因而不能用于低频功率放大,只能用于采用调谐回路作为负载的谐振功率放大。由于调谐回路具有滤波能力,回路电流与电压的波形仍然接近于正弦波形,失真很小。

除了以上几种按电流流通角来分类的工作状态外,又有使电子器件工作于开关状态的丁类放大和戊类放大。丁类放大器的效率比丙类放大器的还高,理论上可达 100%,但它的最高工作频率受到开关转换瞬间所产生的器件功耗(集电极耗散功率或阳极耗散功率)的限制。如果在电路上加以改进,使电子器件在通断转换瞬间的功耗尽量减小,则工作频率可以提高。这就是戊类放大器[4]。

由于高频功率放大器通常工作于丙类,属于非线性电路,所以不能用线性等效电路来分析。第 4 章已指出,对它们的分析方法可以分为两大类:一类是图解法,即利用电子器件的特性曲线来对它的工作状态进行计算;另一类是解析近似分析法,即将电子器件的特性曲线用某些近似解析式来表示,然后对放大器的工作状态进行分析计算。最常用的解析近似分析法是用折线段来表示电子器件的特性曲线,称为折线法。总的说来,图解法是从客观实际出发,计算结果比较准确,但对工作状态的分析不方便,手续较烦冗;折线近似法的物理概念清楚,分析工作状态方便,但计算准确度较低。

应该说明,对于晶体管高频功率放大器工作状态的分析,远不如电子管高频功率放大器的理论那样完整、成熟。这是因为晶体管内部的物理过程比电子管复杂得多,尤其是在高频大信号工作时,更是如此。因此,晶体管高频功率放大器工作状态的计算相当困难,有些地方就是直接采用与电子管类比的方法来讨论的。通常只进行定性分析与估算,再依靠实验调整到预期的状态。

高频功率放大器的主要技术指标是输出功率与效率,这在本节开始时即已指出。除此之外,输出中的谐波分量还应该尽量小,以免对其他频道产生干扰。国际间对谐波辐射规定有两个标准:① 对中波广播来说,在空间任一点的谐波场强对基波场强之比不得超过 0.02%;② 不论电台的功率有多大,在距电

---

① 此处所指的流通角即图 5.2.2 中的 $2\theta_c$。

台 1 km处的谐波场强不得大于 50 μV/m。在一般情况下,假如任一谐波的辐射功率不超过 25 mW,即可认为满足上述要求。

如前所述,高频功率放大器的主要技术指标是输出功率与效率,这是研究这种放大器时应抓住的主要矛盾。工作状态的选择就是由这主要矛盾决定的。可以这样说,在给定电子器件之后,为了获得高的输出功率与效率,应采用丙类工作状态。而允许采用丙类工作的先决条件,则是工作频率高、频带窄、允许采用调谐回路做负载。那么,为什么在丙类工作时,能获得高的输出功率和效率呢?这就是下节所要讨论的问题。

§5.2 谐振功率放大器的工作原理

由于晶体管的工作情况与频率有极密切的关系,通常可以把它的工作频率范围划分成如下三个区域:

低频区 $f < 0.5f_\beta$

中频区 $0.5f_\beta < f < 0.2f_T$

高频区 $0.2f_T < f < f_T$

f_β 与 f_T 之间的关系为 $f_T \approx \beta f_\beta$。

晶体管在低频区工作时,可以不考虑它的等效电路中的电抗分量与载流子渡越时间等影响。此时能用与分析电子管高频功率放大器相类似的方法来分析计算晶体管电路,内容比较成熟。中频区的分析计算要考虑晶体管各个结电容的作用。高频区则需进一步考虑电极引线电感的作用。因此,中频区和高频区的严格分析与计算是相当困难的。本书将从低频区来说明晶体管高频功率放大器的工作原理。在 §5.4 节再对晶体管在中频与高频区工作时的特点,进行定性的说明。

5.2.1 获得高效率所需要的条件

从"低频电子线路"课程我们已经知道,不论是晶体管放大器还是电子管放大器,它们的作用原理都是利用输入到基极(或栅极)的信号,来控制集电极(或阳极)的直流电源所供给的直流功率,使之转变为交流信号功率输出去。这种转换当然不可能是百分之百的,因为直流电源所供给的功率除了转变为交流输出功率的那一部分外,还有一部分功率以热能的形式消耗在集电极(或阳极)上,称为集电极(阳极)耗散功率。为方便起见,下面只讨论晶体管电路,但所得到的结论同样适用于电子管电路。

设 $P_=$ =直流电源供给的直流功率

$P_。$ =交流输出信号功率

P_c=集电极耗散功率

那么,根据能量守恒定律应有

$$P_= = P_o + P_c \tag{5.2.1}$$

为了说明晶体管放大器的转换能力,采用集电极效率 η_c,其定义为

$$\eta_c = \frac{P_o}{P_=} = \frac{P_o}{P_o + P_c} \tag{5.2.2}$$

由上式可以得出以下两点结论:

① 设法尽量降低集电极耗散功率 P_c,则集电极效率 η_c 自然会提高。这样,在给定 $P_=$ 时,晶体管的交流输出功率 P_o 就会增大。

② 如果维持晶体管的集电极耗散功率 P_c 不超过规定值,那么,提高集电极效率 η_c,将使交流输出功率 P_o 大为增加。对于这一点可说明如下:

由式(5.2.2),得

$$P_o = \left(\frac{\eta_c}{1-\eta_c}\right) P_c \tag{5.2.3}$$

如果 $\eta_c = 20\%$(甲类放大),则由上式得 $(P_o)_1 = 1/4 P_c$;如果 $\eta_c = 75\%$(丙类放大),则得到 $(P_o)_2 = 3P_c$。显然,$(P_o)_2 = 12(P_o)_1$。由此可见,对于给定的晶体管,在同样的集电极耗散功率 P_c 的条件下,当 η_c 由 20% 提高到 75% 时,输出功率提高 12 倍。可见,提高效率对输出功率的提高有极大的作用。这一概念是十分重要的。当然,这时输入的直流功率也要相应地提高,才能在 P_c 不变的情况下,增加输出功率。

高频功率放大器就是从这方面入手,来提高输出功率与效率的。

如何减小集电极耗散呢?参看图 5.2.1 所示的高频功率放大器的基本电路。由于在任一元件(呈电阻性)上的耗散功率等于通过该元件的电流与该元件两端电压的乘积,所以,晶体管的集电极耗散功率在任何瞬间总是等于瞬时集电极电压 v_c 与瞬时集电极电流 i_c 的乘积。如果使 i_c 只有在 v_c 最低的时候才能通过,那么,集电极耗散功率自然会大为减小。由此可见,要想获得高的集电极效率,放大器的集电极电流应该是脉冲状。当电流流通角小于 180° 时,即为丙类工作状态,这时基极直流偏压 V_{BB} 使基极处于反向偏置状态[①]。对于如图 5.2.1 所示的 NPN 型管来说,只有在激励信号 v_b 为正值的一段时间($+\theta_c$ 至 $-\theta_c$)内才有集电极电流产生,如图 5.2.2(a)所示。图中,将晶体管的转移特性理想化为一条直线(见 §5.3)交横轴于 V_{BZ},V_{BZ} 称为截止电压或起始电压。硅管的

---

① 从折线法的观点看,基极偏压 V_{BB} 等于 V_{BZ} 时,电流截止,即为乙类工作状态。当 $V_{BB} < V_{BZ}$ 时,即为丙类工作状态,这时 V_{BB} 可以为正向偏置或反向偏置,视通角 θ_c 根据激励电压 V_{bm} 的大小而定,但大多数情况采用反向偏置。

$V_{BZ}=0.4\sim0.6$ V，锗管的$V_{BZ}=0.2\sim0.3$ V。由图可知，$2\theta_c$是在一周期内的集电极电流流通角，因此，θ_c可称为半流通角或截止角（意即 $\omega t=\theta_c$ 时，电流被截止）。为方便起见，以后将θ_c简称为通角。由图5.2.2(a)可以看出（图中 V_{BB}取绝对值）

$$V_{bm}\cos\theta_c=V_{BZ}+V_{BB}$$

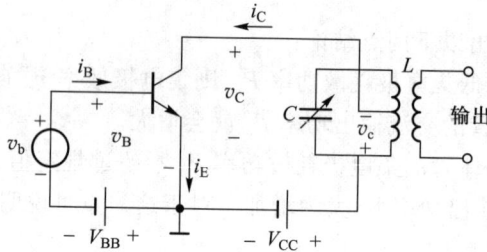

图5.2.1 高频功率放大器的基本电路

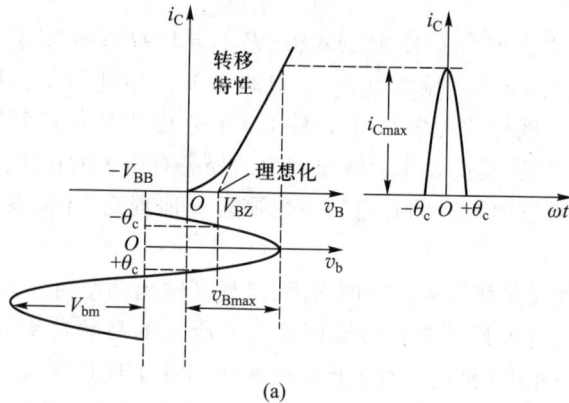

(a)

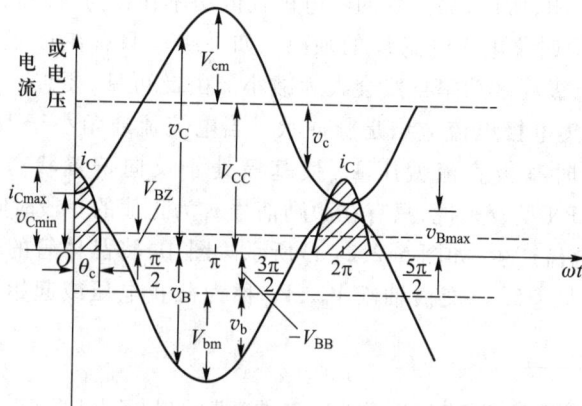

(b)

图5.2.2 高频功率放大器中各部分电压与电流的关系

故得

$$\cos \theta_c = \frac{V_{BZ} + V_{BB}}{V_{bm}} \qquad (5.2.4)$$

必须强调指出,集电极电流 i_C 虽然是余弦脉冲状,包含很多谐波,失真很大,但由于在集电极电路内采用的是并联谐振回路(或其他形式的选频网络),如使此并联回路谐振于基频,那么它对基频呈现很大的纯电阻性阻抗,而对谐波的阻抗则很小,可以看作短路,因此,并联谐振电路由于通过 i_C 所产生的电位降 v_c 也几乎只含有基频。这样,i_C 的失真虽然很大,但由于谐振回路的这种滤波作用,仍然能得到正弦波形的输出。

例 5.2.1 试求图 5.2.1 所示的并联谐振电路各次谐波与基频的阻抗值之比。已知回路 $Q = \frac{\omega L}{R} = 10$,回路谐振于基频。

解 并联谐振阻抗为

$$(Z_p)_\omega = R_p = p^2 \frac{L}{CR} = p^2 Q \omega L$$

对于谐波 $n\omega$ 的阻抗为

$$(Z_p)_{n\omega} = p^2 \frac{(R + jn\omega L)\dfrac{1}{jn\omega C}}{R + j\left(n\omega L - \dfrac{1}{n\omega C}\right)}$$

此处 p 为接入系数。

由于 $Q = \frac{\omega L}{R} = 10 \gg 1$,所以 $n\omega L \gg R$,同时注意到 $\omega^2 LC = 1$,于是上式化简为

$$(Z_p)_{n\omega} \approx p^2 \frac{n\omega L}{jn\omega C\left(n\omega L - \dfrac{1}{n\omega C}\right)}$$

$$= -jp^2 \frac{n}{(n^2 - 1)Q}(Q\omega L)$$

$$= -j \frac{n}{(n^2 - 1)Q}(Z_p)_\omega$$

由此可知,回路对高次谐波呈电容性阻抗。它的绝对值与基频谐振阻抗的比值等于

$$\left| \frac{(Z_p)_{n\omega}}{(Z_p)_\omega} \right| = \frac{n}{(n^2 - 1)Q}$$

在本例中,$Q = 10$。因此,当 $n = 2, 3, 4, 5$ 等数值时

$$\left| \frac{(Z_p)_{2\omega}}{(Z_p)_\omega} \right| = \frac{2}{(4-1) \times 10} = \frac{1}{15} \approx 0.066\ 7$$

$$\left| \frac{(Z_p)_{3\omega}}{(Z_p)_\omega} \right| = \frac{3}{(9-1) \times 100} = \frac{3}{80} \approx 0.037\ 5$$

$$\left| \frac{(Z_p)_{4\omega}}{(Z_p)_\omega} \right| = \frac{4}{(16-1) \times 10} = \frac{2}{75} \approx 0.026\ 7$$

$$\left|\frac{(Z_p)_{5\omega}}{(Z_p)_\omega}\right| = \frac{5}{(25-1)\times10} = \frac{1}{48} \approx 0.020\ 8$$

由此可见,回路阻抗对于各次谐波来说,它们的值与谐振于基频之值相比,小到可以忽略的程度(仅为百分之几),可以认为是短路的。因此,虽然 i_C 是脉冲状,但回路两端的电压以及由这电压所产生的回路电流仍然是正弦波形。这一概念十分重要。

回路的这种滤波作用也可从能量的观点来解释。回路是由储能元件 L(可以储存磁能)和 C(可以储存电能)组成的。在集电极电流通过的期间,回路储存能量;而在电流被截止的期间,回路释放能量。这样就维持了回路中振荡电流的连续性。这一情况和机械系统中的飞轮作用很相似。在一个单冲程式的引擎里,能量的来源也是"脉冲"式的,但活塞的运动则近似于简谐运动,其原因就在于飞轮能够储存和释放能量。因此回路的滤波作用有时也叫"飞轮效应"。

由于回路对基频呈纯电阻性阻抗,当集电极瞬时电流 i_C 最大时,回路上所产生的电压降 v_c 也为最大值 V_{cm},因此,集电极电压瞬时值 v_C 成为最小值 $v_{Cmin} = V_{CC} - V_{cm}$。$i_C$ 最大时,也是瞬时基极电压 v_B 达到最大值 $v_{Bmax} = -V_{BB} + V_{bm}$ 的时刻。所以,集电极瞬时电压 v_C 与基极瞬时电压 v_B 的相位差正好等于 $180°$。这时所得到的 v_C、v_B、i_C 等的波形和相位关系,如图 5.2.2(b)所示[1]。由图可知,i_C 只在 v_C 很低的时间内通过,集电极耗散功率减小,集电极效率自然提高。而且 v_{Cmin} 越低,效率就越高。

如果增大基极偏压(反向),而保持 V_{CC} 和 V_{bm} 不变,那么,i_C 的流通角 $2\theta_c$ 将减小,从而能获得更高的效率。$2\theta_c$ 越小,则效率越高。但当 $2\theta_c$ 太小时,自集电极电源 V_{CC} 输入的直流功率下降得太大,因此即使效率很高,但输出功率反而可能减小。由此可知,在 θ_c 角的选择上,输出功率与集电极效率之间是存在矛盾

---

[1] 这一部分所用的符号较多,汇总如下:

V_{CC} 为集电极电路的直流电源电压;

V_{BB} 为基极电路的直流偏压;

v_c 为集电极回路交流输出电压,振幅为 V_{cm};

v_b 为基极交流信号电压,振幅为 V_{bm};

v_C 为集电极到发射极的瞬时电压,最小值为 v_{Cmin};

v_B 为基极到发射极的瞬时电压,最大值为 v_{Bmax};

i_C 为集电极瞬时总电流,最大值为 i_{Cmax};

i_B 为基极瞬时电流;

i_E 为发射极瞬时电流;

$2\theta_c$ 为集电极电流的流通角。

各部分电压极性与电流的正方向已示于图 5.2.1 中,凡是电流方向与电压极性符合图中规定方向与极性的,就认为是正的。

的。为了兼顾输出功率与效率,应适当选取 θ_c 之值,一般取为 70°左右。

5.2.2　功率关系

参阅图 5.2.1 与图 5.2.2,可知

$$v_C = V_{CC} - V_{cm}\cos \omega t \qquad (5.2.5)$$

$$v_B = -V_{BB} + V_{bm}\cos \omega t \qquad (5.2.6)$$

此处略去了回路的直流电阻所产生的电压降,因为它通常很小。同时还假定集电极回路谐振于激励信号频率。

集电极电流脉冲可分解为傅里叶级数

$$i_C = I_{C0} + I_{cm1}\cos \omega t + I_{cm2}\cos 2\omega t + I_{cm3}\cos 3\omega t + \cdots \qquad (5.2.7)$$

直流电源 V_{CC} 所供给的直流功率为

$$P_= = V_{CC}I_{C0} \qquad (5.2.8)$$

由于回路对基频谐振呈纯电阻 R_p,对其他谐波的阻抗很小,且呈容性,所以,只有基频电流与基频电压才能产生输出功率。此时,回路可吸取的基频功率为

$$P_o = \frac{1}{2}V_{cm}I_{cm1} = \frac{V_{cm}^2}{2R_p} = \frac{1}{2}I_{cm1}^2 R_p \qquad (5.2.9)$$

所需要的回路阻抗值为

$$R_p = \frac{V_{cm}}{I_{cm1}} = \frac{V_{CC} - v_{Cmin}}{I_{cm1}} = \frac{V_{cm}^2}{2P_o} \qquad (5.2.10)$$

直流输入功率与回路交流功率 P_o 之差就是晶体管的集电极耗散功率,即

$$P_c = P_= - P_o \qquad (5.2.11)$$

放大器的集电极效率为

$$\eta_c = \frac{P_o}{P_=} = \frac{\frac{1}{2}V_{cm}I_{cm1}}{V_{CC}I_{C0}} = \frac{1}{2}\xi g_1(\theta_c) \qquad (5.2.12)$$

式中, $\xi = \dfrac{V_{cm}}{V_{CC}}$,称为集电极电压利用系数; $g_1(\theta_c) = \dfrac{I_{cm1}}{I_{C0}}$ 称为波形系数。它是通角 θ_c 的函数; θ_c 越小,则 $g_1(\theta_c)$ 越大。

式(5.2.12)说明, ξ 越大(即 V_{cm} 越大或 v_{Cmin} 越小), θ_c 越小,则效率 η_c 越高。

以上对高频谐振功率放大器的工作原理和功率、效率的数量关系,做了初步研究。必须指出,为了深刻理解谐振功率放大器的工作原理,并进而掌握以后讨论的分析方法,应牢固记清图 5.2.2(b)所示的电压与电流波形,它们之间的关系,以及各种符号的物理意义。图 5.2.2(b)对于掌握谐振功率放大器的工作原理是非常重要的。

§5.3 晶体管谐振功率放大器的折线近似分析法

5.3.1 晶体管特性曲线的理想化及其解析式

对高频功率放大器进行分析与计算,关键在于求出电流的直流分量 I_{c0} 与基频分量 I_{cm1}。只要求出了这两个数值,其他问题就可迎刃而解。§5.1 概述中已指出,解决这个问题的方法有图解法与折线近似分析法两种。图解法是从晶体管的实际静态特性曲线入手,从图上取得若干点,然后求出电流的直流分量与交流分量。图解法是从客观实际出发的,应该说,准确度是比较高的。但这对于电子管来说是正确的。而晶体管特性的离散性较大,因此一般手册并不给出它的特性曲线。即使有曲线,也只能作为参考,并不一定能符合实际选用的晶体管特性。这也就失掉了图解法准确度高的优点。同时图解法又难以进行概括性的理论分析。由于以上这些原因,对于晶体管电路来说,我们只讨论折线近似分析法。

所谓折线近似分析法,首先是要将电子器件的特性曲线理想化,每一条特性曲线用一条或几条直线(组成折线)来代替。这样,就可以用简单的数学解析式来代表电子器件的特性曲线。因而实际上只要知道解析式中的电子器件参数,就能进行计算,并不需要整套的特性曲线。这种计算比较简单,而且易于进行概括性的理论分析。它的缺点是准确度较低。但对于晶体管电路来说,目前还只能进行定性估算,因此只讨论折线近似法就行了。

在对晶体管特性曲线进行折线化之前,必须说明,由于晶体管特性与温度的关系很密切,因此,以下的讨论都是假定在温度恒定的情况。此外,因为实际上最常用共发射极电路,所以以后的讨论只限于共发射极组态。

晶体管的静态特性曲线在折线法中主要用到的有两组:输出特性曲线与转移特性曲线。输出特性曲线是指基极电流(电压)恒定时,集电极电流与集电极电压的关系曲线。转移特性曲线是指集电极电压恒定时,集电极电流与基极电压的关系曲线。

首先讨论输出特性曲线的折线化。图 5.3.1(a)表示晶体管的输出特性曲线[①]。仔细观察曲线族,发现它们可以用图 5.3.1(b)所示的折线族来近似表

[①] 事实上,晶体管是电流控制元件,特性曲线 $i_B\text{-}i_C$ 是线性的。因而在 i_B 为定值时的实际输出特性曲线为等间隔的。图 5.3.1(a)中采用 v_B 为定值,是为了便于采用折线法。因为 v_B 的变化也反映 i_B 的变化,所以这样的处理还是可行的。但应注意,由于输入特性曲线 $i_B\text{-}v_B$ 是非线性的,所以,v_B 为定值的输出特性曲线族的间隔不是等距离的,图 5.3.1(a)绘成等间隔曲线族,当然是不严格的。

示。直线1将晶体管的工作区分为饱和区与放大区:在它的左方为饱和区,右方为放大区(当然,在靠近横轴处,$i_C \approx 0$,为截止区)。这一点在《低频电子线路》中已经讲过了。在高频功率放大器中,又常根据集电极电流是否进入饱和区,将它的工作状态分为三种:当放大器的集电极最大点电流在直线1的右方时,交流输出电压也较低,称为欠压工作状态(under voltage state);当集电极最大点电流进入直线1的左方饱和区时,交流输出电压较高,称为过压工作状态(over voltage state);当集电极最大点电流正好落在直线1上时,称为临界工作状态(critical state)。因此,直线1称为临界线(critical line)。对于今后的分析来说,最重要的是表征这条临界线的方程。它是一条通过原点,斜率为g_{cr}的直线。因此,临界线方程可写为

$$i_C = g_{cr} v_C \tag{5.3.1}$$

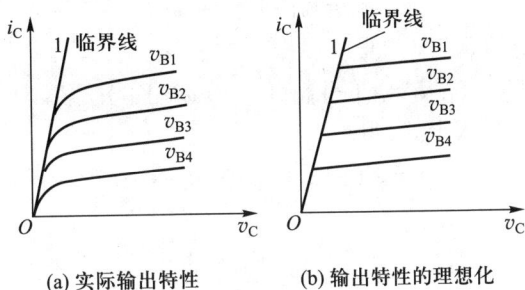

(a) 实际输出特性　　(b) 输出特性的理想化

图 5.3.1　晶体管的输出特性及其理想化

再来讨论转移特性的理想化。图 5.3.2 表示晶体管的静态转移特性曲线。理想化后,可用交横轴于 V_{BZ} 的一条直线来表示。V_{BZ} 叫作截止偏压或起始电压,这在上节已指出了。若用 g_c 代表这条直线的斜率,则

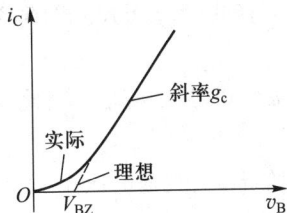

$$g_c = \frac{\Delta i_C}{\Delta v_B} \bigg|_{v_C = \text{常数}} \tag{5.3.2}$$

g_c 称为跨导,一般为几十至几百毫西(电子管跨导一般只有一至十几毫西)。此时理想化静态特性可用下式表示:

图 5.3.2　晶体管静态转移特性及其理想化

$$i_C = g_c(v_B - V_{BZ}) \quad (\text{适用于} v_B > V_{BZ} \text{时}) \tag{5.3.3}$$

式(5.3.1)与式(5.3.3)是折线近似分析法的基础。

5.3.2　集电极余弦电流脉冲的分解

由图 5.2.2 已知,当晶体管特性曲线理想化后,丙类工作状态的集电极电流脉冲是尖顶余弦脉冲。这适用于欠压或临界状态。如为过压状态,则电流波形

为凹顶脉冲(理由见 5.3.3 节)。不论是哪种情况,这些电流都是周期性脉冲序列,可以用傅里叶级数求系数的方法,来求出它的直流、基波与各次谐波的数值。下面只讨论尖顶余弦脉冲电流的分解。参阅图 5.3.3,一个尖顶余弦脉冲的主要参量是脉冲高度 i_{Cmax} 与通角 θ_c。知道了这两个值,脉冲的形状便可完全确定。

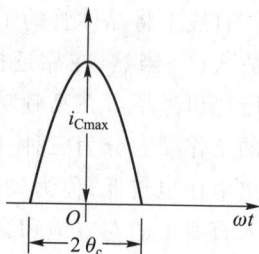

图 5.3.3　尖顶余弦脉冲

由式(5.3.3)可得晶体管的内部特性为

$$i_C = g_c(v_B - V_{BZ})$$

它的外部电路关系式为(参阅图 5.2.2)

$$v_B = -V_{BB} + V_{bm}\cos\omega t \tag{5.3.4}$$

$$v_C = V_{CC} - V_{cm}\cos\omega t \tag{5.3.5}$$

将式(5.3.4)代入式(5.3.3),得

$$i_C = g_c(-V_{BB} + V_{bm}\cos\omega t - V_{BZ}) \tag{5.3.6}$$

当 $\omega t = \theta_c$ 时,$i_C = 0$,代入上式,得

$$0 = g_c(-V_{BB} + V_{bm}\cos\theta_c - V_{BZ}) \tag{5.3.7}$$

即

$$\cos\theta_c = \frac{V_{BB} + V_{BZ}}{V_{bm}} \tag{5.3.8}$$

式(5.3.8)与式(5.2.4)完全相同。因此,知道了 V_{bm}、V_{BB} 与 V_{BZ} 各值,θ_c 的值便完全确定。

将式(5.3.6)与式(5.3.7)相减,即得

$$i_C = g_c V_{bm}(\cos\omega t - \cos\theta_c) \tag{5.3.9}$$

当 $\omega t = 0$ 时,$i_C = i_{Cmax}$,因此

$$i_{Cmax} = g_c V_{bm}(1 - \cos\theta_c) \tag{5.3.10}$$

当跨导 g_c、激励电压 V_{bm} 与流通角 θ_c 已知后,由式(5.3.10)即可求出 i_{Cmax} 之值。

将式(5.3.9)与式(5.3.10)相除,即得

$$\frac{i_C}{i_{Cmax}} = \frac{\cos\omega t - \cos\theta_c}{1 - \cos\theta_c}$$

或

$$i_C = i_{Cmax}\left(\frac{\cos\omega t - \cos\theta_c}{1 - \cos\theta_c}\right) \tag{5.3.11}$$

式(5.3.11)即为尖顶余弦脉冲的解析式,它完全取决于脉冲高度 i_{Cmax} 与流通角 θ_c。

若将尖顶脉冲分解为傅里叶级数

$$i_C = I_{C0} + I_{cm1}\cos \omega t + I_{cm2}\cos 2\omega t + \cdots + I_{cmn}\cos n\omega t + \cdots$$

则由傅里叶级数的求系数法,得

$$I_{C0} = \frac{1}{2\pi}\int_{-\pi}^{+\pi} i_C \mathrm{d}(\omega t) = \frac{1}{2\pi}\int_{-\theta_c}^{+\theta_c} i_C \mathrm{d}(\omega t)$$

$$= \frac{1}{2\pi}\int_{-\theta_c}^{+\theta_c} i_{Cmax}\left(\frac{\cos \omega t - \cos \theta_c}{1 - \cos \theta_c}\right)\mathrm{d}(\omega t)$$

$$= i_{Cmax}\left(\frac{1}{\pi}\cdot\frac{\sin \theta_c - \theta_c\cos \theta_c}{1 - \cos \theta_c}\right) \qquad (5.3.12)$$

$$I_{cm1} = \frac{1}{\pi}\int_{-\theta_c}^{+\theta_c} i_C \cos \omega t\, \mathrm{d}(\omega t)$$

$$= i_{Cmax}\left(\frac{1}{\pi}\cdot\frac{\theta_c - \sin \theta_c\cos \theta_c}{1 - \cos \theta_c}\right) \qquad (5.3.13)$$

$$I_{cmn} = \frac{1}{\pi}\int_{-\theta_c}^{+\theta_c} i_C \cos n\omega t\, \mathrm{d}(\omega t)$$

$$= i_{Cmax}\left[\frac{2}{\pi}\cdot\frac{\sin n\theta_c\cos \theta_c - n\cos n\theta_c\sin \theta_c}{n(n^2-1)(1-\cos \theta_c)}\right] \qquad (5.3.14)$$

以 $n = 2$、3、$\cdots$ 值代入式(5.3.14),即可得二次、三次等谐波分量的振幅。

以上诸式可简写成

$$\left.\begin{aligned} I_{C0} &= i_{Cmax}\alpha_0(\theta_c) \\ I_{cm1} &= i_{Cmax}\alpha_1(\theta_c) \\ &\;\;\vdots \\ I_{cmn} &= i_{Cmax}\alpha_n(\theta_c) \end{aligned}\right\} \qquad (5.3.15)$$

式中 α_0、α_1、$\cdots$、α_n 是 θ_c 的函数,称为尖顶余弦脉冲的分解系数,它们是

$$\left.\begin{aligned} \alpha_0(\theta_c) &= \frac{\sin \theta_c - \theta_c\cos \theta_c}{\pi(1-\cos \theta_c)} \\ \alpha_1(\theta_c) &= \frac{\theta_c - \cos \theta_c\sin \theta_c}{\pi(1-\cos \theta_c)} \\ &\;\;\vdots \\ \alpha_n(\theta_c) &= \frac{2}{\pi}\cdot\frac{\sin n\theta_c\cos \theta_c - n\cos n\theta_c\sin \theta_c}{n(n^2-1)(1-\cos \theta_c)} \end{aligned}\right\} \qquad (5.3.16)$$

α_0、α_1、$\cdots$、α_n 与 θ_c 的关系如图5.3.4所示。

由图5.3.4可以看出,α_1 的最大值为0.536。此时 $\theta_c \approx 120°$。这就是说,当 $\theta_c \approx 120°$ 时,I_{cm1}/i_{Cmax} 达到最大值。因此,在 i_{Cmax} 与负载阻抗 R_p 为某定值的情况下,输出功率 $P_o = \frac{1}{2}I_{cm1}^2 R_p$ 将达到最大值。这样看来,取 $\theta_c = 120°$ 应该是最佳通角了。但事实上是不会取用这个 θ_c 值的,因为这时放大器工作于甲乙类状态,

集电极效率太低。这可以由式(5.2.12)来说明：

$$\eta_c = \frac{P_o}{P_=} = \frac{1}{2} \frac{V_{cm}I_{cm1}}{V_{CC}I_{C0}} = \frac{1}{2}\xi \frac{\alpha_1(\theta_c)}{\alpha_n(\theta_c)} = \frac{1}{2}\xi g_1(\theta_c)$$

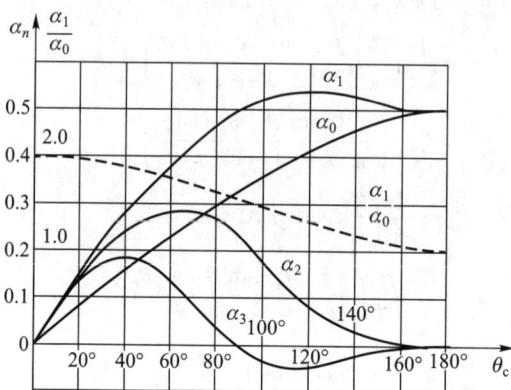

图 5.3.4 尖顶余弦脉冲的分解系数与 θ_c 的关系

式中 $g_1(\theta_c) = \dfrac{\alpha_1(\theta_c)}{\alpha_0(\theta_c)}$ 叫波形系数，已示于图 5.3.4。由这条曲线可知，θ_c 越小，

α_1/α_0 就越大。在极端情况 $\theta_c = 0$ 时，$g_1(\theta_c) = \dfrac{\alpha_1(\theta_c)}{\alpha_0(\theta_c)} = 2$ 达最大值。如果此时

$\xi = 1$，则 η_c 可达 100%。当然这种状态是不能用的，因为这时效率虽然最高，但 $i_C = 0$，没有功率输出。随着 θ_0 的增大，$g_1(\theta_c)$ 减小，当 $\theta_c \approx 120°$ 时，虽然输出功率最大，但 $g_1(\theta_c)$ 又嫌太小，效率太低。因此，为了兼顾功率与效率，最佳通角取 70° 左右。

由图 5.3.4 还可以看出：$\theta_c = 60°$ 时，α_2 达到最大值；$\theta_c = 40°$ 时，α_3 达到最大值。以后我们将会知道，这些数值是设计倍频器的参考值。

5.3.3　高频功率放大器的动态特性与负载特性

高频功率放大器的工作状态取决于负载阻抗 R_p 和电压 V_{CC}、V_{BB}、V_{bm} 四个参数。为了说明各种工作状态的优缺点和正确调节放大器，就必须了解工作状态随这几个参数而变化的情况。如果维持三个电压参数不变，那么工作状态就取决于 R_p。此时各种电流、输出电压、功率与效率等随 R_p 而变化的曲线，就叫负载特性(曲线)(load characteristic)。在讨论负载特性之前，应先讨论动态特性(dynamic characteristic)。

所谓动态特性是和静态特性(static characteristic)相对应而言的。我们知道，晶体管的静态特性是在集电极电路内没有负载阻抗的条件下获得的。例如，

维持集电极电压 v_C 不变,改变基极电压 v_B,就可求出 i_C-v_B 静态特性曲线族。如果集电极电路有负载阻抗,则当改变 v_B 使 i_C 变化时,由于负载上有电压降,就必然同时引起 v_C 的变化。这样,在考虑了负载的反作用后,所获得的 v_C、v_B 与 i_C 的关系曲线就叫作动态特性(曲线)。最常用的是当 v_B、v_C 同时变化时,表示 i_C-v_C 关系的动态特性曲线〔有时也叫负载线(load line)或工作路(operating path)〕。由于晶体管特性曲线实际上不是直线,所以,实际的动态特性曲线或工作路也不是直线。以下将证明,当晶体管静态特性曲线理想化为折线,而且放大器工作于负载回路谐振状态(即负载为纯电阻性)时,动态特性曲线也是一条直线。

由以前的讨论已知,当放大器工作于谐振状态时,它的外部电路关系式为

$$v_B = -V_{BB} + V_{bm}\cos \omega t$$
$$v_C = V_{CC} - V_{cm}\cos \omega t$$

由以上二式消去 $\cos \omega t$,得

$$v_B = -V_{BB} + V_{bm}\frac{V_{CC}-v_C}{V_{cm}} \tag{5.3.17}$$

另一方面,晶体管的折线化方程为〔式(5.3.3)〕

$$i_C = g_c(v_B - V_{BZ}) \tag{5.3.18}$$

动态特性应同时满足外部电路关系式(5.3.17)与内部关系式(5.3.18)。将式(5.3.17)代入式(5.3.18),即可得出在 i_C-v_C 坐标平面上的动态特性曲线(负载线或工作路)方程为

$$i_C = g_c\left[-V_{BB} + V_{bm}\frac{(V_{CC}-v_C)}{V_{cm}} - V_{BZ}\right]$$
$$= -g_c\left(\frac{V_{bm}}{V_{cm}}\right)\left[v_C - \frac{V_{bm}V_{CC} - V_{BZ}V_{cm} - V_{BB}V_{cm}}{V_{bm}}\right]$$
$$= g_d(v_C - V_0) \tag{5.3.19}$$

显然,式(5.3.19)表示一个斜率为 $g_d = -g_c V_{bm}/V_{cm}$、截距为

$$V_0 = \frac{V_{bm}V_{CC} - V_{BZ}V_{cm} - V_{BB}V_{cm}}{V_{bm}}$$

的直线,如图5.3.5中 AB 线所示。图中示出动态特性曲线的斜率为负值,它的物理意义是:从负载方面看来,放大器相当于一个负电阻,亦即它相当于交流电能发生器,可以输出电能至负载。

动态特性直线的作法是:在 v_C 轴上取 B 点,使 $OB = V_0$。从 B 作斜率为 g_d 的直线 BA。则 BA 即为欠压状态的动态特性。

也可以用另外的方法给出动态特性曲线。在静止点 Q:$\omega t = 90°$,$v_C = V_{CC}$,$v_B = -V_{BB}$,因此,由式(5.3.18)知 $i_C = I_Q = g_c(-V_{BB} - V_{BZ})$。注意,在丙类工作状态

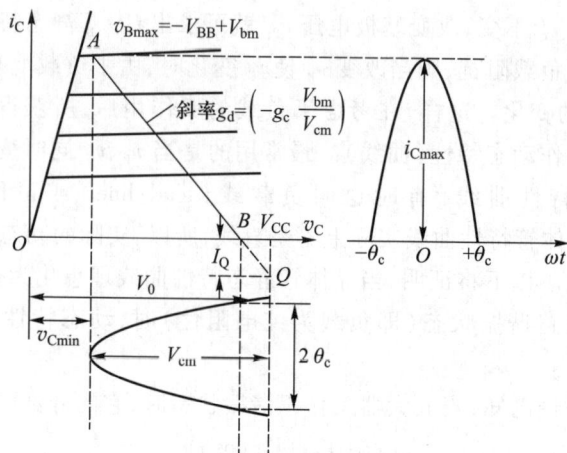

图 5.3.5 i_C-v_C 坐标平面上的动态特性曲线的
作法与相应的 i_C 波形

时,I_Q 是实际上不存在的电流,叫作虚拟电流。I_Q 仅是用来确定 Q 点位置的。在 A 点:$\omega t = 0°$,$v_C = v_{Cmin} = V_{CC} - V_{cm}$,$v_B = v_{Bmax} = -V_{BB} + V_{bm}$。求出 A、Q 两点,即可作出动态特性直线,其中 BQ 段表示电流截止期内的动态线,用虚线表示。

作出动态线后,由它和静态特性曲线的相应交点,即可求出对应各种不同 ωt 值的 i_C 值,给出相应的 i_C 脉冲波形,如图 5.3.5 所示。

用类似的方法,如果式(5.3.18)中含有 v_C,则从式(5.3.17)与式(5.3.18)中消去 v_C,即可得出在 i_C-v_B 坐标平面的动态特性曲线。它是一条位于图 5.3.2 所示静态特性曲线下方的直线(斜率为正)。因此,这里应补充说明,在图 5.2.2(a)中所用的静态转移特性实际上应该是动态特性。但在实际工作中,晶体管工作于放大区和截止区时,i_C 几乎不受集电极电压变化的影响,因而在 i_C-v_B 平面上的动态特性曲线几乎和静态特性曲线重合。因此,在 i_C-v_B 平面,可以用静态特性来表示动态特性。事实上,式(5.3.18)中,i_C 只取决于 v_B,也可说明这一特点。

现在继续讨论 i_C-v_C 平面上的动态特性曲线问题。这里所说的动态特性曲线实际上也就是低频放大器中的负载线。有些书中也叫它为工作路。它的斜率与负载阻抗有关。负载阻抗越大,亦即在它上面产生的交流输出电压 V_{cm} 越大,负载线的斜率$\left(g_d = -g_c \dfrac{V_{bm}}{V_{cm}}\right)$越小。因此,放大器的工作状态随着负载的不同而变化。图 5.3.6[①] 示出对应于各种不同负载阻抗值 R_p 的动态特性曲线以及相

---

① 为了图形清晰,$v_B = v_{Bmax}$ 线的斜率比实际情况夸大了,且设 V_{CC}、V_{BB} 与 V_{bm} 不变。

应的集电极电流脉冲波形。

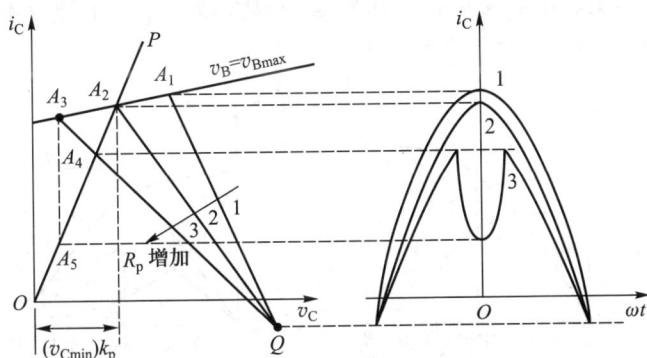

图 5.3.6 由动态特性曲线求集电极电流脉冲波形

① 动态特性曲线 1 代表 R_p 较小因而 V_{cm} 也较小的情形,称为欠压工作状态。它与 $v_B = v_{Bmax}$ 静态特性曲线的交点 A_1 决定了集电极电流脉冲的高度。显然,这时电流波形为尖顶余弦脉冲,如图 5.3.6 右方所示。

② 随着 R_p 的增加,动态线斜率逐渐减小,输出电压 V_{cm} 也逐渐增加。直到它与临界线 OP、静态特性曲线 $v_B = v_{Bmax}$ 相交于点 A_2 时,放大器工作于临界状态。此时电流波形仍为尖顶余弦脉冲。

③ 负载阻抗 R_p 继续增加,输出电压进一步增大,即进入过压工作状态。动态线 3 就是这种情形。动态特性曲线穿过临界点后,电流将沿临界线下降,因此集电极电流脉冲成为凹顶状。动态线 3 与临界线的交点 A_4 决定脉冲的高度。由动态特性曲线与静态特性曲线 $v_B = v_{Bmax}$ 延长线的交点 A_3 作垂线,交临界线于 A_5。A_5 的纵坐标即为电流脉冲下凹处的高度。

由此可见,当 V_{CC}、V_{BB}、V_{bm} 等维持不变时,变动 R_p 会引起电流脉冲的变化,同时也就引起 V_{cm}、P_o 与 η 等的变化。各个电流、电压、功率与效率等随 R_p 而变化的曲线就是负载特性曲线。负载特性曲线是高频功率放大器的重要特性之一。我们可以借助于动态特性与由此而产生的集电极电流脉冲波形的变化,来定性地说明负载特性。

仔细观察图 5.3.6,在欠压区至临界线的范围内,当 R_p 逐渐增大时,集电极电流脉冲的最大值 i_{Cmax} 以及流通角 θ_c 的变化都不大。R_p 增加,仅仅使 i_{Cmax} 略有减小。因此,在欠压区内的 I_{C0} 与 I_{cm1} 几乎维持常数,仅随 R_p 的增加而略有下降。但进入过压区后,集电极电流脉冲开始下凹,而且凹陷程度随着 R_p 的增大而急剧加深,致使 I_{C0} 与 I_{cm1} 也急剧下降。这样,就得到了图 5.3.7(a)的 I_{C0}、I_{cm1} 随 R_p 而变化的曲线。再由 $V_{cm} = I_{cm1}R_p$ 的关系式看出,在欠压区由于 I_{cm1} 变化很小,因此 V_{cm} 随 R_p 的增加而直线上升。进入过压区后,由于 I_{cm1} 随 R_p 的增加而显著下降，因此 V_{cm} 随 R_p 的增加而很缓慢地上升。近似地说，欠压时 I_{cm1} 几乎不变，过压时 V_{cm} 几乎不变。因而可以把欠压状态的放大器当作一个理想电流源；把过压状态的放大器当作一个理想电压源。

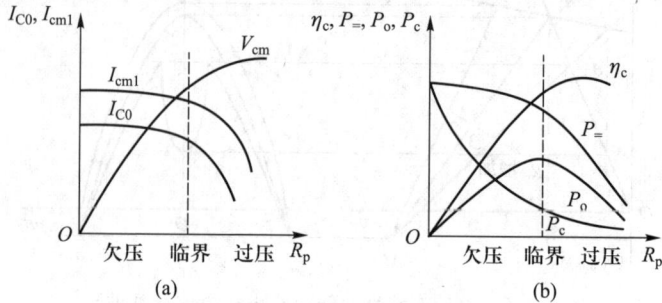

图 5.3.7 负载特性曲线

以下再讨论图 5.3.7(b) 所示的功率与效率曲线。

直流输入功率 $P_= = V_{CC} I_{C0}$。由于 V_{CC} 不变，所以 $P_=$ 曲线与 I_{C0} 曲线的形状相同。

交流输出功率 $P_o = \dfrac{1}{2} V_{cm} I_{cm1}$，因此 P_o 曲线可以从 V_{cm} 与 I_{cm1} 两条曲线相乘求出来。由图 5.3.7(b) 看出，在临界状态，P_o 达到最大值。这就是我们在设计高频功率放大器时，如果从输出功率最大着眼，就应力求它工作在临界状态的原因。

集电极耗散功率 $P_c = P_= - P_o$，故 P_c 曲线可由 $P_=$ 与 P_o 曲线相减而得。由图 5.3.7 知，在欠压区内，当 R_p 减小时，P_c 上升很快。当 $R_p = 0$ 时，P_c 达到最大值，可能使晶体管烧坏。必须避免发生这种情况。

效率 $\eta_c = \dfrac{P_o}{P_=}$，在欠压时，$P_=$ 变化很小，所以 η_c 随 P_o 的增加而增加；到达临界状态后，开始时因为 P_o 的下降没有 $P_=$ 下降快，因而 η_c 继续增加，但增加很缓慢。随着 R_p 的继续增加，P_o 因 I_{cm1} 的急速下降而下降，因而 η_c 略有减小。由此可知，在靠近临界的弱过压状态出现 η_c 的最大值。

三种工作状态的优缺点综合如下：

① 临界状态的优点是输出功率最大，η_c 也较高，可以说是最佳工作状态。这种工作状态主要用于发射机末级。

② 过压状态的优点是，当负载阻抗变化时，输出电压比较平稳；在弱过压时，效率可达最高，但输出功率有所下降。它常用于需要维持输出电压比较平稳的场合，例如发射机的中间放大级。

③ 欠压状态的输出功率与效率都比较低，而且集电极耗散功率大，输出电

压又不够稳定,因此一般较少采用。但在某些场合,例如基极调幅,就是利用改变 V_{BB} 使电路工作于欠压状态,这将在下面讨论。

应当说明,以上虽然是以晶体管电路为例来讨论的,但对电子管电路也同样适用。掌握负载特性,对于实际调整谐振功率放大器的工作状态是很有用的。

5.3.4 各极电压对工作状态的影响

以上着重讨论了负载阻抗 R_p 对放大器工作状态的影响。现在来研究各极电压变化时,对放大器工作状态的影响。讨论这个问题对于在工作中指导高频功率放大器的调整是有实际意义的。以后(第7章)我们会知道,调幅作用可以依靠改变各极电压的方法来实现。

(1)改变 V_{CC} 对工作状态的影响

通常,V_{CC} 保持不变。但在集电极调幅电路中,则是依靠改变 V_{CC} 来实现调幅过程。因此,有必要研究当 R_p、V_{BB}、V_{bm} 保持不变,只改变 V_{CC} 时,放大器工作状态的变化,为第7章集电极调幅作一些理论准备。

观察图 5.3.6,如果 R_p、V_{BB}、V_{bm} 不变,亦即动态线斜率与 v_{Bmax} 的值都不变,且假设放大器原工作于临界状态(图 5.3.6 中的动态线2),那么,当 V_{CC} 增加时,Q 点向右移动,显然,放大器将进入欠压区。反之,当 V_{CC} 减小时,Q 点向左移动,放大器将进入过压区。根据前面的讨论已知,在欠压区,电流几乎恒定不变;进入过压区后,电流便随过压程度的加强而下降(V_{CC} 越小,过压程度越强)。因此得到如图 5.3.8(a)所示的 I_{cm1}、I_{C0} 随 V_{CC} 而变化的曲线。由于 $P_= = V_{CC}I_{C0}$,$P_o = \frac{1}{2}I_{cm1}^2 R_p \propto I_{cm1}^2$,$P_c = P_= - P_o$,因而可以从已知的 I_{C0}、I_{cm1} 得出 $P_=$、P_o、P_c 随 V_{CC} 变化的曲线,如图 5.3.8(b)所示。由图可以看出,在欠压区,V_{CC} 对 I_{cm1} 与 P_o 的影响很小。但集电极调幅(见第7章)作用是通过改变 V_{CC} 来改变 I_{cm1} 与 P_o 才能实现的,因此,在欠压区不能获得有效的调幅作用,必须工作于过压区,才能产生有效的调幅作用。

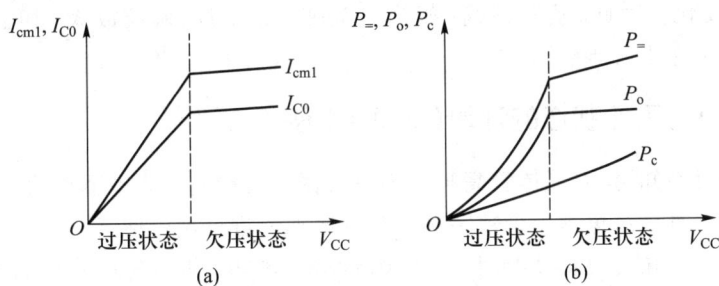

图 5.3.8 V_{CC} 对工作状态的影响

（2）改变 V_{bm} 或 V_{BB} 对工作状态的影响

首先讨论当 V_{CC}、V_{BB} 与 R_p 不变时，只改变激励电压 V_{bm} 对工作状态的影响。仍然观察图 5.3.6，当 V_{bm} 增加，即 $v_{Bmax} = -V_{BB} + V_{bm}$ 增加时，静态特性曲线将向上方平移。因此，如果原来工作于临界状态，那么，这时放大器将进入过压状态。反之，当 V_{bm} 减小时，放大器将转入欠压状态。

集电极电流脉冲的最大值 i_{Cmax} 是与 V_{bm} 成正比的［式（5.3.10）］，因此，在欠压状态，随着 V_{bm} 的减小，I_{C0} 与 I_{cm1} 亦随之减小。进入过压状态后，由于电流脉冲出现凹顶，所以，V_{bm} 增加时，虽然脉冲振幅增加，但凹陷深度也增大，故 I_{cm1}、I_{C0} 的增长很缓慢。这样，就得到如图 5.3.9（a）所示的电流变化曲线。在过压区，I_{cm1}、I_{C0} 接近于恒定，在欠压区，电流随 V_{bm} 的下降而下降。

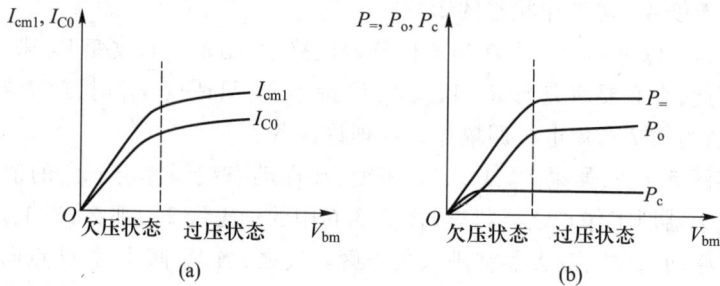

图 5.3.9　V_{bm} 对工作状态的影响

再由式（5.2.8）、式（5.2.9）与式（5.2.11）中的 $P_=$、P_o 与 P_c 公式可知，$P_=$ 的曲线形状与 I_{C0} 曲线相同；P_o 曲线形状与 I_{cm1}^2 曲线相同；P_c 则由二者之差求出。得到图 5.3.9（b）的曲线。

由 $v_{Bmax} = -V_{BB} + V_{bm}$ 可知，增加 V_{bm} 等效于减小 V_{BB} 的绝对值，二者都会使 v_{Bmax} 产生同样的变化。因此，只要将 V_{bm} 增加的方向改为 $|V_{BB}|$ 减小的方向，即可得出当 V_{CC}、V_{bm} 与 R_p 不变，只改变 V_{BB} 时，各电流与功率的变化规律。显然，在过压区，V_{BB} 或 V_{bm} 的变化对 I_{cm1} 的影响很小。只有在欠压区，V_{BB} 或 V_{bm} 才能有效地控制 I_{cm1} 的变化。因此，基极调幅（相当于改变 V_{BB}）与已调波放大（相当于改变 V_{bm}）都应工作于欠压状态。

5.3.5　工作状态的计算（估算）举例

我们已经知道，对晶体管高频功率放大器进行精确计算是困难的，一般只能进行工程估算。这里举一个数字例子来说明如何进行这种估算。

例 5.3.1　有一个用硅 NPN 外延平面型高频功率管 3DA1 做成的谐振功率放大器，设已知 $V_{CC} = 24$ V，$P_o = 2$ W，工作频率 = 1 MHz。试求它的能量关系。由晶体管手册可知其有关参数为 $f_T \geqslant 70$ MHz，A_p（功率增益）$\geqslant 13$ dB，$I_{Cmax} = 750$ mA，$V_{CE(sat)}$（集电极饱和压降）$\geqslant$

$1.5\ \text{V}, P_{\text{CM}} = 1\ \text{W}$。

解 （1）由前面的讨论已知,工作状态最好选用临界状态。作为工程近似估算,可以认为此时集电极最小瞬时电压 $v_{\text{Cmin}} = V_{\text{CE(sat)}} = 1.5\ \text{V}$。于是

$$V_{\text{cm}} = V_{\text{CC}} - v_{\text{Cmin}} = (24 - 1.5)\ \text{V} = 22.5\ \text{V}$$

（2）由式(5.2.10),得

$$R_{\text{p}} = \frac{V_{\text{cm}}^2}{2P_{\text{o}}} = \frac{22.5^2}{2 \times 2}\ \Omega \approx 126.6\ \Omega$$

$$I_{\text{cm1}} = \frac{V_{\text{cm}}}{R_{\text{p}}} = \frac{22.5}{126.6}\ \text{A} \approx 0.178\ \text{A} = 178\ \text{mA}$$

（3）选取 $\theta_{\text{c}} = 70°$,则由图 5.3.4(或附录 5.1)可知

$$\alpha_0(70°) = 0.253,\quad \alpha_1(70°) = 0.436$$

（4）由式(5.3.15),得

$$i_{\text{Cmax}} = \frac{I_{\text{cm1}}}{\alpha_1(70°)} = \frac{178}{0.436}\ \text{mA} \approx 408\ \text{mA} < 750\ \text{mA}$$

未超过电流安全工作范围。

（5）$I_{\text{C0}} = i_{\text{Cmax}} \alpha_0(70°) = 408 \times 0.253\ \text{mA} \approx 103\ \text{mA}$

（6）由式(5.2.8),得

$$P_= = V_{\text{CC}} I_{\text{C0}} = 24 \times 103 \times 10^{-3}\ \text{W} = 2.472\ \text{W}$$

（7）由式(5.2.11),得

$$P_{\text{c}} = P_= - P_{\text{o}} = (2.472 - 2)\ \text{W} = 0.472\ \text{W} < P_{\text{CM}}(1\ \text{W})$$

（8）由式(5.2.12),得

$$\eta_{\text{c}} = \frac{P_{\text{o}}}{P_=} = \frac{2}{2.472} \approx 81\%$$

（9）由功率增益的定义

$$A_p = 10\ \text{lg}\ \frac{\text{输出功率}}{\text{激励功率}} = 10\ \text{lg}\ \frac{P_{\text{o}}}{P_{\text{i}}}$$

在本例中,$A_p = 13\ \text{dB}, P_{\text{o}} = 2\ \text{W}$,因此求得所需的基极激励功率为

$$P_{\text{b}} = P_{\text{i}} = \frac{P_{\text{o}}}{\text{lg}^{-1}\left(\dfrac{A_p}{10}\right)} = \frac{2}{\text{lg}^{-1}(1.3)}\ \text{W} \approx \frac{2}{20}\ \text{W} = 0.1\ \text{W}$$

以上估算的结果可以作为实际调试的依据。

在结束本节时,必须再一次着重指出,折线近似计算法对于电子管高频放大器来说,是一个比较成熟的工程计算方法。这种方法比较简便,具有相当可靠的准确度。但对于晶体管来说,折线法只适用于工作频率低的场合。频率进入中频与高频区,便会由于晶体管的内部物理过程,使实际数值与计算数值有很大的不同。实际输出电流要小得多,而且有额外相移。因此,在晶体管电路中使用折线法时,必须注意这一点。下面就来讨论晶体管在高频运用时的一些特点。

§5.4 晶体管功率放大器的高频特性

晶体管在高频大信号工作时,它的内部物理过程相当复杂。上节结尾时已指出,当频率升高时,晶体管的输出电流实际值减小,而且有额外的相移。产生上述现象的原因主要是少数载流子在基极扩散的渡越时间和结的势垒电容的影响。通常在 $f > 0.5f_\beta$(即进入中频区后)时,就要考虑上述因素的影响。

图 5.4.1(a)是低频大信号丙类工作时的发射极电流脉冲波形,它的流通角为 θ_e,脉冲为尖顶余弦状(欠压或临界时)。随着工作频率升高到一定程度后,发射极电流出现了负脉冲,如图 5.4.1(b)所示。这负脉冲的高度 I_θ 与宽度 2θ 都随频率的升高而增加。这个脉冲波形可用示波器来观察。严格计算正、负脉冲各分量是困难的。但在工程计算允许的 10% ~ 15% 误差范围内,正、负脉冲都可以认为是余弦脉冲。

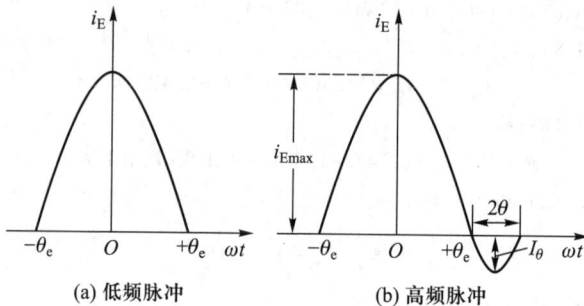

图 5.4.1 在低频和高频工作时的发射极电流脉冲波形

为什么发射极电流会出现负脉冲呢?这是由少数载流子在基区渡越时间所引起的,或者说是由在基区内的空间电荷储存效应所引起的。当发射极电压对于基极变成反向偏置(截止)时,在基区内储存的非平衡少数载流子来不及扩散到集电极,又被反向偏置所形成的电场重新推斥回发射极,形成了负脉冲。同时,主脉冲的高度也有些降低。此外,频率升高后,增加了通过发射结电容的电流,使基极电阻上的电压降增大,因而结电压下降。结果减少了由发射极注入基区的载流子,也使主电流脉冲高度降低。

实验证明[10],正脉冲的流通角 θ_e 与频率无关,负脉冲的流通角 $\theta = \omega\tau$,此处 τ 为少数载流子由发射极扩散到集电极的渡越时间。

晶体管的静态特性是在直流或低频的情况下测得的,完全不能反映以上的特性。因此,不能用静态特性曲线来解决晶体管在高频大信号工作的问题。

现在来讨论集电极电流的波形。通过大量的实验(从示波器上观察波形)

证明,如果频率不超过手册上所给定的
该型号晶体管的最高工作频率,并且工
作于欠压或临界状态,则集电极电流波
形实际上仍为尖顶余弦脉冲。只有在频
率的高端,脉冲顶部对于垂直轴才有点
不对称,且振幅略有下降。图 5.4.2 表
示集电极电流 i_C 脉冲与发射极电流 i_E 脉
冲的关系,以及由这二者之差所获得的
基极电流 i_B 的波形。集电极电流脉冲
峰点落后于发射极电流脉冲峰点的角度
$\theta = \omega\tau$,这是由非平衡少数载流子从发射
极到集电极的平均渡越时间所引起的。
集电极电流与发射极电流几乎是同时产

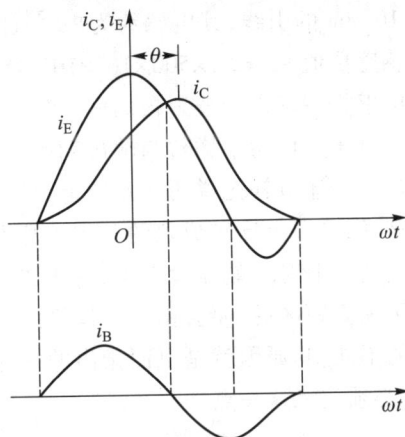

图 5.4.2 晶体管在高频大信号工作时
各极电流脉冲波形的关系

生的,直到基区储存的非平衡少数载流子全部消失时,发射极反向电流下降到
零,集电极电流才等于零。因而频率增高后,使集电极电流脉冲的流通角加大,
脉冲峰值幅度下降,峰点落后于发射极电流峰点。频率越高,上述现象就越严
重。此外,频率越高,集电结电容的分流作用也越强。这些都导致有用负载电流
的下降,因而使输出功率随之减小。

由图 5.4.2 可知,随着频率的提高,基极电流波形也出现了负脉冲。频率越
高,渡越角 θ 越大,i_B 负脉冲分量也越大,它的平均值(直流分量)I_{B0} 就越小。当
频率增高到一定程度后,I_{B0} 甚至可以改变方向。

总的来说,晶体管在高频工作时的一些特点如下:

① 发射极电流出现负脉冲,而且主脉冲高度有所下降。

② 发射结的有效激励电压小于外加激励电压,集电极电流减小,因而在实
际调试时应适当加大外加激励电压与激励功率。

③ 集电极电流基波分量落后于激励电压,因此使输入与输出电压的相位不
再符合图 5.2.2 所示的关系,而是有了附加相移。这一特点也要在调试放大器
时加以考虑。

④ 基极电流直流分量减小,甚至可能出现反向直流电流。

⑤ 各极电流不能从晶体管的静态特性曲线求出,特别是基极电流更是如
此,否则会产生很大的误差。因此在已知输出功率后,激励功率一般应从 $P_i = \dfrac{P_o}{A_p}$
的关系式求出。

在更高频率工作时,要考虑各极引线电感的影响,特别要考虑发射极引线电
感的影响,因为它能使输出与输入电路之间产生寄生耦合,影响较大。例如长度

为 10 mm 的引线,其电感约为 10^{-3} μH 的数量级。在 $f = 500$ MHz 时,10^{-3} μH 的电感感抗值 $\omega L = 2\pi \times 500 \times 10^6 \times 10^{-9}$ Ω ≈ 3.14 Ω。若通过 300 mA 的高频电流,则这电感将在基极和发射极之间产生约 1 V 的反馈电压,已达到不可忽视的程度。反馈电压也使功率增益与输出功率下降,激励功率则增加。

这里还应补充说明一点。上节所讨论的折线近似法对电子管高频功率放大器来说,是一个比较成熟的工程计算方法。这种方法比较简便,具有相当可靠的准确度。但对于晶体管来说,折线法只适用于工作频率低的场合。频率进入中频区和高频区后,便会由于晶体管的内部物理过程,使实际数值与计算数值有很大的不同,其原因就是上面指出的一些特点。因此,在晶体管电路中使用折线法时,必须注意这一点。

§5.5　高频功率放大器的电路组成

5.5.1　馈电线路

要想使高频功率放大器正常工作,晶体管各电极必须有相应的馈电电源。无论是集电极电路还是基极电路,它们的馈电方式都可以分为串联馈电与并联馈电两种基本形式。但无论是哪一种馈电方式,都应遵循下列三条基本组成原则:

① 直流电流 I_{C0} 是产生能量的源泉,它由 V_{CC} 经管外电路输至集电极,除了晶体管的内阻外,应该没有其他电阻消耗能量。因此要求管外电路对直流来说的等效电路如图 5.5.1(a)所示。

② 高频基波分量 I_{cm1} 应通过负载回路,以产生所需要的高频输出功率。因此,I_{cm1} 只应在负载回路上产生电压降,其余的部分对于 I_{cm1} 来说,都应该是短路的。所以,对于 I_{cm1} 的等效电路应如图 5.5.1(b)所示。

③ 高频谐波分量 I_{cmn} 是"副产品",不应消耗功率(倍频器除外)。因此管外电路对 I_{cmn} 来说,应该尽可能接近于短路,如图 5.5.1(c)所示。

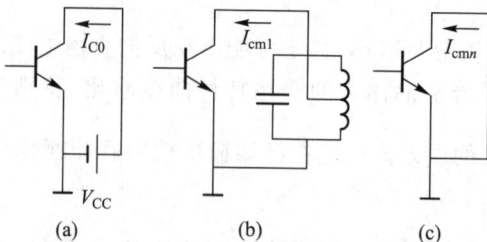

图 5.5.1　集电极电路对不同频率电流的等效电路

要满足以上几条原则,可以采用如图 5.5.2 所示的串联馈电(series feed)与并联馈电(parallel feed)两种电路,简称串馈与并馈。

所谓串馈,就是说,电子器件、负载回路和直流电源三部分是串联起来的。所谓并馈,就是将这三部分并联起来。图 5.5.2 清楚地示出这两种馈电方法。图中:LC 是负载回路;L′是高频扼流圈,它对直流是短路的,但对高频则呈现很大的阻抗,可以认为是开路的,以阻止高频电流通过公用电源内阻产生高频能量损耗,特别是避免在各级之间由此而产生的寄生耦合;C′是高频旁路电容,C″是隔直电容,它们对高频应呈现很小的阻抗,相当于短路。加入这些附属元件 L′、C′、C″等的目的,就是为了使电路能满足上述组成电路的三条原则。阻隔元件 L′、C′、C″等都是为了使电路正常工作所必不可少的辅助元件。它们的数值视工作频率范围而定,原则上应使 L′的阻抗远大于回路阻抗 R_p,C′与 C″的阻抗则应远小于 R_p。

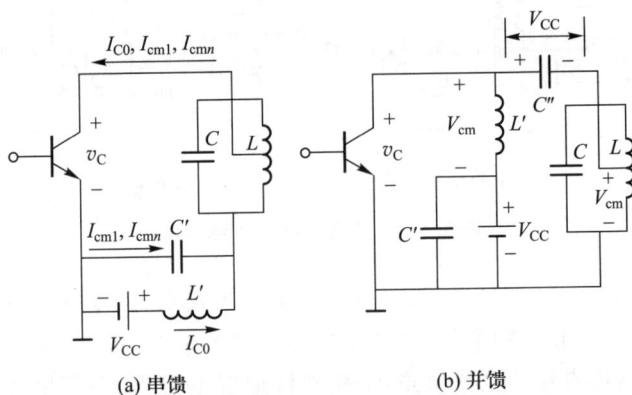

(a) 串馈　　　　(b) 并馈

图 5.5.2　集电极电路的两种馈电形式

仔细观察图 5.5.2,就会提出这样的问题:为什么 V_{CC} 一定要放在靠近"地"电位的一端?难道不可以和负载电路 LC[图 5.5.2(a)]或扼流圈 L′[图 5.5.2(b)]互换一下位置吗?回答是:从工作原理来说,这样互换位置好像是可以的。但是从实际上来说,这样互换位置是绝对不可以的。这是由于电源 V_{CC} 与"地"之间有一定的杂散电容,而且比较大。如果位置互换了,这些杂散电容将与负载回路并联,成为回路电容的一部分,它不但限制了电路所能工作的最高频率,而且杂散电容的不稳定,会引起电路的不稳定。因此,直流电源的一端必须接地,这可以说是电子线路馈电的一条基本原则。

应该指出,所谓串馈或并馈,仅仅是从电路的结构形式而言。对于电压来说,无论是串馈或并馈,直流电压与交流电压总是串联的,这可以从图 5.5.2(b)看得很清楚。由晶体管集电极到地的电位差,无论是从扼流圈 L′与 V_{CC} 这条支

路或从 C' 与负载回路这条支路来看,都是相等的。因此,L' 承担全部交流输出电压 V_{cm},隔直电容 C'' 则承担全部直流电压 V_{CC}。所以无论是从哪个支路来看,V_{cm} 与 V_{CC} 总是串联的,因而基本关系式 $v_C = V_{CC} - V_{cm}\cos \omega t$ 对这两种电路都适用。也就是说,对这两种电路的工作状态的分析和计算没有什么不同。

对于基极电路来说,同样也有串馈与并馈两种形式。图 5.5.3(a) 是串馈电路,(b) 是并馈电路。图中,C' 为高频旁路电容,C'' 为隔直电容,L' 为高频扼流圈。在实际电路中,工作频率较低或工作频带较宽的功率放大器往往采用互感耦合,可采用图 5.5.3(a) 的形式。对于甚高频段的功率放大器,由于采用电容耦合比较方便,所以几乎都是用图 5.5.3(b) 的馈电形式。

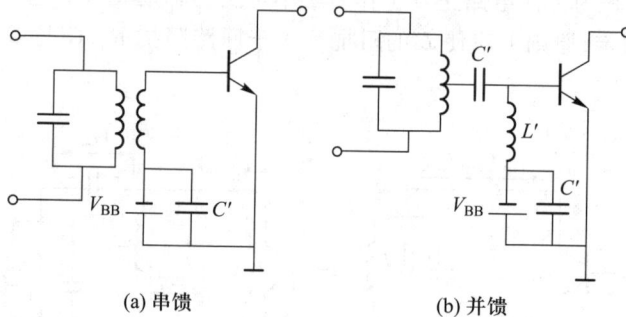

图 5.5.3　基极馈电的两种形式

在以上的电路中,偏置电压 V_{BB} 都用电池的形式来表示。实际上,V_{BB} 单独用电池供给是不方便的,因而常采用以下的方法来产生 V_{BB}:

① 利用基极电流的直流分量 I_{B0} 在基极偏置电阻 R_b 上产生所需要的偏置电压 V_{BB},如图 5.5.4(a) 所示。

② 利用基极电流在基极扩散电阻 $r_{bb'}$ 上产生所需要的 V_{BB},如图 5.5.4(b) 所示。由于 $r_{bb'}$ 很小,所以所得到的 V_{BB} 也小,且不够稳定。因而一般只在需要小的 V_{BB}(接近乙类工作)时,才采用这种电路。

③ 利用发射极电流的直流分量 I_{E0} 在发射极偏置电阻 R_e 上产生所需要的 V_{BB},如图 5.5.4(c) 所示。这种自给偏置的优点是能够自动维持放大器的工作稳定。当激励加大时,I_{E0} 增大,使偏压加大,因而又使 I_{E0} 的相对增加量减小;反之,当激励减小时,I_{E0} 减小,偏压也减小,因而 I_{E0} 的相对减小量也减小。这就使放大器的工作状态变化不大。

在以上电路中,图 5.5.4(a)、(b) 是并馈,图(c) 是串馈。

5.5.2　输出、输入与级间耦合回路

高频功率放大器的级与级之间或放大级与负载之间,都要采用一定形式的

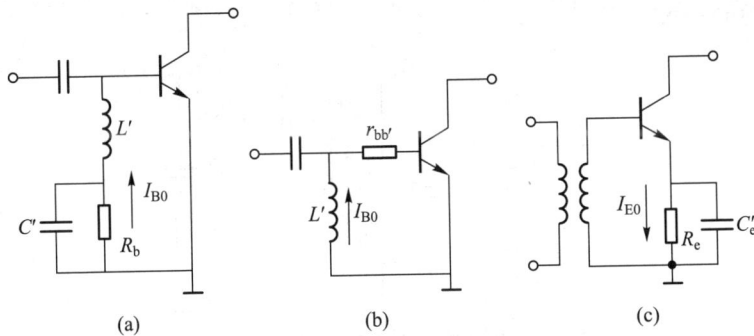

图 5.5.4 几种常用的产生基极偏压的方法

回路,这个回路一般是四端网络。如果四端网络是用以与下级放大器的输入端相连接,则叫作级间耦合网络或下级的输入匹配网络(input matching circuit);如果是用以输出功率至负载,则叫作输出匹配网络(output matching circuit)。以下重点讨论输出匹配网络问题,对输入匹配网络与级间耦合网络只作简要的介绍。

1. 输出匹配网络

放大器与负载之间所用的回路可用图 5.5.5 所示的四端网络来表示。这个四端网络应完成的任务如下:

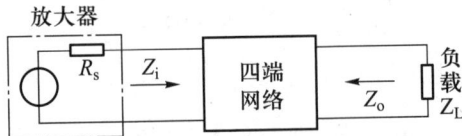

图 5.5.5 放大器与负载之间用四端网络耦合

① 使负载阻抗与放大器所需要的最佳阻抗相匹配,以保证放大器传输到负载的功率最大,即它起着匹配网络的作用。

② 抑制工作频率范围以外的不需要频率,即它应有良好的滤波作用。

③ 在有几个电子器件同时输出功率的情况下,保证它们都能有效地传送功率到负载,但同时又应尽可能地使这几个电子器件彼此隔离,互不影响。

本节主要研究用什么网络形式来完成前两个任务,即匹配与滤波作用。至于完成第三个任务的问题,则留在§5.9"功率合成器"中解决。

最常见的输出回路形式是图 5.5.6 所示的复合输出回路。这种电路是将天线(负载)回路通过互感或其他形式与集电极调谐回路相耦合。图中,介于电子器件与天线回路之间的 $L_1 C_1$ 回路就叫作中介回路(intermediate circuit);$R_A C_A$ 分别代表天线的辐射电阻与等效电容;L_n、C_n 为天线回路的调谐元件,它们的作用是使天线回路处于串联谐振状态,以获得最大的天线回路电流 i_A,亦即使天线辐射功率达到最大。

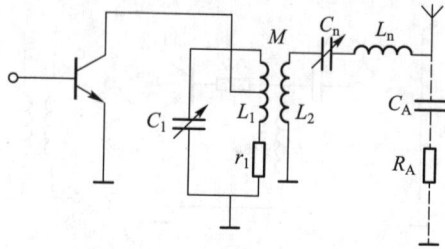

图 5.5.6 复合输出回路(为了简化电路,省略
了直流电源及辅助元件 L'、C'、C''等)

除了图 5.5.6 所示的电路外,还可以用其他形式的四端网络,例如 π 形、T 形网络等。但不论是哪种选频网络,从集电极向右方看去,它们都应当等效于一个并联谐振回路,如图 5.5.7 所示。以互感耦合电路为例,由耦合电路的理论可知,当天线回路调谐到串联谐振状态时,它反映到 $L_1 C_1$ 中介回路的等效电阻为

$$r' = \frac{\omega^2 M^2}{R_A} \qquad (5.5.1)$$

因而等效回路的谐振阻抗为[1]

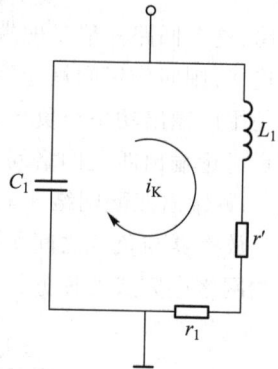

图 5.5.7 等效电路

$$R'_p = \frac{L_1}{C_1(r_1 + r')} = \frac{L_1}{C_1\left(r_1 + \dfrac{\omega^2 M^2}{R_A}\right)} \qquad (5.5.2)$$

由上式显然可知,改变 M[2],就可以在不影响回路调谐的情况下,调整中介回路的谐振阻抗 R'_p,以达到阻抗匹配的目的。耦合越紧,即互感 M 越大,则反映等效电阻 r' 越大,回路的谐振阻抗 R'_p 也就下降越多。在复合输出回路中,即使负载(天线)断路,对电子器件也不致造成严重的损害,而且它的滤波作用要比简单回路优良,因而获得广泛的应用。

这里应该说明,由于高频功率放大器工作于非线性状态,所以线性电路的阻抗匹配(负载阻抗与电源内阻相等)这一概念不能适用于它。因为在非线性(丙

---

[1] 对于图 5.5.6 所示的电路来说,从集电极看去的谐振阻抗还应在等式右方乘以接入系数 p 的平方。

[2] 晶体管电路由于元件小,实现可变 M 是较困难的,这里为了便于说明问题,因而仍采用了改变 M 的讲法。

类)工作时,电子器件的内阻变动剧烈:通流时,内阻很小;截止时,内阻近于无穷大。因此输出电阻不是常数。所谓匹配时内阻等于外阻,也就失去了意义。因此,高频功率放大器的阻抗匹配概念是:在给定的电路条件下,改变负载回路的可调元件,使电子器件送出额定的输出功率 P_o 至负载,这就叫作达到了匹配状态。

为了使器件的输出功率绝大部分能送到负载 R_A 上,就希望反映电阻 $r' \gg$ 回路损耗电阻 r_1。衡量回路传输能力优劣的标准,通常以输出至负载的有效功率与输入到回路的总交流功率之比来代表。这个比值叫作中介回路的传输效率 η_k,简称中介回路效率。由图 5.5.7 可知

$$\eta_k = \frac{\text{回路送至负载的功率}}{\text{电子器件送至回路的总功率}}$$

$$= \frac{I_k^2 r'}{I_k^2 (r_1 + r')} = \frac{r'}{r_1 + r'} = \frac{(\omega M)^2}{r_1 R_A + (\omega M)^2} \tag{5.5.3}$$

设

$$\left.\begin{array}{l} R_p = \text{无负载时的回路谐振阻抗} = \dfrac{L_1}{C_1 r_1} \\[2mm] R_p' = \text{有负载时的回路谐振阻抗} = \dfrac{L_1}{C_1 (r_1 + r')} \\[2mm] Q_0 = \text{无负载时的回路 } Q \text{ 值} = \dfrac{\omega L_1}{r_1} \\[2mm] Q_L = \text{有负载时的回路 } Q \text{ 值} = \dfrac{\omega L_1}{r_1 + r'} \end{array}\right\} \tag{5.5.4}$$

代入式(5.5.3),得

$$\eta_k = \frac{r'}{r_1 + r'} = 1 - \frac{r_1}{r_1 + r'} = 1 - \frac{R_p'}{R_p} = 1 - \frac{Q_L}{Q_0} \tag{5.5.5}$$

式(5.5.5)说明,要想回路的传输效率高,则空载 Q 值(Q_0)越大越好,有载 Q 值(Q_L)越小越好,也就是说,中介回路本身的损耗越小越好。在广播波段,线圈的 Q_0 值为 $100 \sim 200$。

有载 Q 值(Q_L)应如何选取呢?

从回路传输效率高的观点来看,应使 Q_L 值尽可能地小。但从要求回路滤波作用良好来考虑,则 Q_L 值又应该足够大。从兼顾这两方面出发,Q_L 值一般不应小于 10。在功率很大的放大器中,Q_L 值也有低到 10 以下的。

以上的讨论虽然是以互感耦合回路为例得出的,但对于其他形式的匹配网络也是适用的。

例 5.5.1 在图 5.5.6 所示的电路中,假设一、二次回路都谐振于工作频率 1 MHz,R_A 为

天线辐射电阻,其值为 37 Ω。此处放大器用晶体管 3DA1,其工作条件与例 5.3.1 相同。试求 M、L_1 与 C_1 之值应为多少,才能使天线与 3DA1 相匹配。设 $Q_0 = 100$,$Q_L = 10$,为了计算简便,假设回路的接入系数 $p = 0.2$。

解 由例 5.3.1 已知所需的回路阻抗 $R'_p = 126.5$ Ω。根据谐振回路的理论可知

$$R'_p = p^2 Q_L \omega L_1$$

因此,得

$$L_1 = \frac{R'_p}{p^2 \omega Q_L} = \frac{126.5}{(0.2)^2 2\pi \times 10^6 \times 10} \text{ H} \approx 50.3 \text{ }\mu\text{H}$$

于是

$$C_1 = \frac{1}{\omega^2 L_1} = \frac{1}{(2\pi \times 10^6)^2 \times 50.3 \times 10^{-6}} \text{ F} \approx 504 \text{ pF}$$

由于二次回路处于谐振状态,所以它反映到一次侧的耦合电阻为

$$r' = \frac{\omega^2 M^2}{R_A} \quad \text{或} \quad \omega M = \sqrt{r' R_A}$$

但由式(5.5.3)可知

$$\frac{Q_0}{Q_L} = 1 + \frac{r'}{r_1}$$

因此,得

$$\frac{r'}{r_1} = \frac{Q_0}{Q_L} - 1 = 10 - 1 = 9$$

将 $Q_0 = 100$ 代入 $Q_0 = \dfrac{\omega L_1}{r_1}$,得

$$r_1 = \frac{\omega L_1}{Q_0} = \frac{2\pi \times 10^6 \times 50.3 \times 10^{-6}}{100} \text{ Ω} \approx 3.16 \text{ Ω}$$

由此,得

$$r' = 9 \times 3.16 \text{ Ω} = 28.44 \text{ Ω}$$

最后,得

$$M = \frac{\sqrt{r' R_A}}{\omega} = \frac{\sqrt{28.44 \times 37}}{2\pi \times 10^6} \text{ H} \approx 5.16 \text{ }\mu\text{H}$$

最后介绍其他形式的匹配网络的设计与计算问题。图 5.5.8 所示两种 π 形匹配网络是其中的形式之一(也可以用 T 形网络)。图的下方注明了相应的计算公式。图中,R_2 代表终端(负载)电阻,R_1 代表由 R_2 折合到左端的等效电阻,故接线用虚线表示。下面扼要说明上述计算公式是如何得出的。

首先用第 2 章 §2.3 的串并联阻抗互换的等效公式,例如可将图 5.5.8(a) 的 $R_1 C_1$ 与 $R_2 C_2$ 换为串联形式,得到如图 5.5.9 所示的等效电路。为了方便,图中不再绘出虚线。图中,

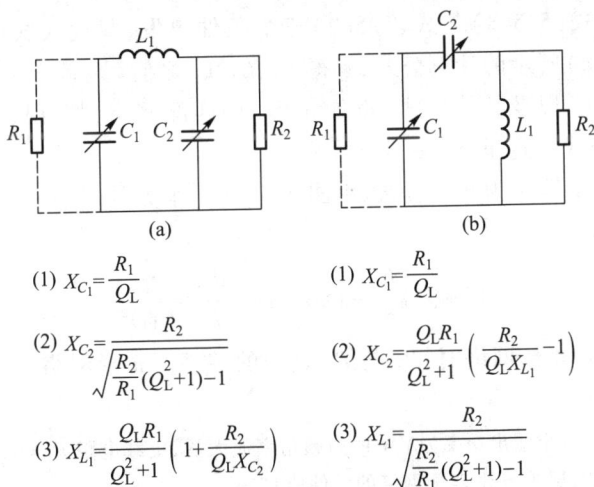

$$(1)\ X_{C_1}=\frac{R_1}{Q_L} \qquad\qquad (1)\ X_{C_1}=\frac{R_1}{Q_L}$$

$$(2)\ X_{C_2}=\frac{R_2}{\sqrt{\dfrac{R_2}{R_1}(Q_L^2+1)-1}} \qquad (2)\ X_{C_2}=\frac{Q_L R_1}{Q_L^2+1}\left(\frac{R_2}{Q_L X_{L_1}}-1\right)$$

$$(3)\ X_{L_1}=\frac{Q_L R_1}{Q_L^2+1}\left(1+\frac{R_2}{Q_L X_{C_2}}\right) \qquad (3)\ X_{L_1}=\frac{R_2}{\sqrt{\dfrac{R_2}{R_1}(Q_L^2+1)-1}}$$

图 5.5.8 两种 π 形匹配网络

$$\left.\begin{aligned}
R'_1 &= \frac{X_{C_1}^2}{R_1^2+X_{C_1}^2}R_1 \\[2mm]
R'_2 &= \frac{X_{C_2}^2}{R_2^2+X_{C_2}^2}R_2 \\[2mm]
X'_{C_1} &= \frac{R_1^2}{R_1^2+X_{C_1}^2}X_{C_1} \\[2mm]
X'_{C_2} &= \frac{R_2^2}{R_2^2+X_{C_2}^2}X_{C_2}
\end{aligned}\right\} \qquad (5.5.6)$$

设计回路时,应求出 L_1、C_1、C_2 的值,已知负载电阻 R_2 与电子器件要求的匹配电阻 R_1〔由式(5.2.10)算出所需的负载阻抗 R_p,就是此处的 R_1 值〕。匹配网络必须满足阻抗匹配与回路谐振两个条件。为了解出三个未知数 L_1、C_1、C_2,还必须再假设一个初始条件,通常可假设网络输入端的 Q_L 为已知

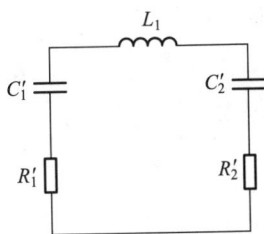

图 5.5.9 等效电路

$$Q_L=\frac{R_1}{X_{C_1}} \quad 或 \quad X_{C_1}=\frac{R_1}{Q_L} \qquad (5.5.7)$$

网络的匹配条件为

$$R'_1=R'_2 \qquad (5.5.8)$$

网络的谐振条件为

$$X_{L_1}=X_{C'_1}+X_{C'_2} \qquad (5.5.9)$$

由式(5.5.7)、式(5.5.8)与式(5.5.9)三个条件出发;并代入式(5.5.7),即可得出图 5.5.8(a)所示的计算公式,解得 C_1、C_2、L_1 之值。

图 5.5.8(b)以及其他形式(例如 T 形)的匹配网络,都可根据上述三个条件,导出计算公式。这里不一一列举。

由于 X_{C_2}、X_{L_1} 等应为实数,所以由图 5.5.8(a)下方的 X_{C_2} 公式可知必须满足下列条件:

$$(1+Q_L^2)\frac{R_2}{R_1}-1>0 \quad \text{或} \quad \frac{R_2}{R_1}>\frac{1}{1+Q_L^2} \tag{5.5.10}$$

上式就是适用于 π 形网络时,R_1 与 R_2 之间的关系。π 形网络对于晶体管与电子管电路都适用。

例 5.5.2 有一个输出功率为 2 W 的高频功率放大器,负载电阻 $R_2 = 50\ \Omega$,$V_{CC} = 24\ V$,$f = 50\ MHz$,$Q_L = 10$,试求 π 形匹配网络的元件值。

解 (1)由式(5.2.9)求出

$$R_p = R_1 = \frac{V_{cm}^2}{2P_o} \approx \frac{V_{CC}^2}{2P_o} = \frac{24^2}{2\times2}\ \Omega = 144\ \Omega$$

(2)由图 5.5.8(a),得

$$X_{C_1} = \frac{R_1}{Q_L} = \frac{144}{10}\ \Omega = 14.4\ \Omega$$

故得

$$C_1 = \frac{1}{\omega X_{C_1}} = \frac{1}{2\pi\times50\times10^6\times14.4}\ F \approx 221\ pF$$

又

$$X_{C_2} = \frac{R_2}{\sqrt{(1+Q_L^2)\dfrac{R_2}{R_1}-1}} = \frac{50}{\sqrt{(1+10^2)\dfrac{50}{144}-1}}\ \Omega \approx 8.57\ \Omega$$

故得

$$C_2 = \frac{1}{\omega X_{C_2}} = \frac{1}{2\pi\times50\times10^6\times8.57}\ F \approx 371\ pF$$

又

$$X_{L_1} = \frac{Q_L R_1}{Q_L^2+1}\left(1+\frac{R_2}{Q_L X_{C_2}}\right)$$

$$= \frac{10\times144}{10^2+1}\left(1+\frac{50}{10\times8.57}\right)\ \Omega$$

$$\approx 22.6\ \Omega$$

故得

$$L_1 = \frac{X_{L_1}}{\omega} = \frac{22.6}{2\pi\times50\times10^6}\ H \approx 72\ nH$$

2. 输入匹配网络与级间耦合网络

上面所讨论的输出回路是用于多级高频功率放大器(例如发送设备)的末级的。至于末级以前的各级(主振级除外)都叫作中间级。虽然这些中间级的用途不尽相同,例如可作为缓冲、倍频或功率放大等,但它们的集电极回路都是用来馈给下一级所需要的激励功率的。这些回路就叫作级间耦合回路。而对于下级被推动级来说,这些回路就是输入匹配网络。因此以下的讨论不再区分级间耦合回路与输入匹配网络。

以前在讨论放大器的工作状态时已经谈到,由于末级和中间级的电平和负载状态不同,因而对它们的要求也就有差别。对于输出回路,应力求输出功率大,效率高。由于天线阻抗(R_A 与 C_A)在正常情况下是不变的,故可以使它与集电极回路匹配,使末级工作于临界状态,以获得最大的输出功率。这时,回路的传输效率 η_k 也很高。但对于级间耦合回路来说,情形就不同了。级间耦合回路的负载是下一级的基极输入阻抗,它的值随激励电压的大小和电子器件本身工作状态的变化而改变,反映到前级回路(级间耦合回路),就使这个回路的等效阻抗变化,从而引起前级工作状态的变化。如果前级工作于欠压状态,那么,它的输出电压将不稳定,这是我们所不希望的。因为对于中间级来说,最主要的是应该保证它的输出电压稳定,以供给下级稳定的激励电压,而效率则降为次要问题。由于中间级工作于低电平,效率低一些对整机来讲影响不大。

为了达到保证送给下级以稳定激励电压的目的,对于中间级应采取如下措施:

① 中间放大级工作于过压状态,此时它等效为一个理想电压源,其输出电压几乎不随负载变化。这样,尽管后级的输入阻抗是变化的,但该级所得到的激励电压仍然是稳定的。

② 降低级间耦合回路的效率 η_k。因为回路效率降低,意味着回路本身损耗加大,这样就使下级输入电路的损耗功率相对来说显得不重要了,也就是减弱了下级对本级工作状态的影响。中间级的 η_k 一般取为 $0.1 \sim 0.5$,也就是中间级的输出功率应为后一级所需激励功率的 $2 \sim 10$ 倍。

由于晶体管的基极电路输入阻抗很低,而且功率越大的管子,它的输入阻抗就越低,因而对于晶体管电路来说,匹配问题就显得更重要。

在发射极接地时,晶体管的等效输入电路如图 5.5.10 所示。图中,$r_{bb'}$ 为基极扩散电阻。它的值与输出功率成反比,对于 5 W 以下的晶体管为 $5 \sim 20\ \Omega$;对于 $5 \sim 10$ W 级的晶体管为 $1 \sim 5\ \Omega$。$C_{b'e}$ 为发射结电容,它为自几百至上千皮法(例如 $f = 500$ MHz,$I_{em} = 100$ mA 时,$C_{b'e}$ 约为 $1\,300$ pF)。C_{be} 为管壳引线等引入的分布电容,它的值为自几至几

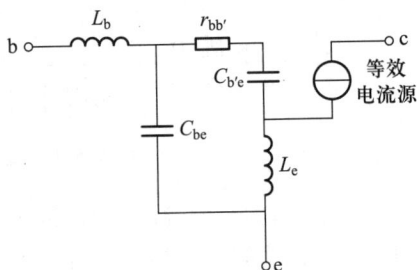

图 5.5.10 晶体管等效电路

十皮法。L_b 与 L_e 为电极引线电感,它的值约为 1 nH,因而在频率不太高时,可以忽略 L_b、L_e 的影响。由上述电路参量的数量级可见,在频率较低时,晶体管等效输入阻抗是一个电阻与电容相串联。这个输入阻抗值是很低的,而且功率越大,输入阻抗越低。当频率升高至电极引线电感的作用(L_e 的影响比 L_b 大,因为 I_{em1} 通过它产生反馈)不能忽略时,输入阻抗可能变成感性的。在中间某一频率,输入阻抗会呈现纯电阻性。

由上述可知,功率晶体管的输入阻抗很低,而且功率越大,输入阻抗就越低,一般为十分之几欧(大功率管)至几十欧(较小的功率管)。输入匹配网络的作用就是使晶体管的低输入阻抗能与内阻比这输入阻抗高得多的信号源相匹配。通常对绝大多数功率晶体管来说,它的输入阻抗可以认为是电阻 $r_{bb'}$ 与电容 C_i 串联组成。输入匹配网络应抵消 C_i 的作用,使它对信号源呈现纯电阻性。图 5.5.11 为输入匹配网络示例。下面有计算公式,证明的方法也是从匹配与谐振两个条件出发,再假设一个 Q_L 值,应用串、并联阻抗互换公式,即可得出计算 X_{L_1}、X_{C_1}、X_{C_2} 的公式。图中 L_1 除用以抵消 C_i 的作用外,还与 C_1、C_2 谐振。这种电路适用于使低的输入阻抗 R_2 与高的输出阻抗 R_1 相匹配。以上仅举一例,此外还有各种不同形式的匹配网络,请参阅有关参考书[5]。

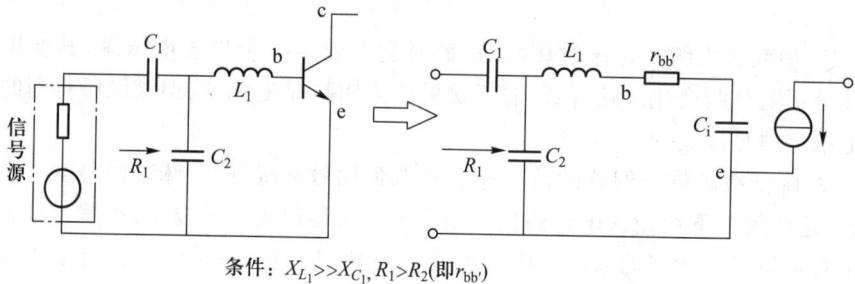

条件:$X_{L_1} \gg X_{C_1}$,$R_1 > R_2$(即 $r_{bb'}$)

计算公式

(1) $X_{L_1} = Q_L R_2 = Q_L r_{bb'}$

(2) $X_{C_1} = R_1 \sqrt{\dfrac{r_{bb'}(Q_L^2+1)}{R_1} - 1}$

(3) $X_{C_2} = \dfrac{r_{bb'}(Q_L^2+1)}{Q_L} \cdot \dfrac{1}{\left(1 - \dfrac{X_{C_1}}{Q_L R_1}\right)}$

图 5.5.11　输入匹配网络示例

应当指出,本节的输出匹配网络以 π 形为例,输入匹配网络以 T 形为例,只是为了便于说明问题。事实上,各种类型的匹配网络既可用于输出电路,也可用于输入电路,视实际电路要求而定。匹配网络在高频功率放大器中占有很重要的地位。匹配网络设计和调整良好,就能保证放大器工作于最佳状态。

正确设计与调整匹配网络,具有十分重要的意义。

§5.6 丁类(D类)功率放大器

我们已多次提到,高频功率放大器的主要问题是如何尽可能地提高它的输出功率与效率。只要将效率稍许提高一点,就能在同样的器件耗散功率条件下,大大提高输出功率。甲、乙、丙类放大器就是沿着不断减小电流通角 θ_c 的途径,来不断提高放大器效率的。

但是,θ_c 的减小是有一定限度的。θ_c 太小时,效率虽然很高,但因 I_{cm1} 下降太多,输出功率反而下降。要想维持 I_{cm1} 不变,就必须加大激励电压,这又可能因激励电压过大,而引起管子的击穿。因此必须另辟蹊径。丁类、戊类等放大器就是采用固定 θ_c 为 $90°$,但尽量降低管子的耗散功率的办法,来提高功率放大器的效率的。具体说来,丁类放大器的晶体管工作于开关状态:导通时,管子进入饱和区,器件内阻接近于零;截止时,电流为零,器件内阻接近于无穷大。这样,就使集电极功耗大为减小,效率大大提高。在理想情况下,丁类放大器的效率可达 100%。

晶体管丁类放大器都是由两个晶体管组成的,它们轮流导电,来完成功率放大任务。控制晶体管工作于开关状态的激励电压波形可以是正弦波,也可以是方波。晶体管丁类放大器有两种类型的电路:一种是电流开关型,另一种是电压开关型。它们的典型电路分别如图 5.6.1(a)与(b)所示。

在电流开关型电路中,两管推挽工作,电源 V_{CC} 通过大电感 L' 供给一个恒定电流 I_{CC}。两管轮流导电(饱和),因而回路电流方向也随之轮流改变。

在电压开关型电路中,两管是与电源电压 V_{CC} 串联的。当上面的晶体管导通(饱和)时,下面的晶体管截止,A 点的电压接近于 V_{CC};当上面的晶体管截止

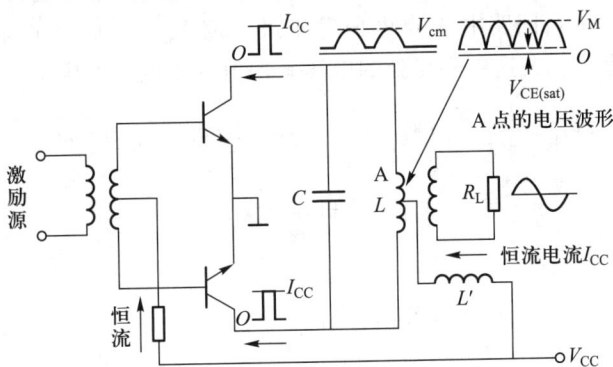

(a) 电流开关型

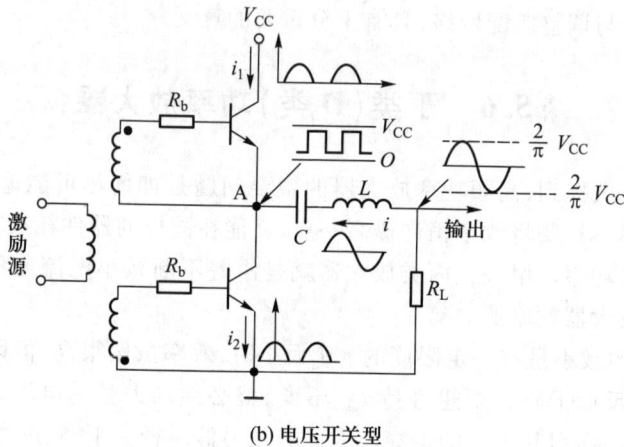

(b) 电压开关型

图 5.6.1　晶体管丁类放大器的两种典型类型的电路

时,下面的晶体管饱和导通,A 点的电压接近于零。因而 A 点的电压波形即为矩形波。

图 5.6.1(a)与(b)分别示出各点的电压与电流波形。

现在以电流开关型电路为例进行分析。

参阅图 5.6.1(a),这个电路与推挽电路非常相似,但有两点不同之处:一个是集电极回路中点不是地电位(推挽电路此点则在交流地电位);另一个是在 V_{CC} 电路中串接了大电感 L'。加入 L' 的目的是利用通过电感的电流不能突变的原理,使 V_{CC} 供给一个恒定的电流 I_{CC}。因此当两管轮流导电时,每管的电流波形是矩形脉冲。当 LC 回路谐振时,在它两端所产生的正弦波电压与集电极方波电流中的基波电流分量同相。两个晶体管的集电极–发射极瞬时电压 v_{CE} 的波形如图 5.6.2(a)、(b)所示。在开关转换的瞬间,回路电压等于零。因而此时中心抽头 A 点的电压等于晶体管的饱和压降 $V_{CE(sat)}$。当晶体管导通,集电极电流的基波分量为最大时,回路中 A 点电压等于最大值 V_M。因而 A 点电压的波形如图 5.6.2(c)所示。在这中心点处的电压平均值等于电源电压 V_{CC}。因此

$$V_{CC} = \frac{1}{\pi} \int_{-\frac{\pi}{2}}^{+\frac{\pi}{2}} \left[(V_M - V_{CE(sat)}) \cos \omega t + V_{CE(sat)} \right] \mathrm{d}(\omega t)$$

$$= \frac{2}{\pi} (V_M - V_{CE(sat)}) + V_{CE(sat)}$$

由此得到

$$V_M = \frac{\pi}{2} (V_{CC} - V_{CE(sat)}) + V_{CE(sat)} \tag{5.6.1}$$

集电极回路两端交流电压的峰值为

$$V_{cm} = 2(V_M - V_{CE(sat)}) = \pi(V_{CC} - V_{CE(sat)}) \tag{5.6.2}$$

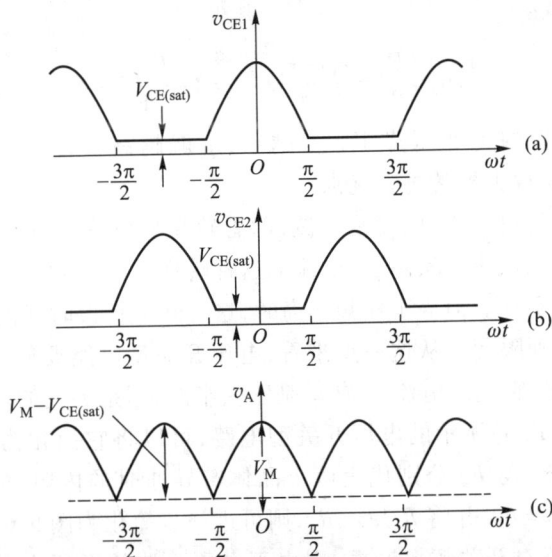

图 5.6.2 电流开关型放大器的谐振回路中心点的电压波形

它的均方根值为

$$V_c = \frac{V_{cm}}{\sqrt{2}} = \frac{\pi}{\sqrt{2}}(V_{CC} - V_{CE(sat)}) \tag{5.6.3}$$

假设负载 R_L 反射到回路两端,使回路呈现的负载阻抗等于 R'_p。每管通过的电流是振幅等于 I_{CC} 的矩形波,它的基频分量振幅等于 $(2/\pi)I_{CC}$,因此,在回路两端产生的基频电压振幅为

$$V_{cm} = \left(\frac{2}{\pi}I_{CC}\right)R'_p \tag{5.6.4}$$

将式(5.6.2)代入式(5.6.4),即得

$$I_{CC} = \frac{\pi}{2}\frac{V_{cm}}{R'_p} = \frac{\pi^2}{2R'_p}(V_{CC} - V_{CE(sat)}) \tag{5.6.5}$$

输出功率为

$$P_o = \frac{V_{cm}^2}{2R'_p} = \frac{\pi^2}{2R'_p}(V_{CC} - V_{CE(sat)})^2 \tag{5.6.6}$$

直流输入功率为

$$P_= = V_{CC}I_{CC} = \frac{\pi^2}{2R'_p}(V_{CC} - V_{CE(sat)})V_{CC} \tag{5.6.7}$$

因而集电极耗散功率为

$$P_c = P_= - P_o = \frac{\pi^2}{2R'_p}(V_{CC} - V_{CE(sat)})V_{CE(sat)} \tag{5.6.8}$$

由此得集电极效率为

$$\eta_c = \frac{P_o}{P_=} = \frac{V_{CC} - V_{CE(sat)}}{V_{CC}} = 1 - \frac{V_{CE(sat)}}{V_{CC}} \qquad (5.6.9)$$

由此可见,晶体管的饱和压降 $V_{CE(sat)}$ 越小, η_c 就越高。若 $V_{CE(sat)} \rightarrow 0$,则 $\eta_c \rightarrow$ 100% 。这是丁类放大器的主要优点。

在电流开关型电路中,电流是方波,两管轮流导电是从截止立即转入饱和,或从饱和立即转入截止。实际上,电流的这种转换是需要时间的。频率低时,转换时间可以忽略不计。但当工作频率高时,这一开关转换时间便不容忽视,因而工作频率上限受到限制。从这一点来看,电压开关型电路要好一些。因为参阅图 5.6.1(b) 可知,它们的电流 i_1 或 i_2 是正弦半波,不是突变的。

对于图 5.6.1(b) 所示的电压开关型电路,可以将它简化为图 5.6.3(a) 所示的电路,图中 R_{s1} 与 R_{s2} 分别代表两个晶体管导通时的内阻,R 为电感 L 的电阻。如果 $R_{s1} = R_{s2} = R_s$,并将 R 并入 R_L,则可进一步简化为图 5.6.3(b) 所示的电路。假设 LC 回路对开关频率谐振,则由于电压方波的振幅为 V_{CC},它的基波分量振幅等于 $(2/\pi)V_{CC}$,因而负载 $R'_L(= R_L + R)$ 上的输出电压为

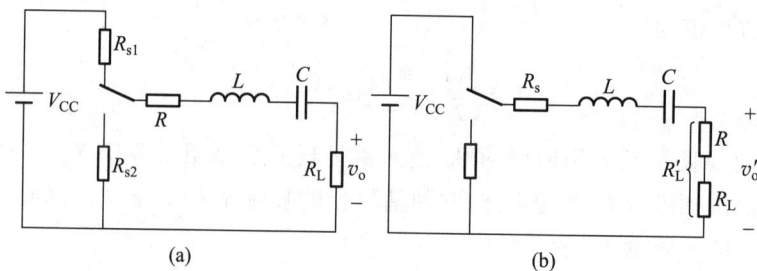

图 5.6.3 电压开关型电路的输出等效电路

$$v'_o = \left[\frac{\frac{2}{\pi}V_{CC}}{(R'_L + R_s)} R'_L \right] \cos \omega t \qquad (5.6.10)$$

输出电压峰值为

$$V'_{om} = \frac{2V_{CC}}{\pi(R'_L + R_s)} R'_L \qquad (5.6.11)$$

电源供给的电流为半波正弦[见图 5.6.1(b)],其振幅为 V'_{om}/R'_L。因此集电极平均电流为

$$I_{CC} = \frac{1}{2\pi} \int_{-\frac{\pi}{2}}^{\frac{\pi}{2}} \frac{2V_{CC}}{\pi(R'_L + R_s)} \cos \omega t \, d(\omega t)$$

$$= \frac{2V_{CC}}{\pi^2(R'_L + R_s)} \qquad (5.6.12)$$

输出到谐振回路的交流功率为

$$P'_{o} = \frac{V'^{2}_{om}}{2R'_{L}} = \frac{2V^{2}_{CC}R'_{L}}{\pi^{2}(R'_{L}+R_{s})^{2}} \tag{5.6.13}$$

直流输入功率为

$$P_{=} = V_{CC}I_{CC} = \frac{2V^{2}_{CC}}{\pi^{2}(R'_{L}+R_{s})} \tag{5.6.14}$$

因此集电极效率为

$$\eta_{c} = \frac{P'_{o}}{P_{=}} = \frac{R'_{L}}{R'_{L}+R_{s}} \tag{5.6.15}$$

集电极功率耗散为

$$P_{c} = P_{=} - P'_{o} = \frac{2V^{2}_{CC}}{\pi^{2}(R'_{L}+R_{s})} - \frac{2V^{2}_{CC}R'_{L}}{\pi^{2}(R'_{L}+R_{s})^{2}}$$

$$= \frac{2V^{2}_{CC}}{\pi^{2}(R'_{L}+R_{s})}\left(\frac{R_{s}}{R'_{L}+R_{s}}\right) \tag{5.6.16}$$

将式(5.6.12)的关系代入,式(5.6.16)可简化为

$$P_{c} = V_{CC}I_{CC}\left(\frac{R_{s}}{R'_{L}+R_{s}}\right) = P_{=}\left(\frac{R_{s}}{R'_{L}+R_{s}}\right) \tag{5.6.17}$$

由式(5.6.15)与式(5.6.17)显然可以看出,晶体管饱和内阻 R_{s} 越小(即饱和压降越小),则 η_{c} 越高,P_{c} 越小。当 $R_{s} \to 0$ 时,$\eta_{c} \to 100\%$,$P_{c} \to 0$。这一结论是和电流开关型电路一致的。

例 5.6.1 设计一个丁类电压开关型放大器,已知条件为:工作频率为 100 kHz;在 50 Ω 负载上有 12 V(有效值)的输出电压;回路有载 Q 值为 14,无载 Q 值为 100。

解 参阅图 5.6.1(b),设 $X_{L} = \omega L$,则

$$有载\ Q\ 值 = Q_{L} = \frac{X_{L}}{R+R_{L}}$$

$$无载\ Q\ 值 = Q_{0} = \frac{X_{L}}{R}$$

从以上二式中消去 R,得出 X_{L} 与 R_{L} 的关系:

$$X_{L} = \frac{R_{L}Q_{L}Q_{0}}{Q_{0}-Q_{L}}$$

代入已知条件 $R_{L} = 50\ \Omega$,$Q_{0} = 100$,$Q_{L} = 14$,得

$$X_{L} = \frac{50 \times 14 \times 100}{100-14}\ \Omega \approx 814\ \Omega$$

故得

$$L = \frac{X_{L}}{\omega} = \frac{814}{2\pi \times 100 \times 10^{3}}\ H \approx 1.29\ mH$$

$$C = \frac{1}{\omega^{2}L} = \frac{1}{(2\pi \times 100 \times 10^{3})^{2} \times 1.29 \times 10^{-3}}\ F \approx 1\ 963\ pF$$

输出电压峰值 $\qquad V_{om} = 12\sqrt{2}$ V ≈ 17 V

因此,输出电流峰值为

$$I_{om} = \frac{V_{om}}{R_L} = \frac{17}{50} \text{ A} = 340 \text{ mA}$$

由式(5.6.11),略去晶体管饱和电阻 R_s,并注意 $R'_L = R_L + R$,$V_{om} = \frac{R_L}{R_L + R}V'_{om}$,得

$$V_{CC} = \frac{\pi(R_L + R)}{2R_L}V_{om} = \frac{\pi}{2}\left(\frac{Q_0}{Q_0 - Q_L}\right)V_{om}$$

$$= \frac{\pi}{2}\left(\frac{100}{100 - 14}\right) \times 17 \text{ V} \approx 31.1 \text{ V}$$

$$I_{CC} = \frac{I_{cm}}{\pi} = \frac{340}{\pi} \text{ mA} \approx 108 \text{ mA}$$

考虑到晶体管实际上是有饱和电阻 R_s 的,为此可适当提高集电极的电源电压。此处可取 $V_{CC} = 32$ V。

因此,直流输入功率 $\qquad P_= = V_{CC}I_{CC} = 32 \times 108 \times 10^{-3}$ W

$$\approx 3.456 \text{ W}$$

交流输出功率 $\qquad P_o = \frac{V_{om}^2}{2R_L} = \frac{17^2}{2 \times 50} \text{ W} = 2.89 \text{ W}$

回路损耗功率

$$P_Q = \frac{1}{2}I_{cm}^2 R = \frac{1}{2}I_{cm}^2\left(\frac{X_L}{Q_0}\right) = \frac{1}{2}(0.34)^2\left(\frac{814}{100}\right) \text{ W}$$

$$\approx 0.47 \text{ W}$$

集电极耗散功率 $\qquad P_c = P_= - P_o - P_Q = 0.096$ W

集电极效率 $\qquad \eta_c = \frac{P_o + P_Q}{P_=} = \frac{2.89 + 0.47}{3.456} \approx 97.2\%$

总效率 $\qquad \eta = \frac{P_o}{P_=} = \frac{2.89}{3.456} \approx 83.6\%$

假设基极激励电流为集电极电流的 1/10,以保证饱和,则基极最大电流 $I_{bm} = 34$ mA。为了开关速度快,则激励开关电压应足够高。设所需激励电压峰值为 2.7 V,晶体管在基极电流为峰值时的 $V_{BE} = 1$ V,则基极所需串联电阻 $R_b = \frac{2.7 - 1}{34 \times 10^{-3}}$ Ω $= 50$ Ω,可采用标称值 47 Ω,因而总的激励功率为

$$P_d = \frac{1}{2}I_{bm}^2 R_b + \left(\frac{2}{\pi}I_{bm}\right)V_{BE}$$

$$= \left[\frac{1}{2}(34 \times 10^{-3})^2 \times 47 + \left(\frac{2}{\pi} \times 34 \times 10^{-3}\right) \times 1\right] \text{ W}$$

$$\approx 0.049 \text{ W}$$

$$= 49 \text{ mW}$$

因此,本放大器的功率增益为

$$A_p = \frac{P_o}{P_d} \approx \frac{2.89}{0.049} = 59 \quad \text{或} \quad 10 \lg 59 \approx 17.7 \text{ dB}$$

与通常的丙类放大器相比,丁类放大器有如下优点:它是两管工作,输出中最低谐波是三次的,而不是二次的,因此,谐波输出较小;效率高(典型值超过90%,这是主要的优点),因而特别适用于功率放大器。尤其是因为晶体管饱和压降很小,就更宜于采用丁类工作。丁类放大器的缺点是:在开关转换瞬间的器件功耗随开关频率的上升而加大,因此频率上限受到限制。从频率上限这方面来比较,电压开关型电路要比电流开关型电路好,因为它的电流是半波正弦的,而不是突变的方波。这在前面已讲过了。当频率升高后,丁类放大器的效率下降,就失去了相对于丙类放大的优点。而且在开关转换瞬间,晶体管可能同时导电或同时断开,二次击穿作用就可能使晶体管损坏。为了克服这一缺点,可在电路上加以改进,就构成了下节要讨论的戊类放大器[3,4]。

* §5.7　戊类(E类)功率放大器

晶体管丁类放大器总是由两个晶体管组成的,而戊类放大器则是单管工作于开关状态。它的特点是选取适当的负载网络参数,以使它的瞬态响应最佳。也就是说,当开关导通(或断开)的瞬间,只有当器件的电压(或电流)降为零后,才能导通(或断开)。这样,即使开关转换时间与工作周期相比较已相当长,也能避免在开关器件内同时产生大的电压或电流。这就避免了在开关转换瞬间内的器件功耗,从而克服了丁类放大器的缺点。

图 5.7.1(a)所示为戊类放大器的原理电路,图中 L_0C_0 为串联调谐回路,C_1 为晶体管的输出电容,C_2 为外加电容,以使放大器获得所期望的性能,同时也消除了在丁类放大器中由 C_1 所引起的功率损失,因而提高了放大器的效率。

为了分析图 5.7.1(a),将它绘成图 5.7.1(b)的等效电路。在分析时,有如下几点假设:

① 扼流圈 L' 的阻抗足够大,因而流经它的 I_{CC} 为恒定值。

② 串联调谐回路 L_0C_0 的 Q 值足够高(考虑了 R_L 的影响),因而输出电流(亦即输出电压)为正弦波形。

③ 晶体管作用相当于一个开关 S,它或者接通(两端电压为零),或者断开(通过它的电流为零),但在接通与断开互相转换的极短瞬间除外。

④ 电容 C 与电压无关。

当开关 S 接通时,集电极电压 $v_c(\theta)=0$,因此通过电容 C 的电流 $i_c(\theta)$ 也等于零,集电极电流 $i_s(\theta)=I_{CC}-i_o(\theta)$。当 S 断开时,$i_s(\theta)=0$,因此电容电流 $i_c(\theta)=I_{CC}-i_o(\theta)$。由并联电容 C 的充电情况,可以得出集电极电压 $v_c(\theta)$ 的波形。图 5.7.2 所示为戊类功率放大器各部分的电压与电流波形。为了使放大器的效率高,在 S 刚接通的瞬间,集电极电压波形的斜率 $\mathrm{d}v_c(\theta)/\mathrm{d}\theta$ 应等于零,也

(a) 原理电路

(b) 等效电路

*在 $f = f_0$ 时，$X = 0$
在 $f = kf_0$ 时，$X = \infty$

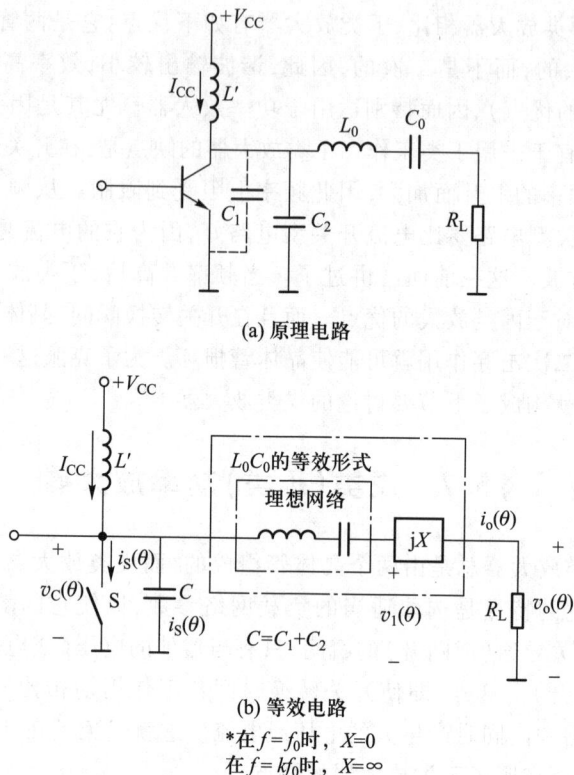

图 5.7.1 戊类放大器的电路

要求此时的集电极电流等于零，如图 5.7.2 所示的最佳工作状态。由于 S 从断到通的瞬间，集电极电压与电流均等于零，因而在转换瞬间的功率损耗可忽略不计，效率自然提高。为了获得这一最佳工作状态，应适当选择 $B = \omega C$ 与 X 的值。文献[3]给出，当输出电路的 Q 值给定时，可用下列经验公式获得最佳运用状态时的 X 与 B 值为

$$X = \frac{1.110Q}{Q - 0.67} R_L \tag{5.7.1}$$

$$B = \frac{0.183\,6}{R_L}\left(1 + \frac{0.81Q}{Q^2 + 4}\right) \tag{5.7.2}$$

输出电压 $\qquad V_{om} \approx 1.074 V_{CC}$ (5.7.3)

输出功率 $\qquad P_o \approx 0.577 \dfrac{V_{CC}^2}{R_L}$ (5.7.4)

输入电流 $\qquad I_{CC} = \dfrac{V_{CC}}{1.734 R_L}$ (5.7.5)

峰值集电极电压 $\qquad v_{Cmax} \approx 3.56 V_{CC}$ (5.7.6)

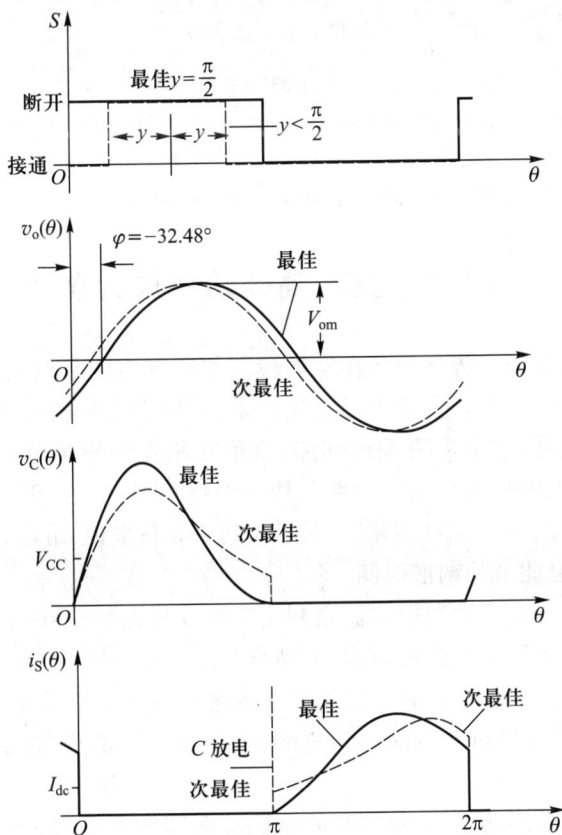

图 5.7.2 戊类功率放大器各部分的电压与电流波形

例 5.7.1 设计一个戊类放大器,工作频率为 4 MHz,输出到 12.5 Ω 负载上的功率为 25 W。假定晶体管是理想的,输出电路的 Q 值为 5。

解 由式(5.7.4),可得

$$V_{CC} = \sqrt{\frac{P_o R_L}{0.577}} = \sqrt{\frac{25 \times 12.5}{0.577}} \text{ V} \approx 23.3 \text{ V}$$

由式(5.7.6),得

$$v_{Cmax} = 3.56 V_{CC} \approx 82.8 \text{ V}$$

由式(5.7.5),得

$$I_{CC} = \frac{V_{CC}}{1.734 R_L} = \frac{23.3}{1.734 \times 12.5} \text{ A} \approx 1.075 \text{ A}$$

由式(5.7.2),得

$$B = \frac{0.1836}{12.5}\left(1 + \frac{0.81 \times 5}{5^2 + 4}\right) \approx 0.0167$$

由此得出

$$C = 666 \text{ pF}$$

由于 $Q = \dfrac{1}{\omega C_0 R_L}$ 得出 $\dfrac{1}{\omega C_0} = 5 \times 12.5 \ \Omega = 62.5 \ \Omega$

所以 $C_0 = 637 \ \text{pF}$

由式（5.7.1）得 $X = 16.02 \ \Omega$，因此 L_0 的电抗应等于 $(16.02+62.5) \ \Omega = 78.52 \ \Omega$，由此求得 $L_0 = 3.12 \ \mu\text{H}$。

L' 的电抗至少应为 $10R_L = 125 \ \Omega$，因此它至少应为 $4.97 \ \mu\text{H}$。

§5.8 宽带高频功率放大器

现代通信的发展趋势之一是在宽波段工作范围内能采用自动调谐技术，以便于迅速转换工作频率。为了满足上述要求，可以在发射机的中间各级采用宽带高频功率放大器，它不需要调谐回路，就能在很宽的波段范围内获得线性放大。当然，所付出的代价是输出功率和功率增益都降低了。因此，一般来说，宽带功率放大器适用于中、小功率级。对于大功率设备来说，可以采用宽带功放作为推动级，同样也能节约调谐时间。

最常见的宽带高频功率放大器是利用宽带变压器（transformer）作耦合电路的放大器。宽带变压器有两种形式：一种是利用普通变压器的原理，只是采用高频磁芯，可工作到短波波段；另一种是利用传输线原理与变压器原理二者结合的所谓传输线变压器（transinission-line transformer），这是最常用的一种宽带变压器。

低频功率放大器的功率、效率和阻抗匹配等问题可以通过低频变压器耦合电路来实现，而且它的相对频带也很宽，一般从几十赫到一万多赫，高低端频率之比可达几百甚至上千。这种变压器的构造示意图如图 5.8.1（a）所示。它是依靠铁心中的公共磁通 Φ 将一次绕组（匝数为 N_1）的能量传输到二次绕组（匝数为 N_2）中。对于理想变压器来说，应该是对所有频率的能量都能同样传输过去，即通频带应为无限宽。但实际上，音频变压器的频率特性大致如图 5.8.1（b）所示（示例），即：在中间一段是平坦的；在低音频端，由于一次电感不可能为无穷大（这是理想变压器的条件），因而频率响应下降。在高音频端，则由于绕组漏电感与分布电容的影响，在某一频率可能产生串联谐振，频率响应出现高峰。然后随频率的升高，它的输出电压因分布电容的旁路作用而迅速下降。因此，普通铁心变压器不能用于高频。

为了使变压器工作于高频，并展宽工作频带，可采取以下几项措施：

① 尽量减小线圈的漏感与分布电容。为此，可将一、二次绕组绕在环形铁氧体做的磁芯上，匝数要少，匝间距离要大（即绕得稀些）。

② 减小磁芯的功率损耗。可采用高频铁氧体作磁芯，例如镍锌（NXO 系列）。

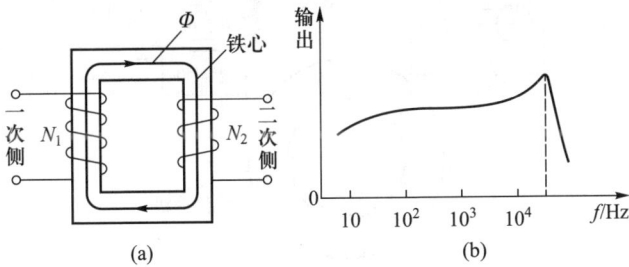

图 5.8.1 低频变压器及其频率特性示例

③ 为了展宽低频响应,要求一次绕组的电感大。为此,应采用高磁导率磁芯,加大环形磁芯截面积,适当增加匝数。

由以上几条来看,展宽低频响应与改善高频响应之间是有矛盾的。解决矛盾的方法是采用高磁导率(permeability)磁芯。这样,可以在较少的绕组匝数下,获得较高的励磁电感(满足低频要求),同时漏感与分布电容也小(满足高频要求)。但通常磁导率高的磁芯,它的磁芯功率损耗也大,因此应采用能在高频工作的高磁导率磁芯。例如采用相对磁导率为几十的高频高磁导率铁氧体(ferrite)磁芯,其频率可自几百千赫至几十兆赫,波段覆盖系数可达几十到一百。

由于高频变压器仍然用的是变压器原理,因而线圈漏感与分布电容仍然是限制它工作到更高频率的主要因素。为了克服这个困难,必须另找新的途径。

把传输线的原理应用于变压器,就可以提高工作频率的上限,并解决宽带问题。这种变压器是用传输线(例如,两根紧靠的平行线、扭绞线、带状传输线或同轴线等)绕在高磁导率的铁心磁环上构成,如图 5.8.2(a)所示为一个 1:1 的传输线变压器构造示意图。磁芯用高频铁氧体磁环,材料为锰锌(MXO)或镍锌(NXO)。频率较高时,以用镍锌材料为宜。磁环直径小的只有几毫米,大的有几十毫米,视功率大小而定。一般 15 W 功率放大器用直径为 10~20 mm 的磁环即可。这种变压器的结构简单、轻便、价廉、频带很宽(可从几百千赫至几百兆赫),因而在宽带高频功率放大器中获得了广泛的应用。

图 5.8.2(b)是传输线变压器的电路表示形式,(c)是用普通变压器表示的电路形式。为了比较,它们的一、二次侧都有一端接地。图 5.8.2(b)和(c)在电路连接上完全相同。由图 5.8.2(c)可以看出,如果是普通变压器,则负载 1、2 两端可以对地隔离,也可以任意一端接地。但作为传输线变压器,则必须是 1、4(或 2、3)两端同时接地才行。由电源端 1、3 看来的阻抗应等于负载阻抗 R_L(等于传输线的特性阻抗 R_c),但输出电压与输入电压反相,所以它相当于一个 1:1 阻抗反相变压器。

应该指出,传输线变压器的工作原理既然是传输线原理与变压器原理的结合,那么它的工作也可分为两种方式:一种是按照传输线方式来工作,即在它两

(a) 构造示意图

(b) 电路表现形式   (c) 用普通变压器表示的电路形式

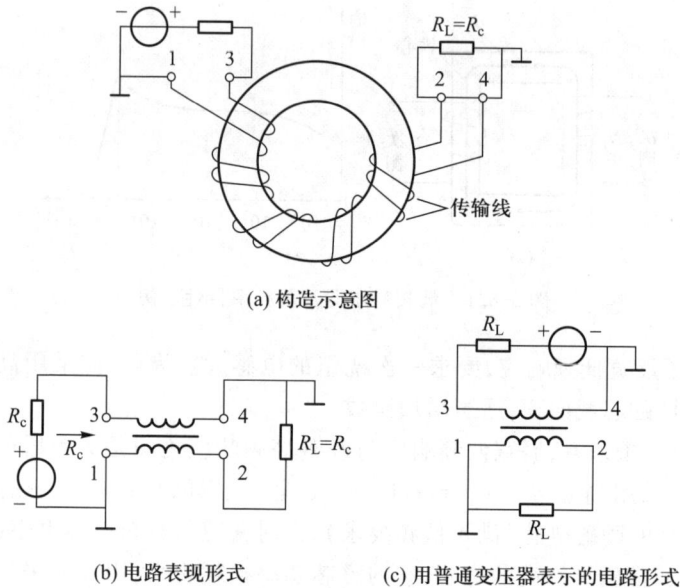

图 5.8.2 1:1 传输线变压器

个线圈中通过大小相等、方向相反的电流,磁芯中的磁场正好互相抵消。因此,磁芯没有功率损耗,磁芯对传输线的工作没有什么影响。这种工作方式称为传输线模式。另一种是按照变压器方式工作,此时线圈中有激磁电流,并在磁芯中产生公共磁场,有铁心功率损耗。这种工作方式称为变压器模式。传输线变压器通常同时存在着这两种模式,或者说,传输线变压器正是利用这两种模式来适应不同的功用的。

为什么这种变压器具有良好的频率特性呢?这是由它的传输线工作模式所决定的。普通变压器绕组间的分布电容是限制它的工作带宽的主要因素,而在传输线变压器中,绕组间的分布电容则成为传输线特性阻抗的一个组成部分。因而这种变压器可以在很宽的频带(可达几百兆赫)范围内获得良好的响应。这种变压器极适合于作为高频宽带耦合网络之用。

如上所述,传输线变压器存在着两种工作方式:在高频率时,传输线模式起主要作用,此时一、二次侧之间的能量传输主要依靠绕组之间分布电容的耦合作用;在低频率时,变压器模式起主要作用,一、二次侧之间的能量传输主要依靠绕组的磁耦合作用。为了扩展低频响应范围,应该加大一次绕组的电感量,但同时绕组总长度又不能过大(理由详见后面对图 5.8.5 的讨论),因此采用高频磁芯来解决匝数少,而一次绕组电感量又足够大的问题。

现在讨论一种最常用的 1:4(或 4:1)阻抗传输线变压器,它的结构示意图与电路表示形式分别示于图 5.8.3(a)、(b)、(c)。图 5.8.4 表示某典型 1:4 阻抗变换器的频率特性的实验结果[6]。下降 3 dB 的带宽自 200 kHz 至 715 MHz,可见频带是很宽的。

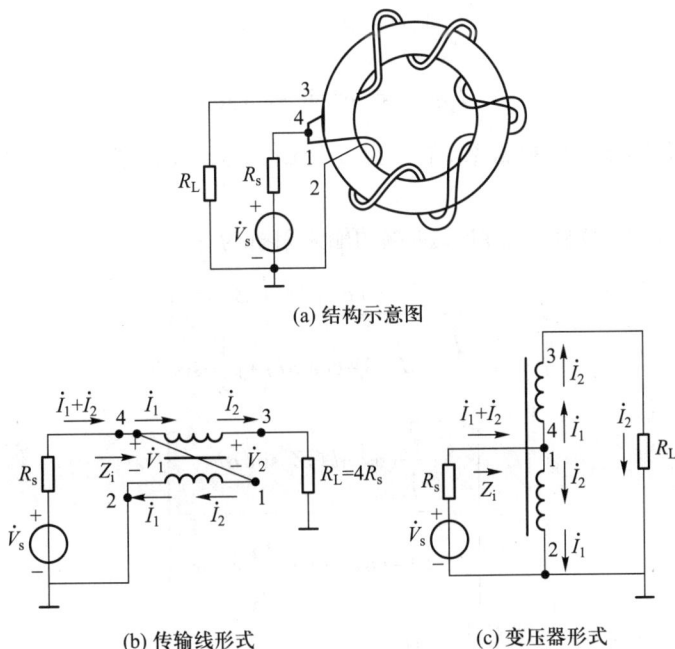

(a) 结构示意图

(b) 传输线形式　　　　　(c) 变压器形式

图 5.8.3　1∶4 阻抗传输线变压器

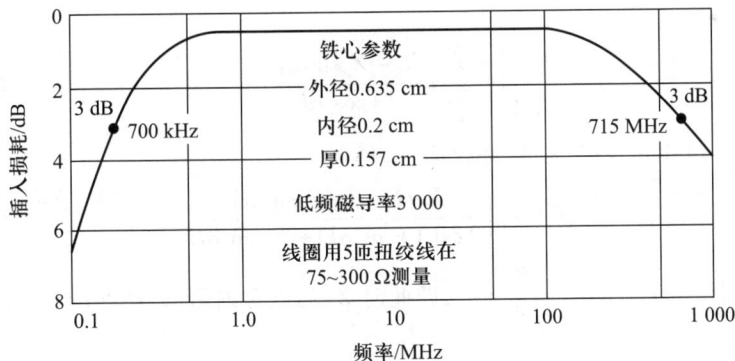

图 5.8.4　某典型 1∶4 阻抗变换器的频率特性(实验结果)

这种传输线变压器是将绕组看成两根平行的传输线,它可以起一个 1∶4 阻抗变换作用,使 2、3 两端的 $R_L=4R_s$ 折合到 2、4 两端等于 $R_L/4$,以与电源内阻 R_s 相匹配。从图 5.8.3(b)与(c)的等效电路很容易看出这种阻抗变换关系。这种 1∶4 的阻抗变换关系也可以从 2、4 两端向右方看去的输入阻抗 Z_i 的公式来证明。

参阅图 5.8.3(b)所示的电流、电压关系。由传输线的理论可知(假设传输线没有损耗,式中 V、I 均为有效值)

$$\dot{V}_1 = \dot{V}_2 \cos \alpha l + j \dot{I}_2 Z_c \sin \alpha l \qquad (5.8.1)$$

$$\dot{I}_1 = \dot{I}_2 \cos \alpha l + j \frac{\dot{V}_2}{Z_c} \sin \alpha l \qquad (5.8.2)$$

式中, α 为传输线的相移常数,单位为 rad/m; l 为传输线长度; Z_c 为传输线的特性阻抗。

由图 5.8.3(b)显然可知,2、4 端的输入阻抗为

$$Z_i = \frac{\dot{V}_1}{\dot{I}_1 + \dot{I}_2} = \frac{\dot{V}_2 \cos \alpha l + j \dot{I}_2 Z_c \sin \alpha l}{\dot{I}_2(1 + \cos \alpha l) + j \frac{\dot{V}_2}{Z_c} \sin \alpha l}$$

$$= Z_c \left[\frac{\dfrac{\dot{V}_2}{\dot{I}_2} \cos \alpha l + j Z_c \sin \alpha l}{Z_c(1 + \cos \alpha l) + j \dfrac{\dot{V}_2}{\dot{I}_2} \sin \alpha l} \right] \qquad (5.8.3)$$

另一方面,从负载 R_L 两端看来应有

$$\dot{I}_2 R_L = \dot{V}_1 + \dot{V}_2 = \dot{V}_2(1 + \cos \alpha l) + j \dot{I}_2 Z_c \sin \alpha l$$

即

$$\frac{\dot{V}_2}{\dot{I}_2} = \frac{R_L - j Z_c \sin \alpha l}{1 + \cos \alpha l} \qquad (5.8.4)$$

将式(5.8.4)代入式(5.8.3)并化简,即得

$$Z_i = Z_c \left[\frac{R_L \cos \alpha l + j Z_c \sin \alpha l}{2 Z_c(1 + \cos \alpha l) + j R_L \sin \alpha l} \right] \qquad (5.8.5)$$

当 $\alpha l \to 0$ 时,由上式得 $Z_i = \dfrac{R_L}{4} = R_s$,即此时 Z_i 与电源内阻 R_s 相匹配,传输功率达到最大值。

事实上,由图 5.8.3(b)或(c),可以列出回路方程

$$\dot{V}_s = (\dot{I}_1 + \dot{I}_2) R_s + \dot{V}_1 \qquad (5.8.6)$$

$$\dot{V}_s = (\dot{I}_1 + \dot{I}_2) R_s - \dot{V}_2 + \dot{I}_2 R_L \qquad (5.8.7)$$

从式(5.8.6)、式(5.8.7)与式(5.8.1)、式(5.8.2)诸式中消去 $\dot{I}_1$、$\dot{V}_1$、$\dot{V}_2$,求出 $\dot{I}_2$ 之值,得

$$\dot{I}_2 = \frac{\dot{V}_s(1+\cos \alpha l)}{\left[R_L\cos \alpha l+2R_s(1+\cos \alpha l)\right]+\mathrm{j}\left(\dfrac{R_sR_L+Z_c^2}{Z_c}\right)\sin \alpha l}$$

因此输出功率为

$$P_o = I_2^2 R_L = \frac{V_s^2(1+\cos \alpha l)^2 R_L}{\left[R_L\cos \alpha l+2R_s(1+\cos \alpha l)\right]^2+\left(\dfrac{R_sR_L+Z_c^2}{Z_c}\right)^2\sin^2 \alpha l} \quad (5.8.8)$$

要想使输出功率达到最大，即达到匹配状态，应满足 $\left.\dfrac{\mathrm{d}P_o}{\mathrm{d}R_L}\right|_{l=0}=0$ 的条件，于是得到匹配条件为

$$R_L = 4R_s \quad 或 \quad R_s = \frac{R_L}{4} \quad (5.8.9)$$

这一结果与由输入阻抗关系所求出的结果完全相同。因此，这个传输线变压器相当于一个 1∶4 阻抗变换器。

应当着重指出，上述阻抗变换的结果从形式上来看，也可由图 5.8.3（c）的变压器电路直接看出来。但变压器形式的电路不能说明插入损耗等问题，这些问题必须用传输线的概念来说明。

从上面的讨论已知，1∶4 的传输线变压器两端的阻抗相差四倍，那么我们应如何选取传输线的特性阻抗 Z_c 呢？观察式（5.8.8）可知，只有分母的第二项含有特性阻抗 Z_c。因此，为了使传输功率最大，则最佳的 Z_c 值应该是使分母中的第二项最小。由

$$\frac{\mathrm{d}}{\mathrm{d}Z_c}\left(\frac{R_sR_L+Z_c^2}{Z_c}\right)=0$$

的条件，求出最佳特性阻抗为

$$Z_c = R_{c(opt)} = \sqrt{R_sR_L} = 2R_s \quad (5.8.10)$$

这时传输线变压器两端均处于最佳匹配状态。当 $\alpha l \to 0$（即频率不高）时，R_L 上的功率达到极大值。但是随着工作频率的提高，αl 再不能忽略。这时，电流、电压沿传输线传播会产生相位移。因而会减小 R_L 上的输出功率。为了估计此时输出功率的减小程度，常用插入损耗来表示。

插入损耗的定义为

$$插入损耗（\mathrm{dB}）= 10 \lg \frac{P_{so}}{P_o}$$

式中，P_{so} 代表由信号源 $\dot{V}_s$ 所能供给的最大功率（匹配时），它的值为

$$P_{so} = \frac{V_s^2}{4R_s}$$

P_o 代表 R_L 上实际获得的功率,它由式(5.8.8)来计算。因此插入损耗可由下式计算①:

插入损耗$(dB) = 10 \lg \dfrac{P_{so}}{P_o}$

$$= 10 \lg \frac{\left[R_L\cos\alpha l+2R_s(1+\cos\alpha l)\right]^2+\left(\dfrac{R_sR_L+Z_c^2}{Z_c}\right)^2\sin^2\alpha l}{4R_LR_s(1+\cos\alpha l)^2} \qquad (5.8.11)$$

在 $R_L=4R_s$(4:1 阻抗变换)情况下,上式化简为

$$插入损耗(dB) = 10 \lg \frac{(1+3\cos\alpha l)^2+\left(\dfrac{2R_s}{Z_c}+\dfrac{Z_c}{2R_s}\right)^2\sin^2\alpha l}{4(1+\cos\alpha l)^2} \qquad (5.8.12)$$

在最佳状态 $Z_c=2R_s$ 时,有

$$插入损耗(dB) = 10 \lg \frac{(1+3\cos\alpha l)^2+4\sin^2\alpha l}{4(1+\cos\alpha l)^2} \qquad (5.8.13)$$

根据以上诸式即可算出 1:4 阻抗变换器的插入损耗。图 5.8.5 就是根据式(5.8.12)算出的、对应各种不同的特性阻抗 Z_c 的插入损耗与传输线长度的关系。由图可以看出,Z_c 越偏离最佳值 $R_{c(opt)}$,则插入损耗越大。因而应尽可能使 Z_c 值接近 $R_{c(opt)}$ 值。

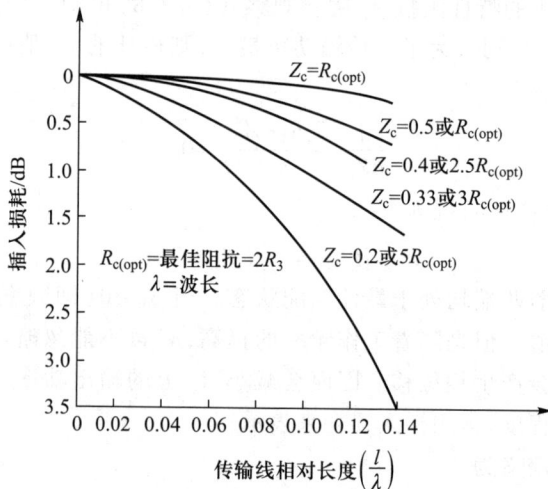

图 5.8.5 对应不同的 Z_c 值,1:4 阻抗变换器的插入损耗与传输线长度的关系

① 可参看式(3.3.12)关于插入损耗的定义。

也可以从式(5.8.5)的输入阻抗 Z_i 与 αl 的关系来说明它的物理意义。由该式,当 $\alpha l = 0$ 时,$Z_i = \dfrac{R_L}{4} = R_s$ 为匹配状态。随着 αl 的逐渐增加,Z_i 逐渐偏离匹配值,因而产生插入损耗。当 $l = \dfrac{\lambda}{2}$,即 $\alpha l = \dfrac{2\pi}{\lambda} l = \pi$ 时,Z_i 变为无穷大,输出功率下降为零,插入损耗变为无穷大。物理意义是传输线产生了全反射,负载上完全得不到功率。

由上述讨论可知,为了使高频端的响应良好(即插入损耗小),即传输线处于近似匹配的工作状态,就必须采用尽可能短的绕组,使 αl 很小。在大多数情况下,传输线长度取为最短波长的 $\dfrac{1}{8}$ 或更小。但为了保证低频响应良好,除采用高磁导率的磁芯外,还必须有一定的绕组长度,以使一次绕组有足够大的感抗。一般应使这一感抗在最低工作频率比变压器的输入阻抗大三倍以上。为此,可用以下的经验公式来估算所需的绕组长度:

在高频端

$$l_{\max} \leqslant \frac{18\,000n}{f_u}\,(\text{cm}) \tag{5.8.14}$$

式中,f_u 为最高工作频率,单位为 MHz;n 为常数,一般取为 0.08 左右。

在低频端

$$l_{\min} \geqslant \frac{50R_L}{\left(1 + \dfrac{\mu}{\mu_0}\right)f_1}\,(\text{cm}) \tag{5.8.15}$$

式中,f_1 为最低工作频率,单位为 MHz;μ/μ_0 为铁心在 f_1 时的相对磁导率。

例 5.8.1 设计一个工作频率为 30 ~ 80 MHz 的传输线变压器,已知负载阻抗 $R_L = 50\ \Omega$,磁芯的相对磁导率 $\dfrac{\mu}{\mu_0} = 15$。

解 由式(5.8.14),得

$$l_{\max} \leqslant \frac{18\,000 \times 0.08}{80}\ \text{cm} = 18\ \text{cm}$$

由式(5.8.15),得

$$l_{\min} \geqslant \frac{50 \times 50}{(1+15) \times 30}\ \text{cm} \approx 5.2\ \text{cm}$$

l 之值可在 5.2 ~ 18 cm 之间选取。由此可见,绕组长度值的选取范围是较宽的。

应该说明,传输线变压器的特性阻抗取决于绕组所用导线的粗细、绕制的紧松等。最简单的绕组是用两根绝缘线(漆包线也可以)绕制成的。为了保证线间的耦合良好,常把这两根线扭绞起来,成为扭绞线对来绕制。也可用同轴线或带状传输线来绕制。线径的粗细要视传输线的阻抗与功率大小等而定。例如,采用涂有透明胶的 0.9 mm 松扭绞线对的变换器特性阻抗 $Z_c = 50\ \Omega$,在工作频率为 2 ~ 100 MHz、输出功率为 100 W 时,磁芯不饱和。采用导线直径为 0.44 mm 构成的松扭绞线对的变换器,可得特性阻抗为 25 Ω。

利用传输线变压器的宽频带特性,即可构成宽带功率放大器。图 5.8.6 是这种宽带放大器的典型电路,图中的 Tr_1、Tr_2 与 Tr_3 就是宽带传输线变压器。Tr_1 与 Tr_2 串接是为了进行阻抗变换,以使 T_2 的低输入阻抗变换为 T_1 所需的高负载阻抗。为了使放大器的特性良好,每一级都加了电压负反馈电路(T_1 中的 1 800 Ω 与 470 Ω 串联,T_2 中的 1 200 Ω 与 12 Ω 串联)。为了避免寄生耦合,每级的集电极电源都有电容滤波,它们都由大小不同的三个电容组成,分别对不同的频率滤波。其他元件的作用与一般放大器相同。由于没有采用调谐回路,不言而喻,这种放大器应工作于甲类状态。输出级应采用推挽电路,以减小谐波输出。若采用乙类或丙类工作,则必须在它后面加入适当的滤波器,以滤除谐波。

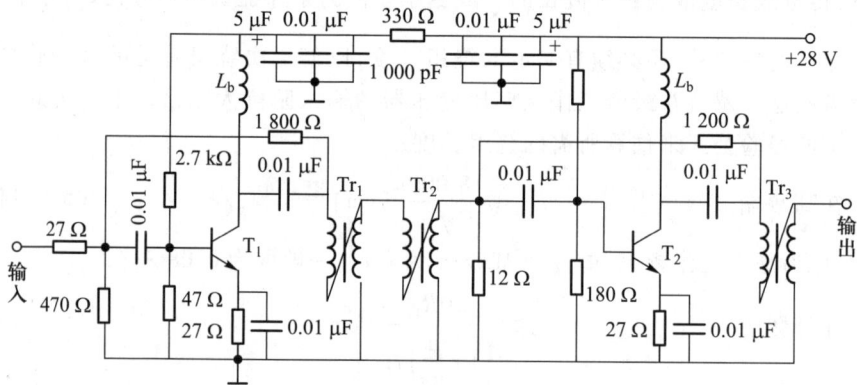

图 5.8.6　宽频带变压器耦合放大器电路举例

宽带功率放大器的主要缺点是效率低,一般只有 20% 左右。这是为了获得足够带宽所必须付出的代价。

最后应指出,精心制作的高频变压器可以获得 150 kHz 至 30 MHz 的宽带工作范围。由于传输线变压器还适用于功率合成器(power combiner),所以这里只讨论了传输线变压器耦合放大器。高频变压器耦合放大器在原理上没有什么独特之处,故不进行讨论。

§5.9　功率合成器

5.9.1　功率合成与分配网络应满足的条件

在高频功率放大器中,当需要的输出功率超过单个电子器件所能输出的功率时,可以将几个电子器件的输出功率叠加起来,以获得足够大的输出功率。这就是功率合成技术。

在讨论功率合成器原理之前,为了对功率合成器(power combiner)先有一个整体概念,我们举一个实际方框图的例子,如图 5.9.1 所示。这是一个输出功率为 35 W 的功率合成器方框图示例。图中每一个三角形代表一级功率放大器,每一个菱形则代表功率分配或合成网络。图中第一级放大器将 1 W 输入信号功率放大到 4 W,第二级进一步放大到 11 W。然后在分配网络中将这 11 W 分离成相等的两部分,继续在两组放大器中分别进行放大。又在第二个分配网络中分配,经放大后,再在合成网络中相加。上、下两组相加的结果,最后在负载上获得 35 W 的输出功率。

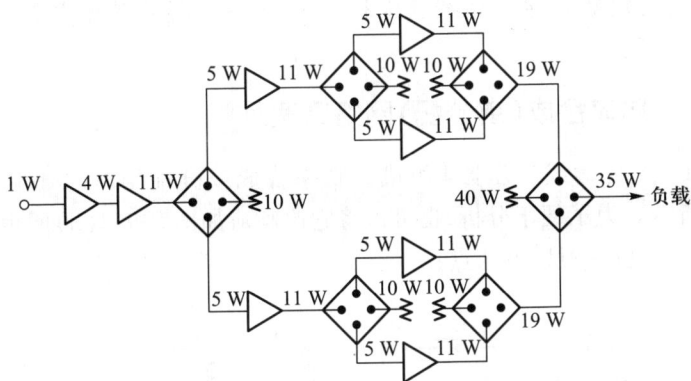

图 5.9.1　输出功率为 35 W 的功率合成器方框图示例

图 5.9.1 中混合网络另一端所画的电阻是作为假负载(dummy load)用的,它的作用以后再讨论。

根据同样的组合方法,可再获得另一组 35 W 的输出功率。将两组 35 W 功率在一个合成网络中相加,最后就获得 70 W 的输出功率。以此类推,可以获得更高的功率输出。

由上例可知,功率合成器的关键部分是功率分配与合成网络。那么,应该采取什么样的网络呢?

我们知道,在低频电子线路中,可以采用推挽或并联电路来增加输出功率。同样,高频功率放大器也可以采用推挽或并联电路来增加输出功率。因此,单从增加输出功率这一点来看,并联与推挽电路也可认为是功率合成电路。但是,这两种电路都有不可克服的共同缺点:当一管损坏失效时,会使其他管子的工作状态产生剧烈变化,甚至导致这些管子的损坏。因此,并联和推挽电路不是理想的功率合成电路。那么,一个理想的功率合成电路应该满足哪些条件呢?概括起来,可以归纳为如下几条:

① N 个同类型的放大器,它们的输出振幅相等,每个放大器供给匹配负载

以额定功率 P_{so}，则 N 个放大器输至负载的总功率为 NP_{so}。这叫作功率相加条件。并联和推挽电路能满足这一条件。

② 合成器的各单元放大电路彼此隔离，也就是说，任何一个放大单元发生故障时，不影响其他放大单元的工作，这些没有发生故障的放大器照旧向电路输出自己的额定输出功率 P_{so}。这叫作相互无关条件。这是功率合成器的最主要条件。并联和推挽电路不能满足这一条件。

要想满足功率合成器的上述条件，关键在于选择合适的混合网络（hybrid circuit）。晶体管放大器功率合成所用的混合网络主要是 §5.8 中已讨论过的传输线变压器，特别是 1∶4 传输线变压器。下面就来讨论用传输线变压器组成的混合网络的原理。

5.9.2 功率合成（或分配）网络原理

利用 1∶4 传输线变压器①组成的功率合成或分配网络的基本电路如图 5.9.2(a)所示。为了便于分析，也可以将它改画成如图 5.9.2(b)所示的等效电路。在分析时，应注意以下两点：

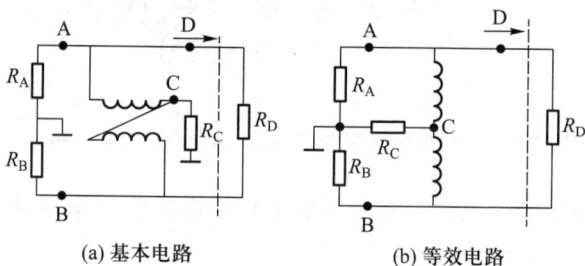

(a) 基本电路　　　　(b) 等效电路

图 5.9.2　1∶4 传输线变压器组成的功率合成或分配网络

① 根据传输线的原理，它的两个线圈中对应点所通过的电流必定是大小相等、方向相反的。

② 在满足匹配条件，并略去传输线上的损耗时，变压器输入端与输出端电压的振幅也应该是相等的。

为了满足合成（或分配）网络所需要的条件，通常取② $R_A = R_B = Z_c = R$，$R_C = \dfrac{Z_c}{2} = \dfrac{R}{2}$，$R_D = 2Z_c = 2R$。此处 $Z_c = R$ 为传输线变压器的特性阻抗。现在要证明，C

---

① 传输线变压器都是绕在磁芯上的，这里为了简化，图中没有画出磁芯符号。本节以下各图均同，不再一一说明。

② 这里假定功率放大器在线性区工作，因此采用线性网络理论来分析。

端与 D 端是互相隔离的,同样,A 端与 B 端也是互相隔离的。

根据网络的对称性,容易看出,如果从 C 端馈入信号,如图 5.9.3(a)所示,则 A、B 两端的电位应该是大小相等、相位相同的,因此 D 端无输出。反之,如果从 D 端馈入信号,如图 5.9.3(b)所示,则由网络的对称性,必然有 $I_1 = I_2$,$I = 0$,即 C 端无输出,A、B 两端则得到大小相等、相位相反的信号。

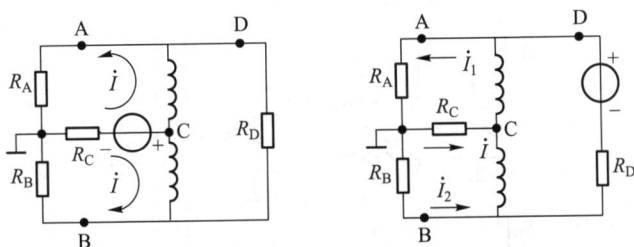

(a) C端激励,A、B端获得同相输出   (b) D端激励,A、B端获得反相输出

图 5.9.3   C、D 端激励时,混合网络的工作情况

由此可知,C、D 两端互不影响,即它们是互相隔离的。从 C 端馈入信号功率,在 R_A、R_B 上获得同相等功率的信号,即它可以作为同相功率分配网络。从 D 端馈入信号功率,则在 R_A、R_B 上获得反相等功率信号,即它可作为反相功率分配网络[1]。

现在我们来研究从 A、B 两端馈入信号时,这一网络能否满足功率合成条件。

将传输线变压器改绘成如图 5.9.4 所示的变压器形式电路,如果从 A、B 两端馈以反相激励电压,则由于电路的对称性,必然有 $I' = I''$,通过电阻 $R/2$ 的总电流等于零,亦即 C 端无输出功率。因此 A、B 两端所输出的功率全部输送到 D 端的电阻 $2R$ 中。此时 D 端的电阻 $2R$ 正好与 A、B 两端的电阻 $R_A + R_B = 2R$ 相匹配。

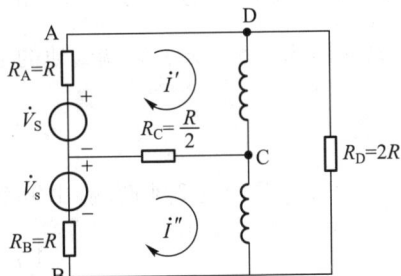

图 5.9.4   A、B 端反相激励时的
工作情况(变压器形式电路)

根据同样方法可以证明,如果在 A、B 两端馈以同相激励电压,则在 $R_C = R/2$ 上获得合成功率,而在 R_D 上则无输出功率。$R_C = R/2$ 正好与等效激励信号内阻相匹配。

当 A 端(或 B 端)单边工作时,则由于 A、B 两端不对称,所以流入 A 点的电

---

[1]   功率是没有相位的,这里所说的同相或反相功率,应理解为电压(或电流)的相位相同或相反。

流与流出 B 点的电流不再相等。这时电流关系如图 5.9.5 所示。由图得

$$\dot{I} = \dot{I}_1 + \dot{I}_2 \tag{5.9.1}$$

$$\dot{I}_2 = \dot{I}_1 + \dot{I}_3 \tag{5.9.2}$$

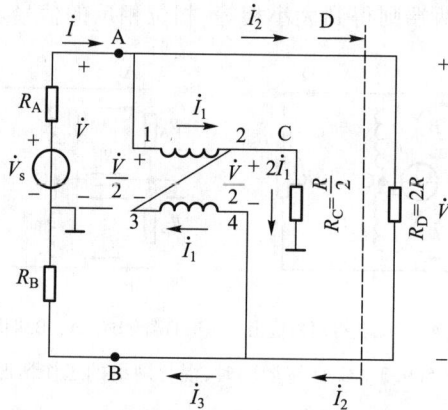

图 5.9.5　只有 A 端激励时的工作情况(电流关系)

根据变压器模式,R_D 可折合到 1、2 两点之间,其阻抗值为 $R_D/4 = R/2$,恰好等于 C 端到地的电阻 $R_C = R/2$。这两个电阻串联,将 $\dot{V}$ 等分,因此变压器 1、2(即 1、3)两端间的电压为 $\dot{V}/2$。由传输线原理,3、4 两点间的电压亦应等于 $\dot{V}/2$,如图 5.9.5 所示。C 端到地的电压亦应等于 $\dot{V}/2$,即

$$2\dot{I}_1 R_C = \frac{\dot{V}}{2} \tag{5.9.3}$$

另一方面,从 C 经过 2、4 两端,由 B 到地的电压应为

$$2\dot{I}_1 R_C = \frac{\dot{V}}{2} + \dot{I}_3 R_B \tag{5.9.4}$$

由于式(5.9.3)与式(5.9.4)应相等,因此必有

$$\dot{I}_3 = 0$$

代入式(5.9.2),即得

$$\dot{I}_1 = \dot{I}_2 = \frac{\dot{I}}{2} \tag{5.9.5}$$

因此

$$P_A = IV, \quad P_B = 0$$

$$P_C = 2I_1 \cdot \frac{V}{2} = \frac{1}{2}IV = \frac{1}{2}P_A$$

$$P_D = I_2 V = \frac{1}{2} IV = \frac{1}{2} P_A$$

由此可见,A 端功率均匀分配到 C 端和 D 端,B 端无输出。亦即 A、B 两端互相隔离。

同样可证明,当只有 B 端激励时,它的功率也是平均分配到 C 端与 D 端,A 端无输出。

综合上述可见,A 端与 B 端和 C 端与 D 端都是互相隔离的,因此满足了功率合成的第二条件。

以上讨论可小结如下:

① A 端与 B 端和 C 端与 D 端互相隔离的条件是

$$R_A = R_B = 2R_C = \frac{R_D}{2} = R \tag{5.9.6}$$

此时所需要的传输线变压器特性阻抗可由图 5.9.5 求出为

$$Z_e = \frac{\dot{V}}{2} \Big/ \dot{I}_1 = \frac{\dot{V}}{2} \Big/ \frac{\dot{I}}{2} = \frac{\dot{V}}{\dot{I}} = R$$

② 从 A 端与 B 端同时送入反相激励电压,则 D 端得合成功率,C 端无输出。

若从 A 端与 B 端同时送入同相激励电压,则 C 端得合成功率,D 端无输出。

在以上两种情况中,若只有 A(或 B)端有激励,则功率均分到 C 与 D 端,对 B(或 A)端无影响。

③ 若从 C 端送入激励功率,则这功率将均匀分到 A 端与 B 端,且相位相同,D 端则无输出。

若从 D 端送入激励功率,则功率均匀分到 A、B 两端,且相位相反,C 端无输出。

因此,从 A 与 B 同时送入反相(或同相)激励功率,则在 D 端(或 C 端)得到合成功率,C 端(或 D 端)无输出,即起到了功率合成网络的作用。若从 C 端(或 D 端)馈入激励功率,则 A、B 两端得到等量的同相(或反相)功率输出,亦即起到了功率分配网络的作用。合成与分配网络可统称为混合网络。

上面讨论的混合网络,D 端输出(或输入)信号必须是对地对称的。如果 D 端信号有一端必须接地,就需要再加入一个 1:1 传输线变压器来完成由不平衡到平衡的转换,如图 5.9.6 所示。图中传输线变压器①的作用和以前一样,仍然是一个 1:4 阻抗变换器,起到混合网络的作用;传输线变压器②则为一个 1:1 阻抗变换器,起到由不平衡到平衡的转换作用。

将以上的基本网络与适当的放大电路相组合,就可以构成反相(推挽)功率合成器与同相(并联)功率合成器。这就是下面要讨论的问题。

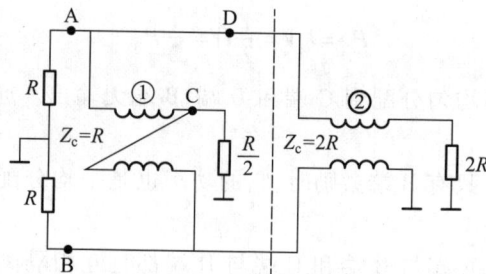

图 5.9.6　D 端为不平衡输出时,应加入 1∶1 传输线变压器②

5.9.3　功率合成电路举例

图 5.9.7 是一个反相(推挽)功率合成器的典型电路,它是一个输出功率为 75 W、带宽为 30~75 MHz 的放大电路的一部分。图中 Tr_2 与 Tr_5 为起混合网络作用的 1∶4 传输线变压器,混合网络各端仍用 A、B、C、D 来标明;Tr_1 与 Tr_6 为起平衡–不平衡转换作用的 1∶1 传输线变压器;Tr_3 与 Tr_4 为 4∶1 阻抗变换器,它的作用是完成阻抗匹配。各处的阻抗数字已在图中注明。

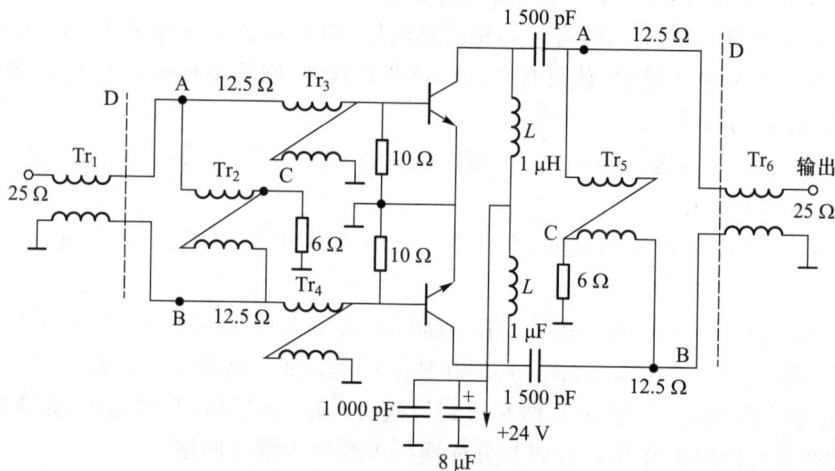

图 5.9.7　反相(推挽)功率合成器典型电路

由图可知,Tr_2 是功率分配网络,在输入端由 D 端激励,A、B 两端得到反相激励功率,再经 4∶1 阻抗变换器与晶体管的输入阻抗(约为 3 Ω)进行匹配。两个晶体管的输出功率是反相的,对于合成网络 Tr_5 来说,A、B 端获得反相功率,在 D 端即获得合成功率输出。在完全匹配时,输入和输出混合网络的 C 端不会有功率损耗。但在匹配不完善和不十分对称的情况下,C 端还是有功率损耗的。C 端连接的电阻(6 Ω)即为吸收这不平衡功率之用,称为假负载电阻,这也就是

图 5.9.1 中所用的假负载电阻。

在完全匹配时,各传输线变压器的特性阻抗如下:

Tr_1 与 Tr_6:$Z_c = 2R = 25 \ \Omega$;

Tr_2 与 Tr_5:$Z_c = R = 12.5 \ \Omega$;

Tr_3 与 Tr_4:$Z_c = \sqrt{R_s R_L} = \sqrt{12.5 \times 3} \ \Omega = 6 \ \Omega = \dfrac{R}{2}$。

每个晶体管基极到地的 10 Ω 电阻是用来稳定放大器、防止寄生振荡用的,并在晶体管截止期间作为混合网络的负载。

反相功率合成器的优点是:输出没有偶次谐波,输入电阻比单边工作时高,因而引线电感的影响减小。

图 5.9.8 表示一个典型的同相功率合成电路,图中 Tr_1 与 Tr_6 起同相隔离混合网络的作用。Tr_1 为功率分配网络,它的作用是将 C 端的输入功率平均分配,供给 A 端与 B 端同相激励功率。Tr_6 为功率合成网络,它的作用是将晶体管输至 A、B 两端的功率在 C 端合成,供给负载。Tr_2、Tr_3 与 Tr_4、Tr_5 分别为 4:1 与 1:4 阻抗变换器,它们的作用是完成阻抗匹配,各处的阻抗均已在图中注明。晶体管发射极接入 1.1 Ω 的电阻,用以产生负反馈,以提高晶体管的输入阻抗。各基极串联的 22 Ω 电阻作为提高输入电阻与防止寄生振荡之用。D 端所接的 200 Ω 与 400 Ω 电阻是 Tr_1 与 Tr_6 的假负载电阻。

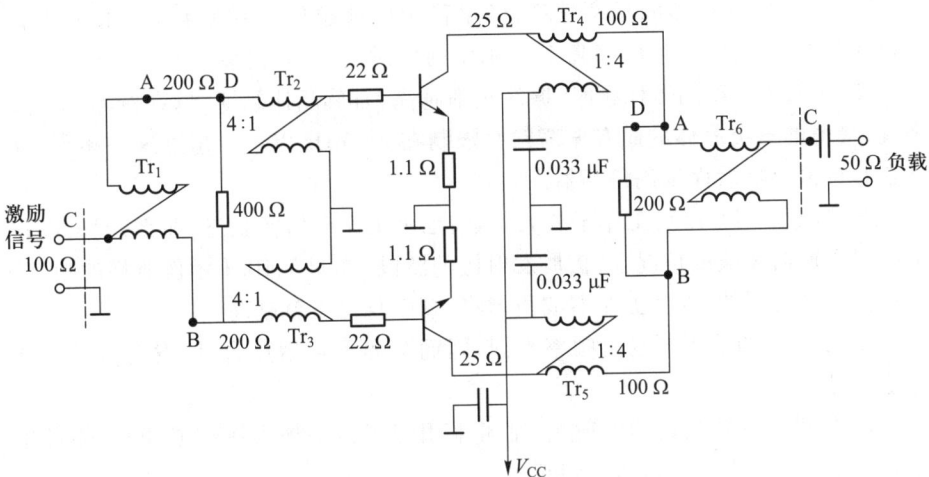

图 5.9.8 典型的同相功率合成电路

在同相功率合成器中,由于偶次谐波在输出端是相加的,所以输出中有偶次谐波存在,这是不如反相功率合成电路的地方(反相功率合成电路中的偶次谐波在输出端互相抵消)。

概括起来可以这样说,掌握图 5.9.2 所示的混合网络的工作原理后,只要看是 D 端还是 C 端作为输出端,就能容易地判断是反相功率合成电路,还是同相功率合成电路。D 端接输出,则必为反相功率合成电路;C 端接输出,则必为同相功率合成电路。

用传输线变压器所组成的功率合成电路已获得广泛的应用,因为它能较好地解决高效率、大功率与宽频带等一系列问题。为了滤除功率合成器在非甲类工作时输出中所含有的高次谐波,通常在它后面要加入低通滤波器。

§5.10 晶体管倍频器

倍频器(frequency doubler)是一种输出频率等于输入频率整数倍的电路,用以提高频率,如图 5.10.1 所示的例子。为什么要采用倍频器呢? 采用倍频器有以下优点:

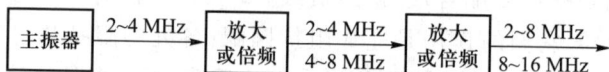

图 5.10.1 倍频器的应用

① 发射机主振器的频率可以降低,这对稳频是有利的。因为由振荡器一章(第 6 章)可知,振荡器的频率越高,频率稳定度就越低。一般主振器频率不宜超过 5 MHz。因此,发射频率高于 5 MHz 的发射机,一般宜采用倍频器。

② 在采用石英晶体稳频时,振荡频率越高,石英晶体越薄,越易振碎。一般来说,最薄的石英晶体的固有振荡频率限制在 20 MHz 以下。超过这一频率,就宜在石英振荡器后面采用倍频器。

③ 如果中间级既可工作于放大状态,也可工作于倍频状态,那么,就可以在不扩展主振器波段的情况下,扩展发射机的波段,如图 5.10.1 示例所举的数字。这对稳频是有利的,因为振荡器波段越窄,频率稳定度就越高。

④ 倍频器的输入与输出频率不同,因而减弱了寄生耦合,使发射机的工作稳定性提高。

⑤ 如果是调频或调相发射机,则可采用倍频器来加大频移或相移,亦即加深调制度。这将在第 8 章进行讨论。

⑥ 在超高频段(米波以至厘米波段)难以获得足够的功率,可采用变量倍频器将频率较低、功率较大的信号转变为频率较高、功率亦较大的输出信号。

晶体管倍频器有两种主要形式:一种是利用丙类放大器电流脉冲中的谐波来获得倍频,叫作丙类倍频器;另一种是利用晶体管的结电容随电压变化的非线性来获得倍频,这是半导体器件所特有的性质,可叫作变量倍频器。本节只对丙类倍频器进行研究。

我们已经熟知,丙类放大器的电流是脉冲状,所包含的谐波很丰富。如果使集电极回路不是谐振于基频,而是谐振于 n 次谐波,那么,回路对基频和其他谐波的阻抗很小,而对 n 次谐波的阻抗则达到最大,且呈电阻性。于是回路的输出电压和功率就是 n 次谐波。这就起到了倍频作用。

工作于二次谐波的倍频器各极电压与电流关系见图 5.10.2(此处仍以晶体管电路为例,但所得结论同样适用于电子管电路)。由于集电极回路谐振于二次谐波,所以 v_c 的频率比基极信号频率高一倍,同时,v_{Cmin} 与 v_{Bmax} 仍在同一点相遇。瞬时集电极电压与瞬时基极电压的表示式可分别写成

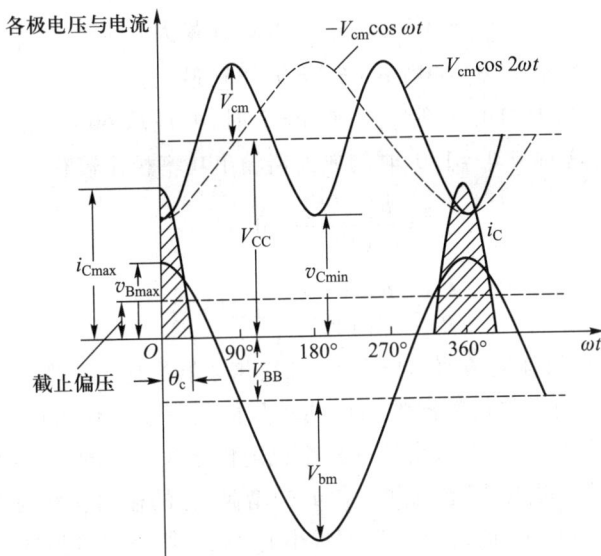

图 5. 10. 2　工作于二次谐波的倍频器各极电压与电流的关系

$$v_C = V_{CC} - V_{cm}\cos 2\omega t \qquad (5.10.1)$$

和
$$v_B = -V_{BB} + V_{bm}\cos \omega t \qquad (5.10.2)$$

为了比较,图中同时用虚线画出它作为放大器时的 $v_c = V_{CC} - V_{cm}\cos \omega t$ 的曲线。由图可以看出,在有 i_c 流通的时间内,倍频器的集电极瞬时电压上升速度比较快。因此,在同样的 v_{Cmin} 值的情况下,倍频器的集电极耗散功率 P_c 比正常工作于基频时大得多,亦即集电极效率 η_c 要低得多。为了避免 P_c 太大,应减小倍频器的集电极电流通角 θ_c,以减小 P_c,提高 η_c。

现在从相同的 i_{Cmax} 与 v_{Cmin} 这两个条件出发,来比较倍频器与放大器的输出功率与效率。由于 v_{Cmin} 相同,所以二者的电压利用系数 $\xi = \dfrac{V_{cm}}{V_{CC}}$ 也相同。倍频器的输出功率与效率分别为

$$P_{on} = \frac{1}{2}V_{cm}I_{cmn} = \frac{1}{2}(\xi V_{CC})i_{Cmax}\alpha_n(\theta_c) \tag{5.10.3}$$

$$\eta_n = \frac{P_{on}}{P_=} = \frac{\frac{1}{2}V_{cm}I_{cmn}}{V_{CC}I_{C0}} = \frac{1}{2}\xi g_n(\theta_c) \tag{5.10.4}$$

式中

$$g_n = \frac{I_{cmn}}{I_{C0}} = \frac{\alpha_n(\theta_c)}{\alpha_0(\theta_c)}$$

由式(5.10.3)可见,n 次谐波倍频器的输出功率正比于 n 次谐波的分解系数 $\alpha_n(\theta_c)$。由图 5.3.4 可知

$$\theta_c = 120°, \alpha_1(\theta_c) = 0.536(最大)$$

$$\theta_c = 60°, \alpha_2(\theta_c) = 0.276(最大)$$

$$\theta_c = 40°, \alpha_3(\theta_c) = 0.185(最大)$$

因此为了使倍频器的输出功率最大,在 $n = 2$ 时,θ_c 应取 $60°$ 左右;在 $n = 3$ 时,θ_c 应取 $40°$ 左右。这时与 $\theta_c = 120°$ 时的放大器输出功率相比较有

$$\frac{P_{o2}}{P_{o1}} = \frac{\alpha_2(60°)}{\alpha_1(120°)} = 0.52 \approx \frac{1}{2}$$

$$\frac{P_{o3}}{P_{o2}} = \frac{\alpha_3(40°)}{\alpha_1(120°)} = 0.35 \approx \frac{1}{3}$$

由此可见,在采用最佳通角值的情况下,二次倍频器的输出功率只能约等于它作为放大器时的 1/2;三次倍频器的输出功率只能约等于它作为放大器时的 1/3。与此同时,由式(5.10.4)可求出它的效率也随倍频次数 n 的增加而下降。

由以上的讨论可见,随着倍频次数 n 的增高,它的输出功率与效率下降。同时,n 值越高,最佳的 θ_c 值越小。为了减小 θ_c,就必须提高倍频器的基极反向偏压 $-V_{BB}$。V_{BB} 加大后,基极激励电压 V_{bm} 也必须加大。对于晶体管电路来说,增加激励电压与偏压,就可能使发射结的反向偏压超过击穿电压 $V_{(BR)EBO}$。由于以上这些原因,这种倍频器所选用的 n 值通常为 3 ~ 4 甚至更小,一般只取 2 ~ 3。

附录 余弦脉冲系数表

$\theta°$	$\cos\theta$	α_0	α_1	α_2	g_1
0	1.000	0.000	0.000	0.000	2.00
1	1.000	0.004	0.007	0.007	2.00
2	0.999	0.007	0.015	0.015	2.00
3	0.999	0.011	0.022	0.022	2.00
4	0.998	0.014	0.030	0.030	2.00

$\theta°$	$\cos\theta$	α_0	α_1	α_2	g_1
5	0.996	0.018	0.037	0.037	2.00
6	0.994	0.022	0.044	0.044	2.00
7	0.993	0.025	0.052	0.052	2.00
8	0.990	0.029	0.059	0.059	2.00
9	0.988	0.032	0.066	0.066	2.00
10	0.985	0.036	0.073	0.073	2.00
11	0.982	0.040	0.080	0.080	2.00
12	0.978	0.044	0.088	0.087	2.00
13	0.974	0.047	0.095	0.094	2.00
14	0.970	0.051	0.102	0.101	2.00
15	0.966	0.055	0.110	0.108	2.00
16	0.961	0.059	0.117	0.115	1.98
17	0.956	0.063	0.124	0.121	1.98
18	0.951	0.066	0.131	0.128	1.98
19	0.945	0.070	0.138	0.134	1.97
20	0.940	0.074	0.146	0.141	1.97
21	0.934	0.078	0.153	0.147	1.97
22	0.927	0.082	0.160	0.153	1.97
23	0.920	0.085	0.167	0.159	1.97
24	0.914	0.089	0.174	0.165	1.96
25	0.906	0.093	0.181	0.171	1.95
26	0.899	0.097	0.188	0.177	1.95
27	0.891	0.100	0.195	0.182	1.95
28	0.883	0.104	0.202	0.188	1.94
29	0.875	0.107	0.209	0.193	1.94
30	0.866	0.111	0.215	0.198	1.94
31	0.857	0.115	0.222	0.203	1.93
32	0.848	0.118	0.229	0.208	1.93
33	0.839	0.122	0.235	0.213	1.93
34	0.829	0.125	0.241	0.217	1.93
35	0.819	0.129	0.248	0.221	1.92
36	0.809	0.133	0.255	0.226	1.92
37	0.799	0.136	0.261	0.230	1.92
38	0.788	0.140	0.268	0.234	1.91

续表

$\theta°$	$\cos\theta$	α_0	α_1	α_2	g_1
39	0.777	0.143	0.274	0.237	1.91
40	0.766	0.147	0.280	0.241	1.90
41	0.755	0.151	0.286	0.244	1.90
42	0.743	0.154	0.292	0.248	1.90
43	0.731	0.158	0.298	0.251	1.89
44	0.719	0.162	0.304	0.253	1.88
45	0.707	0.165	0.311	0.256	1.88
46	0.695	0.169	0.316	0.259	1.87
47	0.682	0.172	0.322	0.261	1.87
48	0.669	0.176	0.327	0.263	1.86
49	0.656	0.179	0.333	0.265	1.85
50	0.643	0.183	0.339	0.267	1.85
51	0.629	0.187	0.344	0.269	1.84
52	0.616	0.190	0.350	0.270	1.84
53	0.602	0.194	0.355	0.271	1.83
54	0.588	0.197	0.360	0.272	1.82
55	0.574	0.201	0.366	0.273	1.82
56	0.559	0.204	0.371	0.274	1.81
57	0.545	0.208	0.376	0.275	1.81
58	0.530	0.211	0.381	0.275	1.80
59	0.515	0.215	0.386	0.275	1.80
60	0.500	0.218	0.391	0.276	1.80
61	0.485	0.222	0.396	0.276	1.78
62	0.469	0.225	0.400	0.275	1.78
63	0.454	0.229	0.405	0.275	1.77
64	0.438	0.232	0.410	0.274	1.77
65	0.423	0.236	0.414	0.274	1.76
66	0.407	0.239	0.419	0.273	1.75
67	0.391	0.243	0.423	0.272	1.74
68	0.375	0.246	0.427	0.270	1.74
69	0.358	0.249	0.432	0.269	1.74
70	0.342	0.253	0.436	0.267	1.73
71	0.326	0.256	0.440	0.266	1.72
72	0.309	0.259	0.444	0.264	1.71
73	0.292	0.263	0.448	0.262	1.70

$\theta°$	$\cos\theta$	α_0	α_1	α_2	g_1
74	0.276	0.266	0.452	0.260	1.70
75	0.259	0.269	0.455	0.258	1.69
76	0.242	0.273	0.459	0.256	1.68
77	0.225	0.276	0.463	0.253	1.68
78	0.208	0.279	0.466	0.251	1.67
79	0.191	0.283	0.469	0.248	1.66
80	0.174	0.286	0.472	0.245	1.65
81	0.156	0.289	0.475	0.242	1.64
82	0.139	0.293	0.478	0.239	1.63
83	0.122	0.296	0.481	0.236	1.62
84	0.105	0.299	0.484	0.233	1.61
85	0.087	0.302	0.487	0.230	1.61
86	0.070	0.305	0.490	0.226	1.61
87	0.052	0.308	0.493	0.223	1.60
88	0.035	0.312	0.496	0.219	1.59
89	0.017	0.315	0.498	0.216	1.58
90	0.000	0.319	0.500	0.212	1.57
91	-0.017	0.322	0.502	0.208	1.56
92	-0.035	0.325	0.504	0.205	1.55
93	-0.052	0.328	0.506	0.201	1.54
94	-0.070	0.331	0.508	0.197	1.53
95	-0.087	0.334	0.510	0.193	1.53
96	-0.105	0.337	0.512	0.189	1.52
97	-0.122	0.340	0.514	0.185	1.51
98	-0.139	0.343	0.516	0.181	1.50
99	-0.156	0.347	0.518	0.177	1.49
100	-0.174	0.350	0.520	0.172	1.49
101	-0.191	0.353	0.521	0.168	1.48
102	-0.208	0.355	0.522	0.164	1.47
103	-0.225	0.358	0.524	0.160	1.46
104	-0.242	0.361	0.525	0.156	1.45
105	-0.259	0.364	0.526	0.152	1.45
106	-0.276	0.366	0.527	0.147	1.44
107	-0.292	0.369	0.528	0.143	1.43
108	-0.309	0.373	0.529	0.139	1.43

续表

$\theta°$	$\cos\theta$	α_0	α_1	α_2	g_1
109	−0.326	0.376	0.530	0.135	1.41
110	−0.342	0.379	0.531	0.131	1.40
111	−0.358	0.382	0.532	0.127	1.39
112	−0.375	0.384	0.532	0.123	1.38
113	−0.391	0.387	0.533	0.119	1.38
114	−0.407	0.390	0.534	0.115	1.37
115	−0.423	0.392	0.534	0.111	1.36
116	−0.438	0.395	0.535	0.107	1.35
117	−0.454	0.398	0.535	0.103	1.34
118	−0.469	0.401	0.535	0.099	1.33
119	−0.485	0.404	0.536	0.096	1.33
120	−0.500	0.406	0.536	0.092	1.32
121	−0.515	0.408	0.536	0.088	1.31
122	−0.530	0.411	0.536	0.084	1.30
123	−0.545	0.413	0.536	0.081	1.30
124	−0.559	0.416	0.536	0.078	1.29
125	−0.574	0.419	0.536	0.074	1.28
126	−0.588	0.422	0.536	0.071	1.27
127	−0.602	0.424	0.535	0.068	1.26
128	−0.616	0.426	0.535	0.064	1.25
129	−0.629	0.428	0.535	0.061	1.25
130	−0.643	0.431	0.534	0.058	1.24
131	−0.656	0.433	0.534	0.055	1.23
132	−0.669	0.436	0.533	0.052	1.22
133	−0.682	0.438	0.533	0.049	1.22
134	−0.695	0.440	0.532	0.047	1.21
135	−0.707	0.443	0.532	0.044	1.20
136	−0.719	0.445	0.531	0.041	1.19
137	−0.731	0.447	0.530	0.039	1.19
138	−0.743	0.449	0.530	0.037	1.18
139	−0.755	0.451	0.529	0.034	1.17
140	−0.766	0.453	0.528	0.032	1.17
141	−0.777	0.455	0.527	0.030	1.16
142	−0.788	0.457	0.527	0.028	1.15
143	−0.799	0.459	0.526	0.026	1.15

续表

$\theta°$	$\cos\theta$	α_0	α_1	α_2	g_1
144	−0.809	0.461	0.526	0.024	1.14
145	−0.819	0.463	0.525	0.022	1.13
146	−0.829	0.465	0.524	0.020	1.13
147	−0.839	0.467	0.523	0.019	1.12
148	−0.848	0.468	0.522	0.017	1.12
149	−0.857	0.470	0.521	0.015	1.11
150	−0.866	0.472	0.520	0.014	1.10
151	−0.875	0.474	0.519	0.013	1.09
152	−0.883	0.475	0.517	0.012	1.09
153	−0.891	0.477	0.517	0.010	1.08
154	−0.899	0.479	0.516	0.009	1.08
155	−0.906	0.480	0.515	0.008	1.07
156	−0.914	0.481	0.514	0.007	1.07
157	−0.920	0.483	0.513	0.007	1.07
158	−0.927	0.485	0.512	0.006	1.06
159	−0.934	0.486	0.511	0.005	1.05
160	−0.940	0.487	0.510	0.004	1.05
161	−0.946	0.488	0.509	0.004	1.04
162	−0.951	0.489	0.509	0.003	1.04
163	−0.956	0.490	0.508	0.003	1.04
164	−0.961	0.491	0.507	0.002	1.03
165	−0.966	0.492	0.506	0.002	1.03
166	−0.970	0.493	0.506	0.002	1.03
167	−0.974	0.494	0.505	0.001	1.02
168	−0.978	0.495	0.504	0.001	1.02
169	−0.982	0.496	0.503	0.001	1.01
170	−0.985	0.496	0.502	0.001	1.01
171	−0.988	0.497	0.502	0.000	1.01
172	−0.990	0.498	0.501	0.000	1.01
173	−0.993	0.498	0.501	0.000	1.01
174	−0.994	0.499	0.501	0.000	1.00
175	−0.996	0.499	0.500	0.000	1.00

续表

$\theta°$	$\cos\theta$	α_0	α_1	α_2	g_1
176	−0.998	0.499	0.500	0.000	1.00
177	−0.999	0.500	0.500	0.000	1.00
178	−0.999	0.500	0.500	0.000	1.00
179	−1.000	0.500	0.500	0.000	1.00
180	−1.000	0.500	0.500	0.000	1.00

参 考 文 献

第5章拓展阅读
高频功率放大器

思考题与习题

5.1　为什么低频功率放大器不能工作于丙类,而高频功率放大器可工作于丙类?

5.2　提高放大器的效率与功率,应从哪几方面入手?

5.3　丙类放大器为什么一定要用调谐回路作为集电极(阳极)负载? 回路为什么一定要调到谐振状态? 回路失谐将产生什么结果?

5.4　某一晶体管谐振功率放大器,设已知 $V_{CC}=24$ V, $I_{C0}=250$ mA, $P_o=5$ W,电压利用系数 $\xi=1$ 。试求 $P_=$ 、 η_c 、 R_p 、 I_{cm1} 、电流通角 θ_c (用折线法)。

5.5　在图5.1中：

（1）当电源电压为 V_{CC} (图中的 C 点)时,动态特性曲线为什么不是从 $v_c=V_{CC}$ 的 C 点画起,而是从 Q 点画起?

（2）当 θ_c 为多少时,才从 C 点画起?

（3）电流脉冲是从 B 点才开始发生的,在 BQ 这段区间并没有电流,为何此时有电压降 BC 存在? 物理意义是什么?

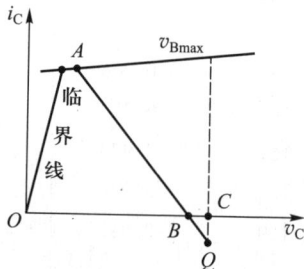

图5.1

5.6　晶体管放大器工作于临界状态, $\eta_c=70\%$, $V_{CC}=12$ V, $V_{cm}=10.8$ V,回路电流 $I_k=2$ A(有效值),回路电阻 $R=1$ Ω。试求 θ_c 与 P_c 。

5.7　晶体管放大器工作于临界状态, $R_p=200$ Ω, $I_{c0}=90$ mA, $V_{CC}=30$ V, $\theta_c=90°$ 。试求 P_o 与 η_c 。

5.8　试证谐振功率放大器输出至谐振回路 R_p 的功率恰等于谐振回路电阻 R 所消耗的功率。

5.9　高频大功率晶体管3DA4参数为 $f_T=100$ MHz, $\beta=20$,集电极最大允许耗散功率 $P_{CM}=20$ W,饱和临界线跨导 $g_{cr}=0.8$ S,用它做成2 MHz的谐振功率放大器,选定 $V_{CC}=24$ V,

$\theta_c = 70°$，$i_{Cmax} = 2.2$ A，并工作于临界状态。试计算 R_p、P_o、P_c、η_c 与 $P_=$。

5.10　有一输出功率为 2 W 的晶体管高频功率放大器，采用图 5.5.8(b) 的 π 形匹配网络，负载电阻 $R_2 = 200$ Ω，$V_{CC} = 24$ V，$f = 50$ MHz。设 $Q_L = 10$，试求 L_1、C_1、C_2 之值。

5.11　放大器工作于临界状态，根据理想化负载特性曲线，求出当 R_p：(1) 增加一倍；(2) 减小一半时，P_o 如何变化？

5.12　在图 5.5.6 所示的电路中，设 $k = 3\%$，L_1C_1 回路的 $Q = 100$，天线回路的 $Q = 15$。求整个回路的效率。

5.13　已知某晶体管功率放大器，工作频率 = 100 MHz，$R_L = 50$ Ω，$P_o = 1$ W，$V_{CC} = 12$ V，饱和压降 $V_{CE(sat)} = 0.5$ V，$C_{b'c} = 40$ pF。试设计一个 π 形匹配网络。

5.14　试证明图 5.5.8 的计算公式。

5.15　试证明图 5.5.11 的计算公式。

5.16　在调谐某一晶体管谐振功率放大器时，发现输出功率与集电极效率正常，但所需激励功率过大。如何解决这一问题？假设为固定偏压。

5.17　试比较下列两种放大器的输出功率与效率：

(1) 输入与输出信号均为正弦波，电流为尖顶余弦脉冲（丙类）；

(2) 输入与输出信号均为方波，电流为方波脉冲（丁类）。

假定在这两种情况下的电压与电流幅度均相等，负载回路也相同。

5.18　放大器工作于临界状态，采用图 5.5.6 所示的电路。如发生下列情况之一，则集电极直流电表与天线电流表的读数应如何变化？

(1) 天线断开；(2) 天线接地（短路）；(3) 中介回路失谐。

5.19　在图 5.5.6 所示的电路中，测得 $P_= = 10$ W，$P_c = 3$ W，中介回路损耗功率 $P_k = 1$ W。试求：

(1) 天线回路功率 P_A；(2) 中介回路效率 η_k；(3) 晶体管效率和整个放大器的效率。

5.20　试证明，在图 5.5.6 所示的电路中，如果一、二次侧之间的耦合系数为临界值 k_c，则回路效率等于 50%。如果要求回路效率不得小于 90%，问耦合系数应比临界值大多少倍？

5.21　设计一个丁类放大器，要求在 1.8 MHz 时输出 1 000 W 功率至 50 Ω 负载。设 $V_{CE(sat)} = 1$ V，$\beta = 20$，$V_{CC} = 48$ V。采用电流开关型电路。

5.22　设计一个电压开关型丁类放大器，在 2~30 MHz 波段内向 50 Ω 负载输送 4 W 功率。设 $V_{CC} = 36$ V，$V_{CE(sat)} = 1$ V，$\beta = 15$。

5.23　试证明式(5.6.10)与式(5.6.11)。

5.24　设计一个戊类放大器，工作频率为 50 MHz，输出 15 W 功率至 50 Ω 负载，$V_{CC} = 36$ V，假设 $V_{CE(sat)} = 1$ V。

5.25　试用传输线变压器混合网络将 4 个 100 W 的功率放大器合成为 400 W 输出功率，已知负载电阻为 50 Ω。

5.26　试从物理意义上解释，电流通角相同时，倍频器的效率比放大状态的效率低。

5.27　二次倍频器工作于临界状态，$\theta_c = 60°$。如激励电压的频率提高一倍，而幅度不变，问负载功率和工作状态将如何变化？

5.28 试证明图 5.2 所示的两个相同的传输线变压器所连接的阻抗变换器电路,由 A 点向右看去的阻抗为

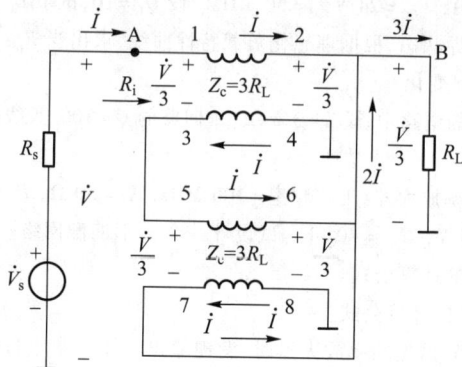

图 5.2

$$R_i = 9\ R_L$$

5.29 某谐振功率放大器工作于临界状态,功率管用 3DA4,其参数为 $f_T = 100$ MHz,$\beta = 20$,集电极最大耗散功率为 20 W,饱和临界线跨导 $g_{cr} = 1$ S,转移特性如图 5.3 所示。已知 $V_{CC} = 24$ V,$|V_{BB}| = 1.45$ V,$V_{BZ} = 0.6$ V,$Q_0 = 100$,$Q_L = 10$。求集电极输出功率 P_o 和天线功率 P_A。

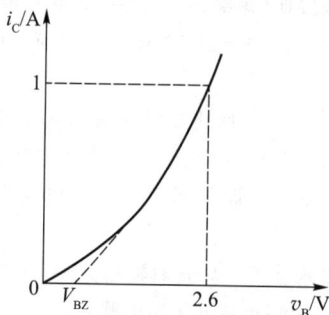

图 5.3

5.30 某谐振功率放大器的中介回路与天线回路均已调好,功率管的转移特性如图 5.3 所示。已知 $|V_{BB}| = 1.5$ V,$V_{BZ} = 0.6$ V,$\theta_e = 70°$,$V_{CC} = 24$ V,$\xi = 0.9$。中介回路的 $Q_0 = 100$,$Q_L = 10$。试计算集电极输出功率 P_o 与天线功率 P_A。

第6章 正弦波振荡器

§6.1 概　　述

　　振荡器(oscillator)是不需外信号激励、自身将直流电能转换为交流电能的装置。凡是可以完成这一目的的装置都可以作为振荡器。例如,无线电发明初期所用的火花发射机、电弧发生器等,都是振荡器。但是用电子管、晶体管等器件与 L、C、R 等元件组成的振荡器则完全取代了以往所有产生振荡的方法,因为它有如下优点:

　　① 它将直流电能转变为交流电能,而本身静止不动,不需作机械转动或移动。如果用高频交流发电机,则其旋转速度必须很高,最高频率也只能达 50 kHz,但却需要很坚实的机械构造。

　　② 它产生的是"等幅振荡",而火花发射机等产生的是"阻尼振荡"。

　　③ 使用方便,灵活性很大,它的功率可自毫瓦级至几百千瓦,工作频率则可自极低频率(例如每分钟几个周波)至微波波段。

　　电子振荡器的输出波形可以是正弦波,也可以是非正弦波,视电子器件的工作状态及所用的电路元件如何组合而定。本章只讨论正弦波振荡器。

　　振荡器的用途十分广泛,它是无线电发送设备的心脏部分,也是超外差式接收机的主要部分(参阅图 1.2.8 与图 1.2.11)。各种电子测试仪器如信号发生器、数字式频率计等,其核心部分都离不开正弦波振荡器。功率振荡器在工业方面(例如感应加热、介质加热等)的用途也日益广阔。

　　正弦波振荡器按工作原理可分为反馈式振荡器与负阻式振荡器两大类。反馈式振荡器是在放大器电路中加入正反馈,当正反馈足够大时,放大器产生振荡,变成振荡器。所谓产生振荡是指这时放大器不需要外加激励信号,而是由本身的正反馈信号来代替外加激励信号的作用。负阻式振荡器则是将一个呈现负阻特性的有源器件直接与谐振电路相接,产生振荡。

　　振荡器通常工作于丙类,因此它的工作状态是非线性的。严格的分析应该用非线性理论,这是很困难的。为了避免这一困难,本章将振荡器用甲类线性工作来分析。这样所得的结论虽不完全符合实际情况,但可以获得与实际工作近似的情况,易于理解。

　　由于大多数振荡器都是利用 LC 回路来产生振荡的,所以应首先研究 LC 回路中如何可以产生振荡,作为研究振荡器工作原理的预备知识。

§6.2 *LCR* 回路中的瞬变现象

参阅图 6.2.1,假设开关 S 先放于 1 的位置,使电容 C 最初充电到电压 V,然后将 S 转换到 2 的位置,C 上的电荷即经过 L、R 放电。由基尔霍夫定律可得

$$L\frac{\mathrm{d}i}{\mathrm{d}t}+Ri+\frac{1}{C}\int i\mathrm{d}t=0$$

将上式微分一次,得

$$\frac{\mathrm{d}^2i}{\mathrm{d}t^2}+2\delta\frac{\mathrm{d}i}{\mathrm{d}t}+\omega_0^2i=0 \qquad (6.2.1)$$

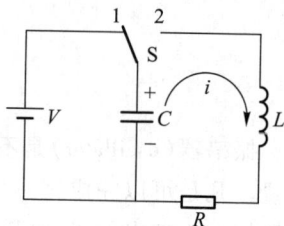

图 6.2.1   *LCR* 自由振荡电路

式中,$\delta=\dfrac{R}{2L}$ 称为回路的衰减系数(attenuation factor);$\omega_0=\dfrac{1}{\sqrt{LC}}$ 称为回路的固有角频率(natural angular frequency)。

式(6.2.1)为线性微分方程,解此方程,并代入初始条件:$t=0$ 时,$i=0$,$L\left(\dfrac{\mathrm{d}i}{\mathrm{d}t}\right)_{t=0}=V$,得到它的解为

$$i=\frac{-V}{2L\sqrt{\delta^2-\omega_0^2}}\mathrm{e}^{-\delta t}\left(\mathrm{e}^{\sqrt{\delta^2-\omega_0^2}\,t}-\mathrm{e}^{-\sqrt{\delta^2-\omega_0^2}\,t}\right) \qquad (6.2.2)$$

负号的物理意义说明放电电流的方向正好与充电时相反。

式(6.2.2)可分成下列三种情况:

① $\delta^2>\omega_0^2\left(R>2\sqrt{\dfrac{L}{C}}\right)$,式(6.2.2)可写成

$$i=\frac{-V}{L\sqrt{\delta^2-\omega_0^2}}\mathrm{e}^{-\delta t}\sinh\left(\sqrt{\delta^2-\omega_0^2}\,t\right) \qquad (6.2.3)$$

由此得出电流随时间变化的曲线如图 6.2.2 所示。由图可知,此时不能产生振荡。此种情形称为过阻尼(over damping)。也就是说,R 太大,无法产生振荡。

② $\delta^2=\omega_0^2\left(R=2\sqrt{\dfrac{L}{C}}\right)$,式(6.2.2)可写成

$$i=\frac{-V}{L}t\mathrm{e}^{-\delta t} \qquad (6.2.4)$$

由此得出电流随时间变化的曲线如图 6.2.3 所示,仍然是不振荡的。此时称为临界阻尼(critical damping)。因为只要 R 再减小一点,即产生下面所讨论的振荡情形。

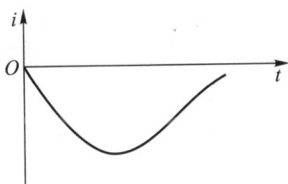

图 6.2.2 $\delta^2 > \omega_0^2$ 时的电流随时间
变化曲线

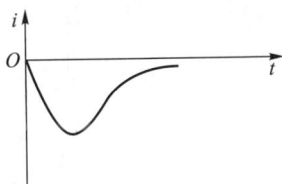

图 6.2.3 $\delta^2 = \omega_0^2$ 时的电流
变化曲线

③ $\delta^2 < \omega_0^2 \left(R < 2\sqrt{\dfrac{L}{C}} \right)$，此时 $\sqrt{\delta^2 - \omega_0^2}$ 成为虚数，可令

$$\mathrm{j}\omega = \sqrt{\delta^2 - \omega_0^2} \tag{6.2.5}$$

于是式(6.2.2)可写成

$$i = \frac{-V}{\omega L} \mathrm{e}^{-\delta t} \sin\omega t \tag{6.2.6}$$

此时回路中的电流做周期性的变化，亦即产生了自由振荡(free oscillation)，它的振荡频率为

$$f = \frac{\omega}{2\pi} = \frac{1}{2\pi}\sqrt{\omega_0^2 - \delta^2} = \frac{1}{2\pi}\sqrt{\frac{1}{LC} - \frac{R^2}{4L^2}} \tag{6.2.7}$$

图 6.2.4 所示为三种不同的 R 所产生的电流变化曲线：图 6.2.4(a)表示在正电阻时产生衰减振荡(damped oscillation)波形；当 R 减到零时，振荡振幅即保持不变，得到图 6.2.4(b)的等幅振荡(undamped oscillation)波形。

由此可知，为了获得等幅振荡，就必须设法使 *LC* 回路中的电阻等于零。由于实际的 *LC* 回路本身总是有正电阻的，所以必须人为地引入一个负电阻，将回路本身的正电阻完全抵消，以获得等幅振荡。以后我们会知道，在电路中引入正反馈，即等效于引入一个负电阻。另一种方法是利用有源器件本身的负阻特性，使之抵消 *LC* 回路的正电阻。因此负阻振荡器与反馈振荡器两种概念是统一的。从某种意义来说，负阻的概念比正反馈的概念更具有普遍性。

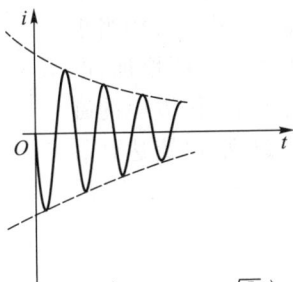

(a) $\delta > 0 \left(R > 0, \text{且} R < 2\sqrt{\dfrac{L}{C}} \right)$
衰减振荡

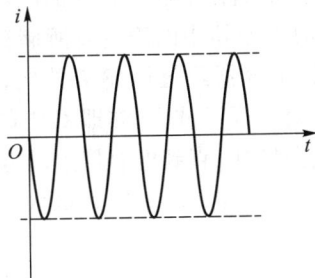

(b) $\delta = 0 (R = 0)$
等幅振荡

(c) $\delta<0(R<0)$
增幅振荡

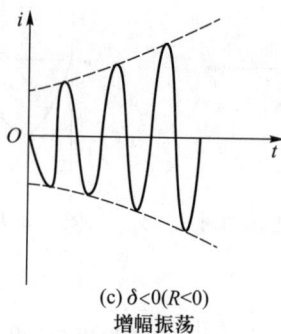

图 6.2.4 $\delta^2<\omega_0^2$ 时三种不同的 R 产生的电流变化曲线

当 R 为负值时,振荡振幅将随时间而增长,得到图 6.2.4(c)的增幅振荡波形。如果 R 的负值不变,则振幅将继续无限制地增大,但这在实际上是不可能的。因为一个振荡器开始振荡时,回路的等效串联电阻为负值(由有源器件供给负阻),随着振荡振幅的增长,有源器件的工作状态逐渐改变,负电阻的绝对值逐渐减小。最后负电阻与回路本身的正电阻正好互相抵消时,整个串联等效电阻变为零,振荡器即依照图 6.2.4(b)产生等幅振荡,它的振荡频率则取决于电路参数 L、C、R 的值。

以上的讨论可以用机械振动来比拟[1]。参阅图 6.2.5 所示的单摆运动。当单摆由外力作用拉到 A 点时,它所具有的位能最大,但动能等于零。将单摆自 A 处释放,它将沿 AD 弧运动,速度渐增,位置渐低。到 D 点处,速度最大,但位能降为最小。由于惯性作用,单摆将沿 DB 弧继续前进,速度渐减,位能渐增。假设单摆运动中不受到阻力(摩擦力),则它将达到与 A 点同样高的 B 点处,此时位置最高,速度等于零,亦即位能最大,动能为零。以后它又沿 BD 弧运动,如此继续往返不已,就形成了简谐运动(harmonic motion)(沿 AB 弧的位移与时间的关系是正弦函数),亦即单摆呈现了振荡状态。

同样,当图 6.2.1 的开关 S 刚刚由 1 点转换到 2 点的瞬间,回路的全部电能都储存于电容器 C 的电场中,这相当于图 6.2.5 中的 A 点,此时电容器中的静电场所储存的电能为 $q^2/2C$,相当于位能。此后,电容器经过电感 L 放电,回路电流 i 逐渐增加,电容器上的电荷 q 逐渐减少,亦即 C 中的电能逐渐减小,L 中的磁场能量则逐渐增加,直到电容器上的电荷全部放完,电流达到最大值,这时磁场能量 $Li^2/2$ 达到最大,电容器电场能量变为零。

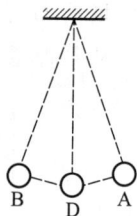

图 6.2.5 单摆
运动

---

[1] 关于振荡器工作的机械振动比拟的详细讨论可参阅 C. Э. Хайкин 著,张肃文译的《等幅振荡》,由人民邮电出版社 1955 年出版。

相当于图 6.2.5 的 D 点。

电流增至最大后,由于电感的惯性作用,电流继续沿原方向使电容器反向充电,磁场能量最终全部转变为电场能量,电流等于零。假设电路中没有电阻,那么,电容器中所得的能量应该和起始时刻的电场能量完全相等,此时相当于图 6.2.5 的 B 点。

电流为零后,电容器又开始经过 L 反向放电,相当于单摆由 B 点向 A 点运动。如此继续不已,回路内即产生了振荡状态。电流变化情形如图6.2.4(b)所示的等幅振荡。

如果回路中有电阻存在,但并不太大时,则电流每循环一次,即损失一部分功率,因而振荡振幅越来越小,成为衰减振荡。当电阻增至某一临界值时,电容器第一次放电即被电阻耗去全部电能,因此回路不能产生振荡,电流变化如图 6.2.3 所示。电阻再大时,回路更不能产生振荡,电流变化如图 6.2.2 所示。

实际上,回路中总是有电阻存在的,因此为了维持回路产生等幅振荡,就必须不断地在正确的时间补充由于回路电阻所耗去的电能,这就需要采用有源器件与正反馈电路来完成这一任务。

§6.3 *LC* 振荡器的基本工作原理

由上节的讨论可知,构成一个振荡器必须具备下列三个条件:

① 一套振荡回路,包含两个(或两个以上)储能元件。在这两个元件中,当一个释放能量时,另一个就接收能量。释放与接收能量往返进行,其频率决定于元件的数值。

② 一个能量来源,可以补充由振荡回路电阻所产生的能量损失。在晶体管振荡器中,这能源就是直流电源 V_{cc}。

③ 一个控制设备,可以使电源功率在正确的时刻补充电路的能量损失,以维持等幅振荡。这是由有源器件(电子管、晶体管或集成块等)和正反馈电路完成的。

现在以图 6.3.1 所示的互感耦合调集型振荡电路为例,说明振荡器的工作原理。图 6.3.1(a)是实际电路,图中的 *LC* 回路既是振荡回路,又与 L_1、M 等组成晶体管的正反馈电路,完成控制作用。因而本电路满足上述的三个条件。R_{b1}、R_{b2} 与 R_e 分别为基极偏置和发射极偏置电阻,C_b 与 C_e 为旁路与隔直电容。应当注意,为了完成正反馈作用,L 和 L_1 的同名端必须分别接到 c 和 e 端。如果接错了,就不能产生振荡。

假设振荡器在线性区工作,且工作频率不高,则可将图 6.3.1(a)画成图 6.3.1(b)所示的 h 参数等效电路(参见附录 6.2),图中,r 为回路损耗电阻。由

图可列出下列方程组[1]:

$$\frac{h_{fb}i_e}{h_{ob}} = i\frac{1}{h_{ob}} + L\frac{di_L}{dt} + i_L r \tag{6.3.1}$$

$$i = i_L + i_C \tag{6.3.2}$$

$$i_e h_{ib} = h_{rb}v_C + M\frac{di_L}{dt} \tag{6.3.3}$$

$$v_C = i_L r + L\frac{di_L}{dt}$$

$$= \frac{1}{C}\int i_C dt \tag{6.3.4}$$

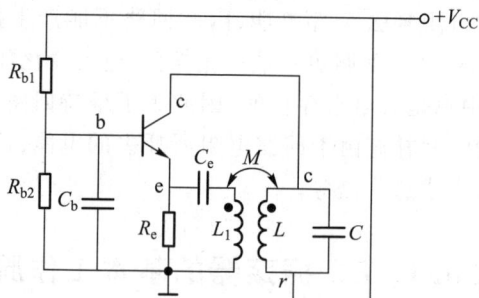

(a) 实际电路

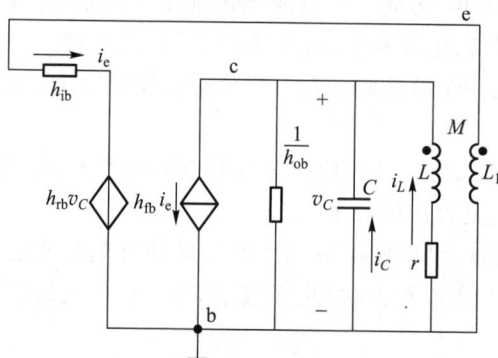

(b) h 参数等效电路

图 6.3.1 互感耦合调集型振荡电路

由上列方程组消去 i、i_C、v_C,可得

---

[1] 将电流源 $h_{fb}i_e$ 与内阻 $1/h_{ob}$ 并联改为等效电压源 $(h_{fb}i_e)(1/h_{oe})$ 与内阻 $1/h_{ob}$ 串联,并假定通过 $1/h_{ob}$ 的电流为 i。

$$\frac{\mathrm{d}^2 i_L}{\mathrm{d}t^2} + \frac{1}{h_{ib}LC}(Crh_{ib}+L\Delta h_b-h_{fb}M)\frac{\mathrm{d}i_L}{\mathrm{d}t} + \frac{1}{LC}\left(\frac{\Delta h_b}{h_{ib}}r+1\right)i_L = 0 \qquad (6.3.5)$$

式中，$\Delta h_b = h_{ob}h_{ib}-h_{fb}h_{rb}$。

将式(6.3.5)与式(6.2.1)对比可得，在产生等幅振荡时必须有

$$2\delta = \frac{1}{h_{ib}LC}(Crh_{ib}+L\Delta h_b-h_{fb}M) = 0 \qquad (6.3.6)$$

由此得到振荡条件为

$$h_{fb} = \frac{rh_{ib}C+L\Delta h_b}{M} \qquad (6.3.7)$$

式(6.3.6)中($-h_{fb}M$)一项可看成是由于互感 M 与晶体管的正反馈作用所产生的负电阻成分，显然，M 与 h_{fb} 越大，越容易起振。

由式(6.3.5)得振荡角频率为

$$\omega_0 = \sqrt{\frac{1}{LC}\left(\frac{\Delta h_b}{h_{ib}}r+1\right)} \qquad (6.3.8)$$

$$\approx \sqrt{\frac{1}{LC}}(当\ r\ 很小时)$$

应当指出，用这种近似的方法只能解决起始振荡条件和振荡频率的问题，不能决定稳定振幅的大小。因为由§6.2已知，用这种近似方法所确定的稳定振幅完全取决于起始条件。如果振荡器所得到的第一次冲击非常有力，那么振荡幅度也会很大；假如第一次冲击很微弱，那么振荡幅度也就很小。事实上，振荡器稳定振幅值完全与起始条件无关，要确定稳定振幅的大小，就必须由振荡器的非线性理论出发展开讨论，它已超出本书的范围。概略说来，振荡器的振荡频率主要取决于储能回路参数；振荡幅度则主要取决于电路中的非线性器件(如晶体管、电子管等)，不论初始冲击强还是弱，最终都要达到某一稳定振幅值。关于这一问题的讨论可看本章参考文献，例如文献[1]、[2]、[3]。

§6.4 由正反馈的观点来决定振荡的条件

在本节以前，我们是由电路中的瞬变现象(transient phenomena)来决定起始振荡所需满足的条件和振荡频率值。本节则由反馈放大器的观点来决定振荡条件，并仍以调集振荡器为例，证明由这两种观点所得的结果是相同的。

图6.4.1所示为反馈放大器的方框图。假设基极电路在 S 处断开。当输入信号为 $\dot{V}_i$ 时，输出电压为 $\dot{V}_o(=-\dot{V}_c)$，再经由反馈网络输出的反馈电压为 $\dot{V}_f$。如果 $\dot{V}_f$ 的振幅和相位与原来信号 $\dot{V}_i$ 完全相同，那么如果将 S 接通，撤去外加信

号 $\dot{V}_i$，而以 $\dot{V}_f$ 代替它，放大器将继续维持工作。由于此时已没有外加信号，所以它变成了振荡器。由图可知

$$\dot{V}_f = -\dot{F}\,\dot{V}_c, \qquad \dot{V}_i = \frac{\dot{V}_o}{\dot{A}_0} = \frac{-\dot{V}_c}{\dot{A}_0}$$

在产生振荡时，$\dot{V}_f$ 应等于 $\dot{V}_i$。因此振荡条件为

反馈系数 $\qquad\qquad \dot{F} = \frac{1}{\dot{A}_0} \quad 或 \quad 1 - \dot{A}_0\dot{F} = 0 \qquad\qquad (6.4.1)$

事实上，反馈放大器的闭环增益为

$$\dot{A}_f = \frac{\dot{A}_0}{1 - \dot{A}_0\dot{F}} \qquad\qquad (6.4.2)$$

当 $1 - \dot{A}_0\dot{F} = 0$ 时，$\dot{A}_f \to \infty$，放大器变成了振荡器。

例 6.4.1 试以本节所叙述的方法，求出图 6.3.1 所示调集型振荡器的振荡条件和振荡频率。

解 图 6.3.1 可改成图 6.4.2 的形式，图中只绘出了交流部分。由图可知，反馈网络由 L、C、M 与 L_1 组成。由放大电路理论可知[4]，无反馈时共基放大器的电压增益为

$$\dot{A}_0 = \frac{h_{fb}Z_p}{h_{ib} + \Delta h_b Z_p} \qquad\qquad (6.4.3)$$

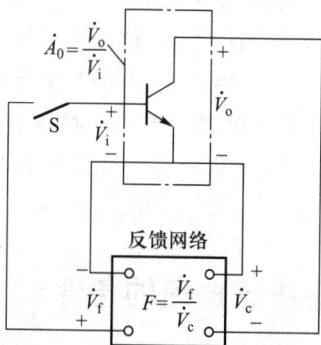

图 6.4.1 反馈放大器方框图　　图 6.4.2 调集型振荡器的交流等效电路

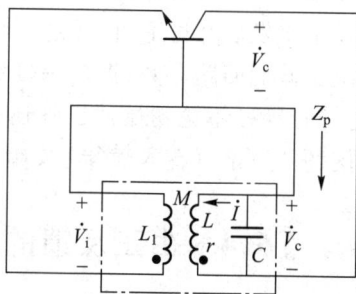

谐振回路的输出电压为

$$\dot{V}_c = \dot{I}\,(r + j\omega L)$$

L_1 两端的感应（反馈）电压为

$$\dot{V}_i = j\omega M \dot{I}$$

因此，反馈系数为

$$\dot{F} = \frac{\dot{V}_i}{\dot{V}_c} = \frac{j\omega M}{r+j\omega L} \tag{6.4.4}$$

将 $\dot{A}_0$ 与 $\dot{F}$ 代入振荡条件[式(6.4.1)],并注意到①

$$Z_p = \frac{\dfrac{1}{j\omega C}(r+j\omega L)}{r+j\left(\omega L - \dfrac{1}{\omega C}\right)}$$

因此式(6.4.1)可写为

$$1 - \frac{j\omega M h_{fb}}{h_{ib}(1-\omega^2 LC + j\omega rC) + \Delta h_b(r+j\omega L)} = 0 \tag{6.4.5}$$

由式(6.4.5)的虚数项等于零,得到

$$h_{ib} r\omega C + \Delta h_b \omega L - \omega M h_{fb} = 0$$

亦即

$$h_{fb} = \frac{h_{ib} rC + \Delta h_b L}{M} \tag{6.4.6}$$

由式(6.4.5)的实数项等于零,得到

$$h_{ib}(1-\omega^2 LC) + \Delta h_b r = 0$$

亦即

$$\omega = \sqrt{\frac{1}{LC}\left(\frac{\Delta h_b r}{h_{ib}} + 1\right)} \tag{6.4.7}$$

　　式(6.4.6)与式(6.4.7)和式(6.3.7)与式(6.3.8)全同。由此可知,无论是由瞬变的观点,还是由正反馈的观点,所得到的振荡条件都是一样的。一般说来,由正反馈的观点来分析振荡器要简易些。

§6.5　振荡器的平衡与稳定条件

　　当振荡器接通电源后,即开始有瞬变电流产生。这瞬变电流所包含的频带极宽,但由于谐振回路的选择性,它只选出了本身谐振频率的信号。由于正反馈作用,谐振频率信号越来越强,即形成稳定的振荡。至于瞬变电流中所包含的其他频率则被振荡电路滤掉,不被放大,而逐渐消失。

　　由上述可知,振荡器起振之后,振荡振幅便由小到大地增长起来。但它不可能无限制地增长,而是在达到一定数值后,便自动稳定下来。本节即研究振荡如何达到平衡,以及平衡的稳定条件。

6.5.1　振荡器的平衡条件

　　上节已证明,正反馈放大器产生振荡的条件是

---

① 放大器的输入电阻影响可以认为已包含在回路电阻 r 中。

$$1 - \dot{A}_0 \dot{F} = 0 \text{ 或 } \dot{A}_0 \dot{F} = 1 \tag{6.5.1}$$

式(6.5.1)没有考虑电子器件的非线性,亦即假定晶体管放大器是工作于小信号线性放大状态,它的放大倍数 A_0 为常数。事实上,放大器的增益是振幅的函数。由于自给偏压的作用,振荡器起振以后,随着振荡幅度的不断增长,放大器便由线性工作的甲类状态迅速过渡到非线性的甲乙类以至丙类工作状态。这时晶体管就是非线性器件。为了反映这种非线性器件的工作特点,现在引入准直线性理论的平均放大倍数(或折合放大倍数)$\dot{A}$ 的概念。

我们定义,负载谐振阻抗上基波电压 $\dot{V}_{c1}$ 与基极输入电压 $\dot{V}_b$ 之比称为平均电压放大倍数,即

$$\dot{A} = \frac{\dot{V}_{c1}}{\dot{V}_b} = \frac{\dot{I}_{c1} R_p}{\dot{V}_b} \tag{6.5.2}$$

根据 §5.3 中式(5.3.10)和式(5.3.15)并考虑相位关系可知

$$\dot{I}_{c1} = i_{Cmax} \alpha_1(\theta_c) = g_c \dot{V}_b \alpha_1(\theta_c)(1 - \cos\theta_c) \tag{6.5.3}$$

将式(6.5.3)代入式(6.5.2),得

$$\dot{A} = g_c R_p \alpha_1(\theta_c)(1 - \cos\theta_c) = A_0 \gamma_1(\theta_c) \tag{6.5.4}$$

式中,$A_0 = g_c R_p$ 为小信号线性放大倍数;$\gamma_1(\theta_c) = \alpha_1(\theta_c)(1 - \cos\theta_c)$ 为余弦脉冲分解系数[1]。

对于乙类工作状态($\theta_c \approx 90°$),$\gamma_1(\theta_c) = 0.5$;丙类工作状态($\theta_c = 70° \sim 80°$),$\gamma_1(\theta_c) = 0.3 \sim 0.4$。这就是说,振荡器在起振之后,随着振幅的不断增长,振荡管的工作状态逐渐向乙类以至丙类过渡,因而 A 值也不断下降。

至于式(6.5.1)中的反馈系数 F,完全是由无源线性网络所决定的比例系数,与振荡幅度的大小无关。由于放大器的放大倍数随着振幅的增大而下降,如果电路只是刚好满足式(6.5.1)的条件,那么经放大、选频后的信号仍然只能维持在很低的电平上。这样,具有频率为 f_0 的信号虽然存在,但却淹没在同样电平的噪声中,而得不到所需的一定强度的振荡输出。因此,要维持一定振幅的振荡,反馈系数 F 就应该设计得比式(6.5.1)中的 F 大一些。一般取 $F = 1/8 \sim 1/2$。这样,就可以使得在 $A_0 F > 1$ 的情况下起振,而后随着振幅的增强 A_0 就向 A 过渡。直到振幅增大到某一程度,出现 $AF = 1$ 时,振荡就达到平衡状态。因此,振荡器的起振条件为

$$\dot{A}_0 \dot{F} > 1 \tag{6.5.5}$$

---

[1] $\gamma_1(\theta_c)$ 是余弦脉冲分解系数的另一种表示形式。

振荡器的平衡条件(equilibrium condition)为

$$\dot{A}\dot{F} = 1 \qquad (6.5.6)$$

式中, $\dot{A}$ 又可表示为

$$\dot{A} = \frac{\dot{A}_0}{\tau}$$

其中 τ 称为工作强度系数。一般取 $\tau = 2 \sim 4$。

为了使振荡器的平衡条件概念更加明确,将复数形式表示的振荡器平衡条件分别用模和相角来表示,即

$$Ae^{j\varphi_A} \cdot Fe^{j\varphi_F} = 1$$

将模与相角分开,则有

$$A \cdot F = 1 \qquad (6.5.7)$$

$$\varphi_A + \varphi_F = 2n\pi \ (n = 0, \pm 1, \pm 2, \pm 3, \cdots) \qquad (6.5.8)$$

式(6.5.7)称为振幅平衡条件。它说明振幅在平衡状态时,其闭环增益(电压增益或电流增益)等于1。也就是说,反馈信号 $\dot{V}_f$ 的振幅与原输入信号 $\dot{V}_i$ 的振幅相等,即 $V_{fm} = V_{im}$。式(6.5.8)称为相位平衡条件,它说明振荡器在平衡状态时,其闭路总相移为零或为 2π 的整数倍。换句话说,反馈信号 $\dot{V}_f$ 的相位与原输入信号 $\dot{V}_i$ 的相位相同。

式(6.5.7)与式(6.5.8)对于任何类型的反馈振荡器都是适用的。在对振荡器进行理论分析时,利用振幅平衡条件可以确定振荡器的振幅;利用相位平衡条件可以确定振荡器的频率。

我们还可以将式(6.5.6)、式(6.5.7)、式(6.5.8)换成另一种形式。

根据第5章式(5.3.10)与式(5.3.15)可知

$$\dot{I}_{c1} = y_{fe}\dot{V}_b\gamma_1(\theta_c) = \bar{y}_{fe}\dot{V}_b \qquad (6.5.9)$$

式中, $y_{fe} = g_c$; $\bar{y}_{fe} = y_{fe}\gamma_1(\theta_c)$,称为晶体管平均正向传输导纳[①]。

振荡器的回路输出电压 $\dot{V}_c = \dot{I}_{c1}Z_{p1}$ $\qquad (6.5.10)$

由式(6.5.9)与式(6.5.10)可得

$$\dot{A} = \frac{\dot{V}_c}{\dot{V}_b} = \bar{y}_{fe}Z_{p1}$$

因此式(6.5.6)可写成

---

① 式中 y_{fe} 可以认为是理想化晶体管转移特性曲线的斜率,即式(5.3.2)中的 g_c。

$$\overline{y}_{fe} \cdot \dot{F} \cdot Z_{p1} = 1 \tag{6.5.11}$$

将各因子写成指数形式,有

$$\left. \begin{array}{l} \overline{y}_{fe} = |\overline{y}_{fe}| e^{j\varphi_Y} \\ Z_{p1} = |Z_{p1}| e^{j\varphi_Z} \\ \dot{F} = F e^{j\varphi_F} \end{array} \right\} \tag{6.5.12}$$

其中,$\overline{y}_{fe} = \dfrac{\dot{I}_{c1}}{\dot{V}_i}$ 为晶体管的平均正向传输导纳。φ_Y 为 $\overline{y}_{fe}$ 的相角,即集电极电流基

波分量 $\dot{I}_{ci}$ 与基极输入电压 $\dot{V}_i$ 的相角;$\dot{I}_{ci}$ 超前于 $\dot{V}_i$,则 φ_Y 为正,反之,φ_Y 为负。

$Z_{p1} = \dfrac{\dot{V}_c}{\dot{I}_{c1}}$ 为谐振回路的基波谐振阻抗。φ_Z 为回路基波谐振阻抗的相角,即

$\dot{V}_c$(或 $-\dot{V}_o$)与 $\dot{I}_{c1}$ 之间的相角;$\dot{V}_c$ 超前于 $\dot{I}_{c1}$,则 φ_Z 为正。

$\dot{F} = \dfrac{\dot{V}_f}{\dot{V}_c}$ 为反馈系数。φ_F 为反馈系数相角,即 $\dot{V}_f$ 与 $\dot{V}_c$(或 $-\dot{V}_o$)之间的相角;

$\dot{V}_f$ 超前于 $\dot{V}_c$,则 φ_F 为正。

将式(6.5.11)的模与相角分开,得

$$|\overline{y}_{fe}| \cdot |Z_{p1}| \cdot F = 1 \tag{6.5.13}$$

$$\varphi_Y + \varphi_Z + \varphi_F = 2n\pi \quad (n = 0, \pm 1, \pm 2, \pm 3, \cdots) \tag{6.5.14}$$

式(6.5.13)和式(6.5.14)是用电路参数表示的振幅平衡条件和相位平衡条件。

但是,实际上由于晶体管少数载流子在通过基区有效宽度时,需要一定的扩散时间,而使 $\dot{I}_c$ 总是滞后于 $\dot{V}_i$;故 $\varphi_Y < 0$。至于反馈系数相角,根据电路形式的不同,可能 $\varphi_F > 0$,也可能 $\varphi_F < 0$。既然 $\varphi_Y + \varphi_F \neq 0$,为了使电路工作在相位平衡状态,这就要求回路工作于失谐状态,以产生一个谐振回路相角 φ_Z 来对 φ_Y 和 φ_F 进行平衡。换句话说,由于电路中有源器件、寄生参量以及阻隔元件等的影响,振荡器的实际工作频率,严格来讲并不等于回路的固有谐振频率,所以,Z_{p1} 也不会呈现纯阻性。所以,一般振荡器的振荡回路总是处于微小失谐状态。例如式(6.3.8)示出调集振荡器的频率 ω_0 即不等于回路的固有谐振频率 ω_p。但由于失谐很小,为简化问题起见,只要不是分析振荡器的相位关系,通常都近似地认为回路是谐振的,并用 R_p 表示振荡回路的谐振阻抗。

但应说明,由于振荡回路总是处于微小失谐状态,因而振荡器的频率稳定度与效率都降低。当要求提高 LC 振荡器的频率稳定度与改善功率振荡器的效率

时,可采用相角补偿法(phase compensation method)[5,6]。这种方法是在振荡器电路中加入辅助元件(电感或电容),以使 $\varphi_Z = 0$。这样可以同时获得提高频率稳定度与改善效率的结果。可参看例6.6.2。

6.5.2 振荡器平衡状态的稳定条件

上面所讨论的振荡平衡条件只能说明振荡能在某一状态平衡,但还不能说明这个平衡状态是否稳定。平衡状态只是建立振荡的必要条件,但还不是充分条件。已建立的振荡能否维持,还必须看平衡状态是否稳定。

首先用两个简单例子来说明稳定平衡与不稳定平衡的概念。图6.5.1(a)和(b)分别画出了将一个小球置于凸面上的平衡位置 B,而将另一个小球置于凹面上平衡位置 Q。我们说图6.5.1(a)中的小球处于不稳定平衡状态。因为只要外力使它稍稍偏离平衡点 B,小球即离开原来位置而落下,不可能再回到原状态。图6.5.1(b)的小球则处于稳定平衡状态,因为外力可使它偏离平衡位置 Q,外力一消除,它即自动回到原来的平衡位置。因此,所谓振荡器的稳定平衡,是指在外因作用下,振荡器在平衡点附近可重建新的平衡状态。一旦外因消失,它即能自动恢复到原来的平衡状态。

(a) 不稳定平衡   (b) 稳定平衡

图6.5.1 两种平衡状态举例

稳定条件也分为振幅稳定与相位稳定两种。以下分别来讨论。

1. 振幅平衡的稳定条件(stability condition)

将式(6.5.7)所表示的振幅平衡条件写为

$$A = \frac{1}{F} \tag{6.5.15}$$

其中 A 表示平衡点的电压放大倍数,F 为振荡电路的反馈系数。在平衡条件的讨论中我们曾经指出,放大倍数 A 是振幅 V_{om} 的非线性函数。在起振时 $A = A_0 > \frac{1}{F}$。当振幅增大到一定程度后,由于晶体管工作状态进入饱和区或截止区,放大倍数 A 迅速下降。式(6.5.15)右边的反馈系数 F 则仅取决于外电路的参数,而与振幅无关。为了说明振幅稳定条件的物理概念,在图6.5.2中分别画出放大倍数 A 和反馈系数的倒数 $\frac{1}{F}$ 随振幅 V_{om} 的变化曲线。由于反馈系数 F 与振幅无关(反馈电路为线性网络),所以它是一条平行于 V_{om} 坐标轴的直线。一般情况下,$A=f_1(V_{om})$ 与 $\frac{1}{F}=f_2(V_{om})$ 会出现交点。图 6.5.2 中,两者相交的 Q 点就是振荡器的振幅平衡点,因为在这个点上满足了 $AF=1$ 的条件。但这一点是不是稳定的平衡点呢?那就要看在此点附近振幅发生变化时,是否能恢复原状。

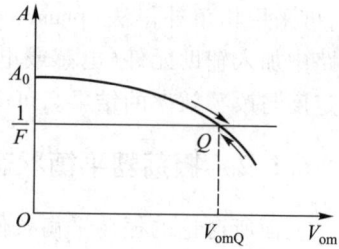

图 6.5.2　软自激的振荡特性

假定由于某种因素使振幅增大超过了 V_{omQ},可见这时 $A<\frac{1}{F}$,即出现 $AF<1$ 的情况,于是振幅就自动衰减而回到 V_{omQ}。反之,当某种因素使振幅小于 V_{omQ},这时 $A>\frac{1}{F}$,即出现 $AF>1$ 的情况,于是振幅就自动增强,从而又回到 V_{omQ}。因此 Q 点是稳定平衡点。

形成稳定平衡点的根本原因是什么呢?由上所述可知,关键就在于在平衡点附近,放大倍数随振幅的变化特性具有负的斜率,即

$$\left.\frac{\partial A}{\partial V_{om}}\right|_{V_{om}=V_{omQ}} <0 \qquad (6.5.16)$$

式(6.5.16)表示平衡点的振幅稳定条件。这个条件说明,在反馈型振荡器中,放大器的放大倍数随振荡幅度的增强而下降,振幅才能处于稳定平衡状态。工作于非线性状态的有源器件(晶体管、电子管等)正好具有这一性能,因而它们具有稳定振幅的功能。一般只要偏置电路和反馈网络设计正确,则 $A=f_1(V_{om})$ 曲线是一条单调下降曲线,且与 $\frac{1}{F}=f_2(V_{om})$ 曲线仅有一点相交,如图 6.5.2所示。在开始起振时,$A_0F>1$,振荡处于增幅振荡状态,振荡幅度从小到大,直到达到 Q 点为止。这就是软自激(soft self-excitation)状态,它的特点是不需外加激励,振荡便可以自激。

如果晶体管的静态工作点取得太低,甚至为反向偏置,而且反馈系数 F 又较小时,可能会出现图 6.5.3 所示的另一种振荡形式。这时 $A=f_1(V_{om})$ 的变化曲线不是单调下降的,而是先随 V_{om} 的增大而上升,达到最大值后,又随 V_{om} 的增大而下降。因此,它与1/F线可能出现两个交点 B 与 Q。这两点都是平衡点。其中平衡点 Q 满足 $\left.\frac{\partial A}{\partial V_{om}}\right|_{V_{om}=V_{omQ}} <0$ 的条件,是稳定平衡点。平衡点 B 则与上述情况相反,因为在此点 $\left.\frac{\partial A}{\partial V_{om}}\right|_{V_{om}=V_{omB}} >0$,当振荡幅度稍大于 V_{omB} 时,则 $A>(1/F)$,亦即 $AF>1$,成为增幅振荡,振幅越来越大。反之,若振幅稍低于 V_{omB},则 $AF<1$,

又成为减幅振荡,因此振幅将继续衰减下去,直到停振为止。所以 B 点的平衡状态是不稳定的。由于在 $V_{om}<V_{omB}$ 的区间,振荡始终是衰减的,所以,这种振荡器不能自行起振,除非在起振时外加一个大于 V_{omB} 的冲击信号,使其冲过 B 点,才有可能激起稳定于 Q 点的平衡状态。像这样要预先加上一个一定幅度的信号才能起振的现象,称为硬自激(hard self-ex-

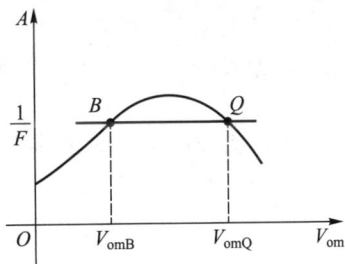

图 6.5.3　硬自激的振荡特性

citation)。一般情况下都是使振荡电路工作于软自激状态,通常应当避免硬自激。

2. 相位平衡的稳定条件

所谓相位稳定条件,是指相位平衡条件遭到破坏时,线路本身能重新建立起相位平衡点的条件;若能建立,则仍能保持其稳定的振荡。

必须强调指出:相位稳定条件和频率稳定条件实质上是一回事。因为振荡的角频率就是相位的变化率 $\left(\omega=\dfrac{\mathrm{d}\varphi}{\mathrm{d}t}\right)$,所以当振荡器的相位变化时,频率也必然发生变化。

如果由于某种原因,相位平衡遭到破坏,产生了一个很小的相位增量 $\Delta\varphi$,并且假定所产生的是一个正的增量 $\Delta\varphi$,这就意味着反馈电压 $\dot{V}_f$ 超前于原有输入电压 $\dot{V}_i$(前一次反馈电压)一个相角。相位超前就意味着周期缩短。如果振荡电压不断地放大、反馈、再放大,如此循环下去,反馈到基极上电压的相位将一次比一次超前,周期不断地缩短,相当于每秒钟内循环的次数在增加。这就意味着频率不断地提高。反之,如果 $\Delta\varphi$ 为负,即 $\dot{V}_f$ 滞后于原输入电压 $\dot{V}_i$,同理将导致频率的不断降低。

从以上分析可知,外因引起的相位变化与频率的关系是:相位超前导致频率升高,相位滞后导致频率降低,频率随相位的变化关系可表示为

$$\frac{\Delta\omega}{\Delta\varphi}>0 \tag{6.5.17}$$

为了保持振荡器相位平衡点稳定,振荡器本身应该具有恢复相位平衡的能力。换句话说,就是在振荡频率发生变化的同时,振荡电路中能够产生一个新的相位变化,以抵消由外因引起的 $\Delta\varphi$ 变化,因而这二者的符号应该相反,亦即相位稳定条件应为 $\dfrac{\Delta\varphi}{\Delta\omega}<0$,写成偏微分形式,即

$$\frac{\partial\varphi}{\partial\omega}<0 \tag{6.5.18}$$

或

$$\frac{\partial(\varphi_Y+\varphi_Z+\varphi_F)}{\partial\omega}<0$$

但是,由于 φ_Y 和 φ_F 对于频率变化的敏感性一般远小于 φ_Z 对频率变化的敏感性,即

$$\left|\frac{\partial\varphi_Y}{\partial\omega}\right|\ll\left|\frac{\partial\varphi_Z}{\partial\omega}\right| \tag{6.5.19}$$

$$\left|\frac{\partial\varphi_F}{\partial\omega}\right|\ll\left|\frac{\partial\varphi_Z}{\partial\omega}\right| \tag{6.5.20}$$

所以,式(6.5.18)可写为

$$\frac{\partial\varphi}{\partial\omega}\approx\frac{\partial\varphi_Z}{\partial\omega}<0 \tag{6.5.21}$$

式(6.5.21)就是振荡器的相位(频率)稳定的条件。它说明当满足式(6.5.19)和式(6.5.20)的条件时,只有谐振回路的相频特性曲线 $\varphi_Z=f(\omega)$ 在工作频率附近具有负的斜率,才能满足频率稳定条件。事实上,它的相频特性正好具有负的斜率,如图6.5.4所示。因而 LC 并联谐振回路不但是决定振荡频率的主要角色,而且是稳定振荡频率的机构。现在我们用图6.5.4来说明振荡频率的稳定原理。

在图6.5.4中以角频率 ω 为横坐标,φ_Z 为纵坐标,画出了具有一定 Q 值的并联谐振回路的相频特性曲线。同时,根据式(6.5.14)相位平衡时(取 $n=0$)有

$$\varphi_Z=-(\varphi_Y+\varphi_F)=-\varphi_{YF} \tag{6.5.22}$$

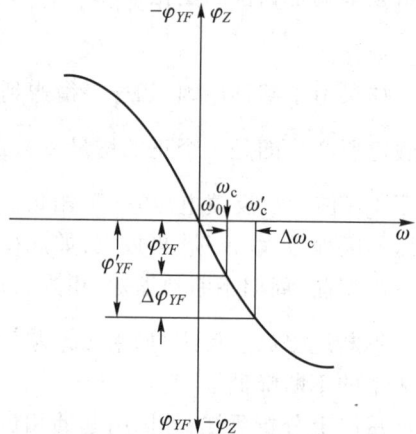

图 6.5.4 并联谐振回路的相频特性

的相位关系。所以,纵坐标也表示与 φ_Z 等值异号的 φ_{YF} 相角(φ_{YF} 为 φ_Y 与 φ_F 之和)的尺度。在一般情况下,振荡器存在着一定的正向传输导纳相角 φ_Y 和反馈系数相角 φ_F。假定两个相角的代数和为图中所示的 φ_{YF} 值,则只有工作频率为 ω_c 时,相位平衡条件才被满足。若由于外界某种因素使振荡器相位发生了变化,例如 φ_{YF} 增大到 φ'_{YF},即产生了一个增量 $\Delta\varphi_{YF}$,从而破坏了原来工作于 ω_c 频率的平衡条件。这种不平衡促使频率 ω_c 升高,频率升高使谐振回路产生负的相角增量 $-\Delta\varphi_Z$。当 $-\Delta\varphi_Z=\Delta\varphi_{YF}$ 时,相位重新满足 $\sum\varphi=0$ 的条件,振荡器在 ω'_c 的频率上再一次达到平衡。但是新的稳定平衡点 $\omega'_c=\omega_c+\Delta\omega_c$ 毕竟还是偏离原来稳

定平衡点一个 $\Delta\omega_c$。显而易见,这是为了抵消 $\Delta\varphi_{YF}$ 的存在必然出现的现象。由图 6.5.4 可以看出,为了减小振荡频率的变化,一方面要尽可能地减小 $\Delta\varphi_{YF}$,也就是减小 φ_Y 和 φ_F 对外界因素影响的敏感性;另一方面,提高相频特性曲线斜率的绝对值 $\left|\dfrac{\partial\varphi}{\partial\omega}\right|$,这可由提高回路的 Q 值来实现。另外,尽可能使 $\varphi_{YF}{\rightarrow}0$(振荡回路工作于谐振状态),也有利于振荡频率的稳定。振荡频率的稳定问题是非常重要的,将在 §6.7 专门讨论。

§6.6 反馈型 *LC* 振荡器线路

图 6.3.1 曾给出互感耦合调集振荡器电路,并以它为例,对振荡器的原理进行了讨论。实际上,反馈型 *LC* 振荡器还有许多种形式。按照反馈耦合元件可以分成:互感耦合振荡器、电感反馈式振荡器与电容反馈式振荡器等。在介绍这些具体电路之前,先说明集电极电源与基极偏置电源的供给方式。

振荡器的集电极直流电源也可采用串联馈电与并联馈电两种形式。二者的优缺点已在第 5 章讨论过,不再重复。

为了兼顾起振过程和振荡建立后的稳定平衡,振荡器都采用自偏压电路,而且应采用具有高稳定性的混合反馈式偏置电路。场效应管振荡器一般采用栅源自偏压电路。对于振幅稳定性要求特别高的振荡器,还要采用其他稳定幅度的特殊电路。

下面分别介绍不同形式的反馈型 *LC* 振荡器。

6.6.1 互感耦合振荡器

互感耦合振荡器有三种形式:调集电路、调基电路和调射电路,这是根据振荡回路是在集电极电路、基极电路和发射极电路中的哪一个来区分的。图 6.3.1 所示为调集振荡器电路,不再重述。图 6.6.1 分别画出互感耦合调基与调射振荡器电路。为了满足产生自激的相位平衡条件,图中用 " • " 点示出了同名端,接线时必须注意。由于基极和发射极之间的输入阻抗比较低,为了避免过多地影响回路的 Q 值,故在这两个电路中,晶体管与振荡回路作部分耦合。

调集电路在高频输出方面比其他两种电路稳定,而且幅度较大,谐波成分较小。调基电路振荡频率在较宽的范围改变时,振幅比较平稳。

互感耦合振荡器在调整反馈(改变 M)时,基本上不影响振荡频率。但由于分布电容的存在,在频率较高时,难于做出稳定性高的变压器。因此它们的工作频率不宜过高,一般应用于中、短波波段。

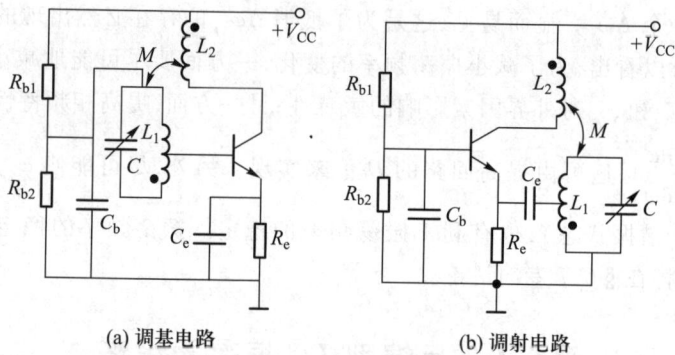

(a) 调基电路　　　　　　　　(b) 调射电路

图 6.6.1　互感耦合调基、调射振荡器电路

6.6.2　电感反馈式三端振荡器(哈特莱振荡器)

　　哈特莱振荡器(Hartley oscillator)的原理电路如图 6.6.2(a)所示。由图 6.6.2(b)所示的等效电路可知,本电路的特点是集电极与基极接于 LC 回路两端,发射极则接于线圈中部某一点。因此 L_1 与 L_2 即组成一个分压器,它们通常是绕在一个线圈架上,其间有互感 M,其极性如图中的圆点所示(L_1 与 L_2 绕的方向相同)。L_1 两端的电压为 L_2 两端电压的 2~5 倍。

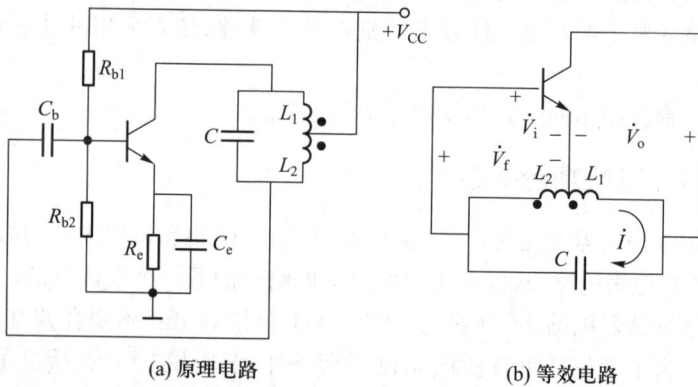

(a) 原理电路　　　　　　　　(b) 等效电路

图 6.6.2　电感反馈式三端振荡器

　　设输入电压为 $\dot{V}_i$,则由于放大器的倒相作用,它的输出电压 $\dot{V}_o$ 与 $\dot{V}_i$ 相差 180°。又由于集电极与基极是接于回路的相对两端,所以二者对发射极电位的变化相差 180°,亦即 $\dot{V}_o$ 与反馈电压 $\dot{V}_f$ 相差 180°。由此可得出,$\dot{V}_f$ 与 $\dot{V}_i$ 同相,满足了振荡所需的相位条件。

　　可以证明,这种电路的起振条件为

$$\frac{h_{\mathrm{fe}}}{h_{\mathrm{ie}}h'_{\mathrm{oe}}} > \frac{L_1+M}{L_2+M} > \frac{1}{h_{\mathrm{fe}}} \qquad (6.6.1)$$

式中，h'_{oe} 为考虑振荡回路阻抗后的晶体管等效输出导纳，$h'_{\mathrm{oe}}=h_{\mathrm{oe}}+(1/R'_{\mathrm{p}})$，此处 R'_{p} 为输出回路的谐振阻抗。

振荡频率为

$$f = \frac{1}{2\pi\sqrt{C(L_1+L_2+2M)+\dfrac{h'_{\mathrm{oe}}}{h_{\mathrm{ie}}}(L_1L_2-M^2)}}$$

$$\approx \frac{1}{2\pi\sqrt{C(L_1+L_2+2M)}} \qquad (6.6.2)$$

由于 $h_{\mathrm{fe}}/h_{\mathrm{ie}}h'_{\mathrm{oe}} \gg 1/h_{\mathrm{fe}}$，因此式（6.6.1）表明，这种电路的反馈系数 $[(L_2+M)/(L_1+M)]$ 可供选取的范围很宽。

电感反馈振荡电路的优点是：由于 L_1 与 L_2 之间有互感存在，所以容易起振。其次是改变回路电容来调整频率时，基本上不影响电路的反馈系数，比较方便。这种电路的主要缺点是：与电容反馈振荡电路相比，其振荡波形不够好。这是因为反馈支路为感性支路，对高次谐波呈现高阻抗，故对于 *LC* 回路中的高次谐波反馈较强，波形失真较大。其次是当工作频率较高时，由于 L_1 和 L_2 上的分布电容和晶体管的极间电容均并联于 L_1 与 L_2 两端，这样，反馈系数 F 随频率变化而改变。工作频率越高，分布参数的影响也越严重，甚至可能使 F 减小到满足不了起振条件。因此，这种电路尽管它的工作频率也能达到甚高频波段，但是在甚高频波段里，优先选用的还是电容反馈振荡器。

6.6.3　电容反馈式三端振荡器（考毕兹振荡器）

考毕兹振荡器（Colpitts oscillator）的原理电路见图 6.6.3（a）。由图 6.6.3（b）的等效电路可知，本电路与哈特莱振荡器电路很相似，只是利用电容 C_1 和 C_2 作为分压器，代替了哈特莱振荡器电路中的 L_1 和 L_2。同样可以证明，这种电路满足产生振荡的相位条件。经验证明，C_2/C_1 取 $1/8 \sim 1/2$ 较为适宜。

与电感三端振荡电路相比，电容三端振荡器的优点是输出波形较好，这是因为集电极和基极电流可通过对谐波为低阻抗的电容支路回到发射极，所以高次谐波的反馈减弱，输出的谐波分量减小，波形更加接近于正弦波。其次，该电路中的不稳定电容（分布电容、器件的结电容等）都是与该电路并联的，因此适当加大回路电容量，就可以减弱不稳定因素对振荡频率的影响，从而提高了频率稳定度。最后，当工作频率较高时，甚至可以只利用器件的输入和输出电容作为回路电容。因而本电路适用于较高的工作频率。

这种电路的缺点是：调 C_1 或 C_2 来改变振荡频率时，反馈系数也将改变。但

只要在 L 两端并上一个可变电容器,并令 C_1 与 C_2 为固定电容,则在调整频率时,基本上不会影响反馈系数。

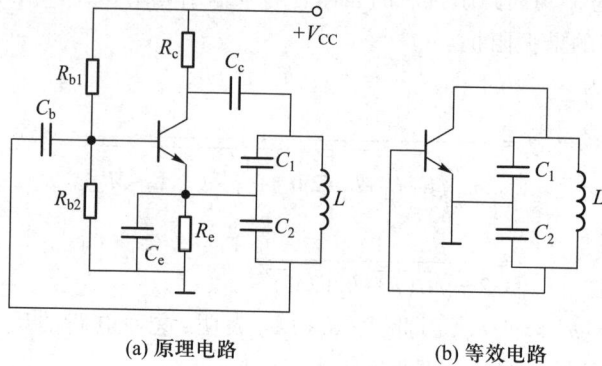

(a) 原理电路　　　　　　　　　(b) 等效电路

图 6.6.3　电容反馈式三端振荡器

6.6.4　*LC* 三端式振荡器相位平衡条件的判断准则

以上所讨论的 *LC* 三端式振荡器可以等效成图 6.6.4 所示的原理性电路。当回路元件的电阻很小,可以忽略不计时,Z_1、Z_2 与 Z_3 可以换成纯电抗 X_1、X_2 与 X_3。显然,要想产生振荡,就必须满足下列条件:

$$X_1 + X_2 + X_3 = 0 \qquad (6.6.3)$$

另外,为了满足 $\dot{V}_o$ 与 $\dot{V}_i$ 相位差 180° 的条件,X_1 与 X_2 必须为同一性质的电抗。也就是说,它们或者同为电感元件(例如哈特莱振荡器),或者同为电容元件(例如考毕兹振荡器),因而 X_3 必须为另一性质的电抗。

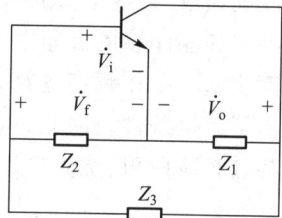

图 6.6.4　*LC* 三端式振荡器的等效原理性电路

由此可以得出三端式振荡器的构成法则是:X_1 与 X_2 的符号相同,X_3 的符号则相反。凡是违反这一准则的电路都不能产生振荡。

利用这个准则,很容易判断振荡电路的组成是否合理,也可用于分析复杂电路与寄生振荡现象。

例 6.6.1　振荡器电路如图 6.6.5 所示,图中 $C_1 = 100 \text{ pF}$,$C_2 = 0.013 \, 2 \, \mu\text{F}$,$L_1 = 100 \, \mu\text{H}$,$L_2 = 300 \, \mu\text{H}$。

(1)试画出交流等效电路;

(2)求振荡频率;

(3)用矢量图判断是否满足相位平衡条件;

(4)求电压反馈系数 F;

（5）当放大器的电压放大系数 $A = (h_{\text{fe}}/h_{\text{ie}})R'_{\text{p}}$，$h_{\text{ie}} = 3$ kΩ，回路有载品质因数 $Q_L = 20$ 时，求满足振荡条件所需 h_{fe} 的最小值。

解 （1）交流等效电路如图 6.6.6 所示。

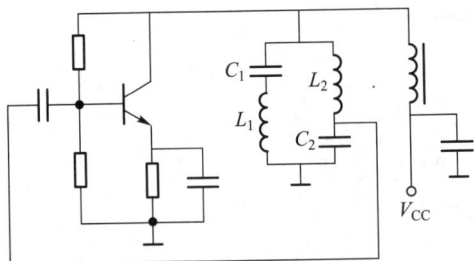
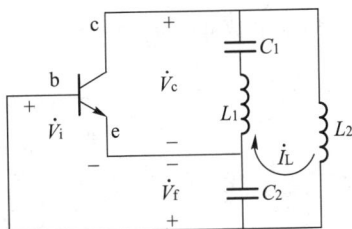

图 6.6.5   图 6.6.6

（2）振荡角频率为

$$\omega_0 = \frac{1}{\sqrt{LC}} = \frac{1}{\sqrt{(L_1 + L_2)\dfrac{C_1 C_2}{C_1 + C_2}}}$$

$$= \frac{1}{\sqrt{(300 + 100) \times 10^{-6} \times \dfrac{100 \times 13\ 200}{100 + 13\ 200} \times 10^{-12}}}\ \text{rad/s}$$

$$\approx 5 \times 10^6\ \text{rad/s}$$

$$f_0 = \frac{\omega_0}{2\pi} \approx 796\ \text{kHz}$$

$C_1 L_1$ 支路的谐振角频率为

$$\omega_1 = \frac{1}{\sqrt{L_1 C_1}} = \frac{1}{\sqrt{100 \times 10^{-6} \times 100 \times 10^{-12}}}\ \text{rad/s} = 10 \times 10^6\ \text{rad/s}$$

由于 $\omega_1 > \omega_0$，所以 $L_1 C_1$ 在 ω_0 时呈电容性，可用一等效电容 C'_1 表示。图 6.6.6 所示电路即成为电容三端式振荡器。

（3）矢量图如图 6.6.7 所示，画出的次序是：以输入电压 $\dot{V}_i$ 为基准，回路电压 $\dot{V}_c$ 与 $\dot{V}_i$ 倒相 180°。由于 $L_1 C_1$ 为容性支路，所以 $L_2 C_2$ 支路必为电感性，由 $\dot{V}_c$ 在 $L_2 C_2$ 支路内所产生的电流 $\dot{I}_L$ 应滞后电压 $\dot{V}_c$ 90°。$\dot{I}_L$ 在电容 C_2 上所产生的反馈电压 $\dot{V}_f$ 应滞后于 $\dot{I}_L$ 90°。由图可见，$\dot{V}_i$ 与 $\dot{V}_f$ 同相，满足了相位平衡条件，可以产生振荡。

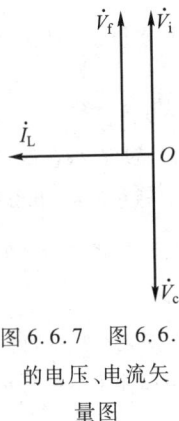

图 6.6.7   图 6.6.6 的电压、电流矢量图

（4）电压反馈系数为

$$F = \frac{\dot{V}_f}{\dot{V}_c} = \frac{X_{C_2}}{X_1}$$

$$X_1 = \omega_0 L_1 - \frac{1}{\omega_0 C_1} = \left(5 \times 10^6 \times 100 \times 10^{-6} - \frac{1}{5 \times 10^6 \times 100 \times 10^{-12}}\right)\ \Omega$$

$$= (500 - 2\ 000)\ \Omega = -1\ 500\ \Omega$$

$$X_{C_2} = \frac{-1}{\omega_0 C_2} = \frac{-1}{5 \times 10^6 \times 13\ 200 \times 10^{-12}}\ \Omega = -15\ \Omega$$

所以

$$F = \frac{-15}{-1\ 500} = 0.01$$

（5）回路波阻抗为

$$\rho = \omega_0(L_1 + L_2) = \frac{1}{\omega_0 \dfrac{C_1 C_2}{C_1 + C_2}} = \sqrt{\frac{L}{C}}$$

$$= \sqrt{\frac{L_1 + L_2}{\left(\dfrac{C_1 C_2}{C_1 + C_2}\right)}}$$

$$= \sqrt{\frac{(100 + 300) \times 10^{-6}}{\dfrac{(100 \times 13\ 200) \times 10^{-24}}{(100 + 13\ 200) \times 10^{-12}}}}\ \Omega \approx 2\ 010\ \Omega$$

接入系数

$$p = \left| \frac{X_1}{\rho} \right| = \frac{1\ 500}{2\ 010} \approx 0.74$$

与振荡管输出端耦合的回路等效谐振阻抗为

$$R'_p = p^2 Q_L \rho = (0.74)^2 \times 20 \times 2\ 010\ \Omega \approx 22\ \text{k}\Omega$$

振荡条件为

$$AF \geq 1, A \geq \frac{1}{F} = \frac{1}{0.01} = 100$$

由于

$$A = \frac{h_{fe}}{h_{ie}} R'_p \geq 100$$

因而求得 h_{fe} 的最小值为

$$h_{fe} = \frac{A h_{ie}}{R'_p} = \frac{100 \times 3 \times 10^3}{22 \times 10^3} \approx 13.7$$

所以满足起振条件所需的 h_{fe} 最小为 13.7。

例 6.6.2 在忽略晶体管内部反馈（$h_{re} = 0$）和振荡器损耗（即 $R_p \approx \infty$）的情况下，试证明电容三端式振荡器在集电极电路中串入一个电感 $L_c = L\dfrac{C_2}{C_1}$ 的补偿元件，就可以实现相角补偿（$\varphi_Z = 0$）。

证明 根据题意，画出有相位补偿电感时的振荡器等效电路如图 6.6.8（a）所示，它的等效电路如图 6.6.8（b）所示。由图 6.6.8（b）可写出它的电路方程式为

$$\begin{cases} (h_{ie} + jX_2)\dot{I}_1 + \dot{I}_3(-jX_2) = 0 \\ \left(jX_1 + jX_c + \dfrac{1}{h_{oe}}\right)\dot{I}_2 - \dot{I}_3(jX_1) = \dfrac{h_{fe}}{h_{oe}}\dot{I}_1 \\ -jX_2\dot{I}_1 - jX_1\dot{I}_2 + jX_k\dot{I}_3 = 0 \quad (X_k = X_1 + X_2 + X_3) \end{cases}$$

因此得到上述联立方程的系数行列式为

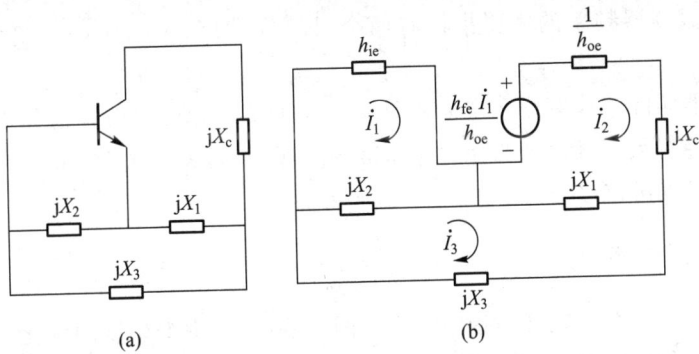

图 6.6.8 有相位补偿电感时的振荡器电路

$$\Delta = \begin{vmatrix} h_{ie}+jX_2 & 0 & -jX_2 \\ -\dfrac{h_{fe}}{h_{oe}} & \dfrac{1}{h_{oe}}+jX_1+jX_c & -jX_1 \\ -jX_2 & -jX_1 & jX_k \end{vmatrix}$$

由于 $X_k = X_1 + X_2 + X_3 = 0$,解上式可得

$$\Delta = \left(+X_1 X_2 \frac{h_{fe}}{h_{oe}} + X_1^2 h_{ie} + X_2^2 \frac{1}{h_{oe}} \right) + j\left(X_1^2 X_2 + X_1 X_2^2 + X_c X_2^2 \right)$$

在振荡时,Δ 的虚部(确定频率)应等于零。由虚部为零可以解得

$$X_c = -X_1 \left(\frac{X_1}{X_2} + 1 \right)$$

由相位平衡条件判断准则可知,X_1 与 X_2 一定同号,因此可以判定 X_c 必定与 X_1 或 X_2 异号。对于电容三端电路来说,X_c 必定为感抗。将 $X_1 = -1/\omega C_1$,$X_2 = -1/\omega C_2$ 代入上式,并考虑到 $\omega = 1/\sqrt{LC}$(此处 L 代表 X_3 的电感量,C 代表 C_1 与 C_2 串联的总电容量),即可得出补偿电感为

$$L_c = L \frac{C_2}{C_1}$$

§6.7 振荡器的频率稳定问题

振荡器的频率稳定度是极重要的技术指标。因为通信设备、电子测量仪器等的频率是否稳定,取决于这些设备中的主振器(激励器)的频率稳定度。通信系统的频率不稳,就会影响通信的可靠性,测量仪器的频率不稳,就会引起较大的误差。特别是空间技术的迅速发展,对振荡器频率稳定度的要求就更高。例如,要实现火星通信,频率的相对误差就不能大于 10^{-11} 数量级。倘若给距离地球 5 600 万千米的金星定位,则要求频率的相对误差不能大于 10^{-12} 的数量级[8]。因此,提高振荡器的频率稳定度有极重要的实际意义。

　　评价振荡器频率的主要指标有两个,即:准确度(accuracy)与稳定度(stability)。

　　振荡器实际工作频率 f 与标称频率 f_0 之间的偏差,称为振荡频率准确度。通常分为绝对频率准确度与相对频率准确度两种,其表达式为

绝对频率准确度 $\qquad\qquad\qquad \Delta f = f - f_0 \qquad\qquad\qquad$ (6.7.1)

相对频率准确度 $\qquad\qquad\qquad \dfrac{\Delta f}{f_0} = \dfrac{f - f_0}{f_0} \qquad\qquad\qquad$ (6.7.2)

　　振荡器的频率稳定度是指在一定时间间隔内,频率准确度的变化,所以实际上是频率"不稳定度"。但习惯上都叫它"稳定度"。

　　应该指出,在准确度与稳定度两个指标中,稳定度更为重要。因为只有频率"稳定",才能谈得上准确。也就是说,一个频率源的准确度是由它的稳定度来保证的。因此,以下主要讨论频率稳定度。

　　根据所指定的时间间隔不同,频率稳定度可分为长期频率稳定度、短期频率稳定度和瞬间频率稳定度三种。

　　长期频率稳定度,一般指一天以上乃至几个月的相对频率变化的最大值。它主要用来评价天文台或计量单位的高精度频率标准和计时设备的稳定指标。

　　短期频率稳定度,一般指一天以内频率的相对变化最大值。外界因素引起的频率变化大都属于这一类。通常称为频率漂移。短期频率稳定度一般多用来评价测量仪器和通信设备中主振器的频率稳定指标。

　　瞬间频率稳定度,指秒或毫秒内随机频率变化,即频率的瞬间无规则变化。通常称为振荡器的相位抖动(phase fluctuation)或相位噪声。

　　尽管这种所谓长期、短期和瞬间频率稳定度的划分直到现在仍没有严格的统一规定,但是,这种大致的区别还是有一定实际意义的。短期频率稳定度主要与温度变化、电压变化和电路参数不稳定性等因素有关。长期频率稳定度主要取决于有源器件、电路元件和石英晶体等老化特性,而与频率的瞬间变化无关。至于瞬间频率稳定度主要是由频率源内部噪声而引起的频率起伏,它与外界条件和长期频率漂移无关。

　　频率稳定度的定量表示法通常采用建立在大量测量基础上的统计值来表征,较为合理。经常采用的方法之一是均方根值法[8],它是用在指定时间间隔内,测得各频率准确度与其平均值的偏差的均方根值来表征的,即

$$\sigma_n = \sqrt{\dfrac{1}{n} \sum_{i=1}^{n} \left[\left(\dfrac{\Delta f}{f} \right)_i - \left(\overline{\dfrac{\Delta f}{f}} \right) \right]^2} \qquad\qquad (6.7.3)$$

式中,n 为测量次数;

$\left(\dfrac{\Delta f}{f}\right)_i$ 为第 i 次（$1 \leqslant i \leqslant n$）所测得的相对频率稳定度；

$\overline{\left(\dfrac{\Delta f}{f}\right)}$ 为 n 个测量数据的平均值。

实际工作中，对于不同制式、不同频段、不同用途的各种无线电设备，其频率稳定度的要求也不同。一般来说，对于大功率固定设备要求要高些，如广播电台的日频率稳定度一般要求不劣于 10^{-6}。对于超短波小功率移动式电台，要求就低一些，一般的短期频率稳定度为 $10^{-5} \sim 10^{-4}$。

要想使振荡器的振荡频率稳定，应当首先讨论影响振荡频率的因素，然后再研究消除这些因素的方法。现以图 6.3.1 互感耦合调集型振荡电路为例，来讨论频率稳定问题。所获得的结论同样可适用于其他形式的振荡器。

由式（6.4.7）已知调集振荡器的振荡频率为

$$f = \frac{1}{2\pi\sqrt{LC}} \sqrt{1 + \frac{\Delta h_b r}{h_{ib}}} \tag{6.7.4}$$

观察上式可以看出，影响振荡频率的有如下三种因素：

（1）振荡回路参数 L 与 C

显然，LC 如有变化，必然引起振荡频率的变化。影响 L 与 C 变化的因素有：元件的机械变形，周围温度变化的影响，湿度、气压的变化等。因此，为了维持 L 与 C 的数值不变化，首先就应选取标准性高，不易发生机械变形的元件；其次，应尽量维持振荡器的环境温度恒定，因为当温度变化时，不仅会使 L 和 C 的数值发生变化，而且会引起电子器件参数［如式（6.3.8）中的 h 参数］变化。因此高稳定度振荡器可封闭在恒温箱（称为"杜瓦瓶"）内，L 和 C 采用温度系数低的材料制成。此外，还可以采用温度补偿法，使 L 与 C 的变化量 ΔL 与 ΔC 相互抵消，以维持恒定的振荡频率。这一方法的原理如下：

若回路损耗电阻 r 很小（即回路的 Q 值高），则振荡频率 f 可近似地用回路固有频率 f_0 来表示，即

$$f \approx f_0 = \frac{1}{2\pi\sqrt{LC}}$$

由于外界因素的影响使 LC 产生微小的变量 ΔL 和 ΔC，因而引起振荡频率的变化为

$$\Delta f = \frac{\partial f_0}{\partial L}\Delta L + \frac{\partial f_0}{\partial C}\Delta C$$

$$\approx -\frac{1}{2}f_0\left(\frac{\Delta L}{L} + \frac{\Delta C}{C}\right) \tag{6.7.5}$$

若选用合适的负温度系数的电容器（电感线圈的温度系数恒为正值），使得 $\Delta C/C$

与 $\Delta L/L$ 互相抵消,则 Δf 可减为零。这就是温度补偿法①。

最后,也是最重要的一点就是:振荡回路的品质因数 Q 值越高,频率稳定度也就越高。因为 Q 值高,相当于回路电阻 r 小,由式(6.7.4)可知,r 越小,频率稳定度越高。

（2）回路电阻 r

r 是由振荡器的负载决定的。负载重时,r 大;负载轻时,r 小。由式(6.7.4)可知,当负载变化时,振荡频率也将随之变化。为了减小 r 的影响,要求振荡器的负载必须极轻且稳定不变。r 越小,则回路 Q 值越高,因而频率稳定度也越高。这一点在上面已经讨论过了。

此外,在第 1 章结论中已提到,为了减弱后级对主振器的影响,可在它后面加入缓冲级(buffer)(参见图 1.2.8)。所谓缓冲级,实际上是一级几乎不需要推动功率的放大器(工作于甲类)。

（3）有源器件的参数

例如晶体管为有源器件时,若它的工作状态(电源电压或周围温度等)有所改变,则由式(6.7.3)可知,由于此时晶体管参数 Δh_b 与 h_{ib} 将发生变化,即引起振荡频率的改变。为了维持晶体管的参数不变,应采用稳压电源和恒温措施。

除了上述各种稳定振荡频率的措施外,还可采用高稳定度 LC 振荡器电路,如图 6.7.1 所示的克拉泼(Clapp circuit)电路即是这类电路之一。图 6.7.2 是实际的克拉泼电路。图中,$C_1 \gg C_3$,$C_2 \gg C_3$,C_b 为基极耦合电容。C_3 为可变电容,它的作用是把 L 与 C_1、C_2 分隔开,使反馈系数仅取决于 C_1 与 C_2 的比值,振荡频率则基本上由 C_3 和 L 决定。这样,C_3 就减弱了晶体管与振荡回路之间的

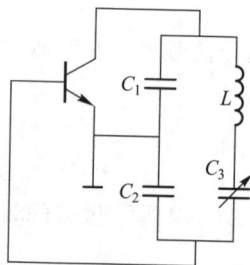

图 6.7.1　改进型电容三端振荡电路
（克拉泼电路）的交流等效电路

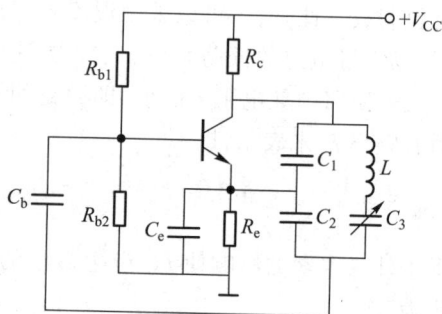

图 6.7.2　实际的克拉泼电路

---

① 还有其他形式的温度补偿法,例如采用温度补偿电阻网络等。

耦合,使折算到回路内的有源器件参数减小,提高了频率稳定度。另一方面,不稳定电容(如分布电容)则与 C_1、C_2 并联,基本上不影响振荡频率。C_3 越小,则频率稳定度越好,但起振也越困难。因此,C_3 也不能无限制地减小。

§6.8 石英晶体振荡器

以上各节所讨论的 LC 振荡器,它们的日频率稳定度为 $10^{-3} \sim 10^{-2}$ 的数量级。即使采用了一系列稳频措施,一般也难以获得比 10^{-4} 更高的频率稳定度。但是,实际情况往往需要更高的频率稳定度。例如,广播发射机的日频率稳定度一般要求优于 1.5×10^{-5};单边带发射机的频率稳定度一般要求优于 10^{-6};作为频率标准的振荡器,频率稳定度要求高达 $10^{-9} \sim 10^{-8}$①。显然,普通的 LC 振荡器是不可能满足上述要求的。利用 §2.5.2 讲过的石英晶体的压电效应,将石英晶体作为振荡回路元件,构成石英晶体振荡器,可以获得很高的频率稳定度。采用中精度的晶体,频率稳定度可达 10^{-6} 数量级;若加单层恒温控制,则频率稳定度可提高到 $10^{-8} \sim 10^{-7}$ 数量级;在实验室条件下,采用高精度晶体,并用双层恒温控制,则稳定度可以高达 $10^{-11} \sim 10^{-9}$ 数量级。

为什么用石英晶体作为振荡回路元件,就能使振荡器的频率稳定度大大提高呢?

① 石英晶体的物理和化学性能都十分稳定,因此,它的等效谐振回路有很高的标准性②。

② 它具有正、反压电效应,而且在谐振频率附近,晶体的等效参数 L_q 很大、C_q 很小、r_q 也不高。因此,晶体的 Q 值可高达数百万数量级。

③ 在串、并联谐振频率之间很狭窄的工作频带内,具有极陡峭的电抗特性曲线,因而对频率变化具有极灵敏的补偿能力。

石英晶体谐振器的主要缺点是它的单频性,即每块晶体只能提供一个稳定的振荡频率,因而不能直接用于波段振荡器。

参阅图 2.5.7 所示的石英晶体谐振器的电抗曲线,在串、并联谐振频率之间很狭窄的工作频带内,它呈电感性。因而石英谐振器或者工作于感性区,或者工作于串联谐振频率上,决不能使用容性区。因为如果振荡器电路是设计在晶体呈现电容性时产生振荡,那么,由于晶体在静止时就是呈现电容性的,所以这时

---

① 原子频率标准的频率稳定度可高达 $10^{-13} \sim 10^{-11}$。

② 谐振回路的标准性是指它在外界因素 α 变化时,保持其固有谐振频率 ω_0 不变的能力。$\left| \dfrac{\partial \omega_0}{\partial \alpha} \right|$ 越小,则回路的标准性越高。

就无法判断晶体是否已经在工作,从而就不能保证频率稳定作用。因此,根据晶体在振荡器线路中的作用原理,振荡电路可分为两类:一类是石英晶体在电路中作为等效电感元件使用,这类振荡器称为并联谐振型晶体振荡器;另一类是把石英晶体作为串联谐振元件使用,使它工作于串联谐振频率上,这类振荡器称为串联谐振型晶体振荡器。下面就来分别讨论这两种振荡器电路。最后介绍泛音晶体振荡器电路。

6.8.1　并联谐振型晶体振荡器

这类晶休振荡器的振荡原理和一般反馈式 LC 振荡器相同,只是把晶体置于反馈网络的振荡回路之中,作为一个感性元件,并与其他回路元件一起按照三端电路的基本准则组成三端振荡器。根据这种原理,在理论上可以构成三种类型基本电路。但实际常用的只是图 6.8.1 所示的两种基本类型。

图 6.8.1(a)所示相当于电容三端振荡电路。图 6.8.1(b)所示相当于电感三端振荡电路。从晶体连接在哪两个电极之间来看,前者称为 c-b 型电路[或称皮尔斯电路(Pierce circuit)],后者称为 b-e 型电路[或称密勒电路(Miller circuit)]。

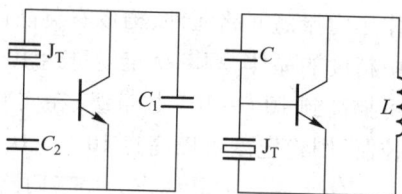

(a) c-b型电路　　(b) b-e型电路

图 6.8.1　并联谐振型晶体振荡器
的两种基本形式

图 6.8.2(a)所示为典型的并联谐振晶体振荡器电路。振荡管的基极对高频接地,晶体接在集电极与基极之间,C_1 与 C_2 为回路的另外两个电抗元件。振荡器回路的等效电路如图 6.8.2(b)所示。由图可知,它类似于图 6.7.2 所示的克拉泼电路。C_q 非常小,因此,晶体振荡器的谐振回路与振荡管之间的耦合非常弱,从而使频率稳定性大为提高。

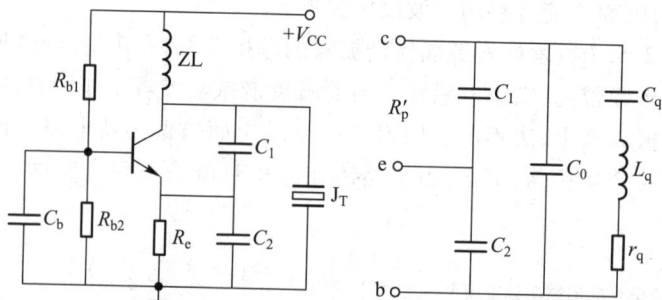

(a) 典型的并联谐振晶体振荡器电路　　(b) 振荡器回路的等效电路

图 6.8.2　并联谐振型晶体 c-b 型振荡器电路

图 6.8.3(a)所示为 b-e 型晶体振荡器典型电路,图 6.8.3(b)所示为它的等效电路。由图可看出,该电路是个双回路振荡器。根据图 6.8.1(b)已知,L_1C_1 回路应呈电感性,因此它的固有谐振频率 f_0 应略高于振荡器的工作频率 f,振荡器为哈特莱电路。

比较 c-b 型与 b-e 型两种振荡电路可知,b-e 型电路的输出信号较大,L_1C_1 回路还可以抑制其他谐波,但频率稳定度不如 c-b 型电路。因为在 b-e 型电路中,石英晶体接在输入阻抗低的 b-e 之间,降低了石英晶体的标准性。c-b 型电路中的石英晶体则接在阻抗很高的 c-b 之间,石英晶体的标准性受影响很小。因此,在频率稳定度要求较高的电路中,几乎都采用 c-b 型电路。

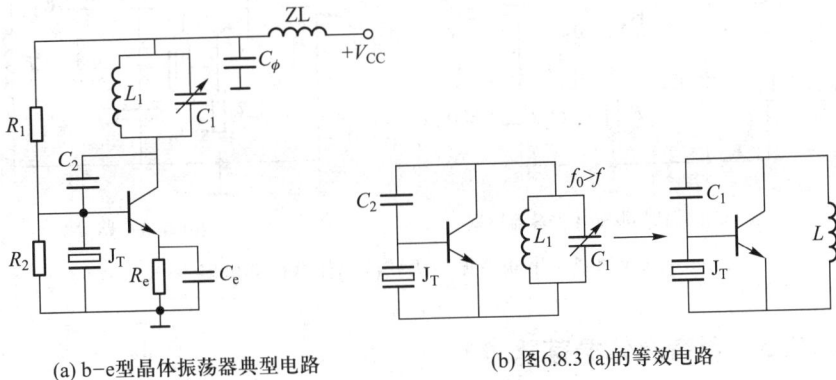

(a) b-e 型晶体振荡器典型电路   (b) 图6.8.3 (a)的等效电路

图 6.8.3 并联谐振 b-e 型晶体振荡器电路

最后应指出,和一般的 LC 三端电路相比,石英晶体在稳频方面还有一个显著特点,即一旦因外界因素变化而影响到晶体的回路固有频率时,它还具有力图使频率保持不变的电抗补偿能力。这主要是由于石英谐振器的等效电感 L_e 与普通电感不同。由式(2.5.7)可知,L_e 是频率的函数,并且随着频率 ω 从 ω_q 变到 ω_p,L_e 则从 0 变到趋于 ∞。在这十分狭窄的 $\omega_q \sim \omega_p$ 之间,存在着一条极其陡峭的感抗曲线,而振荡器又被限定在此频率范围内工作。该电抗曲线对频率有极大的变化速率,亦即石英晶体在这个频率范围内具有极陡峭的相频特性曲线。因而它具有很高的稳频能力。或者说它具有很高的电感补偿能力。

6.8.2 串联谐振型晶体振荡器

图 6.8.4(a)所示为一种正弦波串联晶体振荡器电路,图 6.8.4(b)所示为它的等效电路。由图可知,该电路与电容三端振荡电路十分相似,只是反馈信号要经过石英晶体 J_T 后,才能送到发射极和基极之间。石英晶体在串联谐振时阻

抗近于零,可以认为是短路的,此时正反馈最强,满足振荡条件。因此,这个电路的振荡频率和频率稳定度都取决于石英晶体的串联谐振频率。本图所标的主要元件参数是振荡器工作于 5 MHz 的数值。

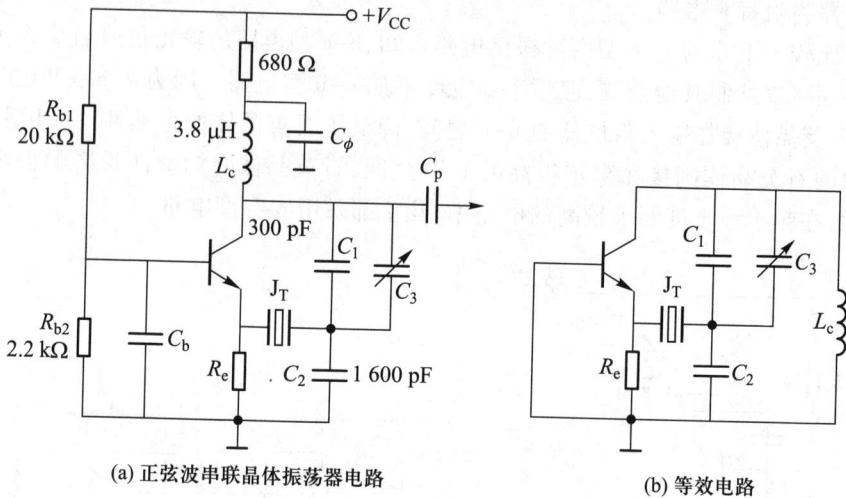

(a) 正弦波串联晶体振荡器电路   (b) 等效电路

图 6.8.4 串联谐振型正弦波晶体振荡器电路

6.8.3 泛音晶体振荡器

石英晶体的基频越高,晶片的厚度越薄。频率太高时,晶片的厚度太薄,加工困难,且易振碎。因此在要求更高频率工作时,可以在晶体振荡器后面加倍频器,这在 §5.10 中已讨论过。另一个办法就是令晶体工作于它的泛音(overtone)频率上,构成泛音晶体振荡器。

所谓泛音,是指石英片振动的机械谐波。它与电气谐波的主要区别是:电气谐波与基波是整数倍关系,且谐波与基波同时并存;泛音则与基频不成整数倍关系,只是在基频奇数倍附近,且两者不能同时存在。由于晶体片实际上是一个具有分布参数的三维系统,它的固有频率从理论上来说有无限多个。那么,在应用泛音晶体谐振器时,怎样才能使其工作在所指定的泛音频率上呢?这就要设计一种具有抑制非工作谐波的泛音振荡电路。

图 6.8.2 所示的晶体振荡器电路只适用于基频谐振器,对泛音谐振器它无法控制使其工作在指定的泛音频率上。但是,只要像图 6.8.5 所示的那样,将图 6.8.2 中的 C_1 用电容 C_1 和电感 L_1 组成的并联谐振回路来代替就可以了。这个回路的谐振频率必须设计在该电路所利用的 n 次泛音和 $n-2$ 次泛音之间。譬如说,该电路的工作频率 f_0 是 5 次泛音的话,则 L_1C_1 回路应调谐在 3~5 次泛音之间。这样,在谐振器的三次谐波或基频上,L_1C_1 回路呈感性,不能满足三端电

路的相位平衡条件,故不能产生振荡。对于比 5 次泛音更高的 7 次或 9 次泛音来说,L_1C_1 回路所呈现的容抗非常小,因而不能满足振幅平衡条件,也不能产生振荡。

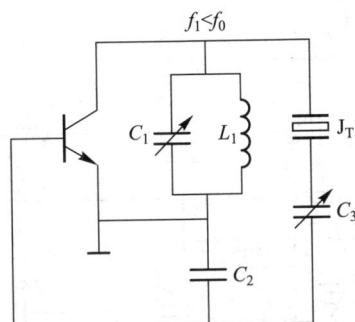

图 6.8.5　泛音晶体振荡器交流等效电路

对于图 6.8.4 所示的串联谐振晶体振荡电路,只要 C_1、C_2 和 L_c 所组成的回路调谐在泛音谐振器的标称频率上,自然就能起到抑制基频和其他泛音的作用。因而图 6.8.4 既可用于基频振荡,又可用作泛音振荡器。

最后应指出,石英晶体振荡器也可采用 §6.7 中所提到的各种稳频措施,例如用稳压电源、恒温装置等,以进一步提高它的频率稳定度。一般的石英晶体振荡器在常温情况下,短期频率稳定度通常只能达到 10^{-5} 数量级。要想获得 $10^{-7} \sim 10^{-6}$ 数量级乃至更高的频率稳定度,就必须采取相应的措施。作为例子,图 6.8.6 示出了一种恒温控制高稳定度 ZDJ 系列晶体振荡器原理电路。它采用双层恒温控制装置,以保持振荡器及对频率有影响的元件的温度恒定。主振级 T_1 为共发射极组态的皮尔斯电路,振荡频率为 2.5 MHz。T_2 为缓冲级,它将主振级与第三级隔开,以减弱负载对主振级的影响。T_2 的集电极回路对于振荡频率处于失谐状态,因而本级增益很低。信号经变压器 Tr_1 耦合到二次侧,再经 R_7 衰减后送到 T_3 的基极。第三级是具有较大功率增益的谐振放大器,它将一部分信号经变压器 Tr_2 加于其后的两级放大器(T_4、T_5)进一步放大;另一部分信号经 C_{11} 耦合送入由 2×2CK17、R_{10} 和 C_7 组成的自动增益控制倍压检波电路[1],以便获得一个反映输出振幅大小的直流负电压,反馈到 T_1 的基极,达到稳定幅度的目的。这时 T_1 工作于小信号线性放大器,因而输出波形良好,并进一步提高了振荡器的频率稳定度。

---

① 自动增益控制的原理见第 10 章 §10.1。

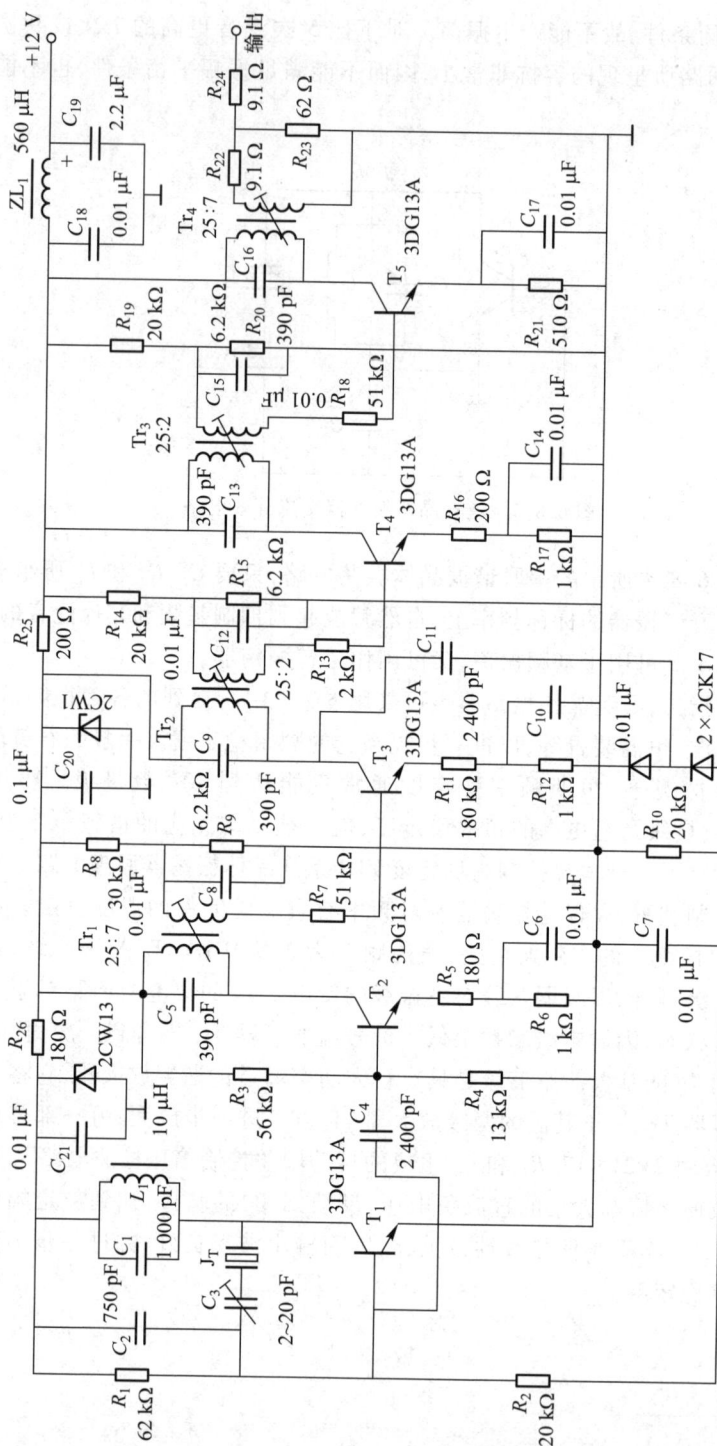

图 6.8.6 恒温控制高稳定度 ZDJ 系列晶体振荡器原理电路

§6.9 负阻振荡器

§6.1 中已指出,负阻振荡器是把一个呈现负阻特性的有源器件直接与谐振回路相接,以产生等幅振荡。本节首先介绍负阻的概念和产生负阻的器件,然后讨论负阻振荡原理,最后介绍负阻振荡器电路。

什么是负电阻? 它的物理意义是什么呢?

参阅图 6.9.1(a),设流过电阻 R 的电流 I 与端电压 V 的关系曲线如图 6.9.1(b) 所示,即当电流 I 增加 ΔI 时,端电压 V 亦随之增加 ΔV,则这 I-V 曲线的斜率倒数 $\Delta V/\Delta I$ 为正,亦即 R 呈正电阻性。R 上的电位降方向与电流方向相同,故这电阻相当于电动机作用,它从外界电源吸收功率。

如果电流 I 与电压 V 的关系曲线如图 6.9.1(c) 所示,则当电压减小 ΔV 时,流过 R 的电流反而增大 ΔI,亦即这曲线的斜率倒数 $\Delta V/\Delta I$ 为负,R 呈负电阻性。R 上的电位升方向与电流方向相同,故这负电阻相当于发电机作用,它不但不消耗功率,反而向外界输出功率。

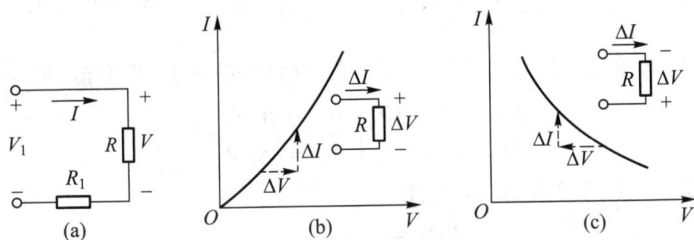

图 6.9.1 正、负电阻的概念

由此可见,正电阻消耗功率,负电阻产生功率。但应注意,以上所说的正电阻与负电阻都必须是对交流来说,才有意义。同时应说明,负电阻所提供的能量是从某种能量转换而来的,不能认为负电阻本身能产生能量。因为由图 6.9.1(c) 所示的器件特性曲线可知,其直流静态电阻 V/I 永远为正值,所以它从直流电源中吸取直流能量。这个直流能量为进行能量转换的负阻提供了能量来源。

具有负阻的器件有两大类:一类器件的伏安特性如图 6.9.2(a) 所示,其电流随电压单值变化。当电压升高到一定值时,电流反而迅速下降。这一段电压升高,电流反而下降的特性称为电压控制型负阻特性。它所等效的交流电源类似于交流恒压源。电子四极管、隧道二极管(tunnel diode)等器件具有这类特性。另一类器件的伏安特性如图 6.9.2(b) 所示,电压随电流而单值地变化,称为电流控制型负阻特性。它所等效的交流电源类似交流恒流源。双基极二极管(double-base diode)(单结晶体管)、工作于雪崩击穿电压的晶体三极管等器件就具有这类特性。

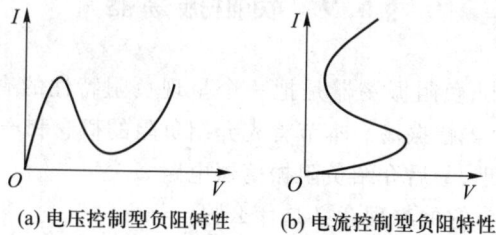

(a) 电压控制型负阻特性　　(b) 电流控制型负阻特性

图 6.9.2　负阻特性曲线的类型

现在研究负阻振荡的原理。

参阅图 6.9.3。设 $-r_n$ 为负阻器件的等效电阻，LRC 为谐振回路。由图可得

$$i_1 = i_2 + i_3 \qquad (6.9.1)$$

$$L\frac{di_2}{dt} + Ri_2 - i_1 r_n = 0 \qquad (6.9.2)$$

$$L\frac{di_2}{dt} + Ri_2 - \frac{1}{C}\int i_3 \, dt = 0 \qquad (6.9.3)$$

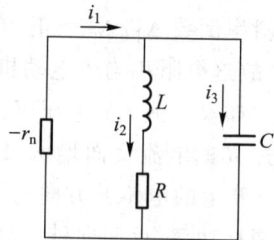

图 6.9.3　负阻振荡电路

将式(6.9.3)微分，然后代入式(6.9.2)并利用式(6.9.1)的关系，最后得到

$$\frac{d^2 i_2}{dt^2} + \left(\frac{L - RCr_n}{-RCr_n}\right)\frac{di_2}{dt} + \left(\frac{R - r_n}{-r_n LC}\right) i_2 = 0 \qquad (6.9.4)$$

将式(6.9.4)与式(6.2.1)对比可知

式(6.9.4)中的 $\dfrac{RCr_n - L}{RCr_n}$ 相当于式(6.2.1)中的 2δ；

式(6.9.4)中的 $\dfrac{r_n - R}{r_n LC}$ 相当于式(6.2.1)中的 ω_0^2。

因此两式的解法全同。于是得出

$$\frac{RCr_n - L}{RCr_n} > 0 \ \text{或}\ r_n > \frac{L}{RC} \ (=R_p) \ \text{时，产生衰减振荡；}$$

$$\frac{RCr_n - L}{RCr_n} = 0 \ \text{或}\ r_n = \frac{L}{RC} = R_p \ \text{时，产生等幅振荡；}$$

$$\frac{RCr_n - L}{RCr_n} < 0 \ \text{或}\ r_n < \frac{L}{RC} \ (=R_p) \ \text{时，产生增幅振荡。}$$

由此可知，要想振荡逐渐增强或维持等幅振荡，就必须使电阻 r_n 为负阻。

由于负阻器件有两种类型，即电压控制型负阻特性和电流控制型负阻特性，如图 6.9.2(a)、(b)所示。负阻振荡电路也有两种基本类型，即串联型负阻振荡器线路和并联型负阻振荡器线路，如图 6.9.4 所示。考虑到负阻振荡器也是利用器件的非线性特性来稳定幅度的,所以电流控制型负阻器件必须与振荡回路相串联,而电压控制型负阻器件必须与振荡回路相并联。为了分析方便,在并联电路中用电导 $g_n = 1/r_n$, $G_p = 1/R_p$,因此串联电路的起振条件为 $r_n > R_s$;并联电路的起振条件则为 $g_n > G_p$。维持等幅振荡的条件则分别为 $r_n = R_s$ 与 $g_n = G_p$。

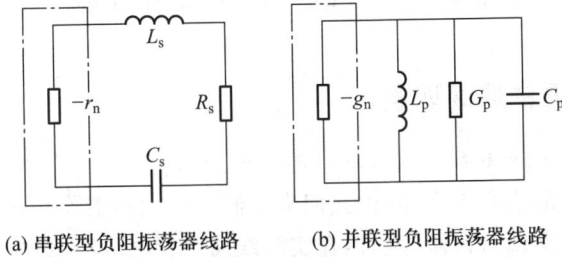

(a) 串联型负阻振荡器线路　　(b) 并联型负阻振荡器线路

图 6.9.4　负阻振荡器原理电路

最后,以隧道二极管(电压控制型器件,见附录 6.1)作为负阻器件,构成图 6.9.5(a)所示的实际振荡器。图中,R_1、R_2 为分压电阻,C_1 为旁路电容,D 为隧道二极管,L、C 为决定振荡频率的回路元件,R 为负载电阻(包括回路本身的损耗电阻)。图 6.9.5(b)所示为它的等效电路,r_{nd} 与 C_d 代表隧道二极管的等效电阻与结电容。将图 6.9.5(b)所示的等效电路与图 6.9.3 所示的负阻振荡电路相比较可知,二者完全相似,只是此处的 $C+C_d$ 相当于图 6.9.3 中的 C。因而得出起振条件为

$$| r_{nd} | < \frac{L}{R(C+C_d)}$$

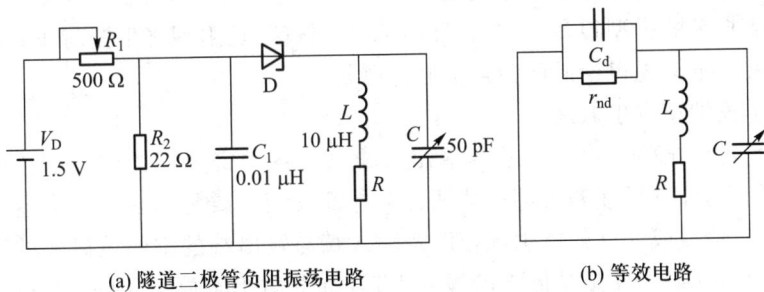

(a) 隧道二极管负阻振荡电路　　　　(b) 等效电路

图 6.9.5　隧道二极管负阻振荡器

隧道二极管振荡器的特点是适用于较高的工作频段(可在 100 MHz 至 10 GHz 波段内)。其优点是噪声低,对温度变化、核辐射均不敏感,电路简单,体积小和成本低等。其主要缺点是输出功率和电压都较低。另外在电路结构上因为它只有一对端点,在电路中使用起来不如具有双端对反馈式振荡器方便。又

因为前后级不易隔离,电路调整与每个元件影响的因素较多,阻抗也不易匹配,负载和器件参数对振幅和频率的影响比较严重,所以,频率稳定和幅度稳定都不及反馈式振荡器。

§6.10 几种特殊振荡现象

6.10.1 寄生振荡现象

1. 寄生振荡(parasitic oscillation)的危害

在第 5 章讨论功率放大器时,我们都是假定放大器工作在正常情况,亦即线路中不存在寄生反馈与自激等。但在实际线路中,往往存在寄生反馈,引起放大器工作不稳定。在极端情况,即使没有输入信号,也有交流输出。这叫作产生了寄生振荡。不稳定和寄生振荡使放大器产生寄生辐射,减小有用的信号功率输出,使被传输的信号产生失真。对于晶体管放大器来说,不稳定和寄生振荡的危害,远比在振荡器中严重得多,有时甚至可能引起晶体管的 PN 结被击穿或瞬时损坏。因此,防止和消除寄生振荡是保证晶体管放大器(尤其是晶体管高频功率放大器)的工作稳定,防止晶体管损坏,使设备正常工作的必要条件之一。在讨论了自激振荡器的工作原理之后,现在可以进一步分析寄生振荡产生的原因及其防止方法。

本节将以晶体管功率放大器为例,研究产生不稳定与寄生振荡的原因、检查和防止它们的方法。

2. 寄生振荡的类型及产生原因

寄生振荡的类型很多,主要有反馈型寄生振荡、负阻型寄生振荡和参量自激振荡三种。下面先讨论前两种寄生振荡现象。

(1) 反馈型寄生振荡

这种寄生振荡是由放大器的输出与输入间各种寄生反馈引起的。寄生反馈,又可分为外部反馈和内部反馈两种。外部反馈主要是由多级放大器的公共电源内阻、馈线或元件的寄生耦合以及输入端与输出端的空间电磁场的耦合引起的。内部反馈主要是晶体管的极间电容(如共射组态放大器的 $C_{b'c}$)产生的。现以图 6.10.1(a)所示的电路为例来说明可能产生图 6.10.1(b)与(c)两种反馈寄生振荡。

低频自激是指寄生振荡频率远低于正常工作频率的振荡。这时高频扼流圈 ZL_c 与 ZL_b 的阻抗不能再看成无穷大,亦即不能再忽略它们的影响。而正常工作回路(输入与输出网络)的电容阻抗则变得很大,可以忽略。这样,就得到如图 6.10.1(b)所示的低频自激等效电路。与此相反,当寄生振荡频率远高于工作频率时,则电极引线电感 L'_b、L'_c 等不能再忽略[①],而正常工作回路的电感阻抗变得很大,可以忽略。同时需计及分布电容与极间电容的影响,因此得到如图 6.10.1(c) 所示的高频自激等效电路。根据 6.6.4 节的讨论可知,它们满足三端电路的振荡条件。由以上两种寄生振荡的产生可知,结电容 $C_{b'c}$ 是产生内反馈的主要原因。

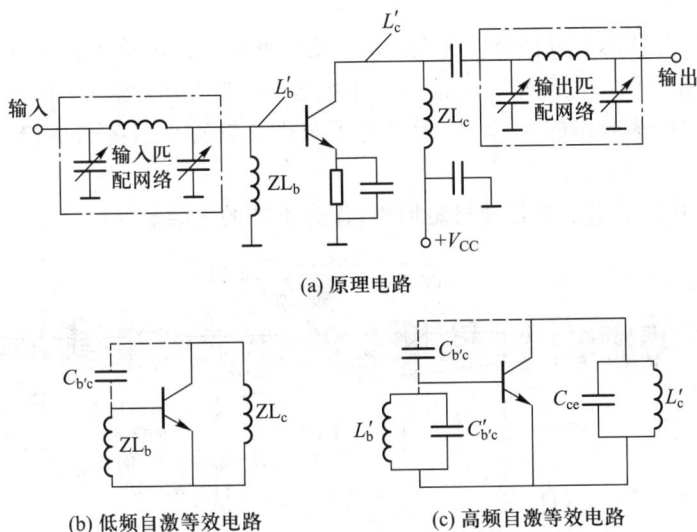

(a) 原理电路

(b) 低频自激等效电路　　　(c) 高频自激等效电路

图 6.10.1　晶体管高频功率放大器由内反馈产生寄生振荡的等效电路

(2) 负阻型寄生振荡

广义来讲,上述两种自激现象都可以归结为负阻振荡。但直接由器件的负阻现象产生的寄生振荡,主要有雪崩负阻振荡和过压负阻振荡两种。

雪崩负阻振荡是指晶体管工作进入雪崩击穿区时,器件呈负阻特性,产生负阻振荡。这种寄生振荡一般只在信号的负半周才出现。

过压负阻振荡是指晶体管工作于过压状态时,集电结进入正向工作,因此集电极与基极间有一低阻通路,在输入端产生反馈,可能呈现负阻,而产生寄生振荡。它一般在信号的正半周出现。

3. 寄生振荡的排除和防止措施

为了防止寄生振荡,首先应在实际线路结构工艺方面予以注意:合理安排元件,尽量减小各种元件之间的寄生耦合;集电极直流电源应有良好的去耦滤波装

---

① 事实上,发射极引线电感 L'_e 的影响最大。这里为了分析简便,略去未绘出。但在实际电路中,应注意 L'_e 远比 L'_b、L'_c 的影响严重。

置;高频接线应尽量粗、短,不使其平行、远离作为"地"的底板,以减小引线电感
与对"地"的分布电容;接地和必要的屏蔽要良好,等等。此外,还需针对不同的
寄生振荡情况,采取相应的预防与排除措施。

　　为了消除和防止低频寄生振荡,应尽可能减小输入和输出电路中的扼流圈
电感量,降低它们的 Q 值(如加入损耗电阻)。个别情况下,基极电路的扼流圈
可用电阻代替。

　　为了消除和防止高频寄生振荡,可在发射极或基极电路中接入几欧的串联
电阻[①],或在基极与发射极之间接一个小电容(一般为几皮法)。前者是为了减
低高频寄生振荡回路的 Q 值,后者是为了减小高频寄生振荡的反馈,以破坏其
振荡条件。

　　图 6.10.2 示出上述各种稳定措施,作为本节的小结。

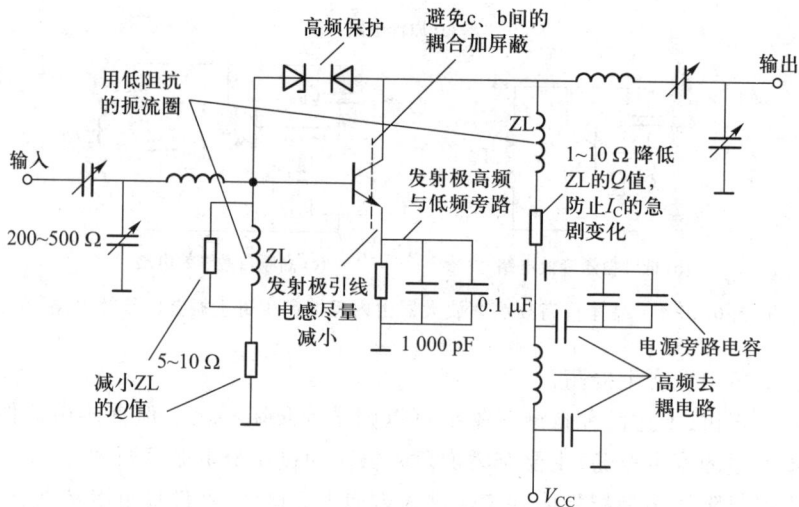

图 6.10.2　晶体管高频功率放大器的各种稳定措施

6.10.2　自偏压建立过程与间歇振荡现象

　　所谓间歇振荡(intermittent oscillation)是指振荡器工作时,时而振荡,时而停
振的一种现象。这一现象产生的原因来自振荡器的自偏压电路参数选择不当。
因此我们先简述在自给偏压情况下,建立正常振荡的过程。现以图 6.10.3 所示
的电容三端式振荡器电路为例来说明。图中,固定偏压 V_B 由 R_{b1} 和 R_{b2} 所组成的

---

　　① 对于小功率管,基极可串接较大(几百欧)的电阻。对于大功率管,串接的电阻应较小(几分之
一欧)。

偏置电路来产生。在忽略 I_B 对偏置电压影响的情况下,可以认为振荡管的偏置电压 V_{BE} 是固定偏压 V_B 和 R_e 上的直流电压降共同决定的,即

$$V_{BE} = V_B - V_E$$

$$= \frac{R'_{b2}}{R_{b1} + R'_{b2}} V_{CC} - I_E R_e \qquad (6.10.1)$$

式中,R'_{b2} 为 R_{b2} 与 h_{ie} 的并联值。

由于 R_e 上的直流压降是由发射极电流 I_E 建立的,而且随 I_E 的变化而变化,故称为自偏压。

在振荡器起振之前,直流自偏压取决于静态电流 I_{E0} 和 R_e 的乘积。一般振荡管工作点都选得较低,故起始自偏压也较小,这时起始偏压 V_{BE0} 为正偏置,因而易于起振。参阅图 6.10.3,根据自激振荡原理,在起振之初,振幅迅速增大。当反馈电压 v_f 对基极为正半周时,基极上的瞬时偏压 $v_{BE} = V_{BE} + v_f$ 变得更正,i_C 增大,于是电流通过振荡管向 C_e 充电。这一过程是十分复杂的非线性变化。在 v_f 负半周,偏置电压减小,甚至成为截止偏压。因此 i_C 也随之减小或截止。这时 C_e 上的电荷将通过 R_e 放电。由于充、放电的时间常数不同,所以随着起振过程振幅的不断增强,即在 R_e 上建立起紧跟振幅强度而变化的自偏压。这种自偏压的建立过程如图 6.10.4 所示。由图看出,起振之初($0 \sim t_1$ 之间),振幅较小,振荡管工作在甲类状态,自偏压变化不大。随着正反馈作用,振幅迅速增大,进入非线性工作状态时,自偏压也急剧增大,使 V_{BE} 变为截止偏压。振荡管的非线性工作状态反过来又限制了振幅的增长。可见,这种自偏压电路起振时,存在着

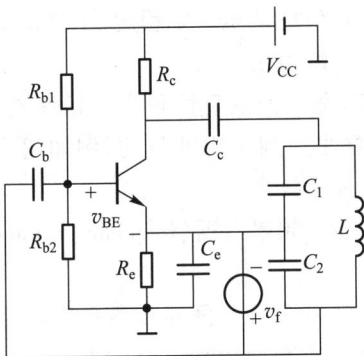

图 6.10.3 电容三端振荡器的自偏置电路

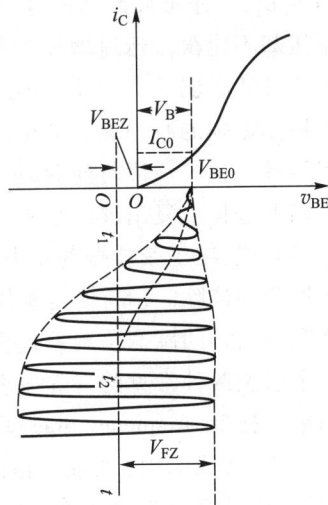

图 6.10.4 自偏振荡器起振时激励电压和直流偏压的建立过程

振幅与偏压之间相互制约、互为因果的关系。在一般情况下,若 $R_e C_e$ 的数值选得适当,自偏压就能适时地紧跟振幅的大小而变化。正是由于这两种作用相互依存,又相互制约的结果,如图 6.10.4 所示,在某一时刻 t_2 达到平衡。这种平衡状态,对于自偏压来说,意味着在反馈电压的作用下,C_e 在一周期内其充电与放电的电荷量相等。因此,b、e 两端的偏压 V_{BE} 保持不变,稳定在 V_{BEZ}。对于振幅来说,也意味着在此偏压的作用下,振幅平衡条件正好满足。这就是正常情况下自偏压振荡电路的振荡建立过程。

这种自偏压电路还有着较强的稳幅作用。因为一旦振荡增强,V_{BE} 便减小(即变得更负),这就限制了振幅的增长。同理,一旦振荡减弱,V_{BE} 便增大(即负偏压减小),从而使振荡增强,以便恢复到原来的振荡状态。但是,这种稳幅作用只有在自偏压的变化速率紧跟振荡强度的变化时才有可能实现。如果 $R_e C_e$ 数值取得过大,或工作点选择不当,就会出现图 6.10.5 所示的间歇振荡现象。现解释如下:

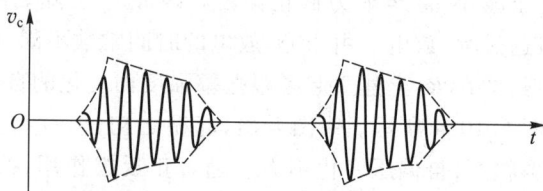

图 6.10.5 间歇振荡时的振荡电压波形

当 $R_e C_e$ 的时间常数过大时,接通电源后,振荡振幅即迅速增长,但 $R_e C_e$ 上的负偏压却不能跟着迅速增长。当振荡振幅也增长到相当大时,负偏压的增大将使振荡开始减弱。但由于 $R_e C_e$ 太大,C_e 上的电荷放电很慢,负偏压绝对值不能随着振荡振幅的减小而自动迅速下降,以致不能维持等幅振荡,振荡振幅即逐渐衰减至零。过了一段时间后,负偏压的绝对值已减至一定程度,于是振荡又可发生。以上过程重复出现的结果,就产生了间歇振荡。

一般来说,在正弦波振荡器中,间歇振荡是一种危害性很大的振荡现象,必须力求避免和消除。但有时也利用这种现象来达到一定的目的,例如超再生接收机就利用这种间歇振荡现象,使其灵敏度大大提高。

除了以上两种常见的特殊振荡现象外,还有频率占据(frequency occupancy)现象与频率拖曳(frequency drag)现象[1]。

频率占据(或牵引)现象是指外加电动势频率与振荡器自激频率接近到一定程度时,可以使振荡频率随外电动势频率的改变而改变。这时振荡器频率完全受外电动势控制,不再取决于回路参数。一般不希望出现频率占据现象。但有时又可利用这种现象来实现分频、稳频、同步等。

频率拖曳现象发生于振荡器电路采用耦合回路时;如耦合系数过大,二次侧又是谐振回路,则调节二次回路时,振荡回路频率也随之改变,甚至产生频率跳变。这一现象通常也应避免。

§6.11 集成电路振荡器

利用集成电路作为有源器件,也可以做成振荡器。

图 6.11.1 所示电路利用差分对作为有源器件,从而构成互感耦合差分对振荡器。图中,I_0 为恒流源,它的值可以调节;L_1 与 L_3 为反馈耦合变压器。正弦振荡输出电压 v_o 由 T_2 的集电极输出。这种振荡电路有如下优点:振荡振幅与频率比较稳定,输出波形失真也比单管振荡电路要低得多。

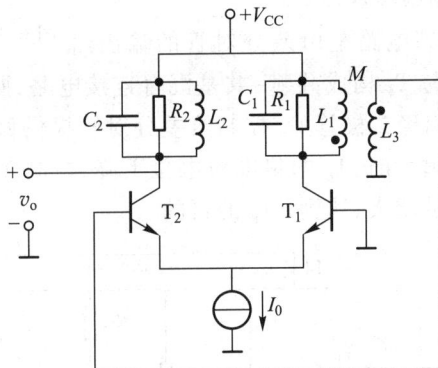

图 6.11.1 互感耦合差分对振荡器

图 6.11.2 是利用 T_1 与 T_2 组成自由多谐振荡器[①],T_3 与 T_4 起恒流源作用,发射极电阻 R_e 使电压与电流关系线性化,所以电流正比于控制电压 V_c。振荡频率为[9]

$$f = \frac{I_0}{4CV} \tag{6.11.1}$$

式中,电压 V 是截断多谐振荡器晶体管所需要的电压,其值约为 0.6 V。因为 $I_0 \approx V_c / R_e$,所以振荡频率正比于控制电压 V_c。振荡器输出波形可以是方波或三角波。若要获得正弦波输出,则需外加滤波电路。

目前已经有专门按振荡器工作特点设计的集成电路,如 CA3005、E1648 等,只要外接 LC 谐振回路,就可以构成集成 LC 正弦波振荡器。下面以 E1648 为

---

① 此电路的工作原理可参见第 10 章图 10.6.3 的说明。

例,介绍它构成正弦波振荡器的工作原理[11]。

图6.11.3所示为E1648的内部电路。它由差分对管振荡电路(T_7、T_8)、放大电路($T_1 \sim T_5$)和偏置电路($T_{10} \sim T_{14}$)三部分组成。由图可见,差分对管T_8的集电极引出端子外接LC谐振回路,并将其输出电压直接加到T_7的基极。通过T_7和T_8的射极耦合,送到T_8的发射极,形成正反馈,完成振荡器作用。由差分放大器的大信号传输特性,当一管截止时,由于很深的电流负反馈,另一管即使不进入饱和区,但电流变化已十分缓慢。差分对管振荡器正是利用这一特性实现稳幅,且因T_8不进入饱和区,而使谐振回路维持较高的Q值,有利于频率稳定。

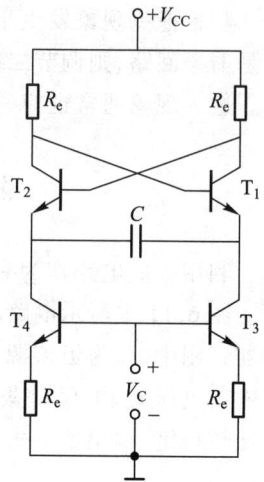

以上提到的负反馈电路是由差分对管的输出给放大管T_5,T_5一方面与T_4构成共射-共基混合连接电路,同时还作为射极跟随器输出给T_6,T_6的输出经二极管D_1控制给差分对管提供偏流的电流源T_9。当某种因素使振荡电压增大时,T_6的集电极电位下降,控制T_9使电流I_0减小,从而阻止振荡电压振幅的增大,达到稳幅的目的。

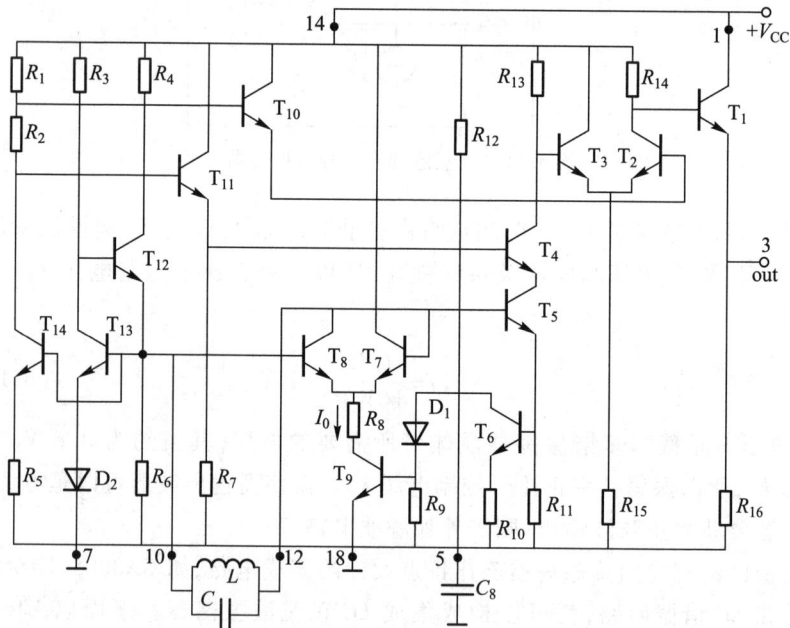

图6.11.2 集成电路振荡器

图6.11.3 E1648内部电路

差分对管的振荡电压经T_5与T_4构成的共射-共基混合连接放大器,由T_4

集电极输出,送到 T_2、T_3 构成的单端输入、单端输出的差分放大器,最后由 T_1 射极跟随器输出。

偏置电路由 $T_{10} \sim T_{14}$ 构成。$T_{12} \sim T_{14}$ 构成电流镜,其中取自 T_{12} 的发射极电压为差分对管提供直流偏压。电流镜输出电流在 R_1 和 R_2 上产生电压降,经射极跟随器 T_{10} 和 T_{11} 为两级放大电路提供偏置电压。

E1648 的最高振荡频率可达 200 MHz。图 6.11.4 是由 E1648 外接 *LC* 振荡回路构成的高频振荡器,其振荡频率为

$$f_0 = \frac{1}{2\pi\sqrt{L_1 C_1}} \qquad (6.11.2)$$

图中 C_3、C_4 均为滤波电容。

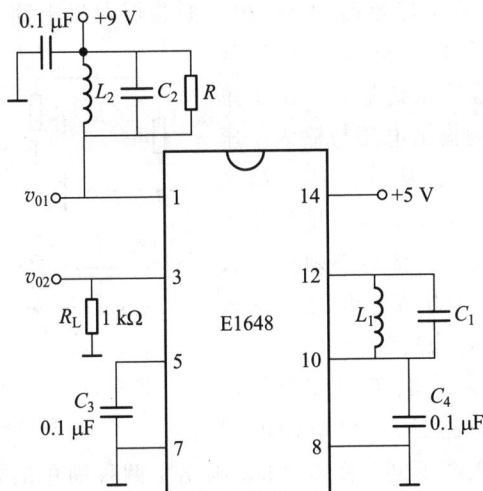

图 6.11.4 由 E1648 外接 *LC* 振荡回路构成的高频振荡器

通常,振荡器从 3 脚(T_1 的发射极)输出。但有时为了提高输出幅度,也可从 1 脚(T_1 的集电极)输出。此时应外接一个 *LC* 谐振回路调谐于振荡频率,并接到 $+V_{CC}$ 电源。

§6.12 *RC* 振荡器

在需产生较低的振荡频率(几十千赫或更低)时,从理论上讲,可以采用 *LC* 振荡器。但实际上,由于这时需要采用大的电感 L 与电容 C,有时还需要用有铁心的线圈,使得振荡器构造笨重,需用材料多,价格贵。而且制造损耗较小的大电感与大电容比较困难,回路元件体积大,安装调试均不方便。因此,较低的振荡频率一般都采用 *RC* 振荡器来产生。*RC* 振荡器的主要优点是:构造较简单,经济方便。

RC 振荡器的工作原理和 LC 振荡器一样,也是由放大器和正反馈网络两部分所构成,区别仅在于用 RC 选频网络电路代替 LC 回路。因此,RC 振荡器也必须满足振幅和相位平衡条件,即

$$AF = 1$$

$$\varphi_A + \varphi_F = 2n\pi \qquad (n = 1, 2, 3, \cdots)$$

根据 RC 网络的不同形式,可以将 RC 振荡器分为相移振荡器(phase-shift oscillator)和文式电桥振荡器(Wien-bridge oscillator)两大类。下面我们简要介绍两种常用的 RC 振荡器电路。

6.12.1　RC 相移振荡器

图 6.12.1 所示为相移超前的 RC 相移振荡器典型电路。它是一个具有正反馈的单级阻容耦合放大器,输出电压从集电极经 RC 相移器反馈到基极。由于单级共发射极放大器的输出电压与输入电压的相位差为 180°,所以,从输出端反馈到输入端必须再倒相 180°,才能满足相位平衡条件。这就要求 RC 相移器必须把放大器的输出电压相移 180° 后,再加入输入端。RC 相移器的工作原理如下:

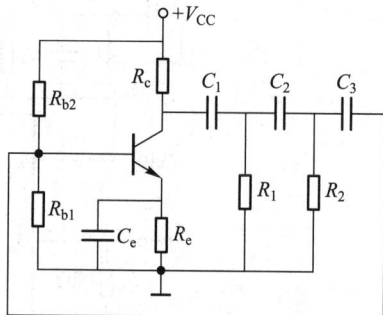

图 6.12.1　相移超前 RC 相移振荡器典型电路

由 RC 电路原理可知,不同频率的正弦波电压通过 RC 电路时,输出端的电压幅度和相位都与输入端不同。图 6.12.2 画出了两种简单的相移电路。对于图 6.12.2(a)所示的 RC 网络来说,若在其输入端加入电压 $\dot{V}_i$,则在 R 两端得到输出电压 $\dot{V}_o$。从矢量图可以看出,其输出电压 $\dot{V}_o$ 超前于输入电压 $\dot{V}_i$,故称为超前相移网络,或称高通滤波网络。图 6.12.2(b)电路则相反,故称为相位滞后的相移网络,或称低通滤波网络。

图 6.12.2(a)所示的相位超前的相移网络的传输系数(或称反馈系数)为

$$\dot{F} = \frac{\dot{V}_o}{\dot{V}_i} = \frac{R}{R + \dfrac{1}{j\omega C}}$$

$$= \frac{j\omega RC}{1 + j\omega CR} = F e^{j\varphi} \qquad (6.12.1)$$

其模和相角分别为

$$F = \frac{\omega RC}{\sqrt{1 + (\omega RC)^2}} \qquad (6.12.2)$$

$$\varphi = \arctan \frac{1}{\omega RC} \tag{6.12.3}$$

相位滞后的相移网络传输系数的模和相角分别为

$$F = \frac{1}{\sqrt{1+(\omega RC)^2}} \tag{6.12.4}$$

$$\varphi = -\arctan \omega RC \tag{6.12.5}$$

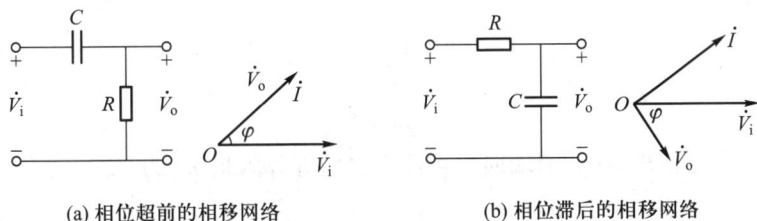

(a) 相位超前的相移网络　　　　　(b) 相位滞后的相移网络

图 6.12.2　RC 相移网络及其矢量图

显然,这两种相移网络除相移的方向不同以外,还有以下的共同特性:

① 随着频率的改变,单节 RC 电路中所产生的相移在 0°~90° 之间变化,但最大相移不超过 90°。

② 输出电压幅度也随频率变化而变化,但输出电压总是小于输入电压,且相移越大,电压输出越小。当相移 90° 时,输出趋近于零。

由此可知,为了使相移网络倒相 180°,至少要用三节移相网络。图 6.12.1 中的 180° 相移器即由三节单级 RC 超前相移网络所组成。此外,由于相移值与频率有关,因此当 RC 参数一定时,相移值只能在某一频率上满足相位条件。对于图 6.12.1 所示的电路,当忽略晶体管的输出导纳 h_{oe},且 $R_c = R_1 = R_2 = R$,$C_1 = C_2 = C_3 = C$,$R \gg R_i$(此处 $R_i = R_{b1} \mathbin{/\mkern-5mu/} R_{b2} \mathbin{/\mkern-5mu/} h_{ie}$)时,可以证明其振荡频率为(习题 6.33)

$$f \approx \frac{1}{2\pi\sqrt{6}\,RC} \tag{6.12.6}$$

起振条件为

$$h_{fe} \geqslant 29 \tag{6.12.7}$$

由此可知,要想得到良好的振荡波形和稳定的输出,放大器的增益应能自动保持为 29,因此实际上常需加入自动增益控制电路。

RC 相移振荡器结构简单,经济方便,但改变频率不方便,因而只用作技术指标要求不高的固定频率振荡器。为了克服相移振荡器的上述缺点,常采用下面所讲的文氏电桥振荡器。

6.12.2　文氏电桥振荡器

文氏电桥振荡器广泛用于产生几赫到几百千赫频段范围的可变频率振荡

器。图 6.12.3 所示为该振荡器的原理电路。图中点画线内为完成正反馈作用的串、并联 RC 选频网络,右边为具有负反馈作用的同相放大器。它的工作原理可以用负电阻或正反馈的观点来说明。首先用负电阻的观点来阐明它的工作原理。

由于负反馈放大器的输入阻抗很大,所以自 a 点流出的电流 $\dot{I}$ 可以认为全部流入正反馈电路 R_1C_1 中。由基尔霍夫定律可得

$$\dot{V}_1 - \dot{I}\left(R_1 + \frac{1}{j\omega C_1}\right) - \dot{V}_2 = 0$$

$$\dot{V}_2 = \dot{A}\,\dot{V}_1$$

解以上二式可得出自 ab 两端向放大器看去的等效阻抗 Z_{ab} 为

$$Z_{ab} = \frac{\dot{V}_1}{\dot{I}} = \frac{R_1}{1-\dot{A}} - j\frac{1}{\omega C_1(1-\dot{A})} \tag{6.12.8}$$

由图 6.12.4 可知,要想产生振荡,Z_{ab} 必须具有负电阻性和电感性,亦即图 6.12.3 可用图 6.12.4 的等效电路表示。观察式(6.12.8)可知,要想满足上述要求,必须使 $\dot{A}$ 的相角为零,且其绝对值大于 1,亦即

$$\dot{A} = Ae^{j0} = A + j0$$

代入式(6.12.8),即得

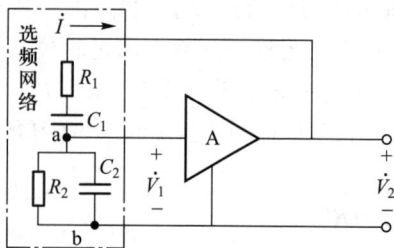

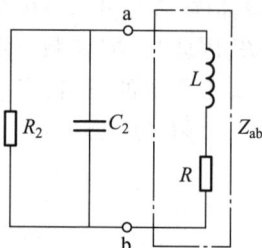

图 6.12.3 串、并联 RC 选频振荡器原理电路   图 6.12.4 图 6.12.3 的等效电路

$$Z_{ab} = \frac{-R_1}{A-1} + j\frac{1}{\omega C_1(A-1)} \tag{6.12.9}$$

因而图 6.12.4 中的等效电阻与等效电感分别为

$$R = \frac{-R_1}{A-1} \tag{6.12.10}$$

$$L = \frac{1}{\omega^2 C_1(A-1)} \tag{6.12.11}$$

与图 6.9.3 对比,此处的 R_2 相当于该图中的 $-r_n$,C_2 相当于 C。在产生等幅振荡

时,应满足 $\delta = 0$ 即 $r_\text{n} = L/RC$ 的条件,因此得到

$$-R_2 = \frac{1}{\omega^2 C_1 (A-1)} \Big/ \left(\frac{-R_1}{A-1} \right) C_2$$

解上式得出振荡角频率为

$$\omega = \frac{1}{\sqrt{R_1 R_2 C_1 C_2}} \tag{6.12.12}$$

再由式(6.9.4)中的 $\omega_0^2 = \dfrac{r_\text{n} - R}{r_\text{n} LC}$,将式(6.12.10)和式(6.12.11)的 R、L、$r_\text{n} = -R_2$、$C = C_2$、$\omega = \omega_0$ 代入,得

$$\omega^2 = \left(-R_2 + \frac{R_1}{A-1} \right) \Big/ \left[-R_2 \frac{1}{\omega^2 C_1 (A-1)} C_2 \right]$$

解之得出放大器的增益为

$$A = 1 + \frac{R_1}{R_2} + \frac{C_2}{C_1} \tag{6.12.13}$$

通常取 $R_1 = R_2 = R$,$C_1 = C_2 = C$,因此式(6.12.12)和式(6.12.13)化简为

$$\omega = \frac{1}{RC} \tag{6.12.14}$$

$$A = 3 \tag{6.12.15}$$

总结上述讨论可知,为了产生自激振荡,要求负反馈放大器的增益至少应等于 3,实际上应取 $A \geqslant 3$。同时要求 A 的相角等于零,因此必须采用两级放大(每级的相移为 $180°$)。它的振荡频率则取决于 R_1、R_2、C_1 和 C_2 之值。实际上由两级放大器所组成的同相放大器,其电压放大倍数远大于 3。为了把放大倍数控制在 $A \geqslant 3$,同时也起到改善振荡波形和稳定振幅的作用,在电路中除了起正反馈作用的 *RC* 选频网络外,还引入了反馈较深而且具有自动调整作用的负反馈电路。图 6.12.5 就是这种电路的原理图。其中负反馈电路由 R_{t3}(常用热敏电阻)和 R_4 组成。这样,由正反馈网络 R_1、C_1、R_2、C_2 与负反馈网络 R_{t3}、R_4 组成的桥式电路称为文氏电桥,因而这种振荡器又称为文氏电桥振荡器。

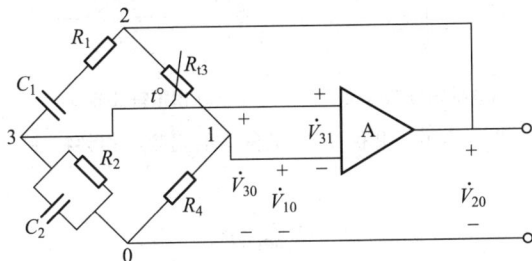

图 6.12.5 文氏电桥振荡器原理图

文氏电桥振荡器的工作原理也可以从正负反馈电路的作用来解释。参阅图 6.12.5 可知，负反馈电路 R_{13}、R_4 是纯电阻，因此负反馈电压的振幅和相角不随频率变化。但在正反馈电路中，正反馈电压的振幅和相角则与频率有关。

当频率趋于零时，C_1、C_2 的容抗很大，接近于开路，RC 网络的输入电压 $\dot{V_2}$ 几乎都降落在 C_1 上，因此 $\dot{V_1} \approx 0$。随着频率的升高，C_1、C_2 的容抗逐渐减小，于是 C_1 上的电压降低，R_2 上的电压逐渐升高。当频率趋近于 ∞ 时，C_1、C_2 的容抗趋近于零，R_2 近于短路，故 $\dot{V_1}$ 又趋近于零。图 6.12.6(a) 表示串联 RC 选频网络反馈系数 $\dot{F}$ 的幅频特性曲线。由图可见，在某一频率 f_0 处，$\dot{V_1}$ 有最大值。因此，对于频率 f_0 的信号反馈最强，而对其他频率反馈都较弱。

反馈系数的相角也随频率变化而变化。当频率很低时，$\dfrac{1}{\omega C_1} \gg R_1$，$\dfrac{1}{\omega C_2} \gg R_2$，于是通过电路的电流 $\dot{I}$ 超前于 $\dot{V_2}$ 一个 φ 角。而 $\dot{V_1} \approx \dot{I} R_2$，所以 $\dot{V_1}$ 必定超前于 $\dot{V_2}$ 一个 φ 角。随着频率的升高，φ 角逐渐减小。当频率很高时，C_1 可以视为短路，而在 C_2 两端的电压 $\dot{V_1}$ 落后于 $\dot{V_2}$ 一个相角。频率由低到高，相角也由正到负而逐渐减小。图 6.12.6(b) 表示选频网络的相频特性曲线。工作在某一频率 f_0 时，$\dot{V_1}$ 与 $\dot{V_2}$ 同相，故 $\varphi = 0$，此时反馈系数为正实数。容易证明，当 $R_1 = R_2 = R$，$C_1 = C_2 = C$，$f = f_0$ 时，正反馈系数等于

$$F_+ = \frac{\dot{V_1}}{\dot{V_2}} = \frac{1}{3}$$

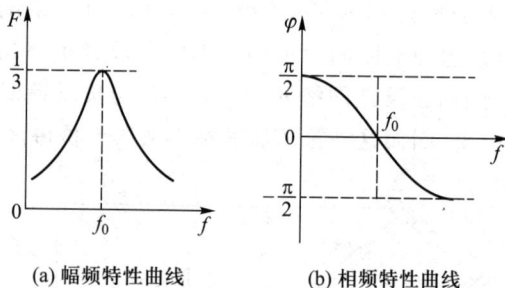

(a) 幅频特性曲线　　　　(b) 相频特性曲线

图 6.12.6　串联 RC 选频网络的幅频与相频特性

此时

$$f_0 = \frac{1}{2\pi RC}$$

为了使负反馈系数 $F_- = 1/3$，必须取 $R_{13} = 2R_4$。则在 $f = f_0$ 时，同时满足振幅平衡和相位平衡条件，从而产生稳定的正弦振荡。实际上应取 $F_- \leqslant 1/3$，即

$R_{t3} \geq 2R_4$，以满足起振条件。这时负反馈较强，可以改善振荡器的质量指标。

图 6.12.7 是文氏电桥振荡器电路实例，其技术指标如下：

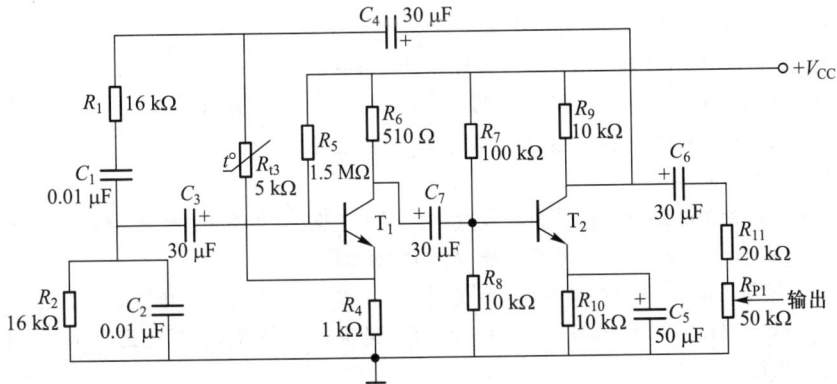

图 6.12.7　文氏电桥振荡器电路实例

振荡频率 $f_0 = 1\ 000\ \text{Hz}$；

输出电压 $V_{om} = 4\ \text{V}$（峰值）；

波形失真系数 $K_f = 0.1\% \sim 0.2\%$。

该电路的稳幅原理是：当输出幅度增大时，负反馈支路两端的反馈信号也增强，因此支路内电流增大，热敏电阻 R_{t3} 的阻值减小，于是负反馈加强，从而阻止了振荡幅度的增加。反之，当振荡幅度减弱时，R_{t3} 的阻值增大，使负反馈减弱，从而限制了振幅的减弱。

文氏电桥振荡器广泛用作宽频带的音频振荡器，它的优点是：频率调整方便，且可调节范围比 LC 振荡器大得多；频率和振幅稳定度较高；波形失真小；不需电感，装置紧凑，价格低廉，重量轻。

附录 6.1　隧道二极管简介

由半导体制造工艺可知，普通二极管 PN 结的形成，掺杂浓度一般是 $10^{14} \sim 10^{16} / \text{cm}^3$（相当于每 10^8 个原子中掺一个杂质原子）。在此情况下，阻挡层（耗尽层）宽度为几微米。因此，二极管具有明显不同的正反向特性。如果使掺杂浓度增大到 $10^{19} \sim 10^{20} / \text{cm}^3$，则 PN 结特性将发生显著变化，其特性很接近于金属的性质。如图 6.A.1 所示，当外加电压为零时，电流也为零。加反向偏压时，它也像导体，反向电流随反向电压的增大而迅速增加。加正向偏压时，正向电流首先随正向电压的增加而急剧增大，直到正向电压达到 V_P 时，电流升至最大值 I_P，此点称为峰点。以后随着正向电压的继续增加，电流迅速下降至 I_V，此点称为谷点，与此相应的正向电压为 V_V。经过 V_V 之后，电流又随正向电压的增加而升高。因而在峰点与谷点之间，二极管呈负阻特性。这一特性的产生原因是重掺杂，使 PN 结的耗尽层变得非常狭窄,引起了所谓"隧道作用"(tunnel effect)。这就是隧道二极管(tunnel diode)名称的由来。详细解释可参见文献[7]。

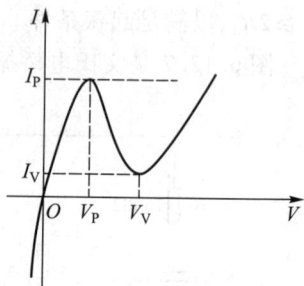

图6.A.1 隧道二极管伏安特性

隧道二极管的主要参数是峰值电流 I_P、峰值电压 V_P、谷流 I_V、谷压 V_V、峰谷比和结电容等。各种隧道二极管的峰压一般为 60 mV 左右,谷压一般在 250~400 mV 之间。不同型号的隧道二极管,主要的差别仅在于峰流,峰谷比以及结电容的不同。

隧道二极管在电路中的符号和等效电路分别示于图6.A.2(a)和(b)中。其中,L_s 为引线电感,R_s 为欧姆电阻,r_{nd} 为特性曲线上 I_P、I_V 两拐点间动态电阻的最小值。C_d 为二极管的结电容。它们的典型数值为:$R_s \approx 2 \sim 5\ \Omega$,$L_s \approx 1 \sim 5\ \mu H$,$C_d \approx 10 \sim 20\ pF$。当略去 L_s 与 R_s 时,即得到图6.9.5(b)所示的等效电路。

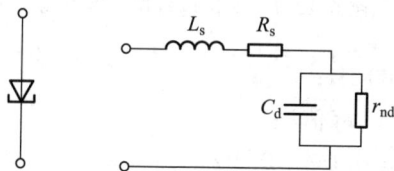

(a) 电路符号　　　(b) 等效电路

图6.A.2 隧道二极管的电路符号和等效电路

附录6.2　h 参数等效电路[①]

晶体管电路都有输入与输出两对端口,可以用图6.A.3的四端网络来表示。假定晶体管为线性工作状态。在两对端口处都有电压和电流两个变量,输入端为输入电压 $\dot{V}_i$ 和输入电流 $\dot{I}_i$,输出端为输出电压 $\dot{V}_o$ 和输出电流 $\dot{I}_o$,共有四个变量。四端网络的理论指出,不论此方框图内部结构如何复杂,它的电性能在整体上总可以用输入、输出电压和电流的关系来描述。在网络结构已定的情况下,这四个量之间就存在着确定的关系,即

图6.A.3 晶体管用网络参数描述时的等效线性网络

$$f(\dot{V}_i, \dot{I}_i, \dot{V}_o, \dot{I}_o) = 0 \qquad (6.A.1)$$

如果是线性四端网络的话,四端网络的电压与电流之间的关系,通常用两个线性方程式来描

---

① 由于与本书配套使用,由高等教育出版社于2003年出版,作者主编的《低频电子线路》(第二版)中没有 h 参数等效电路内容,因而需在此处补入。

述。根据自变量和因变量的不同组合(任选上述四个量中的两个作自变量,另外两个便作因变量)可得到六种不同参数的线性方程组,从而导出六种网络参数,即 *z* 参数、*y* 参数、*h* 参数、*g* 参数、*a* 参数和 *b* 参数。这里只讨论 *h* 参数网络模型,而且只讨论共发射极组态的 *h* 参数网络模型。

h 参数的网络方程式为

$$\dot{V}_i = h_i \dot{I}_i + h_r \dot{V}_o \tag{6.A.2}$$

$$\dot{I}_o = h_f \dot{I}_i + h_o \dot{V}_o \tag{6.A.3}$$

根据这两个方程式得到晶体管的 *h* 参数等效电路,如图 6.A.4 所示。晶体管三种组态的 *h* 参数等效电路在形式上是相同的。但由于参考电极不同,输入和输出的电压和电流也就不一样,参数的数值也就不同。为了区分共射、共基和共集组态的 *h* 参数,我们在上述 *h* 参数的基础上分别加上标 e、b 和 c。三种组态的输入和输出的电压和电流及其 *h* 参数的对应关系列于表 6.A.1。

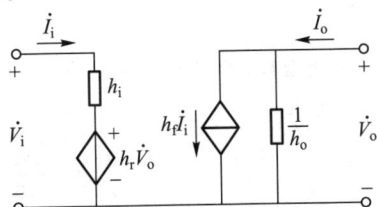

图 6.A.4 *h* 参数等效电路

表 6.A.1 三种组态的输入和输出的电压和电流及其 *h* 参数的对应关系

对应关系 \ 组态	$\dot{V}_i$	$\dot{I}_i$	$\dot{V}_o$	$\dot{I}_o$	h_i	h_r	h_f	h_o
共射组态	$\dot{V}_{be}$	$\dot{I}_b$	$\dot{V}_{ce}$	$\dot{I}_c$	h_{ie}	h_{re}	h_{fe}	h_{oe}
共基组态	$\dot{V}_{eb}$	$\dot{I}_e$	$\dot{V}_{cb}$	$\dot{I}_c$	h_{ib}	h_{rb}	h_{fb}	h_{ob}
共集组态	$\dot{V}_{bc}$	$\dot{I}_b$	$\dot{V}_{ec}$	$\dot{I}_e$	h_{ic}	h_{rc}	h_{fc}	h_{oc}

所以,晶体管共发射极组态的 *h* 参数网络方程式为

$$\dot{V}_{be} = h_{ie} \dot{I}_b + h_{re} \dot{V}_{ce} \tag{6.A.4}$$

$$\dot{I}_c = h_{fe} \dot{I}_b + h_{oe} \dot{V}_{ce} \tag{6.A.5}$$

用矩阵表示为

$$\begin{bmatrix} \dot{V}_{be} \\ \dot{I}_c \end{bmatrix} = \begin{bmatrix} h_{ie} & h_{re} \\ h_{fe} & h_{oe} \end{bmatrix} \begin{bmatrix} \dot{I}_b \\ \dot{V}_{ce} \end{bmatrix} \tag{6.A.6}$$

根据式(6.A.4)和式(6.A.5)得到晶体管共发射极 *h* 参数等效电路,如图 6.A.5 所示。

晶体管共发射极 *h* 参数等效电路推导如下:晶体管输入和输出特性曲线族所描述的电流和电压的变化规律可用下述两个方程来表示,即

$$v_{BE} = f_i(i_B, v_{CE}) \tag{6.A.7}$$

$$i_C = f_o(i_B, v_{CE}) \qquad (6.A.8)$$

在交流分量非常微小的情况下,在静态工作点 Q,对上面两式取全微分,得到

$$dv_{BE} = \frac{\partial v_{BE}}{\partial i_B}\bigg|_{v_{CE}=C,} di_B + \frac{\partial v_{BE}}{\partial v_{CE}}\bigg|_{i_B=C} dv_{CE}$$

$$(6.A.9)$$

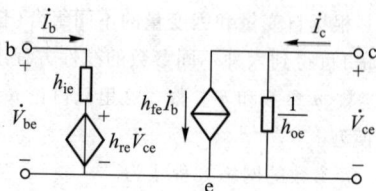

图 6.A.5 共发射极 h 参数等效电路

$$di_C = \frac{\partial i_C}{\partial i_B}\bigg|_{v_{CE}=C,} di_B + \frac{\partial i_C}{\partial v_{CE}}\bigg|_{i_B=C} dv_{CE} \qquad (6.A.10)$$

式中 C 为常数。

若定义

$$h_{ie} = \frac{\partial v_{BE}}{\partial i_B}\bigg|_{v_{CE}=C,} \qquad h_{re} = \frac{\partial v_{BE}}{\partial v_{CE}}\bigg|_{i_B=C}$$

$$h_{fe} = \frac{\partial i_C}{\partial i_B}\bigg|_{v_{CE}=C,} \qquad h_{oe} = \frac{\partial i_C}{\partial v_{CE}}\bigg|_{i_B=C}$$

则式(6.A.9)和式(6.A.10)可改写为

$$dv_{BE} = h_{ie} di_B + h_{re} dv_{CE} \qquad (6.A.9a)$$
$$di_C = h_{fe} di_B + h_{oe} dv_{CE} \qquad (6.A.10a)$$

若用有限增量代替微小变量,用交流有效值代替有限增量,然后用复数值代替交流有效值,即得到共发射极 h 参数网络方程式:

$$\dot{V}_{be} = h_{ie} \dot{I}_b + h_{re} \dot{v}_{ce} \qquad (6.A.9b)$$

$$\dot{I}_c = h_{fe} \dot{I}_b + h_{oe} \dot{v}_{ce} \qquad (6.A.10b)$$

而且

$$h_{ie} = \frac{\dot{V}_{be}}{\dot{I}_b}\bigg|_{\dot{v}_{ce}=0} \qquad h_{re} = \frac{\dot{V}_{be}}{\dot{V}_{ce}}\bigg|_{\dot{i}_b=0}$$

$$h_{fe} = \frac{\dot{I}_c}{\dot{I}_b}\bigg|_{\dot{v}_{ce}=0} \qquad h_{oe} = \frac{\dot{I}_c}{\dot{V}_{ce}}\bigg|_{\dot{i}_b=0}$$

上述四个 h 参数都具有明确的物理意义,它们可以从静态特性曲线上求得。例如,对共射 h 参数来说,h_{ie}、h_{re} 表示输入回路的特性,可以从晶体管的输入特性曲线上求得;而 h_{fe}、h_{oe} 表示输出回路的特性,则可以从输出特性曲线上求得。

按照定义:

$$h_{ie} = \frac{\partial v_{BE}}{\partial i_B}\bigg|_{v_{CE}=C,} = \frac{\Delta v_{BE}}{\Delta i_B}\bigg|_{v_{CE}=v_{CEQ}}$$ 表示输出端交流短路时,晶体管的输入电阻,其量纲为欧

(Ω)。在输入特性曲线上来描述时,它为 $v_{CE}=v_{CEQ}$ 这条输入特性曲线在点 Q 的切线斜率的倒数,如图 6.A.6 所示。因为发射结在工作过程中始终是正向偏置,故 h_{ie} 的数值不大,一般为

几百欧至几千欧。而

$$h_{fe}=\frac{\partial i_C}{\partial i_B}\bigg|_{v_{CE}=C}=\frac{\Delta i_C}{\Delta i_B}\bigg|_{v_{CE}=V_{CEQ}}=\beta_0\ 表示输出端交流短路时,晶体管的正向电流放大系数,无$$

量纲。在输出特性曲线上求 h_{fe} 的方法如图 6.A.7 所示。即在静态工作点 Q 的基础上,为维持 v_{CE} 不变,由于 Δi_B 的变化量所引起的 Δi_C 的变化量,体现了输入电流对输出电流的控制作用。它是低频共发射极交流短路电流放大系数,常用符号 β_0 表示,其值通常为 $20\sim100$。

h_{re} 表示输入端交流开路时,晶体管的反向电压传输系数,是由基区宽度调制效应引起的,说明输出电压对输入电压的影响程度,故称为内反馈系数。它不是我们所希望的。h_{re} 的数值很小,通常为 10^{-4} 数量级。

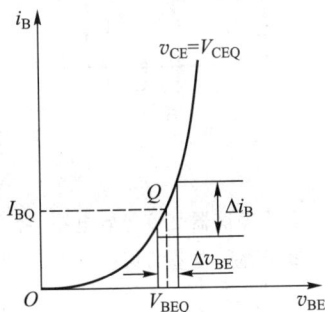

图 6.A.6 从输入特性曲线上求 h_{ie} 图 6.A.7 从输出特性曲线上求 h_{fe}

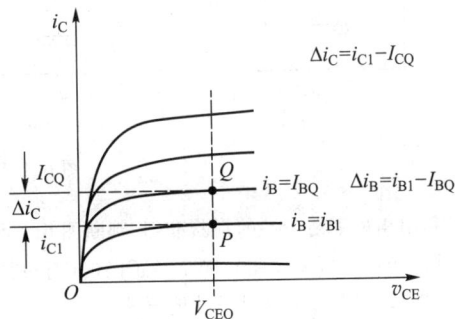

h_{oe} 表示输入端交流开路时,晶体管的输出电导。其量纲为西门子(S),其值很小,约为 10^{-5} 数量级。

参 考 文 献

第 6 章拓展阅读
正弦波振荡器

思考题与习题

6.1 为什么晶体管大都用固定偏置与自偏置的混合偏置电路?

6.2 回路用电容调谐、波段工作的哈特莱振荡器,若在波段的高频端满足自激条件,则在波段的低频端能否振荡?为什么?

6.3 一个振荡器因为某种原因使 $\dot V_f$ 滞后于 $\dot V_i$ 340°。试问该振荡器还能否振荡?若能振荡,则振荡频率比滞后前的频率升高了还是降低了?

6.4 试将图 6.1 所示的几种振荡器交流等效电路改画成实际电路。对于互感耦合电路需注明同名端。对于双回路振荡器需注明回路固有谐振频率的范围。

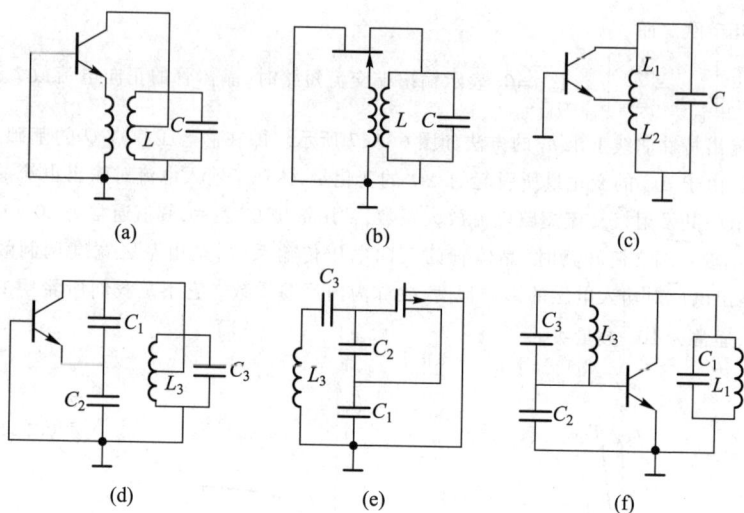

图 6.1

6.5 利用相位平衡条件的判断准则,判断图 6.2 所示的三点式振荡器交流等效电路,哪个是错误的(不可能振荡),哪个是正确的(有可能振荡),属于哪种类型的振荡电路,有些电路应说明在什么条件下才能振荡。

6.6 图 6.3 表示三回路振荡器的交流等效电路,假定有以下六种情况,即:

(1) $L_1 C_1 > L_2 C_2 > L_3 C_3$;

(2) $L_1 C_1 < L_2 C_2 < L_3 C_3$;

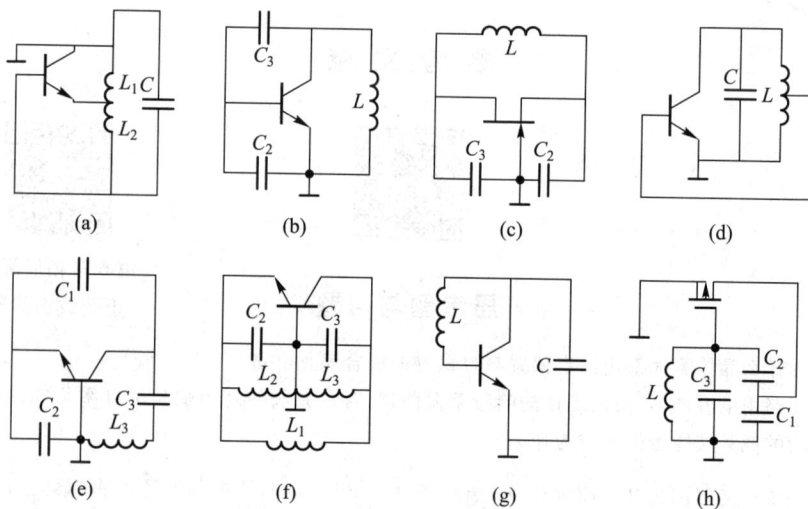

图 6.2

(3) $L_1 C_1 = L_2 C_2 = L_3 C_3$;

(4) $L_1 C_1 = L_2 C_2 > L_3 C_3$;

(5) $L_1 C_1 < L_2 C_2 = L_3 C_3$；

(6) $L_2 C_2 < L_3 C_3 < L_1 C_1$。

试问哪几种情况可能振荡？等效为哪种类型的振荡电路？其振荡频率与各回路的固有谐振频率之间有什么关系？

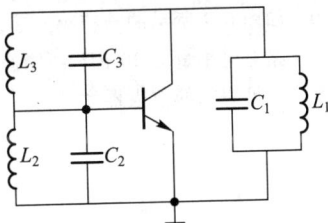

图 6.3

6.7 某振荡器电路如图 6.4 所示。

(1) 试说明各元件的作用；

(2) 当回路电感 $L = 1.5~\mu\text{H}$ 时，要使振荡频率为 49.5 MHz，则 C_4 应调到何值？

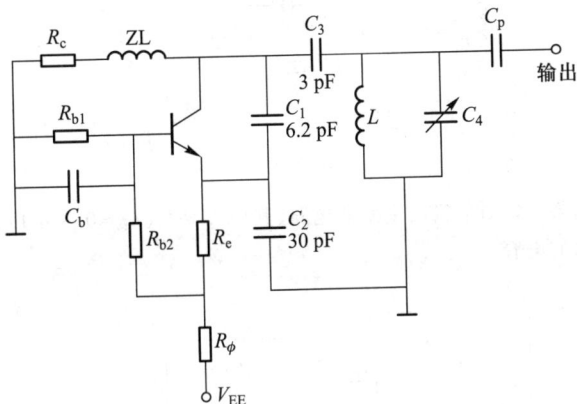

图 6.4

6.8 振荡器的等效电路如图 6.5 所示。若 $C_1 = 40$ pF，$C_2 = 40$ pF，$C_3 = 5$ pF，C_4 在 $1 \sim 2$ pF 之间可调，$L = 6~\mu\text{H}$，有载 $Q = 50$，为使电路在整个波段内均能满足振荡条件，问该振荡管的正向传输导纳 y_{fb} 及特征频率 f_T 应不小于何值？

6.9 图 6.6 所示的克拉泼电路，$C_1 = C_2 = 1~000$ pF，$L_3 = 50~\mu\text{H}$，C_3 为 $68 \sim 125$ pF 的可变电容器，回路的 Q 值为 100。

(1) 试求振荡器的波段范围；

(2) 若放大管具有 $h_{\text{ie}} = 2~\text{k}\Omega$，$h_{\text{oe}} = 0.1$ mS，求满足振荡条件的 h_{fe} 的最小值。

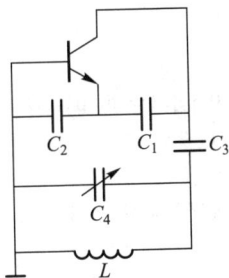

图 6.5

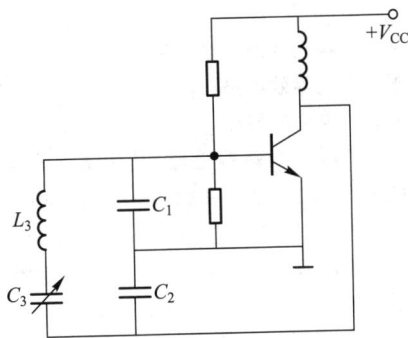

图 6.6

6.10 如图 6.7 所示的哈特莱振荡器,其场效应管的跨导 $g_{fs}=2$ mS,漏极电阻 $r_{ds}=20$ kΩ,回路总电感量为 20 μH,线圈匝数比 $n_1/n_2=10$,电容 $C=20$ pF。求振荡器的频率以及用分贝表示的放大器增益。

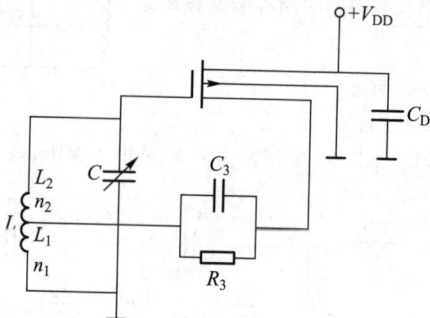

图 6.7

6.11 图 6.8 表示某调幅通信机的主振器电路,其中 $L_2 \gg L_1(L_1 \approx 0.3$ μH$)$,C_3、C_4 分别为不同温度系数的电容。

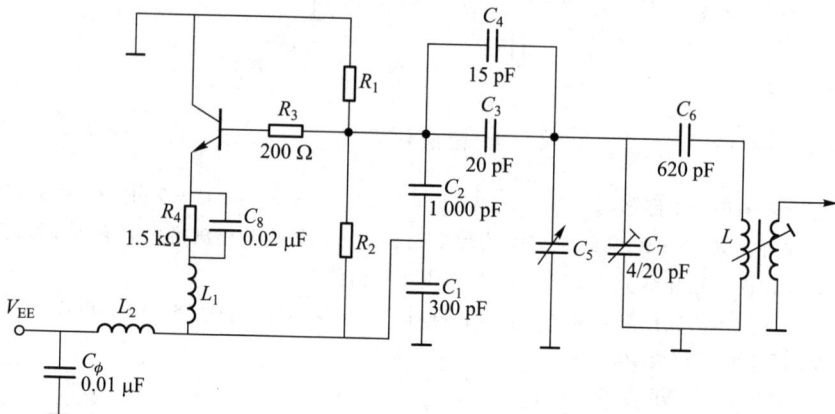

图 6.8

(1) 试说明各元件的主要作用;
(2) 画出交流等效电路;
(3) 分析该电路的特点。

6.12 如图 6.9 所示的振荡器电路,其中 $C_1 = C_2 = C_3 = 100$ pF,$L = 20$ μH,$Q = 150$。若晶体管的正向传输导纳 $y_{fe} = 32 \times 10^{-3}$ S,试问该电路能否振荡?

6.13 振荡器的振幅不稳定,是否也会引起频率发生变化?为什么?

6.14 为什么振荡器的工作频率一般总是不等于回路的自然谐振频率?其失谐量大小与哪些因素有关?

6.15 试证明电感反馈式振荡器谐振回路的 Q 值与相对频率稳定度 $\dfrac{\Delta\omega}{\omega_0}$ 和折算到输出端的总

不稳定电容 ΔC_{d_1} 有如下关系：

$$Q = -\frac{1}{2}\frac{\omega_0 R_p'}{\dfrac{\Delta\omega}{\omega_0}}\Delta C_{d_1}$$

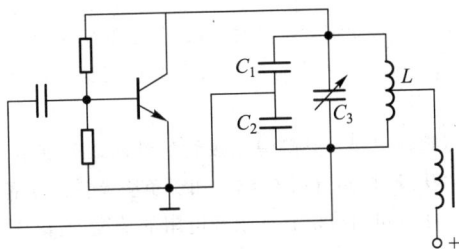

图 6.9

6.16 如图 6.10 所示的电容反馈振荡器的交流等效电路，其元件参数为：$C_1 = C_2 = 200$ pF，$L = 25$ μH。当折算到输入端的总不稳定电容的变化量 $\Delta C_d = +8$ pF 时：

(1) 试求相对频率稳定度 $\dfrac{\Delta\omega}{\omega_0}$；

(2) 若将回路总电容增大 10 倍，电感 L 减小为原来的 1/10，再计算频率稳定度，并分析比较所得的两种结果。

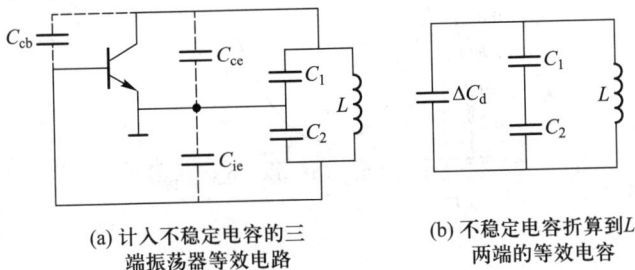

(a) 计入不稳定电容的三
端振荡器等效电路

(b) 不稳定电容折算到 L
两端的等效电容

图 6.10　计入不稳定电容的振荡器等效电路

6.17 试证明振荡器谐振回路损耗电阻随温度每变化（升高）1 ℃ 所引起的回路相对频率变化量为

$$\frac{\Delta\omega}{\omega_0} = -\frac{\alpha_T r}{2\omega L}\tan\varphi_Z$$

式中，α_T 为导体的温度系数；r 为回路电阻。

若铜的温度系数 $\alpha_T = 43\times10^{-4}$，回路 $Q = 100$，试分别计算 $\varphi_Z = 30°、10°、0°$ 时，温度升高 10 ℃ 所引起振荡频率的相对变化量。

6.18 图 6.11 表示互感耦合振荡器的交流等效电路。若回路的固有谐振频率 $f = 1.5$ MHz，$C = 300$ pF，回路总损耗电阻

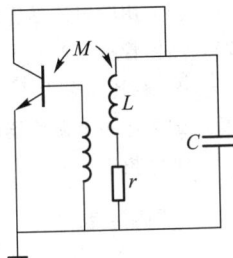

图 6.11

$r=5\ \Omega,\varphi_Y=0$,试计算反馈系数相角 φ_F 所引起的频偏。

6.19 对于图 6.11 所示的电路,若工作频率 $f=3$ MHz,振荡回路的电感温度系数 $\alpha_L=\dfrac{\Delta L}{L\Delta T}=$ 1.5×10^{-5},电容温度系数 $\alpha_C=\dfrac{\Delta C}{C\Delta T}=1.85\times10^{-5}$,在忽略其他寄生参数影响的情况下,试求回路环境温度从 +10 ℃ 变到 +50 ℃ 时,振荡频率的变化量。

6.20 振荡器的相角 φ_F、φ_Y 与哪些因素有关?试用矢量图证明电感反馈振荡器的 φ_F 为负值($\varphi_F<0$)。

6.21 并联谐振型负阻振荡器电路及其隧道二极管特性曲线分别示于图 6.12(a)、(b)。其中 $L=0.1$ μH,$C=20$ pF,回路有载 $Q=3$。加于负阻器件的偏置电压为 0.12 V,器件的结电容 $C_d=5$ pF。在忽略引线电感和欧姆电阻的情况下,试求:

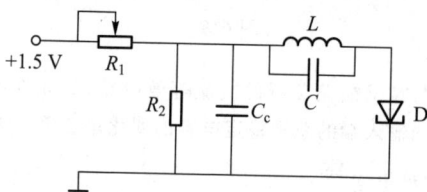

(a)

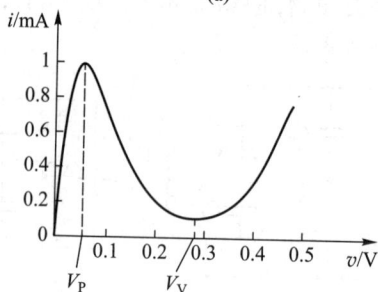

(b)

图 6.12

(1) 负阻振荡频率;

(2) 负阻振荡器稳态工作时负阻器件的负导;

(3) 用图解法估算调谐回路交流电压振幅。

6.22 晶体管振荡器起振后(振荡达到平衡状态)的集电极直流分量 I_{c0} 与起振前(停振状态)相比是否发生变化?怎样变化?为什么?

6.23 试设计一个振荡器电路,其技术指标为:

工作频率 $f=10$ MHz

短期频率稳定度 $\dfrac{\Delta f}{f_0}=5\times10^{-4}$

输出电压幅度 $V_{om}=1$ V(负载为 600 Ω)

波形质量   较好

6.24 试设计一个振荡器电路,其技术指标为:

工作频率 $f = 1.2\ \text{MHz}$

短期频率稳定度 $\dfrac{\Delta f}{f_0} = 1 \times 10^{-3}$

负载电阻 $R_L = 720\ \Omega$

输出功率 $P_o = 1\ \text{mW}$

电源电压 $V_{CC} = +6\ \text{V}$

6.25 试设计一个波段工作的哈特莱振荡器电路,已知条件为:

工作波长 $\lambda = 80 \sim 50\ \text{m}$

短期频率稳定度 $\dfrac{\Delta f}{f_0} = 1 \times 10^{-3}$

寄生电容的变化量 $\Delta C_d = 1.6\ \text{pF}$

回路谐振阻抗 $R_p = 5\ \text{k}\Omega$

反馈系数 $F = 0.3$

6.26 AT 切割的石英晶体的等效参数可以用下列各式近似地确定:

$$f_q = \frac{1.657 \times 10^6}{d}\ (\text{Hz}); \qquad\qquad C_q = 21.1 \times 10^{-5}\frac{S}{d}\ (\text{pF});$$

$$L_q = 43.5\ \frac{d^3}{S}\ (\text{H}); \qquad\qquad r_q = 42\,500B\ \frac{d}{S}\ (\Omega);$$

$$C_o = 3.96 \times 10^{-2}\frac{S}{d}\ (\text{pF}); \qquad\qquad Q_q = \frac{1.05}{B} \times 10^4\,d_o$$

式中,d 为晶体片厚度,单位为 mm;S 为面积,单位为 mm²;B 为晶体的阻尼系数($B \geqslant 0.25$)。

(1) 试求 $d = 0.4\ \text{mm}$,$S = 200\ \text{mm}^2$ 的 AT 切割的石英晶体的参数;

(2) 求 $f_q = 15\ \text{MHz}$ 的 AT 切割石英晶体片的厚度 d。

6.27 如图 6.8.3(a) 所示的振荡电路,设谐振器的 $f_q = 1.5\ \text{MHz}$,$f_p = 1.500\,1\ \text{MHz}$。

(1) 为使电路振荡,输出回路应调谐于什么频率范围?

(2) 若回路调谐于二次谐波,电路仍能振荡吗?

(3) 若将 C_2 支路断开,试分析该电路能否产生负阻振荡? 产生负阻振荡的特定条件是什么?

6.28 某广播发射机的主振器实际电路如图 6.13 所示。试画出该电路的交流等效电路,并分析该电路采用了哪几种稳频措施。

6.29 某通信接收机"本振"的实际电路如图 6.14 所示。试画出其交流等效电路并说明是什么形式的电路。

6.30 设计一个振荡器电路,其技术指标为:

工作频率 $f = 5\ \text{MHz}$

短期频率稳定度 $\dfrac{\Delta f}{f_0}$ 优于 10^{-5}

输出电压 $V_{om} \geqslant 1\ \text{V}$

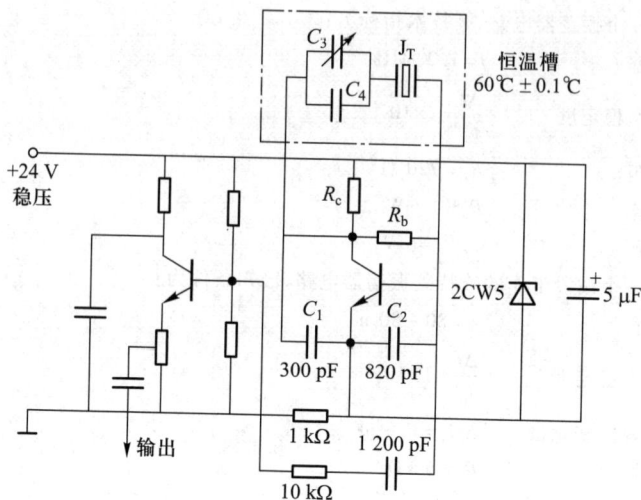

图 6.13

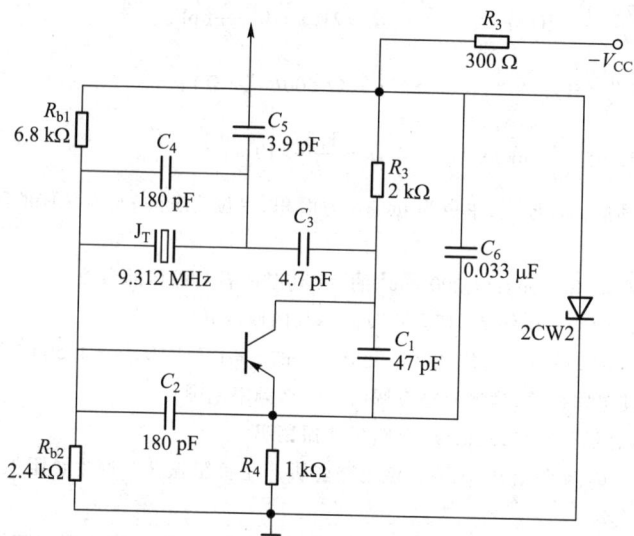

图 6.14

6.31 根据自激振荡条件,试分析图 6.15 所示的电路哪种可以产生振荡,哪种不能产生振荡。为什么?

6.32 如图 6.12.3 所示的 RC 串并联选频网络,当 $R_1 \neq R_2$,$C_1 \neq C_2$ 时,求该网络的传输系数 $\dot{F} = \dfrac{\dot{V_o}}{\dot{V_i}}$,$\varphi_F = 0$ 时的角频率 ω_0 以及幅度的最大值。

6.33 试证明式(6.12.6)和式(6.12.7)。

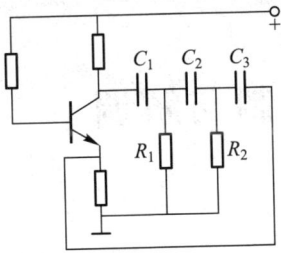

(a)

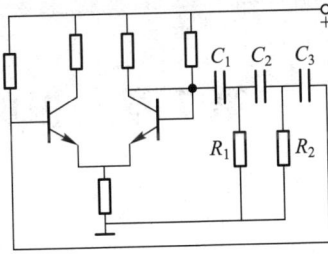

(b)

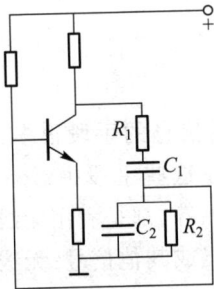

(c)

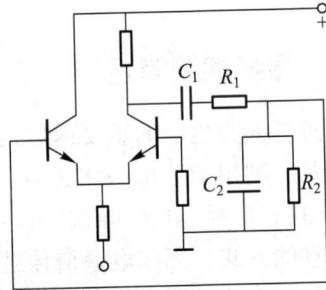

(d)

图 6.15

第7章　振幅调制与解调

§7.1　概　　述

7.1.1　振幅调制简述

传输信息是人类生活的重要内容之一。传输信息的手段很多,这在绪论一章已简略叙及。利用无线电技术进行信息传输在这些手段中占有极重要的地位。无线电通信、广播、电视、导航、雷达、遥控遥测等,都是利用无线电技术传输各种不同信息的方式。无线电通信传送语言、电码或其他信号;无线电广播传送语言、音乐等;电视传送图像、语言、音乐;导航是利用一定的无线电信号指引飞机或船舶安全航行,以保证它们能平安到达目的地;雷达是利用无线电信号的反射来测定某些目标(如飞机、船舶等)的方位;遥测遥控则是利用无线电技术来测量远处或运动体上的某些物理量,控制远处机件的运行等。在以上这些信息传递的过程中,都要用到调制与解调。

在绪论中已经简略说明,所谓调制,就是在传送信号的一方(发送端)将所要传送的信号(它的频率一般是较低的)"附加"在高频振荡上,再由天线发射出去。这里,高频振荡波就是携带信号的"运载工具",所以也叫载波。

在接收信号的一方(接收端)经过解调(反调制)的过程,把载波所携带的信号取出来,得到原有的信息。反调制过程也叫检波。调制与解调都是频谱变换的过程,必须用非线性元件才能完成。

我们自然会提出这样的问题:难道不能够直接把信号发射出去吗?为什么一定要经过调制的过程?这里的关键问题是所要传送的信号频率或者太低(例如语言和音乐都限于音频范围内),或者频带很宽(例如电视信号频宽从 50 Hz 至 6.5 MHz)。这些都对直接采用电磁波的形式传送信号十分不利,原因如下:

① 天线要将低频信号有效地辐射出去,它的尺寸就必须很大。例如,频率为 1 000 Hz 的电磁波,其波长为 300 000 m,即 300 km。如果采用 1/4 波长的天线,则天线的长度应为 75 000 m。不用说,实际上这是难于办到的。

② 为了使发射与接收效率高,在发射机与接收机方面都必须采用天线和谐振回路。但语言、音乐、图像信号等的频率变化范围很大,因此天线和谐振回路的参数应该在很宽范围内变化。显然,这又是难于做到的。

③ 如果直接发射音频信号,则发射机将工作于同一频率范围。这样,接收机将同时收到许多不同电台的节目,无法加以选择。

为了克服以上的困难,必须利用高频振荡,将低频信号"附加"在高频振荡上。这样,就使天线的辐射效率提高,尺寸缩小;同时,每个电台都工作于不同的载波频率,接收机可以调谐选择不同的电台。这就解除了上述的种种困难。

所谓将信号"附加"在高频振荡上,就是利用信号来控制高频振荡的某一参数,使这个参数随信号而变化。这就是调制。绪论中已指出,调制的方式可分为连续波调制(continuous wave modulation)与脉冲波调制(pulse wave modulation)两大类。连续波调制是用信号来控制载波的振幅、频率或相位,因而分为调幅、调频和调相三种方法。脉冲波调制是先用信号来控制脉冲波的振幅、宽度、位置等,然后再用这个已调脉冲对载波进行调制。脉冲调制(数字调制)有脉冲振幅、脉宽、脉位、脉冲编码调制等多种形式。

实现调幅的方法,大约有以下几种:

(1) 低电平调幅(low-level AM)

调制过程是在低电平级进行的,因而需要的调制功率小。属于这种类型的调制方法如下:

① 平方律调幅(squar law AM) 利用电子器件的伏安特性曲线平方律部分的非线性作用进行调幅。

② 斩波调幅(on-off AM)

将所要传送的音频信号按照载波频率来斩波,然后通过中心频率等于载波频率的带通滤波器滤波,取出调幅成分。

(2) 高电平调幅(high level AM)

调制过程在高电平级进行,通常是在丙类放大器中进行调制。属于这一类型的调制方法如下:

① 集电极(阳极)调幅。

② 基极(控制栅极)调幅。

7.1.2 检波简述

检波过程是一个解调过程,它与调制过程正相反。检波器的作用是从振幅受调制的高频信号中还原出原调制的信号。还原所得的信号,与高频调幅信号的包络变化规律一致,故又称为包络检波器(envelope detector)。

检波器输入信号和输出信号的波形关系,如图 7.1.1 所示。

假如输入信号是高频等幅波,则输出就是直流电压,如图 7.1.1(a)所示。这是检波器的一种特殊情况,在测量仪器中应用较多。例如,某些高频伏特计的探头就采用这种检波原理。

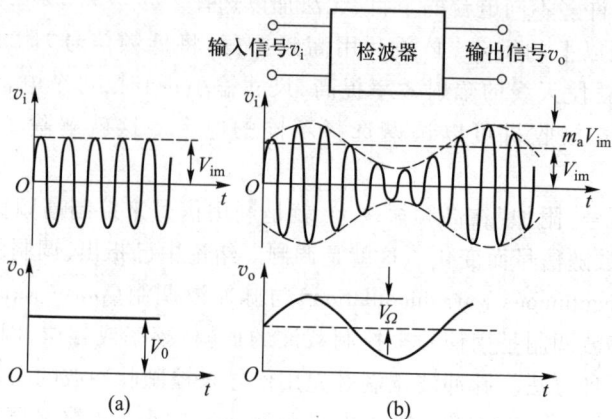

图 7.1.1 检波器的输入信号和输出信号的波形关系

若输入信号是调幅波,则输出就是原调制信号。图 7.1.1(b)表示正弦调制信号的情况①。这种情况应用最广泛,如各种连续波工作的调幅接收机的检波器即属此类。

由频谱来看,检波就是将调幅信号频谱由高频搬移到低频,如图 7.1.2 所示(此图为单音频 Ω 调制的情况)。检波过程也是要应用非线性器件进行频率变换,首先产生许多新频率,然后通过滤波器,滤除无用频率分量,取出所需要的原调制信号。

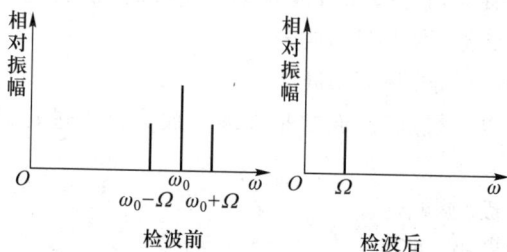

图 7.1.2 检波器检波前后的频谱

综上所述,一个检波器需由三个重要部分组成:

① 高频信号输入电路②。

---

① 图 7.1.1(b)中各符号的意义见 §7.2。
② 就检波器工作原理而言,高频信号输入电路不是必需部分。但输入信号都是调幅波,必须由调谐回路来选取,因此,高频输入电路应包括在组成部分中。

② 非线性器件。通常用工作于非线性状态的二极管或晶体管。

③ 低通滤波器。通常用 RC 电路,取出原调制频率分量,滤除高频分量。

检波器的组成部分如图 7.1.3 所示。

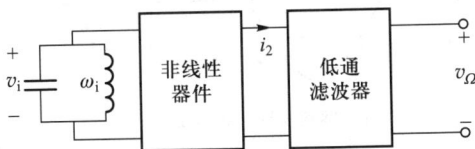

图 7.1.3　检波器的组成部分

检波器根据所用器件的不同,可分为二极管检波器和晶体管检波器。前者又可分为串联式和并联式。根据信号大小的不同,可分为小信号检波器和大信号检波器。根据信号特点的不同,可分为连续波检波器和脉冲检波器。根据工作特点的不同,又可分为包络检波器、同步检波器等。本章主要讨论连续波串联式二极管大信号包络检波器,对其他检波器仅作一般性叙述。

§7.2　调幅波的性质

我们已经知道,调幅就是使载波的振幅随调制信号的变化规律而变化。例如,图 7.2.1 就是当调制信号为正弦波形①时,调幅波的形成过程。由图可以看出,调幅波是载波振幅按照调制信号的大小成线性变化的高频振荡。它的载波频率维持不变,也就是说,每一个高频波的周期是相等的,因而波形的疏密程度均匀一致,与未调制时的载波波形疏密程度相同。

应该说明,通常所要传送的信号(如语言、音乐等)的波形是很复杂的,包含了许多频率成分。但为了简化分析手续,在以后分析调制时,可以认为信号是正弦波形。因为复杂的信号可以分解为许多正弦波分量,所以,只要已调波能够同时包含许多不同调制频率的正弦波调制信号,那么,复杂的调制信号也就如实地被传送出去了。图 7.2.2 是非正弦波调制的例子。由图可见,在无失真调幅时,已调波的包络线波形应当与调制信号的波形完全相似。

7.2.1　调幅波的数学表示式与频谱

由上节知,调幅波的特点是载波的振幅受调制信号的控制做周期性的变化。这个变化的周期与调制信号的周期相同,而振幅变化则与调制信号的振幅成正

---

① 正弦函数与余弦函数的性质相同,因此由它们所表示的波形可统称为正弦波,不必加以区别。

(a) 调制信号 $v_\Omega = V_\Omega \cos \Omega t$

(b) 载波 $v = V_0 \cos \omega_0 t$

(c) 调幅波形

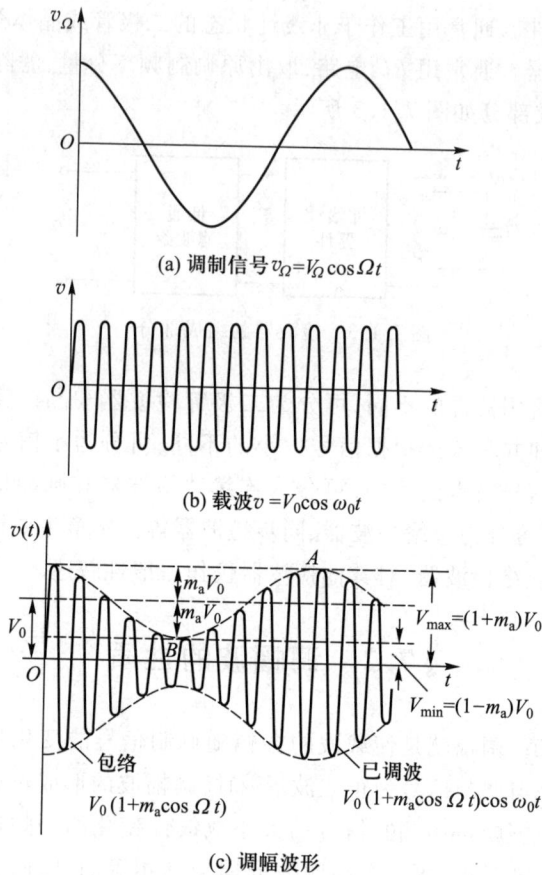

图 7.2.1 调幅波的形成过程（正弦波调制）

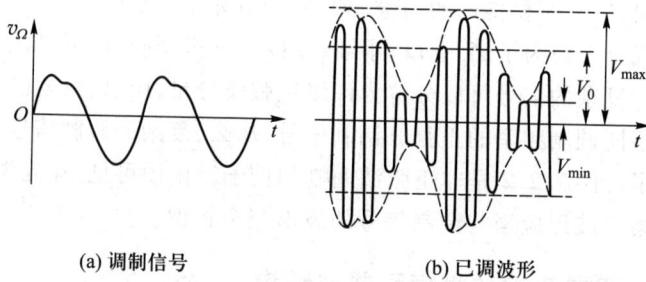

(a) 调制信号   (b) 已调波形

图 7.2.2 非正弦波调制的例子

比。现在进一步分析调幅波的特点。

为简化分析手续起见，假定调制信号是简谐振荡，其表示式为

$$v_\Omega = V_\Omega \cos \Omega t \qquad\qquad (7.2.1)$$

如果用它来对载波 $v = V_0 \cos \omega_0 t$ 进行调幅，那么，在理想的情况下，已调波的振

幅为

$$V(t) = V_0 + k_a V_\Omega \cos \Omega t \tag{7.2.2}$$

式中,k_a 为比例常数。

因此,已调波可以用下式表示:

$$v(t) = V(t) \cos \omega_0 t$$
$$= (V_0 + k_a V_\Omega \cos \Omega t) \cos \omega_0 t$$
$$= V_0(1 + m_a \cos \Omega t) \cos \omega_0 t \tag{7.2.3}$$

式中,$m_a = \dfrac{k_a V_\Omega}{V_0}$ 叫作调幅指数(amplitude modulation factor)或调幅度,它通常以百分数来表示。

式(7.2.3)所表示的调幅波形如图 7.2.1 所示。由图可得

$$m_a = \frac{\frac{1}{2}(V_{max} - V_{min})}{V_0} = \frac{V_{max} - V_0}{V_0} = \frac{V_0 - V_{min}}{V_0} \tag{7.2.4}$$

m_a 的数值范围可自 0(未调幅)至 1(百分之百调幅),它的值绝对不应超过 1。因为如果 $m_a > 1$,那么,将得到如图 7.2.3 的已调波形。由图显然可知,有一段时间振幅为零,这时已调波的包络产生了严重的失真。这种情形叫作过量调幅(over modulation)。这样的已调波经过检波后,不能恢复原来调制信号的波形,而且它所占据的频带较宽,将会对其他电台产生干扰。因此,过量调幅必须尽量避免。

由图 7.2.1(c)可知,调幅波不是一个简单的正弦波形。在最简单的正弦波调制情况下,调幅波方程为式(7.2.3)。将此式展开,得

$$v(t) = V_0 \cos \omega_0 t + m_a V_0 \cos \Omega t \cos \omega_0 t$$
$$= V_0 \cos \omega_0 t + \frac{1}{2} m_a V_0 \cos(\omega_0 + \Omega) t +$$
$$\frac{1}{2} m_a V_0 \cos(\omega_0 - \Omega) t \tag{7.2.5}$$

式(7.2.5)说明,由正弦波调制的调幅波是由三个不同频率的正弦波组成的:第一项为未调幅的载波;第二项的频率等于载波频率与调制频率之和,叫作上边频(upper sideband)(高旁频);第三项的频率等于载波频率与调制频率之差,叫作下边频(lower sideband)(低旁频)。后两个频率显然是由于调制产生的新频率。把这三组正弦波的相对振幅与频率的关系画出来,就得到如图 7.2.4 所示的频谱。由于 m_a 的最大值只能等于 1,所以边频振幅的最大值不能超过载波振幅的二分之一。

以上讨论的是一个单音信号对载波进行调幅的最简单情形,这时只产生两

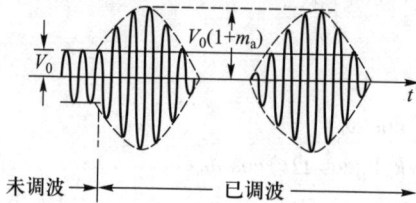

图 7.2.3 过量调幅的波形

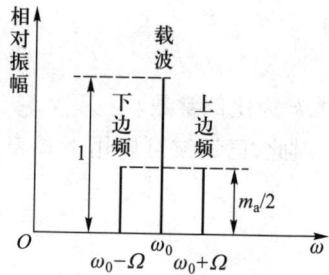

图 7.2.4 正弦调制的调幅波频谱

个边频。实际上，通常的调制信号是比较复杂的，含有许多频率，因此由它所产生的调幅波中的上边频和下边频都不再只是一个，而是许多个，组成了所谓上边频带与下边频带。例如，设调制信号为

$$v_\Omega(t) = V_{1m}\cos \Omega_1 t + V_{2m}\cos \Omega_2 t + V_{3m}\cos \Omega_3 t + \cdots \qquad (7.2.6)$$

根据式(7.2.3)的同样方法，可得到相应的调幅波方程为

$$v(t) = V_0(1 + m_1\cos \Omega_1 t + m_2\cos \Omega_2 t + m_3\cos \Omega_3 t + \cdots)\cos \omega_0 t$$

$$= V_0\cos \omega_0 t + \frac{m_1}{2}V_0\cos(\omega_0 + \Omega_1)t + \frac{m_1}{2}V_0\cos(\omega_0 - \Omega_1)t +$$

$$\frac{m_2}{2}V_0\cos(\omega_0 + \Omega_2)t + \frac{m_2}{2}V_0\cos(\omega_0 - \Omega_2)t +$$

$$\frac{m_3}{2}V_0\cos(\omega_0 + \Omega_3)t + \frac{m_3}{2}V_0\cos(\omega_0 - \Omega_3)t +$$

$$\cdots$$

$$(7.2.7)$$

以上讨论可用图 7.2.5 所示的频谱来表示。图中，$g(\Omega)$ 代表式(7.2.6)的频谱；调幅波的两个边带的频谱分布对载波是对称的，可分别用 $(1/2)g(\omega_0 + \Omega)$ 与 $(1/2)g(\omega_0 - \Omega)$ 来表示。由图显然可知，调幅过程实际上是一种频率搬移过程。经过调制后，调制信号的频谱被搬移到载频附近，成为上边带与下边带。

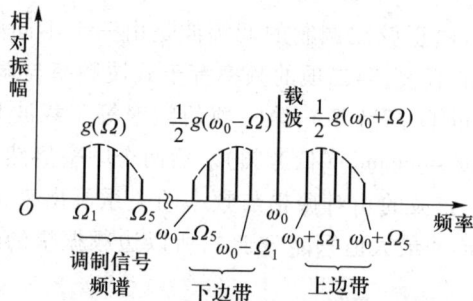

图 7.2.5 非正弦调幅波的频谱

由上面的讨论可知,调幅波所占的频带宽度等于调制信号最高频率的 2 倍。例如,设最高调制频率为 5 000 Hz,则调幅波的带宽即为 10 000 Hz。为了避免电台之间互相干扰,对不同频段与不同用途的电台所占频带宽度都有严格的规定。例如,过去广播电台允许占用的频带宽度为 10 kHz。自 1978 年 11 月 23 日起,我国广播电台所允许占用的带宽已改为 9 kHz,亦即最高调制频率限在 4 500 Hz 以内。

在非正弦调制时,参阅图 7.2.2 可知,调幅波峰值 $V_{\max}$ 与谷值 $V_{\min}$ 对于载波值 V_0 可能是不对称的。这时应对它的调幅度定义如下:

$$峰值调幅度 \quad m_{\text{上}} = \frac{V_{\max} - V_0}{V_0} \tag{7.2.8}$$

$$谷值调幅度 \quad m_{\text{下}} = \frac{V_0 - V_{\min}}{V_0} \tag{7.2.9}$$

例 7.2.1 设调制信号 $v_\Omega(t)$ 为图 7.2.6(a) 所示的矩形脉冲串,脉冲宽度为 τ,周期为 T。试求由它产生的调幅波频谱。

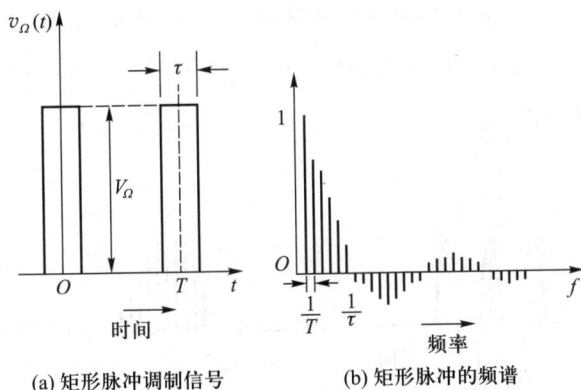

(a) 矩形脉冲调制信号   (b) 矩形脉冲的频谱

图 7.2.6 矩形脉冲及其频谱

解 首先求出矩形脉冲的频谱。适当选取时间坐标原点,使傅里叶级数只包含余弦项,则傅里叶级数的系数为

$$A_n = \frac{2}{T} \int_{-\frac{T}{2}}^{\frac{T}{2}} V_\Omega \cos\left(n\frac{2\pi}{T}t \right) \mathrm{d}t = \frac{4}{T} \int_0^{\frac{T}{2}} V_\Omega \cos\left(n\frac{2\pi}{T}t \right) \mathrm{d}t$$

由于在 $\frac{\tau}{2} < t < \frac{T}{2}$ 的区间内,脉冲值等于零,所以上式可写为

$$A_n = \frac{4}{T} \int_0^{\frac{\tau}{2}} V_\Omega \cos\left(n\frac{2\pi}{T}t \right) \mathrm{d}t$$

$$= \frac{2V_\Omega}{T} \left(\sin\frac{\pi n\tau}{T} \right) \Big/ \frac{n\pi}{T}$$

将上式的分子和分母各乘以 τ，则可进一步写为

$$A_n = \frac{2V_\Omega\tau}{T} \frac{\sin\dfrac{\pi n\tau}{T}}{\dfrac{\pi n\tau}{T}}$$

因此矩形脉冲可展开成如下的无穷级数①：

$$v_\Omega(t) = \frac{2V_\Omega\tau}{T}\left[\frac{1}{2} + \frac{\sin(\pi\tau/T)}{\pi\tau/T}\cos\left(\frac{2\pi}{T}t\right) + \right.$$

$$\left. \frac{\sin(2\pi\tau/T)}{2\pi\tau/T}\cos\left(\frac{4\pi}{T}t\right) + \cdots\right] \tag{7.2.10}$$

由此可见，各个谐波分量振幅是 $(\sin x)/x$ 的形式。由此可求出矩形脉冲的频谱，如图 7.2.6(b)所示。令 $T = \dfrac{1}{F}$，则 $\dfrac{2\pi}{T} = 2\pi F = \Omega$，上式可改写为

$$v_\Omega(t) = \frac{2V_\Omega\tau}{T}\left[\frac{1}{2} + \frac{\sin(\pi\tau/T)}{\pi\tau/T}\cos\Omega t + \right.$$

$$\left. \frac{\sin(2\pi\tau/T)}{2\pi\tau/T}\cos 2\Omega t + \cdots\right]$$

由 $v_\Omega(t)$ 对载波 $v = V_0\cos\omega_0 t$ 进行振幅调制，所产生的已调波[图 7.2.7(a)]包括 ω_0、$\omega_0\pm\Omega$、$\omega_0\pm2\Omega$、$\cdots$ 频率分量，它们的相对振幅分别与 $\dfrac{1}{2}$、$\dfrac{\sin(\pi\tau/T)}{\pi\tau/T}$、$\dfrac{\sin(2\pi\tau/T)}{2\pi\tau/T}$、$\cdots$ 成正比，因此已调波的频谱如图 7.2.7(b)所示。

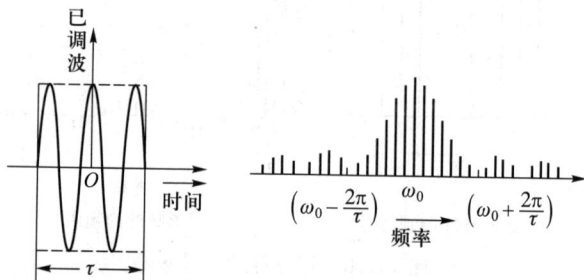

(a) 矩形脉冲调幅波的波形   (b) 矩形脉冲调幅波的频谱

图 7.2.7 矩形脉冲调幅波及其频谱

频谱分量出现零点的条件为

$$A_n = \frac{2V_\Omega\tau}{T} \frac{\sin(\pi n\tau/T)}{n\pi\tau/T} = 0$$

---

① 直流项 $A_0 = V_\Omega\dfrac{\tau}{T}$。

因此出现第一个零点的条件是

$$\frac{\pi n \tau}{T} = \pi \quad 或 \quad n = \frac{T}{\tau}$$

由图 7.2.7(b)可知,从理论上来说,脉冲调幅波的频宽为无限大。实际上,由于高次边频分量迅速下降,一般只考虑取第一个零点之前的各分量就够了。这样,脉冲调幅波的频谱宽度可近似写为$\left(\text{每一频率分量的间隔为} \frac{1}{T}\right)$

$$BW \approx 2\left[n\left(\frac{1}{T}\right)\right] = 2 \cdot \frac{T}{\tau} \cdot \frac{1}{T} = \frac{2}{\tau}$$

可见,脉宽 τ 越小,则所占频带越宽。

7.2.2 调幅波中的功率关系

现在讨论调幅波中的功率关系。

如果将式(7.2.5)所代表的调幅波电源输送功率至电阻 R 上,则载波与两个边频将分别给出如下的功率:

载波功率① $\quad P_{0\mathrm{T}} = \frac{1}{2} \frac{V_0^2}{R}$ (7.2.11)

下边频功率 $\quad P_{(\omega_0 - \Omega)} = \left(\frac{m_a V_0}{2}\right)^2 \frac{1}{2R} = \frac{1}{4} m_a^2 P_{0\mathrm{T}}$ (7.2.12)

上边频功率 $\quad P_{(\omega_0 + \Omega)} = \left(\frac{m_a V_0}{2}\right)^2 \frac{1}{2R} = \frac{1}{4} m_a^2 P_{0\mathrm{T}}$ (7.2.13)

于是调幅波的平均输出总功率(在调制信号一周期内)为

$$P_{\mathrm{o}} = P_{0\mathrm{T}} + P_{(\omega_0 - \Omega)} + P_{(\omega_0 + \Omega)}$$

$$= P_{0\mathrm{T}}\left(1 + \frac{m_a^2}{2}\right) \tag{7.2.14}$$

在未调幅时,$m_a = 0$,$P_{\mathrm{o}} = P_{0\mathrm{T}}$;在 100% 调幅时,$m_a = 1$,$P_{\mathrm{o}} = 1.5 P_{0\mathrm{T}}$。

由此可知,调幅波的输出功率随 m_a 的增大而增加。它所增加的部分就是两个边频所产生的功率$\frac{m_a^2}{2} P_{0\mathrm{T}}$。由于信号包含在边频带内,所以在调幅制中应尽可能地提高 m_a 的值,以增强边带功率,提高传输信号的能力。但在实际传送语言或音乐时,平均调幅度往往是很小的。假如声音最强时,能使 m_a 达到 100%,那么声音最弱时,m_a 就可能比 10% 还要小。因此,平均调幅度只有 20% ~ 30%。

---

① 今后以脚注 T 代表载波状态。

这样,发射机的实际有用信号功率就很小,因而整机效率低。这可以说是调幅制本身所固有的缺点。

载波本身并不包含信号,但它的功率却占整个调幅波功率的绝大部分。例如,当 $m_a = 100\%$ 时,$P_{oT} = \frac{2}{3}P_o$;而当 $m_a = 50\%$ 时,$P_{oT} = \frac{8}{9}P_o$。从信息传递的观点来看,这一部分载波功率是没有用的。为了传递信息,只要有一个包含信号的边带就够了。这样,可以把载波功率和另一个边带的功率都节省下来,同时还能节省50%的频带宽度(这是最主要的优点)。这种传送信号的方式叫作单边带发送(single side-band transmission,简称 SSB)。本章 §7.6 将具体讨论这一问题。单边带制所需要的收发设备都比较复杂,只适合在远距离通信系统或载波电话中使用。通常的无线电广播仍是将两个边带和载波都发射出去,以简化千家万户所使用的收音机电路,降低它们的造价。

§7.3 平方律调幅

7.3.1 工作原理

前已指出,要进行调制,必须利用电子器件的非线性特性。半导体器件、模拟集成电路与电子管等都是可以用作进行调幅的非线性器件。图 7.3.1 表示非线性调幅的方框图。这里将调制信号 v_Ω 与载波 v 相加后,同时加入非线性器件,然后通过中心频率为 ω_0 的带通滤波器取出输出电压 v_0 中的调幅波成分 $v(t)$。现分析如下:

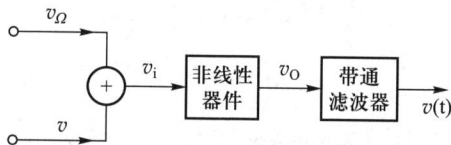

图 7.3.1 非线性调幅方框图

假设非线性器件为二极管,它的特性可表示为

$$v_0 = a_0 + a_1 v_i + a_2 v_i^2 \tag{7.3.1}$$

式中,输入电压为

$$v_i = v(载波) + v_\Omega(调制信号)$$
$$= V_0 \cos \omega_0 t + V_\Omega \cos \Omega t \tag{7.3.2}$$

代入式(7.3.1),即得

$$a_0 + \frac{1}{2}a_2(V_\Omega^2 + V_0^2) \quad\cdots\cdots\cdots\cdots\cdots\cdots\cdots\cdots\cdots\quad 直流项$$

$$+a_1 V_0 \cos \omega_0 t \quad\cdots\cdots\cdots\cdots\cdots\cdots\cdots\cdots\quad 载波频率$$

$$+a_1 V_\Omega^2 \cos \Omega t \quad\cdots\cdots\cdots\cdots\cdots\cdots\cdots\cdots\quad 调制信号基频$$

$$+a_2 V_\Omega V_0 [\cos(\omega_0+\Omega)t + \cos(\omega_0-\Omega)t] \quad\cdots\cdots\cdots\quad 上、下边频 \qquad (7.3.3)$$

$$+\frac{1}{2}a_2 V_0^2 \cos 2\omega_0 t \quad\cdots\cdots\cdots\cdots\cdots\cdots\quad 载频二次谐波$$

$$+a_1 V_\Omega \cos \Omega t \quad\cdots\cdots\cdots\cdots\cdots\cdots\cdots\quad 调制信号基频$$

$$+\frac{1}{2}a_2 V_\Omega^2 \cos 2\Omega t \quad\cdots\cdots\cdots\cdots\cdots\cdots\quad 调制信号二次谐波$$

其中产生调幅作用的是 $a_2 v_i^2$ 项,故称为平方律调幅。滤波后,输出电压为

$$v(t) = a_1 V_0 \cos \omega_0 t + a_2 V_\Omega V_0 [\cos(\omega_0+\Omega)t + \cos(\omega_0-\Omega)t]$$

$$= a_1 V_0 \cos \omega_0 t + 2a_2 V_\Omega V_0 \cos \Omega t \cos \omega_0 t$$

$$= a_1 V_0 \left(1 + \frac{2a_2}{a_1} V_\Omega \cos \Omega t\right) \cos \omega_0 t \qquad (7.3.4)$$

由上式显然可知:

$$调幅度 \quad m_a = \frac{2a_2}{a_1} V_\Omega \qquad (7.3.5)$$

由式(7.3.5)可以得出如下结论:

① 调幅度 m_a 的大小由调制信号电压振幅 V_Ω 及调制器的特性曲线所决定,亦即由 a_1、a_2 所决定。

② 通常 $a_2 \ll a_1$,因此用这种方法所得到的调幅度是不大的。

为了使电子器件工作于平方律部分,电子管或晶体管应工作于甲类非线性状态,因此效率不高。所以,这种调幅方法主要用于低电平调制。此外,它还可以组成平衡调幅器(balanced modulator),以抑制载波。

7.3.2 平衡调幅器

将两个平方律调幅器按照图 7.3.2 的对称形式连接,就构成平衡调幅器。这里是用二极管的平方律特性进行调幅的。平衡调幅器的输出电压只有两个上、下边带,没有载波。亦即平衡调幅器的输出是载波被抑制的双边带。证明如下:

由于两个二极管是相同的,可以假定它们

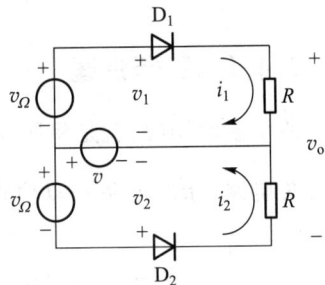

图 7.3.2　串联双二极管平衡
调幅器简化电路

的特性曲线能用同一个平方律公式来表示：

$$i_1 = b_0 + b_1 v_1 + b_2 v_1^2 \tag{7.3.6}$$

$$i_2 = b_0 + b_1 v_2 + b_2 v_2^2 \tag{7.3.7}$$

式中
$$v_1 = v + v_\Omega = V_0 \cos \omega_0 t + V_\Omega \cos \Omega t$$

$$v_2 = v - v_\Omega = V_0 \cos \omega_0 t - V_\Omega \cos \Omega t$$

将 v_1 与 v_2 的表示式代入式(7.3.6)和式(7.3.7)中,参阅图7.3.2所示的电流与电压正方向,即可求得输出电压为

$$\begin{aligned}
v_o &= (i_1 - i_2) R \\
&= 2R(b_1 V_\Omega + 2b_2 v v_\Omega) \\
&= 2R[\, b_1 V_\Omega \cos \Omega t + \\
&\quad b_2 V_0 V_\Omega \cos(\omega_0 + \Omega) t + \\
&\quad b_2 V_0 V_\Omega \cos(\omega_0 - \Omega) t\,]
\end{aligned} \tag{7.3.8}$$

由式(7.3.8)显然可知,输出中没有载波分量,只有上下边带($\omega_0 \pm \Omega$)与调制信号频率 Ω(可用滤波器滤掉)。亦即平衡调幅器的输出是载波被抑制的双边带(以 DSB-SC 表示)。

应该指出,在以上这些电路中,无形中都已假定所有的二极管的特性都相同,电路完全对称。这样,输出中才能将载波完全抑制。事实上,电子器件的特性不可能完全相同,所用的变压器也难于做到完全对称。这就会有载波漏到输出中去,形成载漏(carrier leak)[①]。因此,电路中往往要加平衡装置,以使载漏减至最小。

从平衡调幅器获得载波被抑制的双边带后,再设法滤去一条边带,即可获得单边带输出。因此,平衡调幅器是单边带技术中的基本电路。这将在§7.6中继续讨论。

§7.4 斩 波 调 幅

7.4.1 工作原理

所谓斩波调幅,就是将所要传送的信号 $v_\Omega(t)$ 通过一个受载波频率 ω_0 控制的开关电路(斩波电路),以使它的输出波形被"斩"成周期为 $\dfrac{2\pi}{\omega_0}$ 的脉冲,因而包

---

① 载漏 $G = 20\lg \dfrac{V_{cm}}{V_{sm}}$,此处 V_{cm} 为泄漏至输出电压中的载波值,V_{sm} 为输出信号电压值。

含 $\omega_0 \pm \Omega$ 及各种谐波分量等。再通过中心频率为 ω_0 的带通滤波器,取出所需要的调幅波输出 $v_o(t)$,即实现了调幅。图 7.4.1 是斩波调幅器的方框图,它的调幅过程图解见图 7.4.2。设图 7.4.1 中的斩波电路按照图 7.4.2(b) 的开关函数 $S_1(t)$ 对音频信号 $v_\Omega(t)$ 进行斩波。

根据第 4 章 §4.4 开关函数 $S_1(t)$ 以下式代表:

$$S_1(t) = \begin{cases} +1 & \cos \omega_0 t \geqslant 0 \\ 0 & \cos \omega_0 t < 0 \end{cases}$$

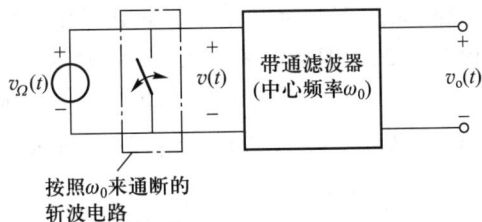

(7.4.1)

图 7.4.1 斩波调幅器方框图

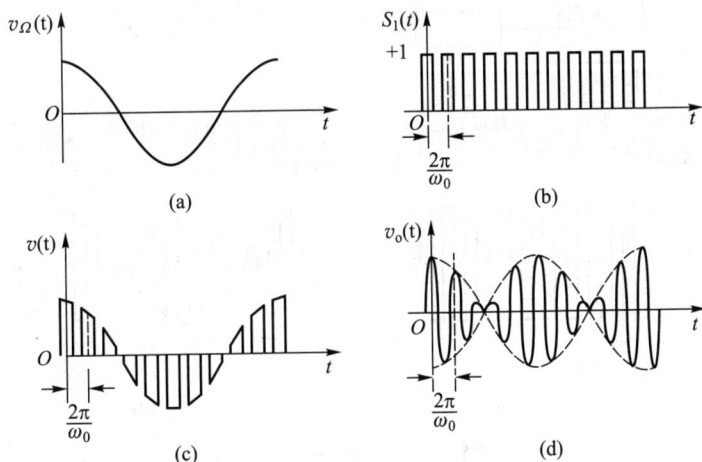

图 7.4.2 斩波调幅器的调幅过程图解

因此,$S_1(t)$ 是一个振幅等于 1、重复频率为 $\dfrac{\omega_0}{2\pi}$ 的矩形波。斩波后的电压 $v(t)$ 为

$$v(t) = v_\Omega(t) S_1(t)$$

(7.4.2)

由此可得到 $v(t)$ 为一系列振幅按照 $v_\Omega(t)$ 规律变化的矩形脉冲波,如图 7.4.2(c) 所示。

由于 $S_1(t)$ 可用如下的傅里叶级数展开为

$$S_1(t) = \frac{1}{2} + \frac{2}{\pi}\cos \omega_0 t - \frac{2}{3\pi}\cos 3\omega_0 t + \frac{2}{5\pi}\cos 5\omega_0 t + \cdots$$

(7.4.3)

代入式 (7.4.2),即得

$$v(t) = \frac{1}{2}v_\Omega(t) + \frac{2}{\pi}v_\Omega(t)\cos \omega_0 t - \frac{2}{3\pi}v_\Omega(t)\cos 3\omega_0 t + \cdots$$

(7.4.4)

如果 $v_\Omega(t) = V_\Omega \cos \Omega t$,则由式 (7.4.4) 显然可知,$v(t)$ 中包含 Ω、$\omega_0 \pm \Omega$、$3\omega_0 \pm$

Ω、…项。通过中心频率为 ω_0 的带通滤波器后,即可取出 $\omega_0 \pm \Omega$ 项,即输出电压 $v_o(t)$ 为载波被抑制的双边带 $\omega_0 \pm \Omega$ 输出,如图 7.4.2(d) 所示。

以上是用不对称的开关电路来获得斩波调幅的。实际上,更常用对称的开关电路,如图 7.4.3(a) 所示。此处开关函数 $S_2(t)$ 为上、下对称的方波,它的峰-峰值等于 2,如图 7.4.3(c) 所示,它对图 7.4.3(b) 的信号 $v_\Omega(t)$ 进行斩波后,即获得图 7.4.3(d) 中的斩波输出电压 $v(t)$ 的波形。最后通过带通滤波器,取出 $\omega_0 \pm \Omega$ 的双边带 $v_o(t)$,如图 7.4.3(e) 所示。

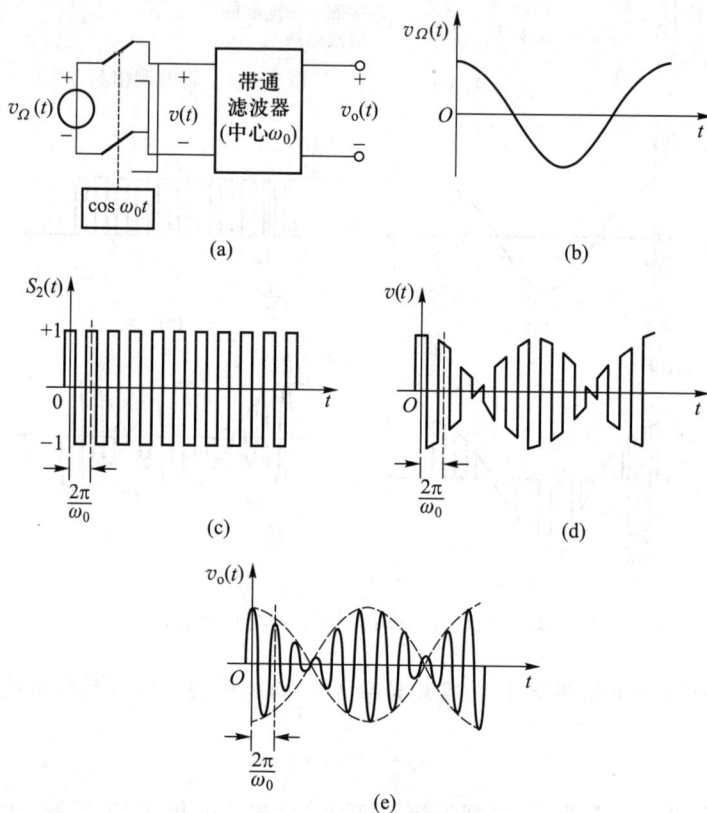

图 7.4.3 平衡斩波调幅及其图解

以上过程,分析如下:

开关函数 $S_2(t)$ 为

$$S_2(t) = \begin{cases} +1 & \cos \omega_0 t \geq 0 \\ -1 & \cos \omega_0 t < 0 \end{cases} \qquad (7.4.5)$$

它的傅里叶展开式为

$$S_2(t) = \frac{4}{\pi} \cos \omega_0 t - \frac{4}{3\pi} \cos 3\omega_0 t + \frac{4}{5\pi} \cos 5\omega_0 t - \cdots \qquad (7.4.6)$$

以 $S_2(t)$ 代替 $S_1(t)$，代入式(7.4.2)，即得

$$v(t) = \frac{4}{\pi} v_\Omega(t) \cos \omega_0 t - \frac{4}{3\pi} v_\Omega(t) \cos 3\omega_0 t + \cdots \tag{7.4.7}$$

与式(7.4.4)对比可知，平衡斩波调幅没有低频分量，而且高频分量的振幅也提高了一倍。经过中心频率为 ω_0 的带通滤波器后，同样得到 $\omega_0 \pm \Omega$ 的双边带输出。

7.4.2 实现斩波调幅的两种电路

以上所讨论的开关电路可以由二极管组成。图 7.4.4 所示的电桥电路即可起到图 7.4.1 中的开关电路作用。图中 $v_1(t) = V_{1m} \cos \omega_0 t$，$v_\Omega(t) = V_\Omega \cos \Omega t$。$V_{1m}$ 应取得足够大，以使二极管的通断完全由 $v_1(t)$ 控制，即当 $v_a > v_b$ 时，四个二极管导通，使输出电压 $v(t)$ 等于零；当 $v_a < v_b$ 时，四个二极管截止，使 $v(t) = v_\Omega(t)$。因此 $v(t)$ 的波形如图 7.4.2(c)所示，亦即实现了调幅。

也可以将四个二极管接成如图 7.4.5 所示的环形调幅电路。这四个二极管的导通与截止也完全由载波电压 $v_1(t)$ 决定。例如，当 a 端为正、b 端为负时，D_1 与 D_3 导通，D_2 与 D_4 截止；当 a 端为负、b 端为正时，则 D_1 与 D_3 截止，D_2 与 D_4 导通。这里的 D_1、D_2、D_3、D_4 即起到了图 7.4.3(a)所示电路中的双刀双掷开关作用，因此输出电压 $v(t)$ 的波形如图 7.4.3(d)所示，亦即实现了调幅。

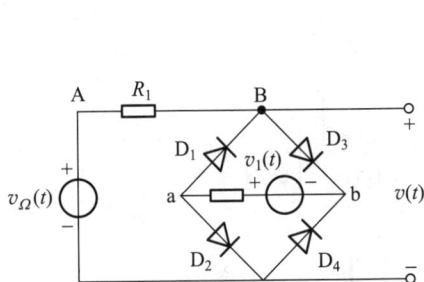

图 7.4.4 二极管电桥斩波调幅电路   图 7.4.5 环形调幅器电路

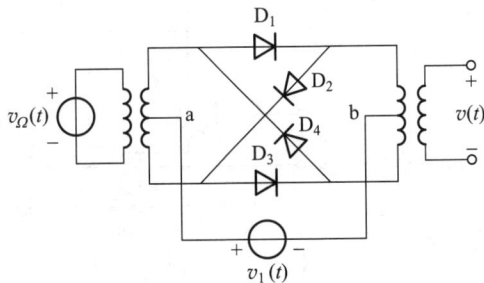

为了保证以上两种电路中的导通与截止都由载波电压 $v_1(t)$ 决定，就要求它的振幅 V_{1m} 足够大。通常要求 V_{1m} 比调制信号峰值电压 V_Ω 大 10 倍以上。

电桥电路或环形电路过去常用氧化亚铜或晶体二极管制成，现在也可以做成集成电路。这种调幅电路的优点是维护简易、稳定、寿命长；缺点是功率小，不适用于大功率电路。

§7.5 模拟乘法器调幅

集成电路应用于调制电路，通常是采用模拟乘法器(analog multiplier)的形

式。图 4.4.2 是一个最简单的模拟乘法器电路,它的工作原理已在 4.4.2 节中讨论过,此处不再重复。当 v_1、v_2 很小时,它的输出电压为

$$v_o = K_0 v_1 + K_1 v_1 v_2 \qquad (4.4.12)$$

式(4.4.12)中有 $v_1 v_2$ 项,这就是模拟乘法器名称的由来。但这种简单电路有如下的缺点:图 4.4.2 的 T_3 的温度漂移不能被抵消,同时,信号 v_2 是单端输入,使用上有时感到不便。为了克服这些缺点,实用上广泛采用如图 7.5.1 所示的双差分对模拟乘法器[①]。由图可见,T_1 与 T_2 及 T_3 与 T_4 是两对和图 4.4.2 相同的差分放大器;T_5 与 T_6 也是一对差分放大器,作为上述两对放大器的电流源;T_7 则作为 T_5 与 T_6 的电流源,并用 T_8 与 T_7 组成镜像电流源,以抑制 T_1 至 T_6 诸管的温度漂移。同时,v_2 信号也是对称双端输入。这样,就克服了图 4.4.2 所示简单电路的上述缺点。

与图 4.4.2 所示的简单电路对比,图 7.5.1 中的输出电压 v_o 与两个信号电压 v_1 与 v_2 之间的关系不再是式(4.4.12)那样,而是如下式所示:

$$v_o = K_1 v_1 v_2 \qquad (7.5.1)$$

式中,K_1 为常数。

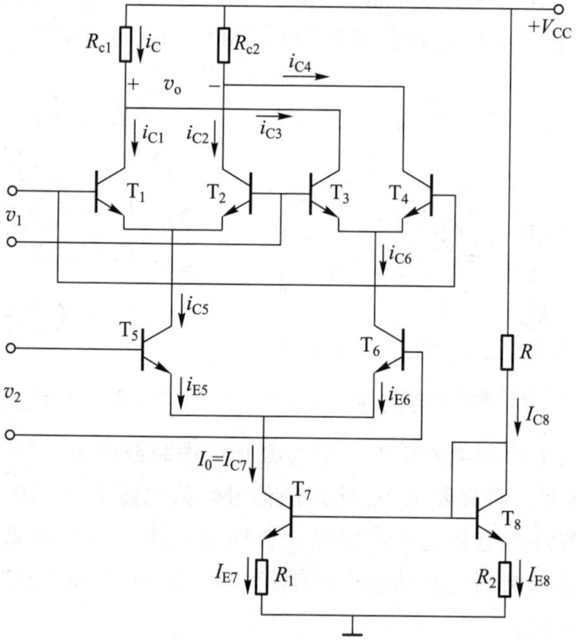

图 7.5.1 模拟乘法器电路

---

① 亦称"四象限模拟乘法器"。

式(7.5.1)也只适用于 v_1 与 v_2 很小的情形。

上式说明,当 $v_1=0$ 或 $v_2=0$ 时,输出电压 v_o 都等于零;只有当 v_1 和 v_2 同时存在时,才有 v_o。

从物理意义上说,观察图 7.5.1,若 $v_2=0$,则 T_5 与 T_6 的基极电位相等,因此 $i_{C5}=i_{C6}$。此时,v_1 在 T_1 与 T_3 中激起大小相等、相位相反的集电极交流电流,即 $i_{C1}=I_C+\Delta i, i_{C3}=I_C-\Delta i$,此处 I_C 为直流分量,Δi 为交流分量,因此通过 R_{c1} 的总电流 $i_C=i_{C1}+i_{C3}=2I_C$,即只有直流,没有交流分量。同理,v_1 在 T_2 与 T_4 中也激起大小相等、相位相反的集电极交流电流,因此二者的总和也只有直流,没有交流。由此可见,输出电压 v_o 等于零。

同样可以证明,当 $v_1=0$ 时,不论 v_2 是否存在,输出电压 v_o 总是等于零。

综上所述可见,只有当 v_1 与 v_2 同时存在时,才有 v_o,这时三者之间的关系满足式(7.5.1)。

令 $v_1=V_{1m}\cos \omega_0 t, v_2=V_{2m}\cos \Omega t$,代入式(7.5.1),即得

$$v_o=K_1 V_{1m} V_{2m}\cos \omega_0 t\cos \Omega t$$
$$=\frac{1}{2}K_1 V_{1m} V_{2m}\big[\cos (\omega_0+\Omega) t+\cos (\omega_0-\Omega) t\big] \tag{7.5.2}$$

式(7.5.2)说明,模拟乘法器的输出为载波被抑制的调幅波,亦即实现了振幅调制。

当输入信号大时,输出电压 v_o 的表示式如下式所示:

$$v_o=K_2 V_1 V_2 \tag{7.5.3}$$

式中,$K_2=\alpha^2 I_0 R_c=$ 常数。

$$V_1=\tanh\left(\frac{Z_1}{2}\right)=\tanh\left(\frac{v_1}{2kT/q}\right) \tag{7.5.4}$$

$$V_2=\tanh\left(\frac{Z_2}{2}\right)=\tanh\left(\frac{v_2}{2kT/q}\right) \tag{7.5.5}$$

V_1(或 V_2)与 v_1(或 v_2)的关系曲线如图 7.5.2 所示。由图可知,当 v_1(或 v_2)小时,V_1(或 V_2)与 v_1(或 v_2)呈线性关系,但这线性放大区是很窄的(室温条件下只有几十毫伏的范围)。当 v_1 足够大时,V_1 趋近于定值,亦即这时模拟乘法器起限幅作用。从物理意义上来说,这种限幅作用是由输入端的基极–发射极结所产生的。此时模拟乘法器仍然起着两个信号相乘的非线性变换作用。只是输出中包含较多的谐波分量。为了滤除这些不需要的谐波分量,可在输出端加入中心频率为 ω_0 的带通滤波器。

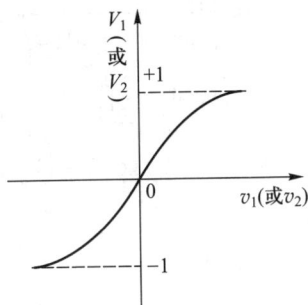

图 7.5.2 限幅特性

最后简略说明图 7.5.1 中 T_7 与 T_8 的作用。如图,由于在集成电路中,T_7 与 T_8 的几何尺寸一致,工艺相同,因此有 $v_{BE7} = v_{BE8}$ 的关系,亦即有下列关系:

$$I_{E7}R_1 = I_{E8}R_2$$

或

$$I_0 R_1 \approx I_{C8} R_2 \ (\alpha \approx 1, I_0 = I_{C7} \approx I_{E7}, I_{C8} \approx I_{E8})$$

因此得

$$I_0 = \frac{R_2}{R_1} I_{C8} \tag{7.5.6}$$

可见,I_0 只与 I_{C8} 成正比。只要 $V_{CC} \gg v_{BE8}$,则 $I_{C8} \approx \dfrac{V_{CC}}{R_2 + R}$ 与温度无关,因此 I_0 也就与温度无关。这样,就保证了电流源 I_0 的温度稳定性良好。

图 7.5.3 为国产集成电路双差分对模拟乘法器 XFC1596 的内部电路,以及由它构成的双边带调制电路[2]。图中,接在①端的是调制信号 v_Ω;接在②端和③端的 1 kΩ 电阻用作负反馈电阻,以扩大 v_Ω 的线性动态范围;接在⑤端的 6.8 kΩ 电阻用来控制电流源电路的电流值 I_0;接在⑥端和⑨端的 3.9 kΩ 电阻为两管的集电极负载电阻;从 +12V 电源到⑦端和⑧端的电阻为 $T_1 \sim T_4$ 提供基极偏置电压;⑦端输入载波电压 v_1;R_P 为载波调零电位器,其作用是:将 v_Ω

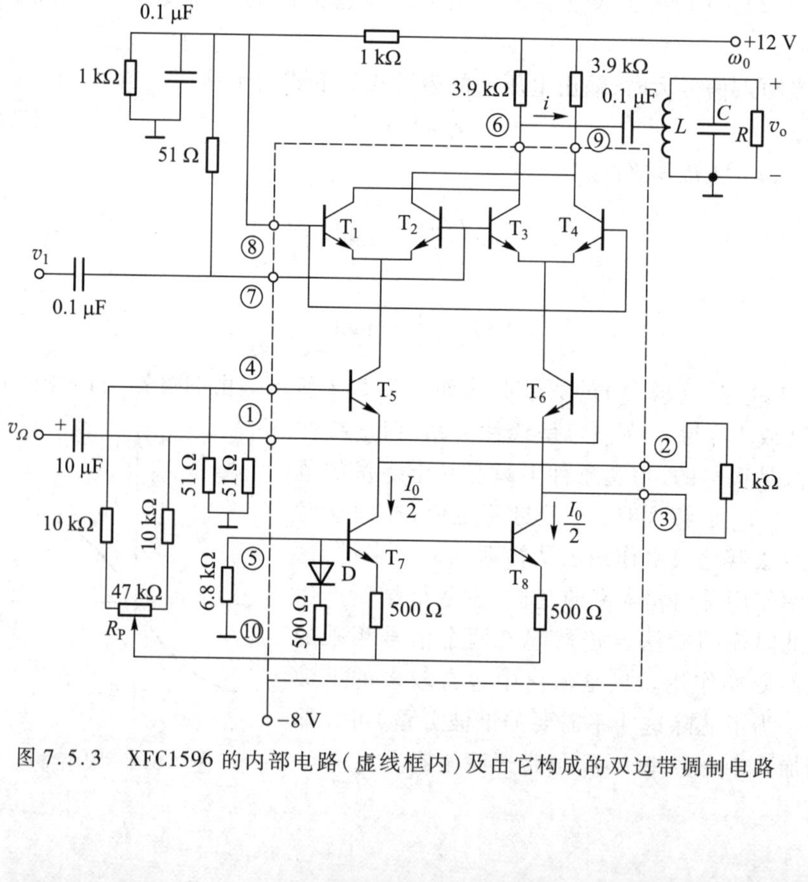

图 7.5.3 XFC1596 的内部电路(虚线框内)及由它构成的双边带调制电路

移去,只加载波电压 v_1,调节 R_P,使输出载波电压 $v_o = 0$。双差分对的工作特性取决于载波输入电压振幅 V_{1m} 的大小。当 $V_{1m} > 26$ mV 时,电路工作于开关状态;当 $V_{1m} < 26$ mV时,电路工作于线性状态。当同时加入 v_1 与 v_Ω 后,输出回路电压 v_o 即为载波被抑制的双边带调幅波(double side band-suppressed carrier,简写为 DSB-SC)。

若想获得标准的调幅波输出,则只要在 $v_\Omega = 0$ 时,调整 R_P,使输出载波电压 v_o 为适当数值,则在加入 v_Ω 后,即可获得标准的调幅输出。

§7.6　单边带信号的产生

§7.2 已指出,调幅波所传送的信息是包含在两个边带内的,载波本身不包含任何信息。因此可以将载波抑制,并进一步再抑制一个边带,只让另一个边带发送出去。这样,仍具有传递信息的功能。这就是所谓单边带发送。单边带制在载波电话和短波通信中占有重要的地位,获得了广泛的应用。

单边带通信有哪些优点? 如何产生单边带? 这些就是本节要讨论的问题。

7.6.1　单边带通信的优缺点

§7.2 已指出,调幅波所占的频谱宽度等于上下边带所占频宽之和。因此在采用单边带制后,频带可节约一半。这对于日益拥挤的短波波段(3~30 MHz)来说,有着极重大的现实意义。因为这样就能在同一波段内,使所容纳的频道数目增加一倍,大大提高了短波波段的利用率。这是单边带制的主要优点。

其次,7.2.2 节已指出,调幅波中,载波功率占整个调幅波功率的绝大部分,但它并不包含所要传递的信息;单边带制则只传送携带信息的一个边带功率。因而在接收端获得同样的信噪比时,单边带制能大大节省发送的功率。如果调幅发射机与单边带发射机的末级管子相同,且都充分利用,则单边带制接收端的信噪比提高,或在同样信噪比的条件下,通信距离增加。也就是说,单边带制能获得更好的通信效果。

在短波传播过程中,不同频率的电波产生不同的衰落(fading),而且原始相位关系往往遭到破坏,因而接收端收到的信号强度不稳定,时强时弱。这就是所谓选择性衰落(selective fading)现象。对于调幅制来说,它的载波分量大,因而接收端的合成波形由于选择性衰落现象而产生严重失真,相当于降低了信噪比。单边带因不含有载波,因而不会产生由于载波衰落造成的上述影响,而且在一个边带内不同频率分量的衰落不会影响话音的可懂度。也就是说,单边带制的选择性衰落现象要轻得多。

单边带制除了有上述优点外,也有缺点,主要是接收端必须先恢复原来失去的载波,才能检出原来的信号。因而要求收、发设备的频率稳定度高,使整个设备复杂,技术要求高。

7.6.2　产生单边带信号的方法

要获得单边带信号,首先就要产生载波被抑制的双边带,然后再设法除去一个边带,只让另一个边带发射出去。§7.3 至 §7.5 诸节所讨论的平衡调幅器、差分对振幅调制器、斩波调幅电路(桥形、环形)等,都可以获得载波被抑制的双边带。在这一基础上,再进一步抑制一个边带,以获得单边带信号的方法有三种:滤波器法、相移法和第三种方法(也可称为修正的移相滤波法)。

1. 滤波器法

在平衡调幅器后面加上合适的滤波器,把不需要的边带滤除,只让一个边带输出,如图 7.6.1 所示。这就叫滤波器法。这种方法是最早出现的获得单边带信号的方法。其原理是很简单的。但实际上,这种方法对滤波器的要求很高,而且由于载波频率 ω_0 不能太高(理由下面即将谈到),要将 ω_0 逐步提高到所需要的工作频率上,就需要经过多次的平衡调幅与滤波,因此整个设备是复杂昂贵的。但这种方法的性能稳定可靠,所以仍然是目前干线通信所采用的标准形式。

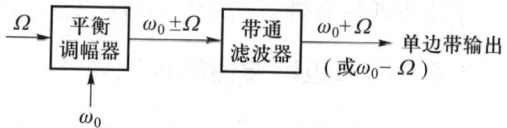

$$\Omega \rightarrow \boxed{\begin{array}{c}\text{平衡}\\\text{调幅器}\end{array}} \xrightarrow{\omega_0 \pm \Omega} \boxed{\begin{array}{c}\text{带通}\\\text{滤波器}\end{array}} \xrightarrow[\,(\text{或}\omega_0 - \Omega)]{\omega_0 + \Omega} \text{单边带输出}$$

$$\uparrow \omega_0$$

图 7.6.1　滤波器法原理方框图

这种方法为什么要对滤波器提出很高的要求呢? 又为什么第一次的载波频率不能取得太高呢? 我们用实际数字来回答上述问题。设最低调制频率 $F_{\min} = 300$ Hz,载波频率 $f_0 = \dfrac{\omega_0}{2\pi} = 10 \times 10^6$ Hz,则两个边带之间的相对距离为 $\dfrac{2F_{\min}}{f_0} = \dfrac{600}{10^7} = 0.006\%$,即两个边带相距很近。要滤除一个边带,通过另一个边带,就必须对滤波器提出很高的要求。如果将 f_0 降低为 10^4 Hz,则 $\dfrac{2F_{\min}}{f_0} = 6\%$。这时对滤波器的要求虽然低了,但 f_0 又嫌太低,滤波器的通频带可能不够宽,引起频率失真。

由此可见,载频 f_0 既不能太高,也不能太低,一般取为 100 kHz。为了使载波频率提高到所需要的数值,必须经过多次平衡调幅与滤波,来逐步提高载波频率,如图 7.6.2 所示。图中,第一平衡调幅器(BM_1)输出的两个边带被第一滤波器(Φ_1)将下边带滤除,因此上边带($f_1 + F$)成为第二平衡调幅器(BM_2)的调制频率。这样,f_2 虽然可以远比 f_1 高[一般取 $f_2 = (10 \sim 30)f_1$],但 BM_2 输出的两个频带相距为 $2(f_1 + F)$,它与 f_2 的比值 $2(f_1 + F)/f_2$ 仍然足够大,因而容易由第二滤波器(Φ_2)滤去一个边带,只让 $f_1 + f_2 + F$ 通过,作为 BM_3 的调制信号。以下依此类推,即可将载波频率逐步提高到预期值。

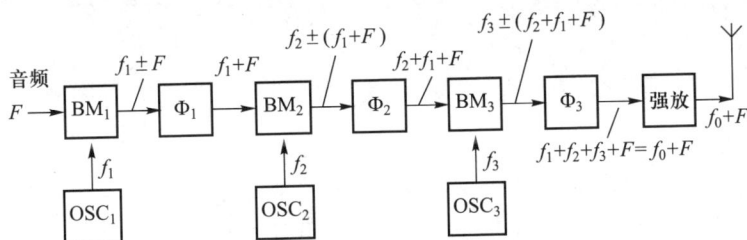

图 7.6.2 滤波器法单边带发射机方框图

必须强调指出,提高单边带的载波频率决不能用倍频的方法。因为倍频后,音频频率 F 也跟着成倍增加,使原来的调制信号变了样,产生严重的失真。这是绝对不允许的。

上面举的是选取上边带信号的例子。实际上也可以选取下边带信号。例如,某短波单边带通信机,第一本振频率 $f_1 = 1.4$ MHz,第二本振频率 $f_2 = 34$ MHz,在 BM_2 处选用上边带,因而此处的载频为 $f_1 + f_2 = 35.4$ MHz。第三本振频率 $f_3 = 37 \sim 65.4$ MHz,连续可变,在 BM_3 处选用下边带。因此最后送到天线的载频为

$$f_0 = f_3 - (f_1 + f_2) = 1.6 \sim 30 \text{ MHz}$$

连续可变。

图 7.6.3 表示某典型单边带发射机的方框图。本机可以同时发送两路语言信号(都是 0.3 ~ 3 kHz 频带)。Ⅰ、Ⅱ 两路信号与 100 kHz 的第一载频在环形调幅器中混合后,分别经上边带滤波器与下边带滤波器取出它们的上边带与下边带,在相加网络中混合成为两路单边带信号。再将这两路信号在第二环形调幅器中与 353 kHz(或 706 kHz、1 412 kHz)的第二载频混合,经过 LC 滤波器取出中心频率为 253 kHz(或 606 kHz、1 312 kHz)的下边带。最后,在平衡调幅器中与 1 753 ~ 3 253 kHz(或 3 606 ~ 6 606 kHz、7 312 ~ 13 312 kHz)的第三载频混合,再经 LC 滤波器取出它的下边带,即得到中心频率为 1.5 ~ 3 MHz(或 3 ~ 6 MHz、6 ~ 12 MHz)的两路单边带信号。这里所提到的三种载波频率都是由频率合成器[①]提供的。通过改变第二与第三载波频率(用波段开关和频率调节来改变),就可以使发射机工作在 1.5 ~ 12 MHz 三个波段内、总数为 4 501 个工作频率中的任一指定频率上。

常用作第一滤波器的有:石英晶体滤波器、陶瓷滤波器、表面声波滤波器等。至于第二、第三滤波器等,因为中心频率已提高,采用 LC 调谐回路,即能进行滤波。

---

① 频率合成器(frequency synthesizer)的原理,请见第 11 章。

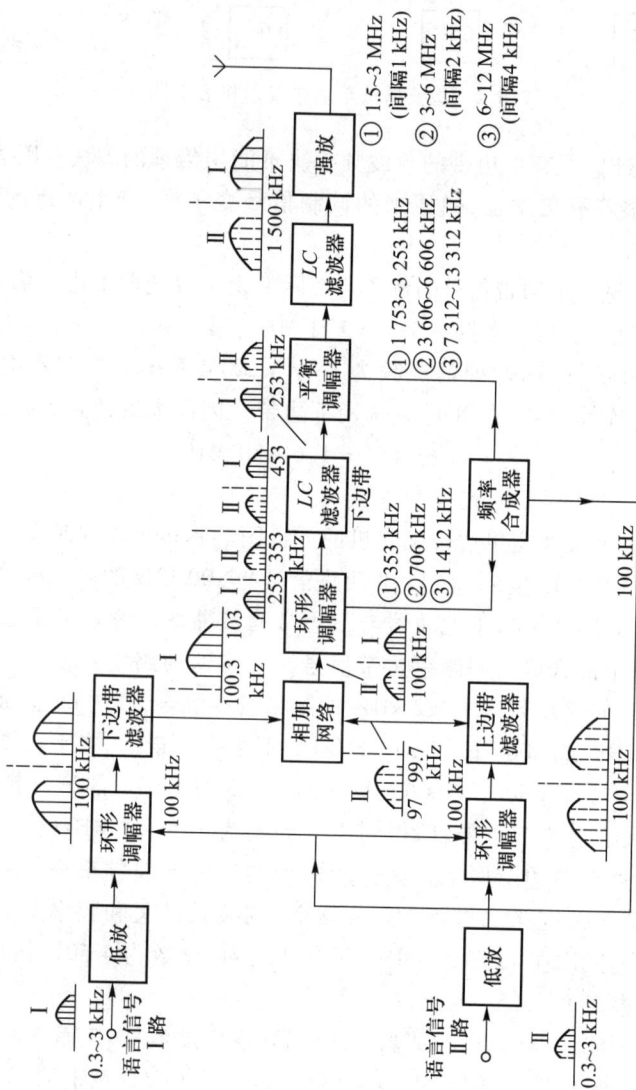

图 7.6.3 典型单边带发射机方框图

2. 相移法

相移法（phase-shift method）是利用移相的方法，消去不需要的边带。图7.6.4表示这种方法的方框图。图中两个平衡调幅器的调制信号电压和载波电压都是互相移相90°。因此，如果用 v_1 与 v_2 分别代表这两个调幅器的输出电压（只考虑有用的边带，不考虑谐波等），则只取 v_Ω 与载波振荡电压 v_0 的相乘项，得

$$v_1 = V\sin\Omega t\sin\omega_0 t = \frac{1}{2}V[\cos(\omega_0-\Omega)t-\cos(\omega_0+\Omega)t]$$

$$v_2 = V\cos\Omega t\cos\omega_0 t = \frac{1}{2}V[\cos(\omega_0-\Omega)t+\cos(\omega_0+\Omega)t]$$

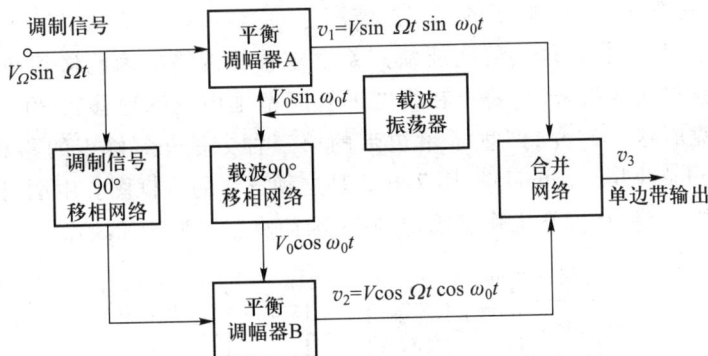

图7.6.4　相移法单边带调制器方框图

因此，输出电压为

$$v_3 = K(v_1+v_2) = KV\cos(\omega_0-\Omega)t \tag{7.6.1}$$

式中，K 为合并网络的电压传输系数；V 为平衡调幅器输出电压幅度，与 V_0 及 V_Ω 成正比。

由式（7.6.1）可知，v_3 就是所需要的单边带信号。由于它不是依靠滤波器来抑制另一个边带的，所以这种方法原则上能把相距很近的两个边频带分开，而不需要多次重复调制和复杂的滤波器。这是相移法的突出优点。但这种方法要求调制信号的移相网络和载波的移相网络在整个频带范围内，都要准确地移相90°。这一点在实际上是很难做到的。可以证明[3]，若载波相移误差（以90°为准）为 Δ，调制信号相移误差（以90°为准）为 δ，则输出中对不需要边带的抑制程度可用下式表示[1]：

---

① 边带抑制度 $=20\lg\dfrac{\text{所需要的边带电压}}{\text{被抑制的边带电压}}$。

$$边带抑制度 = 10\ \lg\frac{1+\cos(\Delta-\delta)}{1-\cos(\Delta+\delta)}(\mathrm{dB})$$

上式是在假定两个平衡调幅器的输出振幅相等的条件下获得的。当 $\Delta = \delta = 0$ 时，抑制度 $=\infty$ dB。这是理想情况，即输出中完全抑制了不需要的边带。当 Δ 或 δ 加大时，抑制度迅速降低。例如，误差为 1° 时，抑制度为 40 dB；误差为 10° 时，抑制度则降为 21 dB。

由于这种方法对移相网络元件数值的准确度要求很高，所以，在要求对不需要的边带应有高度抑制的正规干线中，相移法反而不如滤波法简单经济。而且由于滤波器的性能稳定可靠，所以，滤波法仍然是目前的标准形式。但相移法对于要求不高的小型电台来说，还是有使用价值的。

3. 第三种方法——修正的移相滤波法

上面已经谈到，相移法的主要缺点是要求移相网络准确地移相 90°。尤其是对于音频移相网络来说，要求在很宽的音频范围内准确地移相 90° 是很困难的。为了克服这一缺点，产生了单边带的第三种方法——修正的移相滤波法（modified phase-shift method）。图 7.6.5 是这种方法的方框图。由图可知，这种方法所用的 90° 移相网络工作于固定频率，因而克服了上法的缺点。

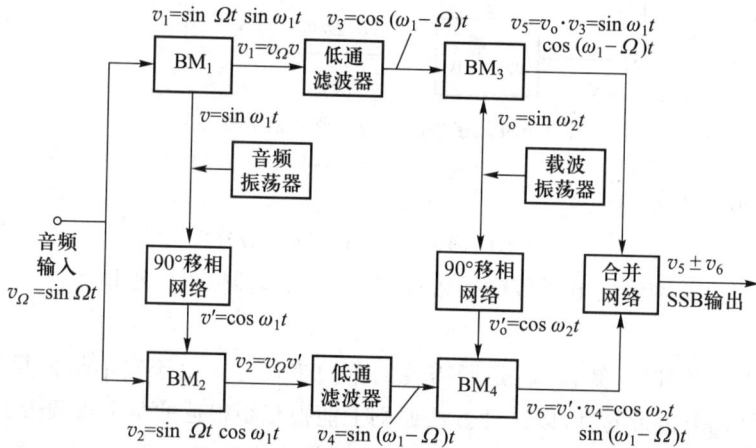

图 7.6.5 产生单边带信号的第三种方法的方框图

参阅图 7.6.5，为简化起见，电压幅度都假定为 1。由于平衡调幅器的有用输出电压为相乘项，因此 BM_1 的输出电压

$$v_1 = v \cdot v_\Omega = \sin\omega_1 t\ \sin\Omega t$$

$$= \frac{1}{2}\big[\cos(\omega_1-\Omega)t - \cos(\omega_1+\Omega)t\big]$$

BM_2 的输出电压

$$v_2 = v' \cdot v_\Omega = \cos \omega_1 t \sin \Omega t$$

$$= \frac{1}{2} \left[\sin(\omega_1 - \Omega) t + \sin(\omega_1 + \Omega) t \right]$$

经低通滤波器滤去上边带 $\omega_1 + \Omega$ 项后,得下边带为

$$v_3 = \cos(\omega_1 - \Omega) t$$

$$v_4 = \sin(\omega_1 - \Omega) t$$

因此,BM_3 的输出电压

$$v_5 = v_o \cdot v_3 = \sin \omega_2 t \cos(\omega_1 - \Omega) t$$

$$= \frac{1}{2} \left[\sin(\omega_2 + \omega_1 - \Omega) t \right.$$

$$\left. + \sin(\omega_2 - \omega_1 + \Omega) t \right]$$

BM_4 的输出电压

$$v_6 = v'_o \cdot v_4 = \cos \omega_2 t \sin(\omega_1 - \Omega) t$$

$$= \frac{1}{2} \left[\sin(\omega_2 + \omega_1 - \Omega) t - \sin(\omega_2 - \omega_1 + \Omega) t \right]$$

最后得到合并网络的输出电压

$$v_5 - v_6 = \sin \left[(\omega_2 - \omega_1) + \Omega \right] t \qquad (7.6.2)$$

或

$$v_5 + v_6 = \sin \left[(\omega_2 + \omega_1) - \Omega \right] t \qquad (7.6.3)$$

式(7.6.2)[或式(7.6.3)]即为载频 $\omega_0 = \omega_2 - \omega_1$[或 $\omega_2 + \omega_1$]的单边带信号。

这种方法所需要的移相网络工作于固定频率 ω_1 与 ω_2,因此制造和维护都比较简单。它特别适用于小型轻便设备,是一种有发展前途的方法。

§7.7 残留边带调幅

单边带调幅具有节约频带与节约发射功率两大优点,因而受到重视,可以说是最好的调幅制式。但单边带的调制与解调都比较复杂,而且不适于传送带有直流分量的信号。为此,在单边带调幅与双边带调幅之间,有一种折中方式,即残留边带调幅(vestigal sideband amplitude modulation,简写为 VSBAM)。

为了说明,图 7.7.1 示出标准调幅制、载波被抑制的双边带调幅制、单边带调幅制和残留边带调幅制的频谱示意图。由图 7.7.1(d)可以看出,所谓残留边带调幅与单边带调幅的不同之处是它传送被抑制边带的一部分,同时又将被传送边带也抑制掉一部分。为了保证信号无失真的传输,传送边带中被抑制部分和抑制边带中的被传送部分应满足互补对称关系。这一点从物理意义上很容易理解。因为解调时,与载波频率 ω_0 成对称的各频率分量正好叠加,从而恢复为

原来的调制信号,没有失真。

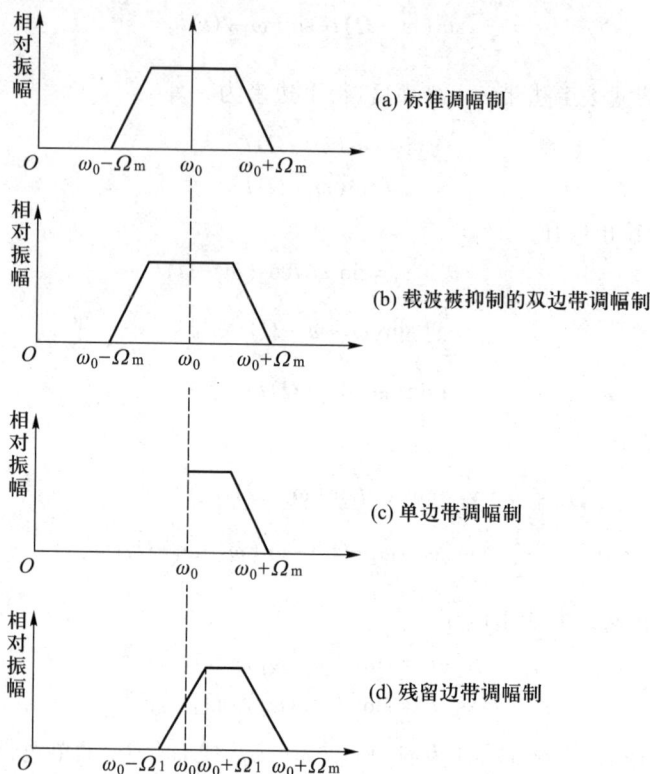

图 7.7.1 各种调幅制式的频谱示意图

VSBAM 所占频带比单边带略宽一些($\omega_0 \gg \Omega_1$,因而频宽增加很小),因而基本具有单边带制的优点。由于它在 ω_0 附近的一定范围内具有两个边带,因此在调制信号(例如电视信号)含有直流分量时,这种调制方式可以适用。另外,残留边带滤波器比单边带滤波器易于实现。以上就是 VSBAM 的特点。

§7.8 高电平调幅

高电平调幅就是在功率电平高的级中完成调幅过程。这个过程通常都是在丙类放大级进行的。根据调制信号控制的电极不同,调制方法主要有如下两种。

集电极(或阳极)调幅:调制信号控制集电极(阳极)电源电压,以实现调幅。

基极(或控制栅极)调幅:调制信号控制基极(控制栅极)电源电压,以实现调幅。

7.8.1 集电极调幅

所谓集电极(阳极)调幅,就是用调制信号来改变高频功率放大器的集电极
(阳极)直流电源电压,以实现调幅。它的基本电路如图 7.8.1 所示。由图可
知,低频调制信号 $V_\Omega \cos \Omega t$ 与直流电源 V_{CC} 相串联,因此放大器的有效集电极电
源电压等于上述两个电压之和,它随调制信号波形而变化。根据第 5 章
图 5.3.8可知,在过压状态下,集电极电流的基波分量 I_{cm1} 随集电极电源电压成
正比变化。因此,集电极的回路输出高频电压振幅将随调制信号的波形而变化,
于是得到调幅波输出。

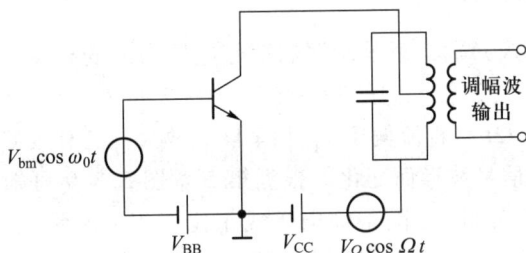

图 7.8.1 集电极调幅的基本电路

由此可知,为了获得有效的调幅,集电极调幅电路必须总是工作于过压状态。

可以证明,集电极调幅的集电极效率高,晶体管获得充分的应用,这是它的
主要优点。其缺点是已调波的边频带功率 $P_{(\omega_0 \pm \Omega)}$ 由调制信号供给,因而需要大功
率的调制信号源。下面以例题来说明集电极调幅的功率与效率这一重要问题。

例 7.8.1 有一载波输出功率等于 15 W 的集电极被调放大器,它在载波点(未调制时)
的集电极效率 $\eta_T = 75\%$ 。试求各项功率。

解 直流输入功率
$$P_{=T} = \frac{P_{oT}}{\eta_T} = \frac{15}{0.75} \text{ W} = 20 \text{ W}$$

未调幅时的集电极耗散功率为
$$P_{cT} = P_{=T} - P_{oT} = 20 \text{ W} - 15 \text{ W} = 5 \text{ W}$$

在 100% 调幅时,调幅器供给的调制功率为
$$P_{c\Omega} = \frac{1}{2} P_{=T} = \frac{1}{2} \times 20 \text{ W} = 10 \text{ W}$$

边带功率
$$P_{(\omega_0 \pm \Omega)} = \frac{1}{2} P_{oT} = \frac{1}{2} \times 15 \text{ W} = 7.5 \text{ W}$$

总输出功率
$$P_{oav} = P_{oT} + P_{(\omega_0 \pm \Omega)} = 15 \text{ W} + 7.5 \text{ W} = 22.5 \text{ W}$$

总输入功率
$$P_{=av} = P_{=T}\left(1 + \frac{m_a^2}{2}\right) = 20 \times 1.5 \text{ W} = 30 \text{ W}$$

集电极平均效率
$$\eta_{av} = \frac{P_{oav}}{P_{=av}} = \frac{22.5 \text{ W}}{30 \text{ W}} = 75\% = \eta_T$$

集电极平均耗散功率 $\quad P_{\text{cav}} = P_{=\text{av}} - P_{\text{oav}} = 30\ \text{W} - 22.5\ \text{W} = 7.5\ \text{W}$

可见此时损耗功率比未调制时增加了 50%，选管时应以此为准，即应选用 $P_{\text{CM}} > P_{\text{cav}}$ 的管子。

最大点（调幅峰）的功率与效率为

$$P_{=\max} = (1 + m_a)^2 P_{=\text{T}} = 4 \times 20\ \text{W} = 80\ \text{W}$$

$$P_{\text{omax}} = (1 + m_a)^2 P_{\text{oT}} = 4 \times 15\ \text{W} = 60\ \text{W}$$

$$P_{\text{cmax}} = (1 + m_a)^2 P_{\text{cT}} = 4 \times 5\ \text{W} = 20\ \text{W}$$

$$\eta_{\text{cmax}} = \frac{P_{\text{omax}}}{P_{=\max}} = \frac{60\ \text{W}}{80\ \text{W}} = 75\% = \eta_{\text{av}} = \eta_{\text{T}}$$

可见，不论调制与否，此时集电极效率总是维持不变。

7.8.2 基极调幅

所谓基极（栅极）调幅，就是用调制信号电压来改变高频功率放大器的基极（栅极）偏压，以实现调幅。它的基本电路如图 7.8.2 所示。由图可知，低频调制信号电压 $V_\Omega \cos \Omega t$ 与直流偏压 V_{BB} 相串联。放大器的有效偏压等于这两个电压之和，它随调制信号波形而变化。根据第 5 章图 5.3.9 可知，在欠压状态下，集电极电流的基波分量 I_{cm1} 随基极电压成正比变化。因此，集电极的回路输出高频电压振幅将随调制信号的波形而变化，于是得到调幅波输出。

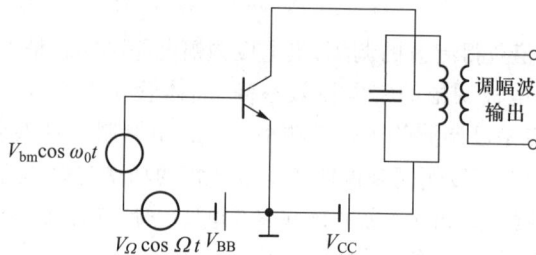

图 7.8.2　基极调幅的基本电路

由此可知，为了获得有效的调幅，基极调幅电路必须总是工作于欠压状态。

可以证明，基极调幅的平均集电极效率不高，这是它的主要缺点。它的主要优点是所需调制功率很小，对整机的小型化有利。

§7.9 包 络 检 波

7.9.1 包络检波器的工作原理

§7.1 中已简略介绍了调幅波的解调（检波）方法有包络检波、同步检波等。本节研究连续波串联式二极管大信号包络检波器。图 7.9.1（a）所示是这种检波器的电路原理图，图 7.9.1（b）所示则是它的波形图。图中 R 为负载电阻，它的数值较大;C 为负载电容,它的值应选取得在高频时,其阻抗远小于 R,可视为短路,而在调制频率(低频)时,其阻抗则远大于 R,可视为开路。此时输入的高频信号电压 v_i 较大。由于负载电容 C 的高频阻抗很小,所以高频电压大部分加到二极管 D 上。在高频信号正半周,二极管导电,并对电容器 C 充电。由于二极管导通时的内阻很小,所以充电电流 i_D 很大,充电方向如图 7.9.1(a)所示,使电容器上的电压 v_C 在很短时间内就接近高频电压的最大值。这个电压建立后通过信号源电路,又反向地加到二极管 D 的两端。这时二极管导通与否,由电容器 C 上的电压 v_C 和输入信号电压 v_i 共同决定。当高频电压由最大值下降到小于电容器上的电压时,二极管截止,电容器就会通过负载电阻 R 放电。由于放电时间常数 RC 远大于高频电压的周期,故放电很慢。当电容器上的电压下降不多时,高频第二个正半周的电压又超过二极管上的负压,使二极管又导通。图 7.9.1(b)中 t_1 到 t_2 的时间为二极管导通时间,在此时间内又对电容器充电,电容器上的电压又迅速接近第二个高频电压的最大值。这样不断地循环反复,就得到图 7.9.1(b)中电压 v_C 的波形。因此,只要适当选择 RC 和二极管 D,以使充电时间常数 $R_d C$(R_d 为二极管导通时的内阻)足够小,充电很快;而放电时间常数 RC 足够大,放电很慢($R_d C \ll RC$),就可使 C 两端的电压 v_C 的幅度与输入电压 v_i 的幅度相当接近,即传输系数接近 1。另一方面,电压 v_C 虽然有些起伏不平(锯齿形),但因正向导电时间很短,放电时间常数又远大于高频电压周期(放电时 v_C 基本不变),所以输出电压 v_C 的起伏是很小的,可看成与高频调幅波包络基本一致,所以又叫作峰值包络检波(peak envelope detection)。

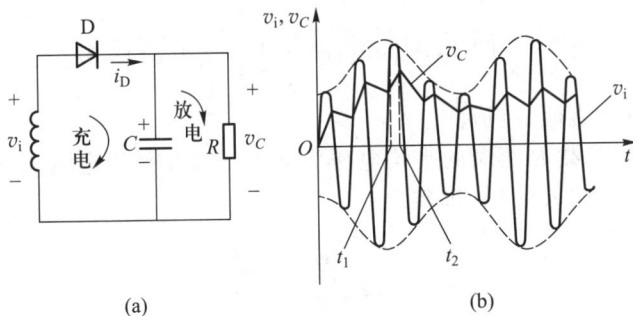

图 7.9.1 二极管检波器的电路原理图和波形图

由此可见,大信号的检波过程,主要是利用二极管的单向导电特性和检波负载 RC 的充放电过程。

7.9.2 包络检波器的质量指标

下面讨论这种检波器的几个主要质量指标:电压传输系数(检波效率)、输入电阻和失真。

1. 电压传输系数(检波效率)

电压传输系数的定义为

$$K_d = \frac{\text{检波器的音频输出电压 } V_\Omega}{\text{输入调幅波包络振幅 } m_a V_{im}}$$

此处,V_{im} 为调幅波的载波振幅。用第 4 章的折线近似分析法可以证明

$$K_d = \cos \theta \qquad\qquad (7.9.1)$$

式中,θ 为电流通角,其值为

$$\theta \approx \sqrt[3]{\frac{3\pi R_d}{R}} \qquad\qquad (7.9.2)$$

此处,R 为检波器负载电阻;R_d 为检波器内阻。

因此,大信号检波的电压传输系数 K_d 是不随信号电压而变化的常数,它仅取决于二极管内阻 R_d 与负载电阻 R 的比值。当 $R \gg R_d$ 时,$\theta \to 0$,$\cos \theta \to 1$。即检波效率 K_d 接近于 1,这是包络检波的主要优点。

2. 等效输入电阻 R_{id}

检波器的等效输入电阻定义为

$$R_{id} = \frac{V_{im}}{I_{im}} \qquad\qquad (7.9.3)$$

式中,V_{im} 为输入高频电压的振幅;I_{im} 为输入高频电流的基波振幅。

由于二极管电流 i_d 只在高频信号电压为正峰值的一小段时间通过,电流通角 θ 很小,所以它的基频电流振幅为

$$I_{im} = \frac{1}{\pi}\int_{-\pi}^{\pi} i_d \cos \omega t \, d(\omega t) \approx \frac{1}{\pi}\int_{-\theta}^{\theta} i_d \, d(\omega t) = 2I_0 \qquad (7.9.4)$$

式中,I_0 为平均(直流)电流。

另一方面,负载 R 两端的平均电压为 $K_d V_{im}$,因此平均电流 $I_0 = K_d V_{im}/R$,代入式(7.9.4)与式(7.9.3),即得

$$R_{id} = \frac{V_{im}}{2K_d V_{im}/R} = \frac{R}{2K_d} \qquad\qquad (7.9.5)$$

通常 $K_d \approx 1$,因此 $R_{id} \approx R/2$,即大信号二极管的输入电阻约等于负载电阻的一半。

由于二极管输入电阻的影响,使输入谐振回路的 Q 值降低,消耗一些高频功率。这是二极管检波器的主要缺点。

3. 失真

理想情况下,包络检波器的输出波形应与调幅波包络线的形状完全相同。但实际上,二者之间总会有一些差别,亦即检波器输出波形有某些失真。产生的

失真主要有:① 惰性失真(inertia distortion);② 负峰切割失真(negative peak clipping distortion);③ 非线性失真;④ 频率失真。

(1) 惰性失真(对角线切割失真)

这种失真是由于负载电阻 R 与负载电容 C 的时间常数 RC 太大所引起的。这时电容 C 上的电荷不能很快地随调幅波包络变化。参阅图 7.9.2,在调幅波包络下降时,由于 RC 时间常数太大,在图中 $t_1 \sim t_2$ 时间内,输入信号电压 v_i 总是低于电容 C 上的电压 v_C,二极管始终处于截止状态,输出电压不受输入信号电压控制,而是取决于 RC 的放电,只有当输入信号电压的振幅重新超过输出电压时,二极管才重新导电。这个非线性失真是由于 C 的惰性太大引起的,所以称为惰性失真。为了防止惰性失真,只要适当选择 RC 的数值,使 C 的放电加快,能跟上高频信号电压包络的变化就行了。

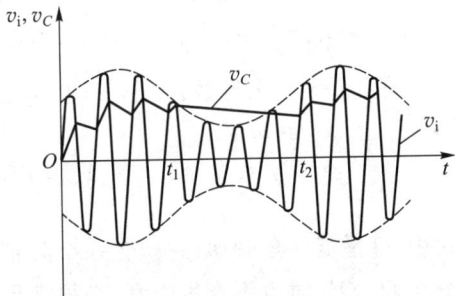

图 7.9.2 惰性失真

下面我们来确定不产生惰性失真的条件。

若输入高频调幅波振幅按下式变化:

$$V'_{im} = V_{im}(1 + m_a \cos \Omega t)$$

则其变化速度为

$$\frac{dV'_{im}}{dt} = -m_a \Omega V_{im} \sin \Omega t \tag{7.9.6}$$

电容器 C 通过电阻 R 放电,放电时通过 C 的电流 i_C 应等于通过 R 的电流 i_R。而

$$i_C = \frac{dQ}{dt} = C\frac{dv_C}{dt}; \quad i_R = \frac{v_C}{R}$$

所以

$$C\frac{dv_C}{dt} = \frac{v_C}{R}$$

$$\frac{dv_C}{dt} = \frac{v_C}{RC} \tag{7.9.7}$$

对大信号检波而言,$K_d \approx 1$,所以,在二极管停止导电的瞬间(图 7.9.2 中 t_1),$v_C \approx V'_{imo}$,所以

$$\frac{dv_C}{dt} = \frac{V_{im}}{RC}(1 + m_a \cos \Omega t) \tag{7.9.8}$$

令

$$A = \frac{dV'_{im}}{dt} \Big/ \frac{dv_C}{dt}$$

将式(7.9.6)和式(7.9.8)代入,得

$$A = RC\Omega \left| \frac{m_{a}\sin \Omega t}{1+m_{a}\cos \Omega t} \right| \tag{7.9.9}$$

显然,要不产生失真,必须使 $A<1\left(\frac{\mathrm{d}v_{C}}{\mathrm{d}t}>\frac{\mathrm{d}V'_{\mathrm{im}}}{\mathrm{d}t}\right)$,即 v_{C} 变化的速度应比高频电压包络变化的速度快。

由式(7.9.9)可见,A 值是 t 的函数。在 t 为某一数值时,A 值最大,等于 $A_{\max}$,只要 $A_{\max}<1$,则不管 t 为何值,惰性失真都不会发生。

将 A 值对 t 求导数,并令 $\dfrac{\mathrm{d}A}{\mathrm{d}t}=0$,可以求得

$$A_{\max} = RC\Omega \frac{m_{a}}{\sqrt{1-m_{a}^{2}}} \tag{7.9.10}$$

式中,Ω 是低频角频率,它包含一个频带范围。当 $\Omega=\Omega_{\max}$ 时,$A_{\max}$ 最大。为了保证在 $\Omega=\Omega_{\max}$ 时也不产生失真,必须满足

$$RC\Omega_{\max} \frac{m_{a}}{\sqrt{1-m_{a}^{2}}} < 1 \tag{7.9.11}$$

或写成

$$RC\Omega_{\max} < \frac{\sqrt{1-m_{a}^{2}}}{m_{a}} \tag{7.9.12}$$

式(7.9.11)和式(7.9.12)就是不产生惰性失真的条件。式中 m_{a} 是调制系数;$\Omega_{\max}$ 是被检信号的最高调制角频率。

由式(7.9.11)和式(7.9.12)可见,m_{a} 愈大,则 RC 时间常数应选择得愈小。这是由于 m_{a} 愈大,高频信号的包络变化愈快,所以 RC 时间常数需要小些,以缩短放电时间,才能跟得上包络的变化。同样,当最高调制角频率 $\Omega_{\max}$ 加大时,高频信号包络的变化也加快,所以 RC 时间常数也应相应缩短。

当 $m_{a}=0.8$ 时,由式(7.9.11)和式(7.9.12),得

$$\Omega_{\max}RC \leqslant 0.75$$

通常,对应最高调制角频率的调制系数很少达到 0.8,因此在工程上可按下式计算:

$$\Omega_{\max}RC \leqslant 1.5 \tag{7.9.13}$$

(2) 负峰切割失真(底边切割失真)

这种失真是由于检波器的直流负载电阻 R 与交流(音频)负载电阻不相等,而且调幅度 m_{a} 又相当大引起的。

参阅图 7.9.3,检波器电路通过耦合电容 C_{c} 与输入电阻为 r_{i2} 的低频放大器相连接。C_{c} 的容量较大,对音频来说,可以认为是短路。因此交流负载电阻 R_{Ω}

等于直流负载电阻 R 与 r_{i2} 的并联值,即

$$R_\Omega = \frac{R \cdot r_{i2}}{R + r_{i2}} < R$$

由于交、直流负载电阻不同,有可能产生失真。这种失真通常使检波器音频输出电压的负峰被切割,因此称为负峰切割失真。

下面就来分析产生这种失真的原因和确定不产生这种失真的条件。

图 7.9.3 考虑了耦合电容 C_c 和低放输入电阻 r_{i2} 后的检波器电路

造成交、直流负载电阻不同的原因是隔直流电容 C_c 的存在。在稳定状态下,C_c 上有一个直流电压 V_c,其大小近似等于输入高频电压的振幅 V_{im},即 $V_c \approx V_{im}$。由于 C_c 容量较大(几微法),在音频一周内,其上电压 V_c 基本不变,所以可把它看作一个直流电源。它在电阻 R 和 r_{i2} 上产生分压,如图 7.9.4 所示。电阻 R 上所分的电压为

$$V_R = V_c \frac{R}{R + r_{i2}}$$

$$\approx V_{im} \frac{R}{R + r_{i2}} \tag{7.9.14}$$

此电压对二极管而言是负的。

当输入调幅波的调制系数 m_a 较小时,这个电压的存在不致影响二极管的工作。当调制系数 m_a 较大时,输入调幅波低频包络的负半周可能低于 V_R,在这期间二极管将截止。直至输入调幅波包络负半周变到大于 V_R 时,二极管才能恢复正常工作。因此,产生了如图 7.9.4 所示的波形失真。它将输出低频电压负峰切割。

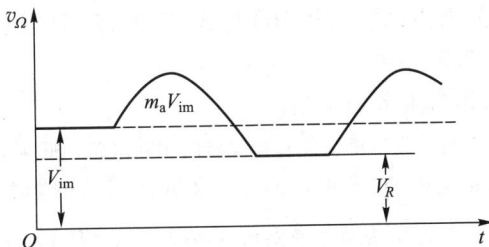

图 7.9.4 负峰切割失真波形

显然,r_{i2} 愈小,则 V_R 分压值愈大,这种失真愈易产生;另外,m_a 愈大,则 $m_a V_{im}$(调幅波振幅)愈大,这种失真也愈易产生。

由图 7.9.4 可见,要防止这种失真,必须满足

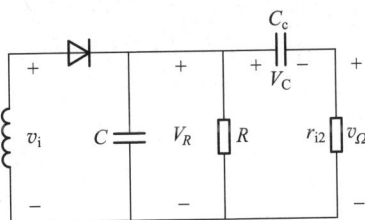

$$(V_{im} - m_a V_{im}) > V_R \quad 即 \quad (V_{im} - m_a V_{im}) > V_{im}\frac{R}{R+r_{i2}}$$

所以

$$1 - m_a > \frac{R}{R+r_{i2}}$$

或

$$m_a < \frac{r_{i2}}{R+r_{i2}} = \frac{R_\Omega}{R} \tag{7.9.15}$$

式(7.9.15)就是不产生负峰切割失真的条件。因此,应该对 R_Ω 和 R 的差别提出要求。

当 $m_a = 0.8 \sim 0.9$ 时,R_Ω 和 R 的差别应为 $10\% \sim 20\%$ 甚至更低。R 愈大,这个条件愈难满足。因此直流负载电阻 R 的选择还受负峰切割失真的限制。通常 R 取 $5 \sim 10$ kΩ。

（3）非线性失真

这种失真是由检波二极管伏安特性曲线的非线性所引起的。这时检波器的输出音频电压不能完全和调幅波的包络成正比。但如果负载电阻 R 选得足够大,则检波管非线性特性影响就足够小,它所引起的非线性失真即可以忽略。

（4）频率失真

这种失真是由于图 7.9.3 中的耦合电容 C_c 和滤波电容 C 所引起的。C_c 的存在主要影响检波的下限频率 Ω_{min}。为使频率为 Ω_{min} 时,C_c 上的电压降不大,不产生频率失真,必须满足下列条件:

$$\frac{1}{\Omega_{min} C_c} \ll r_{i2} \quad 或 \quad C_c \gg \frac{1}{\Omega_{min} r_{i2}} \tag{7.9.16}$$

电容 C 的容抗应在上限频率 Ω_{max} 时,不产生旁路作用,即它应满足下列条件:

$$\frac{1}{\Omega_{max} C} \gg R \quad 或 \quad C \ll \frac{1}{\Omega_{max} R} \tag{7.9.17}$$

在通常的音频范围内,式(7.9.16)与式(7.9.17)是容易满足的。一般 C_c 约为几微法,C 约为 0.01 μF。

下面举一实例,作为本节的小结。

例 7.9.1　图 7.9.5 是某收音机二极管检波器的实际电路。低频电压由电位器 R_2 引出（音量控制）。$C_1 R_1$ 和 $C_2 R_2$ 组成检波负载,取出低频分量,滤除高频分量。电阻 $R_3' \left[R_3' = R_3 + \frac{R_d(R_1 + R_2)}{R_d + (R_1 + R_2)} \right]$ 和 R_4 是确定自动增益控制（AGC）[①] 受控级（中放由 T_2 组成）工作点电流的基极分压电阻。电阻 R_3 和 R_4 也是供给二极管固定偏压的分压电阻。

[①]　自动增益控制原理在第 10 章讨论。

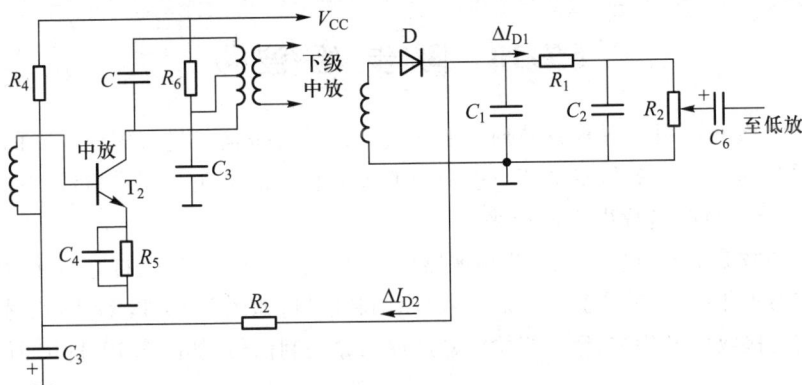

图 7.9.5　实际二极管检波器电路

（1）二极管的选择

选用点接触型二极管 2AP9。导通时的电阻 R_d 约为 100 Ω，总等效电容 C_d 约为 1 pF。

（2）电阻 R_1、R_2 的决定

检波器后的低频放大器总输入电阻 r_{i2} 为 2 ～ 5 kΩ。因此，为了满足条件 $\dfrac{R_\Omega}{R} > m_a$［式

$(7.9.15)$］，$R = R_1 + R_2$ 不能选得太大，一般选 $R = 5$ ～ 10 kΩ。根据分负载条件，$R_1 \approx$

$\left(\dfrac{1}{5} \sim \dfrac{1}{10}\right) R_2$，现取 $R_2 = 5.1$ kΩ、$R_1 = \dfrac{1}{10} R_2 = 510$ Ω。这时，$R_\Omega = R_1 + \dfrac{R_2 \cdot r_{i2}}{R_2 + r_{i2}}$（考虑 R_2 在最上位

置，即 $R_2 = 5.1$ kΩ 且 $r_{i2} = 3$ kΩ），则

$$R_\Omega = 510 \ \Omega + \frac{5.1 \times 10^3 \times 3 \times 10^3}{5.1 \times 10^3 + 3 \times 10^3} \ \Omega = 2\,400 \ \Omega$$

所以

$$\frac{R_\Omega}{R} = \frac{2\,400 \ \Omega}{5\,610 \ \Omega} \approx 0.43$$

通常，在接收机中调幅度 m_a 最大约为 0.8，平均为 0.3，因此 $\dfrac{R_\Omega}{R} > 0.4$（取 $m_a = 0.4$）是可

以的。

如果 2AP9 导通时的电阻 $R_d \approx 100$ Ω，则由式$(7.9.2)$可以求得 $\theta \approx 30°$，所以电压传输系

数 $K_d = \cos \theta = 0.86$。

等效输入电阻 $R_{id} = \dfrac{1}{2} R = 2.8$ kΩ。

（3）负载电容 C_1 和 C_2 的确定

从不产生惰性失真条件出发［参看式$(7.9.13)$］

$$\Omega_{max} RC < 1.5$$

取 $\Omega_{max} = 2\pi F_{max} = 2\pi \times 4.5 \times 10^3$（对一般收音机来说，最高音频 $F_{max} = 4\,500$ Hz），从而求得

C 小于 0.01 μF。

C_1 和 C_2 可采用 0.01 μF。

§7.10 同 步 检 波 [①]

同步检波器用于对载波被抑制的双边带或单边带信号进行解调。它的特点是必须外加一个频率和相位都与被抑制的载波相同的电压。同步检波（synchronous detection）的名称即由此而来。

外加载波信号电压加入同步检波器可以有两种方式：一种是将它与接收信号在检波器中相乘，经低通滤波器后，检出原调制信号，如图 7.10.1(a) 所示；另一种是将它与接收信号相加，经包络检波器后取出原调制信号，如图 7.10.1(b) 所示。

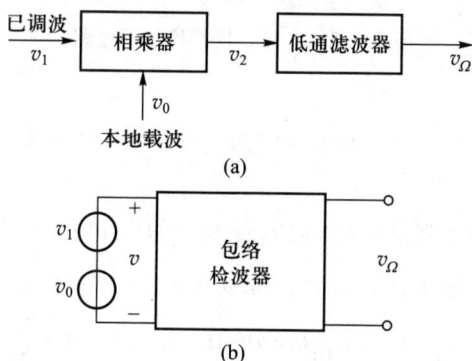

图 7.10.1 同步检波器方框图

先讨论图 7.10.1(a) 所示的乘积检波器。设输入的已调波为载波分量被抑制的双边带信号 v_1，即

$$v_1 = V_{1m} \cos \Omega t \cos \omega_1 t \tag{7.10.1}$$

本地载波电压

$$v_0 = V_0 \cos(\omega_0 t + \varphi) \tag{7.10.2}$$

本地载波的角频率 ω_0 准确地等于输入信号载波的角频率 ω_1，即 $\omega_0 = \omega_1$，但二者的相位可能不同；这里 φ 表示它们的相位差。

这时相乘输出（假定相乘器传输系数为 1）

$$v_2 = V_{1m} V_0 (\cos \Omega t \cos \omega_1 t) \cos(\omega_1 t + \varphi)$$

$$= \frac{1}{2} V_{1m} V_0 \cos \varphi \cos \Omega t + \frac{1}{4} V_{1m} V_0 \cos[(2\omega_1 + \Omega)t + \varphi] +$$

$$\frac{1}{4} V_{1m} V_0 \cos[(2\omega_1 - \Omega)t + \varphi] \tag{7.10.3}$$

低通滤波器滤除 $2\omega_1$ 附近的频率分量后，就得到频率为 Ω 的低频信号，有

[①] 同步检波亦称相干（coherent）检波或零差（homodyne）检波。

$$v_\Omega = \frac{1}{2} V_{1m} V_0 \cos \varphi \cos \Omega t \qquad (7.10.4)$$

由式(7.10.4)可见,低频信号的输出幅度与 $\cos \varphi$ 成正比。当 $\varphi = 0$ 时,低频信号电压最大,随着相位差 φ 加大,输出电压减弱。因此,在理想情况下,除本地载波与输入信号载波的角频率必须相等外,希望二者的相位也相同。此时,乘积检波称为"同步检波"。

图7.10.2为输入双边带信号时,乘积检波器的有关波形与频谱。

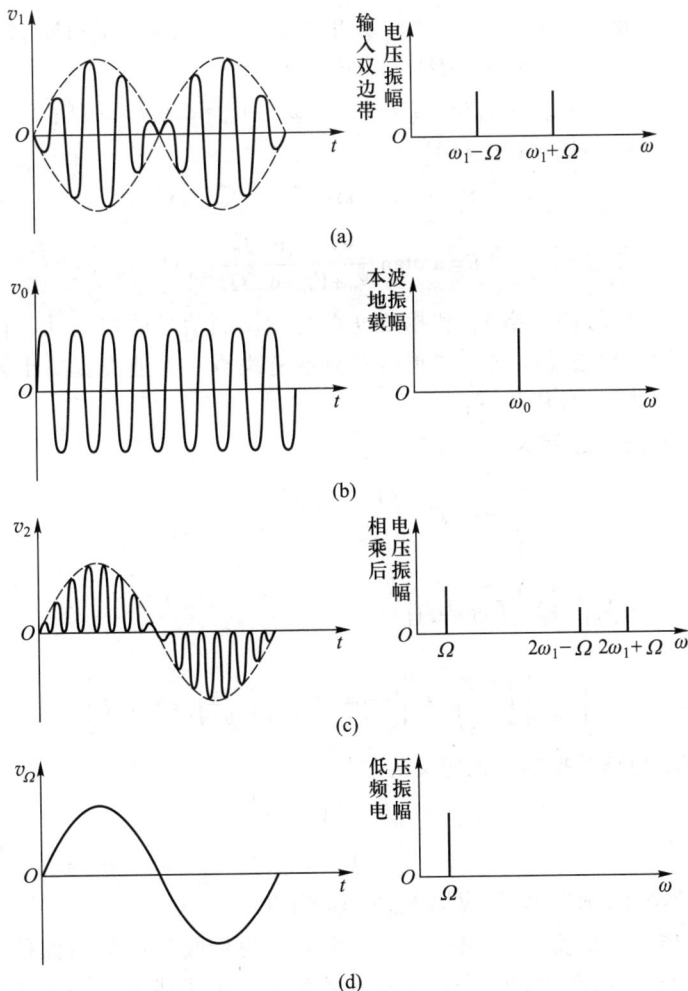

图7.10.2 输入双边带信号时乘积检波器的有关波形和频谱

对单边带信号来说,解调过程也是一样的,不再重复。

若输入为含有载波频率的已调波,则本地载波频率可用一个中心频率为 ω_0

的窄带滤波器直接从已调波信号中取得。

采用环形(图 7.4.5)或桥形(图 7.4.4)调制器电路,都可做成同步检波器电路,只是将调制电路中的音频信号输入改为双边带或单边带信号输入,即成为乘积检波电路。也可以采用模拟乘法器(图 7.5.1)作为乘积检波器,同样是将音频信号输入改为双边带或单边带信号输入即可。不再赘述。

对于图 7.10.1(b)所示的电路,合成输入信号为

$$v = v_1 + v_0$$

此处,v_0 为本振电压 $V_0 \cos \omega_0 t$。设 v_1 为单边带信号 $V_{1m} \cos(\omega_0 + \Omega) t$,则

$$
\begin{aligned}
v &= V_{1m} \cos(\omega_0 + \Omega) t + V_0 \cos \omega_0 t \\
&= V_{1m} \cos \omega_0 t \cos \Omega t + V_0 \cos \omega_0 t - V_{1m} \sin \omega_0 t \sin \Omega t \\
&= V_m \cos(\omega_0 t + \theta)
\end{aligned}
\tag{7.10.5}
$$

式中

$$V_m = \sqrt{(V_0 + V_{1m} \cos \Omega t)^2 + (V_{1m} \sin \Omega t)^2} \tag{7.10.6}$$

$$\theta = \arctan \frac{-V_{1m} \sin \Omega t}{V_0 + V_{1m} \cos \Omega t} \tag{7.10.7}$$

由此可知,合成信号的包络 V_m 和相角 θ 都受到调制信号的控制,因而由包络检波器构成的同步检波器检出的调制信号显然有失真。为使失真减小到允许值,就必须使 $V_0 \gg V_{1m}$。分析如下:

式(7.10.6)可改写为

$$
\begin{aligned}
V_m &= V_0 \left[1 + 2 \frac{V_{1m}}{V_0} \cos \Omega t + \left(\frac{V_{1m}}{V_0} \right)^2 \right]^{\frac{1}{2}} \\
&\approx V_0 \left(1 + 2 \frac{V_{1m}}{V_0} \cos \Omega t \right)^{\frac{1}{2}} \\
&\approx V_0 \left[1 - \frac{1}{4} \left(\frac{V_{1m}}{V_0} \right)^2 + \frac{V_{1m}}{V_0} \cos \Omega t - \frac{1}{4} \left(\frac{V_{1m}}{V_0} \right)^2 \cos 2\Omega t \right]
\end{aligned}
\tag{7.10.8}
$$

式中二次谐波与基波振幅之比定义为

$$k_{f2} = \frac{1}{4} \frac{V_{1m}}{V_0} \tag{7.10.9}$$

若要求 $k_{f2} < 2.5\%$,则要求 V_0 应比 V_{1m} 大 10 倍以上。

作为具体电路的实例[7],图 7.10.3 为某电视接收机中的图像信号解调电路,它是专用集成电路 TA7611AP 中的有关部分。电视图像信号是残留边带调幅,适宜采用同步解调方式。

图 7.10.3 主要包括三个部分:由 $T_{33} \sim T_{39}$ 和 $R_{53} \sim R_{57}$ 构成的乘法器电路;由 $T_{22} \sim T_{32}$、$R_{43} \sim R_{52}$ 和 D_1、D_2 与外接 LC 回路构成的本地载波恢复电路;以及由 $T_{40} \sim T_{48}$、$R_{58} \sim R_{66}$ 和 $D_3 \sim D_5$ 构成的前置视频放大电路。

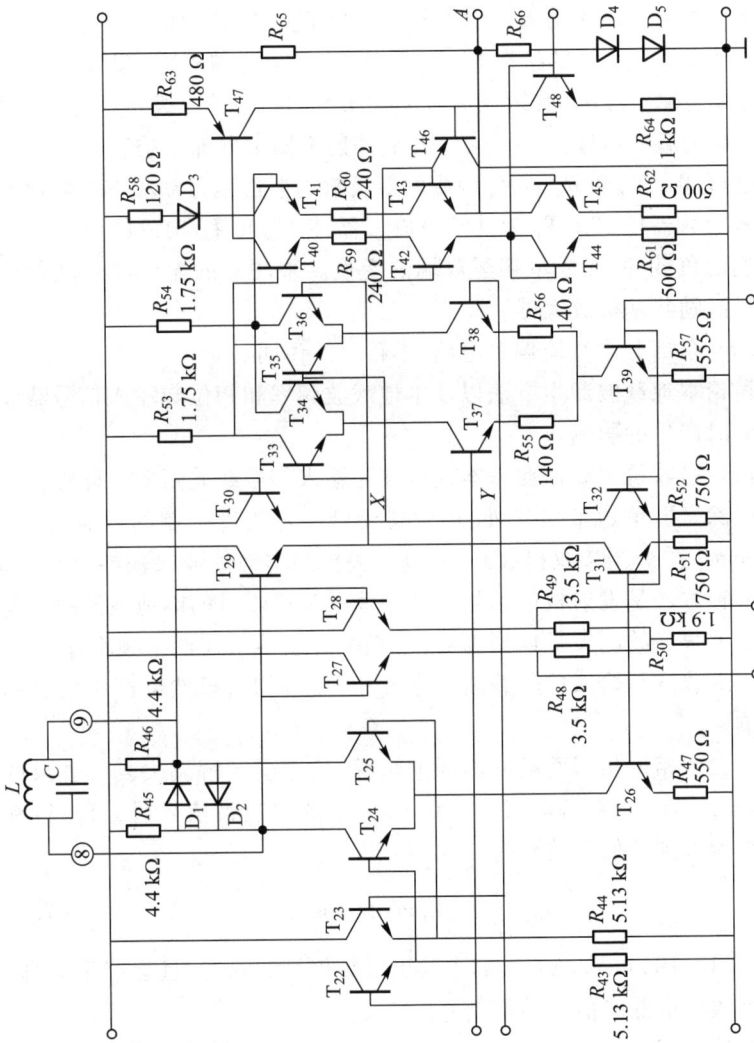

图 7.10.3 彩色电视接收机中的同步检波器

　　乘法器的 Y 路输入信号为调幅信号,它需要较好的线性工作状态,因此在 T_{37}、T_{38} 的发射极接入反馈电阻 R_{35} 和 R_{36},以扩大其线性工作范围。它的 X 路输入为本地载波信号,它的幅度较大,能使 $T_{33} \sim T_{36}$ 工作于开关状态。

　　由于电视信号中含有较大的载波分量,因而这里的载波恢复电路由窄带选频网络与放大器组成。输入调幅信号经 T_{22}、T_{23} 和 $T_{24} \sim T_{26}$ 构成的两级差分放大器放大。在第二级差分放大器的接有 D_1、D_2 和外接 LC 回路构成的限幅选频电路。LC 回路调谐于图像载波频率(我国规定为 38 MHz)。这样,第二级差分放大器的输出即为一个限幅的载波信号,经 $T_{29} \sim T_{32}$ 构成的射极输出器加至乘法器的 X 端。该载波信号还经 T_{27}、T_{28} 和 $R_{48} \sim R_{50}$ 构成的射极输出器送至自动频率控制电路[1]。

　　在视频放大器中,T_{42}、T_{43} 为共基极放大器件,T_{44} 和 T_{45} 构成的电流源电路分别作为它们的负载,并完成单端至双端的变换。乘法器的输出信号经射极输出器 T_{40} 和 T_{41} 激励共基极放大器。

　　电路的其余部分为直流偏置电路,不再一一说明。

　　下面讨论本地载波产生方法以及本地载波频率和相位与输入信号载波频率和相位不同时产生的影响。

　　在单边带接收机中如何使得本地载波与输入信号载波频率一样呢? 一种方法是发射机除发射单边带信号外,还发射受到一定程度抑制的载波[又称导频(pilot frequency)]。当接收机收到导频后,去控制本地载波振荡器,使二者频率一样。另一种方法是发射机的信号载波振荡器和接收机的本地载波振荡器都采用频率稳定度很高的石英晶体振荡器(或频率合成器),使两个频率保持不变。

　　至于本地载波与输入信号载波频率和相位不同时,显然会产生失真和输出减小等影响。

　　先讨论二者相位相同而频率不同的情况,这会引起解调失真。如果两个频率偏差 $\Delta\omega = \omega_0 - \omega_1$,则在解调式(7.10.1)所示的双边带信号时,可求得乘积检波器经滤波后得到的低频信号为

$$v_\Omega = \frac{1}{2} V_{1m} V_0 \cos \Omega t \cos \Delta\omega t \qquad (7.10.10)$$

　　由式(7.10.10)可见,$\Delta\omega$ 影响了输出低频信号的幅度,且会产生失真(输出信号受一个频率很低的信号的控制)。

　　在解调单边带信号 $V_{1m} \cos(\omega_0 + \Omega) t$ 时,可求得输出低频信号为

$$v_\Omega = \frac{1}{2} V_{1m} V_0 \cos(\Omega \pm \Delta\omega) t \qquad (7.10.11)$$

式中加减号取决于 ω_0 高于 ω_1 还是低于 ω_1。

---

[1]　自动频率控制原理见第 10 章 §10.2。

由式(7.10.11)可见,输出低频偏移了 $\Delta\omega$,同样产生失真。

最后,讨论输入信号载波和本地载波频率相同,而相位不同的情况。

由式(7.10.4)可见,$\cos\varphi$ 减小低频信号的输出幅度,但不会引起失真。但是,若 φ 是随机变化的,则输出信号也会起伏性衰减,影响解调质量。

§7.11 单边带信号的接收

单边带信号的接收过程正好和发送过程相反。典型的单边带接收机的方框图如图 7.11.1 所示。它是二次变频电路。由于 f_{i1} 较高,用调谐回路即可选出所需的边带。在第二次变频后,因为第二中频 f_{i2} 较低,一般采用带通滤波器取出单边带信号。带通滤波器可以采用石英晶体滤波器、陶瓷滤波器或机械滤波器。最后单边带信号与第三本振载波信号在乘积检波器中进行解调,经过低通滤波器后,即可获得原调制信号。

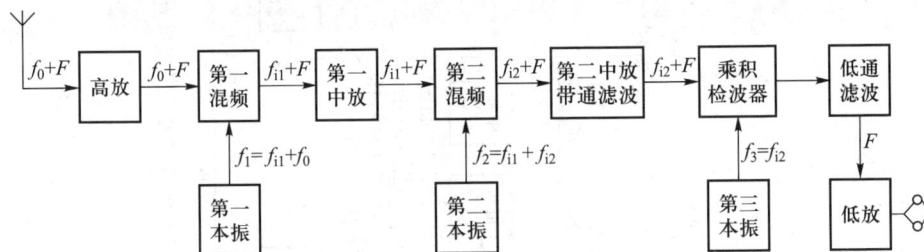

图 7.11.1 单边带接收机方框图

单边带接收有如下的特点:

① 为了使接收的信号不失真,要求接收机中的几个本振频率(f_1、f_2、f_3)非常稳定,并要与发射机的频率严格保持一致。这样,解调出来的频率 F' 才和原来的调制信号频率 F 相同,没有失真。如果由于本振频率不稳定,引起 Δf 的偏差,则使 $F'=F\pm\Delta f$,这就产生了失真。

实验表明:汉语通信要求 $\Delta f < 80$ Hz,才能保持一定的清晰度。一般要求 $\Delta f < 40$ Hz。电报要求 $\Delta f = 3 \sim 5$ Hz 甚至更小。因此,对接收机本振频率稳定度的要求很高。

② 对接收机的线性要求高。如果不高则由于非线性失真引起调制信号的频谱变化,会产生严重的信号失真。为此,在接收机中,除了要求高放、混频等级要具有严格的线性外,还应提高高频回路的选择性,并合理选择中频,以防止各种干扰落在中频通带内。

③ 检波器不能用包络检波器,而应采用乘积检波器。

图 7.11.2 为某典型单边带接收机的方框图。它的工作原理参看图中所示各部分的频谱图即可明了。本图是与图 7.6.3 的单边带发射机相对应的。

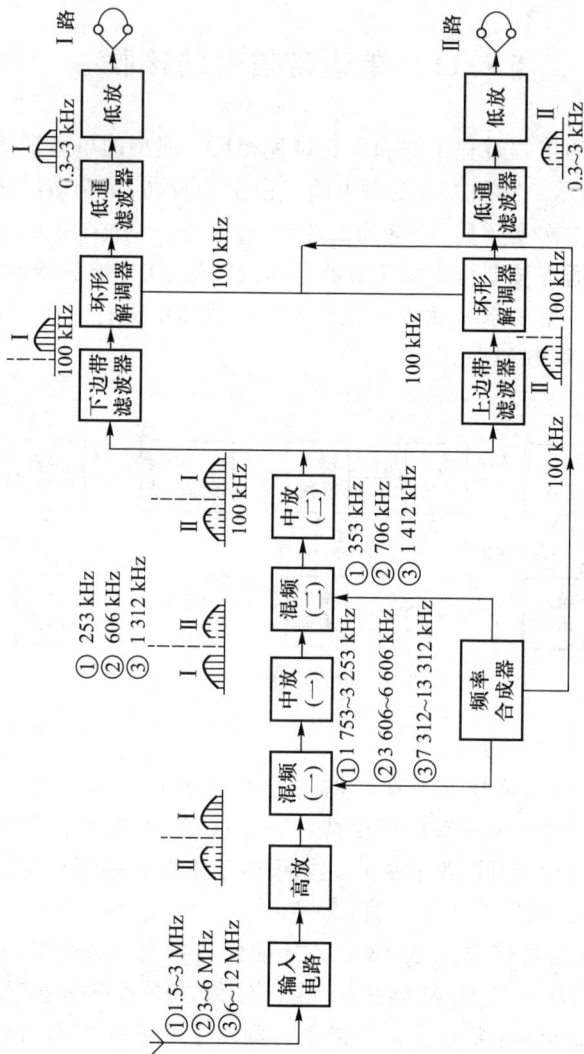

图 7.11.2 典型单边带接收机方框图

参 考 文 献

第 7 章拓展阅读
振幅调制与解调

思考题与习题

7.1　为什么调制必须利用电子器件的非线性特性才能实现？它和放大在本质上有什么不同？

7.2　怎样用被调放大器电路内的仪表（I_{C0}、I_k 等）来判断调幅是否对称？

7.3　有一正弦调制的调幅波方程式为

$$i = I(1 + m_a \cos \Omega t) \cos \omega_0 t$$

试求这电流的有效值，以 I 及 m_a 表示之。

7.4　有一调幅波方程式为

$$v = 25(1 + 0.7\cos 2\pi 5\,000\,t - 0.3\cos 2\pi 10\,000 t) \sin 2\pi 10^6 t$$

（1）试求它所包含的各分量的频率与振幅；

（2）绘出这个调幅波包络的形状，并求出峰值与谷值调幅度。

7.5　有一调幅波，载波功率为 100 W。试求当 $m_a = 1$ 与 $m_a = 0.3$ 时每一边频的功率。

7.6　设非线性阻抗的伏安特性为 $i = b_1 v + b_3 v^3$，试问它能否产生调幅作用？为什么？

7.7　一个调幅发射机的载波输出功率为 5 kW，$m_a = 70\%$，被调级的平均效率为 50%。试求：

（1）边频功率；

（2）电路为集电极调幅时，直流电源供给被调级的功率；

（3）电路为基极调幅时，直流电源供给被调级的功率。

7.8　载波功率为 1 000 W，试问 $m_a = 1$ 和 $m_a = 0.7$ 时的总功率和两个边频功率各为多少瓦？

7.9　为了提高单边带发送的载波频率，用四个平衡调幅器级联。在每一个平衡调幅器的输出端都接有只取出相应的上边频的滤波器。设调制频率为 5 kHz，平衡调制器的载频依次为：$f_1 = 20$ kHz，$f_2 = 200$ kHz，$f_3 = 1\,780$ kHz，$f_4 = 8\,000$ kHz。试求最后的输出边频频率。

7.10　设在图 7.3.2 所示的晶体管平衡调幅器中，二极管的特性可用下式表示：

$$i = b_0 + b_1 v + b_2 v^2 + b_3 v^3$$

两个二极管是全同的，载频信号 v_0 与调制信号 v_Ω 均为正弦波。试求输出端的频率分量。

7.11　在图 7.5.1 中，已知 $i_C = \dfrac{\alpha i_E}{1 + e^{qv_1/kT}}$。利用上述关系证明式（7.5.3）成立；又，当 v_1、v_2 很小时，式（7.5.1）成立。

7.12　某发射机发射 9 kW 的未调制载波功率。当载波被频率 Ω_1 调幅时，发射功率为 10.125 kW，试计算调制度 m_1。如果再加上另一个频率为 Ω_2 的正弦波对它进行 40%

调幅后再发射,试求这两个正弦波同时调幅时的总发射功率。

7.13 在图7.4.4中,设调制信号 $v_\Omega(t) = V_\Omega \cos \Omega t$,载波 $v_1(t) = V_{1m} \cos \omega_0 t$。$V_{1m}$ 足够大,以使二极管的导通或截止完全由 $v_1(t)$ 控制。试画出 A、B 两点的电压波形。若 D_1、D_2 开路或短路,则此这两点波形应如何变化?

7.14 为什么检波电路中一定要有非线性器件?如果在图7.9.3所示的检波电路中,将二极管反接,是否能起检波作用?其输出电压的波形与二极管正接时有什么不同?试绘图说明之。

7.15 对检波器有哪些主要指标要求?如果检波器用于广播收音机,这几个主要指标对整机的质量指标有哪些影响?

7.16 在大信号检波时,根据负载上电容 C 充放电过程,对 R 和 C 参数的选择应作哪些考虑?为什么?试画出充、放电时的电压波形来加以说明。

7.17 为什么负载电阻 R 愈大,则检波特性的直线性愈好、非线性失真愈小、检波电压传输系数 K_d 愈高、对末级中频放大器的影响愈小?但如果 R 太大,会产生什么不良的后果?

7.18 图7.9.5中,若 $C_1 = C_2 = 0.01$ μF,$R_1 = 510$ Ω,$R_2 = 4.7$ kΩ,$C_c = 10$ μF,$r_{i2} = 1$ kΩ;晶体管的 $R_d \approx 100$ Ω;$f_i = 465$ kHz;调制系数 $m = 30\%$;输入信号振幅 $V_{im} = 0.5$ V;如果 R_2 的触点放在最高端,计算低放管输入端所获得的低频电压与功率,以及相对于输入载波功率的检波功率增益。

7.19 上题中 R_2 电位器的触点若在中间位置,会不会产生负峰切割失真?触点若在最高端又如何?

7.20 图7.1中,若要求等效输入电阻 $R_{id} \geq 5$ kΩ 且不产生惰性失真和负峰切割失真,试选择和计算检波器各元件的参数值。已知调制频率 $F = 300 \sim 3\,000$ Hz;信号频率 $f_i = 465$ kHz,$R_d \approx 100$ Ω,$r_{i2} = 2$ kΩ。

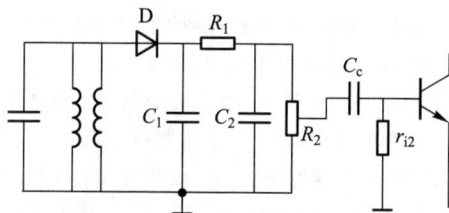

图7.1 采用分负载的检波器电路

7.21 图7.2所示是接收机中末级中频放大器和检波器电路,中放管 T 的 $g_{oe} = 100$ μS,2、4 端的接入系数 $p = 0.3$,回路电容 $C = 200$ pF,谐振频率为 465 kHz,回路空载品质因数 Q_0 为 100,检波器负载电阻 $R_L = 4.7$ kΩ。如果要求该级放大器的通频带等于 20 kHz,试求 3、4 端的接入系数。

7.22 使用一般调幅接收机接收载波频率为 f_i、幅度为 V_{im} 的等幅电报信号时,检波器的输出电压是一串矩形脉冲,无法用耳机收听。为此,通常在检波器输入端同时加入一个等幅的差拍振荡电压 v_0,而差拍振荡频率 f_0 与 f_i 之差应为一可听音频频率 F。试问:

(1)这时检波[称为外差检波(heterodyne detection)]的工作过程如何?

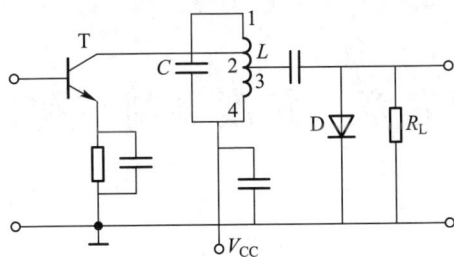

图 7.2

（2）若检波器的电压传输系数为 K_d，写出外差检波的数学表示式。

（3）为什么利用这种方法接收等幅电报时抗干扰性能较好？

7.23 为什么单边带信号解调要用乘积检波器？它与包络检波器有何相同点和不同点？

7.24 图 7.3 所示为一乘积检波器方框图，相乘器特性为 $i = kv_1 v_0$，其中 $v_0 = V_0 \cos(\omega_0 t + \varphi)$。假设 $k \approx 1$，$Z_L(\omega_1) \approx 0$，$Z_L(\Omega) = R_L$，试求在下列两种情况下输出电压 v_2 的表示式，并说明是否有失真。

（1）$v_1 = mV_{1m} \cos \Omega t \cos \omega_1 t$；

（2）$v_1 = \dfrac{1}{2} mV_{1m} \cos(\omega_1 + \Omega) t$。

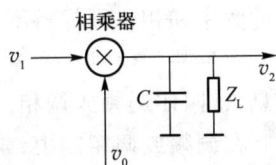

相乘器

图 7.3

第8章 角度调制与解调

§8.1 概 述

第7章讨论的振幅调制,是使载波(高频)的振幅受调制信号的控制,使它依照调制频率做周期性的变化,变化的幅度与调制信号的强度呈线性关系,但载波的频率和相位则保持不变,不受调制信号的影响,高频振荡振幅的变化携带着信号所反映的信息。本章则研究如何利用高频振荡的频率或相位的变化来携带信息,这叫作调频或调相。

在调频或调相制中,载波的瞬时频率或瞬时相位受调制信号的控制,做周期性的变化,变化的大小与调制信号的强度呈线性关系,变化的周期由调制信号的频率所决定。但已调波的振幅则保持不变,不受调制信号的影响。例如,有一个载波为 100 MHz,被一个 500 Hz 的调制信号调频。假设调制信号强度为某值时,能使载波由未调制时的 100 MHz 向两边变动各 10 000 Hz(0.01 MHz),因而所得的调频波频率变化是自 99.99 MHz 至 100.01 MHz,变化速率是每秒 500次。如果调制信号的频率增为 1 000 Hz,强度不变,则调频波的频率变化仍是自99.99 MHz 至100.01 MHz,但变化速率增为每秒 1 000 次。如果调制信号的强度增加一倍,则载波频率的变动范围也增加一倍,即自 99.98 MHz 至 100.02 MHz。由此可知,在调频波中,调制信号的振幅由载波频率的移动数量所示出,而调制信号的频率则由载波频率的移动速率所示出。

以上的讨论完全适用于调相波,所不同者只是用"相位"二字代替上面适当地方的"频率"二字。但无论是调频或调相,都会使载波的相角变化,因此二者可统称为角度调制,或简称为调角(angle modulation)。

和振幅调制相比,角度调制的主要优点是抗干扰性强。调频主要应用于调频广播、广播电视、通信及遥测等,调频广播技术由埃德温·霍华德·阿姆斯特朗发明;调相主要应用于数字通信系统中的移相键控。

阿姆斯特朗
介绍

调频与调相所得到的已调波形及方程式是非常相似的。因为当频率有所变动时,相位必然跟着变动;反之,当相位有所变动时,频率也必然随着变动。因此,调频波和调相波的基本性质有许多相同的地方。但调相制的缺点较多(详见后文),因此,在模拟系统中一般都是用调频,或者先产生调相波,然后将调相波转变为调频波。

调频波的指标主要有以下几个：

（1）频谱宽度

调频波的频谱从理论上来说，是无限宽的（详见后文），但实际上，如果略去很小的边频分量，则它所占据的频带宽度是有限的。根据频带宽度的大小，可以分为宽带调频与窄带调频两大类。调频广播多用宽带调频，通信多用窄带调频。

（2）寄生调幅

如上所述，调频波应该是等幅波，但实际上在调频过程中，往往引起不希望的振幅调制，这称为寄生调幅。显然，寄生调幅应该越小越好。

（3）抗干扰能力

与调幅制相比，宽带调频的抗干扰能力要强得多。但在信号较弱时，则宜于采用窄带调频。

由于调频和调相有着密切的关系，所以本章着重讨论调频而只略述调相。

在接收调频或调相信号时，必须采用频率检波器或相位检波器。相位检波器又称鉴相器，将在第 10 章讨论。本章只研究频率检波器。

频率检波器又称鉴频器，它要求输出信号与输入调频波的瞬时频率的变化成正比。这样，输出信号就是原来传送的信息。

鉴频的方法很多，但主要可归纳为如下几类：

第一类鉴频方法是首先进行波形变换，将等幅调频波变换成幅度随瞬时频率变化的调幅波（即调幅–调频波），然后用振幅检波器将振幅的变化检测出来。图 8.1.1 所示的方框图和波形图说明了它的工作原理。

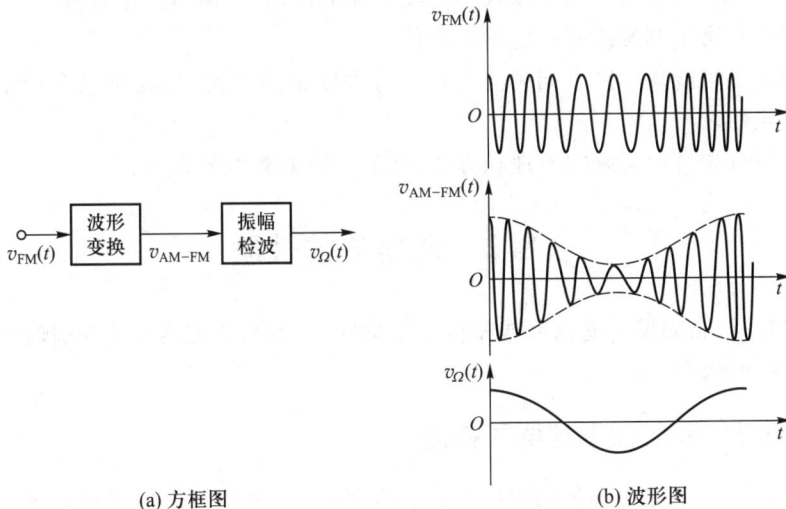

(a) 方框图   (b) 波形图

图 8.1.1 利用波形变换电路进行鉴频

第二类鉴频方法,是对调频波通过零点的数目进行计数,因为其单位时间内的数目正比于调频波的瞬时频率。这种鉴频器(discriminator)叫作脉冲计数式鉴频器(pulse counter discriminator)。其最大优点是线性良好。

第三类鉴频方法,是利用移相器与符合门电路相配合来实现的。移相器所产生的相移的大小与频率偏移有关。这种所谓符合门鉴频器(coincidence discriminator)最易于实现集成化,而且性能优良。

本章重点讨论第一类鉴频方法,因为其应用比较普遍。对第二、第三类方法也做简要介绍。

通常,对鉴频器提出如下要求:

(1)鉴频跨导。

鉴频器的输出电压与输入调频波的瞬时频率偏移成正比,其比例系数称作鉴频跨导。图8.1.2为鉴频器输出电压 V 与调频波的频偏 Δf 之间的关系曲线,称为鉴频特性曲线。它的中部接近直线的部分的斜率即为鉴频跨导。它表示每单位频偏所产生的输出电压的大小。我们希望鉴频跨导尽可能大。

(2)鉴频灵敏度。

主要是指为使鉴频器正常工作所需的输入调频波的幅度,其值越小,鉴频器灵敏度越高。

(3)鉴频频带宽度。

图 8.1.2 鉴频特性曲线

从图 8.1.2 看出,只有特性曲线中间一部分线性较好,我们称 $2\Delta f_m$ 为频带宽度。一般,要求 $2\Delta f_m$ 大于输入调频波频偏的两倍,并留有一定余量。

(4)对寄生调幅应有一定的抑制能力。

(5)尽可能减小产生调频波失真的各种因素的影响,提高对电源和温度变化的稳定性。

本章首先讨论调频的原理和方法,然后研究调频波的解调。

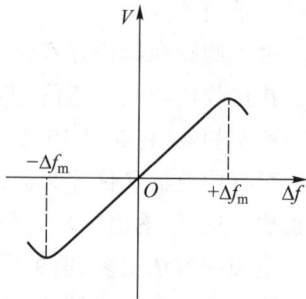

§8.2 调角波的性质

调角时,高频振荡的频率或相位是变化的。为此,首先需要建立瞬时频率和瞬时相位的概念。

8.2.1 瞬时频率与瞬时相位

所谓频率,就是简谐振荡每秒钟重复的次数。观察图 8.2.1(a)所示的电压波形图。它在 $0<t<T$ 和 $-T<t<0$ 等时间的间隔内,其波形的疏密是变化的,最密集

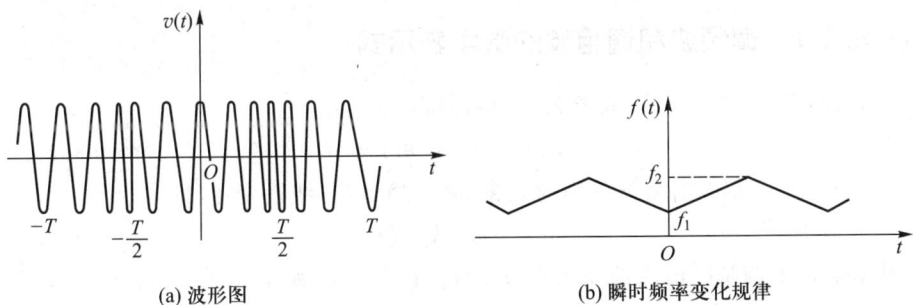

(a) 波形图　　　　　　　　　　(b) 瞬时频率变化规律

图 8.2.1　频率连续变化的简谐振荡

处频率最高,最稀疏处频率最低。每一瞬间的频率是各不相同的,图 8.2.1(b)表示它的瞬时频率变化规律。那么,怎样理解"每一瞬间的频率"即"瞬时频率"这个概念呢? 为此,我们来研究表示简谐振荡的旋转矢量图,如图 8.2.2 所示。图中,设矢量长度为 V_m,围绕原点 O 反时钟方向旋转,角速度为 $\omega(t)$。$t=0$ 时,矢量与实轴之间的夹角即初相角为 θ_0;时间为 t 时,该夹角为 $\theta(t)$。矢量在实轴上的投影为

$$v(t) = V_m \cos \theta(t)$$

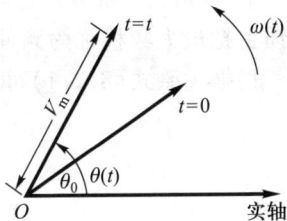

图 8.2.2　表示简谐振荡的旋转矢量图

这是一个简谐振荡,其瞬时相角 $\theta(t)$ 等于矢量在 t 时间内转过的角度与初始相角 θ_0 之和,即①

$$\theta(t) = \int_0^t \omega(t)\,\mathrm{d}t + \theta_0 \tag{8.2.1}$$

式中,积分 $\int_0^t \omega(t)\,\mathrm{d}t$ 是矢量从 0 到 t 时间间隔内所转过的角度。将上式两边微分,得

$$\omega(t) = \frac{\mathrm{d}\theta(t)}{\mathrm{d}t} \tag{8.2.2}$$

上式说明,瞬时频率(即旋转矢量的瞬时角速度)$\omega(t)$ 等于瞬时相位对时间的变化率。

式(8.2.1)和式(8.2.2)是角度调制中的两个基本关系式。

---

① 由运动学知,在等速运动时,$S = vt$(距离 = 速度×时间);在不等速运动时,瞬时速度 $v = \dfrac{\mathrm{d}S}{\mathrm{d}t}$ 或 $S = \int v\mathrm{d}t + $ 常数。如果将 $\omega(t)$ 看作是速度,$\theta(t)$ 看作是距离 S,则式(8.2.1)与式(8.2.2)的物理意义自明。

8.2.2 调频波和调相波的数学表示式

设调制信号为 $v_\Omega(t)$，载波振荡（电压或电流）为

$$a(t) = A_0 \cos\theta(t) \tag{8.2.3}$$

根据定义，调频时载波的瞬时频率 $\omega(t)$ 随 $v_\Omega(t)$ 线性变化，即

$$\omega(t) = \omega_0 + k_f v_\Omega(t) \tag{8.2.4}$$

式中，ω_0 是未调制时的载波中心频率；$k_f v_\Omega(t)$ 是瞬时频率相对于 ω_0 的偏移，叫作瞬时频率偏移，简称频率偏移或频移。频移以 $\Delta\omega(t)$ 表示，即

$$\Delta\omega(t) = k_f v_\Omega(t) \tag{8.2.5}$$

$\Delta\omega(t)$ 的最大值叫作最大频移，以 $\Delta\omega$ 表示，即

$$\Delta\omega = k_f |v_\Omega(t)|_{\max}$$

上式中，k_f 是比例常数。它表示单位调制信号所引起的频移，单位是 $\mathrm{rad}/(\mathrm{s} \cdot \mathrm{V})$。习惯上把最大频移称为频偏（frequency deviation）。

根据关系式（8.2.1）可以求出调频波的瞬时相位为

$$\theta(t) = \int_0^t \left[\omega_0 + k_f v_\Omega(t)\right]\mathrm{d}t$$

$$= \omega_0 t + k_f \int_0^t v_\Omega(t)\,\mathrm{d}t \tag{8.2.6}$$

上式中设积分常数 $\theta_0 = 0$。

将式（8.2.6）代入式（8.2.3），得

$$a(t) = A_0 \cos\left[\omega_0 t + k_f \int_0^t v_\Omega(t)\,\mathrm{d}t\right] \tag{8.2.7}$$

这就是由 $v_\Omega(t)$ 调制的调频波的数学表示式。

如果用 $v_\Omega(t)$ 对式（8.2.3）表示的载波进行调相，则根据定义，载波的瞬时相位 $\theta(t)$ 应随 $v_\Omega(t)$ 线性变化，即

$$\theta(t) = \omega_0 t + k_p v_\Omega(t) \tag{8.2.8}$$

式中，$\omega_0 t$ 表示未调制时载波振荡的相位；$k_p v_\Omega(t)$ 表示瞬时相位中与调制信号成正比例地变化的部分，叫作瞬时相位偏移，简称相位偏移或相移。

相移以 $\Delta\theta(t)$ 表示，即

$$\Delta\theta(t) = k_p v_\Omega(t) \tag{8.2.9}$$

$\Delta\theta(t)$ 的最大值叫作最大相移，或称调制指数。调相波的调制指数以 m_p 表示，即

$$m_p = k_p |v_\Omega(t)|_{\max}$$

式中，k_p 是比例常数。它表示单位调制信号所引起的相移的大小，单位是 rad/V。

将式（8.2.8）代入式（8.2.3），得到调相波的数学表示式为

$$a(t) = A_0 \cos\left[\omega_0 t + k_p v_\Omega(t)\right] \tag{8.2.10}$$

根据式(8.2.2),可以求出调相波的瞬时频率为

$$\omega(t) = \frac{d\theta(t)}{dt}$$

$$= \omega_0 + k_p \frac{dv_\Omega(t)}{dt} \tag{8.2.11}$$

上式右边第二项表示调相波的频移,以 $\Delta\omega_p(t)$ 表示,即

$$\Delta\omega_p(t) = k_p \frac{dv_\Omega(t)}{dt} \tag{8.2.12}$$

同样,对于调频波,式(8.2.6)右边第二项则表示调频波的相移,以 $\Delta\theta_f(t)$ 表示,即

$$\Delta\theta_f(t) = k_f \int_0^t v_\Omega(t) dt \tag{8.2.13}$$

$\Delta\theta_f(t)$ 的最大值即调频波的调制指数,以 m_f 表示。

将以上结果列入表 8.2.1 中。从表 8.2.1 可以看出:无论是调频还是调相,瞬时频率和瞬时相位都在同时随着时间发生变化。在调频时,瞬时频率的变化与调制信号成线性关系,瞬时相位的变化与调制信号的积分呈线性关系。在调相时,瞬时相位的变化与调制信号呈线性关系,瞬时频率变化与调制信号的微分呈线性关系。

表 8.2.1 调频波和调相波比较

调制信号为 $v_\Omega(t)$;载波振荡为 $A_0\cos\omega_0 t$		
调 制 信 号	调 频 波	调 相 波
数学表示式	$A_0\cos\left[\omega_0 t + k_f \int_0^t v_\Omega(t)dt\right]$	$A_0\cos\left[\omega_0 t + k_p v_\Omega(t)\right]$
瞬时频率	$\omega_0 + k_f v_\Omega(t)$	$\omega_0 + k_p \dfrac{dv_\Omega(t)}{dt}$
瞬时相位	$\omega_0 t + k_f \int_0^t v_\Omega(t)dt$	$\omega_0 t + k_p v_\Omega(t)$
最大频移	$k_f \lvert v_\Omega(t)\rvert_{max}$	$k_p \left\lvert\dfrac{dv_\Omega(t)}{dt}\right\rvert_{max}$
最大相移	$k_f \left\lvert\int_0^t v_\Omega(t)dt\right\rvert_{max}$	$k_p \lvert v_\Omega(t)\rvert_{max}$

图 8.2.3 示出调频波与调相波的区别。图中的调制信号为矩形波。根据表8.2.1 所示的诸式,可以得出在调频与调相两种情况下,频率变化与相位变化的波形。由图可知,在调频时,频率变化反映调制信号的波形,相位变化为它的积分,成为三角波形;在调相时,相位变化反映调制信号的波形,频率变化为它的微分,成为一系列振幅为正、负无限大、宽度为零的脉冲。

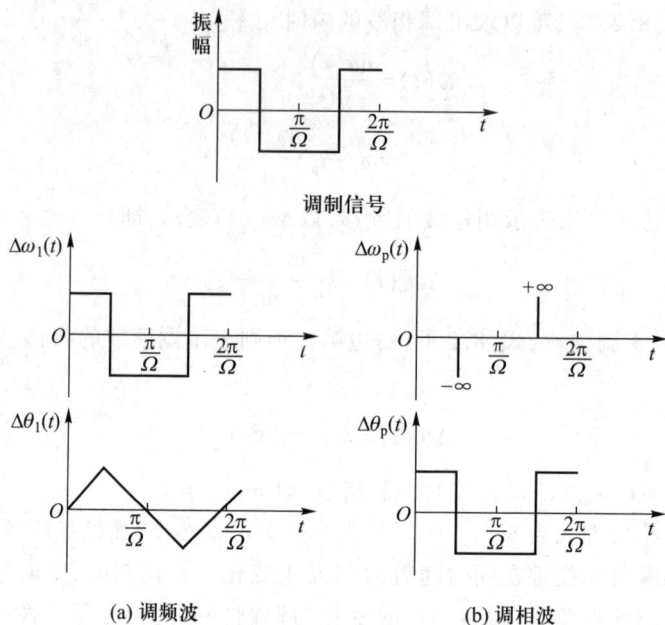

图 8.2.3　调频波与调相波的区别

若调制信号为 $v_\Omega(t) = V_\Omega \cos \Omega t$，未调制时的载波频率为 ω_0，则根据式 (8.2.7) 可写出调频波的数学表示式为

$$a_f(t) = A_0 \cos\left(\omega_0 t + \frac{k_f V_\Omega}{\Omega} \sin \Omega t\right)$$

$$= A_0 \cos(\omega_0 t + m_f \sin \Omega t) \qquad (8.2.14)$$

根据式 (8.2.10) 可写出调相波的数学表示式为

$$a_p(t) = A_0 \cos(\omega_0 t + k_p V_\Omega \cos \Omega t)$$

$$= A_0 \cos(\omega_0 t + m_p \cos \Omega t) \qquad (8.2.15)$$

上列二式中，下标 f 表示调频，p 表示调相。以下同。

从以上二式可知，调频波的调制指数为

$$m_f = \frac{k_f V_\Omega}{\Omega} \qquad (8.2.16)$$

调相波的调制指数为

$$m_p = k_p V_\Omega \qquad (8.2.17)$$

将式 (8.2.2) 应用于式 (8.2.14)，可求出调频波的最大频移为

$$\Delta \omega_f = k_f V_\Omega \qquad (8.2.18)$$

将式 (8.2.2) 应用于式 (8.2.15)，可求出调相波的最大频移为

$$\Delta \omega_p = k_p \Omega V_\Omega \qquad (8.2.19)$$

　　由此可知,调频波的最大频移 $\Delta \omega_{\mathrm{f}}$ 与调制频率 Ω 无关,最大相移 m_{f} 则与 Ω 成反比;调相波的最大频移 $\Delta \omega_{\mathrm{p}}$ 与 Ω 成正比,最大相移 m_{p} 则与 Ω 无关。这是两种调制的根本区别。正是由于这一根本区别,调频波的频谱宽度对于不同的 Ω 几乎维持恒定,调相波的频谱宽度则随 Ω 的不同而有剧烈变化。这就是 8.2.3 节所要研究的问题。

　　对照上列四式还可以看出:无论调频还是调相,最大频移与调制指数之间的关系都是相同的。若对于调频和调相,最大频移都用 $\Delta \omega$ 表示,调制指数都用 m 表示,则 $\Delta \omega$ 与 m 之间满足以下关系:

$$\Delta \omega = m \Omega$$

或

$$\Delta f = m F \tag{8.2.20}$$

式中

$$\Delta f = \frac{\Delta \omega}{2 \pi}, \quad F = \frac{\Omega}{2 \pi}$$

　　综上所述,调频波中存在着三个有关频率的概念:第一个是未调制时的中心载波频率 f_0;第二个是最大频移 Δf,它表示调制信号变化时,瞬时频率偏离中心频率的最大值;第三个是调制信号频率 F,它表示瞬时频率在其最大值 $f_0 + \Delta f$ 和最小值 $f_0 - \Delta f$ 之间每秒钟往返摆动的次数。由于频率变化总是伴随着相位的变化,所以,F 也表示瞬时相位在自己的最大值和最小值之间每秒钟往返摆动的次数。

8.2.3　调频波和调相波的频谱和频带宽度

　　由于调频波和调相波的方程式相似,所以只要分析其中一种的频谱,则对另一种也完全适用。所不同的是一个用 m_{f},另一个用 m_{p}。

　　现在来求式(8.2.14)所表示的调频信号的频谱。

　　为简单计,令 $A_0 = 1$。将式(8.2.14)展开,得

$$\begin{aligned} a_{\mathrm{f}}(t) = {} & \cos \omega_0 t \cdot \cos(m_{\mathrm{f}} \sin \Omega t) - \\ & \sin \omega_0 t \cdot \sin(m_{\mathrm{f}} \sin \Omega t) \end{aligned} \tag{8.2.21}$$

式中

$$\cos(m_{\mathrm{f}} \sin \Omega t) = \mathrm{J}_0(m_{\mathrm{f}}) + 2 \sum_{n=1}^{\infty} \mathrm{J}_{2n}(m_{\mathrm{f}}) \cos 2n \Omega t \tag{8.2.22}$$

和

$$\sin(m_{\mathrm{f}} \sin \Omega t) = 2 \sum_{n=0}^{\infty} \mathrm{J}_{2n+1}(m_{\mathrm{f}}) \sin(2n+1) \Omega t \tag{8.2.23}$$

这里 n 均取正整数。$\mathrm{J}_n(m_{\mathrm{f}})$ 是以 m_{f} 为参数的 n 阶第一类贝塞尔函数(Bessel function of first kind),其数值均有表或曲线可查。图 8.2.4 中画出了 $\mathrm{J}_n(m_{\mathrm{f}})$ 随 m_{f} 变化的关系曲线,即贝塞尔函数曲线。

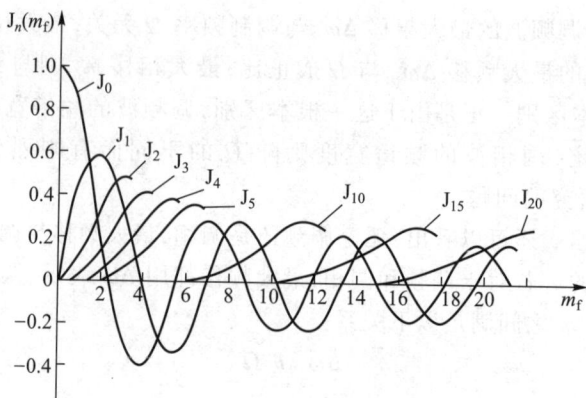

图 8.2.4 贝塞尔函数曲线

将式(8.2.22)和式(8.2.23)代入式(8.2.21),得

$$a_f(t) = J_0(m_f)\cos\omega_0 t +$$ 载频

$$J_1(m_f)\cos(\omega_0+\Omega)t - J_1(m_f)\cos(\omega_0-\Omega)t +$$ 第一对边频

$$J_2(m_f)\cos(\omega_0+2\Omega)t + J_2(m_f)\cos(\omega_0-2\Omega)t +$$ 第二对边频

$$J_3(m_f)\cos(\omega_0+3\Omega)t - J_3(m_f)\cos(\omega_0-3\Omega)t +$$ 第三对边频

$$\cdots$$

(8.2.24)

从上式看出,由简谐信号调制的调频波,其频谱具有以下特点:

① 载频分量上、下各有无数个边频分量,它们与载频分量相隔都是调制频率的整数倍。载频分量与各次边频分量的振幅由对应的各阶贝塞尔函数值所确定。奇数次的上、下边频分量相位相反。

② 根据图 8.2.4 所示曲线可以看出,调制指数 m_f 越大,具有较大振幅的边频分量就越多(图 8.2.5 也表明了这一点)。这与调幅波不同,在简谐信号调幅的情况下,边频数目与调制指数 m_a 无关。

③ 从图 8.2.4 所示曲线还可以看出,对于某些 m_f 值,载频或某边频振幅为零。利用这一现象可以测定调制指数 m_f。

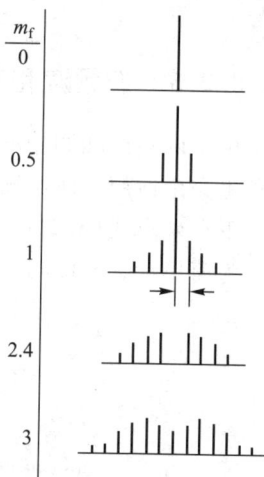

图 8.2.5 简谐信号调频时调频波的频谱图(F 保持不变)

④ 根据式(8.2.24),可以计算调频波的功率为

$$P_f = J_0^2(m_f) + 2\left[J_1^2(m_f) + J_2^2(m_f) + \cdots + J_m^2(m_f) + \cdots\right] \qquad (8.2.25)$$

根据贝塞尔函数的性质,式(8.2.25)右边的值等于1,因此调频前后平均功率没有发生变化。但在调幅的情况下,调幅波的平均功率为 $\left(1+\dfrac{m_a^2}{2}\right)$,相对于调幅前

的载波功率增加了 $\dfrac{m_a^2}{2}$。而在调频时,则只导致能量从载频向边频分量转移,总能量则未变。

虽然调频波的边频分量有无数多个,但是对于任一给定的 m_f 值,高到一定次数的边频分量其振幅已经小到可以忽略,以致滤除这些边频分量对调频波形不会产生显著的影响。因此调频信号的频带宽度实际上可以认为是有限的。通常规定:凡是振幅小于未调制载波振幅的 1%(或 10%,根据不同要求而定)的边频分量均可忽略不计,保留下来的频谱分量就确定了调频波的频带宽度。

如果将小于未调制载波振幅 10% 的边频分量略去不计,则频谱宽度 BW 可由下列近似公式求出:

$$BW = 2(m_f+1)F \tag{8.2.26}$$

由于

$$m_f = \frac{k_f V_\Omega}{\Omega} = \frac{\Delta\omega}{\Omega} = \frac{\Delta f}{F}$$

所以,式(8.2.26)也可以写成

$$BW = 2(\Delta f + F) \tag{8.2.27}$$

根据 Δf 的不同,调频制可分为宽带与窄带两种。

在宽带调频制中,$\Delta f \gg F$,亦即 $m_f \gg 1$,因此

$$BW \approx 2\Delta f \tag{8.2.28}$$

亦即宽带调频的频谱宽度约等于频率偏移 Δf 的两倍。调频广播中规定 $\Delta f = 75$ kHz。

在窄带调频制中,$m_f < 1$,因此

$$BW \approx 2F \tag{8.2.29}$$

亦即,窄带调频的频谱宽度约等于调制频率的两倍。

从上面的讨论知道,调频波和调相波的频谱结构以及频带宽度与调制指数有密切的关系。总的规律是:调制指数越大,应当考虑的边频分量的数目就越多,无论对于调频还是调相均是如此。这是它们共同的性质。但是,当调制信号振幅恒定时,调频波的调制指数 m_f 与调制频率 F 成反比,而调相波的调制指数 m_p 与 F 无关。因此,它们的频谱结构、频带宽度与调制频率之间的关系就互不相同。

对于调频制来说,由于 m_f 随 F 的下降而增大,应当考虑的边频分量增多,但同时由于各边频之间的距离缩小,最后反而造成频带宽度略变窄。但应注意,边频分量数目增多和边带分量密集这两种变化对于频带宽度的影响恰好是相反的,所以总的效果是使频带略微变窄。因此有时把调频叫作恒定带宽调制。

例 8.2.1 利用近似公式(8.2.27)计算以下三种情况下调频波的频带宽度:

(1) $\Delta f = 75$ kHz, $F_m = 0.1$ kHz(F_m 为最高调制频率)

(2) $\Delta f = 75$ kHz, $F_m = 1$ kHz

（3）$\Delta f = 75$ kHz，　$F_m = 10$ kHz

解

（1）$BW = 2(75+0.1) \approx 150$ kHz

（2）$BW = 2(75+1) = 152$ kHz

（3）$BW = 2(75+10) = 170$ kHz

从上例可以看出，尽管调制频率变化了 100 倍，但频带宽度变化却非常小。

对于调相制来说，情况即大不相同。此时调制指数 m_p 与 Ω 无关，它是恒定的，因而应当考虑的边频数目不变。但当调制频率降低时，边频分量之间的距离减小，因而频带宽度随之成比例地变窄。如此看来，调相波的频带宽度，在调制频率的高端和低端相差极大，所以其频带的利用是不经济的。这正是模拟通信系统中调频制要比调相制应用得广泛的主要原因。

图 8.2.6 和图 8.2.7 分别说明了调频波和调相波的频谱与调制频率之间的关系。当调制频率从 1 000 Hz 增至 4 000 Hz 时，从图 8.2.6 看出，调频波频带宽度几乎不变；而从图 8.2.7 看出，调相波频带宽度近似地按比例增加。

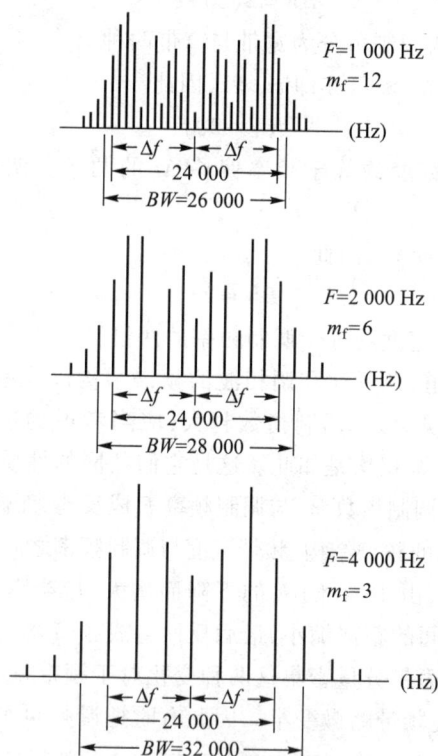

（V_0 不变，因而 Δf 不变，　BW 几乎不随 F 变化）

图 8.2.6　调频波的频谱

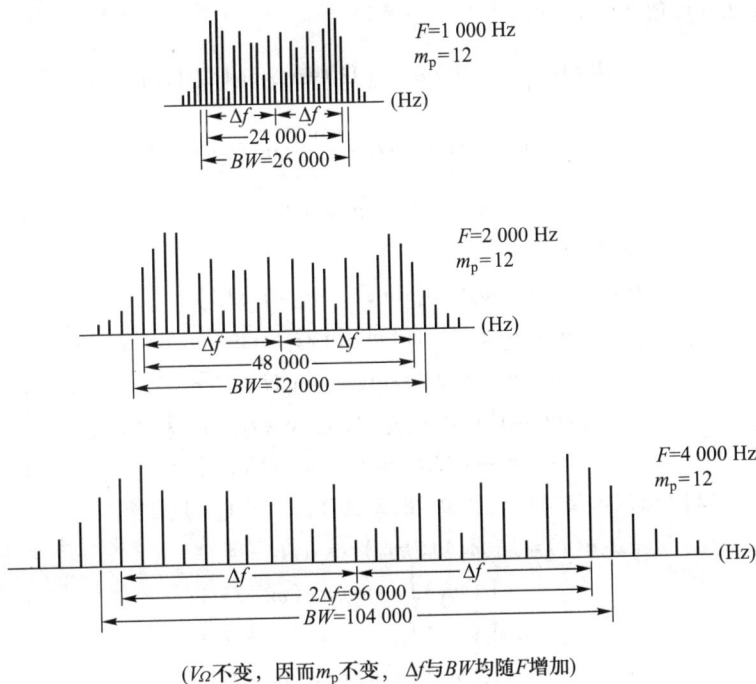

$F=1\,000$ Hz
$m_p=12$

(Hz)

Δf Δf

24 000

$BW=26\,000$

$F=2\,000$ Hz
$m_p=12$

(Hz)

Δf Δf

48 000

$BW=52\,000$

$F=4\,000$ Hz
$m_p=12$

(Hz)

Δf Δf

$2\Delta f=96\,000$

$BW=104\,000$

(V_Ω不变,因而m_p不变,Δf与BW均随F增加)

图 8.2.7 调相波的频谱

但是,应当注意,在调制频率不变而只改变调制信号振幅的情况下,两种调制的频谱结构的变化规律却是相同的。例如,随着调制信号振幅的加大,调频波和调相波的调制指数都随之加大,应当考虑的边频数目也都随之增大,而边频分量之间的距离却并未改变,所以频带宽度都同样地增大。

以上讨论的是单音调制的情况。实际上,调制信号都是比较复杂的,含有许多频率分量。对于调幅制来说,设调制信号包含 Ω_1、Ω_2、Ω_3 等频率,则所产生的调幅波包含 $\omega_0\pm\Omega_1$、$\omega_0\pm\Omega_2$、$\omega_0\pm\Omega_3$ 等边带频率[参看式(7.2.7)]。亦即可以认为,此时的调幅波分别由 Ω_1、Ω_2、Ω_3 等频率单独调幅后叠加而成。这时调幅波的频谱结构与基带信号(调制信号)频谱结构完全相同,只是在频率轴上搬移了一个位置。这就是线性调制。但是,对于调频或调相制来说,同时用几个频率调制所产生的结果却不能看作是每一个调制频率单独调制所得频率分量的线性叠加。此时增加了许多组合频率,使频谱组成大为复杂。因此,调频与调相制属于非线性调制。为了说明这一问题,现在研究只有两个调制频率 Ω_1 与 Ω_2 的最简单情形。即令

$$v_\Omega(t)=V_{1m}\cos\Omega_1 t+V_{2m}\cos\Omega_2 t \tag{8.2.30}$$

因而瞬时频率可表示为

$$\omega(t)=\omega_0+k_f V_{1m}\cos\Omega_1 t+k_f V_{2m}\cos\Omega_2 t$$
$$=\omega_0+\Delta\omega_1\cos\Omega_1 t+\Delta\omega_2\cos\Omega_2 t \tag{8.2.31}$$

由式(8.2.6),得

$$\theta(t) = \int_0^t (\omega_0 + \Delta\omega_1 \cos \Omega_1 t + \Delta\omega_2 \cos \Omega_2 t)\,\mathrm{d}t$$

$$= \omega_0 t + \frac{\Delta\omega_1}{\Omega_1} \sin \Omega_1 t + \frac{\Delta\omega_2}{\Omega_2} \sin \Omega_2 t$$

$$= \omega_0 t + m_1 \sin \Omega_1 t + m_2 \sin \Omega_2 t \qquad (8.2.32)$$

因此,调频波方程式为

$$a(t) = A_0 \cos(\omega_0 t + m_1 \sin \Omega_1 t + m_2 \sin \Omega_2 t)$$

$$= A_0 \{ \cos \omega_0 t [\cos(m_1 \sin \Omega_1 t) \cos(m_2 \sin \Omega_2 t) - $$

$$\sin(m_1 \sin \Omega_1 t) \sin(m_2 \sin \Omega_2 t)] - $$

$$\sin \omega_0 t [\sin(m_1 \sin \Omega_1 t) \cos(m_2 \sin \Omega_2 t) + $$

$$\cos(m_1 \sin \Omega_1 t) \sin(m_2 \sin \Omega_2 t)] \} \qquad (8.2.33)$$

将式(8.2.22)与式(8.2.23)代入式(8.2.33),并令 $A_0 = 1$,则得

$$a(t) = \mathrm{J}_0(m_1) \mathrm{J}_0(m_2) \cos \omega_0 t$$

$$-\mathrm{J}_1(m_1) \mathrm{J}_0(m_2) \cos(\omega_0 - \Omega_1)t$$

$$+\mathrm{J}_1(m_1) \mathrm{J}_0(m_2) \cos(\omega_0 + \Omega_1)t$$

$$+\mathrm{J}_2(m_1) \mathrm{J}_0(m_2) \cos(\omega_0 - 2\Omega_1)t$$

$$+\mathrm{J}_2(m_1) \mathrm{J}_0(m_2) \cos(\omega_0 + 2\Omega_1)t$$

$$\vdots$$

$$-\mathrm{J}_1(m_2) \mathrm{J}_0(m_1) \cos(\omega_0 - \Omega_2)t$$

$$+\mathrm{J}_1(m_2) \mathrm{J}_0(m_1) \cos(\omega_0 + \Omega_2)t$$

$$+\mathrm{J}_2(m_2) \mathrm{J}_0(m_1) \cos(\omega_0 - 2\Omega_2)t$$

$$+\mathrm{J}_2(m_2) \mathrm{J}_0(m_1) \cos(\omega_0 + 2\Omega_2)t$$

$$\vdots$$

$$+\mathrm{J}_1(m_1) \mathrm{J}_1(m_2) \cos(\omega_0 - \Omega_1 - \Omega_2)t$$

$$-\mathrm{J}_1(m_1) \mathrm{J}_1(m_2) \cos(\omega_0 + \Omega_1 - \Omega_2)t$$

$$+\mathrm{J}_1(m_1) \mathrm{J}_2(m_2) \cos(\omega_0 - \Omega_1 - 2\Omega_2)t$$

$$+\mathrm{J}_1(m_1) \mathrm{J}_2(m_2) \cos(\omega_0 + \Omega_1 - 2\Omega_2)t$$

$$\vdots$$

$$-\mathrm{J}_2(m_1) \mathrm{J}_1(m_2) \sin(\omega_0 + \Omega_2 + 2\Omega_1)t$$

$$-\mathrm{J}_2(m_1) \mathrm{J}_1(m_2) \sin(\omega_0 - \Omega_2 + 2\Omega_1)t$$

$$\vdots$$

$$-\mathrm{J}_2(m_1) \mathrm{J}_3(m_2) \sin(\omega_0 + 2\Omega_1 + 3\Omega_2)t$$

$$-\mathrm{J}_2(m_1) \mathrm{J}_3(m_2) \sin(\omega_0 - 2\Omega_1 + 3\Omega_2)t$$

$$\vdots$$

$$\qquad (8.2.34)$$

观察式(8.2.34)可知,当同时以两个频率 Ω_1 与 Ω_2 调制时,调频波的频谱包含下列成分:

① 载频 ω_0,其振幅与 $J_0(m_1)J_0(m_2)$ 成正比。

② 边频($\omega_0 \pm n\Omega_1$),其振幅与 $J_n(m_1)J_0(m_2)$ 成正比。

③ 边频($\omega_0 \pm n\Omega_2$),其振幅与 $J_0(m_1)J_n(m_2)$ 成正比。

④ 附加边频(组合频率)$\omega_0 \pm (n\Omega_1 \pm p\Omega_2)$,其振幅与 $J_n(m_1)J_p(m_2)$ 成正比。

式中 n、p 为任意整数。

由此可见,此时调频波的频谱结构除了包含单音调制时的边频分量外,还产生了组合频率分量 $\omega_0 \pm (n\Omega_1 \pm p\Omega_2)$ 等项,使频谱结构大为复杂。初看起来,好像整个频带宽度要显著增加,但实际上,由于增加新的调制频率时,相应地减少了分配给每个调制频率的频移值,边频与组合频率分量的振幅减小较快,因而频带宽度并不显著增加,仍然可以按最高调制频率作单音调制时的频谱宽度公式(8.2.27)来估算。

§8.3　调频方法概述

产生调频信号的电路叫作调频器。对它有四个主要要求:① 已调波的瞬时频率与调制信号成比例地变化。这是基本要求;② 未调制时的载波频率,即已调波的中心频率具有一定的稳定度(视应用场合不同而有不同的要求);③ 最大频移与调制频率无关;④ 无寄生调幅或寄生调幅尽可能小。

产生调频信号的方法很多,归纳起来主要有两类:第一类是用调制信号直接控制载波的瞬时频率——直接调频。第二类是先将调制信号积分,然后对载波进行调相,结果得到调频波。即由调相变调频——间接调频。本节简略阐明两类调频方法的基本原理,以下几节在此基础上对它们详加讨论。

8.3.1　直接调频原理

直接调频的基本原理是用调制信号直接线性地改变载波振荡的瞬时频率。因此,凡是能直接影响载波振荡瞬时频率的元件或参数,只要能够用调制信号去控制它们,并从而使载波振荡瞬时频率按调制信号变化规律线性地改变,都可以完成直接调频的任务。

如果载波由 LC 自激振荡器产生,则振荡频率主要由谐振回路的电感元件和电容元件所决定。因此,只要能用调制信号去控制回路的电感或电容,就能达到控制振荡频率的目的。

变容二极管或反向偏置的半导体 PN 结,可以作为电压控制可变电容元件。具有铁氧体磁芯的电感线圈,可以作为电流控制可变电感元件。方法是在磁芯上绕一个附加线圈,当这个线圈中的电流改变时,它所产生的磁场随之改变,引起磁芯的磁导率改变(当工作在磁饱和状态时),因而使主线圈的电感量改变,于是振荡频率随之产生变化。

8.3.2 间接调频原理

由式(8.2.7)可以看出,用调制信号 $v_\Omega(t)$ 对载波调频时,其相移 $\Delta\theta(t)$ 与 $v_\Omega(t)$ 成积分关系,即

$$\Delta\theta(t) = k_t \int_0^t v_\Omega(t)\,\mathrm{d}t \qquad (8.3.1)$$

这就启发我们,如果将 $v_\Omega(t)$ 积分后,再对载波调相,则由式(8.2.10),所得到的调相信号是

$$a(t) = A_0 \cos\left[\omega_0 t + k_p \int_0^t v_\Omega(t)\,\mathrm{d}t\right] \qquad (8.3.2)$$

与式(8.2.7)相同。所以,实际上这就是用 $v_\Omega(t)$ 作为调制信号的调频波。间接调频正是根据上述原理提出来的,其原理性方框图如图 8.3.1 所示。这样,就可以采用频率稳定度很高的振荡器(例如石英晶体振荡器)作为载波振荡器,然后在它的后级进行调相,因而调频波的中心频率稳定度很高。

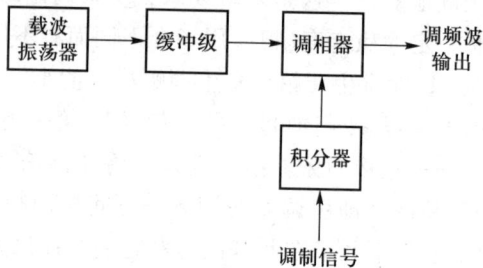

图 8.3.1 间接调频原理性方框图

§8.4 变容二极管调频

变容二极管调频的主要优点是能够获得较大的频移(相对于间接调频而言),线路简单,并且几乎不需要调制功率。其主要缺点是中心频率稳定度低。它主要用在移动通信以及自动频率微调系统中。

8.4.1 基本原理

变容二极管是利用半导体 PN 结的结电容随反向电压变化这一特性而制成

的一种半导体二极管。它是一种电压控制可变电抗元件。它的结电容 C_j 与反向电压 v_R 存在如下关系：

$$C_j = \frac{C_{j0}}{\left(1 + \dfrac{v_R}{V_D}\right)^\gamma} \qquad (8.4.1)$$

式中，V_D 为 PN 结的势垒电压（内建电势差）；C_{j0} 为 $v_R = 0$ 时的结电容；γ 为系数，它的值随半导体的掺杂浓度和 PN 结的结构不同而异：对于缓变结，$\gamma = 1/3$；对于突变结，$\gamma = 1/2$；对于超突变结，$\gamma = 1 \sim 4$，最大可达 6 以上。

图 8.4.1(a) 表示变容管结电容随反向电压变化的关系曲线。加到变容管上的反向电压，包括直流偏压 V_0 和调制信号电压 $v_\Omega(t) = V_\Omega \cos \Omega t$，如图 8.4.1(b) 所示，即

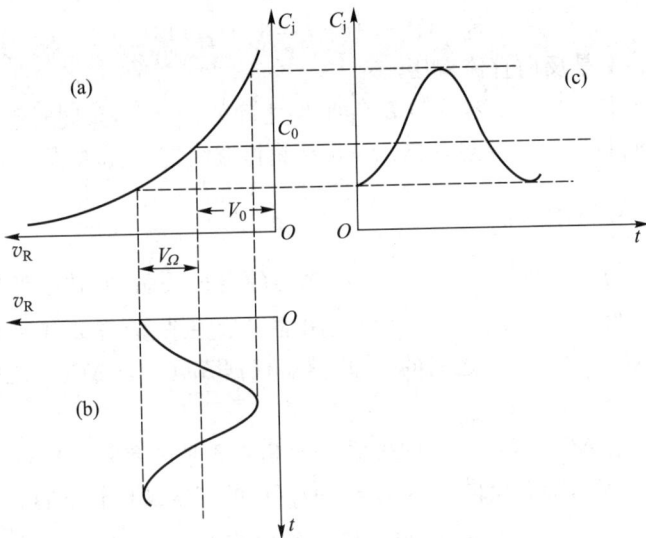

图 8.4.1 用调制信号控制变容二极管结电容

$$v_R(t) = V_0 + V_\Omega \cos \Omega t \qquad (8.4.2)$$

此处假定调制信号为单音频简谐信号。结电容在 $v_R(t)$ 的控制下随时间发生变化，如图 8.4.1(c) 所示。

把受到调制信号控制的变容二极管接入载波振荡器的振荡回路，如图 8.4.2 所示，则振荡频率亦受到调制信号的控制。适当选择变容二极管的特性和工作状态，可以使振荡频率的变化近似地与调制信号呈线性关系。这样就实现了调频。

在图 8.4.2 中，虚线左边是典型的正弦波振荡器，右边是变容管电路。加到

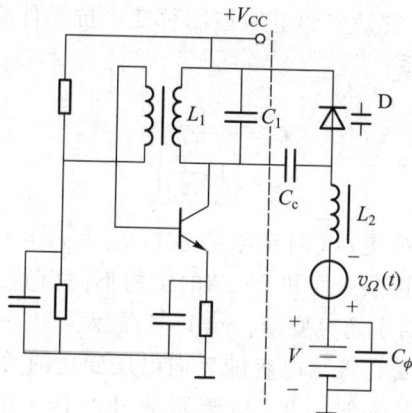

图 8.4.2 变容二极管调频电路

变容管上的反向偏压为①

$$v_R = V_{CC} - V + v_\Omega(t) = V_0 + v_\Omega(t) \tag{8.4.3}$$

式中,$V_0 = V_{CC} - V$ 是反向直流偏压。

图 8.4.2 中,C_c 是变容管与 $L_1 C_1$ 回路之间的耦合电容,同时起到隔直流的作用;C_ϕ 为调制信号的旁路电容;L_2 是高频扼流圈,但让调制信号通过。

8.4.2 电路分析

本节的目的是要找出 $\omega(t)$ 与 $v_\Omega(t)$ 之间的定量关系,并减小调制时产生的非线性失真。为了求得 $\omega(t)$ 与 $v_\Omega(t)$ 之间的定量关系,首先要找到振荡回路电容的变化量 $\Delta C(t)$ 与 $v_\Omega(t)$ 之间的关系,然后根据 $\Delta\omega(t)$ 与 $\Delta C(t)$ 之间的关系求出 $\Delta\omega(t)$ 与 $v_\Omega(t)$ 的关系。

现在来讨论 $\Delta C(t)$ 与 $v_\Omega(t)$ 的关系。图 8.4.3 是图 8.4.2 振荡回路的等效电路。图中 C_j 表示加有反向电压 $v_R = V_0 + v_\Omega(t)$ 的变容二极管电容。

当调制信号 $v_\Omega(t) = 0$ 时,变容二极管结电容为常数 C_0,它对应于反向直流偏置电压 V_0 的结电容,如图 8.4.1 所示。根据式(8.4.1),得

$$C_0 = \frac{C_{j0}}{\left(1 + \dfrac{V_0}{V_D}\right)^\gamma} \tag{8.4.4}$$

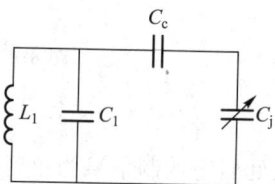

图 8.4.3 图 8.4.2 振荡回路的等效电路

---

① 假定 $v_\Omega(t)$ 的极性如图中所标示,因此在式(8.4.3)的反向电压 v_R 的表示式中 $v_\Omega(t)$ 取正号。当然,也可以假定 $v_\Omega(t)$ 的极性与图中相反,这时式(8.4.3)中的 $v_\Omega(t)$ 就应取负号。同时,为了简化以下的分析,暂不考虑加在变容二极管上的回路高频电压。

这时,振荡回路总电容为

$$C = C_1 + \frac{C_c C_0}{C_c + C_0} = C_1 + \frac{C_c}{1 + \dfrac{C_c}{C_0}} \tag{8.4.5}$$

当调制信号为单音频简谐信号,即

$$v_\Omega(t) = V_\Omega \cos \Omega t$$

时,变容二极管结电容随时间变化,如图 8.4.1(c)所示。根据式(8.4.1),可以得到这时的结电容为

$$C_j = \frac{C_{j0}}{\left(1 + \dfrac{V_0 + V_\Omega \cos \Omega t}{V_D}\right)^\gamma}$$

$$= \frac{C_{j0}}{\left(\dfrac{V_D + V_0}{V_D}\right)^\gamma \left(1 + \dfrac{V_\Omega}{V_D + V_0} \cos \Omega t\right)^\gamma} \tag{8.4.6}$$

将式(8.4.4)代入式(8.4.6),并令

$$m = \frac{V_\Omega}{V_D + V_0} \tag{8.4.7}$$

这里的 m 称为调制深度(modulation depth)。于是,式(8.4.6)可化为

$$C_j = C_0 (1 + m \cos \Omega t)^{-\gamma} \tag{8.4.8}$$

$$C' = C_1 + \frac{C_c C_j}{C_c + C_j} = C_1 + \frac{C_c}{1 + \dfrac{C_c}{C_j}}$$

$$= C_1 + \frac{C_c}{1 + \dfrac{C_c}{C_0}(1 + m \cos \Omega t)^\gamma} \tag{8.4.9}$$

根据式(8.4.9)和式(8.4.5),可以求出由调制信号所引起的振荡回路总电容变化量为

$$\Delta C(t) = C' - C = \frac{C_c}{1 + \dfrac{C_c}{C_0}(1 + m \cos \Omega t)^\gamma} -$$

$$\frac{C_c}{1 + \dfrac{C_c}{C_0}} \tag{8.4.10}$$

从上式看出,$\Delta C(t)$ 中与时间有关的部分是 $(1 + m \cos \Omega t)^\gamma$。将其在 $m \cos \Omega t = 0$ 附近展开成泰勒级数(参看附录 8.1),得

$$(1+m\cos \Omega t)^{\gamma} = 1+\gamma m\cos \Omega t+\frac{1}{2}\gamma(\gamma-1)m^2\cos^2\Omega t+$$

$$\frac{1}{6}\gamma(\gamma-1)(\gamma-2)m^3\cos^3\Omega t+\cdots \tag{8.4.11}$$

由于通常 $m<1$，所以上列级数是收敛的。m 越小，级数收敛越快。因此，可用少数几项例如用前四项来近似地表示函数 $(1+m\cos \Omega t)^{\gamma}$。同时，将三角恒等式

$$\cos^2\Omega t=\frac{1}{2}(1+\cos 2\Omega t)$$

$$\cos^3\Omega t=\frac{3}{4}\cos \Omega t+\frac{1}{4}\cos 3\Omega t$$

代入近似式，经整理后，得

$$(1+m\cos \Omega t)^{\gamma} = 1+\frac{1}{4}\gamma(\gamma-1)m^2+$$

$$\frac{1}{8}\gamma m[8+(\gamma-1)(\gamma-2)m^2]\cos \Omega t+$$

$$\frac{1}{4}\gamma(\gamma-1)m^2\cos 2\Omega t+$$

$$\frac{1}{24}\gamma(\gamma-1)(\gamma-2)m^2\cos 3\Omega t \tag{8.4.12}$$

令

$$\left.\begin{array}{l} A_0=\dfrac{1}{4}\gamma(\gamma-1)m^2 \\[2mm] A_1=\dfrac{1}{8}\gamma m[8+(\gamma-1)(\gamma-2)m^2] \\[2mm] A_2=\dfrac{1}{4}\gamma(\gamma-1)m^2 \\[2mm] A_3=\dfrac{1}{24}\gamma(\gamma-1)(\gamma-2)m^3 \end{array}\right\} \tag{8.4.13}$$

并令

$$\Phi(m,\gamma)=A_0+A_1\cos \Omega t+A_2\cos 2\Omega t+A_3\cos 3\Omega t \tag{8.4.14}$$

则式(8.4.12)可以写成

$$(1+m\cos \Omega t)^{\gamma} = 1+\Phi(m,\gamma) \tag{8.4.15}$$

函数 $\Phi(m,\gamma)$ 的各项系数与 m 及 γ 有关。表8.4.1列出了一些典型数据[1]。

---

① 该表根据参考文献[9]得出，但补充了 $m=0.5$ 的数据，并对原表的错误进行了更正。

表 8.4.1 函数 $\Phi(m,\gamma)$ 各项系数值

系数	一般形式	$\gamma=\dfrac{1}{2}$	$\gamma=\dfrac{1}{3}$
A_0	$\dfrac{1}{4}\gamma(\gamma-1)m^2$	$-\dfrac{1}{16}m^2$	$-\dfrac{1}{18}m^2$
A_1	$\dfrac{1}{8}\gamma m\left[8+(\gamma-1)(\gamma-2)m^2\right]$	$\dfrac{1}{16}m\left(8+\dfrac{3}{4}m^2\right)$	$\dfrac{1}{24}m\left(8+\dfrac{10}{9}m^2\right)$
A_2	$\dfrac{1}{4}\gamma(\gamma-1)m^2$	$-\dfrac{1}{16}m^2$	$-\dfrac{1}{18}m^2$
A_3	$\dfrac{1}{24}\gamma(\gamma-1)(\gamma-2)m^3$	$\dfrac{1}{64}m^3$	$\dfrac{5}{324}m^3$

系数	$m=0.5$		$m=1$	
	$\gamma=\dfrac{1}{2}$	$\gamma=\dfrac{1}{3}$	$\gamma=\dfrac{1}{2}$	$\gamma=\dfrac{1}{3}$
A_0	-0.0156	-0.01385	-0.0625	-0.056
A_1	0.2562	0.1745	0.547	0.38
A_2	-0.0156	-0.01385	-0.0625	-0.056
A_3	0.002	0.00193	0.0156	0.0154

将式(8.4.15)代入式(8.4.10),得

$$\Delta C(t)=\frac{C_{\mathrm{c}}}{1+\dfrac{C_{\mathrm{c}}}{C_0}\left[1+\Phi(m,\gamma)\right]}-\frac{C_{\mathrm{c}}}{1+\dfrac{C_{\mathrm{c}}}{C_0}}$$

$$=\frac{-\dfrac{C_{\mathrm{c}}^2}{C_0}\Phi(m,\gamma)}{\left[1+\dfrac{C_{\mathrm{c}}}{C_0}+\dfrac{C_{\mathrm{c}}}{C_0}\Phi(m,\gamma)\right]\left(1+\dfrac{C_{\mathrm{c}}}{C_0}\right)} \qquad (8.4.16)$$

通常下列条件是成立的(参看表 8.4.1 的数据):

$$\frac{C_{\mathrm{c}}}{C_0}\Phi(m,\gamma)\ll 1+\frac{C_{\mathrm{c}}}{C_0}$$

所以,式(8.4.16)可近似写成

$$\Delta C(t)=\frac{-\dfrac{C_{\mathrm{c}}^2}{C_0}}{\left(1+\dfrac{C_{\mathrm{c}}}{C_0}\right)^2}\Phi(m,\gamma) \qquad (8.4.17)$$

式(8.4.17)说明振荡回路电容的变化量 $\Delta C(t)$ 与调制信号[体现在函数

$\Phi(m,\gamma)$ 中]之间的近似关系。

知道了 $\Delta C(t)$ 与 $v_{\Omega}(t)$ 的关系后,再来看 $\Delta C(t)$ 将引起振荡频率发生多大的变化。从第 6 章已知,当回路电容有微量变化 ΔC 时,振荡频率产生 Δf 的变化,其关系如下:

$$\frac{\Delta f}{f_0} \approx -\frac{1}{2}\frac{\Delta C}{C} \tag{8.4.18}$$

式中,f_0 是未调制时的载波频率;C 是调制信号为零时的回路总电容。

由于 $\Delta C/C$ 很小,所以 $\Delta f/f_0$ 亦很小,即属于小频偏调频的情况。

调频时,ΔC 随调制信号变化,因而 Δf 随时间变化,以 $\Delta f(t)$ 表示。将式 (8.4.17) 代入式 (8.4.18),得

$$\frac{\Delta f(t)}{f_0} = \left(\frac{C_c}{C_c+C_0}\right)^2 \frac{C_0}{2C}\Phi(m,\gamma) \tag{8.4.19}$$

令

$$\left.\begin{array}{l} p = \dfrac{C_c}{C_c+C_0} \\[2mm] K = p^2 \dfrac{C_0}{2C} \end{array}\right\} \tag{8.4.20}$$

这里,p 是变容二极管与振荡回路之间的接入系数。

将式 (8.4.14) 和式 (8.4.20) 代入式 (8.4.19),得

$$\begin{aligned} \Delta f(t) = Kf_0(A_0 &+ A_1\cos\Omega t + A_2\cos 2\Omega t + \\ & A_3\cos 3\Omega t) \end{aligned} \tag{8.4.21}$$

该式说明,瞬时频率的变化中,含有以下成分:

① 与调制信号呈线性关系的成分,其最大频移为

$$\Delta f_1 = KA_1 f_0 = \frac{1}{8}\gamma m\left[8+(\gamma-1)(\gamma-2)m^2\right]Kf_0 \tag{8.4.22}$$

② 与调制信号的二次、三次谐波呈线性关系的成分,其最大频移分别为

$$\Delta f_2 = KA_2 f_0 = \frac{1}{4}\gamma(\gamma-1)m^2 Kf_0 \tag{8.4.23}$$

$$\Delta f_3 = KA_3 f_0 = \frac{1}{24}\gamma(\gamma-1)(\gamma-2)m^3 Kf_0 \tag{8.4.24}$$

③ 中心频率相对于未调制时的载波频率产生的偏移为

$$\Delta f_0 = KA_0 f_0 = \frac{1}{4}\gamma(\gamma-1)m^2 Kf_0 \tag{8.4.25}$$

Δf_1 是调频时所需要的频偏。Δf_0 是引起中心频率不稳定的一种因素。Δf_2 和 Δf_3 是频率调制的非线性失真。二次非线性失真系数为

$$k_2 = \left|\frac{\Delta f_2}{\Delta f_1}\right| = \left|\frac{A_2}{A_1}\right| = \left|\frac{2m(\gamma-1)}{8+(\gamma-1)(\gamma-2)m^2}\right| \tag{8.4.26}$$

三次非线性失真系数为

$$k_3 = \left| \frac{\Delta f_3}{\Delta f_1} \right| = \left| \frac{A_3}{A_1} \right| = \left| \frac{\frac{1}{3}(\gamma-1)(\gamma-2)m^2}{8+(\gamma-1)(\gamma-2)m^2} \right| \tag{8.4.27}$$

总的非线性失真系数为

$$k = \sqrt{k_2^2 + k_3^2} \tag{8.4.28}$$

为了使调制线性良好,应尽可能减小 Δf_2 和 Δf_3,亦即减小 k_2 和 k_3。为了使中心频率稳定度尽量少受变容二极管的影响,就应尽可能减小 Δf_0。从式(8.4.22)至式(8.4.27)诸式可以看出,如果选取较小的 m 值(即调制信号振幅 V_Ω 较小,或者说变容二极管应用于 C_j-v_R 曲线比较窄的范围内),则非线性失真以及中心频率偏移均很小。但是,有用频偏 Δf_1 也同时减小。为了兼顾频偏 Δf_1 和非线性失真的要求,常取 $m \approx 0.5$。

从以上各式还可看出,若选取 $\gamma = 1$,则二次、三次非线性失真系数以及中心频率偏移均可为零。这是预料之中的结论。因为,如果选取 $\gamma = 1$,则由式(8.4.10)可以看出,$\Delta C(t)$ 与 $v_\Omega(t)$ 有下列关系:

$$\Delta C(t) = \frac{C_c}{1 + \frac{C_c}{C_0} + \frac{C_c}{C_0}m\cos\Omega t} - \frac{C_c}{1 + \frac{C_c}{C_0}}$$

当 $\frac{C_c}{C_0}m\cos\Omega t \ll 1 + \frac{C_c}{C_0}$ 时,上式近似为

$$\Delta C(t) = \frac{-\dfrac{C_c^2}{C_0}}{\left(1 + \dfrac{C_c}{C_0}\right)^2}m\cos\Omega t$$

这就是说,$\Delta C(t)$ 与调制信号恰成正比例关系。如果 $\Delta C(t)$ 很小,由式(8.4.18)可知,Δf 亦与 ΔC 成正比例关系,所以最后必然得出 Δf 与 $v_\Omega(t)$ 恰成正比例关系的结论。

需要强调指出,以上讨论的是 ΔC 相对于回路总电容 C 很小(即频偏很小)的情况。如果 ΔC 比较大,这时式(8.4.18)不再成立,所以最后得出的结论将与上面有所不同。经过分析知道(参看附录8.2),在大频偏情况下,只有当 $\gamma = 2$ 时,才可能真正实现没有非线性失真的调频[1]。这就是说,在小频偏情况,选择 $\gamma = 1$ 的变容二极管即可近似地实现线性调频;而在大频偏情况,必须选择 γ 接近2的超突变结变容二极管,才能使调制具有良好的线性。

---

[1] 此时假定变容管电容为振荡回路总电容。见附录8.2。

例 8.4.1 已知振荡器指标为:频率 $f_0 = 50$ MHz,振幅为 5 V,回路总电容 $C = 30$ pF,选用变容二极管 2CC1C,它的静态直流工作电压 $V_0 = 4$ V,静态点的电容 $C_0 = 75$ pF。设接入系数 $p = 0.2$,要求最大频移为 $\Delta f_1 = 75$ kHz,调制灵敏度① $V_{\Omega s} \leqslant 500$ mV。试估算中心频率偏移和非线性失真。

解 由式(8.4.20)求得

$$K = p^2 \frac{C_0}{2C} = 0.2^2 \times \frac{75}{2 \times 30} = 0.05$$

由式(8.4.22)求得

$$A_1 = \frac{\Delta f_1}{K f_0} = \frac{75 \times 10^3}{0.05 \times 50 \times 10^6} = 0.03$$

2CC1C 为突变结变容二极管,$\gamma = \frac{1}{2}$。查表 8.4.1,当 $\gamma = \frac{1}{2}$ 时,A_1 为

$$A_1 = \frac{1}{16} m \left(8 + \frac{3}{4} m^2 \right)$$

考虑到

$$\frac{3}{4} m^2 \ll 8$$

所以

$$m \approx 2A_1 = 2 \times 0.03 = 0.06$$

根据表 8.4.1 可以得到

$$A_0 = -\frac{1}{16} m^2 = -\frac{1}{16} \times 0.06^2 = -2.25 \times 10^{-4}$$

$$A_2 = -\frac{1}{16} m^2 = -2.25 \times 10^{-4}$$

$$A_3 = \frac{1}{64} m^3 = \frac{1}{64} \times 0.06^3 \approx 3.38 \times 10^{-6}$$

根据式(8.4.23)至式(8.4.25)诸式,可求得

$$\Delta f_2 = K A_2 f_0 = -0.05 \times 2.25 \times 10^{-4} \times 50 \times 10^6 \text{ Hz} = -562.5 \text{ Hz}$$

$$\Delta f_3 = K A_3 f_0 = 0.05 \times 3.38 \times 10^{-6} \times 50 \times 10^6 \text{ Hz} = 8.45 \text{ Hz}$$

中心频率偏移

$$\Delta f_0 = K A_0 f_0 = -0.05 \times 2.25 \times 10^{-4} \times 50 \times 10^6 \text{ Hz} = -562.5 \text{ Hz}$$

根据式(8.4.26)及式(8.4.28),可求出调频波的非线性失真系数为

$$k_2 = \frac{|\Delta f_2|}{|\Delta f_1|} = \frac{562.5}{75 \times 10^3} \approx 0.0075$$

$$k_3 = \frac{|\Delta f_3|}{|\Delta f_1|} = \frac{8.45}{75 \times 10^3} \approx 1.127 \times 10^{-4}$$

$$k = \sqrt{k_2^2 + k_3^2} \approx k_2 = 0.75\%$$

计算所需调制电压幅度,根据式(8.4.7),求得

---

① 产生最大频移 Δf 所需的最大调制电压称为调制灵敏度(modulation sensitivity)。

$$V_\Omega = m(V_D + V_0)$$

通常势垒电势 V_D 比 V_0 小很多,可以忽略,所以

$$V_\Omega \approx mV_0 = 0.06 \times 4 \text{ V} = 0.24 \text{ V} < V_{\Omega s}$$

因而能满足调制灵敏度高的要求。

作为实际电路举例,图 8.4.4(a)所示是一个中心频率为 90 MHz 的直接调频电路[1]。在此频率上,0.001 μF 和 1 000 pF 的电容可认为近似短路,47 μH 的扼流圈则近似开路,因而可画出高频等效电路如图 8.4.4(b)所示。由图可见,它是变容管部分接入的电容三端式振荡电路,其中 L、C_3、C_4、C_5、C_1 组成的回路呈电感性。在变容管控制电路中,它的直流工作点电压是由 -9 V 电源经56 kΩ 和 22 kΩ 电阻分压后供给的。调制信号电压 $V_\Omega(t)$ 经47 μF 隔直电容和47 μH 高频扼流圈加到变容管,并通过 56 kΩ 和 22 kΩ 的并接电阻接地。

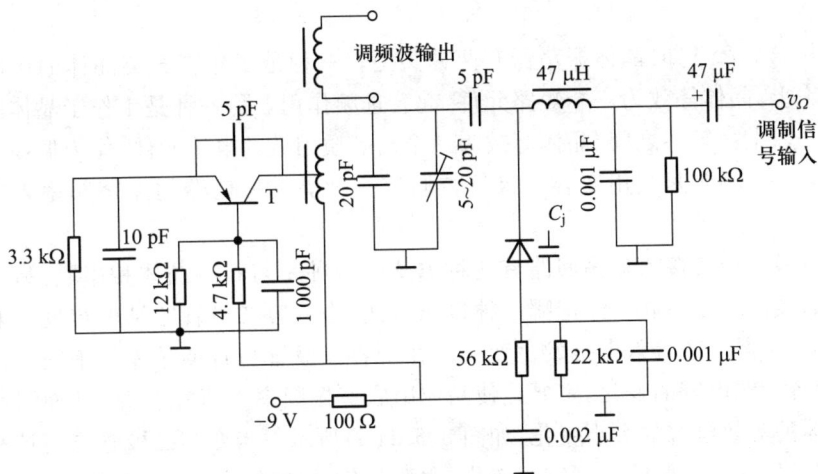

(a) 直接调频电路

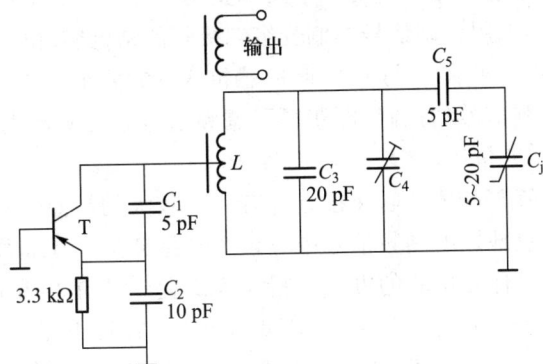

(b) 高频通路

图 8.4.4 90 MHz 直接调频电路及其高频通路

§8.5 晶体振荡器直接调频

直接调频的主要优点是可以获得较大的频偏,但是中心频率的稳定性(主要是长期稳定性)较差。在某些情况下,对中心频率的稳定度提出了比较严格的要求。例如,在 88 ~ 108 MHz 波段的调频电台,为了减小邻近电台间的相互干扰,通常规定各电台调频信号中心频率的绝对稳定度不劣于 ±2 kHz。若中心频率为 100 MHz,这就意味着其相对频率稳定度不劣于 2×10^{-5}。这种稳定度要求,前述几种直接调频方法都无法达到,目前,稳定中心频率常采用以下三种方法:① 对石英晶体振荡器进行直接调频;② 采用自动频率控制电路;③ 利用锁相环路稳频。第二、第三种方法将在第 10 章介绍。本节只介绍第一种方法。

从第 6 章已知,晶体振荡器有两种类型。一种是工作在石英晶体的串联谐振频率上,晶体等效为一个短路元件,起着选频作用。另一种是工作于晶体的串联与并联谐振频率之间,晶体等效为一个高品质因数的电感元件,作为振荡回路元件之一。通常是利用变容二极管控制后一种晶体振荡器的振荡频率来实现调频。

变容二极管接入振荡回路有两种方式。一种是与石英晶体相串联,另一种是与石英晶体相并联。无论哪一种接入方式,当变容二极管的结电容发生变化时,都引起晶体的等效电抗发生变化。在变容二极管与石英晶体相串联的情况下,变容管结电容的变化,主要是使晶体串联谐振频率 f_q 发生变化,从而引起石英晶体的等效电抗的大小变化,如图 8.5.1(a)所示。当变容二极管与石英晶体相并联时,变容二极管结电容的变化,主要是使晶体的并联谐振频率发生变化,这也会引起晶体的等效电抗的大小发生变化,如图 8.5.1(b)所示。该图是电纳曲线。总之,如果用调制信号控制变容二极管的结电容,由于石英晶体的等效电抗(我们应用的是处在 f_q 与 f_p 之间的感抗 X_q)的大小也受到控制,因而亦使振荡频率受到调制信号的控制,即获得了调频信号。但所产生的最大相对频移很小,约只有 10^{-4} 数量级。

变容二极管与晶体并联连接方式有一个较大的缺点,就是变容管参数的不稳定性直接严重地影响调频信号中心频率的稳定度。因而用得比较广泛的还是变容管与石英晶体相串联的方式。图 8.5.2 是对皮尔斯晶体振荡器进行频率调制的典型电路。图中,C_1、C_2 与石英晶体、变容管组成皮尔斯振荡电路;L_1、L_2 与 L_3 为高频扼流圈;R_1、R_2 与 R_3 是振荡管的偏置电路;C_3 对调制信号频率短路。当调制信号使变容管的结电容变化时,晶体振荡器的振荡频率就受到调制。

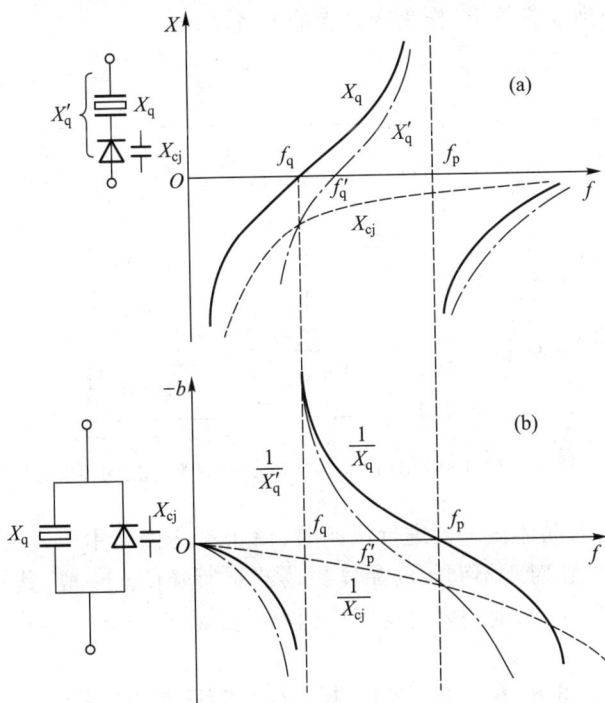

图 8.5.1 变容管与晶体的两种连接方式及其电抗曲线

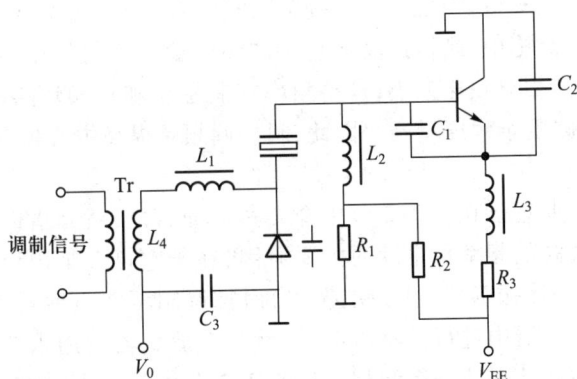

图 8.5.2 对皮尔斯晶体振荡器进行频率调频的典型电路

　　作为实际电路举例,图 8.5.3 所示是 100 MHz 晶体振荡器的变容管直接调频电路[1],此电路组成无线话筒中的发射机。图中,T_2 管接成皮尔斯晶体振荡电路,并由变容管直接调频。T_2 管集电极上的谐振回路调谐在晶体振荡频率的三次谐波上,完成三倍频功能。T_1 管为音频放大器,将话筒提供的语言信号放大后,经 2.2 μH 的高频扼流圈加到变容管上。同时 T_1 的电源电压也通过 2.2 μH

高频扼流圈加到变容管上,作为变容管的偏置电压。

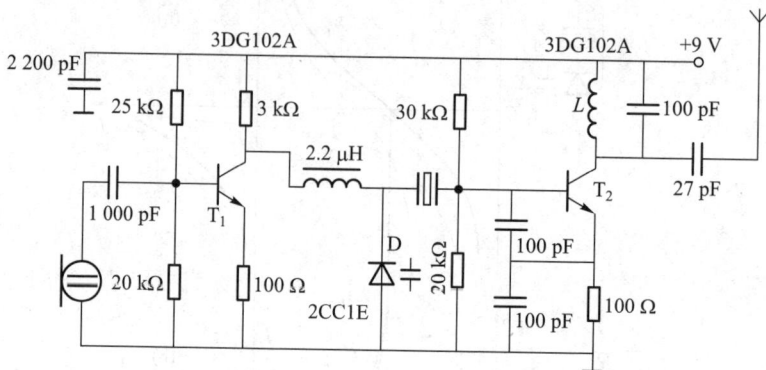

图 8.5.3 100 MHz 晶体振荡器的变容管直接调频电路

最后指出,对晶体振荡器进行调频时,由于振荡回路中引入了变容二极管,所以频率稳定度相对于不调频的晶体振荡器有所降低。一般,其短期频率稳定度达到 10^{-6} 数量级,长期频率稳定度达到 10^{-5} 数量级。

§8.6 间接调频:由调相实现调频

从前节的讨论知道,为了提高直接调频时中心频率的稳定度,必须采取一些措施。而在这些措施中,晶体振荡器直接调频的稳定度仍然比不上不调频的晶体振荡器,而且其相对频移太小;自动频率控制系统和锁相环路稳频,虽然不会减小频偏,但电路复杂程度增高。因此,间接调频是提高中心频率稳定度的一种较简便而有效的方法。

间接调频的原理已在 8.3.2 节中介绍过。简言之,就是借助调相来实现调频。它能得到很高的频率稳定度的主要原因,在于它可以采用稳定度很高的振荡器(例如石英晶体振荡器)作为主振器,而且调制不在主振器中进行,而是在其后的某一级放大器中进行。具体地说,就是在放大器中用积分后的调制信号对主振器送来的载波振荡进行调相。从 8.3.2 节中的讨论我们知道,用这种方法最后得到的就是由调制信号进行调频的调频波。显然,这时中心频率的稳定度就等于主振器的频率稳定度。

调相不仅是间接调频的基础,而且在现代无线电通信的遥测系统中也得到了日益广泛的应用。因此,各种调相方法的讨论是本节的重点。

8.6.1 调相的方法

调相方法通常有三类:第一类是用调制信号控制谐振回路或移相网络的电

抗或电阻元件以实现调相;第二类是矢量合成法调相;第三类是脉冲调相。

1. 谐振回路或移相网络的调相方法

(1) 利用谐振回路调相

主振器之后的放大器(其间一般尚有缓冲级),其输入信号即载波振荡的角频率是固定的。当放大器的负载回路调谐时,放大器的输出电压与输入电压反相。设负载回路电容在调制信号 $v_\Omega(t) = V_\Omega f(t)$ 控制下变化了 ΔC,且 ΔC 与 $v_\Omega(t)$ 呈线性关系,即

$$\Delta C = k_c v_\Omega(t) = k_c V_\Omega f(t) \tag{8.6.1}$$

若

$$\frac{\Delta C}{C_0} \ll 1$$

这里 C_0 是回路初始电容,则回路相对失谐为

$$\frac{|\Delta\omega|}{\omega_0} \approx -\frac{1}{2}\frac{\Delta C}{C_0} \tag{8.6.2}$$

由于回路失谐,输出电压便产生一个附加的相位移 φ,它与失谐的关系为

$$\varphi = -\arctan 2Q\frac{\Delta\omega}{\omega_0} \tag{8.6.3}$$

若 $\varphi \leq \frac{\pi}{6}$,则上式可近似写为

$$\varphi \approx -2Q\frac{\Delta\omega}{\omega_0} \tag{8.6.4}$$

将式(8.6.2)与式(8.6.1)代入上式,即得

$$\varphi \approx \frac{Qk_c V_\Omega}{C_0}f(t) \tag{8.6.5}$$

上式说明,在满足 $\varphi \leq \pi/6$ 与 $\Delta C/C_0 \ll 1$ 两个条件时,附加相移 φ 与调制信号呈线性关系。但这种调相方法只能产生 $\pi/6$ 以下的最大相移,即最大调制指数为

$$m_{\max} = \frac{\pi}{6}\ \text{rad} \approx 0.5\ \text{rad}$$

若用调制信号控制回路电感,可以得到类似的结果。可控电抗可用变容二极管来实现。

(2) 利用移相网络调相

图 8.6.1 所示是一个 RC 移相网络,载波电压 $\dot{V}_i$ 经倒相器 T,在集电极上得到 $-\dot{V}_i$,在发射极上得到 $\dot{V}_i$,于是加在移相网络 RC 上的电压为

$$\dot{V}_{AB} = -\dot{V}_i - \dot{V}_i = -2\dot{V}_i$$

图 8.6.2 为矢量图。输出电压 $\dot{V}_o$ 等于 $\dot{V}_R$ 与 $\dot{V}_i$ 的矢量和,它相对于 $\dot{V}_i$ 的相移为

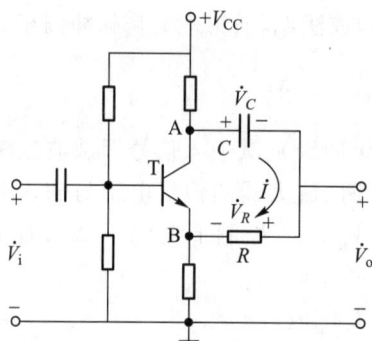

图 8.6.1　*RC* 移相网络

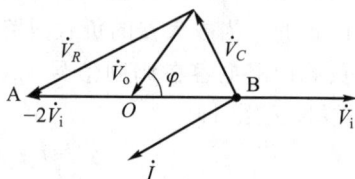

图 8.6.2　*RC* 移相网络矢量图

$\pi+\varphi$。由矢量图可以求出

$$\varphi = 2\arctan \frac{V_C}{V_R} = 2\arctan \frac{1}{\omega_0 CR} \qquad (8.6.6)$$

当 $\varphi \leqslant \pi/6$ 时,上式可近似为

$$\varphi \approx \frac{2}{\omega_0 CR} \qquad (8.6.7)$$

　　由上式可知,当 $\varphi \leqslant 0.5$ rad 时,φ 与 C 或 R 均呈反比例关系。若调制信号电压与 C 或 R 也呈反比例关系,则 φ 与调制信号呈线性关系,即能够实现线性调相。

　　由式(8.4.1),变容二极管 PN 结电容 C_j 在一定范围内可与反向偏置电压 v_R 近似成线性关系。因此,若将调制信号加于变容二极管,则可用变容二极管代替图 8.6.1 中的电容 C。这就构成了变容二极管控制移相网络的电抗以实现调相的电路,如图 8.6.3 所示。图中,T_1 是倒相器,T_2 是射极跟随器,所有 0.015 μF 的电容均起隔直流或高频旁路的作用。

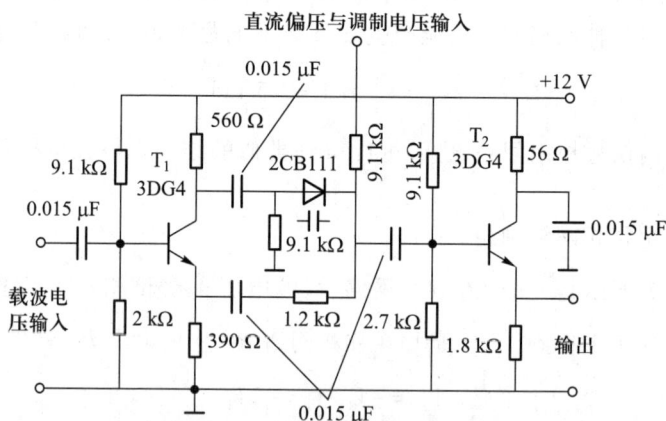

图 8.6.3　利用变容二极管改变移相网络的电抗

图 8.6.1 所示阻容移相网络只是一个例子。实际应用中,移相网络的形式是很多的,用可控电抗或可控电阻元件都能够实现调相。

2. 矢量合成调相法[阿姆斯特朗法(Armstrong method)]

将调相波的一般数学表示式(8.2.10)展开,并以 A_p 代表 k_p,即得

$$a(t) = A_0 \cos \omega_0 t \cos [A_p v_\Omega(t)] - A_0 \sin [A_p v_\Omega(t)] \sin \omega_0 t$$

若最大相移很小,例如设 $A_p |v_\Omega(t)|_{\max} \leqslant \pi/6$,则上式可近似写成

$$a(t) \approx A_0 \cos \omega_0 t - A_0 A_p v_\Omega(t) \sin \omega_0 t \qquad (8.6.8)$$

上式说明,调相波在调制指数小于 0.5 rad 时,可以认为是由两个信号叠加而成:一个是载波振荡 $A_0 \cos \omega_0 t$,另一个是载波被抑止的双边带调幅波 $-A_0 A_p v_\Omega(t) \sin \omega_0 t$,二者的相位差为 $\pi/2$。图 8.6.4 是它们的矢量图。图中,矢量 $\dot{A}$ 代表 $A_0 \cos \omega_0 t$,$\dot{B}$ 代表 $-A_0 A_p v_\Omega(t) \sin \omega_0 t$,$\dot{C}$ 代表 $\dot{A} + \dot{B}$。$\dot{A}$ 与 $\dot{B}$ 互相垂直,$\dot{B}$ 的长度受到 $v_\Omega(t)$ 的调制。显然,合成矢量 $\dot{C}$ 的长度以及它与 $\dot{B}$(或 $\dot{A}$)之间的相角也受到调制信号 $v_\Omega(t)$ 的控制,即 $\dot{C}$ 代表一个调相调幅波。寄生调幅可以用限幅的办法去掉。根据式(8.6.8),可拟出实现这种调相方法的方框图,如图 8.6.5 所示。

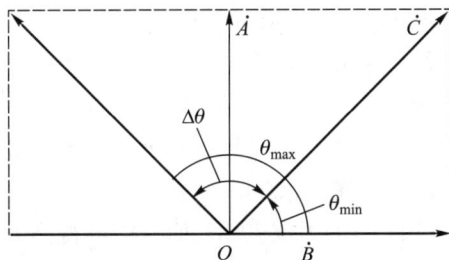

图 8.6.4 载波振荡与双边带调幅波相加形成窄带调相波的矢量图

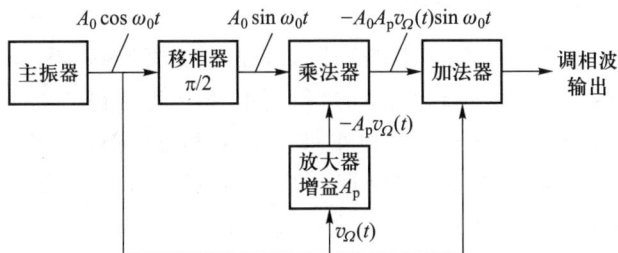

图 8.6.5 实现式(8.6.8)的方框图

联系到双边带调幅的产生方法,图 8.6.5 中的乘法器实际上就是一个平衡调幅器,进一步具体化为图 8.6.6 所示的方框图。

这种调相方法是首先由阿姆斯特朗提出的,故亦名阿姆斯特朗法。

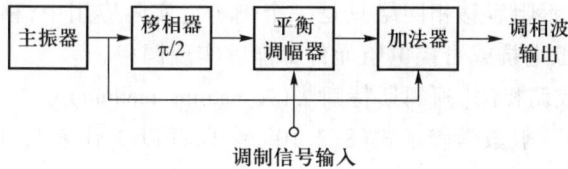

图 8.6.6 用载波振荡与双边带调幅波叠加以实现调相

以上两种方法(网络移相法与矢量合成法)的共同缺点是:调制系数很小。为了获得足够大的调制系数,必须在调相器后面加多级倍频器,使得整个设备变得十分庞大。下面介绍的脉冲调相方法可以克服上述缺点。

*3. 脉冲调相(pulse phase modulation)

脉冲调相也称脉冲调位,它是用调制信号控制脉冲出现的位置来实现调相的。图 8.6.7 示出了这种方法的原理性方框图,图 8.6.8 则示出了它各部分的波形图,图中的①、②、③、④、⑤、⑥代表图 8.6.7 相应各点的波形。它的工作原理如下:

由抽样脉冲发生器产生稳定的抽样脉冲(sampling pulse)③,在抽样保持电路(sampling hold circuit)中对调制信号①进行抽样,并将抽样值②保持下来。在抽样脉冲控制下,锯齿波发生器(sawtooth wae generator)产生一系列锯齿波④。在每个抽样脉冲到来时,锯齿波回到零电平。在门限检测电路中,抽样保持电压与锯齿波叠加,并与预先设置的某一门限值进行比较。当超过此门限值时,即产生一窄脉冲序列⑤,它的每一脉冲的位置都受到调制信号的控制。脉冲序列⑤经带通滤波器滤波后,即得到调相波⑥。

脉冲调相不仅具有很稳定的中心频率,而且能够得到大的调制系数,因而得到广泛的应用。

8.6.2 间接调频的实现

根据 8.3.2 节中所叙述的间接调频的原理,只要将调制信号积分后,再加至上述任何一个调相电路上对载波振荡进行调相,最后即可得到所需要的调频波。

从上面的讨论知道,除脉冲调相外,其余的调相方法都只能得到很小的调制指数。例如,要求 $m \leqslant 0.5$ 才能保证一定的调制线性。若最低调制频率为 100 Hz,则相应的最大频移为

$$\Delta f = mF_{\text{min}} = 0.5 \times 100 \text{ Hz} = 50 \text{ Hz}$$

这样小的频偏是远远不能满足需要的。例如,调频广播所要求的最大频移为 75 kHz。为了使频偏加大到所需的数值,常需采用倍频的方法。对于这里的例子,需要的倍频次数为 $75 \times 10^3/50 = 1\,500$,可见所需的倍频次数是很高的。

如果倍频之前载波频率为 1 MHz,则经 1 500 次倍频后,中心频率增大为

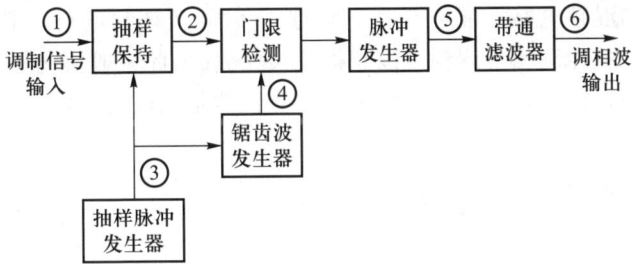

图 8.6.7 实现脉冲调相的原理性方框图

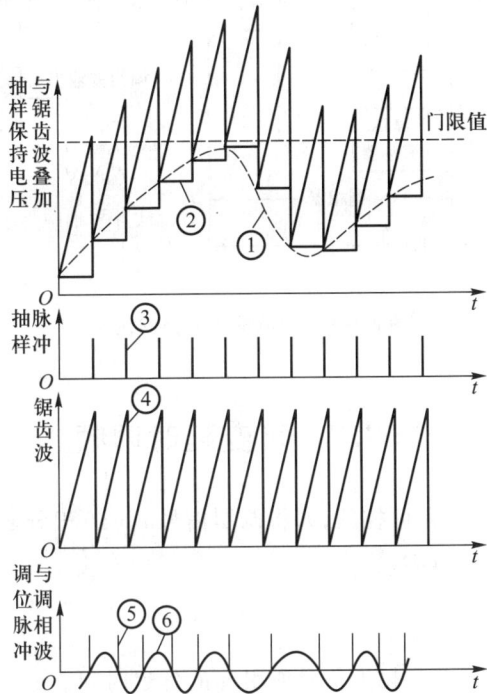

图 8.6.8 脉冲调相各部分的波形图

1 500 MHz。这个数值又可能不符合对中心频率的要求。例如,调频广播的中心频率假定要求 100 MHz。为了最后得到这个数值,尚需采用混频的方法。对于此处的例子,可用一个频率为 1 400 MHz(如用石英晶体振荡器再加上若干次倍频的办法来得到)的本地振荡电压与之混频。混频只起频谱搬移作用,不会改变最大频移。因此,最后获得中心频率为 100 MHz、频偏为 75 kHz 的调频波。

当然,倍频也可以分散进行,例如先倍频 N_1 次,之后进行混频,然后再倍频 N_2 次。如有必要,可以如此进行多次。图 8.6.9 表示分散两次倍频的例子。正是由于倍频和混频电路常常是不可缺少的,所以间接调频电路一般来说要比直接调频复杂。脉冲调相变调频可以获得较大频偏,因此一般情况下,倍频和混频电路数目用得较少;但是,脉冲调相电路本身仍然是比较复杂的。

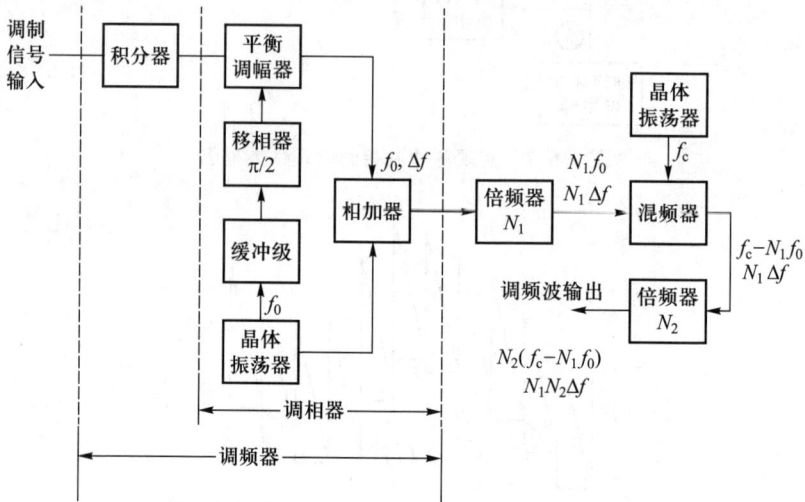

图 8.6.9 分散两次倍频的例子

*§8.7 可变延时调频

设延时器件的延时是可控的,如将调制信号 $v_\Omega(\tau)$ 积分之后,去线性地控制延时时间,则延时时间可表示为

$$t_0 = k_t \int_0^t v_\Omega(\tau)\,\mathrm{d}\tau \tag{8.7.1}$$

式中,比例系数 k_t 表示单位幅度信号所引起的延迟时间。

若延时器件此时的输入信号为载波振荡 $A_0 \cos \omega_0 t$,则经延时 t_0 以后,得到延时器件的输出信号为

$$a(t) = KA_0 \cos(\omega_0 t - \omega_0 t_0) \tag{8.7.2}$$

式中,K 是延时器件的传输系数。

将式(8.7.1)代入式(8.7.2),即得

$$a(t) = KA_0 \cos\left[\omega_0 t - k_t \omega_0 \int_0^t v_\Omega(\tau)\,\mathrm{d}\tau\right] \tag{8.7.3}$$

显然,这就是由 $v_\Omega(\tau)$ 调制所得到的调频波。

这种调制方法在激光(laser)中得到应用。例如,一种特殊构造的硫酸镉晶体,它的介电常数(dielectric constant)以及激光在其中的传播速度 v,可以由加于

其上的横向电场来控制。若用调制信号的积分 $\int_0^t v_\Omega(\tau)\,\mathrm{d}\tau$ 控制横向电场,使激

光的传播速度 v 具有如下关系:

$$v = \frac{k_v}{\int_0^t v_\Omega(\tau)\,\mathrm{d}\tau} \tag{8.7.4}$$

式中,k_v 为比例常数,它表示横向电场对激光传播速度控制的强弱。当晶体长
度为 l 时,激光在其中传播所需的时间为

$$t_0 = \frac{l}{v} = \frac{l}{k_v}\int_0^t v_\Omega(\tau)\,\mathrm{d}\tau \tag{8.7.5}$$

根据式(8.7.3)可知,经延时以后的激光就受到调制信号 $v_\Omega(\tau)$ 的调频。

以上研究了调频的原理与各种实现方法。下面讨论解调的方法。首先介绍
相位鉴频器。

§8.8 相位鉴频器

相位鉴频器(phase frequency discriminator)是根据第一类鉴频方法,利用回
路的相位–频率特性来实现调幅–调频波变换的,应用较广泛。

8.8.1 相位鉴频器的工作原理

图 8.8.1 是电感耦合相位鉴频器原理电路图。输入电路的一次回路 C_1、L_1
和二次回路 C_2、L_2 均调谐于调频波的中心频率 f_0。它们完成波形变换,将等幅
调频波变换成幅度随瞬时频率变化的调频波(即调幅–调频波)。D_1、R、C_3 和
D_2、R、C_3 组成上、下两个振幅检波器,且特性完全相同,将振幅的变化检测出来。

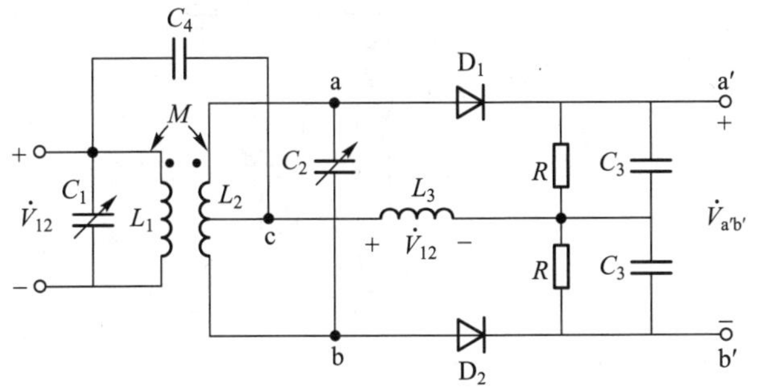

图 8.8.1 相位鉴频器原理电路

负载电阻 R 通常比旁路电容 C_3 的高频容抗大得多,而耦合电容 C_4 与旁路

电容 C_3 的容抗则远小于高频扼流圈 L_3 的感抗。因此,一次回路上的信号电压 $\dot{V}_{12}$ 几乎全部降落在扼流圈 L_3 上。

另一方面,一次回路电流经互感耦合,在二次回路两端感应产生二次回路电压 $\dot{V}_{ab}$。由图可看出,加在两个振幅检波器的输入信号分别为

$$\dot{V}_{D1} = \dot{V}_{ac} + \dot{V}_{12} = \frac{1}{2}\dot{V}_{ab} + \dot{V}_{12} \tag{8.8.1}$$

$$\dot{V}_{D2} = \dot{V}_{bc} + \dot{V}_{12} = -\frac{1}{2}\dot{V}_{ab} + \dot{V}_{12} \tag{8.8.2}$$

这样,每个检波器上均加有两个电压,即 $\frac{1}{2}\dot{V}_{ab}$ 和 $\dot{V}_{12}$。不过一个检波器的输入是它们之和,另一个则是它们之差。值得注意的是,只要处在耦合回路的通频带范围之内,当调频波的瞬时频率变化时,无论是 $\dot{V}_{12}$ 还是 $\dot{V}_{ab}$,它们的振幅都是保持恒定的。但是,它们之间的相位关系随频率而发生变化。下面就来分析 $\dot{V}_{ab}$ 与 $\dot{V}_{12}$ 之间的相位差是如何随信号频率而变化的。

为了使分析简单起见,先作两个合乎实际的假定:① 一、二次回路的品质因数均较高;② 一、二次回路之间的互感耦合比较弱。这样,在估算一次回路电流时,就不必考虑一次回路自身的损耗电阻和从二次回路反射到一次回路的损耗电阻。于是可以近似地得到图 8.8.2 所示的等效电路,图中

$$\dot{I}_1 = \frac{\dot{V}_{12}}{j\omega L_1} \tag{8.8.3}$$

一次电流 $\dot{I}_1$ 在二次回路中感应产生串联电动势为

$$\dot{V}_s = \pm j\omega M \dot{I}_1 \tag{8.8.4}$$

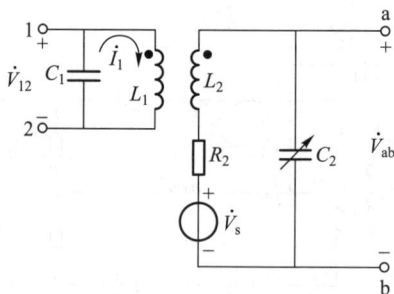

图 8.8.2　二次回路的等效电路

式中,正、负号取决于一次绕组的绕向。现在假设线圈的绕向使该式取负号。将式(8.8.3)代入式(8.8.4),得

$$\dot{V}_{s} = -\frac{M}{L_1}\dot{V}_{12} \tag{8.8.5}$$

二次回路电压 $\dot{V}_{ab}$ 可以根据图 8.8.2 所示的等效电路求出：

$$\dot{V}_{ab} = \dot{V}_{s}\frac{Z_{C_2}}{Z_{C_2}+Z_{L_2}+R_2}$$

$$= \frac{-jX_{C_2}\left(-\dot{V}_{12}\dfrac{M}{L_1}\right)}{R_2+j(X_{L_2}-X_{C_2})}$$

$$= j\frac{M}{L_1}\frac{X_{C_2}}{R_2+jX_2}\dot{V}_{12} \tag{8.8.6}$$

式中，$X_2 = X_{L_2}-X_{C_2}$ 是二次回路总电抗，可正可负，还可为零。这取决于信号频率。

从式 (8.8.6) 可以看出，当信号频率 f_{in} 等于中心频率 f_0（即回路谐振频率）时，$X_2 = 0$，于是

$$\dot{V}_{ab} = j\frac{M}{L_1}\frac{X_{C_2}}{R_2}\dot{V}_{12}$$

$$= \frac{M}{L_1}\frac{X_{C_2}}{R_2}\dot{V}_{12}e^{j\frac{\pi}{2}} \tag{8.8.7}$$

该式表明，二次回路电压 $\dot{V}_{ab}$ 比一次回路电压 $\dot{V}_{12}$ 超前 $\frac{\pi}{2}$。

当信号频率 f_{in} 高于中心频率 f_0 时，$X_{L_2}>X_{C_2}$，即 $X_2>0$。这时二次回路总阻抗为

$$Z_2 = R_2+jX_2 = |Z_2|e^{j\theta}$$

式中，$|Z_2|$ 是 Z_2 的模，其值为

$$|Z_2| = \sqrt{R_2^2+X_2^2}$$

θ 是 Z_2 的相角，其值为

$$\theta = \arctan\frac{X_2}{R_2}$$

将 Z_2 的关系式代入式 (8.8.6)，得

$$\dot{V}_{ab} = \frac{MX_{C_2}}{L_1|Z_2|}\dot{V}_{12}e^{j\left(\frac{\pi}{2}-\theta\right)} \tag{8.8.8}$$

该式表明，当信号频率高于中心频率时，二次回路电压 $\dot{V}_{ab}$ 超前于一次回路电压 $\dot{V}_{12}$ 一个小于 $\frac{\pi}{2}$ 的角度 $\left(\frac{\pi}{2}-\theta\right)$。

与上类似，可以求出当 $f_{in}<f_0$ 时，有

$$\dot{V}_{ab} = \frac{M X_{C_2}}{L_1 \mid Z_2 \mid} \dot{V}_{12} e^{j\left(\frac{\pi}{2}+\theta\right)} \tag{8.8.9}$$

即 $\dot{V}_{ab}$ 超前于 $\dot{V}_{12}$ 一个大于 $\frac{\pi}{2}$ 的相角 $\left(\frac{\pi}{2}+\theta\right)$。

通过上面的分析,找到了二次回路电压 $\dot{V}_{ab}$ 与一次回路电压 $\dot{V}_{12}$ 之间的相位关系。归纳起来就是:$\dot{V}_{ab}$ 将超前于 $\dot{V}_{12}$ 一个角度。这个角度可能是 $\frac{\pi}{2}$,可能大于 $\frac{\pi}{2}$,也可能小于 $\frac{\pi}{2}$,主要取决于信号频率是等于、小于还是大于中心频率。正是由于这种相位关系与信号频率有关,才导致两个检波器的输入电压的大小产生了差别。这可以从分析矢量图来说明。

根据式(8.8.1)、式(8.8.2)和上面的相位关系的分析,画出图 8.8.3 所示的矢量图。由于鉴频器的输出电压等于两个检波器输出电压之差,而每个检波器的输出电压(峰值或平均值)正比于其输入电压的振幅 V_{D_1}(或 V_{D_2}),所以鉴频器输出电压(峰值或平均值)为

$$V_{a'b'} = k_d (V_{D_1} - V_{D_2}) \tag{8.8.10}$$

式中,k_d 为检波器的电压传输系数。

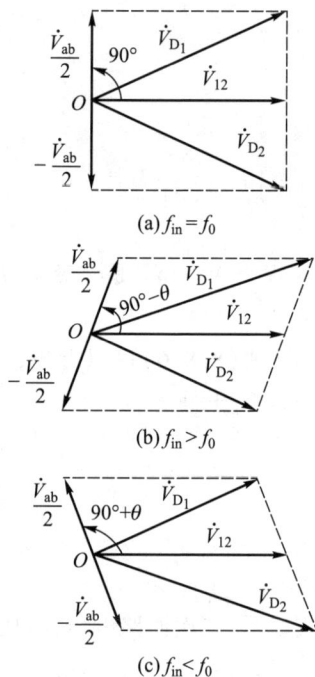

(a) $f_{in} = f_0$

(b) $f_{in} > f_0$

(c) $f_{in} < f_0$

图 8.8.3　相位鉴频器矢量图

将上式与图 8.8.3 的矢量图联系起来,可以看出:当 $f_{in} = f_0$ 时,因为 $V_{D_1} = V_{D_2}$,所以 $V_{a'b'} = 0$;当 $f_{in} > f_0$ 时,因为 $V_{D_1} > V_{D_2}$,所以 $V_{a'b'} > 0$;当 $f_{in} < f_0$ 时,因为 $V_{D_1} < V_{D_2}$,所以 $V_{a'b'} < 0$,因此,输出电压 $V_{a'b'}$ 反映了输入信号瞬时频率的偏移 Δf。而 Δf 与原调制信号 $v_\Omega(t)$ 成正比,即 $V_{a'b'}$ 与 $v_\Omega(t)$ 成正比。亦即实现了调频波的解调。若将 $V_{a'b'}$ 与频移 Δf 之间的关系画成曲线,便得到如图 8.1.2 所示的 S 形鉴频特性曲线。在该曲线的中间部分,输出电压与瞬时频移 Δf 之间近似地呈线性关系,Δf 越大,输出电压也越大;但当信号频率偏离中心频率越来越远,超过一定限度($\mid \Delta f \mid > \Delta f_m$)后,鉴频器的输出电压又随着频移的加大而下降。其主要原因是,当频率超过一定范围以后,已超出了输入电路的通频带,耦合回路的频率响应曲线的影响变得显著起来,这就导致 $\dot{V}_{ab}$ 的大小也随着频移的加大而下降,所以最后反而使鉴频器的输出电压下降。因此,S 形鉴频特性曲线的线性区间两边的边界应对应于耦合回路频率响应曲线通频带的两个边界点,即半功率点。

*8.8.2 相位鉴频器回路参数的选择

为了确定选择回路参数时所遵循的原则,有必要对图8.8.1所示电路进行简略的定量分析。

设一、二次回路相同,它们具有相同的品质因数 Q,均调谐于中心频率 f_0,谐振阻抗为 R_p。当失谐为 Δf 时,相应的广义失谐为

$$\xi = Q_L \frac{2\Delta f}{f_0} \tag{8.8.11}$$

一、二次回路之间的耦合系数为

$$k = \frac{M}{\sqrt{L_1 L_2}} \tag{8.8.12}$$

与此相应的耦合因数为

$$\eta = k Q_L \tag{8.8.13}$$

一次回路激励电流一般是由限幅器提供的,故可认为是恒量 $\dot{I}$。于是根据耦合回路的分析方法求出一次回路电压为

$$\dot{V}_{12} = \frac{1+\mathrm{j}\xi}{\eta^2 + (1+\mathrm{j}\xi)^2} R_p \dot{I} \tag{8.8.14}$$

相应的二次回路电压为

$$\dot{V}_{ab} = \mathrm{j}\eta \sqrt{\frac{L_2}{L_1}} \frac{R_p}{\eta^2 + (1+\mathrm{j}\xi)^2} \dot{I} \tag{8.8.15}$$

将以上二式代入式(8.8.1)和式(8.8.2),然后再代入式(8.8.10),经整理化简后,得(推导过程见附录8.3)

$$V_{a'b'} = k_d R_p I \Psi(\xi, \eta) \tag{8.8.16}$$

式中

$$\Psi(\xi, \eta) = \frac{\sqrt{4+\left(2\xi+\eta\sqrt{\frac{L_2}{L_1}}\right)^2} - \sqrt{4+\left(2\xi-\eta\sqrt{\frac{L_2}{L_1}}\right)^2}}{2\sqrt{(1+\eta^2-\xi^2)^2+4\xi^2}} \tag{8.8.17}$$

式(8.8.16)就是鉴频特性的数学表示式。显然,鉴频特性主要取决于式(8.8.17),该式具有通用性。图8.8.4画出了以 η 为参变量、ξ 为自变量的 $\Psi(\xi, \eta)$ 曲线。

由该曲线可以看出,耦合很弱(即 η 很小)时,线性范围小,鉴频跨导高。一般,当 $\eta<1.5$ 时,非线性就已经相当严重。反之,耦合比较紧,线性范围就大,而鉴频跨导就小。但当 $\eta>3$ 时,非线性又严重起来。因此,通常选取 $\eta = 1 \sim 3$。

由于 $\eta = k Q_L$,当回路品质因数 Q_L 不变时,逐渐加强耦合,鉴频跨导随之下降,但线性范围则随之加宽。

从该曲线还可大致看出,鉴频特性曲线的峰值点大约发生在 $\xi = \eta$ 处。根据式(8.8.11),求出

$$Q_{\mathrm{L}} = \frac{f_0}{2\Delta f} \eta \qquad (8.8.18)$$

由上式,根据所选择的 η 值、中心频率 f_0 及所允许的最大频移 Δf,求出回路的品质因数 Q_{L}。知道了 Q_{L},根据式(8.8.13)便求出一、二次回路之间的耦合系数

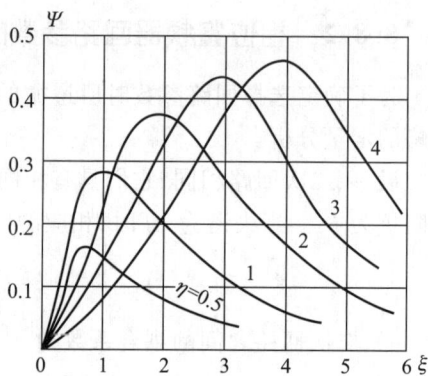

图 8.8.4 对应于不同耦合因数的鉴频特性曲线

$$k = \frac{\eta}{Q_{\mathrm{L}}} = \frac{2\Delta f}{f_0} \qquad (8.8.19)$$

从式(8.8.16)看出,鉴频器的输出电压正比于回路谐振电阻 R_{p}。我们知道

$$R_{\mathrm{p}} = Q_{\mathrm{L}}\rho \qquad (8.8.20)$$

式中,ρ 是回路的特性阻抗,其值为

$$\rho = \sqrt{\frac{L}{C}} \qquad (8.8.21)$$

为了增加鉴频灵敏度,应该加大 ρ,即增大 L,减小 C。但是,C 的减小是受到限制的,因为如果 C 太小,则分布电容的影响将变得严重,以致使电路工作不稳定。通常选取

$$C = 20 \sim 30 \text{ pF}$$

然后根据谐振频率 f_0,即可算出电感

$$L = \frac{1}{(2\pi f_0)^2 C} \qquad (8.8.22)$$

§8.9 比例鉴频器

相位鉴频器中,输入信号振幅的变化必将使输出电压大小发生变化。这一点不难从图 8.8.3 所示的矢量图的分析看出。因此,噪声、各种干扰以及电路频率特性的不均匀性所引起的输入信号的寄生调幅,都将直接在相位鉴频器的输出信号中反映出来。为了去掉这种虚假信号,就必须在鉴频之前预先进行限幅。

能否对相位鉴频器的电路做某些改动来获得一定的限幅作用,以省掉限幅器呢?为了回答这个问题,需要从一个新的观点对相位鉴频器进行深入一步的分析。

由式(8.8.1)与式(8.8.2)可得

$$\dot{V}_{\mathrm{D}_1} + \dot{V}_{\mathrm{D}_2} = 2\dot{V}_{12}$$

上式说明,只要输入电压 $\dot{V}_{12}$ 的振幅不变,则两个包络检波器的输入电压之和 $V_{D_1}+V_{D_2}$ 保持不变,因而检波器的输出电压之和也保持不变,而与瞬时频率的变化无关。亦即和电压只反映输入调频波振幅的变化。

可以设想,若能设法抑制和电压的变化,使之保持恒定,当然也就意味着消除了调频波振幅的变化,或者说起到了限幅的作用。这样一来,检波器输出电压之差(以下简称"差电压")也就只单纯地反映瞬时频率的变化,从而去掉了寄生调幅造成的虚假信号。本节所要讨论的比例鉴频器(ratio detector),正是根据上述思路,对相位鉴频器加以改进而得到的。

下面还将证明,在电路参数相同的条件下,比例鉴频器的输出只有相位鉴频器的一半。可以说,比例鉴频器的限幅作用是以降低输出为代价的。但是,比例鉴频器还有另一优点,这就是,它本身可以提供一个适合于自动增益控制的电压,而相位鉴频器则不能。不过,相位鉴频器也有自己的优点,除了输出比比例鉴频器要大一倍外,它的另一优点是线性要更好一些。所以,目前这两种鉴频器都得到了比较广泛的应用。

根据上述分析,可以将图 8.8.1 所示的相位鉴频器原理电路,改进成为图 8.9.1 所示的比例鉴频器原理电路。两图的输入电路完全相同;但是,这里把二极管 D_2 反接了,因此 a'b' 两点间的电压不再是差电压,而变成了和电压,即

$$\dot{V}_o' = \dot{V}_{a'b'} = \dot{V}_{a'o'} + \dot{V}_{o'b'} \tag{8.9.1}$$

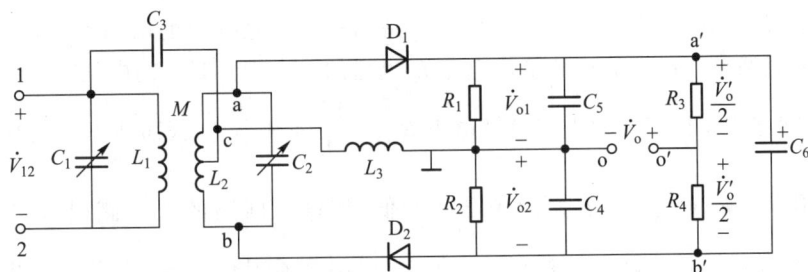

图 8.9.1 比例鉴频器原理电路

为了使此和电压维持恒定,在 a'b' 两点间接入一个大电容(通常是电解电容器)C_6。

鉴频器的输出应当是差电压,因为只有它才反映瞬时频率的变化规律。为了得到差电压,检波器的负载电路重新作了布置,从 o'o 两端输出,其中一端接地。根据电路图,设两边对称,$R_1 = R_2$,$R_3 = R_4$,输出电压可以用以下两个等式之一表示:

$$\dot{V}_o = \dot{V}_{o1} - \frac{1}{2}\dot{V}_o' \tag{8.9.2}$$

或
$$\dot{V}_o = -\dot{V}_{o2} + \frac{1}{2}\dot{V}_o' \qquad (8.9.3)$$

将上二式相加,得

$$\dot{V}_o = \frac{1}{2}(\dot{V}_{o1} - \dot{V}_{o2}) \qquad (8.9.4)$$

或

$$V_{om} = \frac{1}{2}k_d(V_{D_1} - V_{D_2}) \qquad (8.9.5)$$

式中,k_d是每个包络检波器的电压传输系数;V_{D_1}和V_{D_2}分别为两个检波器的输入电压振幅。

将式(8.9.5)与式(8.8.10)进行比较可以看出,比例鉴频器的输出恰好等于相位鉴频器输出的一半。

下面进一步讨论比例鉴频器的限幅过程。

假设起初输入调频波的振幅是恒定的,而且鉴频器已经工作了一段时间。这样,大容量的电容器C_6上已经充到一定电压$V_{a'b'}$,这是一个直流电压。这意味着,此时既没有电流对C_6充电,也没有电流从C_6流出放电,因此,C_6的等效阻抗可近似为无限大。在实际电路中,一般总是选择$R_1 + R_2 \ll R_3 + R_4$,所以两个检波二极管(注意它们是串联的)的总的负载阻抗近似为$R_1 + R_2$。

若由于噪声、干扰或别的原因的影响,输入信号振幅突然增大,这势必导致和电压突然增加。但是由于大电容C_6的惰性,$V_{a'b'}$将力图保持恒定。两串联检波二极管上的电压为$V_{ab} - V_{a'b'}$。其中V_{ab}是随输入信号振幅的增加而增加的,这就使流经两个二极管的检波平均电流I_0也增加。由于负载上的电压$V_{a'b'}$维持不变,这就相当于检波等效直流负载电阻$R_{dc}\left(=\dfrac{V_{a'b'}}{I_0}\right)$减小了,因而使得检波等效输入电阻$R_{id}\left[R_{id} \approx \dfrac{R_{dc}}{2},参看式(7.9.5)\right]$降低,使输入回路的二次侧引入更大衰减,因而品质因数下降。反映到一次侧,也引起品质因数下降,致使谐振阻抗下降,最后使推动鉴频器的激励放大器的增益下降,于是自动地反抗输入调频波振幅的增加。

同样可分析输入信号振幅变小的情况。

可以看出,上述限幅作用,实际上是利用了输入电路的可变衰减的结果。二极管检波器构成了一个自动控制衰减的系统,它总是力图维持输入信号振幅恒定。

应当指出,这种限幅作用对于输入信号振幅的缓慢变化是无效的。因为,当输入信号振幅缓慢变化时,虽然C_6上的电压起初不可能迅速跟随变化,但过一段时间后,由于二极管电流增量对C_6的充电或放电,仍可使$V_{a'b'}$逐渐地调整到新的数值上,即$V_{a'b'}$能跟随输入信号振幅的缓慢变化。

最后,我们来推导比例鉴频器输出电压的数学表示式。根据以上讨论,可以归纳出以下三个基本关系式:

① 和电压是恒定的。即

$$V_{a'b'} = V_{o1m} + V_{o2m} = 常数 \tag{8.9.6}$$

② 当两个检波器参数相同时,其输出电压之比等于其输入电压振幅之比。即

$$\frac{V_{o1m}}{V_{o2m}} = \frac{k_{d_1} V_{D_1}}{k_{d_2} V_{D_2}} = \frac{V_{D_1}}{V_{D_2}} \quad (k_{d_1} = k_{d_2}) \tag{8.9.7}$$

③ 鉴频器的输出电压(即差电压)可由式(8.9.4)或式(8.9.5)确定。

根据式(8.9.6)和式(8.9.7),解出 V_{o1m} 和 V_{o2m} 分别为

$$V_{o2m} = \frac{V_{a'b'}}{1 + \dfrac{V_{D_1}}{V_{D_2}}} \tag{8.9.8}$$

$$V_{o1m} = V_{a'b'} - \frac{V_{a'b'}}{1 + \dfrac{V_{D_1}}{V_{D_2}}} \tag{8.9.9}$$

将上两式代入式(8.9.4),得

$$V_{om} = \frac{1}{2} \left(V_{a'b'} - \frac{2 V_{a'b'}}{1 + \dfrac{V_{D_1}}{V_{D_2}}} \right) \tag{8.9.10}$$

从相位鉴频器的讨论已知(参看图8.8.3),当调频波的瞬时频率变化时,两个检波器输入电压的振幅 V_{D_1} 和 V_{D_2} 是朝相反的方向变化的,即一个增大,则另一个就减小。比例鉴频器的情况与此相同。从式(8.9.10)看出,由于比值 V_{D_1}/V_{D_2} 亦随着瞬时频率变化,所以鉴频器的输出电压 V_o 亦随着瞬时频率变化。这就是鉴频的过程。但是,当调频波的振幅发生变化时,会引起 V_{D_1} 和 V_{D_2} 朝着同一方向改变,这一点也可以从图8.8.3看出来。因此,比值 V_{D_1}/V_{D_2} 维持不变。这就是说,比值 V_{D_1}/V_{D_2} 并不受调频波振幅变化的影响。所以,鉴频器的输出电压 V_o 与调频波振幅的变化无关。这就是比例鉴频器本身所具有的限幅作用。

总的来说,从式(8.9.10)看出,比例鉴频器的输出电压 V_o 并不取决于 V_{D_1} 和 V_{D_2} 本身的大小,而只取决于它们的比例或比值。比例鉴频器这一名称正是由此而来。

根据以上讨论可以看出,虽然比例鉴频器的输出只有相应的相位鉴频器的一半,但是由于它具有自动限幅作用,因而它的激励放大器只需较小的输入电压(例如 1～10 mV)就能正常工作。而相位鉴频器,由于本身无限幅作用,就需加 1～2 级限幅及推动级,同时限幅器的输入电压应当达到较大数值(例如 50～

300 mV)才可能正常工作。这就要求增加限幅级前面的放大器的级数。因此,总的来看,在接收机具有相同灵敏度的情况下,采用比例鉴频器的确要比相位鉴频器经济一些。所以调频广播收音机和电视接收机中广泛采用比例鉴频器。另一方面应当看到,要想得到比较好的限幅作用,比例鉴频器的设计和调整是比较困难的。而相位鉴频器却要简单得多,特别是它具有较好的线性。因此,在要求较高的场合,仍然采用相位鉴频器。

*§8.10　其他形式的鉴频器

8.10.1　脉冲计数式鉴频器

脉冲计数式鉴频器是根据第二类鉴频方法制成的,它的突出优点是线性好,频带宽,同时它能工作于一个相当宽的中心频率范围(不像前述几种鉴频器必须工作于某一中心频率上,否则将产生附加的直流输出)。已经见到的产品,其指标为:中心频率处在 1 MHz 至 10 MHz 范围内,最大频偏接近于中心频率,线性优于 0.1% 。如果配合使用混频器,则中心频率就能进一步扩展到 100 MHz。因此,这种鉴频器已经得到广泛应用,并可做成集成电路。

调频波瞬时频率的变化,直接表现为调频信号通过零值的点(简称过零点)的疏密变化,如图 8.10.1 中的 O_1、O_2、O_3、…,其中一部分点,如 O_1、O_3、O_5、…,是调频波从负变为正的过零点,简称为正过零点;而另一部分点,如 O_2、O_4、O_6、…,是调频波由正变负的过零点,简称负过零点。

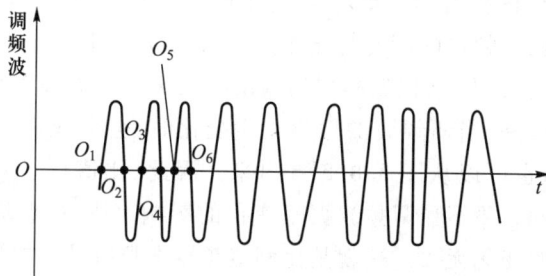

图 8.10.1　调频波的正、负过零点

如果在每个正过零点处形成一个振幅为 V、宽度为 τ 的矩形脉冲,就可以将原始调频波变换成一个重复频率受到调制的矩形脉冲序列,其重复频率的调制规律与原调频波的瞬时频率的调制规律相同,如图 8.10.2 所示。

可以看出,单位时间内,矩形脉冲的个数直接反映了原调频波在同一单位时间内的周数,或者说,矩形脉冲序列的重复频率 F(注意它是随着时间在变化

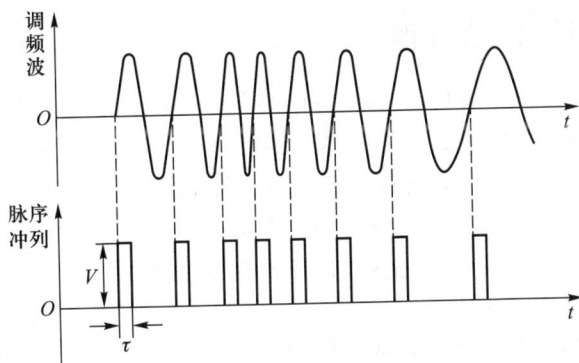

图 8.10.2 将原始调频波变换成重复频率受到调制的矩形脉冲序列

的),表示了原调频波的瞬时频率。因此,如果每单位时间内对矩形脉冲的个数进行计数,则所得数目的变化规律就反映了原调频波的瞬时频率的变化规律。所以,计数所得到的数值就是鉴频的结果。

实际上,无须真的对脉冲进行计数,而是采用低通滤波器将脉冲序列进行滤波。这样,脉冲振幅的平均值可写成

$$V_{av} = V\frac{\tau k_L}{T} = k_L V\tau F = k_L V\tau f \tag{8.10.1}$$

式中,V_{av} 表示一个周期内脉冲振幅的平均值;τ 是脉冲宽度;V 是脉冲振幅;T 是重复周期,它是时间的函数;F 是重复频率,它也是时间的函数;k_L 是低通滤波器的电压传输系数;f 是调频波瞬时频率。

从式(8.10.1)看出,脉冲平均值正比于重复频率 F,即正比于调频波瞬时频率 f。

根据以上分析,脉冲计数式鉴频器的工作原理可用图 8.10.3 表示出来。

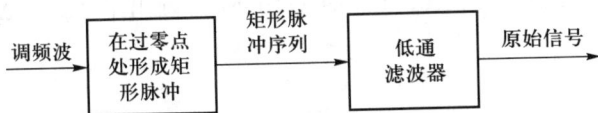

图 8.10.3 脉冲计数式鉴频器工作原理

以上讨论的是假定在每个正过零点形成矩形脉冲。不言而喻,也可以在每个负过零点形成矩形脉冲,还可以既在正过零点又同时在负过零点形成矩形脉冲。这三种方法都能够实现鉴频。第三种方法由于需要滤掉的载波频率为原调频波中心频率的两倍,与调制信号频谱相距很远,因而低通滤波的效果很好。但另一方面,由于矩形脉冲重复频率提高了一倍,若采用计数方法,将给脉冲计数增加困难。

8.10.2 符合门鉴频器

符合门鉴频器(coincidence gate detector)是根据第三类鉴频方法制成的,它的突出优点是只有一个调谐回路,在集成电路中用起来十分方便。这种鉴频器的集成电路产品不仅包含鉴频器本身,还包括性能优良的限幅器。其典型技术指标如下:限幅门限为 200 μV,输出电压为 0.4~0.5 V,非线性失真小于0.8%。这种集成电路,只要外接几个偏置电阻元件和一个调谐电路,就能很好地工作。

1. 工作原理

图 8.10.4 是符合门鉴频器的方框图。

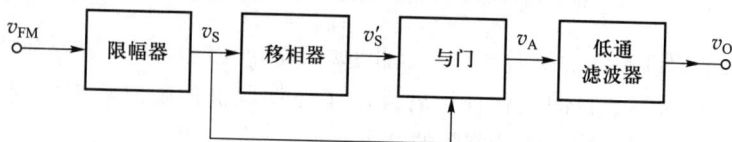

图 8.10.4 符合门鉴频器方框图

调频波 v_{FM} 经限幅后变成方波 v_S。然后分成两路,一路直接加至与门,另一路经移相器加至与门(符合门)。通常,移相电路如图 8.10.5(a)所示,其相移-频率特性如图 8.10.5(b)所示。当瞬时频率 f 等于中心频率 f_0,即频率偏移 $\Delta f = 0$ 时,相移为 $\dfrac{\pi}{2}$;当频率偏移 Δf 不等于零时,相移大于或小于 $\dfrac{\pi}{2}$,取决于 Δf 的符号。因此,相移 φ 可表示为

$$\varphi = \frac{\pi}{2} + \Delta\varphi \tag{8.10.2}$$

式中,$\Delta\varphi$ 是当 f 偏离中心频率时所产生的相移增量。当 $\Delta f = 0$ 时,$\Delta\varphi = 0$;当 $\Delta f > 0$ 时,$\Delta\varphi < 0$;当 $\Delta f < 0$ 时,$\Delta\varphi > 0$。图 8.10.5(c)画出了 $\Delta\varphi$ 与 Δf 之间的关系曲线。

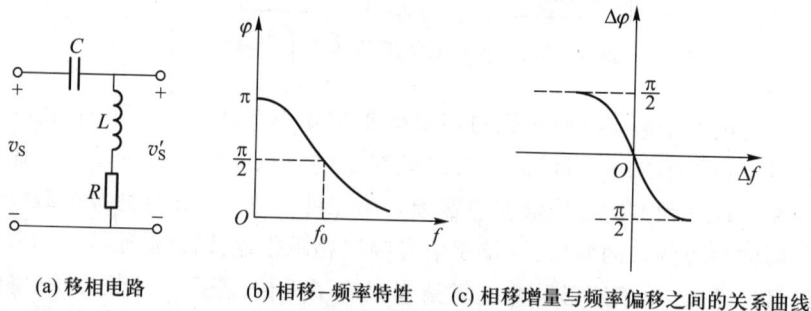

(a) 移相电路   (b) 相移-频率特性   (c) 相移增量与频率偏移之间的关系曲线

图 8.10.5 移相电路及其特性

从图 8.10.5(b)或(c)的曲线可以看出,在 $\Delta f = 0$(即 $f = f_0$)附近,$\Delta\varphi$ 与 Δf 近似地呈线性关系,因而可以近似地得到

$$\Delta\varphi = -k \cdot \Delta f \tag{8.10.3}$$

式中,k 为正比例系数。

将式(8.10.3)代入式(8.10.2),即可得到 v_s' 相对于 v_s 滞后的相移

$$\varphi = \frac{\pi}{2} - k\Delta f \tag{8.10.4}$$

图 8.10.6 画出了**与门**(coincidence gate)的输入信号 v_s 和 v_s'、输出信号 v_0 的波形。可以看出,v_0 的重复周期与 v_s 或 v_s' 的重复周期是相同的,其值为

$$T = \frac{1}{f_0 + \Delta f} \tag{8.10.5}$$

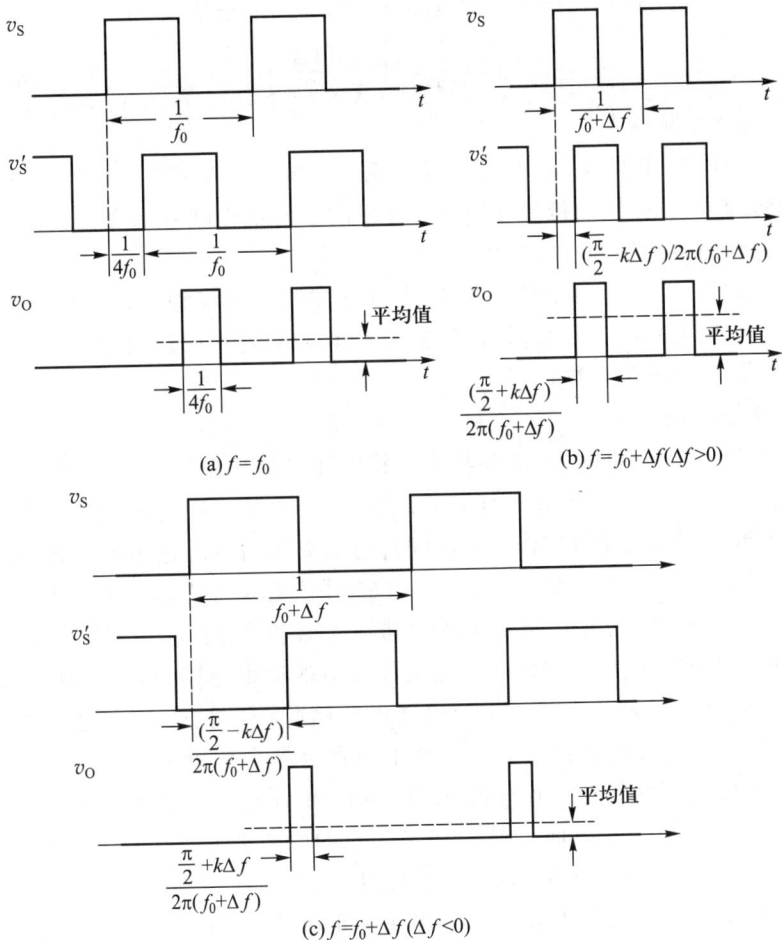

(a) $f = f_0$

(b) $f = f_0 + \Delta f (\Delta f > 0)$

(c) $f = f_0 + \Delta f (\Delta f < 0)$

图 8.10.6　图 8.10.4 中各点波形图

脉冲宽度则等于 v_s 与 v_s' 相重合的部分的宽度。图中横坐标为 t，所以 v_s 的脉宽为 $\frac{1}{2f_0}$，相应的角度为 π，而 v_s' 相对于 v_s 的相移为 $\frac{\pi}{2} - k\Delta f$ [参看式(8.10.4)]。因此，它们相重合的部分宽度为（以相角来度量）

$$\pi - \left(\frac{\pi}{2} - k\Delta f\right) = \frac{\pi}{2} + k\Delta f \tag{8.10.6}$$

与此相应的脉冲宽度为（以时间来度量）

$$\tau = \frac{\frac{\pi}{2} + k\Delta f}{2\pi(f_0 + \Delta f)} \tag{8.10.7}$$

式(8.10.5)与式(8.10.7)表明，脉冲宽度 τ 和重复周期 T 均与频移 Δf 有关。图 8.10.6(a)、(b)和(c)分别对应于 $\Delta f = 0$、$\Delta f > 0$ 和 $\Delta f < 0$ 三种情况。

低通滤波器的输出，是与门输出的脉冲序列的平均值 V_0，其值为

$$V_0 = V\frac{\tau}{T} = V\left(\frac{1}{4} + \frac{k\Delta f}{2\pi}\right) \tag{8.10.8}$$

式中，V 为脉冲振幅值。

式(8.10.8)说明，V_0 与 Δf 呈线性关系。在输入为调频波的情况下，瞬时频移是随时间变化的，因而低通滤波器所输出的平均值亦随时间变化，以 v_0 表示。这就是符合门鉴频器的输出电压。

应该指出，实际上由于移相电路是 LC 回路，因而移相后的波形 v_s' 不再是矩形波而变成正弦波。但是，只要其振幅足够大，对与门的控制作用是开关状态的，仍可将 v_s' 看成矩形波。

2. 电路举例

图 8.10.7 所介绍的 5G32 型集成电路原理图及其外接元件图（虚线部分为外接元件），是用于电视接收机伴音系统的国内产品。它能完成伴音中频限幅放大和鉴频的任务。图 8.10.7 中实线部分为原理电路，它包括三部分电路：① 差分宽带放大器，共三级，由 $T_1 \sim T_9$ 组成，主要起中频限幅放大作用；② 稳压电路，由 $D_1 \sim D_5$ 和 T_{10} 组成，主要是为宽带放大器和符合门检波器提供稳定的电源电压和参考偏置电压。它使放大器与检波器的馈电电路有较好的隔离，可防止因公用电源而引起的串扰。它使退耦电路简化（仅外接一个退耦电容 C 即可）。它为各级差分电路提供同一基准电压作为参考偏置电压，因而便于直接耦合；③ 全波双平衡符合门检波器，由 $T_{11} \sim T_{19}$ 和 D_6 组成，这是一种由差分放大器所构成的与门电路。下面用图 8.10.8 所示的电路来说明其工作原理。

根据差分放大器的性能，当 v_s 为正时，T_1 饱和导通，T_2 截止，于是电流源电流 I_0 从 T_1 流出。这就形成电流 i_{C1}。当 v_s 为负时，T_1 截止，T_2 导通，I_0 流经 T_2，于是 i_{C1} 为零。在 i_{C1} 流通时间内，究竟从 T_3 还是从 T_4 流出，取决于 v_s'。当 v_s' 为

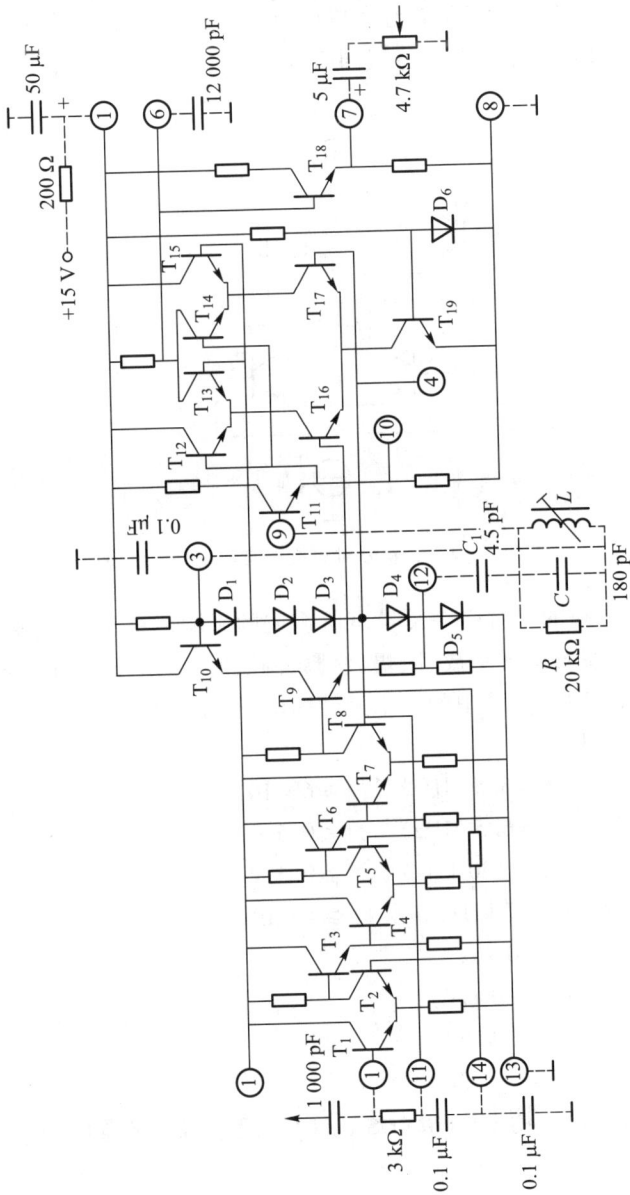

图 8.10.7　5G32 型集成电路原理图及其外接元件图

正时,T_3 截止,T_4 导通,这时 i_{C1} 从 T_4 流出。而当 v_s' 为负时,则 i_{C1} 从 T_3 流出。所以,在 v_s 和 v_s' 都为正的时间内,输出电压 v_0 处于低电平,而在其余时间里为高电平。在实际应用中,常采用 5G32 型集成电路中所用的全波平衡式差分电路作为**与门电路**。在该电路中,当 v_s 与 v_s' 同时为正或同时为负时,均有信号输出。

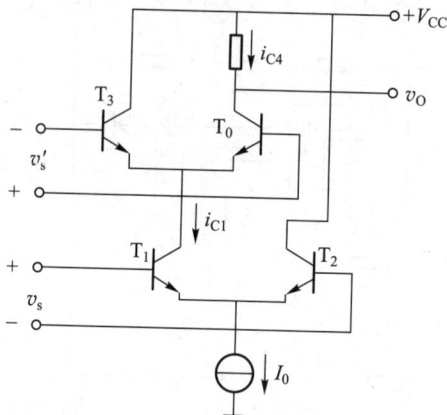

图 8.10.8　差分对组成的**与门电路**

其优点是能减小电路的不对称性及噪声所造成的影响。该集成电路使用时,只需外接九个元件,便可实现中放、限幅、鉴频;调试时,只需调节相移网络(包括图中的 C_1、L 和 C 三个元件)中的一个元件即电感 L,就能获得所需的鉴频性能。其主要性能指标如下:

中频电压增益　　($f_0 = 6.5$ MHz)　　　$\geqslant 60$ dB

限幅门限电压　　($f_0 = 6.5$ MHz)　　　$\leqslant 0.5$ mV

鉴频输出电压　　($\Delta f = 100$ kHz)　　　$\geqslant 0.5$ V

寄生调幅抑制　　($F = 7$ kHz,　　　　$\geqslant 40$ dB

　　　　　　　　$m = 30\%$,

　　　　　　　　$V_{om} = 10$ mV)

音频输出失真　　($F = 1$ kHz)　　　　$\leqslant 2\%$

附录 8.1　将 $(1+m\cos \Omega t)^{\gamma}$ 展开成泰勒级数

$$F(t) = (1+m\cos \Omega t)^{\gamma} \qquad (8.\text{A}.1)$$

令

$$x = m\cos \Omega t$$

则

$$F(t) = (1+m\cos \Omega t)^{\gamma} = (1+x)^{\gamma} = F(x)$$

将 $F(x)$ 在 $x=0$ 处展开为泰勒级数 (Taylor series) [即麦克劳林级数 (Maclaurin series)]

$$F(x) = F(0) + F'(0)x + \frac{1}{2!}F''(0)x^2 + \frac{1}{3!}F'''(0)x^3 + \cdots \tag{8.A.2}$$

考虑到

$$\begin{cases} F(x) = (1+x)^{\gamma} & F(0) = 1 \\ F'(x) = \gamma(1+x)^{\gamma-1} & F'(0) = \gamma \\ F''(x) = \gamma(\gamma-1)(1+x)^{\gamma-3} & F''(0) = \gamma(\gamma-1) \\ F'''(x) = \gamma(\gamma-1)(\gamma-2)(1+x)^{\gamma-3} & F'''(0) = \gamma(\gamma-1)(\gamma-2) \end{cases}$$

将上列结果代入式 (8.A.2)，得

$$F(x) = 1 + \gamma x + \frac{\gamma}{2}(\gamma-1)x^2 + \frac{\gamma}{6}(\gamma-1)(\gamma-2)x^3 + \cdots \tag{8.A.3}$$

以 $x = m\cos \Omega t$ 代入上式，得

$$F(x) = 1 + \gamma m\cos \Omega t + \frac{\gamma}{2}(\gamma-1)m^2\cos^2 \Omega t +$$

$$\frac{\gamma}{6}(\gamma-1)(\gamma-2)m^3\cos^3 \Omega t + \cdots \tag{8.A.4}$$

附录 8.2　频偏较大时变容二极管调频电路的分析

为了得到比较大的频偏，变容二极管与振荡回路之间应耦合得比较紧。最简单的情况是将变容二极管直接代替振荡回路中的电容元件，如图 8.A.1 所示。这时，振荡频率为

$$f = \frac{1}{2\pi\sqrt{L_1 C_j}}$$

将式 (8.4.8) 代入上式，得

$$f = f_0(1 + m\cos \Omega t)^{\frac{\gamma}{2}} \tag{8.A.5}$$

式中

$$f_0 = \frac{1}{2\pi\sqrt{L_1 C_0}}$$

图 8.A.1　用变容二极
管代替振荡回路中的
电容元件

是调制电压为零时 (即未调频时) 的载波频率，也就是调频波的中心频率。

从式 (8.A.5) 可知，当 $\gamma = 2$ 时，瞬时频率与调制信号呈线性关系，即

$$f = f_0(1 + m\cos \Omega t)$$

这就实现了没有非线性失真的调频。

对于 $\gamma \neq 2$ 的情况，将式 (8.A.5) 在 $m\cos \Omega t = 0$ 附近展开为泰勒级数，从而求出中心频率偏移、与调制信号成线性关系的频移以及各次谐波失真频移。分析方法与小频偏情况相同。

附录 8.3　式 (8.8.16) 的推导

将式 (8.8.14) 与式 (8.8.15) 代入式 (8.8.1)，得

$$\dot{V}_{D_1} = j\,\frac{1}{2}\eta\sqrt{\frac{L_2}{L_1}}\,\frac{R_p}{\eta^2+(1+j\xi)^2}\dot{i} + \frac{1+j\xi}{\eta^2+(1+j\xi)^2}R_p\dot{i}$$

$$= \frac{R_p\dot{i}}{2}\left[\frac{2+j\left(2\xi+\eta\sqrt{\frac{L_2}{L_1}}\right)}{(1+\eta^2-\xi^2)+j2\xi}\right]$$

由此可求出 $\dot{V}_{D_1}$ 的模，即

$$V_{D_1} = \frac{R_p I}{2}\,\frac{\sqrt{4+\left(2\xi+\eta\sqrt{\frac{L_2}{L_1}}\right)^2}}{\sqrt{(1+\eta^2-\xi^2)^2+4\xi^2}} \tag{8.A.6}$$

类似地，将式(8.8.14)与式(8.8.15)代入式(8.8.2)，可以求出 $\dot{V}_{D_2}$ 的模为

$$V_{D_2} = \frac{R_p I}{2}\,\frac{\sqrt{4+\left(2\xi-\eta\sqrt{\frac{L_2}{L_1}}\right)^2}}{\sqrt{(1+\eta^2-\xi^2)^2+4\xi^2}} \tag{8.A.7}$$

将式(8.A.6)与式(8.A.7)代入式(8.8.10)，得

$$V_{a'b'} = \frac{1}{2}k_d R_p I\,\frac{\sqrt{4+\left(2\xi+\eta\sqrt{\frac{L_2}{L_1}}\right)^2}-\sqrt{4+\left(2\xi-\eta\sqrt{\frac{L_2}{L_1}}\right)^2}}{\sqrt{(1+\eta^2-\xi^2)^2+4\xi^2}} \tag{8.A.8}$$

令

$$\Psi(\xi,\eta) = \frac{\sqrt{4+\left(2\xi+\eta\sqrt{\frac{L_2}{L_1}}\right)^2}-\sqrt{4+\left(2\xi-\eta\sqrt{\frac{L_2}{L_1}}\right)^2}}{2\sqrt{(1+\eta^2-\xi^2)^2+4\xi^2}}$$

则式(8.A.8)可写成

$$V_{a'b'} = k_d R_p I \Psi(\xi,\eta)$$

此即式(8.8.16)。

参 考 文 献

第 8 章拓展阅读
角度调制与解调

思考题与习题

8.1　求 $v(t)=V_0\cos(10^7\pi t+10^4\pi t^2)$ 的瞬时频率。说明它随时间变化的规律。

8.2　求 $v(t)=5\cos(10^6 t+\sin 5\times 10^3 t)$ 在 $t=0$ 时的瞬时频率。

8.3　求以下各波形在 $t=100$ s 时的瞬时频率(以 kHz 为单位)。

(1) $\cos(100\pi t+30°)$;(2) $\cos[200\pi t+200\sin(\pi t/100)]$;(3) $10\cos[\pi t(1+\sqrt{t})]$。

8.4 已知载波频率 $f_0 = 100$ MHz,载波电压幅度 $V_0 = 5$ V,调制信号 $v_\Omega(t) = 1\cos 2\pi\times 10^3 t+2\cos 2\pi\times 500t$(V),试写出调频波的数学表示式(设最大频偏 Δf_{max} 为 20 kHz)。

8.5 载波振荡的频率为 $f_0 = 25$ MHz,振幅为 $V_0 = 4$ V;调制信号为单频正弦波,频率为 $F = 400$ Hz;最大频移为 $\Delta f = 10$ kHz。试分别写出(1)调频波和(2)调相波的数学表示式。若调制频率变为 2 kHz,所有其他参数不变,试写出(3)调频波与(4)调相波的数学表示式。

8.6 试画出下列四种情况下调频波和调相波的瞬时频率和瞬时相位随时间变化的关系曲线。

    (1) $v_\Omega = V_\Omega\cos\Omega t$;   (2) $v_\Omega = 3V_\Omega\cos\Omega t$;

    (3) $v_\Omega = V_\Omega\cos 3\Omega t$;   (4) $v_\Omega = 3V_\Omega\cos 3\Omega t$。

8.7 已知调制信号 $v_\Omega(t)$ 为图 8.1 所示的矩形波,试分别画出调频和调相时,瞬时频率偏移 $\Delta f(t)$、瞬时相位偏移 $\Delta\varphi(t)$ 随时间变化的关系曲线。

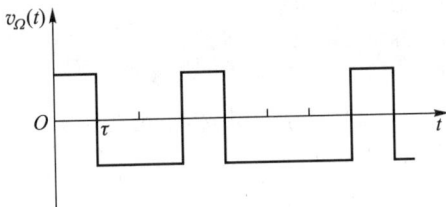

图 8.1

8.8 若调制信号为 $v_\Omega(t) = V_\Omega\cos\Omega t$,试分别画出调频波的 Δf、m_f 与 V_Ω、Ω 的关系曲线。

8.9 调制信号为正弦波,当频率为 500 Hz,振幅为 1 V 时,调角波的最大频移 $\Delta f_1 = 200$ Hz。若调制信号振幅仍为 1 V,但调制频率增大为 1 kHz 时,要求将频偏增加为 $\Delta f_2 = 20$ kHz。试问:应倍频多少次?(计算调频和调相两种情况)

8.10 调角波的数学式为

$$v = 10\sin(10^8 t+3\sin 10^4 t)$$

这是调频波还是调相波?

求载频、调制频率、调制指数、频偏以及该调角波在 100 Ω 电阻上产生的平均功率。

8.11 若调制信号频率为 400 Hz,振幅为 2.4 V,调制指数为 60,求频偏。当调制信号频率减小为 250 Hz,同时振幅上升为 3.2 V 时,调制指数将变为多少?

8.12 有一调相波

$$v(t) = 5\cos(\omega_0 t+5\sin 10^5 t)$$

若忽略振幅小于未调制载波振幅的 1% 的边频分量,试计算其频带宽度。

8.13 调频波中心频率为 $f_0 = 10$ MHz,最大频移为 $\Delta f = 50$ kHz,调制信号为正弦波。试求调频波在以下三种情况的频带宽度(按 10% 的规定计算带宽)。

    (1) $F_\Omega = 500$ kHz;(2) $F_\Omega = 500$ Hz;(3) $F_\Omega = 10$ kHz。

    这里,F_Ω 为调制频率。

8.14 调制信号如图 8.2 所示。试求调频波的频谱表示式。

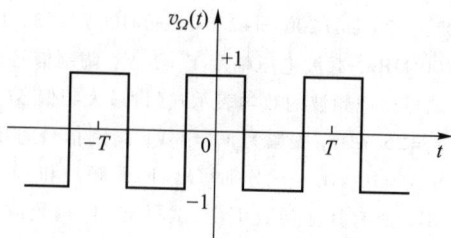

图 8.2

8.15　有一调频发射机,用正弦波调制。未调制时,发射机在 50 Ω 电阻负载上的输出功率为 $P_o = 100$ W。将发射机的频偏由零慢慢增大,当输出的第一个边频成分等于零时即停止下来。试计算:

（1）载频成分的平均功率。

（2）所有边频成分总的平均功率。

（3）第二次边频成分总的平均功率。

注:$J_1(3.83) = 0$,$J_0(3.83) \approx -0.4$

　　$J_2(3.83) \approx 0.4$。

8.16　试证明:当调制信号为简谐信号时,调频波所含能量与频偏及调制频率无关。

提示:已知下式对任何 x 值成立:

$$J_0^2(x) + 2 \sum_{n=1}^{\infty} J_n^2(x) = 1$$

8.17　图 8.3 所示电路中,T_2、T_3 为 T_1 提供恒定偏置电流。T_1 集–基结电容为 C_{cb},与集–基结上电压 v_{cb} 的关系为

$$C_{cb} = k_c v_{cb}^{-\frac{1}{2}}$$

（1）试求输出电压 $v_o(t)$ 的瞬时频率 $\omega(t)$ 的表示式。

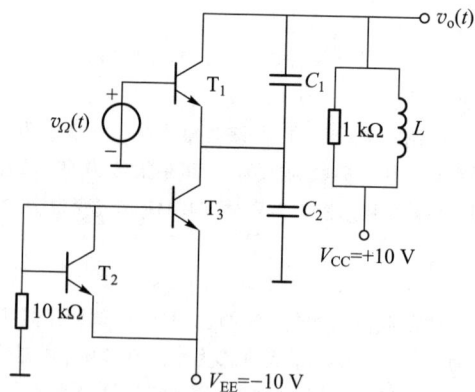

图 8.3

（2）若 $C_1 = 5$ pF, $C_2 = 100$ pF, $L = 1$ μH, $V_{CC} = 10$ V, $k_c = 1.75$ pF/V, $v_\Omega(t) = (1 \text{ V}) \cos 10^3 t$,试写出 $v_o(t)$ 的表示式。

8.18 设 PN 结电容 C_j 与反向电压 v_R 之间的关系为

$$C_j = \frac{C_0}{\sqrt{1+2v_R}}$$

将它与振荡器的 LC 回路并联，PN 结的偏置电压为 $V_0 = 4$ V。

(1) 计算每单位调制电压所引起的频偏，即系数 k_f。

(2) 若要求实际频率变化规律与理想的线性频率变化规律之间的误差小于 1%，试问最大频偏不能超过多少？

8.19 试提出由调频波转变为调相波的方法。

8.20 一个电路必须具有怎样的输出频率特性(即 v_0 与 f 之间的关系)才能实现鉴频？

8.21 图 8.8.1 所示的鉴频器电路的鉴频特性如图 8.1.2 所示。

(1) 若两个二极管 D_1 和 D_2 的极性都倒过来，能否鉴频？鉴频特性将如何变化？

(2) 二次回路线圈 L_2 的两端对调后，能否鉴频？鉴频特性将如何变化？

(3) 两个二极管之一(例如 D_1)损坏后，能否鉴频？这时 $V_{a'b'}$–f 曲线成何形状？

8.22 为什么通常在鉴频器之前要采用限幅器？

8.23 在图 8.8.1 的相位鉴频器中，如果负载电容 C_3 选得很大，足以旁路调制频率，这对电路的正常工作有何影响？若 C_3 选择合适，试画出加在检波二极管上的电压波形。

8.24 调角波

$$v_i = V_0 \cos(\omega_0 t + m\sin\Omega t)$$

加在 RC 高通滤波器上。若在 v_i 的频带内下式成立：

$$RC \ll \frac{1}{\omega}$$

这里 ω 为 v_i 的瞬时频率。试证明 R 上的电压 v_R 是一个调角–调幅波，并求其调幅度。

8.25 在图 8.8.1 所示的电路中，为了调节鉴频特性曲线的峰宽、线性以及中心频率，应分别调整什么元件？为什么？

8.26 假若我们想把一个调幅收音机改成能够接收调频广播，同时又不打算作大的改动，而只是改变本振频率。你认为可能吗？为什么？如果可能，试估算接收机的通频带宽度，并与改动前比较。

8.27 为什么比例鉴频器有抑制寄生调幅的作用，而相位鉴频器却没有，其根本原因何在？试从物理概念上加以说明。

8.28 图 8.8.1 的电路工作频率为 10.7 MHz。在 $\eta = kQ_L = 1$ 时，鉴频特性曲线峰–峰间的频带宽度为 250 kHz。欲使此频带宽度增加到 400 kHz，但 Q_L 不变，则耦合系数 k 应为多少？

第9章 数字调制与解调

§9.1 概　　述

在第 1 章中已经提到,除了上面两章所讨论的模拟信号调制外,还有一类数字调制。亦即,将已含有信息的数字脉冲调制载波。调制的方式有三大类,即:① 振幅键控(amplitude shift keying,简称 ASK),用如图 9.1.1(a)所示的数字脉冲信号对载波振幅进行调制,得到如图 9.1.1(b)所示的已调波形;② 移频键控(frequency shift keying,简称 FSK);用数字脉冲信号对载波频率进行调制,得到如图 9.1.1(c)所示的已调波形;③ 移相键控(phase shift keying,简称 PSK),用数字脉冲信号对载波相位进行调制。此时可以有两种方式:一种是绝对移相键控,简称为 CPSK,它是以未调制载波的初始相位作为参考,可用 0°(或 180°)代表码元 **1**,用 180°(或 0°)代表码元 **0**。波形如图 9.1.1(d)所示。另一种是相对移相键控,简称为 DPSK。它不是以难以在接收端准确判定的未调制载波的初始相位为参考,而是用前后码元之间载波相位的变化来表示。例如出现 **0** 码时,前后两码元的载波初相位相对不变;出现 **1** 码时,前后两码元的载波

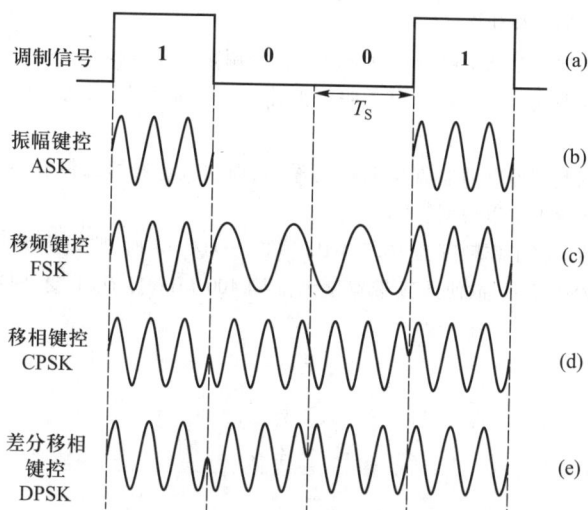

图 9.1.1　二进制调制波形图

初相位相对改变 180°。例如图 9.1.1(e)所示的波形。DPSK 亦称差分移相键控。

数字通信系统最常用到的两个指标是:码元传输速率与信息传输速率。

(1) 码元传输速率 R_B

码元传输速率又称传码率或波特率,是指单位时间(通常为秒,下同)内通信系统所传输的码元数目(即脉冲个数),记为 R_B,其单位为波特(Baud)。例如某数字通信系统,每秒传送 4 800 个数字波形(或者说 4 800 个码元),则传输速率为 4 800 波特(或记为 4 800 B)。

(2) 信息传输速率 R_b

信息传输速率 R_b 又称传信率,是单位时间内通信系统所传送的信息量,单位为比特每秒(bit/s 或 b/s)。

根据信息量的定义,1 个二进制码元代表 1 比特(bit)的信息量。因此,在二进制码元中,码元传输速率与信息传输速率在数值上是相等的,即 $R_B = R_b$,但它们的含义不同,前者是指单位时间内传输的码元数目,后者是指单位时间内传输的信息量。

如果所传输的码元是 M 进制($M \geqslant 2$),则每个码元含有的信息量 I 为

$$I = \log_2 M \quad (单位为 bit) \tag{9.1.1}$$

由上式不难看出,在数字通信系统中,若所传输的码元是 M 进制,则码元传输速率 R_B 与信息传输速率 R_b 在数值上存在如下关系,即

$$R_B = R_b \log_2 M \tag{9.1.2}$$

例如,在四进制($M = 4$)中,已知码元传输速率 $R_B = 600$ B,则信息传输速率 $R_b = 1\ 200$ b/s。由此可见,采用多进制码传输,能提高信息传输速率。

与模拟调制系统对比,数字调制的突出优点之一,是抗干扰(或噪声)能力强。在采用模拟调制的传输系统中,一旦产生失真或引入干扰,且这些干扰的频率又与信号频谱重叠,则它们对解调信号的影响是难以消除的。而在采用数字调制的传输系统中,尽管解调信号存在失真或干扰,但只要抽样判决电路能正确判定每个码元所代表的是 1 还是 0,就可不失真地重现原数字信号,如图 9.1.2 所示。其中,图 9.1.2(a)为原数字信号;图 9.1.2(b)为解调后的波形,存在失真和干扰;图 9.1.2(c)为从解调信号中取出与数字信号同步的窄脉冲时钟信号,用它对解调信号在最大值上取样;图 9.1.2(d)为抽样后的信号,将它与判决电平 V_o 比较,当抽样值大于 V_o 时,判为 1,否则判为 0;图 9.1.2(e)为判决后的窄脉冲序列,由它触发单稳态电路,便得到图 9.1.2(f)中的重现波形。由此可见,只要失真和干扰引起抽样后,信号幅度的变化不超过 V_o 值,就不会产生误判。

此外,数字调制系统还有易于保密,便于与计算机联网,可同时传递声音、图

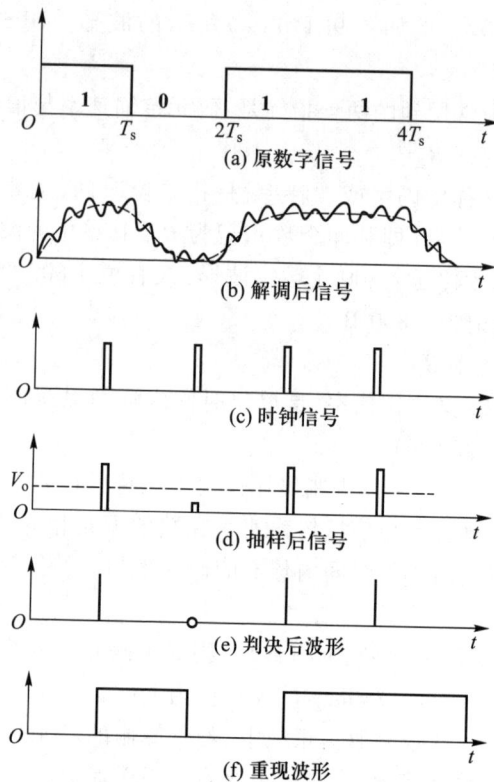

图 9.1.2 抽样判决过程中各点的波形

像、数据、文件等信息诸多优点。随着中、大规模数字集成电路技术的日益成熟，数字通信系统设备越来越容易制造，且成本低，体积小，可靠性高。它的不足之处是：占据信道宽。例如，一路模拟电话仅占 4 kHz 带宽；而一路数码率为 64 kb/s 的数字电话却要占 64 kHz 带宽。另一不足之处是，电路必须具备同步系统，因而系统结构较复杂。

以下分别讨论 ASK、FSK 与 PSK 的调制与解调问题。

§9.2 振幅键控

设未调制的载波电压为

$$v_0(t) = V_{0m}\sin\omega_0 t \tag{9.2.1}$$

由数字脉冲序列

$$s(t) = \sum_n a_n g(t-nT_s) \tag{9.2.2}$$

进行振幅调制。式中 a_n 为随机变量,在二进制中,当第 n 个码元为 **1** 时,$a_n = 1$;当第 n 个码元为 **0** 时,$a_n = 0$(或 -1)。$g(t)$ 是码元的波形,它可以是矩形脉冲,也可以是升余弦脉冲或钟形脉冲等。T_s 为码元宽度,它的倒数为码速,单位为比特每秒(bit/s 或 b/s)。于是 ASK 的已调波可表示为

$$v_{\text{ASK}}(t) = s(t)v_0(t) = \left[\sum_n a_n g(t - nT_s) \right] V_{0m} \sin \omega_0 t \qquad (9.2.3)$$

波形如图 9.1.1(b)所示。由例 7.2.1 所示的矩形脉冲已调波频谱可知,它也是由上、下边带与载波频率组成。用第 7 章所讨论过的调幅方法,即可获得 ASK 已调波。根据需要,也可以获得抑制载波双频带、残留单边带或单边频已调波。

ASK 已调波的检波也可用第 7 章的方法,此处不再赘述。

§9.3 移 频 键 控

移频键控信号产生的方法通常有两种:独立振荡器法和调频法。

产生 FSK 信号的独立振荡器法的原理性方框图见图 9.3.1。两个独立振荡器分别产生 $f_1 = f_0 - \Delta f$ 和 $f_2 = f_0 + \Delta f$ 的正弦振荡,由二进制电码经过压控开关控制。当脉冲为 **1** 时,输出为 f_1;当脉冲为 **0** 时,输出为 f_2。得到 FSK 信号输出 $v_{\text{FSK}}(t)$,如图 9.1.1(c)所示波形。

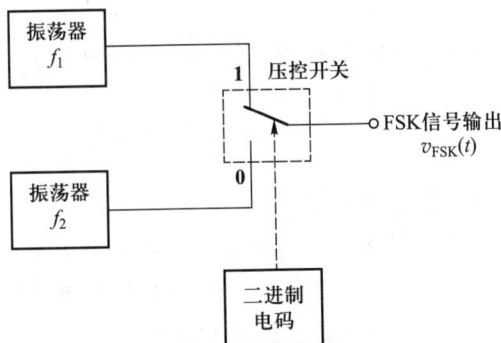

图 9.3.1　产生 FSK 信号的独立振荡器法

调频法是直接用数字信号对载波振荡进行调制的,它与第 8 章所讨论的调频方法基本相同。它与前一方法的不同点在于,此法的 f_1 与 f_2 由同一振荡器产生,因而 FSK 信号的前后相位是连续的。而图 9.3.1 的 f_1 与 f_2 是由两个独立的振荡器产生,因而信号的前后相位是无关的(不连续的)。

二元移频键控信号可以采用相干解调,也可以采用非相干解调。图 9.3.2 为相

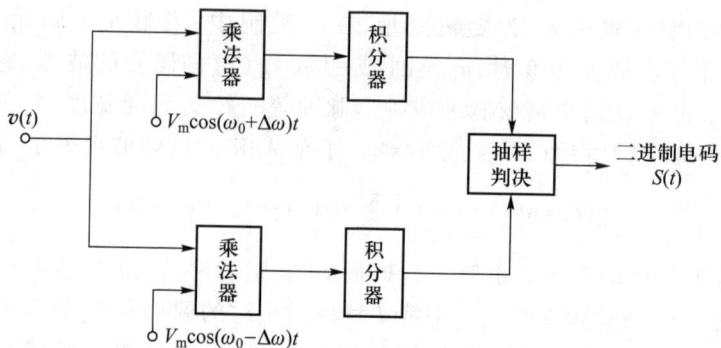

图 9.3.2　2FSK 信号的相干解调电路的方框图

干解调的组成方框图。图中,用两个同步信号 $V_m\cos(\omega_0+\Delta\omega)t$ 与 $V_m\cos(\omega_0-\Delta\omega)t$ 分别加到上、下两个乘法器上,与输入信号 $v(t)$ 相乘后,它们的输出分别通过积分器,加到抽样判决电路上,便可输出所需的数字信号 $S(t)$。

若输入的移频键控信号为 $v(t)=V\cos(\omega_0+\Delta\omega)t$,则上面的积分器输出为

$$\int_0^{T_s} A\cos^2(\omega_0+\Delta\omega)t\mathrm{d}t = \frac{A}{2}T_s \tag{9.3.1}$$

式中,A 为常数,它与乘法器的相乘增益、积分器的积分时间常数以及输入信号幅度成正比;T_s 为码元宽度。

下面积分器的输出为

$$\int_0^{T_s} A\cos(\omega_0+\Delta\omega)t\cos(\omega_0-\Delta\omega)t\mathrm{d}t = \int_0^{T_s}\frac{A}{2}\cos 2\Delta\omega t\mathrm{d}t + \int_0^{T_s}\frac{A}{2}\cos 2\omega_0 t\mathrm{d}t$$

$$= \frac{A}{4\Delta\omega}\sin 2\Delta\omega T_s \tag{9.3.2}$$

当 $2\Delta\omega T_s = 2n\pi$ 时,上述积分值为零。

通过上述分析,抽样判决电路就可判决输入码元为 **1**,否则为 **0**。

非相干解调除采用以前介绍的鉴频器外,最简单的方法是窄带滤波器法。

如图 9.3.3 所示,图中,前置滤波器将 FSK 信号 $v_{FSK}(t)$ 的频带以外的干扰滤去,然后用限幅器切去各种脉冲干扰和寄生调幅;两个窄带滤波器的中心频率分别等于 f_1 与 f_2,经包络检波器分别检出它们的包络;两种包络振幅在比较器中进行比较,哪一路包络振幅较大,就判定发送的是哪一路频率的信号;最后,整形电路根据判定结果,产生原来发送的二进制电码 $S(t)$。显然,前置滤波器和窄带滤波器的频带应选择适当。过宽,将使信噪比降低;过窄,会使信号波形产生失真。此外,由于窄带滤波器的通频带较窄,因而对信号的频率稳定度要求较高。为了克服上述缺点,可以采用下述的滤波积分法解调。

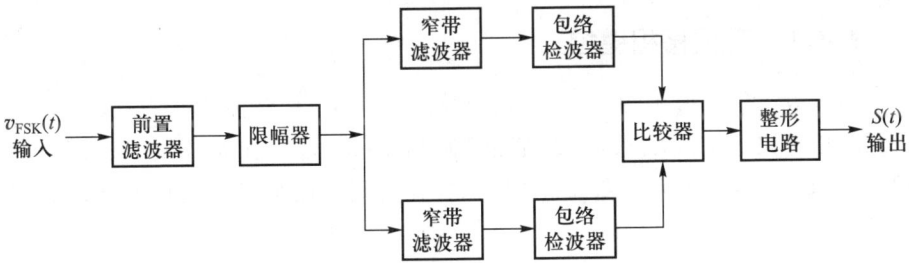

图 9.3.3　窄带滤波器法方框图

图 9.3.4 是滤波积分法解调的方框图。它与上一方法的主要区别有三点：第一，包络检波后，用积分器在码元宽度 T_s 时间内将包络积分；第二，在积分完成后，进行抽样判决；第三，为了放宽对频率稳定度的要求，窄带滤波器的带宽比前法的略宽。由于积分器和抽样电路对外部干扰有进一步的抑制作用，所以这种解调方法比前一种方法好。当然，还有其他解调的方法，不一一列举。

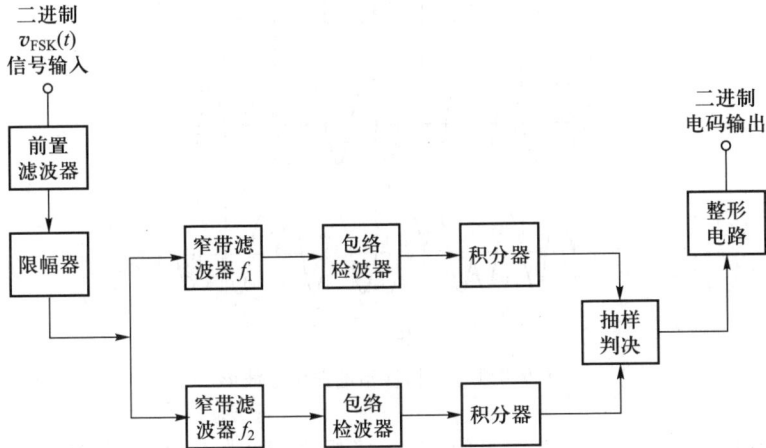

图 9.3.4　滤波积分法解调的方框图

最后应指出，小频移的相位连续的 FSK 有利于抗起伏干扰，其能力甚至超过移相键控信号。所以，为了充分利用信道频带宽度和传输快速数据，值得注意这种调制方式。

§9.4　移 相 键 控

移相键控有二相与多相之分。因而在 PSK 之前加入代号，例如，二相 PSK 则记为 2PSK 或 BPSK；四相 PSK 则记为 4PSK 或 QPSK。下面分别介绍这两种 PSK。

9.4.1 二相移相键控

假设数字信号为式(9.2.2)所示的脉冲系列 $S(t)$,载波信号为式(9.2.1)。二相移相键控是指:**1** 状态时,载波相移为零(即 $\sin \omega_0 t$);**0** 状态时,载波相移为180°,亦即 $\sin(\omega_0 t + \pi) = -\sin \omega_0 t$。因而在任意码元波形的一般情况下,二相移相键控信号可表示为

$$v_{\text{BPSK}}(t) = S(t) v_0(t)$$
$$= V_{0m} \sum_n a_n g(t - nT_S) \sin \omega_0 t \tag{9.4.1}$$

假设 $g(t)$ 为矩形脉冲波,则数字信号 $S(t)$、载波信号 $v_0(t)$ 与相应的 BPSK 的波形 $v_{\text{BPSK}}(t)$ 如图 9.4.1 所示。

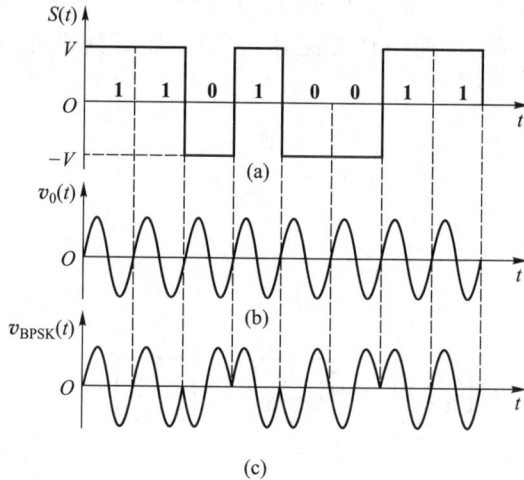

图 9.4.1 二相移相键控信号波形

由式(9.4.1)和图 9.4.1 表明,二相移相键控实际上可等效为由调制信号 $S(t)$ 和载波信号 $v_0(t)$ 相乘的双边带调幅。因此,二相移相键控信号可以用平衡调制器产生,它的解调电路可以用同步(相干)检波器检出 $S(t)$,其电路分别如图 9.4.2 和图 9.4.3 所示。在图 9.4.3 中,点画线框是载波信号提取电路,它的工作原理参阅图即可明了,不再赘述。

必须指出,在接收端,为了判断发送的是哪种相位的波形,就应事先获得载波的初始相位,作为参考。但得到载波的初始相位是非常困难的,因而可能造成误判。亦即,原来发送的码元 **1**,在接收端可能显示为 **0**;发送的码元 **0** 则显示为 **1**。为了解决这一问题,可采用下面介绍的差分移相键控(differential phase shift keying,简写为 DPSK)。

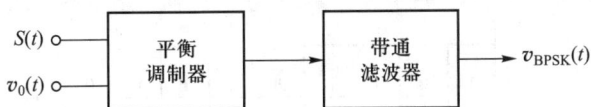

图 9.4.2 BPSK 产生电路

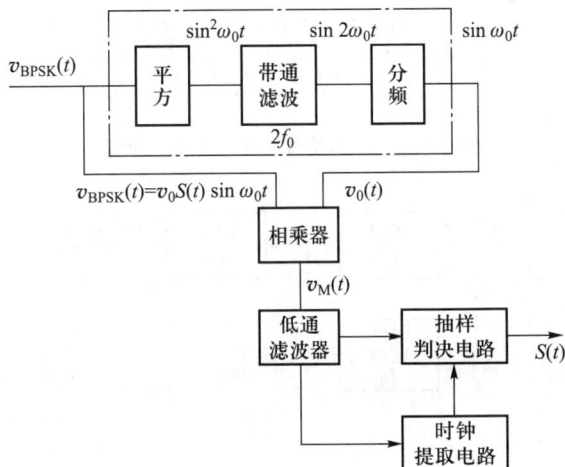

图 9.4.3 BPSK 相干解调电路

上面讨论的 BPSK 是以未调制的载波信号相位为基准的移相键控,故又称为绝对调相。差分调相则是以相邻的前一码元的载波信号相位为基准的移相键控,故称为相对调相。例如,当码元为 **1** 时,它的载波相位取与前一码元的载波相位相同;而当码元为 **0** 时,它的载波相位取与前一码元的载波相位差 180°,如图 9.4.4 所示,然后进行调相。也可称为二相差分移相键控(binary differential PSK,简写为 BDPSK)。然后用这个差分码在平衡调制器中对载波进行双边带调制,就可得到 BPSK 信号,如图 9.4.5 所示。图中,码变换器是由逻辑电路和时延电路组成的。设 a_k 为输入二进制码,b_k 为相应的差分码,通过时延电路(例如 D 触发器)产生时延一个码元宽度 T_s 的差分码 b_{k-1}。将它与 a_k 共同加到逻辑电路(例如**同或门**)上,通过下列逻辑运算,产生差分码 b_k,即:$a_k = \mathbf{1}$ 时,b_k 与 b_{k-1} 相同(即 $b_{k-1} = \mathbf{0}$ 时,$b_k = \mathbf{0}$;$b_{k-1} = \mathbf{1}$ 时,$b_k = \mathbf{1}$);$a_k = \mathbf{0}$ 时,b_k 与 b_{k-1} 相反(即 $b_{k-1} = \mathbf{0}$ 时,$b_k = \mathbf{1}$;$b_{k-1} = \mathbf{1}$ 时,$b_k = \mathbf{0}$)。这样,用 b_k 进行绝对调相,得到的就是所需的二相差分移相键控信号 $v_{\mathrm{BDPSK}}(t)$,即如图 9.4.5(b) 所示的波形。

还有其他将绝对码转换为差分码(相对码)的方法,不一一列举。

差分移相键控信号的解调也有相干和非相干两种电路。在相干解调电路中,先由同步检波器检出差分码 b_k,再由码变换器变换为输入二进制码 a_k。在非相干解调电路中,如图 9.4.6 所示,利用前一个码元的载波信号与后一个码元

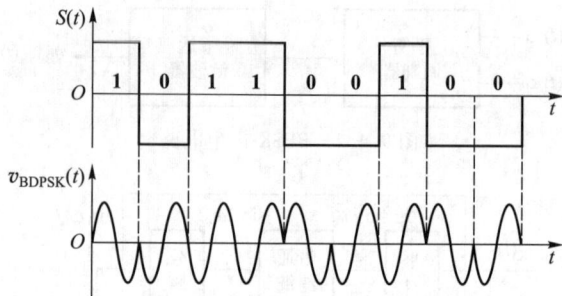

图 9.4.4 二相差分移相键控信号波形

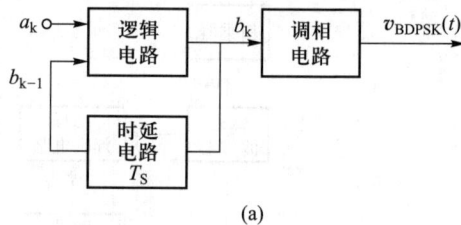

(a)

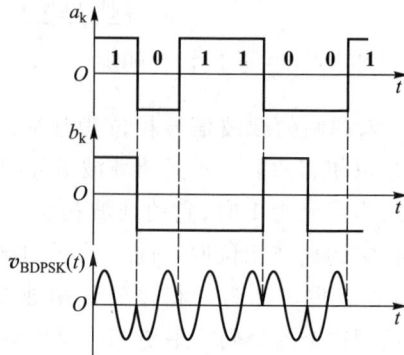

(b)

图 9.4.5 BDPSK 信号产生电路

的载波信号相乘,通过低通滤波器,就可直接得到输入数字信号 $S(t)$。通常称这种电路为差分相干解调电路,它不需要载波提取电路和码变换器,电路比较简单,因而获得广泛的应用。

9.4.2 四相移相键控

在数字调相制中,还广泛应用多相制,例如,四相调制、八相调制、十六相调制等。这里介绍四相调制的概念,可见一斑。

四相调相的四个相位可以有不同的选择。图 9.4.7 所示为其中两种的矢量

(a)

(b)

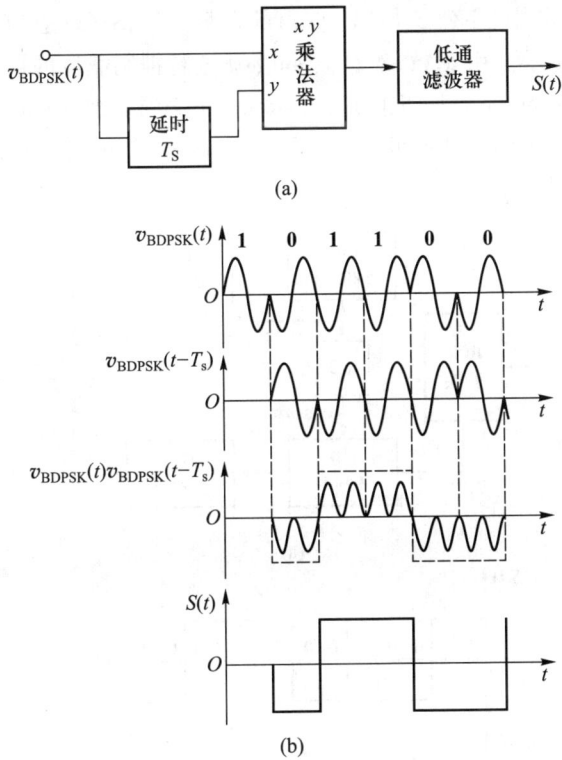

图 9.4.6　差分相干解调电路

图。图 9.4.7(a)所示为选择相位 0、π/2、π 和 3π/2；(b)所示为选择相位 π/4、3π/4、-3π/4、-π/4。不难看出，一个四相调相信号等于两个两相调相信号之和。例如，图 9.4.7(b)中，0、π 矢量和 π/2、-π/2 分别表示两个两相调相信号，它们之和为 π/4、3π/4、-3π/4，这四个矢量恰为一个四相调相信号。因此，采用两个两相调相器就可以构成一个四相调相电路。图 9.4.8(a)所示为它的方框图。其中，被传送的基带数字信号 $S(t)$ 先由串-并变换电路分为 $S_A(t)$ 和 $S_B(t)$

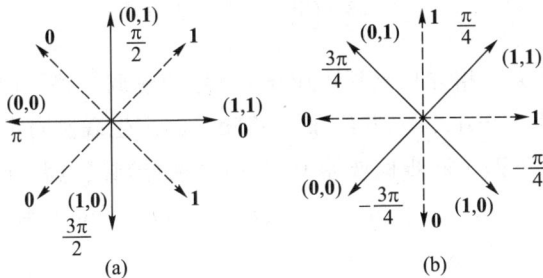

(a)　　　　　　　　　　(b)

图 9.4.7　四相调相(其中两种)的矢量图

两个并行序列。其中,序列 $S_A(t)$ 是 $S(t)$ 的奇数码元,$S_B(t)$ 是 $S(t)$ 的偶数码元,如图 9.4.8(b)所示。用 $S_A(t)$ 对载波 $\sin \omega_0 t$ 进行抑制载波的调幅,得到两相调相波 $v_A(t) = S_A(t)\sin \omega_0 t$;用 $S_B(t)$ 对与 $\sin \omega_0 t$ 正交的载波 $\cos \omega_0 t$ 进行抑制载波的调幅,得到另一个两相调相波 $v_B(t) = S_B(t)\cos \omega_0 t$。两者在相加器中相加,就得到四相调相信号 $v_{QPSK}(t)$。

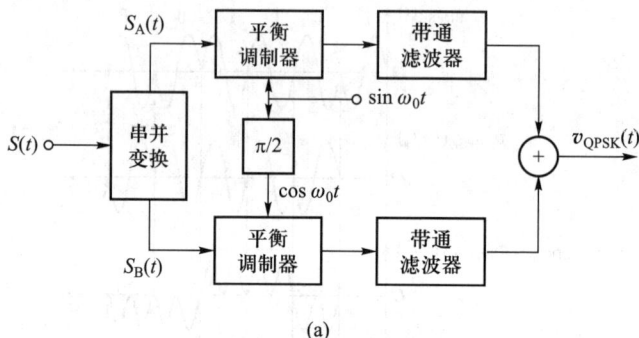

(a)

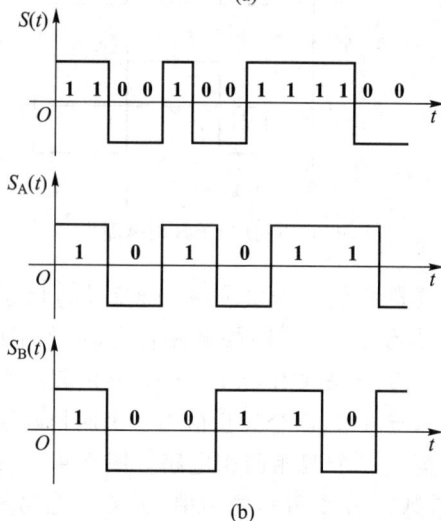

(b)

图 9.4.8　QPSK 信号产生电路

图 9.4.9(a)为四相移相键控(QPSK)信号的解调电路。图中,由载波提取电路提取载波信号 $v_r = \sin \omega_0 t$,并经 $\pi/2$ 移相电路产生载波同步信号 $\cos \omega_0 t$,将它们分别加到上、下两个同步检波器上,并通过抽样判决电路分别取出 $S_A(t)$ 和 $S_B(t)$。最后,由数据选择器交替选通 $S_A(t)$ 与 $S_B(t)$,就可得到恢复的数字信号 $S(t)$,如图 9.4.9(b)所示。

在 QPSK 信号中,载波相移是由二位码组键控的,二位码组的速率为码元速率的一半。因此与 BPSK 比较,在相同的频谱宽度时,码速可提高一倍。

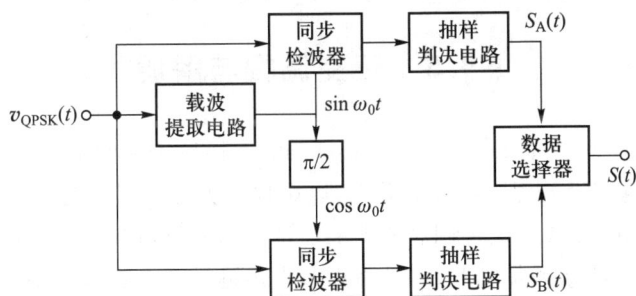

(a)

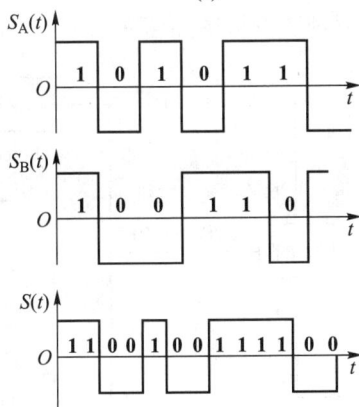

(b)

图 9.4.9　QPSK 信号解调电路及波形

　　如果输入码流中,每三位作一组,则可有 8 种组合。用这 8 种组合对载波相移键控,就可构成八相调相。依此类推,还可构成 16 相、32 相等移相键控信号。移相数目越多,电路实现就越困难。实践上,多相调制一般都用软件实现,比较方便。

9.4.3　移相键控与移频键控的简单比较

　　由于在模拟通信中,调频制的抗干扰能力优于调幅制,而且设备也不太复杂,因而移频键控在数字通信中首先获得应用。后来出现的相对移相键控,它的抗起伏干扰的能力比移频键控强,而占用的频带并不更宽。在平均功率相同的条件下,移相键控信号解调时,判决错误的概率最小(相对于振幅键控和移频键控而言)。因而在起伏干扰严重,且频带又比较紧张的信道中,移相键控比移频键控更受欢迎。但在抗脉冲干扰和抗衰落(fading)方面,移相键控却不如移频键控,同时它的设备也更复杂一些。因而这两种键控方式,互有短长,需根据实际的具体情况来选用。

§9.5 正交调幅与解调

正交调幅(quadrature amplitude modulation,简称 QAM)是利用两个频率相同,但相位相差 90°的正弦波作为载波,以调幅的方法同时传送两路互相独立的信号的一种调制方式。这种调制方式的已调波信号所占频带仅为两路信号中的较宽者,而不是两路频带之和,因而可以节省传输带宽。随着数字调制技术的进步,正交调幅与解调的概念已扩展到 $MQAM$,其中 M 可取 4、16、32、64、128 和 256 等,最常用的是 16QAM 和 64QAM。

正交调幅与解调的原理性方框图如图 9.5.1(a)与(b)所示。

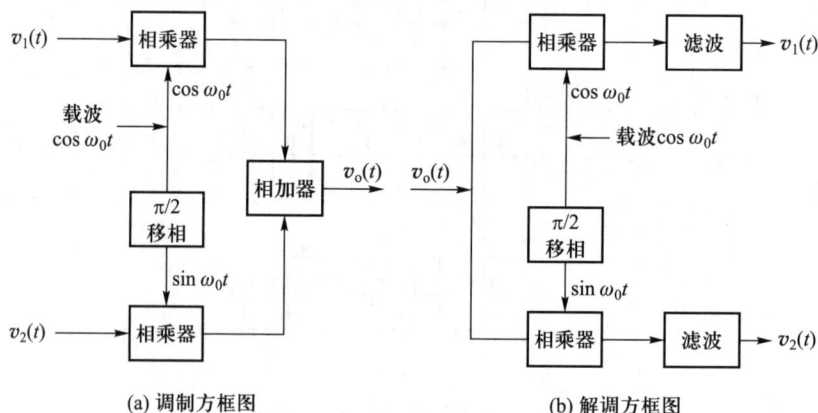

(a) 调制方框图   (b) 解调方框图

图 9.5.1   正交调幅与解调的原理性方框图

图 9.5.1(a)为调制方框图,两路相互独立的信号 $v_1(t)$ 和 $v_2(t)$ 分别振幅调制频率为 ω_0,但相位差为 90°(即互相正交)的载波。然后在相加器中相加,得到输出信号为

$$v_o(t) = v_1(t)\cos \omega_0 t + v_2(t)\sin \omega_0 t \tag{9.5.1}$$

图 9.5.1(b)所示的解调方框图,输入信号 $v_o(t)$ 分别与两个相互正交的正弦波相乘,分别得到两个结果:

$$v_o(t)\cos \omega_0 t = v_1(t)\cos^2 \omega_0 t + v_2(t)\sin \omega_0 t\cos \omega_0 t$$

$$= \frac{1}{2}v_1(t) + \frac{1}{2}[v_1(t)\cos 2\omega_0 t + v_2(t)\sin 2\omega_0 t] \tag{9.5.2}$$

$$v_o(t)\sin \omega_0 t = v_1(t)\cos \omega_0 t\sin \omega_0 t + v_2(t)\sin^2 \omega_0 t$$

$$= \frac{1}{2}v_2(t) + \frac{1}{2}[v_1(t)\sin 2\omega_0 t - v_2(t)\cos 2\omega_0 t] \tag{9.5.3}$$

后面经过滤波,滤除 $2\omega_0$ 分量后,即得到原来的信号 $v_1(t)$ 与 $v_2(t)$。

由上述结果可知,只要两路载波是严格正交的,两路信号之间就不会有干扰。

QAM 也可采用多进制方式,即 $MQAM$,其中 M 可采用 4、16、32、64、128 和 256 等。最常用的是 16QAM 和 64QAM。$MQAM$ 比相应的 $MPSK$ 调制的抗干扰能力强,故在现代通信中越来越受到重视。

§9.6 其他形式的数字调制

随着通信技术的发展,要求不断寻找频带利用率高、抗干扰能力强的调制方式。举两例如下。

9.6.1 时频调制

时频调制(time frequency shift keying,简称 TFSK)方式是以多个频率先后出现的次序进行编码来代表数字信息的。例如,二时二频调制,它有两个频率 f_A 与 f_B,它的码元周期 T_B 一分为二,成为两个时隙。前一个时隙传送 f_A,后一个时隙传送 f_B,则表示信息 **1**;反之,前一个时隙传送 f_B,后一个时隙传送 f_A,则表示信息 **0**。如图 9.6.1 所示。又如,四时四频制有四个频率 f_A、f_B、f_C 与 f_D,一个码元周期 T_B 分为四个时隙,则编码规律如图 9.6.2 所示,分别代表四种双比特信息 **11,10,01,00**。由于它能在一个码元时间内传送多个频率,因而有较好的抗干扰作用。

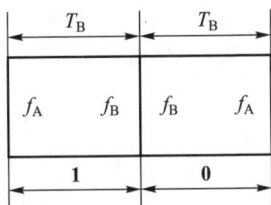

图 9.6.1　二时二频调制编码规律

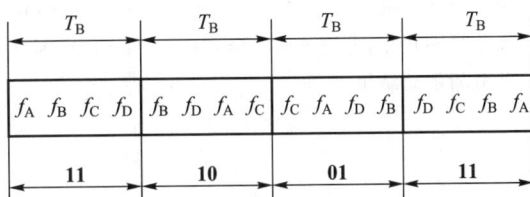

图 9.6.2　四时四频调制编码规律

9.6.2 时频相调制

时频相调制(time frequency phase shift keying,简称 TFPSK)方式是以不同频率、不同相位信号在不同时间,按顺序进行编码,来代表数字信息。例如二频二相调制的编码规律如图 9.6.3 所示。

随着数字通信技术的飞速发展,不断有新的数字调制与解调方式出现,例如交错四相调制(SQPSK)、最小移频键控(MSK)、幅度–相位复合调制(AMIPM)等,不能一一列举。

00	f_A	0相
01	f_A	π相
10	f_B	0相
11	f_B	π相

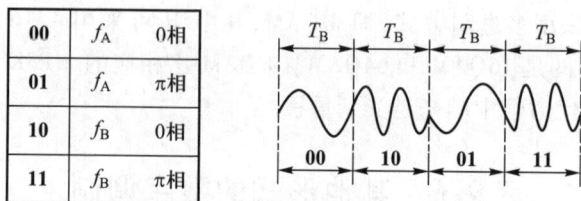

图 9.6.3 二频二相调制编码规律

参 考 文 献

思考题与习题

9.1 什么是模拟信号？什么是数字信号？试各举一例说明。

9.2 为什么 BPSK 调制可以用相乘器来实现？试绘出 BPSK 调制电路的方框图。

9.3 DPSK 与 BPSK 调制有什么区别？为什么 DPSK 信号在解调时不必恢复其载波？

9.4 已知数字基带信号为 **10110010**，试绘出 2ASK、2FSK、BPSK 和 DPSK 的波形图。

9.5 若正交调幅解调器的输入信号为 $v_i(t) = A_1(t)\cos\omega_i t + A_2(t)\sin\omega_i t$，本机载波信号分别为 $v_1(t) = \cos(\omega_i t + \varphi)$ 和 $v_2(t) = \sin(\omega_i t + \varphi)$，求解调输出信号的表达式。又，如果本机载波信号不正交，分别为 $v_1(t) = \cos\omega_i t$ 和 $v_2(t) = \sin(\omega_i t + \beta)$，求解调输出信号的表达式，并分析解调结果。

第 10 章　反馈控制电路

电子设备往往需要各种类型的控制电路,来改善其性能指标。这些控制电路都是运用反馈的原理,因而可统称为反馈控制电路。这些控制电路主要有:

① 自动增益控制电路,它主要用于接收机中,以维持整机输出恒定,几乎不随外来信号的强弱而变化。

② 自动频率控制电路,它用于维持电子设备的工作频率稳定。

③ 锁相环路,它用于锁定相位,利用这一环路能够实现许多功能。这是本章的重点。

本章将研究上述反馈控制电路的工作原理。

§10.1　自动增益控制(AGC)[①]

自动增益控制电路是接收机的控制电路之一。

接收机工作时,其输出功率是随着外来信号场强的大小而变化的。当外来信号场强大时,接收机输出功率大;当外来信号场强小时,接收机输出功率小。接收机所接收的信号,随各种条件的改变而有很大的差异,信号强度的变化可由几微伏至几百毫伏。但我们希望接收机输出电平变化范围尽量小,避免过强的信号使晶体管和终端器件过载,以致损坏。因此,在接收弱信号时,希望接收机有很高的增益,而在接收强信号时,接收机的增益应减小一些。这种要求只靠人工增益控制(如接收机上的音量控制等)来实现是困难的,必须采用AGC 电路。

自动增益控制电路的作用是,当输入信号电压变化很大时,保持接收机输出电压几乎不变。具体地说,当输入信号很弱时,接收机的增益大,自动增益控制电路不起作用。而当输入信号很强时,自动增益控制电路进行控制,使接收机的增益减小。这样,当信号场强变化时,接收机的输出端的电压或功率几乎不变。

为了实现自动增益控制,必须有一个随外来信号强度改变的电流(或电

---

① AGC 为自动增益控制 automatic gain control 的缩写。

压),然后再用这个电流(或电压)去控制接收机有关级的增益。

具有自动增益控制电路的超外差式接收机方框图如图 10.1.1 所示。

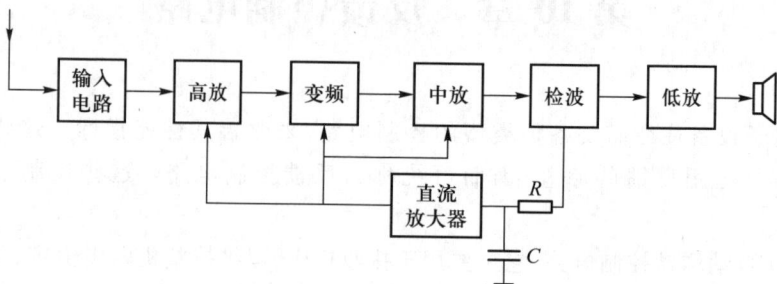

图 10.1.1 具有 AGC 电路的超外差式接收机方框图

由检波器输出的低频电压,经低放到终端器件,另一路径 RC 低通滤波器后,获得直流电流(或电压)分量,以控制高放、变频和中放级增益。由于控制晶体管放大器的增益,一般是需要功率的,如果检波器输出功率不够,还可以在低通滤波器后加一直流放大器。

下面讨论 AGC 电路的特性。

在没有控制电路时,接收机的输出电压 V_o 随天线上感应电动势 E_A 的增大而增大(不考虑外来信号过强时超出晶体管的线性工作范围),如图 10.1.2 中曲线①所示。具有简单的 AGC 电路的接收机,它的增益随外来 E_A 的增加而减小,如图 10.1.2 曲线②所示。这种接收机输入感应电动势 E_A 与输出电压 V_o 的关系曲线,称为 AGC 特性曲线。

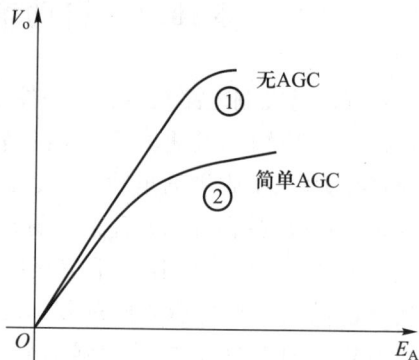

图 10.1.2 简单的 AGC 特性曲线

简单 AGC 电路的主要缺点是,一有外来信号,AGC 电路立刻起作用,接收机的增益就因受控制而减小。这对提高接收机的灵敏度是不利的,尤其在外来信号很微弱时。为了克服这个缺点,也就是希望外来信号大于某值后,AGC 电路才起作用,可采用延迟式 AGC 电路。

延迟式 AGC 原理电路如图 10.1.3 所示。二极管 D 和负载 R_1C_1 组成 AGC 检波器,检波后的电压经 RC 低通滤波器,供给直流 AGC 原理电压。另外,在二极管上加有一负电压(由负电源分压获得),称为延迟电压。当天线上的感应电动势 E_A 很小时,AGC 检波器的输入电压也比较小,由于延迟电压的存在,AGC 检波器的二极管一直不导通,没有 AGC 电压输出,因此没有 AGC 作用。只有当

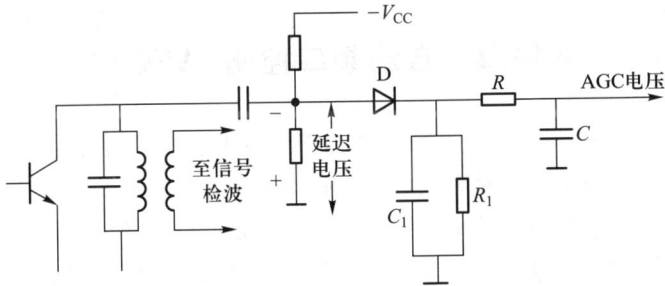

图 10.1.3 延迟式 AGC 原理电路

E_A 大到一定程度($E_A > E_{A0}$),使检波器输入电压的幅值大于延迟电压后,AGC 检波器才工作,产生 AGC 作用。调节延迟电压可改变 E_{A0} 的数值,以满足不同的要求。由于延迟电压的存在,信号检波器必然要与 AGC 检波器分开,否则延迟电压会加到信号检波器上去,使外来信号小时不能检波,而外来信号大时又产生非线性失真。

图 10.1.4 为延迟式 AGC 特性曲线,当 $E_A > E_{A0}$ 时才产生 AGC 作用。

为了提高 AGC 的能力,在 AGC 检波器的前面或后面再增加放大器。这种电路称为延迟放大式 AGC 电路,其电路方框图分别如图 10.1.5(a)、(b)所示。

当 E_A 变化范围一定时,接收机输出电压 V_0 的变化愈小,则 AGC 的性能愈好。通常即以此作为 AGC 的质量指

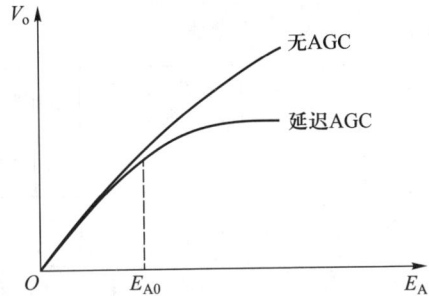

图 10.1.4 延迟式 AGC 特性曲线

标。例如,收音机的 AGC 指标为:输入信号强度变化 26 dB 时,输出电压的变化不超过 5 dB。在高级通信机中,AGC 指标为:输入信号强度变化 60 dB 时,输出电压的变化不超过 6 dB,输入信号在 10 μV 以下时,AGC 不起作用。

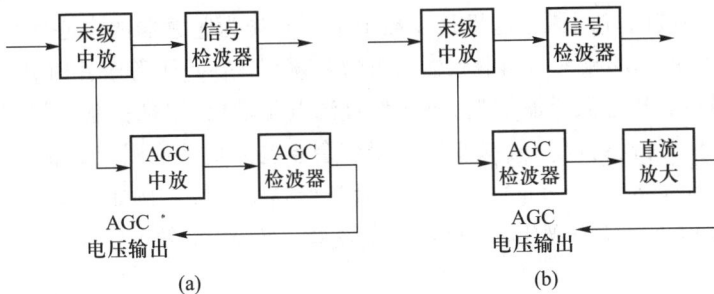

图 10.1.5 延迟放大式 AGC 电路方框图

§10.2 自动频率控制(AFC)[1]

由第 6 章已知,振荡器的频率经常由于各种因素的影响而发生变化,偏离了预期的数值。这种不稳定对无线电设备的工作显然是不利的。在第 6 章已对引起频率不稳定的各种因素及稳定频率的各种措施进行了详细的讨论。这里再讨论另一种稳定频率的方法——自动频率控制。用这种方法可以使自激振荡器频率自动锁定到近似等于预期的标准频率上。

图 10.2.1 是自动频率控制系统的原理方框图。这是一个自动调整系统,被稳定的振荡器频率 f_s 与标准频率 f_i 在鉴频器中进行比较。当 $f_i = f_s$ 时,鉴频器无输出,控制元件不受影响;当 $f_i \neq f_s$ 时,鉴频器即有电压 v 输出,这个误差电压正比于频率误差 $f_s - f_i$。于是,控制元件的参数(例如变容二极管的电容)即受到控制而发生变化,最终使得被稳定的振荡器频率 f_s 发生变化;变化的结果是使频率误差 $|f_s - f_i|$ 减小到某一定值 Δf,自动微调过程即停止,被稳定的振荡器即稳定于 $f_s = f_i \pm \Delta f$ 的频率上。

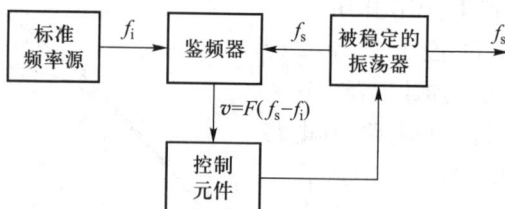

图 10.2.1 自动频率控制系统原理方框图

由上面的简略介绍可见,自动频率控制过程是利用误差信号的反馈作用来控制被稳定的振荡器频率,使之稳定。误差信号是由鉴频器产生的,它与两个比较频率源之间的频率差成比例。因而达到最后稳定状态时,两个频率不能完全相等,必须有剩余频差 $\Delta f = |f_s - f_i|$ 存在。图 10.2.1 的标准频率 f_i 实际上可利用鉴频器的中心频率,并不需要另外供给。例如图 10.2.2 所示的是一个调频通信机的 AFC 系统的方框图。这里是以额定中频 f_i 作为鉴频器的中心频率,亦即作为 AFC 系统的标准频率。当混频器输出的差频 $f'_i = f_0 - f_s$ 不等于 f_i 时,鉴频器即有误差电压输出,通过低通滤波器,只允许直流电压输出,用来控制本振(压控振荡器),使 f_0 改变,直到 $|f'_i - f_i|$ 减小至等于剩余频差为止。这固定的剩余频差叫作剩余失谐(residual detuning)。显然,剩余失谐越小越好。例如图 10.2.2 的本振频率 f_0 为 46.5 ~ 51.5 MHz,信号频率 f_s 为 45 ~ 50 MHz,额定中频 f_i 为 1.5 MHz,

---

[1] AFC 为自动频率控制 Automatic Frequency Control 的缩写。

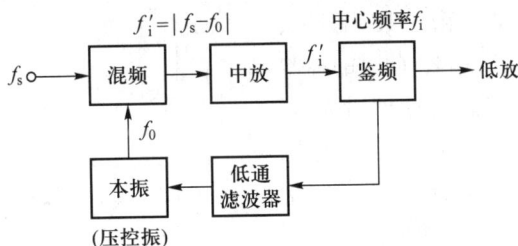

图 10.2.2 调频通信机的 AFC 系统方框图

剩余失谐不超过 9 kHz。

根据第 8 章对鉴频器工作原理的讨论,已知鉴频器有如图 10.2.3 所示的鉴频特性曲线,即表示输出电压 ΔV 与频率偏离中心频率 f_i 的数量 Δf 之间的关系曲线。当 $\Delta f = f_i' - f_i = 0$ 时,鉴频器输出电压 $\Delta V = 0$;当 $\Delta f > 0$ 时,ΔV 为正;当 $\Delta f < 0$ 时,ΔV 为负。利用误差电压 ΔV 控制压控振荡器的频率。表示压控振荡器频率与控制电压的关系的曲线,叫作调制特性曲线,如图 10.2.4 所示。在理想情况下,调制特性是线性的。当 $\Delta V = 0$ 时,压控振荡器的频率等于频率 f_0;当 $\Delta V > 0$ 时,压控元件电容变大,本振频率降低;反之,当 $\Delta V < 0$ 时,则频率升高。

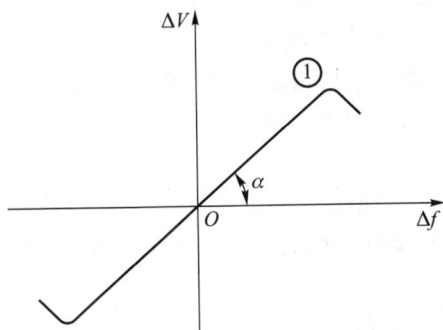

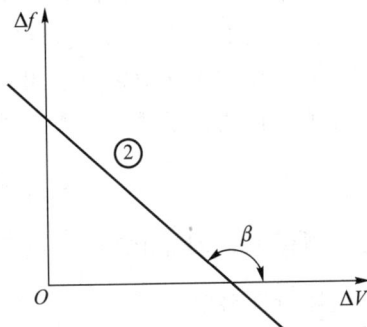

图 10.2.3 鉴频特性曲线　　　　图 10.2.4 压控振荡器的调制特性曲线

为了求得 AFC 系统的动态平衡点,必须将图 10.2.3 与图 10.2.4 的两条特性曲线合画在同一个坐标系统中,如图 10.2.5 所示。这两条特性曲线的交点 Q 即为动态平衡点,对应的 Δf_Q 即为剩余失谐。

从初始失谐 Δf_1 开始,鉴频器即输出一个控制电压 ΔV_1。这个电压作用到压控元件上,就力图使压控振荡器的频率下降,如下降 $\Delta f'$(参看图 10.2.5),控制电压随之降低为 ΔV_2;接着频率又降低 $\Delta f''$,控制电压又降低为 ΔV_3,如此继续下去,于是工作点就沿着图中的阶梯,自 a' 逐步经 a''、a''',最后到达平衡点 Q。事实上,由于 AFC 系统是闭合的,由 ΔV 引起 Δf 的变化几乎是同时发生的,其时间间隔接近零;由 Δf 引起 ΔV 的变化同样如此。所以,上述自动调整过程就不是沿阶梯步进式地进行,而是沿着鉴频特性曲线从 a' 点平滑地下降到 Q 点的。

到达 Q 点后，如果由于某种原因，使工作点下降到 b' 点，那么，此时的控制电压使 Δf 向正方向增加，亦即沿 b'、b'' 点，重新回到 Q 点。因此，Q 点是稳定平衡点。任何引起频率偏离 Q 点的扰动，最终都被 AFC 系统自动地调整回到 Q 点。

从上面的分析可以看出，在一定的初始失谐 Δf_1 下，为了减小剩余失谐 Δf_Q 的值，就必须加大鉴频特性曲线与调制特性曲线（注意，这里所指的调制特性曲线，是指如图 10.2.4 所示，横轴为 ΔV，纵轴为 Δf 的特性曲线）的斜率。从物理意义上来说，鉴频特性曲线斜率大，意味着较小的 Δf 可以得到较大的

图 10.2.5　用图解法确定 AFC 的动态平衡点

ΔV；调制特性曲线（图 10.2.4）斜率大，意味着较小的控制电压 ΔV 可以使本振频率产生较大的变化，从而使最终的剩余失谐大大减小。

AFC 系统的工作效率可以用剩余失谐 Δf_Q 与初始失谐 Δf_1 的比值来表示。这个比值叫作调整系数或自动控制系数，以符号 K_{AFC} 表示：

$$K_{\mathrm{AFC}} = \frac{\Delta f_1}{\Delta f_Q} = 1 - \frac{\Delta f_Q - \Delta f_1}{\Delta f_Q} \tag{10.2.1}$$

参看图 10.2.3 和图 10.2.4（注意，此时纵坐标为 Δf）以及图 10.2.5，可见

鉴频特性斜率
$$S_{\mathrm{d}} = \tan\alpha = \frac{\Delta V}{\Delta f_Q}$$

调制特性斜率
$$S_{\mathrm{m}} = \tan\beta = -\frac{\Delta f_1 - \Delta f_Q}{\Delta V} = \frac{\Delta f_Q - \Delta f_1}{\Delta V}$$

将上二式代入式（10.2.1），即得

$$K_{\mathrm{AFC}} = 1 - S_{\mathrm{d}} S_{\mathrm{m}} \tag{10.2.2}$$

K_{AFC} 越大，表明 AFC 越有效。由式（10.2.2）可见，为了使控制有效，S_{d} 与 S_{m} 的符号必须相反，整个系统才是稳定的。图 10.2.5 所示的两条实线特性曲线即是这种情况。如果调制特性曲线如图中点画线③所示，此时 S_{d} 与 S_{m} 同符号，在这种情况下，调制特性的作用是使失谐增加到 $\Delta f_1'$。显然，这是和自动频率控制的要求相违背的。

从式（10.2.2）还可以看出，$|S_{\mathrm{d}}|$ 与 $|S_{\mathrm{m}}|$ 越大，则 K_{AFC} 越大，即 AFC 越有效，这与前面分析的结论相符。

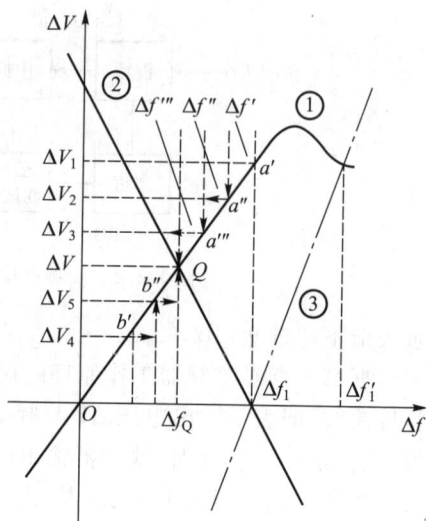

对应于不同的初始失谐 Δf_1 值,调制特性曲线与 Δf 轴在不同的点相交。只有初始失谐值在一定范围内,AFC 系统才能起作用,最终将已失谐的频率控制回来。参看图 10.2.6,初始失谐值从很大的值(AFC 系统不能工作)逐步减小到 Δf_P 值,此时调制特性曲线①刚刚与鉴频特性曲线的 a 点相切,AFC 系统开始发生作用,将频率捕捉回来,最后稳定在 A 点。Δf_P 就叫作 AFC 系统的捕捉带(capture band)。

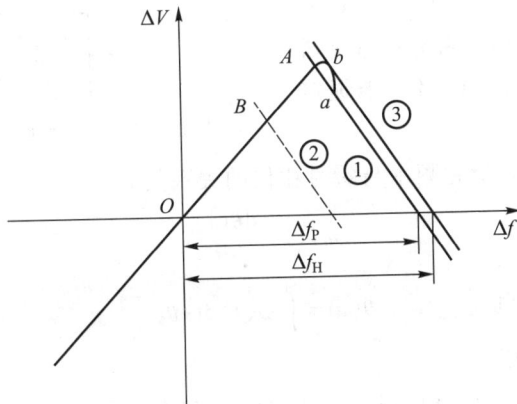

图 10.2.6   捕捉带 Δf_P 的确定

反之,如果最初的失谐小于捕捉带 Δf_P,调制特性曲线如图中虚线②所示,此时 AFC 系统已在工作,并平衡于 B 点。此后,如果不断增加初始失谐,并使之超过捕捉带,但只要不超过与鉴频特性曲线相切于 b 点的另一条调制特性曲线③所决定的频带 Δf_H,AFC 仍然有效,不会失去信号。一旦初始失谐超过 Δf_H,AFC 系统即失去作用。Δf_H 叫作同步带(synchronizing band)或抑止带(suppressing band)。

§10.3   锁相环路的基本工作原理

图 10.3.1 是锁相环路的基本方框图[①],锁相环路主要由电压控制振荡器(简称压控振,VCO)、鉴相器、低通滤波器和参考频率源(晶体振荡器)所组成。当压控振的频率 f_V 由于某种原因而发生变化时,必然相应地产生相位变化。这个相位变化在鉴相器中与参考晶体振荡器的稳定相位(对应于频率 f_R)相比较,使鉴相器输出一个与相位误差成比例的误差电压 $v_d(t)$,经过低通滤波器,

---

① 图 10.3.1 的缩写符号如下:

VCO——电压控制振荡器 voltage controlled oscillator 的缩写;

PD——鉴相器 phase detector 的缩写;

LPF——低通滤波器 low pass filter 的缩写。

取出其中缓慢变动的直流电压分量 $v_c(t)$。$v_c(t)$ 用来控制压控振荡器中的压控元件数值(通常是变容二极管的电容量),而这压控元件又是 VCO 振荡回路的组成部分,结果压控元件电容量的变化将 VCO 的输出频率 f_V 又拉回到稳定值上来。这样,VCO 的输出频率稳定度即由参考晶体振荡器所决定。这时我们称环路处于锁定状态。

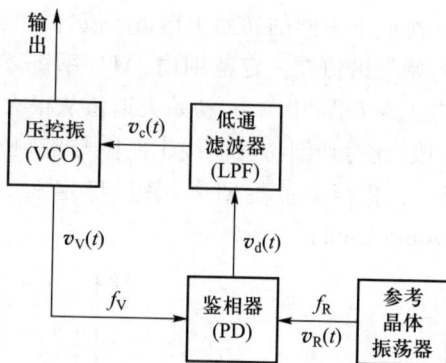

图 10.3.1 锁相环路的基本方框图

由第 8 章已知,瞬时频率与瞬时相位的关系是

$$\omega(t) = \frac{\mathrm{d}\theta(t)}{\mathrm{d}t} \tag{10.3.1}$$

$$\theta(t) = \int \omega(t)\,\mathrm{d}t + \theta_0 \tag{10.3.2}$$

式中,θ_0 为初始相位。

由上面的讨论已知,加到鉴相器的两个振荡信号的频率差为

$$\Delta\omega(t) = \omega_R - \omega_V$$

此时的瞬时相差为

$$\theta_e(t) = \int \Delta\omega(t)\,\mathrm{d}t + \theta_0$$

可分成两种情形来讨论:

① 若 $\omega_R = \omega_V$,则 $\Delta\omega(t) = 0$,于是由式(10.3.2),得

$$\theta_e(t) = \int \Delta\omega(t)\,\mathrm{d}t + \theta_0 = \theta_0 \tag{10.3.3}$$

由此可知,当两个振荡器频率相等时,它们的瞬时相位差是一个常数。

② 若 $\theta_e(t) = \theta_0$,则由式(10.3.1),得

$$\Delta\omega(t) = \frac{\mathrm{d}\theta_e(t)}{\mathrm{d}t} = 0$$

亦即

$$\omega_R = \omega_V \tag{10.3.4}$$

由此可知,当两个振荡信号的瞬时相位差为一常数时,二者的频率必然相等。

从以上的简单分析即可得到关于锁相环路的重要概念:当两个振荡信号频率相等时,则它们之间的相位差保持不变;反之,若两个振荡信号的相位差是个恒定值,则它们的频率必然相等。

根据上述概念可知,锁相环路在锁定后,两个信号频率相等,但二者间存在恒定相位差(稳态相位差)。稳态相位差经过鉴相器转变为直流误差,通过低通

滤波器去控制 VCO,使 ω_V 与 ω_R 同步。

在闭环条件下,如果由于某种原因使 VCO 的角频率 ω_V 发生变化,设变动量为 $\Delta\omega$,那么,由式(10.3.2)可知,这两个信号之间的相位差不再是恒定值,鉴相器的输出电压也就跟着发生相应的变化。这个变化的电压使 VCO 的频率不断改变,直到 $\omega_R = \omega_V$ 为止。这就是锁相环路的基本原理。

由以上的简略介绍可见,锁相环路与自动频率控制的工作过程十分相似:二者都是利用误差信号的反馈作用来控制被稳定的振荡器频率。但二者之间也有着根本的差别:在锁相环路中,采用的是鉴相器,它所输出的误差电压与两个互相比较的频率源之间的相位差成比例,因而达到最后稳定(锁定)状态时,被稳定(锁定)的频率等于标准频率,但有稳态相位差(剩余相差)存在;在自动频率控制系统中,采用的是鉴频器,它所输出的误差电压与两个比较频率源之间的频率差成比例,因而达到最后稳定状态时,两个频率不能完全相等,必须有剩余频差存在。从这一点来看,利用锁相环路可以实现较为理想的频率控制。

§10.4 锁相环路各部件及其数学模型

锁相环路不仅用于频率合成,而且还用于数字通信的同步系统、窄带跟踪接收、调频调相信号的解调、双边带或单边带调幅信号的同步解调、作为跟踪飞行器(如人造卫星、火箭等)的锁相相关应答器,等等,将来激光通信也要应用锁相技术来实现相干性。以上还只是它在无线电技术领域内的应用,事实上,锁相技术还可应用于其他领域,如同步控制等。因此,这一问题包括的内容很多,已经形成一门较新的学科,相关的文献与专著也很多。限于本书内容,我们只能对它与频率合成技术有关的内容,给予初步的介绍。要深入了解,可参阅有关参考书。

由 §10.3 已知,组成锁相环路的基本方框图包括压控振(VCO)、鉴相器(PD)与环路低通滤波器(LPF),重绘如图 10.4.1 所示。设

压控振信号为
$$v_V(t) = V_{Vm}\cos(\omega_V t + \theta_V) \tag{10.4.1}$$

参考频率信号为
$$v_R(t) = V_{Rm}\sin(\omega_R t + \theta_R) \tag{10.4.2}$$

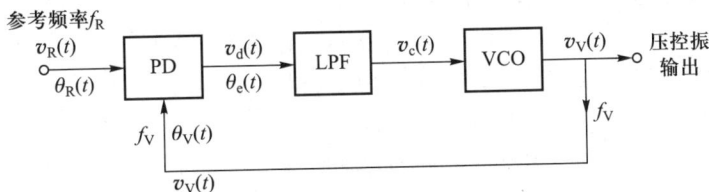

图 10.4.1 基本锁相环路方框图

式中,ω_V 为压控振角频率,θ_V 为其相角;ω_R 为参考振荡角频率,θ_R 为其相角。

这两个信号同时在鉴相器中进行比较,输出一个与二者间的相位差 θ_e 成比例的误差电压 $v_d(t)$,通过低通滤波器后,得到控制电压 $v_c(t)$,使 VCO 的角频率 ω_V 最终锁定在 ω_R 上。由此可知,锁相环路实质上是一个相位负反馈系统。

下面先分析锁相环路的各个组成部分,逐个求出它们的数学模型,然后得出锁相环路的基本方程,以便对它进行分析。

10.4.1 鉴相器

鉴相器是锁相环路中的关键部件。它的形式很多,但在频率合成器中所采用的鉴相器主要有正弦波相位检波器与脉冲取样保持相位比较器两种。分别讨论如下:

1. 正弦波相位检波器

这种鉴相器实际上是一个平衡混频器,它的原理性电路见图 10.4.2。图中 v_V 为压控振荡器的信号,v_R 为参考晶体振荡器的信号,它们的表示式见式(10.4.1)与式(10.4.2)二式。检波器负载为 RC 电路。设二极管 D_1 与 D_2 的特性相同,都可以用下面的二次多项式来近似表示它们的伏安特性,即

图 10.4.2　正弦波相位检波器原理性电路

$$i = b_0 + b_1 v + b_2 v^2 \tag{10.4.3}$$

式中,v 为加在二极管的电压。当略去负载电压 v_{d1} 与 v_{d2} 的反作用时,由图可知

$$\left.\begin{array}{l} \text{作用于二极管 } D_1 \text{ 的电压} = v_R + v_V \\ \text{作用于二极管 } D_2 \text{ 的电压} = v_R - v_V \end{array}\right\} \tag{10.4.4}$$

代入式(10.4.3),得

$$i_1 = b_0 + b_1(v_R + v_V) + b_2(v_R + v_V)^2$$
$$i_2 = b_0 + b_1(v_R - v_V) + b_2(v_R - v_V)^2$$

由图可知,鉴相器的输出电压为

$$v_d(t) = v_{d1} - v_{d2} \propto (i_1 - i_2) \tag{10.4.5}$$

代入式(10.4.1)与式(10.4.2)的值,并展开得

$$v_d(t) \propto 2b_1 v_V + 4b_2 v_R v_V$$
$$\propto 2b_1 V_{Vm} \cos(\omega_V t + \theta_V) +$$
$$2b_2 V_{Rm} V_{Vm} \sin[(\omega_V + \omega_R)t + \theta_V + \theta_R] +$$
$$2b_2 V_{Vm} V_{Rm} \sin[(\omega_V - \omega_R)t + \theta_V - \theta_R]$$

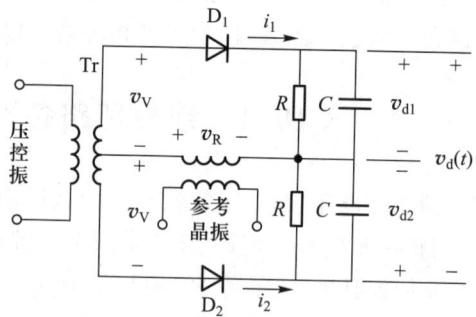

考虑了 C 的滤波作用后,式中前两项电流分量都是高频分量,被 C 滤掉,此时的负载阻抗即为纯电阻 R,因此实际检波输出为

$$v_d(t) = 2b_2 V_{Vm} V_{Rm} R \sin[\Delta\omega t + (\theta_V - \theta_R)] \tag{10.4.6}$$

式中,$\Delta\omega = \omega_V - \omega_R$。

如果 $\omega_R = \omega_V$(锁定状态),即 $\Delta\omega = 0$,则

$$v_d(t) = K_d \sin(\theta_V - \theta_R) = K_d \sin\theta_e \tag{10.4.7}$$

式中,$K_d = 2b_2 R V_{Vm} V_{Rm}$,称为鉴相器的传输系数或灵敏度;$\theta_e = \theta_V - \theta_R$ 表示两个信号之间的相位差。

由式(10.4.7)得出鉴相器特性,如图10.4.3所示。它是正弦曲线的形式,所以这种鉴相器叫作正弦波相位检波器。当 $|\theta_V - \theta_R| \leqslant 30°$ 时,$\sin(\theta_V - \theta_R) \approx \theta_V - \theta_R$,因此,式 (10.4.7)可近似写成

图 10.4.3　正弦鉴相特性

$$v_d(t) \approx K_d(\theta_V - \theta_R) = K_d \theta_e \tag{10.4.7a}$$

由此可知,当 $\theta_e \leqslant 30°$ 时,鉴相特性近似为线性的,$v_d(t)$ 与 θ_e 成正比,此时鉴相器可以作为线性元件来处理;而当 $\theta_e \geqslant 30°$ 时,鉴相特性即为非线性,此时鉴相器是一个非线性元件。

这种鉴相器是一种要求平衡度比较高的检波电路,平衡对称性很重要,因此变压器 Tr_1 应平衡良好,二极管 D_1 与 D_2 的特性应尽可能相同。检波电阻 R 的值通常为 500 kΩ 至 1 mΩ,电容 C 应对高频短路。但实际上,RC 上总有一些有害的频率分量,形成纹波输出。纹波输出对数字锁相环路特别有害,因为它将使锁相环路输出混有杂散信号。所以数字式频率合成器(见第11章)不宜采用这种鉴相器,而更常采用下面讨论的脉冲抽样保持鉴相器。

2. 脉冲抽样保持相位比较器

这种相位比较器在数字式锁相环路中被广泛采用,它有如下两个优点:

① 输出纹波电压小(几十微伏至几毫伏的数量级)。

② 相位比较可在 360° 范围内进行,而上面讲的正弦波相位检波器则只在 180° 内进行比较(线性区则只有 ±30° 的范围)。

图10.4.4 为这种相位比较器的基本方框图。首先要将参考标准频率 f_R 和 VCO 的频率 f_V 的电压都形成脉冲。频率为 f_R 的脉冲用来控制一个开关电路,使电容 C_{ch} 产生周期性的充、放电,形成如图10.4.5(a)的锯齿波电压。图10.4.4 中的电流源供给恒定的充电电流 I_{CH},以改善锯齿波的线性。抽样脉冲由压控振信号形成,如图10.4.5(b)所示。

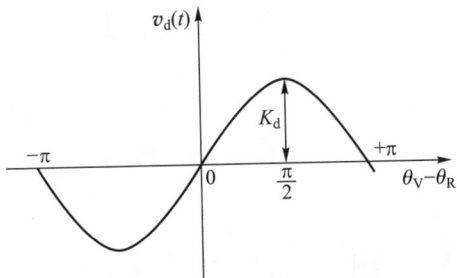

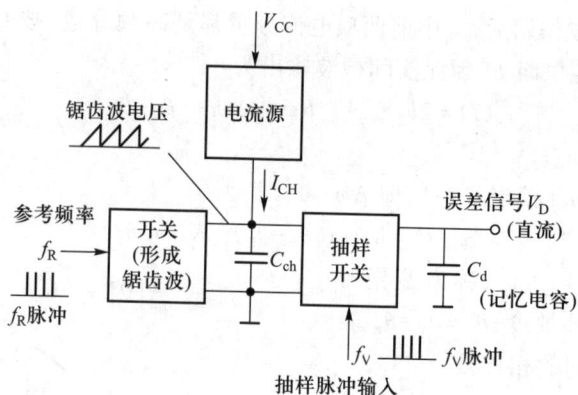

图 10.4.4 脉冲抽样保持相位比较器的基本方框图

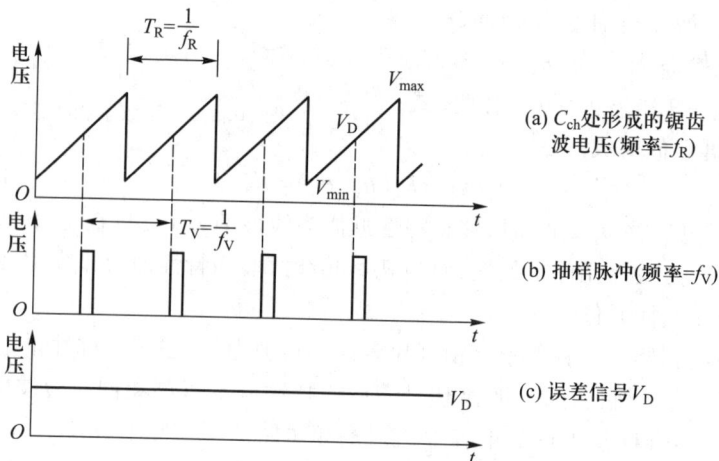

图 10.4.5 脉冲抽样保持相位比较器的波形图

由于 $f_V = f_R$，显然，抽样脉冲周期 T_V 与锯齿波电压的周期 T_R 是相等的。抽样脉冲的作用是控制抽样开关(图 10.4.4)，使它在脉冲存在时接通，因而记忆电容 C_d 上所获得的电压即等于这一瞬间的锯齿波电压 V_D。当抽样脉冲为零时，抽样开关断路，C_d 上即保持原充电电压 V_D，如图 10.4.5(c)所示。如果 VCO 频率略有变化(亦即失步时)，即相当于抽样脉冲在中心位置略有摆动，这就引起误差电压 V_D 值的变化，从而控制 VCO 的频率，使之恢复到准确的数值(即恢复同步)。V_D 最大的变动范围可自 V_{min} 至 V_{max}，这相当于抽样脉冲位置变动 360°。实际上，锯齿波电压不是如图 10.4.5(a)的理想情况(C_{ch} 的放电时间等于零)，而是有一定的放电时间的，因而锁相范围小于 360°。

图 10.4.4 是简化的方框图。事实上，为了阻抗匹配，往往还需要在适当的地方加入源极(或射极)跟随器。图 10.4.6 即是实际方框图。在参考频率脉冲输入

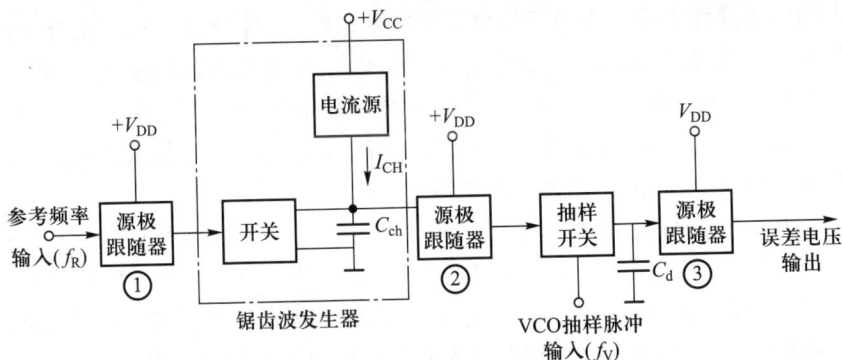

图 10.4.6 脉冲抽样保持相位比较器方框图

端加入源极跟随器①,是为了使开关电路输入阻抗与参考频率输出电路的阻抗相匹配。抽样开关之前的源极跟随器②则是为了使锯齿波发生器电路与抽样开关电路相隔离。抽样开关之后所加的源极跟随器③是为了使相位比较器后面的低负载阻抗(通常为滤波器)转换为保持(记忆)电容 C_d 所需要的高负载阻抗。图 10.4.7 是与图 10.4.6 相对应的电路图。电路工作过程如下:

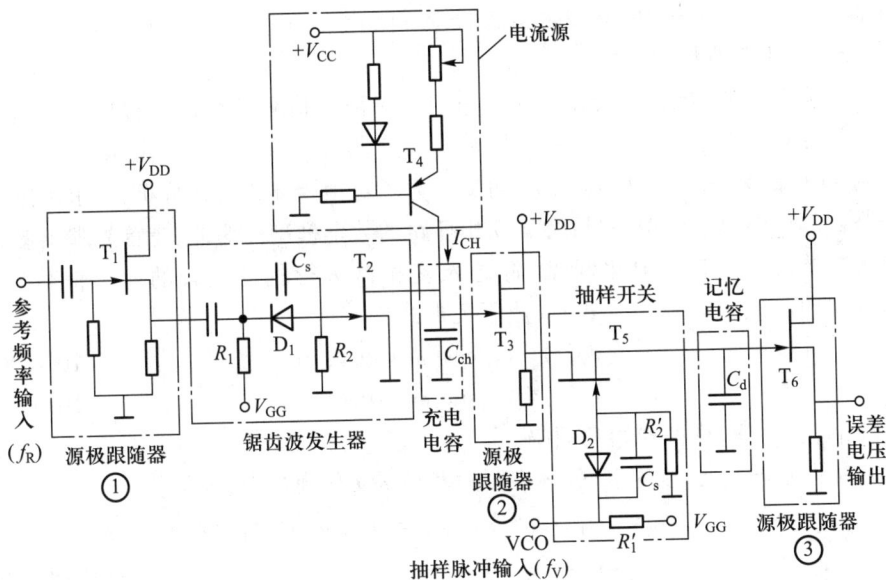

图 10.4.7 脉冲抽样保持相位比较器电路举例

参考频率脉冲通过源极跟随器 T_1 送至锯齿波开关 T_2;T_2 为场效应管。在没有正脉冲输入时,由栅偏压电源 V_{GG} 通过分压器 R_1、R_2 与 D_1 所产生的负偏压使 T_2 处于截止状态。在 T_2 截止期间,通过电流源 T_4 所供给的充电电流 I_{CH} 使

C_{ch} 上的电压线性上升。当参考频率正脉冲到来时,二极管 D_1 截止,正脉冲通过加速电容 C_s 送至 T_2 的栅极,因而 T_2 导通,使 C_{ch} 上的电荷迅速通过 T_2 放电,它两端的电压也就迅速由 V_{max} 降为 V_{min}。在脉冲间歇期内,T_2 又截止,于是 C_{ch} 又被充电,直到下一个正脉冲到来时,又通过 T_2 放电。如此继续不已,C_{ch} 上就得到了如图 10.4.5(a) 所示的锯齿波电压。

T_5 为抽样开关,它的工作原理也和 T_2 一样,即在没有抽样正脉冲(由 VCO 信号所形成)输入栅极时,由 R_1'、R_2'、D_2 所分得的负偏压使 T_5 处于截止状态。而当栅极有抽样正脉冲输入时,T_5 导通,因此这时由源极跟随器 T_3 所输出的锯齿波电压通过它使记忆电容 C_d 充电至 V_D(T_5 导通时刻的锯齿波电压数值)。

如前所述,如果 $f_V = f_R$,则 C_d 上的电压为一定值。如果 f_V 略偏离 f_R(相当于二者间有相位变化),则由于在抽样时刻的锯齿波电压值不同,C_d 上的电压值即发生变化,亦即产生了误差电压。这一误差电压通过源极跟随器 T_6 输出,使锁相环路工作,将 f_V 拉回,在 f_V 等于参考频率 f_R 后锁定。

由于这种方法是用脉冲抽样,因而脉冲频率不宜过高。这样,参考频率与 VCO 频率都必须进行多次分频后,才能送到这种鉴相器中,进行相位比较。

除了这里所讨论的锯齿波抽样电路外,还有三角形波抽样保持电路与正弦波抽样保持电路,它们的原理是类似的,不再一一讨论。

3. 鉴相器的数学模型

根据上面的讨论可知,鉴相器的作用是对两个信号的相位进行比较。当它们之间的相位发生变化时,鉴相器即输出一个与相位变化成比例的误差电压去控制 VCO 的频率,以保持 f_V 与 f_R 同步。为了对锁相环路进行分析,应求出组成环路各部件的数学模型,然后得出锁相环路的数学模型。为此,应首先求出鉴相器的数学模型。为一般化起见,将送入鉴相器进行相位比较的两个信号[式 (10.4.1) 与式 (10.4.2) 二式]改成下列形式:

$$v_V(t) = V_{Vm}\cos[\omega_0 t + \theta_V(t)] \tag{10.4.8}$$

$$v_R(t) = V_{Rm}\sin[\omega_R t + \theta_R(t)] \tag{10.4.9}$$

式中,ω_0 表示 VCO 的初始角频率。

为了分析方便,以 VCO 的固有瞬时相位 $\omega_0 t$ 作为参考,令

$$\theta_1(t) = [\omega_R t + \theta_R(t)] - \omega_0 t = (\omega_R - \omega_0)t + \theta_R(t)$$

$$= \Delta\omega_0 t + \theta_R(t) \tag{10.4.10}$$

式中,$\Delta\omega_0 = \omega_R - \omega_0$,称为环路的固有频差(又称初始频差)。因而式 (10.4.8) 与式 (10.4.9) 二式可改写为

$$v_V(t) = V_{Vm}\cos[\omega_0 t + \theta_V(t)] \tag{10.4.11}$$

$$v_R(t) = V_{Rm}\sin[\omega_0 t + \theta_1(t)] \tag{10.4.12}$$

从上二式即可得到两个信号的瞬时相位差为

$$\theta_e(t) = \theta_1(t) - \theta_V(t)$$

$$= \Delta\omega_0 t + \left[\theta_R(t) - \theta_V(t) \right] \qquad (10.4.13)$$

式(10.4.13)就是鉴相器的基本关系式。

下面进一步求出鉴相器的数学模型。

根据式(10.4.7)已知,鉴相器的作用是将两个输入信号的相位差 $\theta_e(t)$ 转变为输出电压 $v_d(t)$。因此可以把它的作用以图 10.4.8 的数学模型来表示,图中

$$v_d(t) = K_d \sin\left[\theta_1(t) - \theta_V(t) \right] = K_d \sin\theta_e(t) \qquad (10.4.14)$$

由上述分析可见,鉴相器的处理对象是 $\theta_1(t)$ 与 $\theta_V(t)$,而不是原信号本身。这就是数学模型与原理方框图的区别。

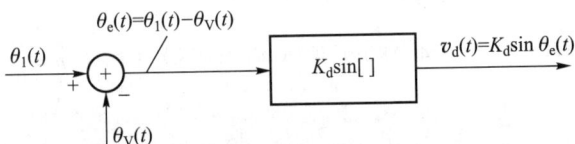

图 10.4.8　鉴相器的线性化数学模型(时域)

当 $|\theta_e| \leqslant 30°$ 时,鉴相特性近似为线性,因此上式可改写成

$$K_d = \frac{v_d(t)}{\theta_1(t) - \theta_V(t)} = \frac{v_d(t)}{\theta_e(t)} \qquad (10.4.14a)$$

式(10.4.14a)表示时域的关系。为了得到频率域内的鉴相特性,需对它进行拉普拉斯变换(Laplace transform)。由上式可得

$$K_d = \frac{V_d(s)}{\theta_1(s) - \theta_V(s)} = \frac{V_d(s)}{\theta_e(s)} \qquad (10.4.15)$$

式中,s 为拉普拉斯算子;$V_d(s)$ 与 $\theta_e(s)$ 分别为 $v_d(t)$ 与 $\theta_e(t)$ 的象函数。

由式(10.4.15)可知,将图 10.4.8 中的 t 换为 s,即得频率域中的鉴相器线性化数学模型,如图 10.4.9 所示。

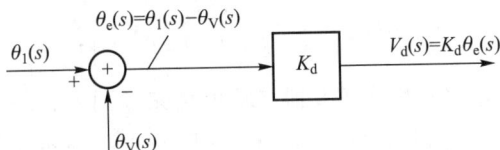

图 10.4.9　鉴相器的线性化数学模型(频率域)

10.4.2　低通滤波器

在锁相环路中,常用的滤波器有以下几种:

1. RC 滤波器

图 10.4.10 为一阶 RC 低通滤波器,它的作用是将 v_d 中的高频分量滤掉,得

到控制电压 v_c。它的传输函数为

$$F_1(p) = \frac{v_c(t)}{v_d(t)} = \frac{1/RC}{(1/RC) + p} = \frac{1}{1 + p\tau} \qquad (10.4.16)$$

式中,p 代表微分算子;$\tau = RC$ 为时间常数。

式(10.4.16)为时域形式。若改为频域形式,则有

$$F_1(j\omega) = \frac{V_c(j\omega)}{V_d(j\omega)} = \frac{1}{1 + j\omega\tau} \qquad (10.4.17)$$

改为拉普拉斯变换形式,即用 s 代替 $j\omega$,则得

$$F_1(s) = \frac{1}{1 + s\tau} \qquad (10.4.18)$$

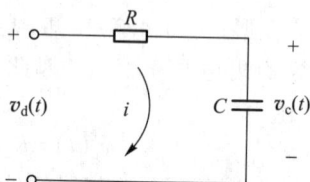

图 10.4.10 一阶 RC 低通滤波器

比较式(10.4.16)与式(10.4.18)可见,s 相当于微分算子 $p = \dfrac{\mathrm{d}}{\mathrm{d}t}$,$1/s$ 则相当于 $\displaystyle\int$ 符号。

2. 无源比例积分滤波器(超前滞后网络)

图 10.4.11 所示的滤波器,其传输函数为

$$F_2(s) = \frac{V_c(s)}{V_d(s)} = \frac{R_2 + \dfrac{1}{sC}}{R_1 + R_2 + \dfrac{1}{sC}} = \frac{s\tau_2 + 1}{s(\tau_1 + \tau_2) + 1} \qquad (10.4.19)$$

式中,$\tau_1 = R_1 C$;$\tau_2 = R_2 C$。

若求频率响应,则将 $s = j\omega$ 代入,得

$$F_2(j\omega) = \frac{j\omega R_2 C + 1}{j\omega C(R_1 + R_2) + 1} \qquad (10.4.20)$$

由上式可以看出,当 ω 很高时,滤波器的传输函数近似为

$$F_2(j\omega)\bigg|_{\omega \text{很大}} \approx \frac{R_2 C}{C(R_1 + R_2)} = \frac{\tau_2}{\tau_1 + \tau_2} \qquad (10.4.21)$$

成比例特性。这就是比例积分滤波器名称的由来。同时,在式(10.4.20)中,分子 $j\omega R_2 C + 1$ 项表示相位超前,分母 $j\omega C(R_1 + R_2) + 1$ 项表示相位滞后,因而又叫超前滞后网络。

3. 有源比例积分滤波器

图 10.4.12 为有源比例积分滤波器,可用以下近似的方法求出它的传输函数 $F_3(s)$。

图中直流放大器的增益一般都很大,为简便计,可以假设直流放大器增益 $A \to \infty$。这样,图中 a 点的电流 $I_a(s)$ 与电位 $V_a(s)$ 都应等于零,否则输出将为无

限大。因此

输入电流
$$I_i(s) = \frac{V_d(s)}{R_1}$$

反馈电流
$$I_r(s) = \frac{V_c(s)}{R_2 + \frac{1}{sC}}$$

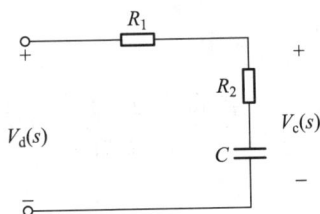

图 10.4.11　超前滞后网络
（无源比例积分滤波器）

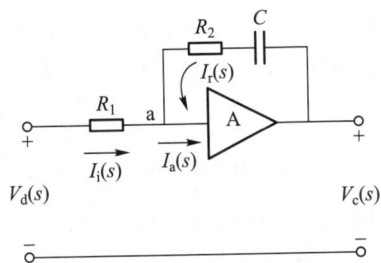

图 10.4.12　具有直流增益的超前网络
（有源比例积分滤波器）

又,在 a 点处应满足

$$I_a(s) = I_i(s) + I_r(s) = 0 \text{ 或 } I_i(s) = -I_r(s)$$

的条件。由上二式立即可以得出这种网络的传输函数为

$$F_3(s) = \frac{V_c(s)}{V_d(s)} = \frac{-\left(R_2 + \frac{1}{sC}\right)}{R_1} = -\frac{s\tau_2 + 1}{s\tau_1} \qquad (10.4.22)$$

式中,$\tau_1 = R_1 C$,$\tau_2 = R_2 C$,负号表示放大器的倒相作用,但锁相环路的极性可自动调整,并不影响分析,故可不必考虑。略去负号后,式(10.4.22)可改写为

$$F_3(s) = \frac{\tau_2}{\tau_1} + \frac{1}{s\tau_1} \qquad (10.4.23)$$

式(10.4.22)与式(10.4.19)的形式很近似,因此图 10.4.12 的电路也叫有源比例积分滤波器,图 10.4.11 的电路则叫无源比例积分滤波器。二者名称之所以不同,在于前者有直流放大器,故为有源网络;后者没有直流放大器,故为无源网络。

10.4.3　压控振荡器(VCO)

我们已经知道,压控振荡器就是在振荡电路中采用压控元件作为频率控制器件。压控元件一般都是用变容二极管,它的电容量受到输入电压 $v_c(t)$ 的控制。v_c 变化时,即引起振荡频率 ω_V 变化。因此,压控振荡器事实上就是一种电压–频率变换器,它的特性可用瞬时振荡频率 ω_V 与控制电压 v_c 之间的关系曲线来表示,如图 10.4.13 所示。图上的中心点频率 ω_0 是在没有外加控制电压时的固有振荡频率。在一定范围内，ω_{v} 与 v_{c} 之间是线性关系。在线性范围内，这一线性曲线可用下列方程表示：

$$\omega_{\mathrm{v}}(t) = \omega_0 + K_{\mathrm{v}} v_{\mathrm{c}}(t) \qquad (10.4.24)$$

式中，K_{v} 是特性曲线的斜率，称为 VCO 的增益或灵敏度，量纲为 rad/s·V，它表示单位控制电压所引起的振荡角频率变化的大小。

在锁相环路中，VCO 的输出对鉴相器起作用的是它的瞬时相位。这瞬时相位可由式(10.4.24)积分，得

$$\int_0^t \omega_{\mathrm{v}}(t)\,\mathrm{d}t = \omega_0 t + K_{\mathrm{v}}\int_0^t v_{\mathrm{c}}(t)\,\mathrm{d}t \qquad (10.4.25)$$

图 10.4.13　压控振荡器
特性曲线

与式(10.4.11)相比较，可以看出

$$\theta_{\mathrm{v}}(t) = K_{\mathrm{v}}\int_0^t v_{\mathrm{c}}(t)\,\mathrm{d}t \qquad\qquad (10.4.26)$$

由此可见，压控振荡器在锁相环路中的作用相当于一个积分器，因此也称它为环路中的固有积分环节。

将上式中的积分符号改用微分算子 p 的倒数来表示，则上式可写成

$$\theta_{\mathrm{v}}(t) = K_{\mathrm{v}}\frac{1}{p}v_{\mathrm{c}}(t) \qquad\qquad (10.4.27)$$

由此得出 VCO 的数学模型(时域)如图 10.4.14 所示。

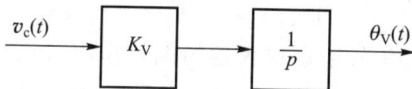

图 10.4.14　压控振荡器的数学模型(时域)

若将式(10.4.26)改为拉普拉斯变换形式，则有

$$\theta_{\mathrm{v}}(s) = K_{\mathrm{v}}\frac{1}{s}V_{\mathrm{c}}(s)$$

由此得到 VCO 的传输函数为

$$\frac{\theta_{\mathrm{v}}(s)}{V_{\mathrm{c}}(s)} = K_{\mathrm{v}}\frac{1}{s} \qquad\qquad (10.4.28)$$

上二式中，$\theta_{\mathrm{v}}(s)$ 与 $V_{\mathrm{c}}(s)$ 分别为 $\theta_{\mathrm{v}}(t)$ 与 $v_{\mathrm{c}}(t)$ 的象函数(image function)。

10.4.4　锁相环路的数学模型

将上面所得到的鉴相器、滤波器与压控振荡器的数学模型代换到图 10.4.1 中，即可得出锁相环路的数学模型，如图 10.4.15 所示。根据此图，可得到锁相环路的基本方程式为

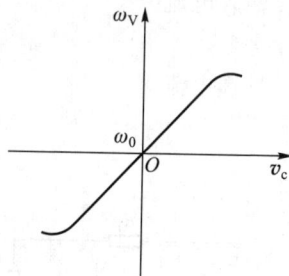

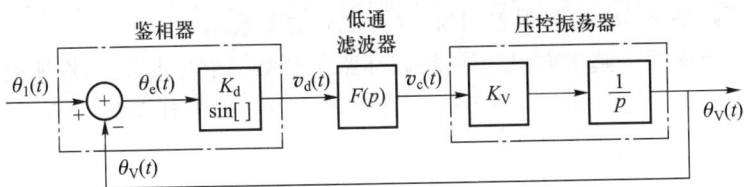

图 10.4.15 锁相环路的数学模型（时域）

$$\theta_V(t) = K_d \sin\big[\theta_1(t) - \theta_V(t)\big] \cdot F(p) \cdot K_V \cdot \frac{1}{p} \qquad (10.4.29)$$

将上式两边微分，并注意到 $\theta_e(t) = \theta_1(t) - \theta_V(t)$，则得到

$$\frac{d\theta_e(t)}{dt} + KF(p)\sin\theta_e(t) - \frac{d\theta_1(t)}{dt} = 0 \qquad (10.4.30)$$

式中，$K = K_V K_d$。

式（10.4.30）即为锁相环路的非线性微分方程。式中，第一项表示瞬时相位误差随时间的变化率，即瞬时频差；第二项表示 VCO 在控制电压作用下的角频率变化，即控制频差；第三项表示输入信号随时间的变化率，即初始频差或固有频差。

当 $|\theta_e(t)| \leqslant 30°$ 时，$\sin\theta_e(t)$ 可用 $\theta_e(t)$ 代替，因此，式（10.4.29）即变成线性方程

$$\theta_V(t) = \big[\theta_1(t) - \theta_V(t)\big] \cdot K \cdot F(p) \cdot \frac{1}{p} \qquad (10.4.31)$$

为了研究锁相环路的传输函数，应该将上式改换成频域关系，即用拉普拉斯算子 s 代替微分算子 p，上式即改成

$$\theta_V(s) = \big[\theta_1(s) - \theta_V(s)\big] \cdot K \cdot F(s) \cdot \frac{1}{s} \qquad (10.4.32)$$

这就是在线性分析时，锁相环路的基本方程式的频域形式。解上式可得

$$H(s) = \frac{\theta_V(s)}{\theta_1(s)} = \frac{KF(s)}{s + KF(s)} \qquad (10.4.33)$$

式中，$H(s)$ 表示整个锁相环路的闭环传输函数。这是讨论锁相环路性质的基本公式之一，它表示在闭环条件下，输入标准信号的相角 $\theta_1(s)$ 与 VCO 输出信号相角 $\theta_V(s)$ 之间的关系。

相角 $\theta_e(s) = \theta_1(s) - \theta_V(s)$ 表示误差，因此

$$H_e(s) = \frac{\theta_e(s)}{\theta_1(s)} = 1 - \frac{\theta_V(s)}{\theta_1(s)} = 1 - H(s)$$

$$= \frac{s}{s + KF(s)} \qquad (10.4.34)$$

式中，$H_e(s)$ 叫作误差传输函数。这是讨论锁相环路性质的基本公式之二，它表

示在闭环条件下，$\theta_1(s)$ 与误差相角 $\theta_e(s)$ 之间的关系。

除了上面两个基本方程之外，锁相环路还有第三个基本公式，即所谓开环传递函数 $H_o(s)$。它表示在开环条件下，误差信号 $\theta_e(s)$ 沿环路传输一周的函数，其值为

$$H_o(s) = \frac{\theta_v(s)}{\theta_e(s)} = \frac{KF(s)}{s} \qquad (10.4.35)$$

从以上三个基本公式出发，就可以对锁相环路的性质进行研究。应当说明，在推导以上的公式时，已假定鉴相器是线性工作的，所以它只适用于环路处于稳定平衡点附近工作的情况。这属于锁相环路的线性分析方法。

* §10.5 锁相环路的分析

观察式(10.4.33)与式(10.4.34)可以看出，由于 K 是常数，与 s 无关，所以这些式子的 s 阶数取决于滤波器的传输函数 $F(s)$ 的形式，亦即取决于环路滤波器的形式。根据 $F(s)$ 的不同，可将锁相环路分为一阶、二阶以至更高阶的形式。

没有低通滤波器的环路，$F(s) = 1$，称为一阶锁相环路。因为这时式(10.4.33)与式(10.4.34)的 s 阶数为1。

当采用10.4.2节中的任一种低通滤波器时，$F(s)$ 为 s 的一阶函数，所以锁相环路的基本方程是 s 的二阶方程，因此叫作二阶锁相环路。

如果采用 $F(s)$ 为 s 的二阶函数的滤波器，则可得到三阶锁相环路。以下依此类推。

本节只研究一阶和二阶锁相环路。

10.5.1 一阶锁相环路

如上所述，没有低通滤波器，即 $F(s) = 1$ 的锁相环路为一阶环路。此时式(10.4.33)与式(10.4.34)分别成为

$$H(s) = \frac{K}{s+K} \qquad (10.5.1)$$

$$H_e(s) = 1 - H(s) = \frac{s}{s+K} \qquad (10.5.2)$$

以上二式是 s 的一阶方程，因此它是一阶锁相环路。这种环路的实际用处不大，因为锁相环路中一般都是有环路滤波器的。但一阶环路最简单，环路方程的阶数最低，而且可以精确解出。因此，锁相环路中的各种物理现象都能得到明确的解释，可作为理解其他复杂环路的基础。因而有必要研究一阶锁相环路。

1. 频率特性

由于锁相环路是用来锁定相位（频率）的，因而可以将相位（频率）有变化的输入信号看作是调相波（调频波）。为此，必须先研究锁相环路的频率特性，作为研究锁相环路工作原理的前提。

研究式（10.5.1）与式（10.5.2）二式可以得出，环路传输函数 $H(s)$ 的频率特性与一阶低通滤波器相似；误差传输函数 $H_e(s)$ 的频率特性则与一阶高通滤波器相似。

比较式（10.5.1）与式（10.4.18）二式可见，二者具有完全相同的形式。锁相环路总增益 K 即相当于低通滤波器中的 $1/(RC)$。因此，锁相环路闭路传输函数具有与 RC 低通滤波器相似的频率特性。对于式（10.4.17），当 $\omega = \omega_c = 1/(RC)$ 时，输出电压 V_c 下降为输入电压 V_d 的 $1/\sqrt{2}$，因此 ω_c 叫作截止角频率（或半功率点）。相应地，在锁相环路中，环路总增益 K 相当于环路的截止角频率 ω_c，如图 10.5.1 所示。

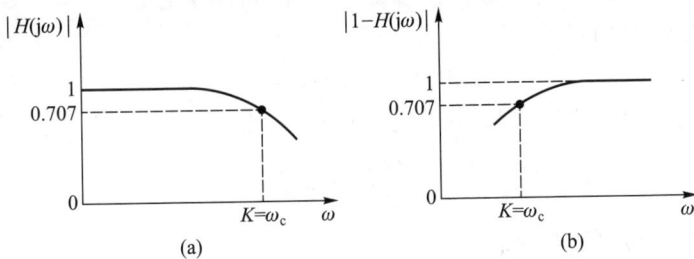

图 10.5.1 $H(\mathrm{j}\omega)$ 与 $\left|1-H(\mathrm{j}\omega)\right|$ 的频率特性

同样，对于图 10.5.2 所示的一阶 RC 高通滤波器来说，它的传输函数为

$$F(\mathrm{j}\omega) = \frac{V_c(\mathrm{j}\omega)}{V_d(\mathrm{j}\omega)} = \frac{R}{R + \dfrac{1}{\mathrm{j}\omega C}} = \frac{\mathrm{j}\omega}{\mathrm{j}\omega + \dfrac{1}{RC}} \qquad (10.5.3)$$

改为拉普拉斯变换的形式为

$$F(s) = \frac{V_c(s)}{V_d(s)} = \frac{s}{s + \dfrac{1}{RC}} \qquad (10.5.4)$$

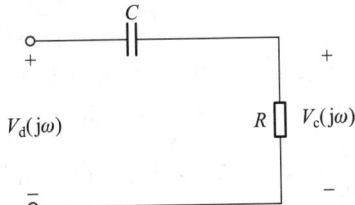

图 10.5.2 一阶 RC 高通滤波器

可见它和式（10.5.2）具有完全相似的形式。这就是说，误差传输函数 $H_e(s) = 1-H(s)$ 的频率特性与一阶高通滤波器相似，K 仍等于半功率点的角频率 ω_c，如图 10.5.1（b）所示。它的物理意义是，在相位误差 $\theta_e(t)$ 中保留了高频成分，滤掉了低频成分。

环路传输函数 $H(\mathrm{j}\omega)$ 具有低通特性，其物理意义是：输入信号 $\theta_1(t)$ 中的各种频率分量,经过环路传输后,只有低频成分出现在输出信号 $\theta_V(t)$ 中。

误差传输函数 $1-H(j\omega)$ 具有高通特性,其物理意义是:误差信号 $\theta_e(t)$ 中含有 $\theta_1(t)$ 中的高频成分,这是因为 $\theta_1(t)$ 在环路之外,因此它的高频成分不能被滤除。但由压控振所产生的相位抖动(phase fluctuation)①,它的低频成分由于在环路之内,故受到环路的负反馈作用而被抑止。

环路带宽越窄(即截止角频率 ω_c 或总增益 K 越低),滤除压控振中产生的相位抖动能力越差。因此,频率合成器的锁相环路通带不能过窄,这有利于消除输出信号的相位抖动。

2. 环路的锁定

以上由锁相环路的线性模型出发,研究了它的通频带特性。现在来研究锁相环路的锁定问题,这时必须考虑环路的非线性,这主要是由鉴相器的非线性所引起的。此时应该采用式(10.4.30)的非线性方程,并将 $F(p)=1$ 代入,得

$$\frac{\mathrm{d}\theta_e(t)}{\mathrm{d}t} + K\sin\theta_e(t) - \frac{\mathrm{d}\theta_1(t)}{\mathrm{d}t} = 0 \qquad (10.5.5)$$

由式(10.4.10)知

$$\theta_1(t) = \Delta\omega_0 t + \theta_R(t)$$

若认为 $\Delta\omega_0$ 与 $\theta_R(t)$ 不随时间而变化,则由上式得

$$\frac{\mathrm{d}\theta_1(t)}{\mathrm{d}t} = \Delta\omega_0$$

因而式(10.5.5)可改写为

$$\frac{\mathrm{d}\theta_e(t)}{\mathrm{d}t} + K\sin\theta_e(t) - \Delta\omega_0 = 0$$

或

$$\frac{\mathrm{d}\theta_e(t)}{\mathrm{d}t} = \Delta\omega_0 - K\sin\theta_e(t) \qquad (10.5.6)$$

式中,$\Delta\omega_0$ 称为固有频差(original frequency difference)[初始频差(initial frequency difference)];$K\sin\theta_e(t)$ 称为控制频差(controlled frequency difference);$\dfrac{\mathrm{d}\theta_e(t)}{\mathrm{d}t}$ 称为环路瞬时频差(instantaneous frequency difference)。

式(10.5.6)即为一阶环路的非线性微分方程。这里之所以为非线性方程,是由于环路中用了非线性部件——鉴相器。由此式可以得出如下几点结论:

① 环路的锁定条件是 $\lim\limits_{t\to\infty}\dfrac{\mathrm{d}\theta_e(t)}{\mathrm{d}t} = 0$。

---

① 相位抖动的意义见第11章 §11.1。

环路闭合后,由于负反馈作用,环路控制频差 $K \sin \theta_e(t)$ 起微调作用。如果 $\dfrac{\mathrm{d}\theta_e(t)}{\mathrm{d}t}=0$,则由式(10.5.6),得

$$\sin \theta_e(t) = \frac{\Delta\omega_0}{K} \tag{10.5.7}$$

由于 $\sin \theta_e(t)$ 介于 ± 1 之间,所以环路必须在 $\left|\dfrac{\Delta\omega_0}{K}\right| < 1$ 的范围内才能锁定。这时固有频差 $\Delta\omega_0$ 落在环路可以控制的范围内,而环路的不断微调作用,使环路的瞬时频差 $\dfrac{\mathrm{d}\theta_e(t)}{\mathrm{d}t}$ 越来越小,最终使控制频差等于固有频差,瞬时频差等于零。这时环路处于锁定状态,ω_0 变为 ω_V,以使 $\omega_V = \omega_R$。

附录 10.1 中证明,只有当 $t \to \infty$ 时,才能满足环路的锁定条件,即 $\lim\limits_{t \to \infty} \dfrac{\mathrm{d}\theta_e(t)}{\mathrm{d}t} = 0$ 表示锁定条件。

② 当环路闭合时,在任何瞬间的环路瞬时频差都等于环路的固有频差与控制频差的差值。或者说,瞬时频差与控制频差的代数和等于固有频差。当环路锁定后,环路的瞬时频差等于零,因而固有频差等于控制频差,即 $\Delta\omega_0 = K\sin \theta_e(t)$。

③ 环路锁定后,$\omega_V = \omega_R$,但有一个固定的剩余相位差,即稳态相位差 $\theta_e(\infty)$ 为一个固定值:

$$\theta_e(\infty) = \arcsin \frac{\Delta\omega_0}{K} \tag{10.5.8}$$

以上这些结论也可以用图解法得出。所谓图解法,就是在以 $\dfrac{\mathrm{d}\theta_e(t)}{\mathrm{d}t}$ 为纵坐标、$\theta_e(t)$ 为横坐标的相平面上,绘出式(10.5.6)的图形,如图 10.5.3 所示。图上的点叫相点(phase point),相点移动的轨迹所形成的图形叫相图(phase portrait)。应当注意,相点轨迹是有方向性的曲线。因为在横轴上方,$\dfrac{\mathrm{d}\theta_e(t)}{\mathrm{d}t} > 0$,即随着 t 的增加,$\theta_e(t)$ 是增加的,因此相点移动的方向是由左向右。在横轴下方,$\dfrac{\mathrm{d}\theta_e(t)}{\mathrm{d}t} < 0$,即随着 t 的增加,$\theta_e(t)$ 是减小的,因此相点移动的方向是由右向左。图中用箭头示出了相点移动的方向。

在 $\dfrac{\mathrm{d}\theta_e(t)}{\mathrm{d}t} = 0$,即曲线与横轴交点处(图中 A、B 点),环路锁定,即

$$0 = \Delta\omega_0 - K \sin \theta_e(t)$$

解出此时的稳态相差为

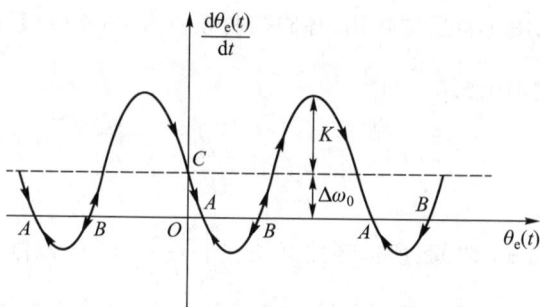

图 10.5.3　一阶锁相环路的相图（$|\Delta\omega_0|<K$,且 $\Delta\omega_0>0$ 的情形）

$$\theta_{eA}=2n\pi-\arcsin\frac{\Delta\omega_0}{K} \tag{10.5.9}$$

$$\theta_{eB}=(2n-1)\pi-\arcsin\frac{\Delta\omega_0}{K} \tag{10.5.10}$$

式中,$n=0,1,2,\cdots$。

相点轨迹与横轴的交点 A、B 处,$\dfrac{d\theta_e(t)}{dt}=0$,称为平衡点(equilibrium point)。A 点是箭头聚拢的点,为稳定平衡点。因为任何微小扰动所引起的相点偏离 A 点,都使它沿着箭头方向移动,因而相点总是在向 A 点靠拢,而且越靠近 A 点,相点移动速度 $\dfrac{d\theta_e(t)}{dt}$ 越小。到达 A 点后,相点移动速度等于零,即稳定下来。B 点是箭头发散的点,因为任何微小扰动所引起的相点偏离 B 点,都使它沿箭头方向移动,而且相点离 B 点越来越远,再也回不到该点,所以 B 点是不稳定平衡点。

3. 捕捉带与同步带

当锁相环路本来处于失锁状态时,环路的作用使压控振频率逐渐向标准参考频率靠近,靠近到一定程度后,环路即能进入锁定。这一过程叫作捕捉过程。系统能捕捉的最大频率失谐范围称为捕捉带或捕捉范围。

当环路已锁定后,如果由某种原因引起频率变化,这种频率变化反映为相位变化,则通过环路的作用,可使 VCO 的频率和相位不断跟踪变化。这时环路即处于跟踪状态。环路所能保持跟踪的最大失谐频带称为同步带,又称同步范围或锁定范围。

首先研究环路的捕捉(锁定)过程。

由图 10.5.3 可见,每一个相移周期都有一个稳定平衡点,因此一阶环路在锁定过程中没有超过 2π 的周期跳越,并且锁定过程是渐近的,所以环路是稳定的。

根据图 10.5.3 可以分别绘出瞬时相差 $\theta_e(t)$、控制频差 $K\sin\theta_e(t)$ 与 VCO

瞬时频率 $\omega_V(t)$ 的曲线,如图 10.5.4 所示。假定环路闭合时,起始相差 $\theta_e(0^+)$ 落在图 10.5.3 的 C 点上,这时 $\theta_e(0^+) = 0$。由于 $\dfrac{d\theta_e(t)}{dt} > 0$,所以该点将沿该图的箭头方向向右移动,环路的控制作用将使 VCO 频率从开始的 $\omega_V(0^+)$(即 ω_0)逐步向 ω_R 变化,最后到达 $\omega_V = \omega_R$,即相点从 C 点出发,最后到达 A 点。注意,相点接近 A 点时,移动速度 $\dfrac{d\theta_e(t)}{dt}$ 越来越小,在距 A 点很近时,速度趋近零。因此,从理论上讲,到达 A 点需要无穷长的时间,即环路的锁定条件为

$$\lim_{t \to \infty} \frac{d\theta_e(t)}{dt} = 0 \qquad (10.5.11)$$

实际上,相点在到达离 A 点足够近的地方后,即可认为锁定过程已告结束。因此,从 C 点移动,经过时间 τ_p(图 10.5.4)后,即认为环路已经锁定。由于环路总是存在着各种干扰,所以平衡状态总是在 A 点附近略有摆动,呈动平衡状态。

以上假定闭环时起始相点是落在 C 点上,即落在 $\theta_e(0^+) = 0$ 上。实际上,起始相点可以落在任意点上。由图 10.5.3 可见,起始相点若落在 B 点,而又向 A 点移动,则这时的捕捉时间最长。从理论上讲,相点离开 B 点也需要无穷长的时间,但实际上由于环路中不可避免地存在干扰,因而可以认为初始点是在 B 点附近某一点,移动到 A 点足够近处就是终止点。在这种情况下,从闭环开始,由不同步到达同步所需的时间叫作捕捉时间。可以证明,在小扰动的条件下,一阶环路的捕捉时间(证明见附录 10.2)为

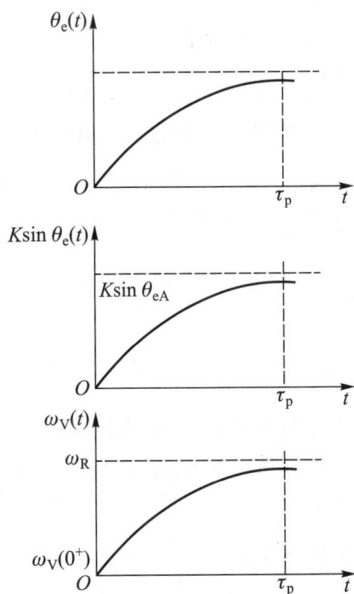

图 10.5.4　一阶环路锁定状态的
建立过程

$$\tau_p = \frac{1}{\sqrt{K^2 - \Delta\omega_0^2}} \qquad (10.5.12)$$

当 $\Delta\omega_0 \ll K$ 时,则

$$\tau_p \approx \frac{1}{K} \qquad (10.5.13)$$

由此可见,要缩短捕捉时间(锁定时间),就要提高环路的总增益 K。

参阅图 10.5.3 可以看出,环路并不是对任意数值的固有频差 $\Delta\omega_0$ 都能进

行捕捉锁定的。当 $\Delta\omega_0$ 增大到 $\Delta\omega_p$,以致相点轨迹与横轴刚刚切于一点时,还能产生捕捉作用,使环路锁定。这时的固有频差 $\Delta\omega_p$ 就叫作捕捉带。由图可得

$$\left| \Delta\omega_p \right| = K \qquad (10.5.14)$$

若环路从已经锁定的状态,逐渐加大固有频差 $\Delta\omega_0$,则由图 10.5.3 或者由式(10.5.7)可以得出环路能够锁定的最大范围,亦即同步带为

$$\left| \Delta\omega_H \right| = K \qquad (10.5.15)$$

上式确定了一阶环路的锁定范围极限。由上式可知,增加环路的总增益 K 是提高同步带 $\Delta\omega_H$ 的关键。这和讨论式(10.5.13)时所得到的,要想缩短捕捉时间就要提高环路的总增益 K 的结论是一致的。

比较式(10.5.14)与式(10.5.15)还可以看出,在一阶锁相环路中,捕捉带与同步带是相等的。

4. 差拍(heterodyne)状态

以上的讨论都是以 $\left| \Delta\omega_0 \right| < K$ 为出发点的。如果 $\left| \Delta\omega_0 \right| > K$,则图 10.5.3 将成为图 10.5.5 的形式,此时,相点轨迹不与横轴相交,因此环路没有平衡点,亦即环路不能锁定。在图 10.5.5 中,由于此时相点轨迹位于横轴的上方 $\left(\dfrac{d\theta_e(t)}{dt} > 0 \right)$,所以相点总是向右移动(若 $\Delta\omega_0 < 0$,相轨迹位于横轴下方,则相点总是向左移动)。此时,瞬时频差 $\dfrac{d\theta_e(t)}{dt}$ 作周期性变化。此时鉴相器处于频差较大的两个电压相加的差拍状态,它的输出电压取决于这两个电压之间的相位差。因而加到压控振的控制电压 $K_d \sin\theta_e(t)$ 始终在变化,这将使 VCO 的频率 $\omega_V(t)$ 随时间不断变化,亦即产生了调频。所以,鉴相器输入的两个电压就是 VCO 的调频波和输入的正弦波。这种工作状态叫作差拍状态。根据图 10.5.5 的相图,可以分别得到在差拍状态下的环路控制电压 $K_d \sin\theta_e(t)$ 及 VCO 的瞬时频率 $\omega_V(t)$ 的图形,如图 10.5.6 所示。绘制过程定性说明如下:

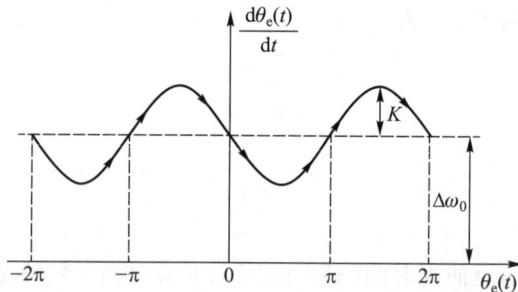

图 10.5.5 一阶环路的相图($\left| \Delta\omega_0 \right| > K$ 且 $\Delta\omega_0 > 0$)

(a) 差拍状态下的环路控制电压

(b) 差拍状态下的VCO瞬时频率

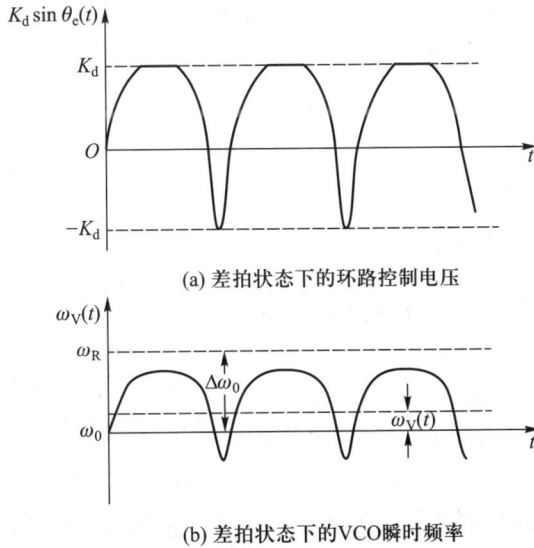

图 10.5.6　差拍状态下的环路控制电压 $K_\mathrm{d}\sin\theta_\mathrm{e}(t)$ 及 VCO 的瞬时频率 $\omega_\mathrm{V}(t)$ 的图形

由图 10.5.5 可见，在 $0\leqslant\theta_\mathrm{e}(t)\leqslant\pi$ 的情况下，$\dfrac{\mathrm{d}\theta_\mathrm{e}(t)}{\mathrm{d}t}$ 比较小［相对于 $\pi\leqslant$ $\theta_\mathrm{e}(t)\leqslant2\pi$ 之间而言］。这意味着 $\theta_\mathrm{e}(t)$ 的变化较慢，因而相点在这个区间内移动所需的时间就较长。而在 $\pi\leqslant\theta_\mathrm{e}(t)\leqslant2\pi$ 的情况下，$\dfrac{\mathrm{d}\theta_\mathrm{e}(t)}{\mathrm{d}t}$ 较大［相对于 $0\leqslant$ $\theta_\mathrm{e}(t)\leqslant\pi$ 之间而言］，这意味着 $\theta_\mathrm{e}(t)$ 的变化率大，所以相点在这个区间里移动的时间就较短。

根据以上讨论可见，鉴相特性 v_d-θ_e 虽然为正弦形状，但因相差 θ_e 与时间 t 不是线性关系，因此 v_d-t 特性不再是正弦形状，而成为图 10.5.6(a) 所示的非正弦波形。压控振在这个电压的作用下，它的输出频率 $\omega_\mathrm{V}(t)$ 亦按此规律变化，如图 10.5.6(b) 所示。一个非正弦差拍波形显然包含平均分量 $\overline{\omega}_\mathrm{V}(t)$。从平均角度来看，平均频差 $\Delta\overline{\omega}(t)=\omega_\mathrm{R}-\overline{\omega}_\mathrm{V}(t)$ 显然比原来的固有频差 $\Delta\omega_0$ 小。因此在差拍状态下，尽管环路不能锁定，但平均频差 $\Delta\overline{\omega}(t)$ 减小了，即 VCO 的输出频率 $\omega_\mathrm{V}(t)$ 向着参考标准频率 ω_R 方面牵引。这就是所谓频率牵引（frequency pulling）现象。

图 10.5.7 是以上讨论的小结：

曲线①是 45° 的斜线，它表示开环的情况。这时环路没有控制作用，故平均频差 $\Delta\overline{\omega}(t)$ 等于固有频差 $\Delta\omega_0$。

曲线②是与横轴重合的水平线，这是 $|\Delta\omega_0|\leqslant K$ 的闭环情况。此时环路最终能够锁定（$\omega_\mathrm{V}=\omega_\mathrm{R}$），所以 $\Delta\overline{\omega}(t)=0$。

曲线③是 $|\Delta\omega_0|>K$ 的闭环情况。由于环路最终不能锁定，因此平均频差 $|\Delta\overline{\omega}|>0$。但环路有频率牵引作用，使 $\Delta\overline{\omega}(t)<\Delta\omega_0$。随着 $\Delta\omega_0$ 的增大，牵引作用越来越小，$\Delta\overline{\omega}(t)$ 也就越来越靠近 $\Delta\omega_0$ 的值。

10.5.2 二阶锁相环路

从以上对一阶环路的分析可知，这种环路只有一个可供调整的参数 K，而环路的各种重要特性都由它来决定。这就遇到了不可克服的矛盾，因为若希望环路的同步范围大

图 10.5.7 环路平均频差 $\Delta\overline{\omega}(t)$ 与固有频差 $\Delta\omega_0$ 的关系曲线

和稳态相差 θ_e 小，则要求增益 K 大。但在增大 K 值的同时，环路的截止频率 ω_c 也提高了，因此环路的滤波性能变坏。一阶环路不能解决这样的矛盾，所以实际使用的锁相环路总是要有适当的滤波器，以克服上述困难，并改善环路的性能。加入滤波器后，环路即变成高阶的，其中最常用的是二阶锁相环路。

例如，环路中若采用图 10.4.10 所示的 RC 滤波器，则由式（10.4.18）知，这种滤波器的传输函数为

$$F_1(s)=\frac{1/\tau}{s+1/\tau}\quad(\tau=RC)\qquad(10.5.16)$$

将上式代入式（10.4.33）或式（10.4.34），所得的 $H(s)$ 或 $1-H(s)$ 表示式中的 s 最高次幂为 2，因此称为二阶锁相环路。例如将式（10.5.16）代入式（10.4.33），可得环路的传输函数为

$$H_1(s)=\frac{K\dfrac{1/\tau}{s+1/\tau}}{s+K\dfrac{1/\tau}{s+1/\tau}}=\frac{K}{\tau s^2+s+K}\qquad(10.5.17)$$

可见 s 的最高次幂为 2。

若采用图 10.4.11 所示的超前滞后网络，则将式（10.4.19）代入式（10.4.33），可得此时的环路传输函数为

$$H_2(s)=\frac{K(s\tau_2+1)/(\tau_1+\tau_2)}{s^2+s(1+K\tau_2)/(\tau_1+\tau_2)+K/(\tau_1+\tau_2)}\qquad(10.5.18)$$

若采用图 10.4.12 所示的有源比例积分滤波器，则将式（10.4.22）代入式（10.4.33），可得此时的环路传输函数为

$$H_3(s)=\frac{K(s\tau_2+1)/\tau_1}{s^2+s(K\tau_2/\tau_1)+K/\tau_1}\qquad(10.5.19)$$

以上所得的式（10.5.17）、式（10.5.18）与式（10.5.19）诸式是用部件参数

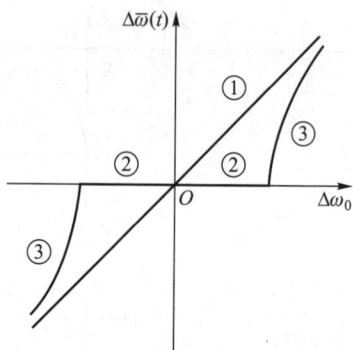

来表示环路的传输函数,每个符号的意义都是明确的,但整个环路的性能难以直接从这些式子看出来。为此,常常将它们改写成如下的形式:

$$H_1(s) = \frac{\omega_n^2}{s^2 + 2\zeta\omega_n s + \omega_n^2} \qquad (10.5.20)$$

$$H_2(s) = \frac{s\omega_n(2\zeta - \omega_n/K) + \omega_n^2}{s^2 + 2\zeta\omega_n s + \omega_n^2} \qquad (10.5.21)$$

$$H_3(s) = \frac{2\zeta\omega_n s + \omega_n^2}{s^2 + 2\zeta\omega_n s + \omega_n^2} \qquad (10.5.22)$$

式中,ω_n 称为锁相环路的固有角频率;ζ 称为环路的阻尼系数。

对于不同滤波器,ω_n 和 ζ 的表示式见表 10.5.1。

表 10.5.1 ω_n 和 ζ 的表示式

滤波器类型	RC 积分滤波器	无源比例积分滤波器	有源比例积分滤波器
ω_n	$\left(\dfrac{K}{\tau}\right)^{1/2}$	$\left(\dfrac{K}{\tau_1+\tau_2}\right)^{1/2}$	$\left(\dfrac{K}{\tau_1}\right)^{1/2}$
ζ	$\dfrac{1}{2}\left(\dfrac{1}{\tau K}\right)^{1/2}$	$\dfrac{1}{2}\left(\dfrac{K}{\tau_1+\tau_2}\right)^{1/2}\left(\tau_2+\dfrac{1}{K}\right)$	$\dfrac{\tau_2}{2}\left(\dfrac{K}{\tau_1}\right)^{1/2}$

这三种滤波器是锁相环路中常用的,其中有源比例积分滤波器具有较高的环路增益,因而把用这种滤波器的环路叫作高增益环路,用无源比例积分滤波器的环路则叫作低增益环路。高增益环路是使用较多的一种环路。

为什么将 ω_n 和 ζ 称为环路的固有频率和阻尼系数呢?我们先来看看图 10.5.8 所示的 RLC 串联谐振电路的传输特性。由图显然可知它的传输函数为

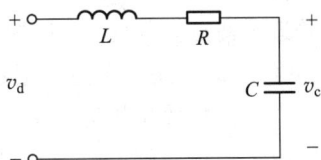

图 10.5.8   RLC 串联谐振电路

$$H(s)_{RLC} = \frac{V_c(s)}{V_d(s)} = \frac{\dfrac{1}{sC}}{R + sL + \dfrac{1}{sC}} = \frac{1}{sRC + s^2LC + 1} \qquad (10.5.23)$$

令 $\omega_n^2 = \dfrac{1}{LC}$,$Q = \dfrac{\omega_n L}{R}$,则上式可改写为

$$H(s)_{RLC} = \frac{\omega_n^2}{s^2 + s\dfrac{\omega_n}{Q} + \omega_n^2} \qquad (10.5.24)$$

将式(10.5.24)与式(10.5.20)、式(10.5.21)、式(10.5.22)诸式相比较,可见

这些式子的形式是很相似的，RLC 串联谐振回路的谐振角频率 ω_n 和品质因数的倒数 $1/Q$ 分别与二阶锁相环路中的 ω_n 和 2ζ 相当，所以二阶环路对于输入相位的传输作用与 RLC 串联谐振回路对于输入电压的传输作用是相似的。因此，锁相环路中的 ζ 类似于 RLC 回路中的阻尼系数的作用。对于 RLC 串联谐振回路来说，由于阻尼系数 ζ 的不同，冲击电压作用到 RLC 电路上所产生的输出电压 v_c 也不同，可分为以下三种情况：

① $\zeta=0$，回路为无阻尼状态，输出电压 v_c 是一个等幅振荡信号，角频率为 $\omega_n = \dfrac{1}{\sqrt{LC}}$。

② $\zeta<1$，回路为欠阻尼状态，输出电压 v_c 是一个衰减振荡。

③ $\zeta>1$，回路为过阻尼状态，输出电压 v_c 按指数曲线变化到稳态，不会产生振荡。

同样的情况，对于二阶锁相环路来说，阶跃输入相位变化也会在环路中产生三种情况：

① $\zeta=0$，环路处于无阻尼状态，其过渡（暂态）过程是围绕稳定平衡点作等幅振荡，相当于环路工作点围绕稳定平衡点来回摆动。此时鉴相器输出一个角频率为 ω_n 的电压；这个电压对 VCO 进行调制，所以 VCO 输出一个调频信号。

② $\zeta<1$，环路处于欠阻尼状态，其过渡过程是衰减振荡，振荡若干周期后，趋近稳定值。这相当于环路工作点围绕稳定点作来回的衰减摆动，经过一段时间后趋近平衡点。因此，VCO 的频率也按衰减振荡规律趋近稳态值。

③ $\zeta>1$，环路处于过阻尼状态，其过渡过程按指数律接近稳态值，相当于环路工作点按指数律趋近平衡点，VCO 的频率也按这个规律趋近稳态值。

由上述讨论可见，二阶锁相环路的过渡（暂态）特性与 RLC 串联谐振电路的过渡过程相似，根据不同的阻尼系数 ζ 值，分为无阻尼、欠阻尼与过阻尼三种情况。锁相环路正常工作时，ζ 值不能取得太小。

在环路已经锁定的前提下，分析环路特性应该用稳态分析。这时二阶环路可以看作是一个低通滤波器，即输入信号 $\theta_1(t)$ 中虽然可能具有各种频率成分，但经过环路传输，输出信号 $\theta_V(t)$ 中没有高频成分，故呈低通特性。这一点与一阶环路相同。但是，一阶环路只有一个参数 K（环路总增益）可供选择，它的截止角频率 ω_c 就等于 K 值。而二阶环路的截止角频率则与环路固有角频率 ω_n 及阻尼系数 ζ 有关。以采用有源比例积分滤波器的环路为例，将 $s=j\omega$ 代入式（10.5.22）中，即得出环路的频率特性表示式为

$$H_3(j\omega) = \frac{j2\omega_n\zeta\omega + \omega_n^2}{-\omega^2 + j2\omega_n\zeta\omega + \omega_n^2}$$

$$= \frac{1+\mathrm{j}2\zeta\left(\dfrac{\omega}{\omega_{\mathrm{n}}}\right)}{\left[1-\left(\dfrac{\omega}{\omega_{\mathrm{n}}}\right)^{2}\right]+\mathrm{j}2\zeta\left(\dfrac{\omega}{\omega_{\mathrm{n}}}\right)} \qquad (10.5.25)$$

或

$$\left|H_{3}(\mathrm{j}\omega)\right| = \frac{\sqrt{1+\left(2\zeta\,\dfrac{\omega}{\omega_{\mathrm{n}}}\right)^{2}}}{\sqrt{\left[1-\left(\dfrac{\omega}{\omega_{\mathrm{n}}}\right)^{2}\right]^{2}+\left(2\zeta\,\dfrac{\omega}{\omega_{\mathrm{n}}}\right)^{2}}} \qquad (10.5.26)$$

根据式(10.5.26)可以绘出对应于不同 ζ 值的高增益二阶环路的频率响应曲线,如图 10.5.9 所示。

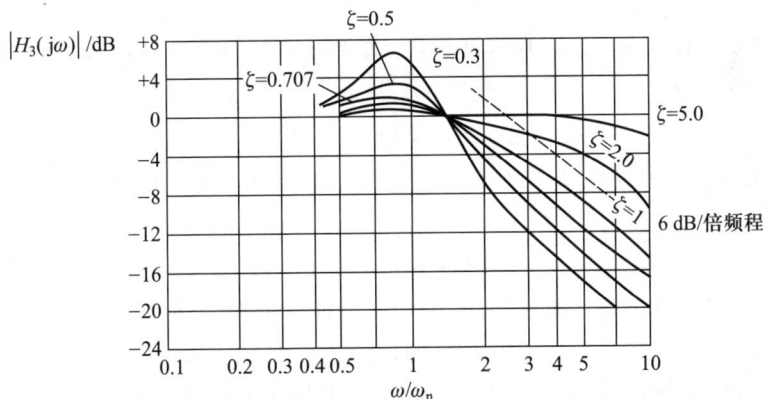

图 10.5.9　高增益二阶环路的频率响应曲线

根据截止角频率的定义,在 $\omega=\omega_{\mathrm{c}}$ 时, $\left|H_{3}(\mathrm{j}\omega_{\mathrm{c}})\right|=\dfrac{1}{\sqrt{2}}$,代入式(10.5.26),解之得

$$\omega_{\mathrm{c}}=\omega_{\mathrm{n}}\sqrt{(2\zeta^{2}+1)+\sqrt{(2\zeta^{2}+1)^{2}+1}} \qquad (10.5.27)$$

由此可见,二阶环路有两个参数 ω_{n} 与 ζ 可供选择,以改变 ω_{c} 的值。ω_{c} 所对应的带宽为 3 dB 带宽。根据式(10.5.27)可以算出对应于不同 ζ 值的 ω_{c} 值,如表 10.5.2 所示。由表可见,ω_{c} 与 ω_{n} 虽然不同,但二者间有密切的关系。通常可用 ω_{n} 来说明环路带宽的大小。

表 10.5.2　对应于不同 ζ 值的 ω_{c} 值

ζ	0.300	0.500	0.707	1.000
ω_{c}	$1.65\omega_{\mathrm{n}}$	$1.82\omega_{\mathrm{n}}$	$2.06\omega_{\mathrm{n}}$	$2.48\omega_{\mathrm{n}}$

从二阶环路的频率特性可见,二阶环路对输入相位的作用也相当于一个低通滤波器;环路只让调制频率低的调相信号通过,调制频率高的信号被衰减。换句话说,环路只让输入信号频率附近的频谱成分通过,远离信号频率的频谱成分被衰减掉了。从这个意义上来说,二阶环路又相当于一个带通滤波器。

最后简略讨论一下二阶环路的同步带、捕捉带等问题。

在一阶环路分析中已知,同步带的定义为,在锁定情况下,朝着加大固有频差 $|\Delta\omega_0|$ 的方向缓慢地改变 VCO 频率 ω_V(或改变输入标准频率 ω_R),直到大于某一频差值 $\Delta\omega_H$ 时,环路刚刚失锁。$\Delta\omega_H$ 即称为同步带。在二阶环路中,同样有 $\Delta\omega_H = \pm K$ 的关系,即二阶环路的同步带也等于环路总增益 K。实际上,任何环路的同步带均等于 K。

捕捉频带是环路从失锁到锁定的分界频率,也就是说,环路从失锁开始,逐渐减小固有频差 $|\Delta\omega_0|$,直到环路可以被捕捉锁定为止。这时的频差 $|\Delta\omega_0|$ 即为捕捉频带,记为 $\Delta\omega_p$。实验数据指出,至少对于高增益环路来说,最符合实际的捕捉带公式为[3]

$$\Delta\omega_p \approx \sqrt{2} \left(2\zeta\omega_n K - \omega_n^2 \right)^{\frac{1}{2}} \qquad (10.5.28)$$

对于采用有源积分滤波器的高增益二阶环路,由于 $K \gg \omega_n$,故可进一步将上式简化为

$$\Delta\omega_p \approx 2\sqrt{\zeta\omega_n K} \qquad (10.5.29)$$

由此可见,虽然在一阶环路中,同步带与捕捉带相等,但在二阶环路中,则同步带大于捕捉带;这是由低通滤波器的作用所引起的。因为同步带对应于环路的锁定状态,缓慢地增加固有频差 $|\Delta\omega_0|$,此时鉴相器的输出是一个缓慢变化的"准直流电压",环路滤波器对它几乎是无衰减地传输,此时环路总增益为 K_H。捕捉带对应于环路失锁状态,鉴相器输出一个差拍电压。这个电压除了有基频之外,还有较高的频率成分。这些较高的频率成分经过环路滤波器后,受到较大的衰减,因而此时的环路总增益 K_p 必然小于 K_H,亦即控制能力较差,控制范围相对缩小。所以二阶环路的捕捉带小于同步带。

如果初始频差 $\Delta\omega_0$ 落在锁相环路的某一频带范围内,环路立即锁定,而没有周期跳越,即鉴相器输出误差电压的变化小于一周,环路就能捕捉住。能够这样捕捉住的最大频率范围称为快捕带 $\Delta\omega_L$。二阶环路的快捕带可由下式求出:

$$\Delta\omega_L \approx 2\zeta\omega_n \qquad (10.5.30)$$

因此,如果二阶环路的起始频差 $\Delta\omega_0 < \Delta\omega_L$,则环路能够立即锁定,没有跳越现象。在这种情况下,所需要的快捕时间为

$$\tau_L \approx \frac{1}{\omega_n} \qquad (10.5.31)$$

由以上讨论可见,二阶环路的特性取决于 ω_n、ζ、K 等的数值,因此应合理选

择这些参数,以获得所需要的性能。还应指出,锁相环路中还有各种类型的干扰,为了使环路同时对它们具有足够的滤除能力,以保证 VCO 输出信号的相位抖动符合指标要求,也必须适当选取 ω_n、ζ、K 的值。

§10.6 集成锁相环

由于集成电路技术的迅速发展,目前,锁相环路几乎已全部集成化了。集成锁相环路的性能优良,价格便宜,使用方便,因而为许多电子设备所采用。可以说,集成锁相环路已成为继集成运算放大器之后,又一个用途广泛的多功能集成电路。

集成锁相电路种类很多。按电路程式,可分为模拟式与数字式两大类。按用途分,无论是模拟式还是数字式的又都可分为通用型与专用型两种。通用型都具有鉴相器与 VCO,有的还附加有放大器和其他辅助电路,其功能为多用的;专用型均为单功能设计,例如调频立体声解调环、电视机中用的正交色差信号的同步检波环等,即属此类。

现在以模拟、高频、部分功能单片集成锁相环 L562 为例,来说明它的电路原理。它的组成方框图如图 10.6.1 所示。图中除包含锁相环路的基本部件鉴相器(PD)与压控振(VCO)之外,为了改善环路性能和满足通用的要求,还有若干放大器(A_1、A_2、A_3)、限幅器和稳压电路等辅助部件。此外,为了达到部分功能的目的,环路反馈不是在内部预先接好的,而是将 VCO 输出端(3,4)和 PD 输入端(2,15)之间断开,以便在它们之间插入分频器或混频器,使环路作倍频或移频之用。

L562 的内部电路如图 10.6.2 所示,各部分电路的工作原理如下:

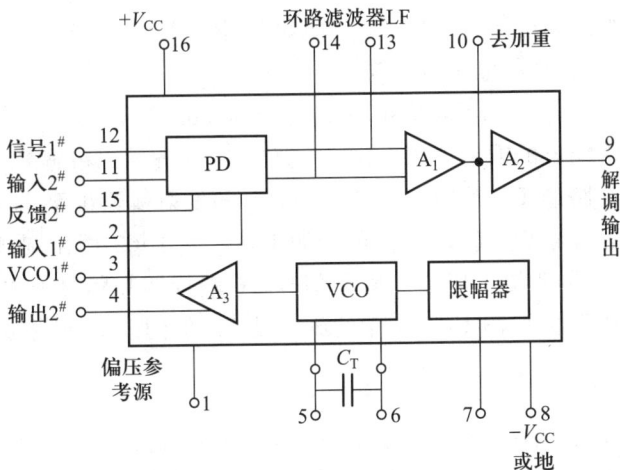

图 10.6.1　L562 的组成方框图

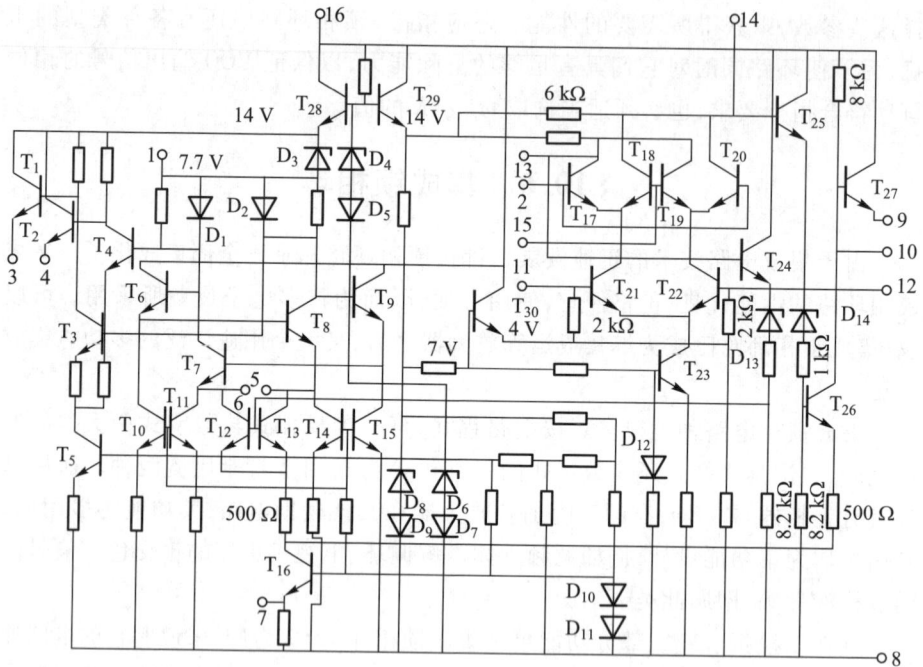

图 10.6.2　L562 的内部电路

1. 鉴相器(PD)

它是一个由晶体管 $T_{17} \sim T_{23}$ 所组成的双差分对模拟乘法器,其工作原理与图 7.5.1 相同。VCO 的反馈电压 $v_V(t) = V_{Vm}\cos(\omega_V t + \theta_V)$ 从 (2,15) 端加到 $T_{17} \sim T_{20}$ 的基极上,输入信号 $v_R(t) = V_{Rm}\sin(\omega_R t + \theta_R)$ 则从 (11,12) 端加入。我们知道,双差分对模拟乘法器的输出端(13,14)电压与上述两个输入信号电压的乘积成正比,因而它作为鉴相器工作时,其工作原理与图 10.4.2 相同,亦即当 $\omega_V = \omega_R$,且 $\theta_V - \theta_R \leqslant 30°$ 时,PD 的输出电压为

$$v_d(t) = K_d \sin(\theta_V - \theta_R) \approx K_d(\theta_V - \theta_R) \tag{10.6.1}$$

(13,14)端输出的误差电压 $v_d(t)$:一路经 T_{24} 与齐纳二极管 D_{13} 输出至 T_{12} 和 T_{13} 的基极;另一路经 T_{25}、齐纳二极管 D_{14} 和 T_{26} 的发射极输出至 T_{12} 和 T_{13} 的发射极,它的作用是作为 VCO($T_6 \sim T_9$) 的控制电压。当 L562 用作调频信号解调器时,经 T_{26} 和 T_{27},从 9 端可以输出解调信号,10 端接调频信号的去加重电容①。因此,T_{24}、T_{25} 和 T_{26} 完成图 10.6.1 中的放大级 A_1 的作用,T_{27} 则完成 A_2 的作用。

---

① 为了提高调频制的抗干扰能力,在发送端用适当的网络人为地提高调制信号频谱中高频分量的振幅,这叫作"预加重"(preemphasis);在接收端,则采用另一种适当的网络,去掉因预加重所造成的信号失真,这叫作"去加重"(deemphasis)。上述的适当网络分别叫作"预加重电路"和"去加重电路"。

2. 压控振荡器(VCO)

VCO 是由晶体管 $T_6 \sim T_9$ 所组成的射极耦合多谐振荡器。二极管 D_1 与 D_2 分别与电阻并联,作为 T_7 与 T_8 的负载。本电路的基本工作原理电路与各点波形可参见图 10.6.3(电原理图与图 6.11.2 完全相同)。由图可见,T_7 和 T_8 组成交叉耦合的正反馈级(在图 10.6.2 中,增加了射随级 T_6 和 T_9,它们起隔离、改善振荡波形和电平位移的作用),并分别接有受电压 v_c 控制的电流源 I_{01} 和 I_{02}(通常选择 $I_{01} = I_{02} = I_0$,在图 10.6.2 中,这些电流源分别由 T_{10}、T_{11}、T_{14} 和 T_{15} 供给)。T_7 与 T_8 轮流翻转导电,定时电容 C_T(在图 10.6.2 中,外接于 5,6 二端)由 I_{01} 与 I_{02} 交替充电,使 T_7 和 T_8 的集电极得到平衡对称的方波输出。电流源 I_{01} 和 I_{02} 受控于鉴相器输出信号 $v_d(t)$,因而振荡频率即受到误差控制电压 $v_d(t)$ 的调整。在图 10.6.2 中,PD 的误差电压是分别加到 T_{12}、T_{13} 的基极与发射极上,以控制定时电容 C_T 充、放电电流的大小。由于流过 T_{11} 与 T_{14} 的电流是恒定的,因而误差电压使流过 T_{12}、T_{13} 的电流增加或减小时,将从 T_7、T_8 拉出或注入附加电流,使定时电容的充、放电电流增大或减小。L562 的最高工作频率可达 30 MHz。

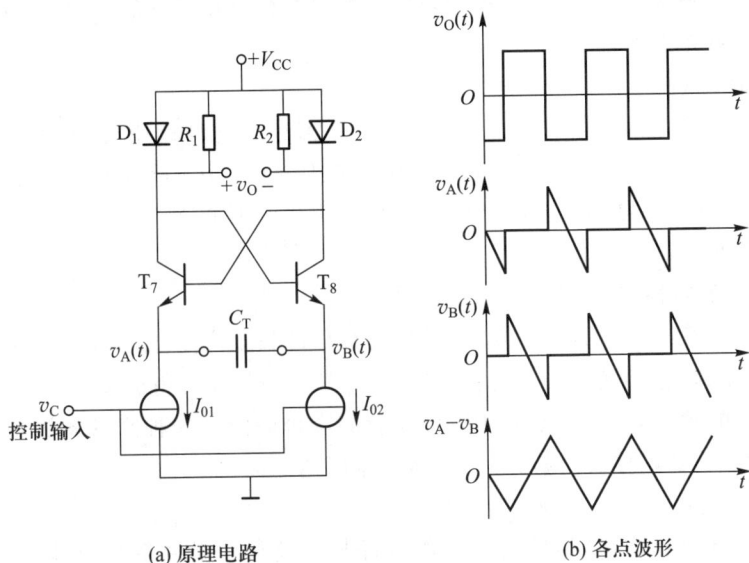

图 10.6.3　射极耦合压控多谐振荡器的基本工作原理电路与各点波形

3. 其他辅助电路

① 限幅器 T_{16},它作为 T_{12}、T_{13} 和 T_{26} 的电流源,受 7 端控制。当 7 端向 T_{16} 的发射极注入(或拉出)电流时,可以改变流过 T_{12}、T_{13} 和 T_{26} 的电流。当 7 端注入电流增加时,流过 T_{16} 的集电极电流减小,VCO 的跟踪范围随之减小;反之则增大。由于 VCO 的输出电压幅度较小(近似等于 D_1、D_2 的正向压降),因而需经

过放大级 T_3、T_4 再从射随器 T_1、T_2 的 3、4 端输出。T_5 则是 T_3、T_4 的电流源。

② 偏置和温度补偿电路，它们的作用是保证环路稳定工作，减小环路参数和振荡器频率的温度漂移。参阅图 10.6.2，电源电压 $+V_{CC}$（通常取 16 V）从 16 端经 T_{28} 在其发射极上得到 $+14$ V 电压：一路供给 $T_1 \sim T_4$ 的集电极电压；另一路经齐纳二极管 D_3 得到 $+7.7$ V，作为 T_7、T_8 的集电极电压。

$+V_{CC}$ 经过 T_{29}，在它的发射极上得到 $+14$ V 电压：一路供给 $T_{17} \sim T_{20}$ 的集电极电压；另一路通过电阻降压，在串联二极管 D_8、D_9 上获得 $+7$ V 电压，再通过一个电阻加到 T_{30} 基极上。T_{30} 发射极上获得 $+4$ V 电压，通过两个 $2\ \text{k}\Omega$ 电阻分别加到 T_{21}、T_{22} 基极上，作为基极偏压。二极管 D_{10}、D_{11} 同时起着 T_5、T_{10}、T_{14}、T_{15}、T_{16} 的基极偏置和温度补偿作用，串联二极管 $D_4 \sim D_7$ 完成对 T_{28}、T_{29} 的基极偏置和温度补偿作用。

*§10.7 锁相环路的应用简介

由以上各节的讨论已知，锁相环路之所以获得日益广泛的应用，是因为它具有如下一些重要特性：

1. 跟踪特性

一个已锁定的环路，当输入信号频率 f_R 稍有变化时，VCO 的频率立即发生相应的变化，最终使 $f_V = f_R$（或者更通用一些，使 $Nf_V = mf_R$，此处 m、N 为正整数）。这种使 VCO 频率随输入信号频率 f_R 的变化而变化的性能，称为环路的跟踪特性。

2. 滤波特性

锁相环路通过环路滤波器的作用，具有窄带滤波特性，能够将混进输入信号中的噪声和杂散干扰滤除。在设计良好时，这个通带能做得极窄。例如，可以在几十兆赫的频率上，实现几十赫甚至几赫的窄带滤波。这种窄带滤波特性是任何 LC、RC、石英晶体、陶瓷片等滤波器所难以达到的。

3. 锁定状态无剩余频差存在

§10.3 已指出，锁相环路的工作过程与自动频率微调系统十分相似，但二者有着根本的区别：锁相环路是利用相位比较来产生误差电压，因而锁定时只有剩余相差，没有剩余频差；自动频率微调系统是利用频率比较来产生误差，因而在稳定工作时有剩余频差存在。正是由于锁相环路具有这一理想的频率控制特性，因而它在自动频率控制、频率合成技术等方面，获得了广泛的应用。

4. 易于集成化

组成环路的基本部件都易于采用模拟集成电路。环路实现数字化后，更易于采用数字集成电路。环路集成化为减小体积，降低成本，提高可靠性与增多用途等提供了条件。

下章将讨论频率合成技术中采用锁相环路的问题,现在先简略介绍锁相环在无线电通信技术中的某些应用。

10.7.1 窄带跟踪接收机(锁相接收机)

这是锁相环路在空间技术方面的应用。我们知道,从人造卫星、宇宙飞船上的低功率(mW 至 W 的量级)连续波发射机发射到地面的信号是很微弱的,同时由于飞行器产生多普勒频移(Doppler frequency shift)和发射机振荡器的自身频率漂移,使接收机收到的信号产生很大的频率误差。例如,频率为 108 MHz 时,多普勒频移可能在 ±3 kHz 范围内。如果用普通的固定调谐接收机,则其带宽至少应为 6 kHz,才能保证收到信号。但飞行器发射的信号本身却只占一个非常窄的频谱,带宽大约只有 6 Hz。这样,接收机的带宽就要比信号带宽大1 000倍。由于噪声功率与带宽成正比,这样,只有付出接收 1 000 倍(30 dB)的噪声代价,才能收到同样大的信号强度。这显然是不许可的。因此,便出现了具有锁相环路的跟踪滤波特性的窄带跟踪接收机(也叫锁相接收机)。它的带宽很窄(例如空间技术应用的典型值为 3 ~ 100 Hz),同时又能跟踪信号。这样就能大大提高接收机的信噪比,可比普通接收机的信噪比提高 30 ~ 40 dB。这一优点是很重要的。

图 10.7.1 是窄带跟踪接收机的简化方框图,它实际上是一个窄带跟踪环路,可以用来解调输入信噪比很低的单音调制的调频信号。工作过程如下:

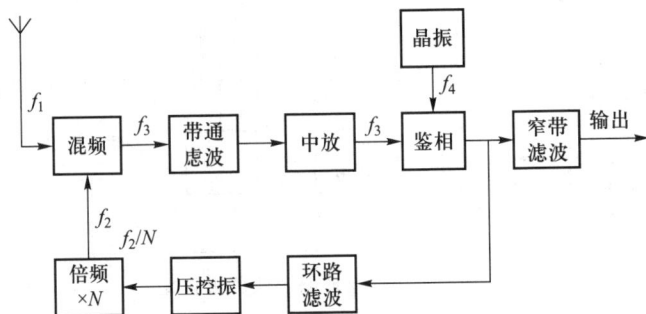

图 10.7.1　窄带跟踪接收机方框图

调频高频信号(中心频率为 f_1)与频率为 f_2 的外差本振信号相混频。本振信号 f_2 是由 VCO 频率 f_2/N 经 N 次倍频后所供给的。混频后,输出中心频率为 f_3 的信号,经过中频放大,在鉴相器内与一个频率稳定的参考频率 f_4 进行相位比较。经鉴相后,解调出来的单音调制信号直接通过环路输出端的窄带滤波器输出。由于环路滤波器的带宽选得很窄,所以鉴相器输出中的调制信号分量不能进入环路。但以参考频率 f_4 为基准的已调信号的载频发生漂移时,它所对应的鉴相器直流输出控制电压却能够进入环路,来控制 VCO 的振荡频率,使混频后的中频已调信号的载频漂移减小,以至到零。显然,在锁定状态下,必有 $f_3 = f_4$。因此,窄带跟踪环路的作用就是使载频有漂移的已调信号频谱,经混频后,能准确地落在中频通频带的中央;这就实现了窄带跟踪。

这里应该指出,由于环路中采用了倍频器,所以压控振的频偏在达到混频器时,增加到 N 倍。这相当于压控振的增益从原来的 K_V 增加到 NK_V。因此在分析这种环路时,应该用 NK_V 来代替以前各公式中的 K_V。

实际上,窄带跟踪接收机的环路中还往往加有限幅器。限幅器的作用是能自动调节环路的噪声带宽,使接收机在不同的信噪比条件下,仍具有较好的跟踪和滤波性能。

10.7.2　锁相环路的调频与解调

用锁相环路调频,能够得到中心频率高度稳定的调频信号。图 10.7.2 是这种方法的方框图。实现调制的条件是:调制信号的频谱要处于低通滤波器通带之外,并且调制指数不能太大。这样,调制信号不能通过低通滤波器,因而在锁相环路内不能形成交流反馈,也就是调制频率对锁相环路无影响。锁相环路就只对 VCO 平均中心频率不稳定所引起的分量(处于低通滤波器通带之内)起作用,使它的中心频率锁定在晶振频率上。因此,输出调频波的中心频率稳定度很高。这样,用锁相环路调频器能克服直接调频的中心频率稳定度不高的缺点。

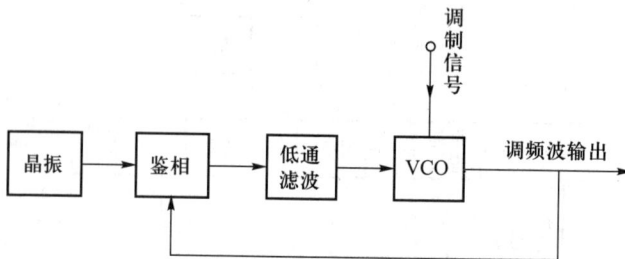

图 10.7.2　锁相环路调频器方框图

用锁相环路也可实现调频信号的解调,这种方法广泛用于调频–调频遥测中。这种解调方法与普通的鉴频器相比较,在门限值方面可以获得一些改善。只是如出现失锁,也比较麻烦。

图 10.7.3 表示锁相环路鉴频器方框图。根据式(10.4.34)所示的环路误差传输函数,有

$$\theta_e(s) = \left[\frac{1}{s + KF(s)} \right] s\theta_1(s) \tag{10.7.1}$$

式中括号项代表环路的等效滤波作用,$s\theta_1(s)$ 项则代表原来的调制信号。这可

说明如下:

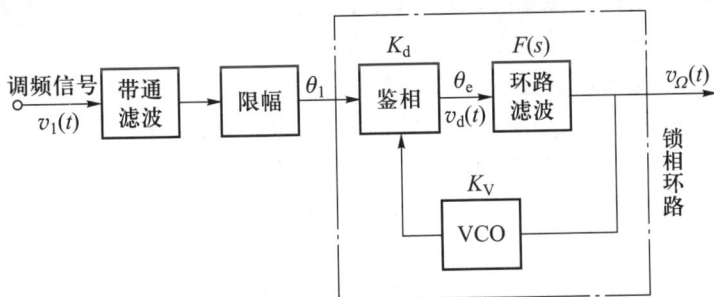

图 10.7.3 锁相环路鉴频器方框图

假定输入调频信号为

$$v_1(t) = V\sin\left[\omega_0 t + k_f \int v_\Omega(t)\,\mathrm{d}t\right]$$

$$= V\sin\left[\omega_0 t + \theta_1(t)\right] \qquad (10.7.2)$$

式中,$\theta_1(t) = k_f \int v_\Omega(t)\,\mathrm{d}t$;$k_f$ 为调频比例系数;$v_\Omega(t)$ 为调制信号电压。

由拉普拉斯反变换,可将 $s\theta_1(s)$ 改写成时域形式,成为

$$\frac{\mathrm{d}}{\mathrm{d}t}\theta_1(t) \propto k_f v_\Omega(t)$$

因此由式(10.7.1),可得

$$\theta_e(t) \propto \frac{\mathrm{d}}{\mathrm{d}t}\theta_1(t) \propto k_f v_\Omega(t) \qquad (10.7.3)$$

亦即误差相位 $\theta_e(t)$ 与调制信号电压成正比。通过鉴相器的关系式,得

$$v_d(t) = K_d\theta_e(t) \propto K_d k_f v_\Omega(t) \qquad (10.7.4)$$

因此,鉴相器的输出电压 $v_d(t)$ 正比于原来的调制信号 $v_\Omega(t)$。由于直接从鉴相器输出端取出解调信号,解调输出中有较大的干扰与噪声,所以一般不采用。通常要经过环路滤波器进一步滤波后再输出,如图 10.7.3 所示。

分析证明[4],这种鉴频器的输入信号噪声比的门限值比普通鉴频器有所改善,但改善的程度取决于信号的调制度。调制指数越高,门限改善的 dB 数也越大。一般说来,可以改善几 dB;调频指数高时,可改善 10 dB 以上。

若用锁相环路鉴频器解调调相信号,则环路的输出要再经过一个外接的积分电路,才能恢复成原调制信号。

图 10.7.4 示出用集成锁相环 L562 做成的鉴频器的连接图。图中 R_x、C_x 为环路滤波器。由于 FM 信号输入端(11,12)有 14 V 的直流电压,所以信号输入必须采用电容耦合。1 端的 +7.7 V 电压经两个 1 kΩ 电阻分别加到 PD 反馈输

入端(2,15),作为 $T_{17} \sim T_{20}$ 的基极偏压,C_B 则为旁路电容。反馈信号从 3 端用 11 kΩ 与 1 kΩ 电阻分压输出,经耦合电容 C_c 加到 2 端,构成闭环。9 端为解调输出端,必须从 9 端与地(或负电源)之间接一个电阻,作为射随器 T_{27} 的负载,以使 T_{27} 的输出电流不超过 5 mA,或 L562 的总功耗不超过额定值300 mW。10端所接为去加重电容 C_p。(5,6)两端的 C_T 为定时电容。C_c 均为耦合电容。由于要求环路工作在宽带状态,所以必须适当设计环路滤波器的带宽,以保证调制频率成分能顺利通过。

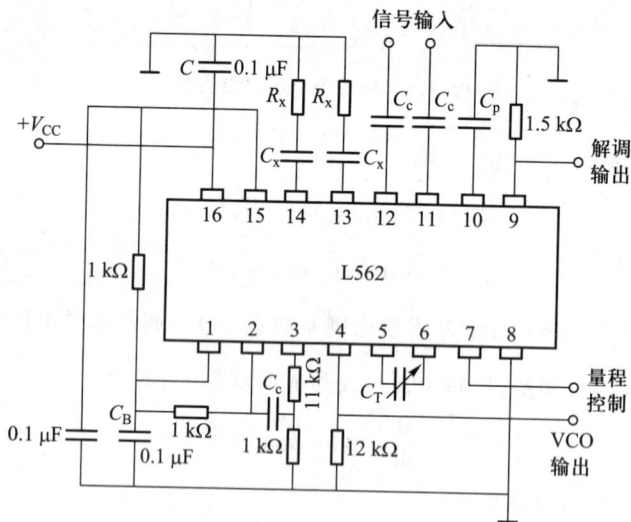

图 10.7.4 用集成锁相环 L562 做成的鉴频器的连接图

10.7.3 调幅信号的解调

如果锁相环路的输入电压是调幅波,只有幅度变化而无相位变化,则由于锁相环路只能跟踪输入信号的相位变化,所以环路输出端得不到原调制信号,而只能得到等幅波。用锁相环路对调幅波进行解调,实际上是利用锁相环路供给一个稳定度高的载波信号电压,与调幅波在非线性器件中进行乘积检波,输出即可获得原调制信号。

10.7.4 振荡器的稳定与提纯

石英晶体振荡器如果工作于很低的功率电平,则晶体的老化比较慢,因而长期稳定度好。但是,工作在中等功率电平时,高频振荡功率比电路中的噪声功率要大得多,因而短期稳定度好。因此,如果将这二者结合起来,就能获得最好的结果:一个振荡器工作在非常低的电平下,它具有较好的长期稳定度;另一个振荡器工作于较高的电平下,短期稳定度好。将后一振荡器锁定在前一振荡器上,就可以获得长期与短期稳定度都很好的振荡源。在保持可靠锁定的条件下,环路带宽应尽量窄,输出可取自被锁定的振荡器。

采用锁相环路稳频后所获得的好处如下:

① 几乎完全抑制了第一个振荡器的幅度起伏。

② 相位噪声通过一个通带很窄的滤波器,绝大部分被滤除,因而输出频谱变纯。

这一方法可用于频率标准源。

锁相环路的另一应用是稳定微波振荡器的频率,因为微波振荡源的频率稳定度一般是较差的。为了克服这一缺点,可以将它们锁定到在较低频率上工作的稳定振荡器的谐波上。随着环路结构设计的不断改进,所需的谐波功率可以很小(小于 1 μW),却仍能得到良好的锁定。

10.7.5 倍频器与分频器

若将一个振荡器通过锁相环路锁定在它的谐波或分谐波上,就可以组成倍频器或分频器。

图 10.7.5 与图 10.7.6 分别为脉冲锁相倍频器与脉冲锁相分频器的方框图。这两个图的工作原理看方框图即可明了,不再赘述。

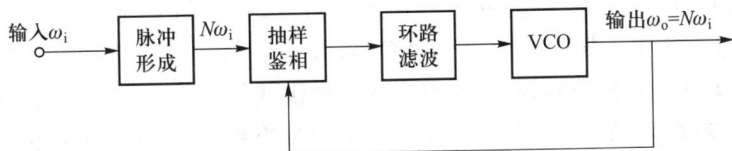

图 10.7.5 脉冲锁相倍频器的方框图

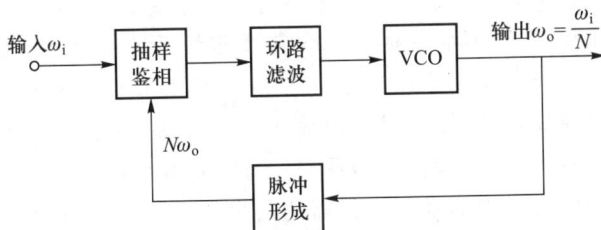

图 10.7.6 脉冲锁相分频器的方框图

除了用脉冲锁相倍频或分频外,也可以用连续作用的锁相环来进行倍频或分频,如图 10.7.7 所示。当 N 为正整数时,亦即反馈环路中包括一个分频器($\div N$)时,整个环路是倍频器。如果反馈环路中的分频器换为倍频器($\times N$)时,则整个环路就是一个分频器。

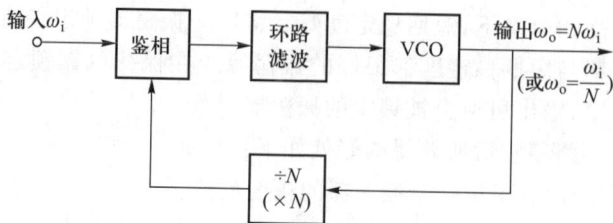

图 10.7.7 锁相倍频器(或分频器)

锁相倍频器与普通倍频器相比较,其优点如下:

① 容易得到高纯度的输出,而在普通倍频器的输出中,谐波干扰经常是一个问题。

② 锁相倍频器特别适用于输入信号频率在较大范围内漂移,并同时伴随有噪声的情况下,这时环路兼有跟踪滤波器和倍频器的双重作用。

锁相倍频器的缺点是电路复杂,可靠性较差。

锁相倍频或分频的方法已被用来获得频率标准的谐波或分谐波。另一种应用的例子是将环路用在倍频器的输出端,以便抑制很难用无源滤波器滤掉的那些无用的分谐波。

10.7.6 相关应答器

无线电信号的多普勒频移通常用来测量运动目标(例如人造卫星或火箭等)的位置和速度。如果要确定单程频移,首先必须知道运动着的发射机的频率 f_t。对于卫星和火箭来说,最大的多普勒频移可以等于 $2 \times 10^{-5} f_t$。多普勒频移的测量精度要求总误差不大于 1×10^{-5}。如果所有的误差都是由于不完全知道发射频率所引起的,那么,容许的 f_t 误差就只能是 5×10^{-11}。这就对发射机的振荡器提出了很高的要求。这种要求只能在地面实验室的环境中做到,很难在飞行器中实现。由于这个原因,多用双程多普勒测量系统。这种系统是由地面向装有应答器的飞行器发射一个已知频率的信号,应答器收到这个信号后,再向地面转发一个不同频率的信号。这样,由地面至飞行器,再由飞行器返回地面,共有两次多普勒频移,故为双程多普勒系统。为了使多普勒测量有意义,必须使飞行器发回地面的信号和地面发向飞行器的信号相关。当进行双程测量时,对振荡器精度的要求可下降好几个数量级。对于应答器振荡器的精度,在双程系统中很少考虑,只是当要求应答器必须能捕获输入信号时,才考虑它。对于地面振荡器要求一个能适应于电波往返(地面至飞行器)时间的稳定度,但精度要求并不高,一般有 10^{-6} 就够了。

如果应答器的发射频率 f_t 是它的接收频率 f_r(即由地面发射来的发射频率)的有理倍数,即 $f_t = (m/n) f_r$,其中 m 和 n 必须是整数,则应答器可以说是相关的。根据这种相关的定义,每当有 m 个周期进入应答器时,恰好有 n 个周期从其中送出来。在地面上接收的频率可乘以 (n/m),并将所得的结果与原来由地面发射的频率相比较,二者频率之差就是双程多普勒频移。

初期的应答器采用 $n=1$,这样,它的输出频率就是输入频率的一个谐波(通常为二次谐波,即取 $m=2$)。这种类型的应答器并不一定需要相位锁定。我们感兴趣的是一种 m 和 n 均不为 1 的频率偏移应答器,其输出频率通常偏离输入频率一个相当小的量。这种频率偏移应答器的相关性几乎总是用锁相技术得到的。

典型的锁相相关应答器的方框图见图 10.7.8。图中接收机部分是二次变频超外差式。但用一次变频或三次变频的接收机工作原理也是相同的。各混频器所用的本振信号和鉴相器的参考电压都是由一个压控振的谐波供给的,并且输出频率也是这一振荡器的谐波。当环路锁定时,各处频率的关系如下:

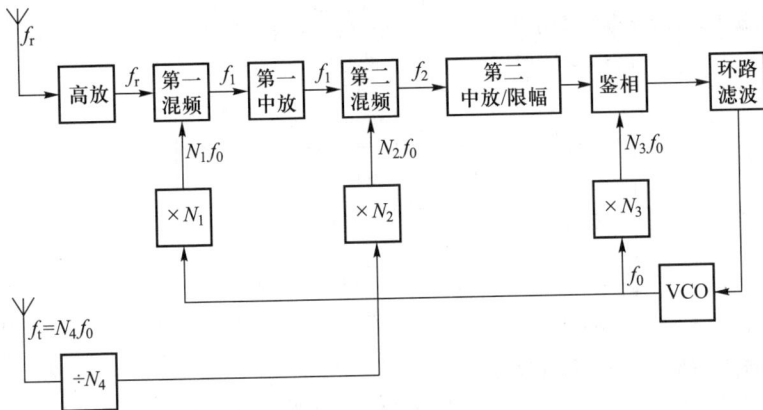

图 10.7.8 典型的锁相相关应答器方框图

第一混频器处 $\qquad f_r = N_1 f_0 \pm f_1$ $\qquad$ (10.7.5)

第二混频器处 $\qquad f_1 = N_2 f_0 \pm f_2$ $\qquad$ (10.7.6)

锁相条件为 $\qquad f_2 = N_3 f_0$ $\qquad$ (10.7.7)

式中用加号或减号,分别取决于本振频率比输入频率低或高。由以上三个方程式联立消去 f_1 与 f_2,即得

$$f_r = f_0 (N_1 \pm N_2 \pm N_3) \qquad (10.7.8)$$

因为 $f_t = N_4 f_0$,所以

$$\frac{f_t}{f_r} = \frac{N_4}{N_1 \pm N_2 \pm N_3} = \frac{m}{n} \qquad (10.7.9)$$

式中,$n = N_1 \pm N_2 \pm N_3$,$m = N_4$,都是整数。因此在环路锁定时,根据前面的定义可知,应答器是相关的。

应用锁相环路,可以获得高精度的双程多普勒频移的测量结果。如果飞行器的转发设备不用锁相环路,而使用独立的本振,那么,本振频率的不稳定度将影响多普勒频移的测量精度。

附录 10.1 一阶环路方程的解(只求锁定状态)

由式(10.5.7),一阶环路的微分方程为

$$\frac{\mathrm{d}\theta_e(t)}{\mathrm{d}t} = \Delta\omega_0 - K\sin\theta_e(t) \qquad (10.\text{A}.1)$$

将上式分离变量得

$$\frac{\mathrm{d}\theta_e(t)}{\Delta\omega_0 - K\sin\theta_e(t)} = \mathrm{d}t \qquad (10.\text{A}.2)$$

两边积分得

$$\int \frac{\mathrm{d}\theta_e(t)}{\Delta\omega_0 - K\sin\theta_e(t)} = t + t_0 \qquad (10.\text{A}.3)$$

式中,t_0 为积分常数,由初始条件决定。

由积分表,可以查得两种情况:

$$
\left\{
\begin{aligned}
&\text{当 } a^2 < b^2 \text{ 时} \\
&\int \frac{\mathrm{d}u}{a+b\sin u} = \frac{1}{\sqrt{b^2-a^2}}\ln\left[\frac{a\tan\dfrac{u}{2}+b-\sqrt{b^2-a^2}}{a\tan\dfrac{u}{2}+b+\sqrt{b^2-a^2}}\right]+c & (10.\text{A}.4) \\
&\text{当 } a^2 > b^2 \text{ 时} \\
&\int \frac{\mathrm{d}u}{a+b\sin u} = \frac{2}{\sqrt{a^2-b^2}}\arctan\frac{a\tan\dfrac{u}{2}+b}{\sqrt{a^2-b^2}}+c & (10.\text{A}.5)
\end{aligned}
\right.
$$

式中,c 为积分常数,由初始条件决定。

第一种情况相当于 $\Delta\omega_0^2 < K^2$,即锁定状态;第二种情况相当于 $\Delta\omega_0^2 > K^2$,即差拍状态。我们将只讨论第一种情况。为简单起见,假定初始条件为 $t_0 = 0$,$c = 0$,则由式(10.A.4)得到(锁定状态)

$$t = \frac{1}{\sqrt{K^2-\Delta\omega_0^2}}\ln\left[\frac{\Delta\omega_0\tan\dfrac{\theta_e(t)}{2}-K-\sqrt{K^2-\Delta\omega_0^2}}{\Delta\omega_0\tan\dfrac{\theta_e(t)}{2}-K+\sqrt{K^2-\Delta\omega_0^2}}\right]$$

或写为

$$\frac{\Delta\omega_0\tan\dfrac{\theta_e(t)}{2}-K-\sqrt{K^2-\Delta\omega_0^2}}{\Delta\omega_0\tan\dfrac{\theta_e(t)}{2}-K+\sqrt{K^2-\Delta\omega_0^2}} = e^{t\sqrt{K^2-\Delta\omega_0^2}}$$

解之得

$$\tan\frac{\theta_e(t)}{2} = \frac{K}{\Delta\omega_0} - \frac{\sqrt{K^2-\Delta\omega_0^2}}{\Delta\omega_0}\left(\frac{e^{t\sqrt{K^2-\Delta\omega_0^2}}+1}{e^{t\sqrt{K^2-\Delta\omega_0^2}}-1}\right) \qquad (10.\text{A}.6)$$

因而

$$\lim_{t \to \infty} \tan \frac{\theta_e(t)}{2} = \frac{K}{\Delta\omega_0} - \frac{\sqrt{K^2 - \Delta\omega_0^2}}{\Delta\omega_0} = \frac{K}{\Delta\omega_0} - \sqrt{\frac{K^2}{(\Delta\omega_0)^2} - 1} \tag{10.A.7}$$

又因

$$\tan \frac{\theta_e(\infty)}{2} = \frac{1 - \cos\theta_e(\infty)}{\sin\theta_e(\infty)} = \frac{1}{\sin\theta_e(\infty)} - \sqrt{\frac{1}{\sin^2\theta_e(\infty)} - 1} \tag{10.A.8}$$

比较式(10.A.7)与式(10.A.8)二式,即得

$$\frac{1}{\sin\theta_e(\infty)} = \frac{K}{\Delta\omega_0}$$

因此稳态相差为

$$\theta_e(\infty) = \arcsin\frac{\Delta\omega_0}{K} \tag{10.A.9}$$

代入式(10.A.1)即可得出环路的锁定条件为

$$\lim_{t \to \infty} \frac{\mathrm{d}\theta_e(t)}{\mathrm{d}t} = 0 \tag{10.A.10}$$

附录 10.2 一阶环路在小扰动下的捕捉时间

设相点偏离稳定平衡点 A 的相位差为 $\Delta\theta_e$。当 $\Delta\theta_e$ 很小时,可以将式(10.A.1)在稳定平衡点 A 附近线性化。首先,在 θ_{eA} 附近将正弦鉴相器特性线性化,鉴相器特性可用下式表示:

$$\sin\theta_e(t) = \sin(\theta_{eA} + \Delta\theta_e) = \sin\theta_{eA}\cos\Delta\theta_e + \cos\theta_{eA}\sin\Delta\theta_e$$
$$\approx \sin\theta_{eA} + \Delta\theta_e\cos\theta_{eA} \tag{10.A.11}$$

式中,$\theta_e(t) = \theta_{eA} + \Delta\theta_e$。由于 $\Delta\theta_e$ 很小,因而 $\sin\Delta\theta_e \approx \Delta\theta_e$,$\cos\Delta\theta_e \approx 1$。

将式(10.A.11)代入式(10.A.1),并考虑到在稳定点处 $\sin\theta_{eA} = \dfrac{\Delta\omega_0}{K}$,因此得到 A 点附近线性化的环路方程为

$$\frac{\mathrm{d}\theta_e(t)}{\mathrm{d}t} + K\Delta\theta_e\cos\theta_{eA} = 0 \tag{10.A.12}$$

解式(10.A.12),得

$$\Delta\theta_e = \Delta\theta_{e0}\mathrm{e}^{-\cos\theta_{eA}\cdot Kt} \tag{10.A.13}$$

式中,$\Delta\theta_{e0}$ 为 $t = 0$ 时的起始相位差偏离 A 点之值。以 $\Delta\theta_e$ 下降到 $\Delta\theta_{e0}$ 的 $\dfrac{1}{e}$ 时所需的时间为捕捉时间 τ_p,则由式(10.A.13)可得

$$\Delta\theta_{e0}\mathrm{e}^{-1} = \Delta\theta_{e0}\mathrm{e}^{-\cos\theta_{eA}\cdot K\tau_p}$$

即

$$\tau_p = \frac{1}{K\cos\theta_{eA}} = \frac{1}{K\sqrt{1 - \sin^2\theta_{eA}}}$$
$$= \frac{1}{K\sqrt{1 - \Delta\omega_0^2/K^2}} = \frac{1}{\sqrt{K^2 - \Delta\omega_0^2}} \tag{10.A.14}$$

当 $|\Delta\omega_0| \ll K$ 时,上式可近似写为

$$\tau_p \approx \frac{1}{K} \tag{10.A.15}$$

此式说明,环路总增益 K 越高,则捕捉时间越短。上式适用于小扰动($\Delta\theta_e$ 很小)的情况。由于环路设计通常都满足 $|\Delta\omega_0| \ll K$ 的条件,因而它有一定的实际意义。

参 考 文 献

（二维码）

思考题与习题

10.1 锁相环路稳频与自动频率控制在工作原理上有哪些异同点？

10.2 试从物理意义上解释，为什么锁相环路传输函数 $H(s)$ 具有低通特性，而误差传输函数 $H_e(s)=1-H(s)$ 具有高通特性。

10.3 捕捉带、同步带、快捕带各代表什么意义？为什么在一阶环路中，同步带与捕捉带相等，而在二阶环路中，同步带大于捕捉带？

10.4 试证明，一阶环路在差拍状态（$\Delta\omega_0^2>K^2$）工作时，平均频差 $\Delta\overline{\omega}(t)=\sqrt{\Delta\omega_0^2-K^2}$。

提示：先证明　$\theta_e(t)=2\arctan\left(\dfrac{K}{\Delta\omega_0}+\dfrac{\sqrt{\Delta\omega_0^2-K^2}}{\Delta\omega_0}\tan\dfrac{t\sqrt{\Delta\omega_0^2-K^2}}{2}\right)$

然后用下列关系式

$$\Delta\omega(t)=\frac{1}{T}\int_{-\frac{T}{2}}^{\frac{T}{2}}\frac{\mathrm{d}\theta_e(t)}{\mathrm{d}t}\mathrm{d}t$$

求出 $\Delta\overline{\omega}(t)$ 的值；此时周期 $T=\dfrac{2\pi}{\sqrt{\Delta\omega_0^2-K^2}}$。

10.5 锁相环路如图 10.4.15 所示，环路参数为 $K_d=1$ V/rad，$K_V=5\times10^4$ rad/s·V。环路滤波器采用图 10.4.12 的有源比例积分滤波器，其参数为 $R_1=125$ kΩ，$R_2=1$ kΩ，$C=10$ μF。设参考信号电压 $v_R(t)=V_{Rm}\sin(10^6t+0.5\sin2\omega t)$，VCO 的初始角频率为 1.005×10^6 rad/s，鉴相器具有正弦鉴相特性。试求：

（1）环路锁定后的 $v_V(t)$ 表示式；

（2）捕捉带 $\Delta\omega_p$、快捕带 $\Delta\omega_L$ 和快捕时间 τ_L。

10.6 在上题中，如果滤波器参数变为 $R_1=125$ kΩ，$R_2=10$ kΩ，$C=0.1$ μF。试求环路捕捉带 $\Delta\omega_p$、快捕带 $\Delta\omega_L$ 和快捕时间 τ_L。

10.7 一阶环路开路时，参考信号电压为 $v_R(t)=V_{Rm}\sin(2\pi\times10^3t+\theta_R)$（V），VCO 的输出电压为 $v_V(t)=V_{Vm}\cos(2\pi\times10^4t+\theta_V)$（V）。式中 θ_R、θ_V 为常数。鉴相器参数为 $K_d=1$ V/rad，VCO 灵敏度 $K_V=10^3$ rad/(s·V)。试问：

（1）环路能否进入锁定？为什么？

（2）为使环路进入锁定，在鉴相器和 VCO 之间要加入一级直流放大器。问其放大倍数必须大于多少？

10.8 已知一阶锁相环路的复频域传递函数为

$$H(s)=\frac{K}{s+K}$$

若输入信号为

$$v_R(t) = V_{Rm} \sin\left(\omega t + \Delta\theta_1 \sin \frac{K}{10}t + \Delta\theta_2 \sin \frac{K}{5}t \right)$$

环路锁定后输出信号为

$$v_V(t) = V_{Vm} \cos\left[\omega t + A_1 \sin\left(\frac{K}{10}t + \varphi_1 \right) + A_2 \sin\left(\frac{K}{5}t + \varphi_2 \right) \right]$$

试确定 A_1、A_2、φ_1 和 φ_2 的值。

第 11 章 频率合成技术

§11.1 频率合成器的主要技术指标

无线电通信技术的迅速发展,对振荡信号源的要求在不断提高。不但要求它的频率稳定度和准确度高,而且要求它能方便地改换频率。石英晶体振荡器的频率稳定度和准确度是很高的,但改换频率不方便,只宜用于固定频率;LC 振荡器改换频率方便,但频率稳定度和准确度又不够高。能不能设法将这两种振荡器的特点结合起来,兼有频率稳定度与准确度高,而且改换频率方便的优点呢?频率合成(frequency synthesis)技术,就能满足上述要求。

实现频率合成,有各种不同的方法,但基本上可以归纳为直接合成法与间接合成法(锁相环路法)两大类。

直接合成法是用一个或多个石英晶体振荡器的振荡频率作为基准频率,由这些基准频率产生一系列的谐波,这些谐波具有与石英晶体振荡器同样的频率稳定度和准确度;然后,从这一系列的谐波中取出两个或两个以上的频率进行组合,得出这些频率的和或差,经过适当方式处理(如经过滤波)后,获得所需要的频率。

锁相环路法原理已在 §10.3 介绍过,不再重复。

为了正确理解、使用与设计频率合成器,首先应对它提出合理的质量指标。频率合成器的使用场合不同,对它的要求也不全相同。大体说来,有如下几项主要技术指标:频率范围、频率间隔、频率稳定度和准确度、频谱纯度(杂散输出或相位噪声)、频率转换时间,等等。合成器的体积、重量、功耗与成本等,就是由这些指标决定的。指标的提高,使合成器的构造复杂程度增加。因此,如何选择合理经济的方案来满足质量指标的要求,是十分重要的。现在对各项主要技术指标讨论如下:

(1) 频率范围

这是指频率合成器的工作频率范围,视用途而定,有短波、超短波、微波等频段。通常要求在规定的频率范围内,在任何指定的频率点(波道)上,频率合成器都能工作,而且电性能都能满足质量指标。

(2) 频率间隔

频率合成器的输出频谱是不连续的。两个相邻频率之间的最小间隔,就是频率间隔。频率间隔又称为分辨力。对短波单边带通信来说,现在多取频率间隔为 100 Hz,有的甚至取为 10 Hz、1 Hz 乃至 0.1 Hz。对超短波通信来说,频率间隔多取为 50 kHz 或 10 kHz。

（3）频率转换时间

这是指频率转换后,达到稳定工作所需要的时间。它与采用的合成方法有密切的关系。

（4）频率稳定度与准确度

频率稳定度是指在规定的时间间隔内,合成器频率偏离规定值的数值。频率准确度则是指实际工作频率偏离规定值的数值,即频率误差。这是频率合成器的两个重要指标。二者既有区别,又有联系。稳定度是准确度的前提。稳定度高也就意味着准确度高,亦即只有频率稳定,才谈得上频率准确。通常认为频率误差已包括在频率不稳定的偏差之内,因此,一般只提频率稳定度。

频率稳定度分为长期稳定度、短期稳定度与瞬间稳定度三种,它们已在第 6 章中讨论过,此处不再重复。这里只特别提一下瞬间频率稳定度,这是指在秒或毫秒时间间隔内的频率变化。引起瞬间频率变化的主要因素是各种干扰与噪声。当用频域来描述瞬间稳定度时,它的表现是频率合成器的频谱不纯。下面着重讨论这个问题。

（5）频谱纯度

上面已经谈到,振荡器频率的不稳定表现为频谱的不纯,如图 11.1.1 所示。在主信号 ω_c 两边出现了一些附加成分,叫作相位噪声分量与杂散。频谱纯度是衡量合成器输出信号质量的一个重要指标。理想的纯净输出应该是只有 ω_c 一条谱线,可用下式表示:

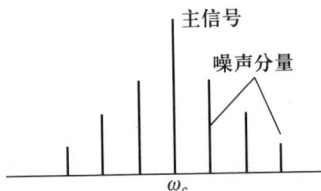

图 11.1.1 输出不纯的频谱图

$$v_c(t) = V_{cm}\cos(\omega_c t + \theta_c) \tag{11.1.1}$$

式中,V_{cm}、ω_c、θ_c 均为常数,V_{cm} 表示谱线高度,ω_c 表示频谱线的位置。

但实际上,频率合成器的输出总是不可避免地有寄生调幅和寄生调相存在,如下式所示:

$$v_c(t) = V_{cm}[1+\alpha(t)]\cos[\omega_c t+\theta(t)] \tag{11.1.2}$$

式中,$\alpha(t)$ 表示寄生调幅;$\theta(t)$ 表示寄生调相。

式(11.1.2)显然表示频谱不纯了,因为这时在主谱线 ω_c 两侧有边带噪声出现。对一个正常工作的合成器来说,寄生调幅 $\alpha(t)$ 比较小,危害不大,可以略去;而寄生调相 $\theta(t)$ 则是产生频谱不纯的主要因素。因此,我们将只讨论寄生调相问题。

① 正弦波调相的情形

设 $\theta(t) = \theta_m\cos\Omega t$,此处 $\theta_m \ll 1$。代入式(11.1.2),得

$$v_c(t) = V_{cm}\cos(\omega_c t + \theta_m \cos \Omega t)$$

$$= V_{cm}\cos \omega_c t \cos(\theta_m \cos \Omega t) - V_{cm}\sin \omega_c t \sin(\theta_m \cos \Omega t)$$

由于 $\theta_m \cos \Omega t \ll 1$，因而 $\cos(\theta_m \cos \Omega t) \approx 1$，$\sin(\theta_m \cos \Omega t) \approx \theta_m \cos \Omega t$，上式即可简化为

$$v_c(t) = V_{cm}\cos \omega_c t - V_{cm}\theta_m \cos \Omega t \sin \omega_c t$$

$$= V_{cm}\cos \omega_c t - \frac{1}{2}V_{cm}\theta_m [\sin(\omega_c + \Omega)t + \sin(\omega_c - \Omega)t] \qquad (11.1.3)$$

上式中，第一项为有用信号，后两项为边带噪声分量。因为这些噪声分量是由调相产生的，所以也叫相位噪声(phase noise)。我们知道，寄生调相与寄生调频没有本质上的区别，因此也可以认为 $v_c(t)$ 是一个有寄生调频的信号。这样得出寄生调频为

$$\omega(t) = \frac{\mathrm{d}\theta(t)}{\mathrm{d}t} = -\Omega \theta_m \sin \Omega t = -\Delta \omega_m \sin \Omega t \qquad (11.1.4)$$

式中，寄生频偏 $\Delta \omega_m = \Omega \theta_m$。

由式(11.1.3)可知，一个正弦波寄生调相(或寄生调频)的信号有两个相等的边带噪声，其中任意一个边带噪声电压与信号电压之比为

$$\left(\frac{N}{S}\right)_1 = \frac{\frac{1}{2}V_{cm}\theta_m}{V_{cm}} = \frac{1}{2}\theta_m = \frac{1}{2}\frac{\Delta \omega_m}{\Omega} \qquad (11.1.5)$$

若计及两个边带噪声，则两个边带噪声与信号电压之比为

$$\left(\frac{N}{S}\right)_2 = \frac{\sqrt{\left(\frac{1}{2}V_{cm}\theta_m\right)^2 + \left(\frac{1}{2}V_{cm}\theta_m\right)^2}}{V_{cm}}$$

$$= \frac{1}{\sqrt{2}}\theta_m = \frac{1}{\sqrt{2}}\frac{\Delta \omega_m}{\Omega}$$

或

$$\left(\frac{N}{S}\right)_2 = \theta = \frac{\Delta \omega}{\Omega} \qquad (11.1.6)$$

式中，θ 与 $\Delta \omega$ 分别代表相位与频偏的有效值。由此可知，正弦寄生调相的相位偏移的有效值等于噪声信号比。这一结论是很重要的。

② $\theta(t)$ 为随机函数的情形

设 $\theta(t) = \theta_n(t)$，此处 $\theta_n(t)$ 为由噪声所引起的平稳随机函数，则根据第 3 章 §3.9 对于随机函数的讨论可知[参见式(3.9.8)]

$$\overline{\theta_n^2} = \lim_{T \to \infty}\frac{1}{T}\int_0^T \theta_n^2(t)\,\mathrm{d}t = \int_0^\infty \Phi_n(\omega)\,\mathrm{d}\omega \qquad (11.1.7)$$

式中，$\overline{\theta_n^2}$ 代表随机函数 $\theta_n(t)$ 的均方值（即总功率）；$\Phi_n(\omega)$ 代表 $\theta_n(t)$ 的功率分布，即功率频谱密度函数。它的物理意义表明，一个随机函数 $\theta_n(t)$ 可以分成很多不同频率的正弦分量，这些正弦分量的相位也是随机的。同时，这些不同频率是连续变化的，亦即为连续频谱，因而功率频谱也是连续频谱，类似于图 3.9.4 的 $S(\omega)$ 频谱分布。应当说明，$\Phi_n(\omega)$ 的单位是 rad^2/Hz，而不是 W/Hz，这是因为 θ_n 的单位为 rad，而不是 V（或 A）。

假设 $\theta_n(t) \ll 1$，则它对正弦振荡信号产生调相后，可用下式表示：

$$v_c(t) = V_{cm}\cos\left[\omega_c t + \theta_n(t)\right]$$
$$\approx V_{cm}\cos\omega_c t - V_{cm}\theta_n(t)\sin\omega_c t \qquad (11.1.8)$$

上式中的第一项为有用信号；第二项仍然是一个随机函数，可以用功率频谱密度函数 $\Phi_n(\omega-\omega_c) = \Phi_n(\Delta\omega)$ 来表示。此处 $\Delta\omega = |\omega-\omega_c|$。这是因为 $\theta_n(t)$ 对正弦信号频率 ω_c 调相后，相当于频率搬移了 $\Delta\omega = |\omega-\omega_c|$，因而这时原来对应于式 (11.1.7) 的 $\Phi_n(\omega)$ 可以用相当于频率变化后的 $\Phi_n(\Delta\omega)$ 来表示。二者的频谱线分布是相同的，只是在频率轴上的位置不同而已。图 11.1.2 说明了这种关系：图 11.1.2(a) 为噪声功率频谱密度曲线，(b) 为随机噪声 $\theta_n(t)$ 对正弦信号频率 ω_c 调制后，所得到的上下边带对称的功率频谱曲线。由式 (11.1.3) 已知，当噪声为单一频率时，对正弦波调相所产生的每一边带功率应为 $\dfrac{1}{2}\left(\dfrac{1}{2}V_{cm}\theta_m\right)^2$ 或 $\dfrac{1}{4}V_{cm}^2\theta^2$。对于式 (11.1.8) 的随机噪声调相来说，可以认为是许多正弦噪声 Ω_1、Ω_2、$\cdots$ 同时产生调相的结果。将 $\Delta\omega$ 看成 Ω_1、Ω_2、$\cdots$，类似地，可以写出它的功率频谱密度函数为

$$P_n(\Delta\omega) = \frac{1}{4}V_{cm}^2\Phi_n(\Delta\omega) \qquad (11.1.9)$$

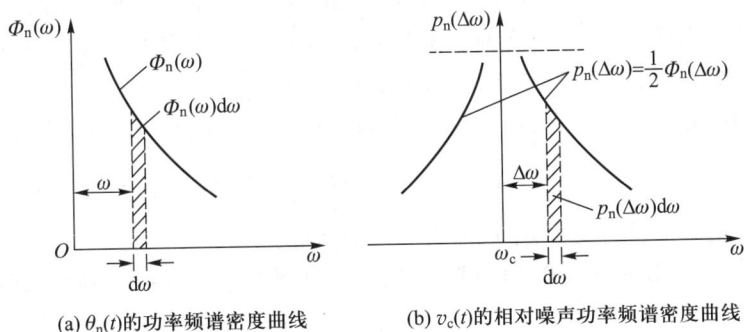

(a) $\theta_n(t)$ 的功率频谱密度曲线　　(b) $v_c(t)$ 的相对噪声功率频谱密度曲线

图 11.1.2　$\theta_n(t)$ 与 $v_c(t)$ 的功率频谱关系

因此得出 $v_c(t)$ 的相对噪声功率频谱密度函数，即它与有用信号功率之比为

$$p_n(\Delta\omega) = \frac{1}{4}V_{cm}^2 \Phi_n(\Delta\omega) \bigg/ \frac{1}{2}V_{cm}^2 = \frac{1}{2}\Phi_n(\Delta\omega) \qquad (11.1.10)$$

上式说明,相对噪声功率频谱密度等于随机相位噪声功率频谱密度的 50%。因此,图 11.1.2(b)的曲线形状与图 11.1.2(a)相似,只是高度为图 11.1.2(a)的一半。注意,在图 11.1.2(a)中,ω 处的 $\Phi_n(\omega)$ 值即对应于图 11.1.2(b)中偏离 ω_c 为 $\Delta\omega$ 处的 $\frac{1}{2}\Phi_n(\Delta\omega)$ 值。因此,图 11.1.2(a)与(b)的 ω 与 $\Delta\omega$ 的含义虽然不同,但在计算 Φ_n 时则是等同的。由于 $p_n(\Delta\omega)$ 两边对称,即 $p_n(\Delta\omega) = p_n(-\Delta\omega)$,所以往往只画一边的曲线即可。

频率合成器质量的高低主要取决于 $\Phi_n(\omega)$ 的大小及其分布,亦即取决于它的输出信号中两个边带噪声的相对大小。根据边带噪声偏离中心频率 ω_c 的数值大小,可将它们分为带外噪声、带内噪声与相位抖动三种。

带外噪声是指偏离 ω_c 在 3 000 Hz 以外的相位噪声。因为它落在通信频带(300 ~ 3 000 Hz)以外,故名带外噪声。

带内噪声是指偏离 ω_c 在 300 Hz 至 3 000 Hz 范围内的噪声。

相位抖动(phase fluctuation)是指偏离 ω_c 在 300 Hz[①] 以内的相位噪声。

对以上三种噪声的具体指标要求如下:

频率合成器的带外噪声,对于发射机来说,增加了发射机的噪声分布,引起对其他通信设备的干扰;对于接收机来说,带外噪声降低了接收机的抗干扰性。一般要求在偏离合成器中心频率 100 kHz 以外的带外噪声应小于 -135 dB/Hz。

带内噪声对于发射机来说,相当于叠加到有用信号上的噪声;对于接收机来说,即使接收机是理想的,其他部分完全没有噪声,解调后的音频信号中也具有噪声,这个噪声就是由频率合成器产生的带内相位噪声。一般要求在偏离频率合成器工作频率 300 Hz 处的带内噪声小于 -75 dB/Hz。

当频率偏移小于 300 Hz 时,人耳对这部分的相位噪声是不敏感的。但当这部分噪声较大时,听到的声音便有颤抖现象,或者引起电码的失真。因此,这部分噪声称为相位抖动。对于相位抖动的具体要求如下:

对随机相位噪声而言,在偏离频率合成器工作频率 100 Hz 处如满足

$$10\lg p_n(\Delta f) \bigg|_{\Delta f = 100\ Hz} < -(44 \sim 49)\,dB/Hz \qquad (11.1.11)$$

则人耳感觉不出颤抖现象,电码所发生的失真也是容许的。

对于由 50 Hz 或 100 Hz 电源所引起的寄生调相(或寄生调频),则要求所引起的频率偏移小于 5 Hz,或者相当于约 5° 的相位抖动,人耳即感觉不到颤抖现象。

---

① 有些书中规定,相位抖动是指偏离 ω_c 在 100 Hz 以内的相位噪声。

§11.2 频率直接合成法

所谓频率直接合成法是将两个基准频率直接在混频器中进行混频,以获得所需要的新频率。这些基准频率是由石英晶体振荡器产生的。如果是用多个石英晶体产生基准频率,因而产生混频的两个基准频率相互之间是独立的,就叫非相干(non-coherent)式直接合成。如果只用一块石英晶体作为标准频率源,因而产生混频的两个基准频率(通过倍频器产生的)彼此之间是相关的,就叫相干(coherent)式直接合成。此外,还有利用外差原理来消除可变振荡器频率漂移的频率漂移抵消法(或称外差补偿法)。分述如下。

11.2.1 非相干式直接合成器

图 11.2.1 为这种合成器的原理图,图中 f_1 与 f_2 为两个石英晶体振荡器(晶振)的频率,并可根据需要选用。例如,图中 f_1 可以从 5.000 MHz 至 5.009 MHz 十个频率中任选一个, f_2 可以从 6.00 MHz 至 6.09 MHz 十个频率中任选一个。所选出的两个频率在混频器中相加,通过带通滤波器取出合成频率。本例可以获得 11.000 MHz 至 11.099 MHz 共 100 个频率点,每步相距 0.001 MHz。要想获得更多的频率点与更宽的频率范围,可根据类似的方法多用几个石英晶体振荡器与

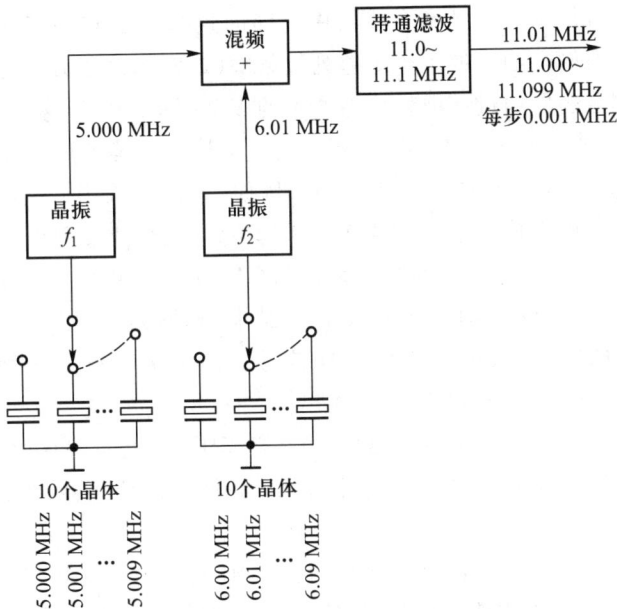

图 11.2.1 非相干式直接合成器的原理图(数字举例)

混频器来组成。例如,图 11.2.2 就是一个实际的非相干式直接合成器方框图,输出频率自 1.000 MHz 至 39.999 MHz,共 39 000 个频率点,每步相距 0.001 MHz。

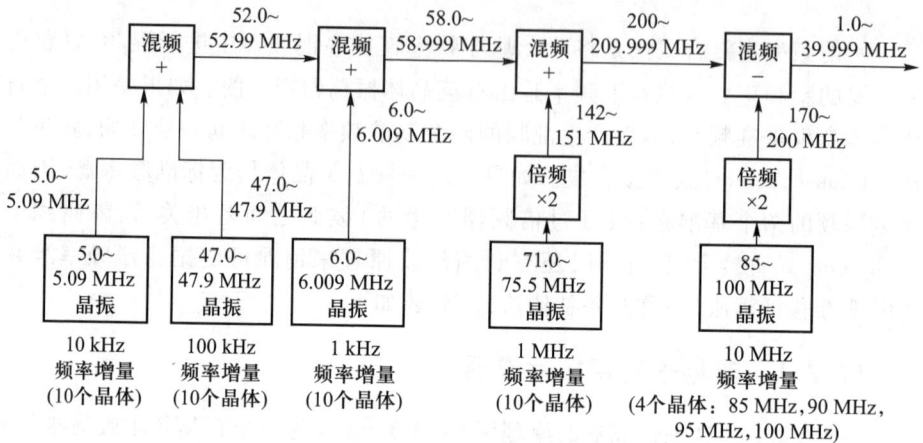

图 11.2.2　实际的非相干式直接合成器方框图

这种合成方法所需用的石英晶体较多,可能产生某些落在频带之内的互调分量,形成杂散输出。因此,必须适当选择频率,以避免发生这种情况。

11.2.2　相干式直接合成器

这种方法常用来产生频率合成器中的辅助频率。图 11.2.3 是相干式直接合成器的一个实例。图中的十个等差列数频率(2.7 ~ 3.6 MHz,间隔 0.1 MHz)是由石英晶体振荡器通过谐波发生器产生的多个频率。由于这些频率都是同一来源,故为相干式。所需的输出频率可以通过对这十个等差列数频率的选择,经过逐次混频、滤波与分频的方式来获得。例如,若需要输出 3.450 9 MHz 的频率,则开关 D、C、B、A 应分别旋到 4、5、0、9 的位置上,合成过程如下:

开关 A 在位置 9,选取的列数频率为 3.6 MHz,它与由第一个分频器送来的固定频率 0.3 MHz(将 3 MHz 分频 10 次的结果)相混频,取相加项,用滤波器滤掉其余不需要的信号后,得到 3.9 MHz 信号。将 3.9 MHz 送至第二个分频器(分频比仍为 10),得到 0.39 MHz 的输出。

开关 B 在位置 0,选取的列数频率为 2.7 MHz,与上面的 0.39 MHz 信号混频(相加),得到 3.09 MHz 的信号。然后经过滤波器及分频器,得到 0.309 MHz 的输出。

开关 C 在位置 5,选取的列数频率为 3.2 MHz,与上面的 0.309 MHz 信号混频(相加),得到 3.509 MHz 的信号。然后再经过滤波器及最后一个分频器,得到 0.350 9 MHz 的输出。

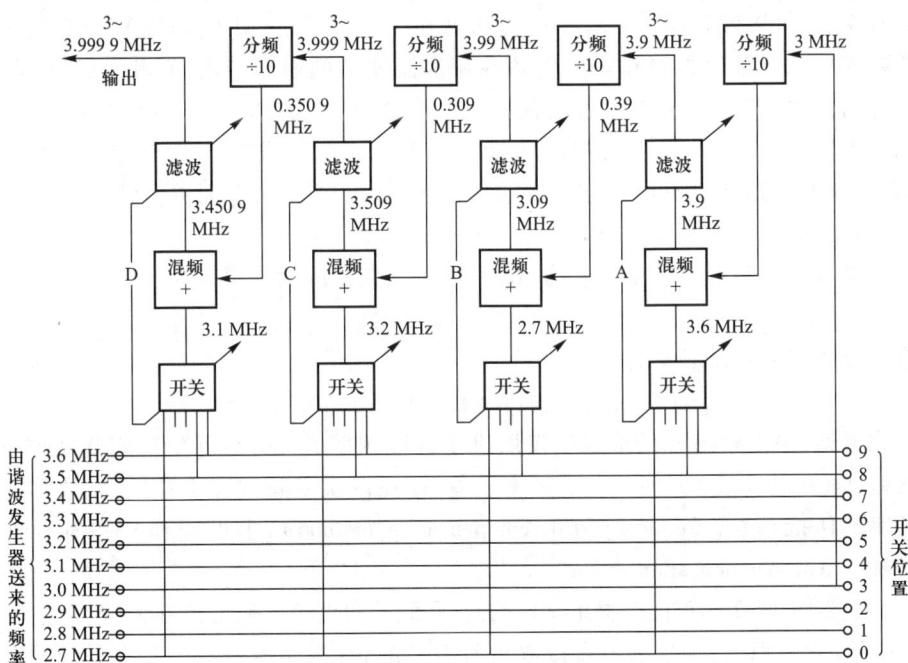

图 11.2.3　相干式直接合成器举例

开关 D 在位置 4,选取的列数频率为 3.1 MHz,与上面的 0.350 9 MHz 信号混频(相加),经过滤波,最后即得到 3.450 9 MHz 的输出频率。

这样,开关 A、B、C、D 放在各种不同的位置上,就可以获得 3.000 0 MHz 至 3.999 9 MHz 范围内 10 000 个频率点,间隔为 0.000 1 MHz(即 100 Hz)。这种方案能产生非常小增量的合成频率,每增加一组选择开关、混频器、滤波器、分频器,即可使信道分辨力提高 10 倍。这种方案的频率范围上限是有限度的,它受宽频带十进分频器的限制,频率不能很高,一般只能做到 10 MHz 以内。

以上两种直接合成法的优点是:比较稳定可靠,能做到非常小的频率增量,波道转换速度快(可小于 0.5 μs)。它的缺点是:要采用大量的滤波器、混频器等,成本高,体积大。又由于混频器存在谐波成分,易产生寄生调制,影响频率稳定度。为了减少滤波器与混频器,减少组合频率干扰,于是提出了下面所介绍的频率漂移抵消法(外差补偿法)。

11.2.3　频率漂移抵消法(外差补偿法)

这种频率合成法的原理方框图可参阅图 11.2.4,图中 f_{o1}、f_{o2}、$\cdots$、f_{on} 是由标准频率源(石英晶体振荡器)产生的一系列等间隔的标准频率点,可变振荡器的频率调整是步进的,它们的间隔和标准频率的间隔相同。通过调整可变振荡器

的频率 f_L，可以做到从 f_{o1}、f_{o2}、$\cdots$、f_{on} 中选出一个频率 $f_{om}(1 \leqslant m \leqslant n)$，使它与可变频率振荡器频率之差 $f_{i1} = f_L - f_{om}$ 落在带通滤波器的通频带内，而其余频率(f_{om} 以外的频率)与 f_L 的差拍落在滤波器通频带之外，不能达到第二混频器。在第二混频器中，f_{i1} 与 f_L 再一次相减，于是又得到原来的标准频率 f_{om} 输出。由此可见，可变振荡器在系统中仅起频率转换作用，输出频率与 f_L 无关。因而 f_L 的频率不稳定度对输出频率无影响。这一点可说明如下：

设可变振荡器的频率误差为 Δf，则第一混频器的输出频率为

$$f_{i1} = (f_L + \Delta f) - f_{om}$$

第二混频器的输出频率为

$$f_{i2} = (f_L + \Delta f) - f_{i1} = (f_L + \Delta f) - \left[(f_L + \Delta f) - f_{om} \right] = f_{om}$$

由此可见，输出频率 f_{i2} 的准确度仅取决于标准频率 f_{om}，而与可变振荡器的频率误差 Δf(不稳定度)无关。由于频率误差 Δf 在两次变频过程中被抵消，故称为频率漂移抵消法 (frequency drift compensation method)，也可叫作外差补偿法 (heterodyne compensation method)。

观察图 11.2.4 可能会提出这样的问题：既然输出频率是晶振频率 f_{o1}、f_{o2}、$\cdots$、f_{on} 中的一个，那么，为什么不直接取出所需的频率，而需要经过二次混频的过程呢？答复是，如果直接取出所需的频率，则对应于每一个频率，就应该有一个滤波器，这样，势必要采用数量众多的滤波器，显然是不经济的。采用二次混频后，即可节省大量的滤波器。事实上，图 11.2.4 中由可变振荡器、混频器与带通滤波器所组成的环路，起了可变频率滤波器的作用。要想选择不同的 f_{om} 输出，只要改变 f_L 就行了，带通滤波器的频率 $f_{i1} = f_L - f_{om}$ 总是维持不变的。这里所用的带通滤波器的通频带取决于可变振荡器的频率稳定度；不稳定度一般不应大于频率间隔的 20%。这种合成法的瞬时频率稳定度高，寄生调制小，可用于快速数字通信等。

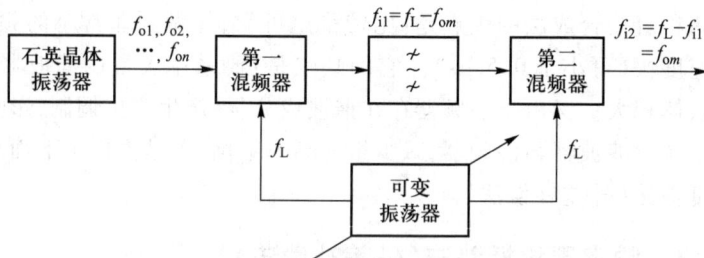

图 11.2.4 频率漂移抵消法原理方框图

应该说明，图 11.2.4 只是原理方框图，实际上用频率漂移抵消法做成的频率合成器还是相当复杂的，往往需要若干个环路才能组成。因而与下节即将讨

论的间接合成法相比,这种方法所用的混频器与滤波器较多,同时,体积大、成本高,调试也比较复杂。

§11.3　频率间接合成法(锁相环路法)

由 §10.3 的讨论可知,在锁相环路的鉴相器中进行相位比较的两个频率应该是相等的。但通常参考晶振频率是固定值,而频率合成器所需输出的频率(即 VCO 的频率)则是多个数值的。为了使这二者的频率在鉴相器处相等,以便比较它们的相位,大致可以有以下几种方法:脉冲控制锁相法、模拟锁相环路法与数字锁相环路法。

脉冲控制锁相法是利用参考晶振频率的某次谐波(通过脉冲形成电路来获得)与 VCO 频率在鉴相器中相比较;模拟锁相环路法与数字锁相环路法则是利用适当的降频电路将 VCO 的频率降低[①](参考晶振频率也往往需要通过适当的降频电路予以降低,因为鉴相器往往是工作于较低的频率的),然后与参考频率在鉴相器中相比较。模拟式与数字式的区别在于二者的降频方式不同:前者采用加减法降频,后者采用除法降频。下面我们对这三种方法分别予以介绍。

11.3.1　脉冲控制锁相法

这种方法是将参考晶振频率通过脉冲形成电路,产生丰富的谐波,选出适当的谐波频率,来与 VCO 的频率在鉴相器中进行相位比较。这种方法没有采用降频电路,图 11.3.1 就是脉冲控制锁相环路的原理方框图。用晶振频率 f_R 去激励脉冲形成电路,产生一个重复频率为 f_R 的尖脉冲序列,这个脉冲序列含有丰富的谐波。对于不同的 VCO 频率 f_V,取相应的谐波 nf_R 在鉴相器中进行相位比较,通过锁相环路的作用,即可将 f_V 锁定在 nf_R 上,即 $f_V = nf_R(n=1,2,3,\cdots)$。改变 n 值,即可在不同的 f_V 值上获得锁定。由此可见,脉冲控制锁相法实际上是一个单环(即只有一个锁相环路)多波道频率合成器。

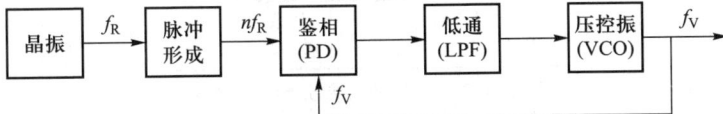

图 11.3.1　脉冲控制锁相环路原理方框图

---

① 在某些情况下,也可能采用倍频器来提高 VCO 的频率,例如锁相分频器、锁相接收机等即是。见 §10.7。

这种合成法受到 VCO 频率稳定度的限制,它的频偏必须限制在 $0.5f_R$ 以内。超过这个范围就可能出现错锁现象,也就是可能锁定到邻近波道上。例如,若 VCO 的频率稳定度为 5×10^{-3},为了满足 $5\times10^{-3}f_V \leqslant 0.5f_R$ 的条件,则最大可能取用的 VCO 频率 $f_V \leqslant 100f_R$。为了防止错锁,还应考虑一定的富余量,一般只能取 $f_V = (40 \sim 50)f_R$。由此可见,这种方法所提供的波道数是有限的。

11.3.2 采用吞脉冲可变分频器的频率合成器[6,7]

吞脉冲可变分频器(swallow pulse variable divider)的方框图如图 11.3.2 所示。它包括双模分频器、辅助计数器和模式控制几部分。双模分频器具有 $\div P$ 和 $\div (P+1)$ 两种分频模式。当模式控制电路为高电平时,分频器的分频比为 $\div (P+1)$;当模式控制电路为低电平时,分频器的分频比为 $\div P$。图中 N 与 A 分别为主计数器与辅助计数器的最大计数量,并规定 $N>A$。开始时,设模式控制电路输出为高电平,则输入端的频率为 f_0。有脉冲输入时,双模分频器和两个计数器同时计数,直到辅助计数器计满 A 个脉冲,使模式控制电路输出电平降为低电平,双模分频器分频比变为 $\div P$。此后继续输入脉冲,分频器与主计数器继续工作,直到主计数器计满 N,模式控制电路重新恢复高电平,分频器恢复 $\div (P+1)$ 分频比,各部件进入第二个周期。如上所述,在一个计数周期内,总计脉冲量为

$$n = (P+1)A + P(N-A) = PN + A \tag{11.3.1}$$

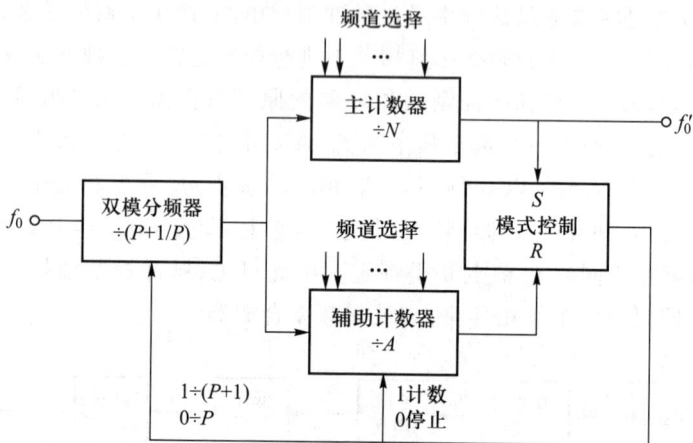

图 11.3.2 吞脉冲可变分频器方框图

n 即代表从分频器输入频率 f_0 到输出频率 f_0' 的分频比,亦即

$$f_0' = \frac{f_0}{n}$$

$$= \frac{f_0}{PN+A} \tag{11.3.2}$$

将上述吞脉冲分频器与锁相环路相结合,即构成如图 11.3.3 所示的合成器方框图。由锁相环路原理可得 $f_r = f_0'$,因此频率合成器的最小频率间隔 f_r 与输出频率 f_0 的关系为

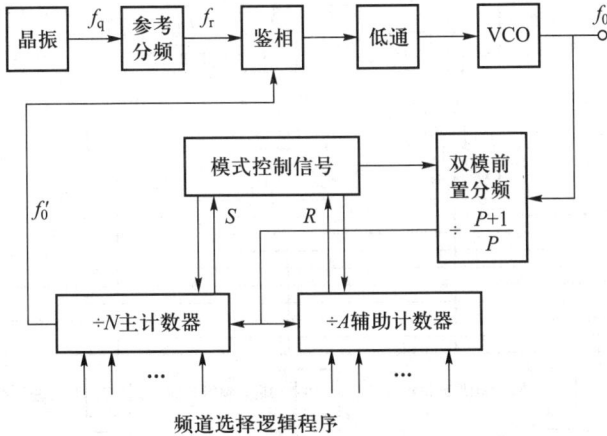

图 11.3.3 含吞脉冲可变分频器的合成器方框图

$$f_0 = (PN+A)f_r \tag{11.3.3}$$

改变分频比 P 与 A 的值,即可获得不同的输出频率 f_0。

例 11.3.1 设上述合成器中,$P = 40$,$N = 3 \sim 1\,000$,$A = 3 \sim 100$。若参考频率 $f_r = 10$ kHz,要获得 126.660 MHz 的输出频率,则 N 与 A 应等于多少?

解 由式(11.3.3)可知

$$126.60 \times 10^6 = (PN+A) \times 10 \times 10^3$$

或

$$PN+A = 12\,660$$

由于 $PN \gg A$,所以可略去 A,由上式得

$$N = \frac{12\,660}{40} = 316.5,\text{取整数},\text{得 } N = 316$$

最后可得

$$A = 12\,660 - 40 \times 316 = 20$$

因此,将主计数器取 $N = 316$,辅助计数器取 $A = 20$,即可获得 126.660 MHz 的输出频率。

11.3.3 间接合成制加减法降频(模拟锁相环路法)

加减法降频一般又可分为多环式与单环式两种,二者各有特点。下面依次简略介绍。

图 11.3.4 是多环式加减法降频间接合成器示例。它共用了四个锁相环路,可以获得 10 000 个离散频率,间隔为 100 Hz。加减法降频也叫模拟锁相环路法。这是与下面即将介绍的除法降频(或数字锁相环路法)相对应的。我们仍以获得 3.450 9 MHz 的输出频率为例,来说明它的工作原理。

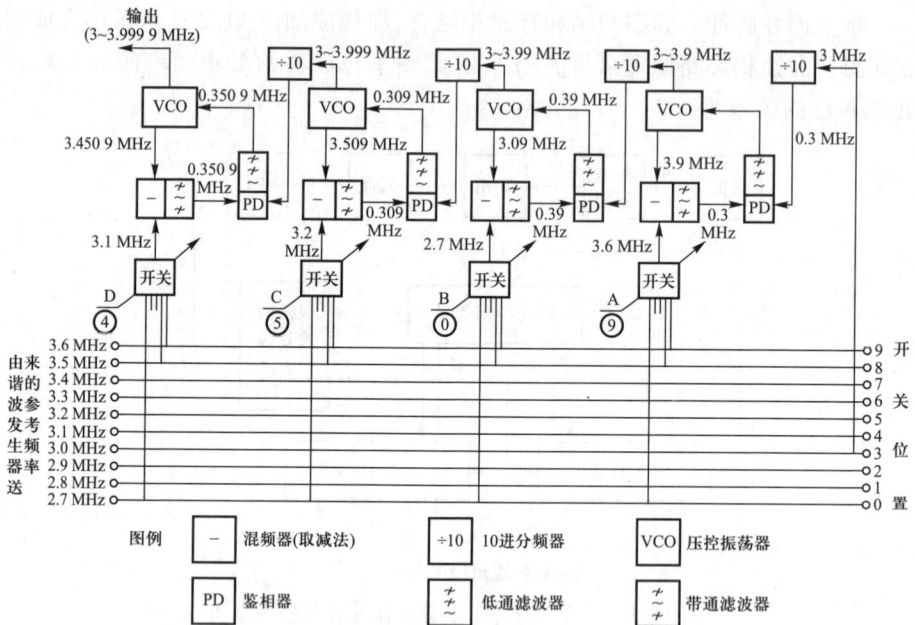

图 11.3.4 多环式加减法降频间接合成器示例

参看图 11.3.4,要想得到 3.450 9 MHz 的输出,则开关 D、C、B、A 应分别放在 4、5、0、9 的位置上。

开关 A 在位置 9,从线上送入混频器的频率为 3.6 MHz,而鉴相器所需频率为 0.3 MHz(这是由第一个分频器将 3 MHz 频率分频 10 次后,所得到的固定频率),因此所需的 VCO 频率为 3.6 MHz+0.3 MHz=3.9 MHz。这个频率经第二个 10 进分频器分频后,得到 0.39 MHz,送入第二环路的鉴相器。

开关 B 在位置 0,从线上送入混频器的频率为 2.7 MHz,因此 VCO 频率等于 2.7 MHz+0.39 MHz=3.09 MHz。这个频率经第三个 10 进分频器分频后,得到 0.309 MHz,送入第三环路的鉴相器。

开关 C 在位置 5,从线上送入混频器的频率为 3.2 MHz,因此 VCO 的频率等于 3.2 MHz+0.309 MHz=3.509 MHz,经第四个 10 进分频器分频后,得到 0.350 9 MHz,送入第四环路的鉴相器。

开关 D 在位置 4,从线上送入混频器的频率为 3.1 MHz,因此 VCO 频率等于 3.1 MHz+0.350 9 MHz=3.450 9 MHz。这就是所需要的输出频率值。

这样,只要改变 D、C、B、A 四个开关的位置,就可以得到从 3.000 0 MHz 至 3.999 9 MHz 之间的 10 000 个频率点,每两个频率点的间隔为 100 Hz。频率数值可由开关位置读出,例如 D、C、B、A 在 2、7、8、1 位置,则输出为 3.278 1 MHz,等等。

将图 11.3.4 与图 11.2.3 相对照,可见二者是很相似的。

这种方案的优点如下:

① 与直接合成法相似,这种方法也能得到非常小的频率间隔。例如,在本例中再加一个锁相环路,则频率间隔可降低为 10 Hz;若加两个环路,则可降低为 1 Hz;最小频率间隔甚至可做到 0.1 Hz。

② 鉴相器的工作频率不高,频率变化范围也不太大(本例为 300 ~ 400 kHz),比较好做。带内带外噪声和锁定时间等问题都易于处理好。

③ 有点类似于直接合成器,但不需要直接合成法所用的昂贵的晶体滤波器。

本法的缺点是:

① 每次循环只能分辨 10 个频率,在 1 MHz 范围内辨认到 100 Hz,要重复四次,电路超小型化和集成化比较复杂。

② 与直接合成法一样,频率上限受 10 进分频器的限制,一般只能限在 10 MHz 以内。

下面再看看单环式减法降频间接合成法。图 11.3.5 是这种方法的示例。它的原理是将压控振荡器的频率连续与特定的等差列数频率进行若干次混频(取减法),逐步降到鉴相器的工作频率(本例为 29 kHz)上,通过单一的锁相环路,获得所需的输出频率。例如仍要获得 3.450 9 MHz 的输出频率,则 D、C、B、A 开关位置应放在 4、5、0、9 上,这分别相当于取列数频率为 2.5 MHz、660 kHz、200 kHz 和 61.9 kHz,相应的各级混频器输出频率为:

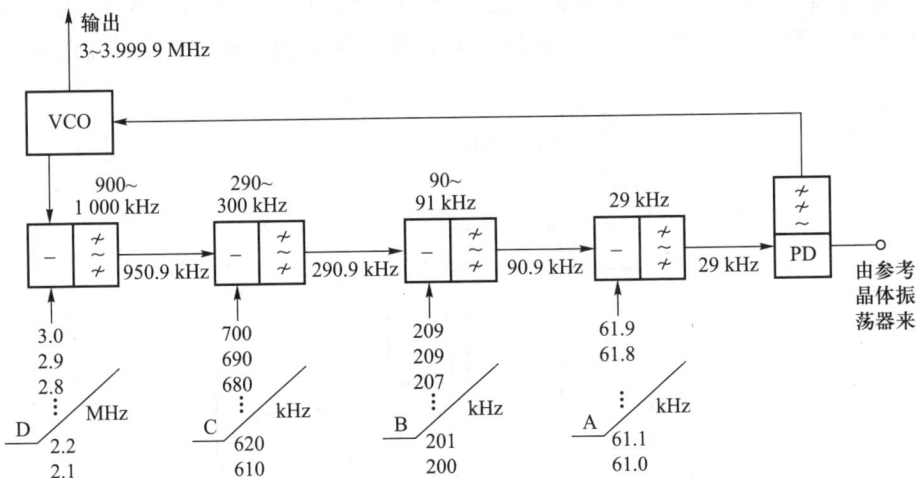

图 11.3.5 单环式减法降频间接合成法示例

D 开关处混频、滤波输出为 3.450 9 MHz − 2.5 MHz = 0.950 9 MHz =

950.9 kHz;

C 开关处混频、滤波输出为 950.9 kHz-660 kHz=290.9 kHz;

B 开关处混频、滤波输出为 290.9 kHz-200 kHz=90.9 kHz;

A 开关处混频、滤波输出为 90.9 kHz-61.9 kHz=29 kHz(固定值)。

改变 D、C、B、A 的位置,即可得到 3.000 0 ~ 3.999 9 MHz 之间的 10 000 个频率点,频率间隔为 100 Hz。

单环减法降频的优点如下:

① 由于没有用 10 进分频器,因而频率上限可以大大提高。本例为 3 ~ 4 MHz,实际可做到几十兆赫。也就是说,对于短波接收机第一本振所需的频率可以做到一次合成。

② 同时它也具有多环减法降频的第②、第③所述的优点。

本法的缺点如下:

① 频率间隔最小值有限制,本例为 100 Hz,要进一步减小频率间隔已很困难。

② 方案中所需的等差列数频率相互间的规律性较差,因此这些等差列数频率发生器比较复杂,生产一致性较差,造价较高。

11.3.4　间接合成制除法降频(数字锁相环路法)

这是在移动电台中广泛采用的一种频率合成方式。它的原理是:应用数字逻辑电路把 VCO 频率一次或多次降低至鉴相器频率上,再与参考频率在鉴相电路中进行比较,所产生的误差信号用来控制 VCO 的频率,使之锁定在参考频率的稳定度上。假定要求波道辨识能力为 100 Hz,则鉴相器工作频率就取为 100 Hz。图 11.3.6 表示这一方案的基本原理方框图,图中数字为举例说明。这

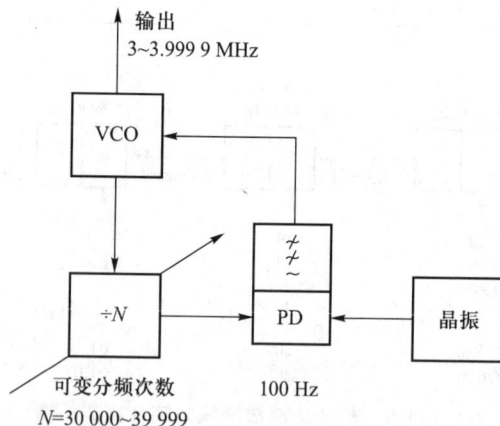

图 11.3.6　间接合成制除法降频基本原理方框图

种方案通常称为可变分频法,也习惯叫作数字式频率合成器。这种方案的最大特点是便于实现集成化与超小型化,因而特别适用于对重量和体积都有严格限制(如移动电台)的设备。

实际上,由于分频比很大,因此它往往分为固定分频与可变分频两个部分。晶体参考振荡频率也需经过适当的分频器降至鉴相器工作频率上。因此,方框图可改为如图 11.3.7 的形式。本图适用于 VCO 频率高于 10 MHz 的场合,图中举例为 70 ~ 100 MHz。

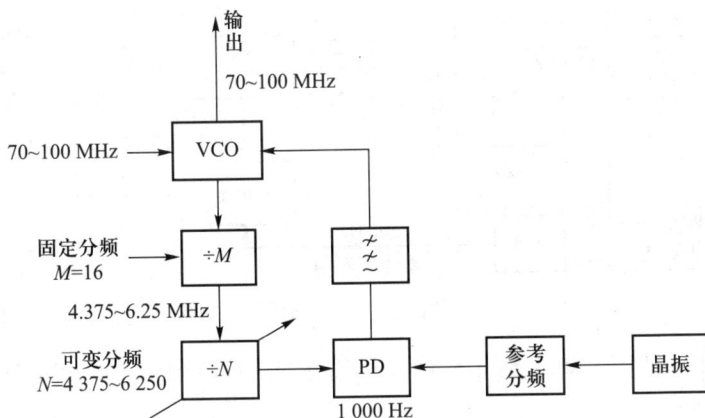

图 11.3.7　压控振频率大于 10 MHz 时的除法降频方案(单环式)

为了获得实际概念,图 11.3.8 示出某一单边带短波通信机中所用的单环式数字频率合成器的方框图[1]。本合成器输出三组稳定的频率,即:34 MHz 固定频率(转动面板搜索旋钮,可进行 ±500 Hz 的微调);1.4 MHz 固定频率和 37.000 ~ 65.399 MHz 可变频率(间隔 1 kHz)。这三组频率都由一个密封的 5 MHz 温度补偿晶体振荡器来稳定。

37.000 ~ 65.399 MHz 的频率是采用单环数字频率合成的方法获得的,其中 VCO 有三个,各工作于 37.000 ~ 45.399 MHz、45.400 ~ 55.399 MHz 与 55.400 ~ 65.399 MHz。这些频率经前置分频($M = 2$ 的固定分频)后,进入可变分频器,可变分频比 $N = 37\ 000 ~ 65\ 399$。N 的数值是由面板上的五个开关位置选取的频率所决定的,其中 10 MHz 开关还用来选取三个 VCO 中的一个来工作。VCO 频率经分频后,得到固定的 500 Hz,送到相位比较器(鉴相器)。鉴相器的另一个输入是 5 MHz 晶振经过 $50 \times 4 \times 50$ 的参考分频后所获得的 500 Hz 的参考频率。这两个频率(相位)相比,所产生的误差信号即用来控制 VCO 的频率,使之稳定。自 37.000 ~ 65.399 MHz 共可有 284 000 个频率点输出,间隔为 1 kHz,其频率稳定度与 5 MHz 晶振为同一数量级($\pm 2 \times 10^{-6}$)。

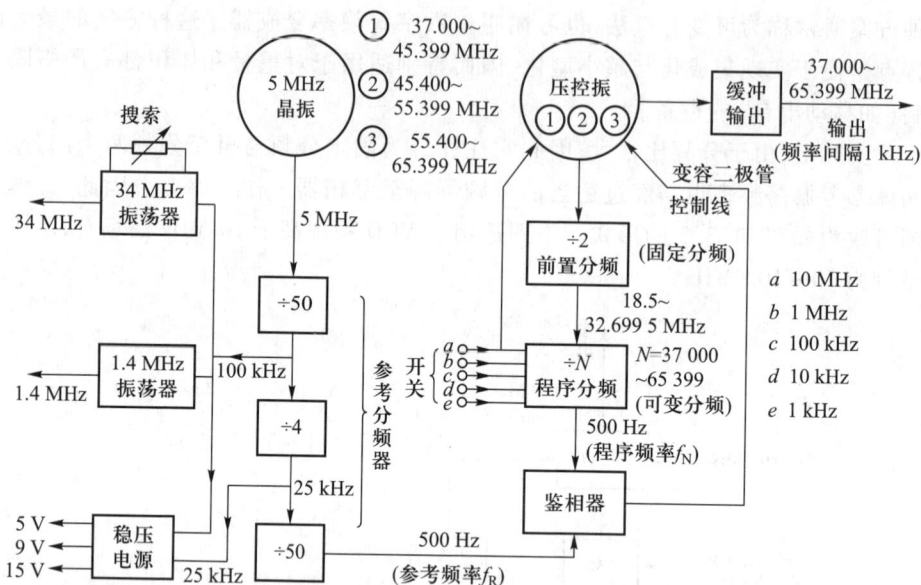

图 11.3.8　某一单边带短波通信机中所用的单环式数字频率合成器方框图

1.4 MHz 的固定频率是由 5 MHz 晶振分频后所得到的 100 kHz, 取其 14 次倍频后获得的。

34 MHz 的固定频率是由 17 MHz 晶振经倍频后产生的, 这一频率也由 5 MHz 晶振分频送来的 100 kHz 参考频率所锁定 (有锁相环路, 图中略去未绘)。

为了供给该合成器所需要的 5 V、9 V 与 15 V 稳压电源, 它采用了由 25 kHz 与 100 kHz 所控制的稳压电路。

单环式数字频率合成器的原理方框图初看起来好像比图 11.3.3 的加减法降频合成器简单, 但实际上单环式数字频率合成器却存在如下问题①:

① 鉴相器频率低, 一般只为 100 ~ 1 000 Hz, 因此, 环路中的低通滤波器通频带一定要做得很窄。这样, 捕捉频带就很窄, 有时需增设宽带范围内的搜索措施。

② 这里的除法降频与前面的减法降频相比, 由于分频比为 N, 所以环路增益下降为原来的 $1/N$, 这就要求提高 VCO 的增益。N 越大, 环路增益下降越厉害, VCO 的变换增益就要越大; 这样就会大大影响 VCO 的工作稳定性。结果是电源电压和 VCO 振荡幅度等的轻微波动, 都对 VCO 的正常工作产生严重的影响。它对直流电源纹波的波动要求严格到 10 μV 数量级以内, 这是很难做到的。

_____

①　对于以下讨论的①、②两点, 其理由见 §10.5。

以上这些问题如果不能很好地解决,那么,不是工作稳定性不好,就是有严重的寄生调制(或相位抖动)。寄生调制有的为 100 Hz 的固定调制,有的为鸟叫声似的不规则调制。它们都会使合成器的工作受到严重影响。国内有关工厂的实践证明[2],在频率高、波道间隔小的情况下,单环式数字频率合成器要获得好的性能,是有一定困难的。因为在频率高、波道间隔小时,寄生调频与相位抖动问题就比较突出。当然也应该指出,单环式电路比较简单,没有采用混频器,因而不存在寄生组合干扰频率。这是它的优点。但在要求工作频率高、波道间隔小时,为了获得较好的性能,有时还是要采用多环式数字频率合成器。图 11.3.9 即是一例。这是一个双环数字式频率合成器,它包括两个锁相环:环路 Ⅰ 称为尾数环,它决定输出频率的尾数;环路 Ⅱ 称为主环,它决定输出频率的主值。每一环路均由 VCO、可变分频器($\div N$)、鉴相器(PD)与低通滤波器(LPF)所组成。在环路 Ⅰ 中,VCO_1 可在 7.00 ~ 7.99 MHz 范围内工作,频率间隔为 10 kHz,N_1 值为 700 ~ 799。参考标准频率为 100 kHz,经 10 进分频后得 f_{R1} = 10 kHz。f_{R1} 与 VCO_1 的 f_{V1} 经分频后所得到的 10 kHz 在 PD_1 中进行相位比较。因此

$$\frac{f_{V1}}{N_1} = 10 \ kHz = f_{R1} \quad 或 \quad f_{V1} = N_1 f_{R1} \tag{11.3.4}$$

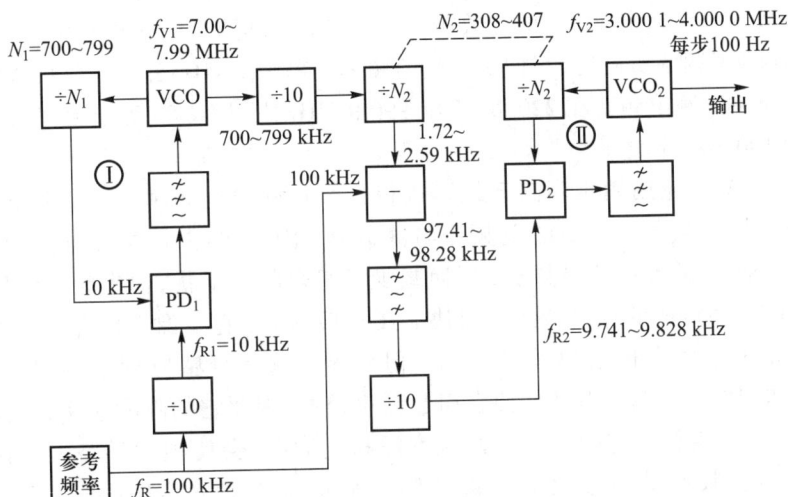

图 11.3.9 双环数字式频率合成器方框图示例

经过锁相稳频后的 f_{V1} 送至固定分频器($\div 10$)、可变分频器($\div N_2$)后,与参考频率 f_R 在混频器(−)中进行混频,经窄带滤波器取出差额。这个差频再通过固定分频器($\div 10$)后,得 f_{R2},送入环路 Ⅱ 作为参考频率,即

$$f_{R2} = \left(f_R - \frac{f_{V1}}{10N_2}\right) \cdot \frac{1}{10} = \left(10f_{R1} - \frac{f_{V1}}{10N_2}\right)\frac{1}{10} \tag{11.3.5}$$

在主环路 II 中，显然有

$$f_{V2} = N_2 f_{R2} \tag{11.3.6}$$

将式(11.3.4)与式(11.3.5)代入式(11.3.6)中，并代入 $f_{R1} = 10$ kHz，即得

$$f_{V2} = N_2 \times 10\,(\text{kHz}) - N_1 \times 0.1\,(\text{kHz}) \tag{11.3.7}$$

式中，$N_1 = 700 \sim 799$，$N_2 = 308 \sim 407$。

由上式可见，N_2 决定输出频率 f_{V2} 中的 1 000 kHz 位与 100 kHz 位；它每变化一位，引起频率的跳变为 10 kHz。N_1 决定 10 kHz、1 kHz、0.1 kHz 位；它每变化一位，引起的频率跳变为 100 Hz。因此，这个双环数字式频率合成器的输出频率为 3 000.1 kHz 至 4 000 kHz，每步 100 Hz，共 10 000 个频率点。

这种双环数字式频率合成器的优点是：体积小，结构简单，调试方便，同时由于分频比 N 下降，能够提高鉴相频率，环路通带被放宽，锁定时间缩短，相位抖动减小；由于振动而引起的恶化也大有改善，克服了单环的缺点。当然，它的缺点是比单环式的电路复杂些。

根据类似的方法，也可以组成三环以至三环以上的数字频率合成器。例如图 11.3.10 即是一个三环数字式频率合成器方框图示例。环路 I 为主环路，它比通常的锁相环路多加了一个混频器，这个混频器的作用是用环路 II 与 III 所产生的尾数频率来确定 VCO$_1$ 的尾数频率。环路 II 与环路 III 的输出频率稳定度也由 5 MHz 参考频率所确定，它们所产生的频率间隔为 1 kHz，经÷10 分频器后，送入主环路 I。输出频率在 220.0 ~ 299.999 9 MHz 之间，共 80 万个频率点，频率间隔为 100 Hz。

总的来说，应用锁相环路系统可以得到大量的稳定频率。与直接合成法相比较，本法能节省很多的混频器与滤波器，因此可减小体积，降低成本。而且由于减少了大量的混频器，因而减少了组合频率干扰，输出频谱纯度高。此外，锁相环路法的输出波形只取决于压控振荡器，它不像直接合成法那样，混频器的非线性会使输出波形变坏。但外界干扰信号感应到鉴相器输出端时，叠加到它的直流电压上，便会引起频率误差，因此它的瞬时频率稳定度较差。同时，锁相有一定的范围。当频率漂移过大时，会使锁相环路失去控制，有发生调错频率的可能性。它进行频率捕捉也需要一定时间（一般为 ms 量级）。

有些实用的频率合成器综合采用了直接合成与间接合成两种方法，这样便兼有二者之长。

到现在为止，我们已讨论过各种频率源（包括第 6 章的 LC 振荡器与晶体振荡器）。为了进行比较，列出表 11.3.1，作为本部分的小结。

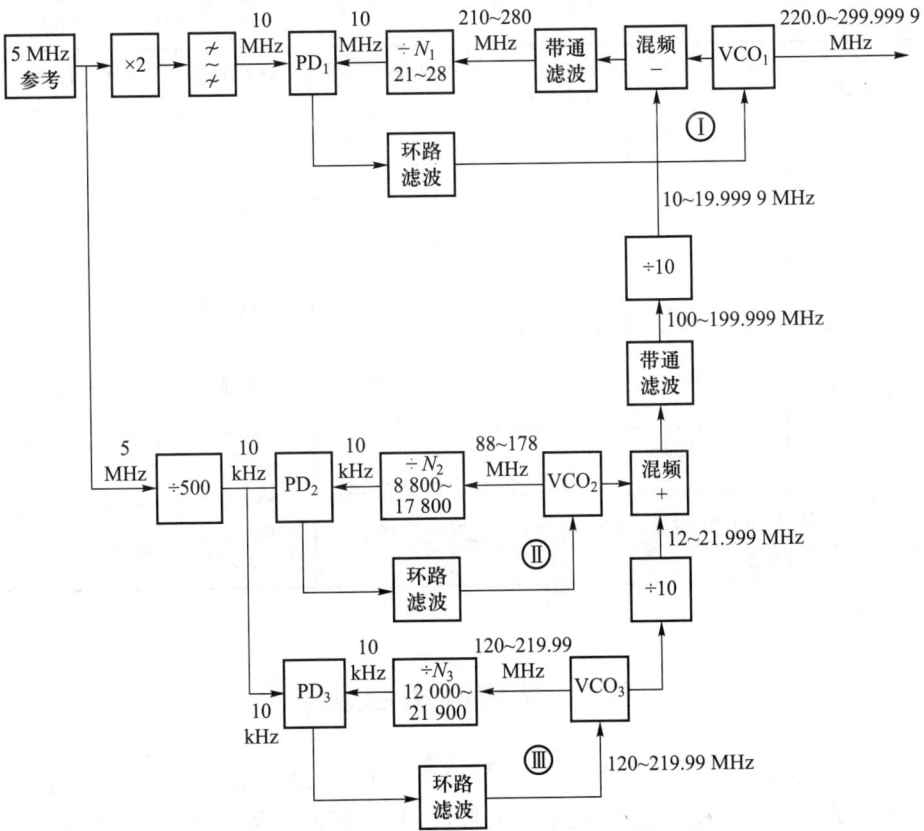

图 11.3.10　三环数字式频率合成器方框图示例

表 11.3.1　各种频率源的性能对比

型式	LC 振荡器	晶体振荡器	频率直接合成器	锁相环路频率合成器	漂移抵消法合成器
频率稳定度	不优于 10^{-5}	1×10^{-7} ~ 1×10^{-6}，有的已达 10^{-9}	同晶体振荡器	同晶体振荡器	同晶体振荡器
波道间隔	短波不小于 20 kHz，超短波不小于 50 kHz	任意，但受晶体数目的限制	可很小，短波可达 100 Hz，但受复杂性的限制	短波 100 Hz，甚至 1 Hz，超短波 25 kHz	可很小，但也受复杂性的限制
杂波电平	较小	小	比较大，与频率范围、波道数、滤波器等有关	-40 ~ -60 dB	带内小于 -50 dB，带外小于 -110 dB

续表

型式	LC 振荡器	晶体振荡器	频率直接合成器	锁相环路频率合成器	漂移抵消法合成器
相位抖动	/	/	/	$5° \sim 15°$	/
功率消耗	小	小	小	数瓦	较大
体积	小	小	大	集成电路化后可以小型化	较大
技术复杂程度	简单	简单	较复杂	较复杂	复杂
附注	波道间隔受度盘刻度与频率稳定度的限制	适用于波道数少的场合	对滤波器的要求严格	适用于数字化	适用于有冲击振动的条件下

§11.4 集成频率合成器[5]

第 10 章已介绍过集成锁相环,所举的例子 L562 是通用型的。集成频率合成器则是一种专用锁相电路,它是发展最快、采用新工艺最多的专用集成电路。它将参考分频器、参考振荡器、数字鉴相器、各种逻辑控制电路等部件集成在一个或几个单元中,以构成集成频率合成器的电路系统。集成频率合成器按集成度可分为中规模和大规模两种;按电路速度可分为低速、中速和高速三种。随着频率合成技术和集成电路技术的迅速发展,单片集成频率合成器也正在向更大规模、更高速度方向发展。有些集成频率合成器系统中还引入了微机部件,使得波道转换、频率和波段的显示实现了遥控和程控,从而使集成频率合成器逐渐取代分立元件组成的频率合成器,应用范围日益广泛。

下面介绍一种中规模单片集成频率合成器。图 11.4.1 是典型 MC145106 系列中的一种方框图,它们都是 CMOS 电路。参考晶振通常工作在 10.24 MHz 上,经 $\div 2$ 分频后,得到 5.12 MHz 信号加到参考分频器上。参考分频器的分频比为 2^9 或 2^{10},由 6 端控制。程序分频器($\div N$)的最高工作频率在 4.5 MHz 左右,其分频比为 $3 \sim (2^9-1)$,由二进制码 $P_0 \sim P_8$ 决定。用这种电路构成的单环合成器可得到 $\Delta f = 25$ kHz 或 50 kHz 的 $300 \sim 400$ 个波道。若用混频环将两个同样的单环相加,则可以把波道数扩展到 $700 \sim 800$ 个。上述电路非常适合在民用控制波段无线电台或其他系统中应用。

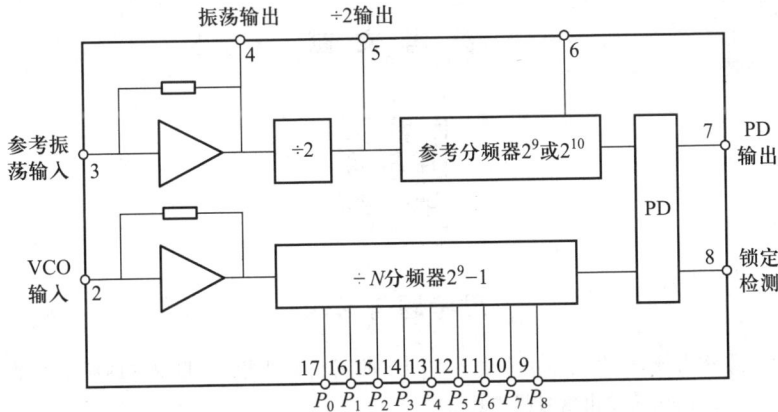

图 11.4.1 典型 MC145106 系列中的一种方框图

用第 10 章 §10.6 讨论过的通用型 L562 集成锁相环也可组成频率合成器，它的电路连接图如图 11.4.2 所示。图中，C_T 为定时电容，C_X 为滤波电容。参考频率 f_R 的信号经 0.1 μF 耦合电容由 12 端单端输入。11 端与 9 端均以 0.1 μF 电容高频接地。为了改变环路的倍频次数，得到所需的输出频率，在 4 端与 15 端之间插入可变数字分频器 T216（÷N）。4 端与 ÷N 电路的输入接口采用 0.1 μF 与 10 kΩ 并联的阻容耦合电路，15 端与 ÷N 电路的输出接口则用 0.1 μF 的耦合电容相连。VCO 信号由 3 端输出。当环路锁定时，VCO 的频率为

$$f_V = Nf_R$$

改变 N，即可改变 f_V。

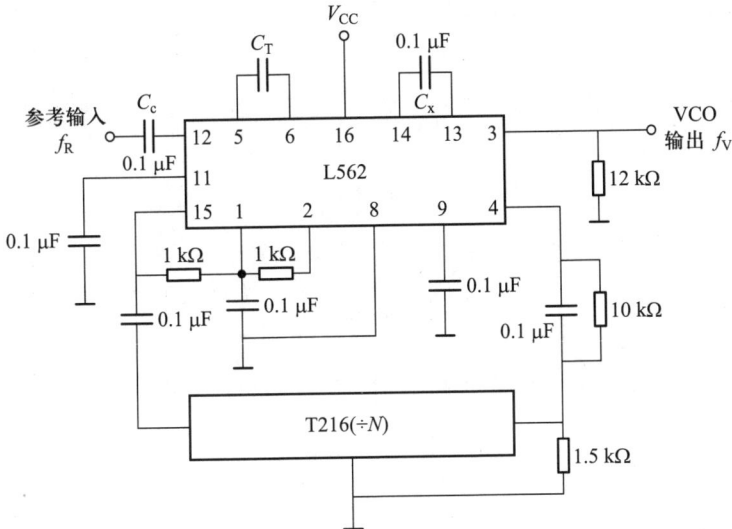

图 11.4.2 通用型 L562 集成锁相环组成的频率合成器的电路连接图

参 考 文 献

思考题与习题

11.1　有一频率合成器,其输出信号含有 50 Hz 的正弦波调相,设测得它的频偏有效值 $\Delta f = 2.5$ Hz。试求其输出信号噪声比。

11.2　试根据图 11.2.3,拟定一个工作频率为 4 ~ 4.999 9 MHz 的合成器各处的频率值。

11.3　锁相环路合成法根据哪些特点分为模拟式与数字式两大类? 它们各有何优缺点?

11.4　试说明图 11.3.8 的工作过程。

11.5　试根据图 11.3.10,拟定一个工作频率为 100 ~ 199.999 9 MHz 的合成器,写出分频器 N 值与各处的频率值。

*第 12 章　电子设计自动化(EDA)与
软件无线电技术简介

§12.1　电子设计自动化技术简介

随着计算机技术的发展,从 20 世纪 70 年代开始,就有了计算机辅助设计(Computer Aided Design,简写为 CAD),人们可以借助计算机辅助进行集成电路(Integrated Circuit,简写为 IC)版图的编辑和印制电路板(Printed Circuit Board,简写为 PCB)的布局布线。这就是第一代的电子设计自动化(Electronic Design Automation,简写为 EDA),这一阶段是应用于电子设计的硬件集成电路的设计阶段。

到了 20 世纪 80 年代,进入计算机辅助工程(Computer Aided Engineering,简写为 CAE)阶段。与 CAD 相比,它除了图形的绘制功能外,还增加了电路功能设计和结构设计,并通过电气连接网络表将二者结合在一起。这一阶段对应于以微机为核心的软件编程设计阶段,特点是以软件工具为核心,完成产品开发的设计、分析、生产和测试等各项工作。

尽管 CAD/CAE 技术取得巨大的成功,但还没有把人们从繁重的设计工作中彻底解放出来,在设计过程中,自动化和智能化的程度还不高。20 世纪 90 年代后,随着 EDA 技术的不断发展,出现了以高级语言描述、系统级仿真和综合技术为特征的 EDA 技术。EDA 技术的出现,为电子系统的设计带来极大的灵活性。传统设计方法与 EDA 设计方法的比较见表 12.1.1[1]。

表 12.1.1　传统设计方法与 EDA 设计方法的比较

传统设计方法	EDA 设计方法
自底向上	自顶向下
手工设计	自动设计
硬软件分离	打破软硬件屏障
原理图方式设计	多种语言设计方式
系统功能固定	系统功能易变
不易仿真	易仿真

续表

传统设计方法	EDA 设计方法
难测试修改	易测试修改
模块难移置共享	设计工作标准化,模块可移置共享
设计周期长	设计周期短

传统的设计方法都是自底向上的,即首先确定可用的元器件;然后根据这些元器件进行设计,完成各模块后进行连接;最后形成系统;然后进行调试,测量整个系统是否达到预定的性能指标。这种设计方法存在如下的问题:

① 它受到设计者的经验及市场元器件情况等因素的限制,而且没有明显的规律可遵循。

② 系统测试是在系统硬件完成后进行的。如果发现系统需要修改,则必须重新制作电路板,重新购买元器件,重新修改设计与调试。这要花费大量时间与经费。

EDA 技术采用的自顶向下的设计方法与上述传统设计方法刚好相反。它首先从系统设计入手,在顶层进行功能划分和结构设计,并在系统级采用仿真手段来验证设计的正确性;然后再逐级设计低层的结构,实现设计、仿真、测试一体化。这种设计方法的特点如下:

① 基于 EDA 工具的支持。

② 采用逐级仿真技术,可及早发现问题,修改设计方案。

③ 现代的电子应用系统正在向软硬件结合的方向发展。基于网上设计技术,全球设计者可获得设计成果共享。可以对以往成功的设计成果稍做修改,即可投入再利用。

④ 采用结构化设计手段可实现多人多任务的并行工作方式,使复杂系统的设计效率大幅度提高。

EDA 技术的基本设计方法主要包括系统级设计、电路级设计和物理级设计。物理级设计一般由半导体厂完成。电子工程师则负责系统级设计和电路级设计。

系统级设计的主体工作是将设计任务转换成为明确的、可实现的功能和技术指标要求,确定可行的技术方案。在系统一级描述系统的功能和技术指标要求。简要说来,系统级设计是一种"概念驱动式"设计。设计人员无须进行电路级设计,可以将精力集中在创造性的概念构思与方案上。将这些概念构思以高层次描述的形式输入计算机后,EDA 系统就能以规则驱动的方式自动完成整个设计。

电路级设计工作是从确定设计方案开始,同时要选择能适合本方案的合适元器件。然后根据这些元器件设计电路原理图。接着在计算机上进行第一次仿真,包括数字电路的逻辑模拟、故障分析、模拟电路的交直流分析、瞬态分析。计算机上模拟的输入输出波形代替了实际电路测试所用的信号源和示波器。仿真通过后,根据原理图产生的电气网络表进行 PCB 板的自动布局布线。在制作 PCB 之前,还可以进行后分析,如热分析、噪声分析、电磁兼容分析、可靠性分析等,并可将分析后的结果参数反馈回电路图,进行第二次仿真(后仿真)。这样,电路级的 EDA 技术使电子工程师在实际电子系统产生之前,就可以全面了解系统的功能特性和物理特性,从而可以将开发过程中出现的缺陷消灭在设计阶段,缩短了开发时间,降低了开发成本。

EDA 软件工具按照它的主要功能和应用场合不同,可分为电路设计与仿真软件、PCB 设计软件、IC 设计软件、可编程逻辑器件(Programmable Logic Device,简写为 PLD)设计软件等。一般认为光刻机是芯片的命脉,其实 IC 设计软件的重要性丝毫不逊于光刻机。由于 EDA 软件基本被国外企业所垄断,EDA 软件的国产化显得十分重要和紧迫。

常用的电路设计软件与仿真软件如下:

(1) Spice(Simulation Program with Integrated Circuit Emphasis,可译为"集成电路仿真程序")

这是美国加州大学伯克利分校于 1972 年推出的电路仿真程序。随后其版本不断更新和完善,1988 年被定为美国国家工业标准。1984 年美国的 MicroSim 公司推出基于 Spice 的微机版 PSpice(Personal Spice)。目前版本已达 16.6,可以进行各种电路的仿真、激励编辑、元器件库编辑、波形输出、温度与噪声分析等。

(2) EWB(Electronic Workbench,可译为"电子工作平台")

这是加拿大 IIT(Interactive Image Technology)公司于 1988 年推出的电路仿真软件。它的分析方法和元器件库都是在 Spice 基础上建立起来的。Multisim 是 EWB 的升级版,与 EWB 相比,Multisim 的功能更强大,它不仅继承了 EWB 用户界面友好和使用直观的虚拟仪表的优点,还大大丰富和加强了 EWB 的各类分立器件和集成芯片;而且将最新的安捷伦测量仪器引入虚拟仪器,这些优良的安捷伦测量仪器是其他仿真软件所没有的。另外,加拿大 IIT 公司还向用户提供配套印制 PCB 版软件 Ultiboard。用 Multisim 进行仿真设计后的电子电路可以无缝连接到 Ultiboard 进行印制电路板的设计。

(3) MATLAB

MATLAB 本是一个由美国 MathWork 公司推出的、用于数值计算与信号处理的数学计算软件包。但随着版本的不断升级,其功能越来越强大。它可用于:数据分析、数值和符号计算、工程与科学绘图、控制系统的设计与仿真、数字图像信号处理、建模、图形用户界面处理等。利用通信系统工具箱等,可以进行系统级的通信系统设计与仿真。

(4) Protel

Protel 是 Protel(现为 Altium)公司于 20 世纪 80 年代末推出的 EDA 软件。它是 PCB 设计者首选的软件,在国内的普及率也最高。目前普遍使用的 Protel 99SE 和 Protel DXP 都是完整的电路设计系统,包含了电路原理图绘制、模拟电路和数字电路混合信号仿真、多层印制电路板设计(含自动布局布线)、可编程逻辑器件设计、图表生成、电路表格生成、支持宏操作等功能,还兼有其他设计软件的文件格式,如 PSpice、OrCAD 等。Protel 软件功能强大、界面友好、使用方便。

(5) OrCAD

OrCAD 是由 OrCAD 公司于 20 世纪 80 年代末推出的 EDA 软件。相对于其他软件而言,它的功能最强大。它集成了电路原理图绘制、印制电路板设计、模拟和数字电路混合仿真等功能,还收入了几乎所有的通用型电子元器件模块,因而价格较高。

(6) EAD 2000

这是一个纯国产的 EDA 软件,主要应用于电子线路图、印制电路板和电气工程图的计算机辅助自动化设计。它具有完整的绘图、输出、建库、自动化布局布线、设计优化、标准化等功能。

(7) Eesof

这是 HP(现为 Agilent)公司推出的专门用于高频和微波电路设计与分析的专业 EDA 软件,主要包括 ADS(Advanced Design System)和 MDS/RFDS (Microwave Design System/Radio Frequency Design System)。它收录了较为完备的各大公司的元器件和集成电路的性能参数和封装信息,不仅可以对高频和微波系统进行系统级和电路级的设计与仿真,而且可以进行电路板级的仿真分析和电磁兼容分析、热分析、稳定性分析和灵敏度分析等,功能强大。利用该公司提供的编译器,用户还可以根据自己定义的技术规范和允许采用的零部件清单,自动选择一种线路结构,计算元器件的数据,并和 ADS 结合使用,生成可以工作的电子线路原理图。因而,它在高频和微波领域获得较普遍的应用。

图 12.1.1 是 EDA 电路设计与分析的一般步骤。至于具体如何实现,已超出本书的范围,此处从略。

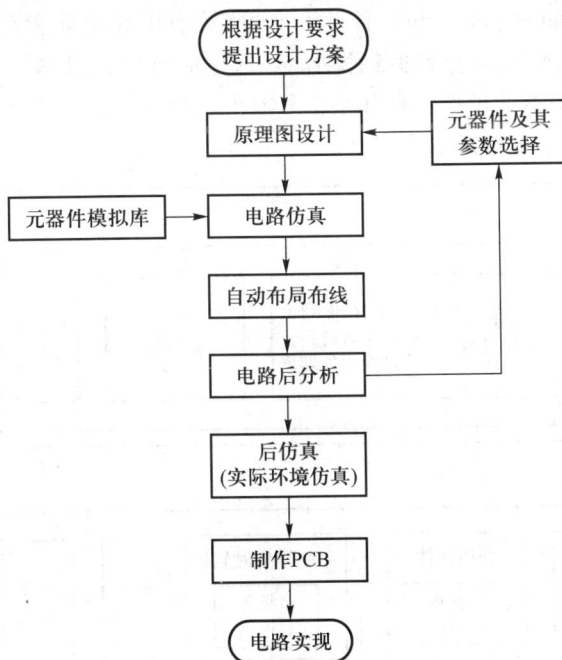

图 12.1.1　EDA 电路设计与分析的步骤

§12.2　软件无线电技术简介[6]

　　软件无线电(software radio)是 20 世纪 90 年代由美国 MITRE 公司的约瑟夫·米托拉(Joseph Mitola)在美国国家远程会议上首次提出这一概念的,它把硬件系统作为无线电通信的基本平台,在此硬件平台上将尽可能多的无线电通信功能与个人通信以及其他通信业务,通过各种不同软件的运行来实现。它通过一种通用化的硬件平台把系统的业务运行从长期依赖固定线路特性的方式中解脱出来,将对于不同通信系统新产品的开发更多地转移到相应软件的开发与设计上来。因此,对通信系统以后的升级与改进就非常方便且代价较小。此外,对于不同频段、不同制式的通信系统可以互联、兼容。因而这是继模拟到数字、固定到移动通信之后,在无线电通信领域内的又一次重大技术突破。软件无线电可实现一种多频段、多模式、多功能的无线电(multi band multi mode multi function radio,简写为 MBMMMFR)通信体制。国内外都将软件无线电系统及其技术纳入重要研究范畴。我国在"863"高科技计划中的高新通信技术栏目中,就专门制定了对"软件无线电技术"方面的研究项目。

　　图 12.2.1 是理想软件无线电台的结构,它包括:电源(图中未示出)、天线、多频段射频变换器、模拟/数字/模拟(A/D/A)转换器、可编程处理高速数字信

号处理(digital signal processing,简写为 DSP)及通用处理器和存储器的专用芯片。该芯片可完成无线电台的各种功能。这里应指出,无论软件无线电技术如何发展,但一些基本的硬件电路如小信号放大、功率放大、振荡器等,还是必不可少的,只是图 12.2.1 中未示出而已。

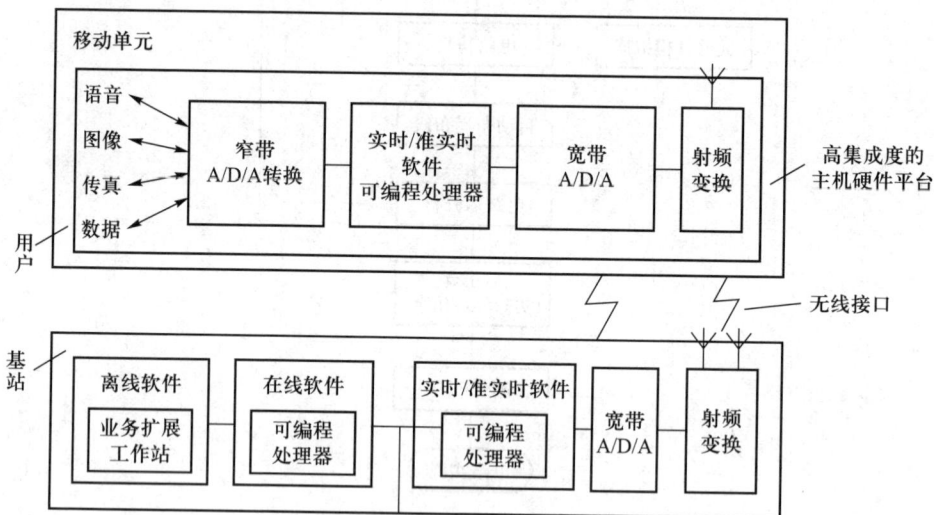

图 12.2.1 理想软件无线电台结构

从图 12.2.1 可知,理想软件无线电系统中的 A/D/A 转换器已相当靠近天线,从而可对高频信号进行数字化处理,这也是它与常用的数字通信系统的根本区别。它的硬件平台相对简单且通用,且可用不同软件来定义无线电系统的各种功能,这就是软件无线电技术的主要特征。此外,软件无线电台的可编程性较宽,它包括可编程的射(高)频段、信道访问模式及信道调制解调方式等。目前要求该系统覆盖 2 MHz ~ 2 GHz 的频段宽度。

由于高速 DSP 芯片、A/D/A 转换芯片的处理能力在目前还未达到理想软件无线电所要求的射频段数字化的处理能力,所以采取一种折中方案,即实用的软件无线电系统结构,如图 12.2.2 所示。实际的软件无线电系统结构包括:电源、天线、多频段射频变换器、A/D、D/A 转换器的芯片,以及片上通用处理器及存储器。该系统也能实现各种常用无线电系统功能和一些相应的接口功能。

在这种实用的软件无线电结构中,为了满足现有 DSP 处理器的功能,系统的 A/D、D/A 转换器只是尽可能地向 RF 端靠近,由基带移到中频,对整个中频系统频带进行采样。这样也可以尽可能早地将接收到的模拟信号数字化,从而使信号的产生、调制、解调、编码、解码等功能均可通过通用可编程 DSP 等器件完成。这也是这种实用软件无线电系统与传统的数字通信系统的重大区别所在。前者可通过运行不同的算法,使这种软件无线电系统实现不同的通信业务功能。

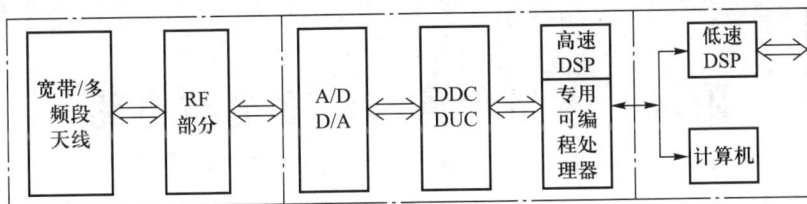

图 12.2.2　中频数字化的软件无线电结构

上述的实用软件无线电结构可广泛应用于中继无线电、监测网络、海上及空中运输管理、军事及民用移动通信以及卫星移动通信系统等场合。

以下我们简要讨论软件无线电的系统功能。

实现传统的无线电通信需要经历信号的发射、信号的信道传输与信号的接收三个过程。而在软件无线电系统中,信道接入、信道调制方式和信道的选址分配方式均可由系统终端的可编程软件功能来定义与实现,从而可使软件无线电通信系统的实现缩减为发射与接收两种过程。此外,在软件无线电系统中承担发射过程的软件功能相当丰富,它不仅能发射信号,而且能预先分析传输信道与相邻信道的干扰特性,从而探测确定信号的最佳传输路径。它能自行选择确定适应信道传输的最佳调制方式与编码方式,也能决策调整宽带天线的位置,以使发射电波波束获得最佳方向,并能自动调整合适的发射功率,以避免不必要的功率损失。

软件无线电通信系统接收过程的软件功能是:它不仅能够接收信号,而且能够分析接收信号功率在本传输信道和相邻信道上的分布特性,并能自动调整接收天线的方向;能识别接收信号的调制方式与编码方式;能自适应地抑制干扰,评估所需信号多径传输的动态特性,并对其总体值进行相关的自适应均衡处理;能采用交织解码方式对信道调制方式进行解调;它还能对不同系统通信的相关协议进行转换,等等。

概括来说,软件无线电系统可通过广泛的软件功能来支持该系统业务的广泛可扩充性。这是以往的模拟或数字无线电通信系统所不能比拟的。此外,软件无线电也是第五代移动通信(5G)的关键技术之一。在高清晰度电视(high definition television,简称 HDTV)中,软件无线电技术也可发挥应有的作用。总之,软件无线电技术的发展方兴未艾,它必将无线电技术推向新的高峰。

参 考 文 献

第 12 章拓展阅读
高频新技术

附录　参量现象与时变电抗电路

§A.1　概　　述

第 4 至第 6 章所讨论的频率变换、功率放大、振荡等功能,都是利用器件的非线性电阻特性来实现的。利用非线性电抗元件(电容或电感)也可以组成各种电子线路,以实现功率放大、振荡或频率变换的功能。由于这些电路的功能是通过时变电抗参量来实现的,所以也是时变电抗电路或参变电路。

利用非线性电抗器件来实现功率放大和频率变换的优点是:由于理想的电抗元件既不消耗功率,也不产生噪声,所以电路的频率高、噪声低。非线性电阻器件则需要消耗功率,并产生热噪声、散粒噪声与分配噪声等。

非线性电抗器件可分为两类:一类是具有磁芯的非线性电感;另一类是非线性电容器件,主要是变容二极管(varactor diode),它的体积小,结构简单,控制方便,是最常用的参量器件。由变容二极管所组成的时变参量电路广泛应用于微波多路通信、卫星通信、雷达设备等方面。本附录即以变容二极管电路为主,首先讨论它的能量转换机理,推导出能量转换的普遍关系式——门雷-罗威公式,并利用这一理论来分析参量混频、参量倍频等电路的工作原理,最后讨论参量自激现象及其消除方法。

§A.2　参量放大器

A.2.1　变容二极管的非线性特性

变容二极管的机理已在"低频电子线路"[1] 课程中进行了讨论。它的结电容 C_j(主要是势垒电容)与反向偏置电压 v_R(绝对值)之间的关系为

$$C_j = \frac{\mathrm{d}q}{\mathrm{d}t} = \frac{C_{j0}}{\left(1 + \dfrac{v_R}{V_D}\right)^{\gamma}} \qquad (\mathrm{A.2.1})$$

式中,V_D 为 PN 结的势垒电压(内建电势差);C_{j0} 为 $v_R = 0$ 时的结电容;γ 为系数,它的值随半导体的掺杂浓度和 PN 结的结构不同而异:对于缓变结,$\gamma = 1/3$,对于突变结,$\gamma = 1/2$,对于超突变结,$\gamma = 1 \sim 4$,最大可达 6 以上。

当 $\dfrac{v_{R}}{V_{D}} \gg 1$ 时,描述变容管结电容与反向电压之间的关系式(A.2.1)可简化为

$$C_{j} = \dfrac{\mathrm{d}q}{\mathrm{d}v} = kv_{R}^{-\gamma} = f(v_{R}) \quad \text{(A.2.2)}$$

式中,k 为常数;v_{R} 为反向电压绝对值。

由式(A.2.2)可知,加于变容二极管的反向电压与其结电容呈非线性关系。变容二极管所呈现的非线性电容特性,在本质上反映了电压 v_{R} 与其感应电荷 q 的非线性关系。正是由于这种关系的存在,才使得放大、倍频、混频等功能得以实现。图 A.2.1 所示是不同 γ 值(假定各管的 C_{j0},V_{D} 均相同)的变容二极管 $C_{j} = f(v_{R})$ 曲线。

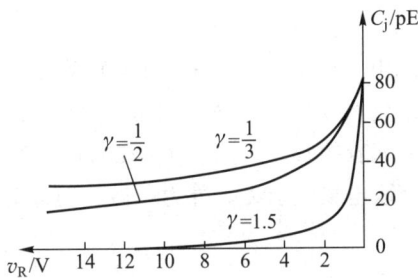

图 A.2.1　不同 γ 值的变容二极管 $C_{j} = f(v_{R})$ 曲线

A.2.2　参量放大的物理过程

图 A.2.2 所示是一个简单的串联谐振回路,假定回路中的电容器是两块极板可移动的平行板电容器。当两块极板的间距为 d 时,对应的电容量为 $C_{\max}$;当两块极板的间距为 $d+\Delta d$ 时,对应的电容量为 $C_{\min}$。

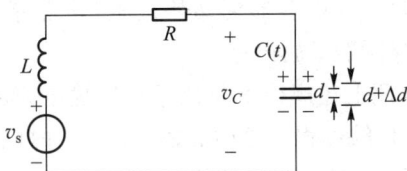

图 A.2.2　说明参量激励的串联回路

电容器充电后,在电容器的两块极板上就会带有一定的电荷 q,因而两块极板之间有相应的电压 v_{c}。q 与 v_{c} 之间具有如下关系:

$$q = Cv_{c} \qquad\qquad \text{(A.2.3)}$$

这时电容器储存一定的能量 W,有

$$W = \dfrac{1}{2}qv_{c} = \dfrac{1}{2}Cv_{c}^{2} = \dfrac{q^{2}}{2C} \qquad\qquad \text{(A.2.4)}$$

对于平板电容器而言,其电容量 C 可写为

$$C = \dfrac{\varepsilon A}{d}$$

式中,d 为极板间的距离;A 为极板的面积;ε 为极板间介质的介电常数。

因此,式(A.2.4)可改写成

$$W = \frac{q^2 d}{2\varepsilon A} \qquad (A.2.5)$$

由式(A.2.5)可见,如果突然将两块极板拉开,间距从 d 变为 $d+\Delta d$,这时电容量突然减小,但电荷 q 不能突变,因此电容器的储能就要增加。这是因为两块极板上充着的 $+q$ 与 $-q$ 之间存在着电场吸引力,要把两块极板拉开,外力必须做功,以克服电场吸引力。外力所做的功即变为电容器所增加的储能 ΔW,其表示式为

$$\Delta W = \frac{q^2 \Delta d}{2\varepsilon A} \qquad (A.2.6)$$

与此相应的电压增量为

$$\Delta v_c = \frac{q \Delta d}{\varepsilon A} \qquad (A.2.7)$$

反之,如果突然把两块极板靠近,则电容器的储能减少,电容器两端的电压会降低。

再回到图 A.2.2 所示的串联谐振回路,回路上加有频率为 f_s 的高频信号电压 v_s。因为 LC 组成的回路对 f_s 是谐振的,所以电容器上的电荷 q 随 f_s 作周期性变化。如上所述,当电容器上电荷最多的瞬间突然拉开电容器的两块极板(电容突然变小),则外力克服电场力做功而供给电容器的能量最多。反之,当电荷 q 为零的瞬间,突然推拢电容器的两块极板(电容增大恢复到原来值),由于这时电荷 q 为零,电容器不会放出能量。

图 A.2.3 说明了按照上述规律不断拉开和推拢电容的两块极板时,电容器的电容量便作周期性变化的过程。这时,在一个周期内电容器发生两次储能增加过程,电容器上的电压 v_C 和回路的储能 W 就不断增大。换句话说,外力不断克服电场力而做功,不断地把能量输给谐振回路,就使高频信号得到了放大。

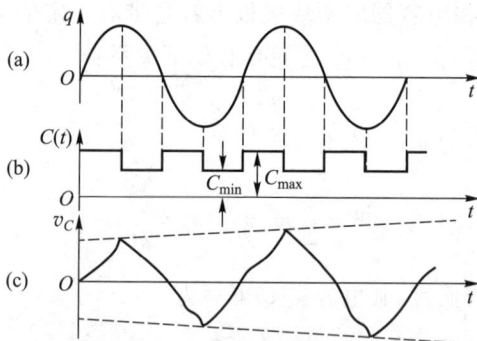

图 A.2.3 参量激励过程

图 A.2.3(a)为电容器上电荷 q 随 t 作周期性变化,图 A.2.3(b)为随着电容器极板拉开和靠近,电容量做周期性的变化,图 A.2.3(c)说明电容器上的电压 v_C 不断地增大。

实际上,电容量的变化(极板拉开和靠近)不是用机械力,而是用另外的交流电源——"泵源"(pump source)改变变容二极管的结电容来完成的。

必须指出:在一个周期内,电容器的储能增量必须大于回路电阻的能量损耗,才能建立放大。

显然,电容器的储能是不能无限增加的,最后将趋于稳定值。这是因为电容器储能增加,则极板间电场吸引力也增大,而外力是有限的,这就使储能增量愈来愈小;同时,随着电容器储能的增加,回路电阻 R 所消耗的能量也加大。最终达到平衡状态,电容器储能等于稳定值。

上面说明了参量放大的过程。由此可见,要实现参量放大,必须具备两个条件:

(1)有一个随时间作周期性变化的电容。

(2)"泵源"频率 f_p 是信号频率 f_s 的两倍,且相位要合适。

采用变容二极管能满足第一个条件(变容二极管的结电容随所加偏压而变化,是非线性电容。当它两端加一周期性的交变电压时,可以获得随时间作周期性变化的电容)。要满足第二个条件是困难的。但进一步的论证说明,只要多加一个回路[称为空闲回路(vacant circuit)],这个回路调谐于 f_i,并且满足 $f_i = f_p + f_s$ 的关系时,同样能够进行参量放大。要了解这个问题,必须先研究非线性电抗元件中的能量关系。

A.2.3 非线性电抗元件中的能量关系[2][3]

将频率为 f_s 的信号电压和频率为 f_p 的泵源电压同时加到理想无损耗的单值非线性电容上,则通过非线性电容的电流不仅有频率为 f_s、f_p 及它们的各次谐波成分,而且还会有新的组合频率成分

$$f_{m,n} = mf_s + nf_p \qquad (A.2.8)$$

式中,m 与 n 为正整数或负整数。这些组合频率信号之间的能量转换,遵守以下关系:

$$\sum_{m=0}^{\infty} \sum_{n=-\infty}^{\infty} \frac{mP_{m,n}}{mf_s + nf_p} = 0 \qquad (A.2.9)$$

$$\sum_{m=-\infty}^{\infty} \sum_{n=0}^{\infty} \frac{nP_{m,n}}{mf_s + nf_p} = 0 \qquad (A.2.10)$$

式(A.2.9)和式(A.2.10)即所谓门雷-罗威关系式(Manley and Rowe relations),简称为门-罗公式。它是研究非线性电容能量转换机理的基本关系

式。式中 $P_{m,n}$ 表示作用在非线性电容上频率为 $f_{m,n}$ 的信号功率。当 $P_{m,n}>0$ 时，表示由外电路供给非线性电容功率；当 $P_{m,n}<0$ 时，表示从非线性电容输出给外电路功率。下面扼要证明这一关系式。

假定非线性电容本身没有损耗，则由能量守恒定律得

$$\sum_m \sum_n P_{m,n} = 0 \qquad (A.2.11)$$

将式（A.2.11）中各项同时乘除以相应的频率 mf_s+nf_p，则可变为

$$\sum_m \sum_n (mf_s+nf_p)\frac{P_{m,n}}{mf_s+nf_p} = 0 \qquad (A.2.12)$$

式中
$$m = 0,\pm1,\pm2,\pm3,\cdots,\pm\infty$$
$$n = 0,\pm1,\pm2,\pm3,\cdots,\pm\infty$$

上式可以写为

$$f_s \sum_{m=-\infty}^{\infty} \sum_{n=-\infty}^{\infty} \frac{mP_{m,n}}{mf_s+nf_p} + f_p \sum_{m=-\infty}^{\infty} \sum_{n=-\infty}^{\infty} \frac{nP_{m,n}}{mf_s+nf_p} = 0 \qquad (A.2.13)$$

由于频率 mf_s+nf_p 与 $-mf_s-nf_p$ 所表示的组合频率实际上指的是同一种情况，且负频率没有实际意义，所以，$P_{m,n}$ 与 $P_{-m,-n}$ 所表示的也是同一频率成分的功率。于是有

$$P_{m,n} = P_{-m,-n}$$

因此，在式（A.2.12）取和时，所有频率的功率只取一次即可，不要使下标为 $+m$、$+n$ 与 $-m$、$-n$ 两项重复出现。所以，n 与 m 的取值范围不应都是从 $-\infty$ 到 $+\infty$。如果 m 从 $-\infty$ 取到 $+\infty$，则 n 只取正值即可。反之，如果 n 从 $-\infty$ 取到 $+\infty$，则 m 只取正值即可。这就能消除正、负频率对应两项的重复出现。将式（A.2.13）分开写成两项，按照上述原则，一项的 m 取正值，n 则从 $-\infty$ 到 $+\infty$；另一项 n 取正值，m 则从 $-\infty$ 到 $+\infty$。于是，式（A.2.13）写为

$$f_s \sum_{m=0}^{\infty} \sum_{n=-\infty}^{\infty} \frac{mP_{m,n}}{mf_s+nf_p} + f_p \sum_{m=-\infty}^{\infty} \sum_{n=0}^{\infty} \frac{nP_{m,n}}{mf_s+nf_p} = 0 \qquad (A.2.14)$$

式中，$\dfrac{P_{m,n}}{mf_s+nf_p}$ 表示在一个给定的组合频率 mf_s+nf_p 的一个周期内所交换的平均能量。由于式（A.2.14）对任意组合频率都是成立的，也就是对所有的频率 f_s 及 f_p 来说，式中两项应分别等于零，因而就证明了式（A.2.9）和式（A.2.10）的普遍关系式。这一基本能量关系是讨论参量现象的理论基础。它表明理想的非线性电容被两个不同频率 f_s 和 f_p 的信号激励后，在各组合频率分量上平均功率的分配关系。在实际工程应用中，所需的组合频率分量总是有限的，一般常用的组合频率 $f_{m,n}$ 多为泵频 f_p、信号频率 f_s 以及它们的和频 (f_s+f_p) 或差频 (f_p-f_s)。下面我们利用门-罗公式进一步分析参量放大器能量转换机理。

由上面的讨论可知，在进行能量转换时，有三组频率，即：信号频率 f_s、泵频

f_p 与和频或差频 $f_i = f_p \pm f_s$。因此,一般参量放大器中除了信号回路、泵频回路之外,还应有一个调谐于 f_i 的空闲回路。图 A.2.4 为参量放大器的实际电路,其中 f_i 支路即为空闲回路。为了实现放大作用,可令 $f_i = f_p - f_s$。这样,可以认为门-罗公式中的 $m = -1, n = 1$,于是有

$$\frac{P_{1,0}}{f_s} - \frac{P_{-1,1}}{f_p - f_s} = 0 \qquad (A.2.15)$$

$$\frac{P_{0,1}}{f_p} + \frac{P_{-1,1}}{f_p - f_s} = 0 \qquad (A.2.16)$$

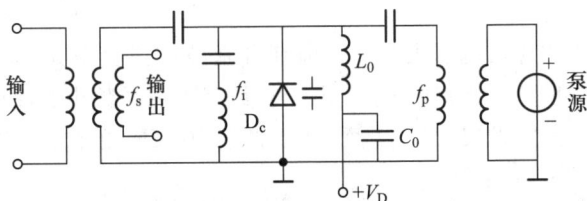

图 A.2.4　参量放大器的实际电路

式中,$P_{1,0}$、$P_{0,1}$ 和 $P_{-1,1}$ 分别表示信号频率、泵源频率和差频各分量的功率。由式(A.2.16)可知,当泵源向变容管输送能量,即 $P_{0,1}$ 为正时,则差频功率 $P_{-1,1}$ 必为负值。根据式(A.2.15),这时信号功率 $P_{1,0}$ 亦为负值。它说明在差频工作时,只有泵源向非线性电容器提供能量,差频回路和信号源回路都从非线性电容器获得能量。从物理意义上说,泵频能量通过变容管的非线性作用,转换成为差频能量和信号能量。因此,差频工作时参量电路不但有信号放大的功能,而且有变频的功能。

用负阻概念来分析这种放大功能,可以认为非线性电容器对信号源的作用就如同再生式(regenerative)放大器那样呈现负阻特性,故有时称它为负阻式参量放大器。显然,这种放大器的增益取决于信号源内阻 R_s 和输入负阻的关系。等效负阻越接近 R_s,增益越大。当二者相等时,参量电路就会出现自激现象,称为参量自激。

具有空闲回路的参量放大器称为非简并式参量放大器(non-degenerate parametric amplifier)。若泵频正好等于信号频率的两倍,则 $f_i = f_p - f_s = f_s$,信号回路可以兼起差频回路(即空闲回路)的作用,则称为简并式参量放大器(degenerate parametric amplifier)。

A.2.4　参量放大器的特性和运用范围

参量放大器的突出优点是噪声系数很低。如前所述,它没有器件所引起的散粒噪声和分配噪声,只有回路电阻所引起的噪声。因此在常温工作时,噪声系

数为 2～3 dB。如果采用冷参放(用液氮或液氦对参量放大器进行深冷),则等效噪声温度 T_i 可以是几十开。

参量放大器的功率增益约为 20 dB。其功率增益在很大程度上与泵源有关,要求泵源的输出功率与频率都很稳定。

参量放大器的频带宽度一般为工作频率的百分之几,采用加宽措施后也可达到 10%。通常空闲回路的频率 f_i 选得高,且品质因数 Q_{iL} 较低时,通频带较宽。参量放大器的频带宽度和功率增益是互相矛盾的。功率增益高,则频带窄。反之,频带宽,则功率增益低。因此,通常也用"增益带宽乘积"来表示电路的性能。

参量放大器的应用范围很广。目前在分米波波段直至 3 cm 的波段范围内(频率为 1 GHz 到 10 GHz)均采用。由于它具有噪声系数小的优点,它一方面向更高频率的应用方向发展;另一方面,频率低于 30 MHz 的波段,也已开始应用。

§A.3　参量混频器

A.3.1　参量混频原理

由上节的讨论可知,如果 f_i 等于所需要的中频,则参量放大器即工作为混频器。图 A.3.1 所示为并联型参量混频器的原理图。图中 D_C 为变容二极管。L_p、C_p(包括 L_p、C_p 损耗及变容管的有功损耗在内)组成泵频回路(泵源),回路的固有谐振频率为 f_p。L_s、C_s(包括 L_s、C_s 的损耗及变容二极管的有功损耗在内)组成信号回路,信号频率为 f_s。而 L_i、C_i、R_L(包括 L_i、C_i 的损

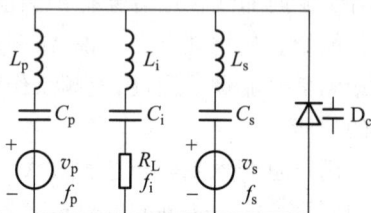

图 A.3.1　并联型参量混频器原理图

耗及变容二极管的有功损耗在内)组成中频(差频或和频)回路(空闲回路),回路的固有谐振频率为 f_i。变容二极管的有功损耗可以看成与回路并联,也可以转换成与回路串联。负载电阻 R_L 接在中频回路中,从而得到混频后的中频信号。由中频回路参量所决定的回路固有频率既可以是泵频与信号频率之和,也可以是泵源频率与信号频率之差。下面我们来分别讨论。

(1) 上边带参量混频

为了获得和频(f_p+f_s)分量,参量电路系统至少应有如图 A.3.1 所示的三个谐振回路,即信号频率 f_s、泵源频率 f_p 与和频(f_s+f_p)回路。若该系统仅有上述三个回路存在,则可认为该系统除 f_s、f_p 和 f_s+f_p 三个频率分量外,其他频率分量不参与能量转换。因此,利用门-罗公式来描述 $f_s(m=1,n=0)$,$f_p(m=0,n=1)$

和 $f_s + f_p(m=1, n=1)$ 的能量关系则有

$$\frac{P_{1,0}}{f_s} + \frac{P_{1,1}}{f_s + f_p} = 0 \qquad (A.3.1)$$

$$\frac{P_{0,1}}{f_p} + \frac{P_{1,1}}{f_s + f_p} = 0 \qquad (A.3.2)$$

式中，$P_{1,0}$、$P_{0,1}$ 和 $P_{1,1}$ 分别表示信号频率、泵频及和频各分量的功率。

由式（A.3.2）可知，若泵源通过泵频回路向非线性电容输送能量，即 $P_{0,1}$ 为正值，则 $P_{1,1}$ 必为负值，这意味着非线性电容向和频回路输出能量。若 $P_{1,1}$ 为负值，根据式（A.3.1），则 $P_{1,0}$ 必为正值，即信号源通过信号回路向非线性电容输送能量。换句话说，在这个系统中，泵源和信号源所输送的能量经过变容管，全部转换成和频分量的能量。该系统 $P_{1,0}$ 为正，还意味着系统对信号源来说，输入电阻为正值，不存在正反馈作用，故工作状态是稳定的。

由于和频 $f_p + f_s > f_s$，故这种混频器称为上边带混频（或称上变频）器。由式（A.3.1）可以写出这种混频器的功率增益为

$$A_{pc} = \left| \frac{P_{1,1}}{P_{1,0}} \right| = \frac{f_s + f_p}{f_s} \qquad (A.3.3)$$

由此可见，f_p 越高，则增益越高。但同时还要求泵源有一定的功率输出，这在信号频率很高时是难以实现的。因此这种电路不适用于太高的信号频率。它一般用于二次变频的短波接收机中产生高中频信号。

（2）下边带参量混频

若在图 A.3.1 中选取 $f_i = f_p - f_s$，则在利用门-罗公式时，对于差频 $f_p - f_s$，可认为 $n=1, m=-1$，则可得到式（A.2.15）与式（A.2.16）的能量关系。此时，参量电路不仅有放大功能，而且有下变频功能。此时本振电压作为泵源电压，从空闲电路中取出中频信号。由于信号电路有再生作用，因而混频增益较大。但再生作用会使混频器的工作稳定性较差。因此参量混频一般都采用和频（上变频）电路。

A.3.2　参量混频器电路

与电阻性二极管混频器相比，参量混频器的突出优点是：噪声低，动态范围大，组合频率分量少。由于它的动态范围大，组合频率少，因而可以大大减少交调、互调失真，加上宜于采用超外差制式中的高中频方案，有效地抑制镜像频率和中频频率等的干扰，从而能够提高接收机的抗干扰能力。所以，高质量的短波或超短波接收机往往使用参量混频电路。

由于参量混频器电路中同一个回路上往往作用着不同的频率分量，所以实际电路尚需考虑许多具体问题，如各回路间的相互隔离、滤波与耦合等。

图 A.3.2 所示为某短波接收机的实际参量混频电路。图中,2 ~ 3 MHz 的信号通过带通滤波器后,加至变容二极管 2AC1B。40 ~ 41 MHz 的等幅振荡信号经泵源放大器通过带通滤波器,经耦合电容 C_c 加至变容二极管 2AC1B。38 MHz 的中频信号在 C_iL_i 组成的回路形成,然后通过变压器 Tr 耦合到中频放大器的输入端。

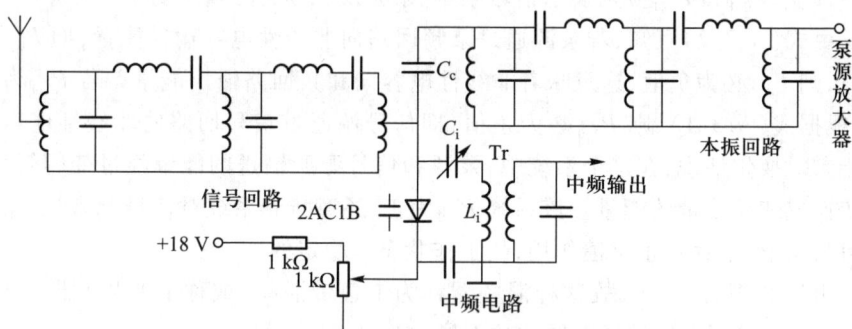

图 A.3.2 某短波接收机的实际参量混频电路

§A.4 参量倍频器

由第 5 章的讨论已知,丙类倍频器的功率增益很低,输出功率随倍频次数的增高而迅速下降,但激励功率却大大增加。这些缺点严重限制了它在甚高频大功率场合的应用。参量倍频器则是适用于甚高频大功率的较理想方式。晶体管丙类倍频器在倍频次数为 3 ~ 4 甚至更低时,效率为 10% ~ 30%,一般宜用于发射机的低电平级。参量倍频器的转换效率(谐波功率与基波功率之比)很高,在倍频次数为 2 ~ 3 时,转换效率可高达 60% ~ 70%。这种倍频器宜用于米波到分米波段发射机的输出级,输出功率可达几十瓦。

晶体管的结电容与变容二极管都是非线性电容,即它们的电容量与反向偏压呈非线性关系。利用这一特性可以将其做成参量倍频器。下面先讨论变容二极管倍频,再讨论晶体管倍频。

A.4.1 变容二极管倍频器

变容二极管倍频器有两种基本电路形式:并联型与串联型。并联型电路中的变容管和输入、输出回路并联;串联型电路则是将这三者串联起来。

图 A.4.1(a)所示为并联型变容二极管倍频器的原理性电路。图中 v_s 为信号源电压,其频率为 f_1,内阻为 R_s;F_1 与 F_n 为两个理想的窄带滤波器,它们分别只允许频率为 f_1 和 f_n(此处 $f_n = 2f_1$)的信号无衰减地通过,而阻止其余频率成分通过(对其余频率成分的衰减为无限大)。实际上常用两个串联谐振回路来代替这个理想的滤波器,如图 A.4.1(b)所示。此电路的工作原理如下:

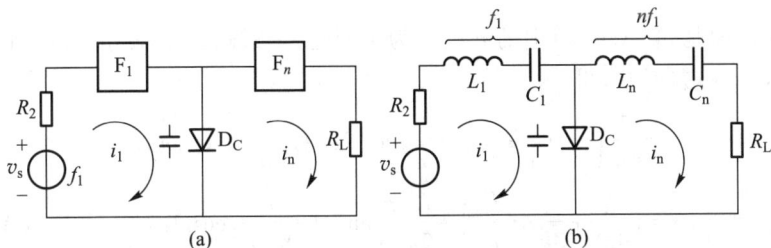

图 A.4.1 并联型变容二极管倍频器

信号源在左回路中产生激励电流 i_1(基频),i_1 在变容二极管 D_C 上产生电压 v。由于变容管的非线性作用,所以电压 v 中除了有频率 f_1 的分量外,还有 $2f_1$、$3f_1$ 等谐波分量。这时,变容管就相当于一个谐波电压发生器,在右回路中产生电流 i_n。由于 F_n 的滤波作用,只有 n 次(此处 n 取为 2)谐波电流在右面回路中流动。这样,在负载电阻 R_L 上就获得了二次谐波功率,达到了倍频的目的。

现在进一步对上述倍频原理进行理论分析。

已知非线性电容 C_j、存储的电荷量 q、端电压 v 及通过它的电流 i 之间的关系为

$$C_j = \frac{dq}{dv} \quad 或 \quad q = \int C_j dv \qquad (A.4.1)$$

$$i = \frac{dq}{dt} = \frac{dq}{dv} \cdot \frac{dv}{dt} = C_j \frac{dv}{dt} \qquad (A.4.2)$$

$$q = \int i dt \qquad (A.4.3)$$

假设图 A.4.1 中采用的是 $\gamma = \frac{1}{2}$ 的突变结变容器,则由式(A.2.2)有

$$C_j = kv^{-\frac{1}{2}}$$

代入式(A.4.1)得

$$q = \int C_j dv = \int kv^{-\frac{1}{2}} dv = 2kv^{\frac{1}{2}} - q_0$$

式中,q_0 为常数(起始电荷量)。

解上式即得变容管两端的电压为

$$v = \frac{1}{4k^2}(q + q_0)^2 = \frac{1}{4k^2}(q^2 + 2qq_0 + q_0^2) \qquad (A.4.4)$$

设由信号源 v_s 馈入变容管的基波电流为

$$i_1 = I_{1m}\cos \omega t$$

代入式(A.4.3),即得变容管储存的电荷量为

$$q_1 = \int i_1 \mathrm{d}t = \frac{I_{1\mathrm{m}}}{\omega}\sin \omega t \tag{A.4.5}$$

这里的 q_1 即是式(A.4.4)中的 q 值。为了简化,上式略去了积分常数。将 q_1 代入式(A.4.4)并展开,得

$$v = \frac{1}{4k^2}\left(\frac{1}{2}\cdot\frac{I_{1\mathrm{m}}^2}{\omega^2} - \frac{1}{2}\cdot\frac{I_{1\mathrm{m}}^2}{\omega^2}\cos 2\omega t + 2\frac{I_{1\mathrm{m}}}{\omega}q_0\sin \omega t + q_0^2\right)$$

$$= \left(\frac{q_0^2}{4k^2} + \frac{1}{8k^2}\cdot\frac{I_{1\mathrm{m}}^2}{\omega^2}\right) + \frac{I_{1\mathrm{m}}q_0}{2k^2\omega}\sin \omega t - \frac{I_{1\mathrm{m}}^2}{8k^2\omega^2}\cos 2\omega t \tag{A.4.6}$$

式(A.4.6)中包含由 i_1 产生的二次谐波电压

$$v_2 = -\frac{I_{1\mathrm{m}}^2}{8k^2\omega^2}\cos 2\omega t \tag{A.4.7}$$

与基波电压

$$v_1 = \frac{I_{1\mathrm{m}}q_0}{2k^2\omega}\sin \omega t \tag{A.4.8}$$

v_1 落后于 i_1 90°,为容性基波电压。这是意料之中的。

由于电容的非线性带来了二次谐波电压 v_2,所以接上负载电阻 R_L 后,将在负载电阻 R_L 上产生二次谐波电流 i_2,设其正方向如图 A.4.1 中所示,此时

$$i_2 = I_{2\mathrm{m}}\cos 2\omega t$$

i_2 在变容管上产生的电荷量 q_2 仍由式(A.4.3)求出

$$q_2 = \int i_2 \mathrm{d}t = \frac{I_{2\mathrm{m}}}{2\omega}\sin 2\omega t \tag{A.4.9}$$

将式(A.4.5)与式(A.4.9)中的 q_1 与 q_2 值代入 $q = q_1 + q_2$,再将 q 代入式(A.4.4)的第一项(q^2 项),用三角函数展开,即可得到 ω、2ω、$2\omega-\omega$、$2\omega+\omega$、4ω 等各频率分量的电压。其中 $2\omega-\omega$ 项就是在变容管上所产生的反向变频电压,其值为

$$v_1' = \frac{I_{1\mathrm{m}}I_{2\mathrm{m}}}{8k^2\omega^2}\cos \omega t \tag{A.4.10}$$

此处 v_1' 与 i_1 的相位相同,它的物理意义是:当接有负载电阻 R_L 后,变容管对于信号源来说,是一个电阻性负载,故从信号源吸取基波功率,转变为二次谐波功率送至负载。而在没有接负载电阻 R_s 时,v_1 与 i_1 相位差 90°,呈容性电压,因此变容管并不从信号源吸取功率(忽略变容管等效串联电阻 R_s 时)。这时,虽然变容管两端有二次谐波电压,但没有二次谐波电流,因而也就没有二次谐波功率。

当接有负载电阻 R_L 后,变容管从信号源所吸取的基波功率为

$$P_1 = \frac{1}{2}I_{1\mathrm{m}}V_{1\mathrm{m}}' = \frac{I_{1\mathrm{m}}^2 I_{2\mathrm{m}}}{16k^2\omega^2} \tag{A.4.11}$$

此时负载 R_L 上所得到的二次谐波功率为

$$P_2 = \frac{1}{2}I_{2m}V_{2m} = \frac{1}{2}I_{2m}\left(\frac{I_{1m}^2}{8k^2\omega^2}\right) = \frac{I_{1m}^2 I_{2m}}{16k^2\omega^2} \tag{A.4.12}$$

可见 $P_1 = P_2$，即变容管倍频器的理想转换效率可达 100%。实际上，在考虑了变容管的功率耗损后，转换效率仍然远比丙类倍频器高，可达 60% ~ 70%。

图 A.4.2 表示一个并联型二倍频器电路举例，输入频率为 232.5 MHz，输出频率为 465 MHz。当输入基频功率为 12 W 时，输出的二次谐波功率可达 8.5 W。电路中 C_2、C_j 与 L_1 串联谐振于输入频率；C_j、C_3 与 L_2 串联谐振于输出频率。C_1 与 L_1 对输入电路阻抗匹配；C_5 与 L_3 对输出电路阻抗匹配。为了改善滤波的效果，在 L_2、C_3、C_j 与 $L_3 C_5$ 两个谐振回路之间由 C_4 进行弱耦合。电阻 R 为供给变容管直流偏置之用。

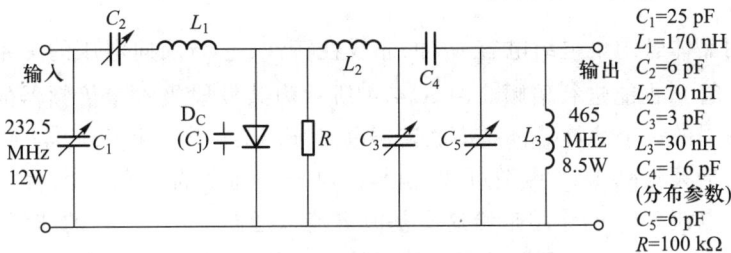

$C_1 = 25$ pF
$L_1 = 170$ nH
$C_2 = 6$ pF
$L_2 = 70$ nH
$C_3 = 3$ pF
$L_3 = 30$ nH
$C_4 = 1.6$ pF
(分布参数)
$C_5 = 6$ pF
$R = 100$ kΩ

图 A.4.2　并联型二倍频器电路举例

最后，简略介绍一下串联型变容二极管倍频器。图 A.4.3 表示这种倍频器的原理性电路[1]。图中 L_1、C_1 与 C_j 对输入频率 f_1 串联谐振；L_2、C_2 与 C_j 对输出频率 $2f_1$ 串联谐振。理想滤波器 F_1 与 F_2 分别只允许频率 f_1 与 $2f_1$ 的电流通过。由信号源 v_s 所产生的频率为 f_1 的电流 i_1 沿图中实线箭头方向流动。由于 i_1 的激励，在 C_j 上产生了包括各次谐波的电压，其中的二次谐波分量产生沿虚线箭头方向流动的二次谐波电流 i_2。于是负载 R_L 上即得到二倍频的输出功率。

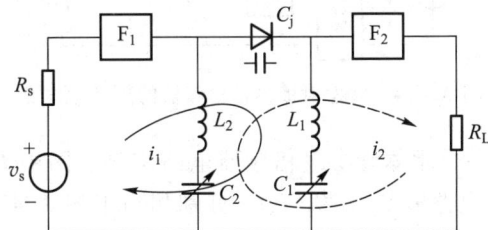

图 A.4.3　串联型变容二极管倍频器原理性电路

[1]　有些串联型倍频器用谐振于 f_1 的并联回路代替图中的 $L_2 C_2$ 串联电路，用谐振于 nf_1 的并联回路代替 $L_1 C_1$ 串联电路，则图中的滤波器 F_1 与 F_2 即可省略不用。

总起来说,并联型倍频器的优点是,二极管可以接地,使散热问题简化;它的缺点是,由于变容管与输入及输出电路都是并联的,所以输入及输出阻抗较低。串联型倍频器的优点是输入与输出阻抗较高,而且随着谐波次数 n 的增加,效率下降的程度比并联型小。因此,这种电路适用于 $n>3$ 的场合,特别适用于甚高频波段。

最后应指出,利用 PN 结的电荷储存效应形成非线性电容的变容器,也可以做成倍频器[4]。这种电荷效应很突出的专用半导体器件叫电荷储存管(charge storage diode)或阶跃恢复二极管(step recovery diode)。由于这种管子的非线性电容效应大,因而能够得到较高的倍频次数与高的转换效率。阶跃恢复二极管倍频器的应用也日益广泛。

A.4.2 晶体管倍频器

利用晶体管的集电结电容 $C_{b'c}$ 的非线性特性(它与反向电压的关系类似于变容二极管),也能进行倍频。图 A.4.4 所示为共发射极参量倍频器的原理性电路。图中的三个滤波器都是串联谐振电路,F_1 谐振于基频 f_1,F_2 与 F_3 都谐振于所需的倍频频率 $2f_1$。由图可知,信号源电压 v_s 通过晶体管放大后,在 $C_{b'c}$ 中产生基波电流。F_1 的作用是给这个基波电流以通路。由于 $C_{b'c}$ 的非线性作用,在 F_2、R_L 和 F_3 回路中产生二次谐波电流。这样,就完成了倍频过程。由此可见,这种电路类似于串联型二极管倍频器。只是由于晶体管的放大作用,激励变容管 $C_{b'c}$ 的基频电流远大于输入信号源 v_s 所引入的电流,故输出功率比变容二极管电路大。这是晶体管倍频器的优点。

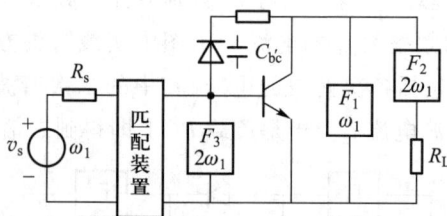

图 A.4.4 共发射极参量倍频器的原理性电路

图 A.4.5 表示一个晶体管参量倍频器电路实例。图中 L、C 为输入电路的匹配网络;串联谐振电路 L_1C_1、L_2C_2、L_3C_3 分别相当于图 A.4.4 中的滤波器 F_1、F_2、F_3,它们分别谐振于基频及二次谐波。

随着频率和倍频次数的升高,输出功率减小。图 A.4.6 给出了某一晶体管参量倍频器在三种不同状态(放大、二倍频、三倍频)的输出功率 P。与频率关系的实验曲线,可略见一斑。

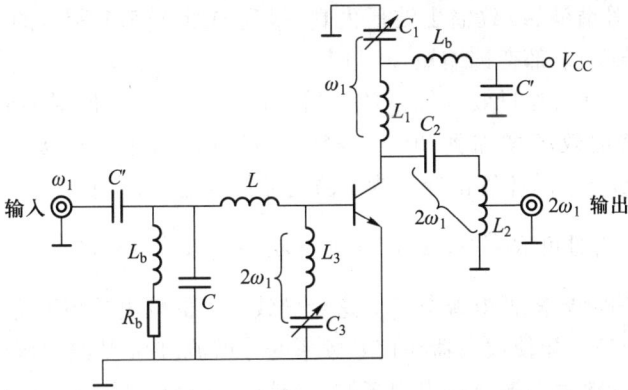

图 A.4.5 晶体管参量倍频器电路举例

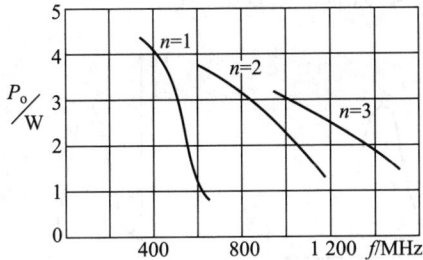

图 A.4.6 $V_{CC}=30$ V, $P_i=1$ W, $f_T=500$ MHz

晶体管的输出功率与频率关系的实验曲线

$n=1$ 放大状态

$n=2$ 二次倍频

$n=3$ 三次倍频

§A.5 参量自激现象及其消除

§A.2 中已提到,当参量放大器满足某些条件时,将产生参量自激 (parametric oscillation)现象。这种现象是有害的,应当消除。本节即研究参量自激产生的原因及其消除方法。

A.5.1 参量自激现象及其危害

在第 5 章讨论晶体管高频功率放大器时,都没有考虑结电容的影响。实际上,由于结电容的非线性,特别是集电结电容 $C_{b'c}$ 的非线性影响,将引起所谓"参量现象",或者叫"参量效应"。由上节的讨论已知,$C_{b'c}$ 与电压之间的非线性关系使通过 $C_{b'c}$ 的电流产生谐波,从而使集电极输出电压除了有基波之外,还产生了二次、三次等谐波,以致输出波形失真,得到如图 A.5.1 所示的波形,输出电压上部变尖伸长,下部变钝缩短。

实验研究表明,参量效应能使放大器电压利用系数 ξ 值提高到 $1.1 \sim 1.2$,并且使放大器的效率增加到 $80\% \sim 85\%$。但这时由于集电极最大反向电压 v_{Cmax} 升高,容易产生晶体管击穿。为了防止晶体管击穿,应使 v_{Cmax} 小于反向击穿电压。正常运用时可取 $\dfrac{v_{Cmax}}{V_{CC}} \leqslant 2$,而在参量状态则取 $\dfrac{v_{Cmax}}{V_{CC}} \leqslant (2.5 \sim 3)$。这样,在参量状态,就有必要降低电源电压。这会导致放大器输出功率下降。

参量效应还可能使放大器在信号频率的分谐波($1/n$ 基波频率)上产生自激振荡。这时,在放大器输出端出现基波与分谐波振荡(subharmonic oscillation)合成的信号。图 A.5.2 所示的波形即为基波与二次分谐波自激所合成的输出波形。这种分频自激对放大器的工作是不利的。

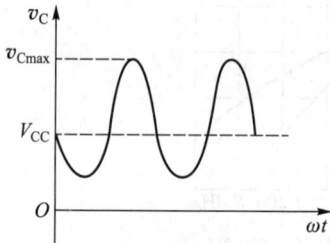

图 A.5.1　有参量效应时,晶体管放大器的输出波形

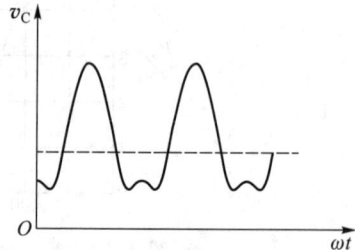

图 A.5.2　在分谐波参量自激时,晶体管输出电压的波形

晶体管功率放大器产生强的参量自激时,集电极电流和电压可能达到很高的数值,因而产生电流过载与电压过载,常导致晶体管的损坏。故参量自激应尽量避免。

A.5.2　参量自激原理和消除参量自激的方法

晶体管的结电容与结电压之间的关系是非线性的,亦即结电容是非线性电容,因而这将引起所谓的参量工作状态。就是说,由于工作电压变化所引起的结电容非线性变化会产生一种能量交换的形式。这种能量交换形式不仅可以表现为放大、混频和倍频等功能,而且在一定条件下,还可以产生自激现象。现仍从门-罗关系式出发来分析自激现象产生的原因。

由式(A.2.9)和式(A.2.10)所表示的能量关系可知,对应于信号频率 f_s 的功率应为 $m=1$、$n=0$ 的情况,即 $P_{1,0}$;对应于泵源频率 f_p 的功率应为 $m=0$、$n=1$ 的情况,即 $P_{0,1}$。假定信号频率高于泵源频率,即 $f_s > f_p$,且线路对其他频率成分具有滤波作用,只取出差频 $f_i = f_s - f_p$(相当于 $m=1$,$n=-1$ 的情况),由式(A.2.15)

和式(A.2.16)得

$$\frac{P_{1,0}}{f_s} + \frac{P_{1,-1}}{f_s - f_p} = 0 \quad \text{或} \quad \frac{P_{1,0}}{f_s} = -\frac{P_{1,-1}}{f_i} \qquad (A.5.1)$$

$$\frac{P_{0,1}}{f_p} - \frac{P_{1,-1}}{f_s - f_p} = 0 \quad \text{或} \quad \frac{P_{0,1}}{f_p} = +\frac{P_{1,-1}}{f_i} \qquad (A.5.2)$$

现在假设整个系统中只有频率 f_s 供给非线性元件能量，即 $P_{1,0} > 0$，则由式 (A.5.1)和式(A.5.2)显然可以得出，对应于 f_p 的功率 $P_{0,1}$ 和对应于 f_i 的功率 $P_{1,-1}$ 都必须为负。就是说，在 f_p 和 f_i 上获得能量。这说明，频率 f_s 的能量通过非线性器件的参量作用，转换成频率为 f_p 和 f_i 的能量。在这种情况下，即使去掉 f_p 信号，能量转换作用仍然存在。这就是非线性电容所引起的一种参量自激现象。

如果 $f_p = f_i = \dfrac{f_s}{2}$，就叫作二次"分频自激"(frequency division oscillation)。在实际线路中，也可能出现三次以上的"分频自激"。

如果电路中只有基波 f_s 及谐波 $f_m = m f_s$，则由式(A.2.7)得

$$\frac{P_{1,0}}{f_s} + \frac{m P_{m,0}}{m f_s} = 0 \qquad (A.5.3)$$

由于 $P_{1,0} > 0$，所以 $P_{m,0} < 0$，即 f_s 的能量转换为谐波的能量。这叫作"倍频自激" (double frequency oscillation)。

参量自激是晶体管在一定工作条件下特有的现象。在晶体管功率放大器中，往往由于在强激励的条件下，基波电压通过极间电容 $C_{b'e}$ 的非线性作用产生参量自激，而使放大器的工作不正常。因此，参量自激对于晶体管放大器是有害的。这时产生自激的能量就来自电路中的基波。当电路对 f_i 及 f_p 呈现足够大的阻抗时，就具备了参量自激的条件。

应该说明，在晶体管高频功率放大器中，它表现为有时即使去掉前级激励，但由于电路中存在反馈型寄生振荡，此时参量自激也可能维持。

参量自激有一个特点，即自激振荡频率与激励信号频率间有确定的关系。当改变信号频率时，自激振荡频率也跟着按比例变化，如二倍频自激就保持严格的二倍关系。反馈型寄生振荡频率则只与电路参数有关，而与信号频率没有关系。

根据参量自激的特点，可以用一个高灵敏度接收机来检查判断是否产生了参量自激。当接收机调谐到工作频率、分频或倍频等某些频率附近，可以听到频谱很宽的强噪声，这是因为产生了一种不稳定的参量自激。这是噪声对振荡起了调制作用，因而造成对接收机的强烈干扰。

消除或抑制参量自激的措施有：减小激励电压；在基极中串联电阻；降低回路 Q 值；减小振荡管与回路间的耦合；使回路微量偏调(减小回路电容)；以及加入高频负反馈电路。

参 考 文 献

[QR code]

思考题与习题

A.1 非线性电抗性器件与非线性电阻性器件在频率变换电路中,能量转换功能有何异同点?

A.2 什么叫非简并式参量放大器? 空闲回路在参量放大器中的作用是什么?

A.3 在研究非线性电抗性器件换能机理时,所用的门-罗公式应满足哪些先决条件?

A.4 参量混频器的混频功率增益如何定义? 采取什么措施能够提高混频功率增益?

A.5 在参量放大与参量混频的电路中,和频空闲电路与差频空闲电路对电路各有什么作用? 在能量转换与分配上有什么不同?

A.6 试比较丙类倍频器与参量倍频器在适用范围和性能方面的异同。

A.7 什么叫并联型参量倍频器? 什么叫串联型参量倍频器? 各有什么优缺点?

A.8 非线性电容器,其特性为 $q = k(V_D + v)^{\frac{1}{2}}$,式中 k 和 V_D 为常数。若在其上加电压 $v = V_m \cos \Omega t$,试写出 $q(t)$ 和 $i(t)$ 的表示式。

A.9 试用门-罗公式导出具有四个回路 $(f_s, f_p, f_p - f_s, f_p + f_s)$ 参量混频电路的上边带与下边带混频的混频器功率增益。

A.10 根据参量混频原理,试画出并联型混频器与串联型混频器的原理电路。

A.11 图 A.1 所示为并联型参量电路,在满足线性时变条件时,若流经变容管的三个电流为

$$i_s = I_{sm} \cos \omega_s t$$

$$i_p = I_{pm} \cos \omega_p t$$

$$i_i = I_{im} \cos \omega_i t$$

其中 $\omega_i = \omega_p + \omega_s$。试证明在变容管上所产生的电压表示式为

图 A.1

$$v = \frac{S_1 I_{sm}}{\omega_s} [\cos(\omega_p - \omega_s)t - \cos(\omega_p + \omega_s)t] + \frac{S_1 I_{im}}{\omega_i} [\cos(\omega_p - \omega_i)t - \cos(\omega_p + \omega_i)t]$$

其中 $S_1 = \dfrac{S_m q_p}{2 q_m}$ 称为时变电容倒数的基波分量。

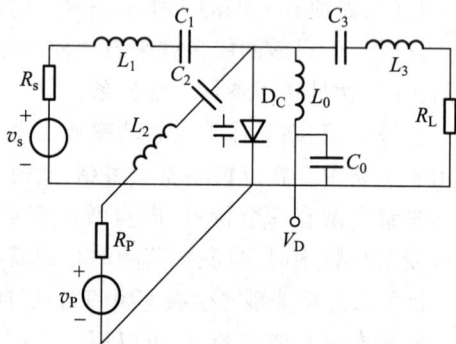

A. 12　图 A. 2 为参量倍频器的实际电路,试分析各元件的作用。

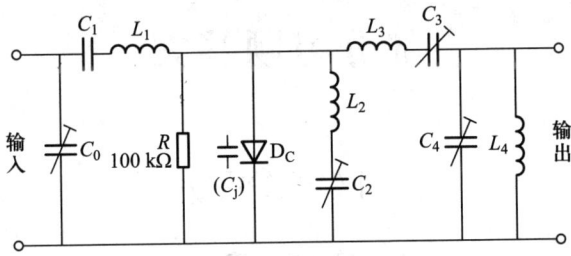

图 A. 2

部分习题答案

（仅供参考）

第 2 章

2.4　（1）采用 $C_{min} = 15 \text{ pF}, C_{max} = 450 \text{ pF}$ 的可变电容器。

　　（2）$L = 179 \text{ μH}$。

　　（3）L、C 并联，再并联一个 $C_x = 40 \text{ pF}$ 的电容。

2.5　$L_0 = 113 \text{ μH}, Q_0 = 212, I_0 = 0.2 \text{ mA}, V_{L0m} = V_{C0m} = 212 \text{ mV}$。

2.6　$L = 253 \text{ μH}, Q_0 = 100, Z_x$ 等于 R_x、C_x 串联，$R_x = 47.7 \Omega, C_x = 200 \text{ pF}$。

2.7　$L = 20.2 \text{ μH}, Q_0 = 33.3, \xi = 6.36, 2\Delta f_{0.7}$ 加宽至 300 kHz 时，并联电阻 $R = 21 \text{ k}\Omega$。

2.8　$R_L = 1.8 \text{ k}\Omega$。

2.9　$f_0 = 41.6 \text{ MHz}, R_p = 20.9 \text{ k}\Omega, Q_L \approx 20.2, \Delta f_{0.7} = 1.03 \text{ MHz}$。

2.12　（1）$Z_{fl} = -j \dfrac{\omega M^2}{L_2}$。（2）$Z_{fl} = 0$。（3）$Z_{fl} = \dfrac{(\omega^2 M C_2)^2}{G_2}$。

2.13　（1）$L_1 = L_2 = 159 \text{ μH}, C_1 = C_2 = 159 \text{ pF}, M = 3.18 \text{ μH}$。

　　（2）$Z_p = 25 \text{ k}\Omega$。

　　（3）$Q_1 = 25$。

　　（4）$BW = 2\Delta f_{0.7} = 28.3 \text{ kHz}$。

　　（5）反射到一次回路的串联阻抗呈容性，$R_{fl} = 0.768 \Omega, X_{fl} = -3.84 \Omega$。

2.15　（1）$M = 0$。（2）$Q = 101$。

2.16　（1）$R_{p1} = 40 \text{ k}\Omega$。（2）$\eta = 2$。（3）$2\Delta f_{0.7} = 21 \text{ kHz}$。

2.17　$L = 141 \text{ μH}, R'_L = 12.4 \Omega, Q'_L = 21.39, Q_L / Q'_L = 1.4$。

2.18　$L_1 = 375 \text{ μH}, L_2 = 125 \text{ μH}$。对基波频率回路呈现并联谐振，对二次谐波 $L_2 C$ 支路呈现串联谐振。

第 3 章

3.5　$f = 1 \text{ MHz}$ 时，$\beta = 49$；$f = 20 \text{ MHz}$ 时，$\beta = 12.1$；$f = 50 \text{ MHz}$ 时，$\beta = 5$。

3.7　$y_{ie} = (0.164 + j 1.52) \text{ mS}, y_{fe} = (38 - j 4.3) \text{ mS}$，

　　$y_{oe} = (0.089 + j 0.68) \text{ mS}, y_{re} = -(0.019\,4 + j 0.186) \text{ mS}$。

3.9　电压增益 $A_{v0} = 12.3$，功率增益 $A_{p0} = 151$。

　　$2\Delta f_{0.7} = 0.656 \text{ MHz}$，插入损耗 ≈ 1.42 或 3 dB，$S > 1$。

3.10　（1）单级电压增益 $= 19.4$；（2）单级通频带 $2\Delta f_{0.7} = 482 \text{ kHz}$；（3）四级的总电压增益 $\approx 135\,900$；（4）四级通频带 $(2\Delta f_{0.7})_4 = 209.6 \text{ kHz}$；（5）保持四级通频带为 482 kHz 时，单

级通频带应为 1108 kHz，四级总电压增益为 59 113。

3.11　$L=22.5\ \mu\text{H}$，$Q_L=46.5$，外加并联电阻 $R=25\ \text{k}\Omega$，耦合电容 $C_0 \approx 11\ \text{pF}$，$A_{v0}=10.7$。

3.14　$(A_{v0})_S=7.75$。

3.16　单级电压增益 $A_{v0} \approx 40$，单级通频带 $2\Delta f_{0.7}=0.214\ \text{MHz}$；不加中和电路的 $(A_{v0})_S<1$，是不稳定的。

3.17　（1）电压增益 $A_{v0}=71.2$。

　　　（2）通频带 $2\Delta f_{0.7}=8.98\ \text{kHz}$，矩形系数 $K_{r0.1} \approx 3.05$。

3.20　噪声电压的均方根值为 $\sqrt{v_n^2}=12.65\ \mu\text{V}$；

　　　噪声电流的均方根值为 $\sqrt{i_n^2}=12.65 \times 10^{-9}\ \text{A}$。

3.21　串联时：

$$R=R_1+R_2+R_3,\ T=\frac{T_1 R_1+T_2 R_2+T_3 R_3}{R_1+R_2+R_3}$$

　　　并联时：

$$R=\frac{R_1 R_2 R_3}{R_1 R_2+R_2 R_3+R_3 R_1},\ T=\frac{T_1 R_2 R_3+T_2 R_1 R_3+T_3 R_1 R_2}{R_1 R_2+R_2 R_3+R_3 R_1}$$

3.22　$\overline{v_{bn}^2}=0.224 \times 10^{-12}\ \text{V}^2$；

　　　$\overline{i_{en}^2}=0.64 \times 10^{-16}\ \text{A}^2$；

　　　$\overline{i_{cn}^2}=0.032\,6 \times 10^{-16}\ \text{A}^2$。

3.24　2.8 dB。

3.25　当 $R_s=R$ 时，$F_n=2$；

$$R_s \neq R\ \text{时}，F_n=1+\frac{R_s}{R}。$$

3.26　$F_n=1+\dfrac{G}{G_s}+\dfrac{G_0}{G_s}+\dfrac{G_L}{G_s}$，

　　　$G_0=\dfrac{rC}{L}$。

3.27　应按 A、B、C 为第一、第二、第三级次序安排，可得总的噪声系数最小，且 F_n 为 2.008。

3.28　接收机输出不能得到满意的结果，应用前置放大器。前置放大器的 $F_n' \leqslant 8$。

第 4 章

4.8　$i=kv^2=k(V_0+V_m\cos\omega_0 t)^2=k(V_0^2+V_m^2\cos^2\omega t+2V_0 V_m\cos\omega_0 t)$

　　　$=k\left(V_0^2+\dfrac{1}{2}V_m^2+\dfrac{1}{2}V_m^2\cos^2\omega_0 t+2V_0 V_m\cos\omega_0 t\right)$

　　　当 $V_m \ll V_0$ 时，

　　　$i \approx k\left(V_0^2+\dfrac{1}{2}V_m^2\right)+2kV_0 V_m\cos\omega_0 t$

则可将该元件近似作为线性元件处理，即当 V_0 较大时，静态工作点选在抛物线上段近似线性部分,然后当 V_m 很小时,根据泰勒级数原则,可认为信号电压在特性的线性范围内变化,不会进入曲线弯曲部分,故只取其级数的前两项得到近似线性特性。

4.12　$V_{BB} = V\cos\theta_c - V_{BZ} = \dfrac{1}{2}V - V_{BZ}$。

4.13　$I_0 = \dfrac{1}{\pi}gV$;

$$I_n = \begin{cases} \dfrac{1}{2}gV\,(n=1) \\[2mm] \dfrac{2}{\pi}\dfrac{1}{n^2-1}gV(n \text{ 为偶数}) \\[2mm] 0 \qquad\qquad (n \text{ 为奇数}) \end{cases}$$

4.15　$i = \dfrac{2}{\pi}I_m + \dfrac{4}{\pi}I_m\displaystyle\sum_{k=1}^{\infty}\dfrac{(-1)^{k-1}}{(2k)^2-1}\cos 2k\omega_0 t\,(k=1,2,3,\cdots)$

4.16　$i = \dfrac{2}{\pi}gV\left[\left(1+m\sin\Omega t-2\displaystyle\sum_{k=1}^{\infty}\dfrac{\cos 2k\omega_0 t}{4k^2-1}-2m\sum_{k=1}^{\infty}\dfrac{\sin\Omega t\cos 2k\omega_0 t}{4k^2-1}\right)\right]$　$(k=1,2,3,\cdots)$

4.17　$v_o = 4kR_L v_1 v_2$。

4.18　$v_o = 8R_L b_2 v_1 v_2$。

4.29　$g_{ic} = 0.55$ mS, $g_c = 9.6$ mS, $g_{oc} = 4$ μS;

最大变频功率增益 $A_{p\,cmax} = 10\,473 \approx 40$ dB;

插入损耗9.1dB,实际变频功率增益 $A_{pc} = 30.9$ dB。

4.30　$g_{ic} = 0.1$ mS, $g_c = 1.54$ mS, $g_{oc} = 10$ μS;

最大变频功率增益 $A_{pcmax} = 592.9$ dB ≈ 28 dB;

实际变频功率增益 $A_{pc} = 273$ 倍 ≈ 23 dB。

4.35　(1) 此现象是属于组合频率干扰。这是由于混频器的输出电流中,除需要的中频率电流外,还存在一些电流为谐波频率和组合频率,如 $3f_0$、$2f_s-f_0$、$3f_3-f_0$、$2f_0-f_s$、$\cdots$。如果这些组合频率接近于中频 $f_i = f_0 - f_s$ 放大的通频带内,它就能与有用中频信号 f_i 一道进入中频放大器,并被放大后加到检波器上,通过检波器的非线性效应,这些接近中频的组合频率与中频 f_i 差拍检波,产生音频,最终出现哨叫声。

(2) 因 $f_i = 465$ kHz,p、q 为本振和信号的谐波次数,不考虑大于 3 的情况。所以落于 $535 \sim 1\,605$ kHz 波段内的干扰在 $f_s = 930$ kHz 和 $f_s = 1\,395$ kHz 附近,1 kHz 的哨叫在 931 kHz、929 kHz、1\,394 kHz 和 1\,396 kHz 时产生。

4.36　若满足 $|\pm pf_1 \pm qf_2| = f_s$,则会产生互调干扰:

p、$q = 1$,$f_1 + f_2 = 1.809$ MHz,不产生互调干扰;

$p = 1$、$q = 2$, $f_1 + 2f_2 = (774+2\,070)$ kHz $= 2.844$ MHz;

$p = 2$、$q = 1$, $2f_1 + f_2 = (1\,548+1\,035)$ kHz $= 2.583$ MHz;

$p = 2$、$q = 2$, $2f_1 + 2f_2 = (1\,548+2\,070)$ kHz $= 3.618$ MHz;

$p = 3$、$q = 2$, $3f_1 + 2f_2 = (2\,322+2\,070)$ kHz $= 4.392$ MHz;

$p = 3$、$q = 3$, $3f_1 + 3f_2 = (2\,322+3\,105)$ kHz $= 5.427$ MHz;

其他谐波较小,可不考虑;

以上计算的频率落在 2 ~ 12 MHz 波段内,故会产生互调干扰。

第 5 章

5.4　$P_= = 6$ W, $\eta_c = 83.3\%$, $R_p = 57.6\ \Omega$, $I_{cm1} = 417$ mA, $\theta_c = 78°$。

5.6　$\theta_c = 90°$, $P_c = 1.7$ W。

5.7　$P_o = 2$ W, $\eta_c = 74\%$。

5.9　$P_o = 10.2$ W, $\eta_c = 76.4\%$, $P_= = 13.35$ W, $P_c = 3.15$ W, $R_p = 22.2\ \Omega$。

5.10　$L = 0.054\ \mu$H, $C_1 = 221$ pF, $C_2 = 1\ 240$ pF。

5.12　$\eta_k = 57.4\%$。

5.13　$L_1 = 19.5$ nH, $C_1 = 162$ pF, $C_2 = 277$ pF。

5.19　$P_A = 6$ W; $\eta_k = 85.8\%$; $\eta_c = 70\%$, $\eta = 60\%$。

5.20　$k = 3k_c$。

5.29　$P_o = 9.46$ W, $P_A = 8.51$ W。

5.30　$P_o = 9.6$ W, $P_A = 8.64$ W。

第 6 章

6.5　图 6-2(a)、(e)、(h)所示电路有可能振荡;图 6-2(b)、(c)、(d)所示电路不可能振荡;
图6-2(f)所示电路当 $L_2 C_2 < L_3 C_3$ 时,有可能振荡;图 6-2(g)所示电路计及振荡管输入
电容时,有可能振荡。

6.6　(1)、(2)、(4) 有可能振荡;(3)、(5)、(6) 不可能振荡。

6.7　(2) $C_4 = 5$ pF。

6.8　$y_{fb} \geqslant 1.385 \times 10^{-3}$ S, $f_T \geqslant 3f_H = 81$ MHz(f_H为最高工作频率)。

6.9　$f_{min} \sim f_{max} = 2.25 \sim 2.9$ MHz, $h_{fe} = 6.28$。

6.10　$f = 8$ MHz, $A = 16$ dB。

6.12　$y_{fe} = 32 \times 10^{-3}$ S $> \dfrac{C_1}{C_2 Z_p'} = 0.735 \times 10^{-4}$ S, 故能振荡。

6.16　(1) $\dfrac{\Delta \omega}{\omega_0} = -1 \times 10^{-2}$。　(2) $\dfrac{\Delta \omega}{\omega_0} = -1 \times 10^{-3}$。

6.17　$\varphi_z = 30°$时, $\dfrac{\Delta \omega}{\omega_0} = 1.24 \times 10^{-4}$; $\varphi_z = 10°$时, $\dfrac{\Delta \omega}{\omega_0} = 3.8 \times 10^{-5}$; $\varphi_z = 0°$时, $\dfrac{\Delta \omega}{\omega_0} = 0$。

6.18　$\Delta f = -150$ Hz。

6.19　$\Delta f = -2\ 010$ Hz。

6.21　$f = 100$ MHz, $-g_d = 5.3 \times 10^{-3}$ S, $V_{om} \approx 0.06 \sim 0.08$ V。

6.26　(1) $f_q = 4.14$ MHz, $C_q = 0.105$ pF, $L_q = 0.014$ H, $r_q = 21.2\ \Omega$, $C_0 = 19.8$ pF,
$Q_q = 16\ 800$。

6.32　$F = \dfrac{1}{\left(1 + \dfrac{R_1}{R_2} + \dfrac{C_2}{C_1}\right) + \mathrm{j}\left(\omega R_1 C_2 - \dfrac{1}{\omega R_2 C_1}\right)}$; $\omega_0 = \dfrac{1}{\sqrt{R_1 R_2 C_1 C_2}}$;

$$F_{\max} = \cfrac{1}{1+\cfrac{R_1}{R_2}+\cfrac{C_2}{C_1}}。$$

第 7 章

7.3 $\dfrac{I}{\sqrt{2}}\sqrt{1+\dfrac{1}{2}m_a^2}$。

7.4 （1）载频振幅为 25，第一边频振幅为 8.75，第二边频振幅为 3.75。

7.5 每一边频功率 $=\dfrac{m_a^2}{4}P_{oT}$，25 W，2.25 W。

7.7 （1）每一边频功率为 612.5 W，边频总功率为 1 225 W；

（2）$P_= = 10\ 000$ W；

（3）$P_= = 12\ 450$ W。

7.8 $m_a = 1$ 时，总功率为 1 500 W，每一边频功率为 250 W。

7.9 10 005 kHz。

7.12 10.845 kW。

7.18 $V_\Omega = 0.127$ V，$P_\Omega = 6$ μW，功率增益为 0.125。

7.19 R_2 在最高端有可能产生负峰切割失真。

7.20 C_1、C_2 采用 0.005 μF，R_1 采用 1.5 kΩ，R_2 采用 6 kΩ，C_c 采用 5～20 μF。

7.21 $p_{3,4} = 0.127$。

第 8 章

8.1 $\omega(t) = 2\pi(5\times10^6 + 10^4 t)$ rad/s。

8.2 $\omega(0) = (10^6 + 5\times10^3)$ rad/s。

8.3 （1）50 kHz；　（2）$\left(100 + \cos\dfrac{\pi}{100}t\right)$ kHz；　（3）$\left(\dfrac{1}{2} + \dfrac{3}{4}\sqrt{t}\right)$ kHz。

8.4 $v(t) = 5\cos\left[2\pi\times10^8 t + \dfrac{20}{3}\sin(2\pi\times10^3 t) + \dfrac{80}{3}\sin(2\pi\times500t)\right]$。

8.5 （1）$v(t) = 4\cos\left[2\pi\times25\times10^6 t + 25\sin(2\pi\times400t)\right]$；

（2）$v(t) = 4\cos\left[2\pi\times25\times10^6 t + 25\cos(2\pi\times400t)\right]$；

（3）$v(t) = 4\cos\left[2\pi\times25\times10^6 t + 5\sin(2\pi\times2\times10^3)t\right]$；

（4）$v(t) = 4\cos\left[2\pi\times25\times10^6 t + 25\cos(2\pi\times2\times10^3)t\right]$。

8.9 （1）$n = 100$；　（2）$n = 50$。

8.10 载频 $F = 1.59$ kHz，$m_f = 3$，$\Delta f = 4.77$ kHz，$P = 0.5$ W。

8.11 $\Delta f = 24$ kHz，$m_f = 128$。

8.12 255 kHz。

8.13 （1）1 MHz；　（2）100 kHz；　（3）120 kHz。

8.14 $v_{FM}(t) = \mathrm{Re}\left(V_0 e^{j\omega_0 t}\displaystyle\sum_{n=-\infty}^{\infty} F_n e^{jn\Omega t}\right)$

$$= V_0 \sum_{n=-\infty}^{\infty} F_n \cos(\omega_0 + n\Omega) t \text{。}$$

8.15　（1）16 W；　（2）84 W；　（3）32 W。

8.17　（1）$\omega(t) = \dfrac{1}{\sqrt{L[C_0 + C(t)]}}$；

　　　（2）$v_o(t) = V_{om} \cos(434 \times 10^6 t - 1\,144 \sin 10^3 t)$。

8.18　（1）$k_f = 0.56$ MHz/V；　（2）$\Delta f = 66.7$ kHz。

8.24　$m_a = \dfrac{m\Omega}{\omega_0}$。

第 10 章

10.5　（2）$\Delta\omega_p = 6\,317$ rad/s，$\Delta\omega_L = 400$ rad/s，$\tau_L = 5$ ms。

10.6　$\Delta\omega_p = 19\,800$ rad/s，$\Delta\omega_L = 4\,000$ rad/s，$\tau_L = 0.5$ ms。

10.7　（2）大于 56.5。

名 词 索 引

二 画

三 画

四 画

六　　画

七　　画

八　画

九　画

十　画

十　三　画

十 四 画

十 五 画

十 六 画

十 七 画